案例
CASE

1.5 案例：制作一个简单的MG动画 P020

视频位置：视频\第1章\1.5制作一个简单的MG动画.MP4

2.1.3 案例：Live Photo动态图标 P028

视频位置：视频\第2章\2.1.3Live Photo动态图标.MP4

2.2.3 案例：Photoshop导出GIF动态图 P035

视频位置：视频\第2章\2.2.3Photoshop导出GIF动态图.MP4

2.3.3 案例：超萌小兔子图标动效 P040

视频位置：视频\第2章\2.3.3超萌小兔子图标动效.MP4

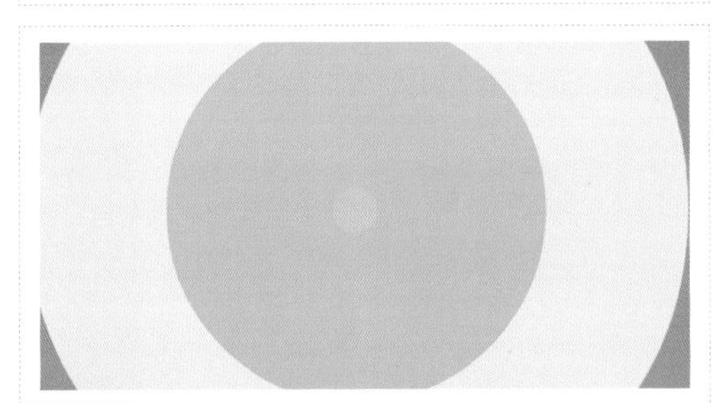

2.4.3 案例：Flash制作Motion转场动画 P049

视频位置：视频\第2章\2.4.3Flash制作Motion转场动画.MP4

2.5.3 案例：扁平化小方块动效 P055

视频位置：视频\第2章\2.5.3扁平化小方块动效.MP4

P073

视频位置：视频\第3章\3.2.1重要的加速度.MP4

3.2.2 案例：弹性 P075

视频位置：视频\第3章\3.2.2弹性.MP4

3.2.3 案例：延迟（惯性） P077

视频位置：视频\第3章\3.2.3延迟（惯性）.MP4

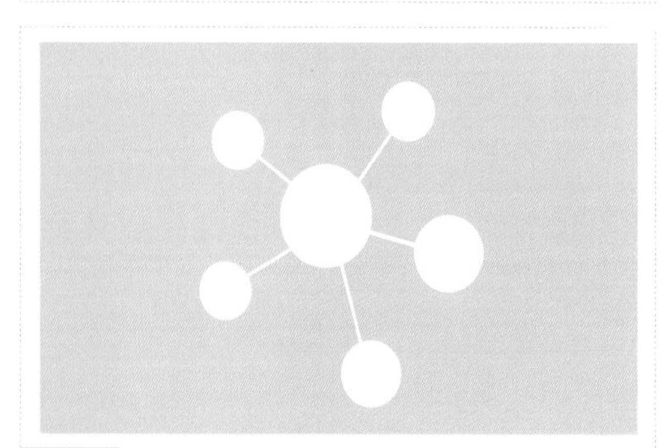

3.2.4 案例：随机 P079

视频位置：视频\第3章\3.2.4随机.MP4

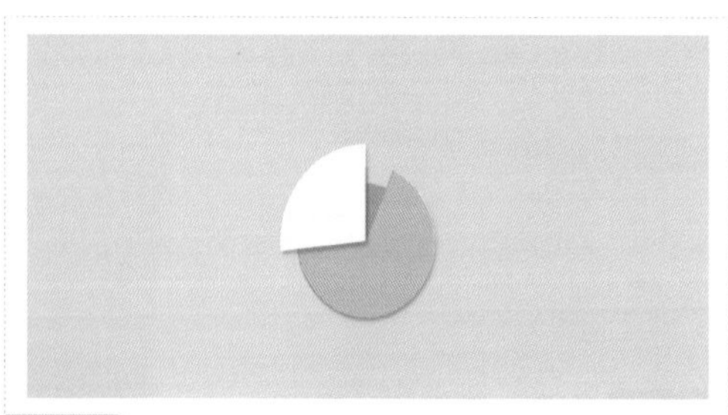

3.2.5 案例：层次感（细节） P082

视频位置：视频\第3章\3.2.5层次感（细节）.MP4

3.2.6 案例：运动修饰 P085

视频位置：视频\第3章\3.2.6运动修饰.MP4

3.2.7 案例：模拟现实 P090

视频位置：视频\第3章\3.2.7模拟现实.MP4

3.2.8 案例：具有特色的转场 P092

视频位置：视频\第3章\3.2.8具有特色的转场.MP4

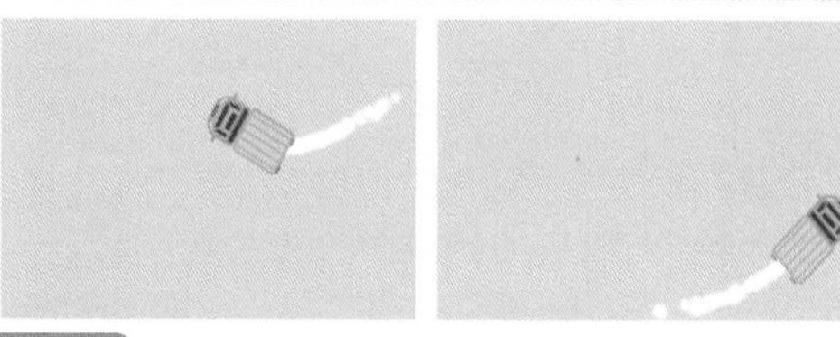

4.2.2 案例：汽车喷雾效果制作 P100

视频位置：视频\第4章\4.2.2汽车喷雾效果制作.MP4

4.3.2 案例：小球填充数字效果制作 P109

视频位置：视频\第4章\4.3.2小球填充数字效果制作.MP4

4.4.7 案例：为角色添加可调节四肢 P117

视频位置：视频\第4章\4.4.7为角色添加可调节四肢.MP4

5.3.20 案例：AE表达式快速制作延迟动画效果 P138

视频位置：视频\第5章\5.3.20AE表达式快速制作延迟动画效果.MP4

5.4 案例：表达式制作雪花飘落效果 P142

视频位置：视频\第5章\5.4表达式制作雪花飘落效果.MP4

6.1 案例：纸飞机路径动画 P146

视频位置：视频\第6章\6.1纸飞机路径动画.MP4

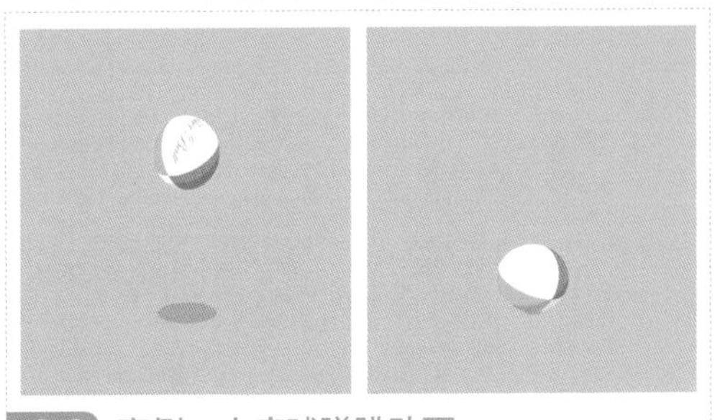

6.2 案例：小皮球弹跳动画 P152

视频位置：视频\第6章\6.2小皮球弹跳动画.MP4

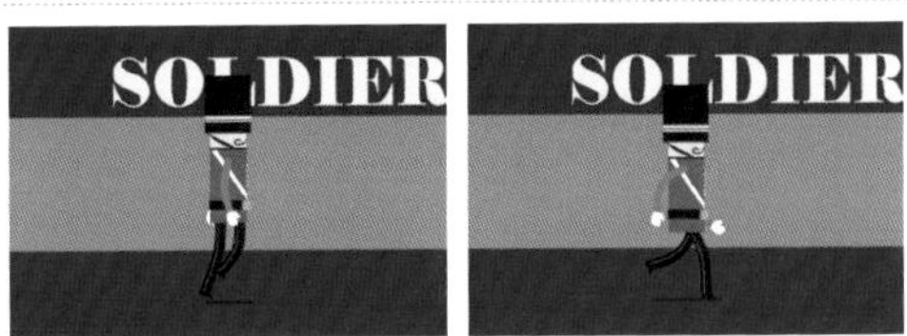

6.3 案例：人物行走动画 P160

视频位置：视频\第6章\6.3人物行走动画.MP4

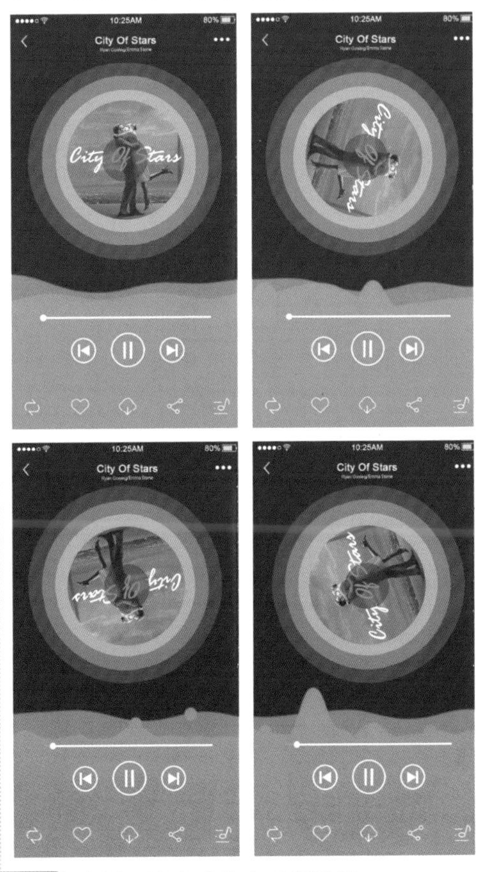

7.1 案例：液态动效音乐播放器 P172

视频位置：视频\第7章\7.1液态动效音乐播放器.MP4

7.2 案例：天气动效界面 P178

视频位置：视频\第7章\7.2天气动效界面.MP4

8.2 案例：海洋波浪文字 P207

视频位置：视频\第8章\8.2海洋波浪文字.MOV

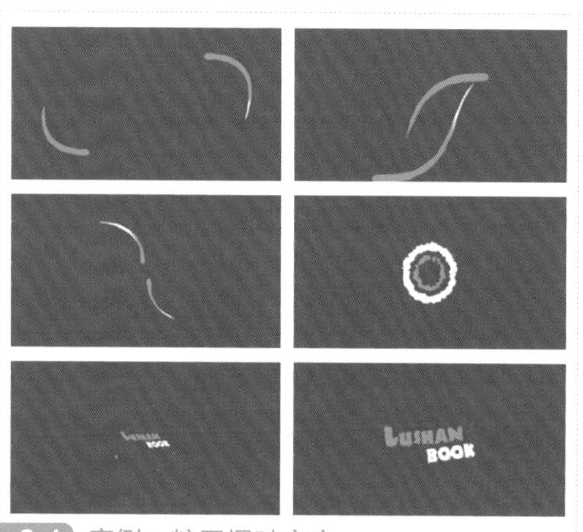

8.1 案例：粒子爆破文字 P200

视频位置：视频\第8章\8.1粒子爆破文字MP4

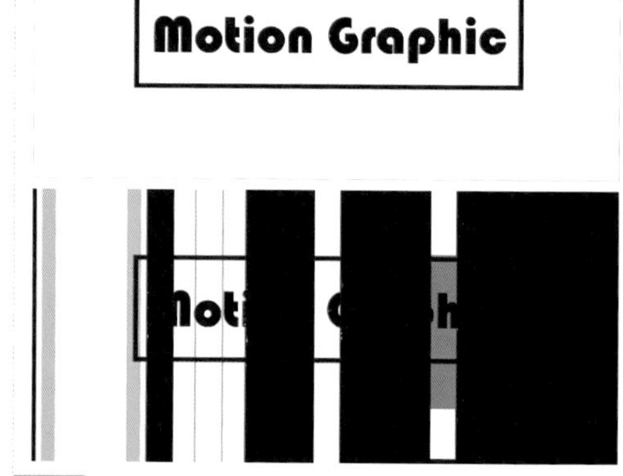

8.3 案例：彩条转场文字 P230

视频位置：视频\第8章\8.3彩条转场文字.MP4

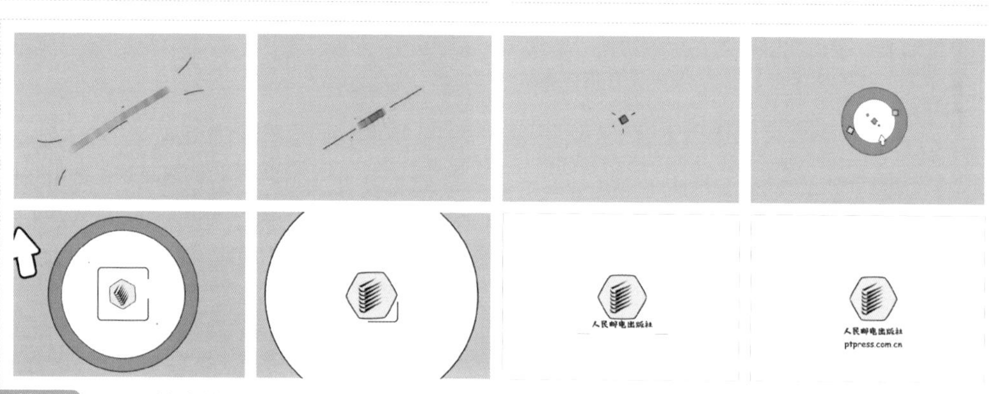

第9章 MG风格自媒体开场动画 P238

视频位置：视频\第9章\第9章MG风格自媒体开场动画.MP4

零基础学

MG动画制作

全视频教学版

麓山文化 ◎ 编著

人民邮电出版社
北京

图书在版编目（CIP）数据

零基础学MG动画制作 ： 全视频教学版 / 麓山文化编著. -- 北京 ： 人民邮电出版社，2019.2
ISBN 978-7-115-50056-4

Ⅰ. ①零… Ⅱ. ①麓… Ⅲ. ①动画制作软件 Ⅳ. ①TP391.414

中国版本图书馆CIP数据核字(2018)第256825号

内 容 提 要

本书是一本 MG 动画制作的基础教学图书，全书分为基础篇、技巧篇、提高篇和实战篇，主要包括MG 动画的特点及表现形式、制作 MG 动画的一般流程、MG 动画的商业价值、MG 动画常用的几款制作软件、MG 动画的设计与技巧、外挂插件及脚本的使用、表达式的使用、物体的基本运动、APP 交互动效制作、MG 文字动画制作和自媒体开场动画制作等内容。

随书提供学习资源，内容包括书中所有实例的素材文件、源文件，方便读者在学习过程中随时调用练习。同时，提供高清语音教学视频，读者可在线进行学习，提高学习效率。

本书内容丰富，结构清晰，适合喜爱影视特效及动画制作的初、中级读者阅读，也可以作为后期特效处理人员、影视动画制作人员的辅助工具书，并供教育行业的老师及培训机构作为教材使用。

◆ 编　　著　麓山文化
责任编辑　张丹阳
责任印制　陈　犇

◆ 人民邮电出版社出版发行　　北京市丰台区成寿寺路 11 号
邮编　100164　　电子邮件　315@ptpress.com.cn
网址　http://www.ptpress.com.cn
北京缤索印刷有限公司印刷

◆ 开本：700×1000　1/16
印张：17.25　　彩插：2
字数：406 千字　　2019 年 2 月第 1 版
印数：1－3 000 册　　2019 年 2 月北京第 1 次印刷

定价：69.00 元

读者服务热线：(010)81055410　印装质量热线：(010)81055316
反盗版热线：(010)81055315
广告经营许可证：京东工商广登字 20170147 号

关于 MG 动画

在计算机技术普及并飞速发展的今天，MG 动画作为当下影像艺术中一种新兴的表现形式，在视觉上使用的是平面设计的规则，在技术上使用的是动画制作手段。随着各方面的需求和技术的发展，MG 动画的应用范围越来越广泛，其独特的表现形式深受广大设计爱好者喜爱及追捧。

本书内容

全书分为 4 篇，总共包含 9 章内容，知识体系一目了然。由浅至深的基础知识详解，搭配实用的案例教学，全面介绍了 MG 动画设计与制作过程中需要运用的各类知识点和技巧。

本书各章节的具体内容安排如下。

篇	章	课程内容
第 1 篇 基础篇	第 1 章　什么是 MG 动画	主要学习及了解 MG 动画的基础知识，为之后 MG 动画的制作打下基础
	第 2 章　几款常用的制作软件	主要介绍了几款制作 MG 动画常用的制作软件及具体应用方法，包括 AE、PS、AI、Flash 和 C4D
第 2 篇 技巧篇	第 3 章　MG 动画的设计与技巧	主要介绍了制作 MG 动画需要遵循的设计要点、原则，以及 MG 动画主体物的运动技巧
	第 4 章　外挂插件及脚本的使用	主要介绍了使用 AE 软件制作 MG 动画时需要用到的几款外挂插件及脚本
第 3 篇 提高篇	第 5 章　表达式的使用	主要介绍了 AE 表达式的相关知识及具体应用
	第 6 章　物体的基本运动	通过实例的形式详细讲解了在 MG 动画制作时不同属性物体的运动状态及表现方法
第 4 篇 实战篇	第 7 章　APP 交互动效	通过实例的形式详细讲解了 MG 动画在交互动效领域的具体应用
	第 8 章　MG 文字动画	通过实例的形式详细讲解了 MG 风格文字动效的具体制作方法
	第 9 章　MG 风格自媒体开场动画	通过实例的形式详细讲解了 MG 动画在自媒体视频领域的具体应用

本书特色

为了使读者可以轻松自学并深入了解 MG 动画的制作技巧，本书在版面结构的设计上尽量做到简单明了，如下图所示。

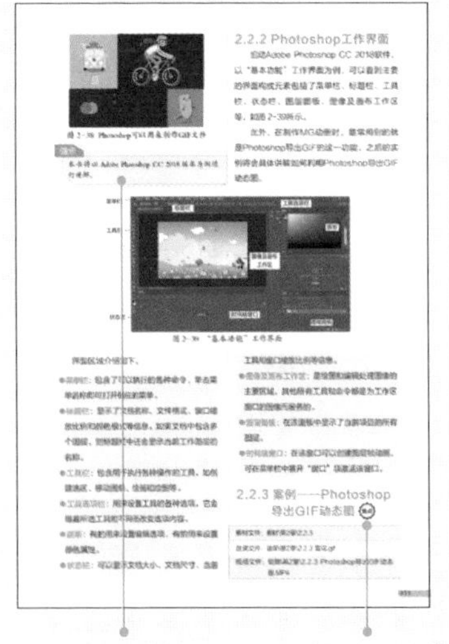
2.2.2 Photoshop工作界面

2.2.3 案例——Photoshop导出GIF动态图

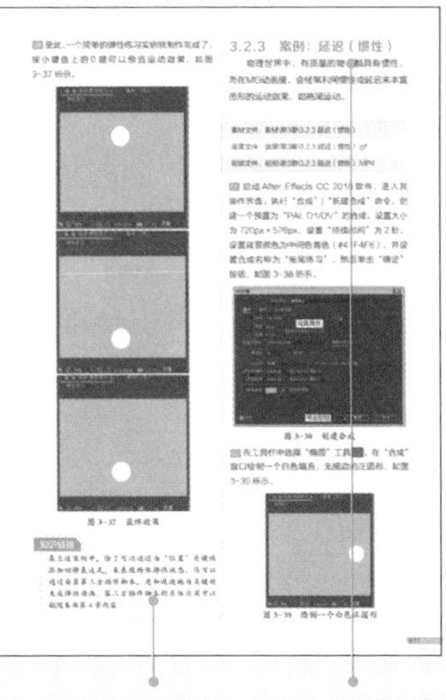
3.2.3 案例：延迟（惯性）

第9章

MG 风格自媒体开场动画

提示：针对软件中的难点以及设计操作过程中的技巧进行重点讲解。在学完章节内容后继续强化所学技术。

重难点标识：带有重点标记的为重点内容，带有难点标记的为难点内容，需要读者重点掌握。

知识链接：对陌生的概念进行延伸讲解，或对已经介绍过的知识点进行回顾。

案例：书中提供了28个MG动画的相关案例，可以让读者在学完章节内容后继续强化所学技术。

扫码看教学视频：本书所有案例均附带高清教学视频，扫章前的二维码即可观看。

本书配套资源

本书提供扫描资源下载，扫描“资源下载”二维码即可获得下载方式。

随书配套高清语音教学视频，细致地讲解了每个实例的制作方法及过程，读者可以先像看电影一样轻松愉悦地通过教学视频学习本书内容，然后对照书本内容进行实践练习，有助于读者成倍地提高学习兴趣和效率。

书中所有实例均提供了源文件和素材，读者可以使用对应的软件打开，进行访问。

资源下载

本书作者

本书由麓山文化编著，具体参加编写和资料整理的有陈志民、甘蓉晖、江涛、江凡、张洁、马梅桂、戴京京、骆天、胡丹、陈运炳、申玉秀、李红萍、李红艺、李红术、陈云香、陈文香、陈军云、彭斌全、林小群、刘清平、钟睦、刘里锋、朱海涛、廖博、喻文明、易盛、陈晶、张绍华、黄柯、何凯、黄华、陈文轶、杨少波、杨芳、刘有良、刘珊、赵祖欣、毛琼健等。

由于作者水平有限，书中错误、疏漏之处在所难免。在感谢您选择本书的同时，也希望您能够把对本书的意见和建议告诉我们。

读者服务邮箱：lushanbook@qq.com

读者 QQ 群：327209040

麓山文化

2018 年 3 月

目录

CONTENTS

第1篇 基础篇

第1章 什么是MG动画

第2章 几款常用的制作软件

第2篇 技巧篇

第 3 章 MG 动画的设计与技巧

第 4 章 外挂插件及脚本的使用

第3篇 提高篇

第 5 章 表达式的使用

第 6 章 物体的基本运动

第4篇 实战篇

第 7 章 APP 交互动效

第 8 章 MG 文字动画

第 9 章 MG 风格自媒体开场动画

第1篇

基础篇

第1章

什么是MG动画

随着社会的发展与时代的进步，设计领域一直在不断地开拓创新，这使得视觉表现形式越来越趋于多样化。MG动画作为一种新衍生的设计形式，在视觉上沿用了平面设计的表现形式，在技术上则使用的是动画制作手段。传统的平面设计主要是平面媒介相对静态的视觉表现，而MG动画则是在平面设计的基础上制作出来的影像视觉符号。

MG动画以其独特的表现形式，激发了众多设计爱好者的兴趣，为动画市场注入了一股新鲜血液。从MG动画的发展来看，运用不同的平面构成因素和色彩搭配来引起观众的情感共鸣，从而增加作品的艺术魅力，已经成为MG动画设计的基本构成因素。

扫码观看本章案例教学视频

本章重点

MG动画的概念 | MG动画的特点

MG动画制作的一般流程 | MG动画的应用领域

1.1 MG动画概述

MG动画作为当下影像艺术的一种表现形式，在视觉表现上使用的是平面设计的规则，在技术上使用的是动画制作手段。MG动画注重视觉表现形式，同时要具备一定的叙事性。随着各方面的需求和技术的发展，MG动画的应用范围越来越广泛，适应面也越来越广。

1.1.1 从苹果公司说起

在2013年的苹果全球开发者大会上，苹果公司播放了一段广告短片《Designed by Apple in California》，意在诠释苹果简约而不简单的设计理念。

影片从设计师的角度来自述内容，品牌设计理念层层剥之而出。点、线元素组成的简单构图，在简约而灵动的一段灰底黑文或黑底白文之间交叉演绎着，如图 1-1所示，彰显出一个富有哲学、专注给予的品牌形象。

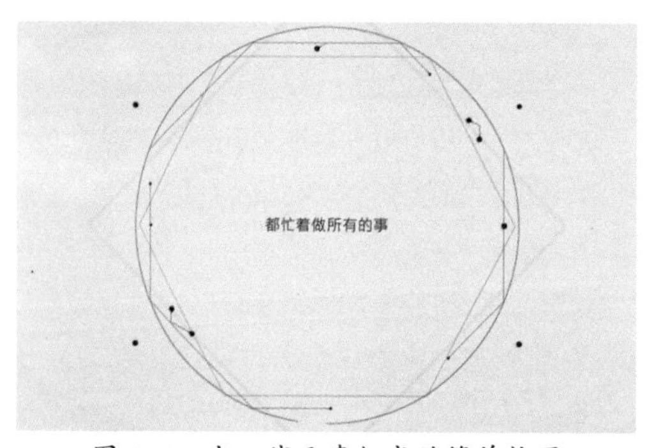

图 1-1 点、线元素组成的简单构图

背景音如水般的钢琴曲缓缓弹起，整个音乐中偶有物品跌落水声、照相变焦声、擦黑板声、弹跳声、橡皮擦擦除声、烟花爆炸声，几乎是人人都曾有过的动作或记忆，同时画面富有层次和空间感，更显得品牌亲切动人，如图 1-2所示。

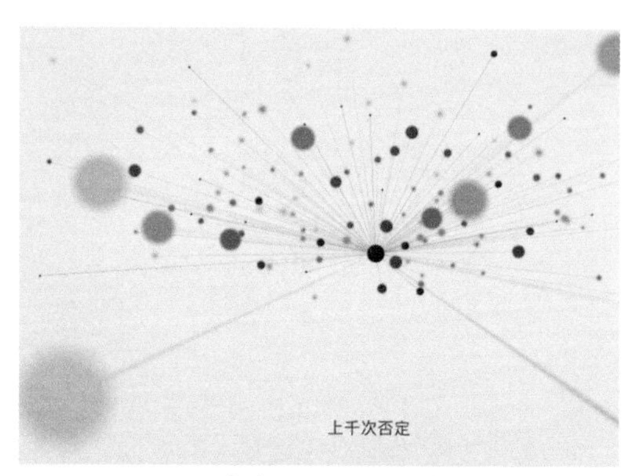

图 1-2 富有层次和空间感的画面

提示

苹果全球开发者大会的英文全称是“Worldwide Developers Conference”，简称为“WWDC”，每年定期由苹果公司（Apple Inc）在美国举办。大会主要的目的是让苹果公司向研发者们展示最新的软件和技术。

简单的图画配上寥寥数语，再加上极为流畅的动画切换，让观众感受到了与以往广告短片完全不一样的观看体验，这便是MG动画的魅力所在。

1.1.2 MG动画到底是什么

MG是Motion Graphic或Mograph的缩写，直译为“动态图形”或“图形动画”，通常称之为“MG动画”，可以理解为一种表现风格。动态图形指的是“随时间流动而改变形态的图形”，MG动画设计把原本处于静态的平面图像和形状转变为动态的视觉效果，也可以将静态的文字转化为动态的文字动画，如图 1-3所示。

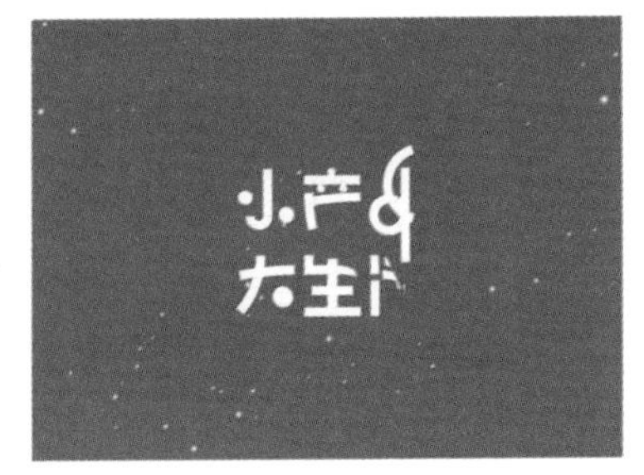

图 1-3　平面文字可以有动态表现

MG动画甚至可以创造出一个三维虚拟空间，将平面的一些设计元素立体化，重新赋予它们新的生命力及表现力。它与动画的区别在于，MG动画侧重于非叙述性、非具象化的视觉表现形式，而传统动画片则为故事情节服务。

MG动画最根本的概念，其实是一个“动”字，即让静态的元素动态化，或者给予静态的图片新的生命，如图 1-4所示。从广义上来讲，Motion Graphic是一种融合了动画电影与图形设计的语言，是基于时间流动而设计的视觉表现形式。

图 1-4　图形的动态化处理

1.2 MG动画的特点

相比Flash动画、文字与平面设计等这些常见的表现形式，MG动画算得上是一种全新的叙事和表达方式，其丰富的画面和简洁流畅的动画效果可以为观众带来视觉上的动态享受。这种差异也正是MG动画的特点。

1.2.1　扁平化设计 重点

扁平化概念的核心意义是：去除冗余、厚重和繁杂的装饰效果，其具体表现为去掉作品上多余的透视、纹理、渐变，以及能做出3D效果的元素，以此来让“信息”本身重新作为核心被凸显出来。此外，MG动画在设计元素上，强调的是抽象、极简和符号化，如图 1-5所示。

MG动画可以说是扁平化设计的绝佳体现，所以，“MG=扁平化设计”这个等式大多数情况下是成立的。

图 1-5 扁平化的设计风格

提示

如果客户说“不要太偏扁平化的设计”，那设计师就应该理解为“增加一些立体感，更写实一点，或者更偏向手绘风格的设计”。

此外，配色也是扁平化设计中极为重要的一环。扁平化设计通常采用的是比其他风格更明亮炫丽的颜色，它的配色意味着更多的色调。比如，一般的设计中只包含2~3种主要颜色，但是扁平化设计中平均会使用6~8种主要颜色，如图 1-6所示。

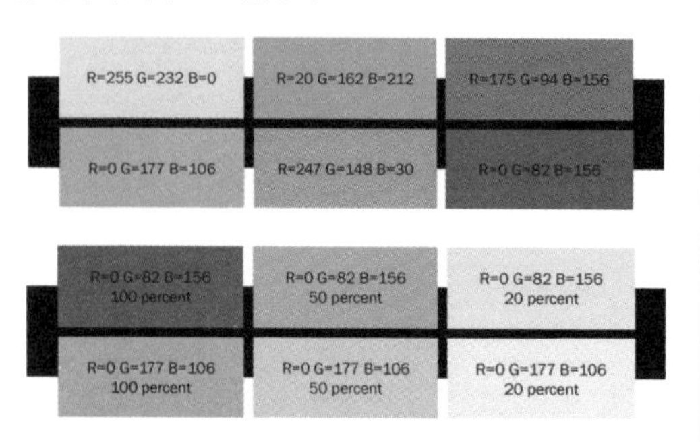

图 1-6　扁平化设计中常用的配色

另外还有一些颜色也挺受欢迎，如复古色浅橙、紫色、绿色、蓝色等，如图 1-7所示。

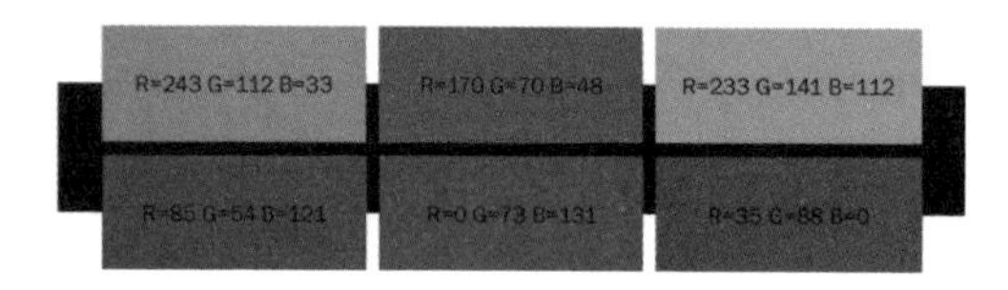

图 1-7　复古配色

1.2.2　信息多、成本低

MG动画整体节奏较快，在单位时间内可以承载更大的信息量，并通过其特有的动画形式对大量碎片化信息进行整合，更容易让观众理解。例如，传统的Flash动画大多数应用于故事类动画，并带有一定的剧情故事，而MG动画通过压缩简化（包括画面简化、内容简化、解说简化等），只给观众保留最精简的核心部分，直击产品核心，没有多余的枝节。

传统方法制作复杂的动画时比较麻烦，有时候为了使人物运动流畅，甚至需要逐帧绘制，并且细化很多细节。而常见的逐帧动画，1秒镜头就要画12张（甚至更多），是一项非常耗时耗力的工作，所以报价常常精确到每秒。

Flash动画矢量绘图有一定的局限性。由于软件本身性能所限，动画过渡色生硬单一，很难画出丰富柔和的图像，如图 1-8所示。特别是有空间感的镜头（如酷炫的星空），Flash就很吃力了，如图 1-9所示。

图 1-8　传统Flash动画稍显生硬

图 1-9　Flash很难表现出具有空间感的画面

而MG动画的主流制作软件为Adobe Illustrator（简称AI）和After Effects（简称AE），一般是在AI中绘制好矢量素材后，再导入AE进行动画制作。与实拍、三维等技术相比，MG动画制作周期相对较短，并且制作成本相对可控。AE强大的后期功能也能让创造者设计出更为精致的画面，做出更为细腻的动态（如Flash难以表现的星空，MG动画效果非常好，如图 1-10所示），无疑会使观众觉得越发丰富和有趣。

图 1-10　MG动画中的星空表现

1.2.3　符合互联网的传播特点

MG动画时长相对较短，一般来说不超过5分钟，有些甚至是只有几秒的GIF动态图。但是它扁平化的风格、节奏快、信息量大这些特征，正好符合当下互联网的传播特点——从PC端转向移动端播放。

早在2015年，各家主流视频网站的年终报告上就已经写明网络视频向移动端变迁的速度极快，如图 1-11所示。而时至今日，移动端视频播放量全面超越PC端是已经发生的事实（占比已超70%）。但移动端对PC端视频的播放侵蚀不会一直持续，最终会在某一个高点达到动态平衡。

图 1-11　PC端与移动端的播放占比

正是在这样的大背景下，MG动画有了茁壮成长的空间。MG动画的时间短，内容多，成本相对较低，格式也多为MP4和GIF这类便于上传下载的格式，几乎在各个播放平台都可以进行播放。在移动端观看者越来越多的今天，这种快餐式的传播方式直接造成MG动画的传播速度迅猛，同时以社交网站作为传播平台在一定程度上降低了传播成本，更容易引发关注和讨论，毕竟再精彩的内容，也抵不过流量和时间。

1.2.4　多样的表现形式

MG动画的表现形式大致可以分为以下几类。

1.　人物 MG 动画

人物MG动画的画面构成主要是以动画角色为主，用角色串联相关的信息，表达设计者想通过影片传达的相关信息和内容，如图 1-12所示。

图 1-12　人物MG动画

2.　二维图形 MG 动画

二维图形MG动画主要是以二维平面的图形来进行内容的表达。利用平面设计中的点、线、面，来制造出动态效果，这三者在MG动画设计过程中都蕴含着动态元素，如图 1-13所示。

图 1-13　二维图形MG动画

以“点”为例，三个点可以构成丰富多彩的面，把点放在不同的位置进行组合，可以在视觉上营造一种美感和动态感，如图 1-14所示。

图 1-14 点元素MG动画

点运动之后将会形成线，线有直线和曲线之分。在MG动画中更加强调线的方向和外形，而且不管是直线还是曲线，都能让人们产生丰富的联想，如图 1-15所示。

图 1-15 线元素MG动画

面是平面设计中一个比较重要的因素，是无数个点聚集形成的一个整体，也能令人产生动的感觉，如图 1-16所示。

图 1-16 面元素MG动画

3. 三维图形 MG 动画

三维图形MG动画的主要制作软件是Cinema 4D（C4D），通过该软件可以制作出模拟空间旋转的三维图形动画，从而将平面设计的图形与三维空间完美结合，展现出一个全新的视觉表达效果，如图 1-17所示。

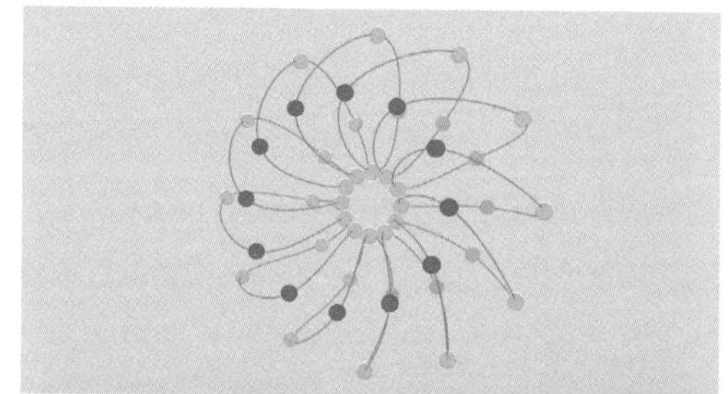

图 1-17 C4D制作的MG图形动画

1.3 MG动画制作的一般流程

MG动画的创作大致包含十几个环节，每个环节都很重要，如图 1-18所示。环环之间，属于“相乘”的关系，即0.8的剧本水平和0.8的分镜水平，带来的是0.8×0.8=0.64的结果。

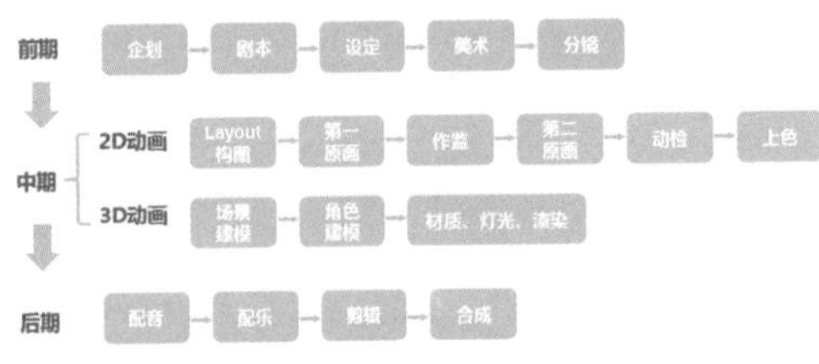

图 1-18　MG动画制作的总流程

相对而言，中后期的创作环节都是基于前期的剧本、设定等环节，因此前期工作尤为重要。一旦中后期工作已开展，如果还在调整前期的话，中后期的修改工作就极其烦琐且不便，同时浪费了诸多时间和人力成本。由于涉及的环节众多，本书篇幅所限，因此仅选取几个关键环节进行介绍。

1.3.1　剧本文案

在做MG动画之前，客户或设计者要明确具体的制作思路及想法，然后根据这些思路来明确动画的大体时间、镜头数目、台词配音等。

好的文案可以弥补画面的不足，补充画面信息。在MG动画中，文案主要以两种形式存在，一种是画外音解说，需后期配音，如图1-19所示；另一种是纯字幕展示，如图 1-20所示，后期不配音。这两种形式与画面相互补充、配合，让MG动画能够以一个更加完整的姿态呈现。在文案的创作过程中，首先要明确文案的形式，其次必须考虑到文案与画面的互补。

图 1-19　后期配音

图 1-20　纯字幕展示

在一些商业项目中，文案的具体需求很多时候都来自于客户。所以在文案的创作过程中，就需要充分考虑客户的需求以及画面信息之间关系的处理，既要满足客户的需求，完成需求在画面中的表达，也要兼顾艺术性创作，让整个MG动画更具观赏性。

一部MG动画的整体基调在于文案以及画面，其中文案的体现在于它能传达作者的意图、诉求，可以点活画面，突出主旨，能够让受众领会主旨意义，如图 1-21所示。因此MG动画的文案，最重要的便是语句精简准确，便于用来压缩时长；另外，文字的画面感要强，这样有利于设计师把握设计要点。

图 1-21　文案结合画面点明主旨

1.3.2　美术设定

在进行绘制工作前，需要设定好动画的主体造型、画面色调及风格等。一般情况下，根据前期的文案脚本，先把设定的角色统一绘制出来，然后画一两页稿子来确定色调等，来保证后期画面整体的统一。在确立好动画的整体风格后，就可以开始根据脚本大批量绘制原画分镜了，如图 1-22所示。

图 1-22　确保美术风格的统一

1.3.3　设计分镜头

分镜头指的是在MG动画制作环节之前，在文案的基础上通过文字以及绘图方式对每一个镜头进行设计加工，按照顺序标注镜头，并在每个镜头下面写上对应的文案。在这个过程中，画面的表现形式、运动、形象和场景的风格设计都能得以体现，如图 1-23所示。

图 1-23　分镜头设计

MG动画的镜头多为二维画面，根据实际情况也会穿插一些三维画面。在MG动画中，创作分镜头可以提高整个制作环节的效率，让动画师能够通过分镜头在最短时间内完成实际需求的动画。在分镜头的创作过程中，需要注意这几个方面：镜头的设计、场景的设计、画面风格的设计等。

1.3.4　绘制素材

美术风格、分镜头设计完毕后，便可以进入中期的创作环节。MG动画主要由简单的几何图形绘制组成，好的绘画功底和配色技巧可以极大提升整体的视觉体验，如图 1-24所示。

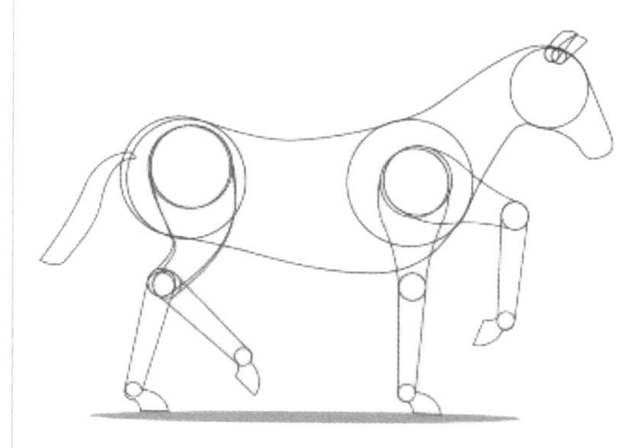

图 1-24　素材的绘制

在软件使用方面，主要利用Illustrator作为绘制工具、Photoshop作为处理工具。由于MG动画大多使用的是矢量素材，所以一般是在Illustrator中把需要的图形绘制出来，再导入其他动画软件进行后期的处理和制作。

如果是创作以“人”作为主元素的MG动画，可以根据文案设计一套具有相同设计风格的卡通形象，如图 1-25所示。在这里需要注意的是所设计的人物是以制作MG动画为目的，所以在人物的肢体上需要具备灵活性和可操作性。

图 1-25 MG动画风格的人物设计

场景的绘制主要是把在分镜头脚本创作过程中所绘制的场景在软件上加以实现，同样需要以文案以及整个MG动画基调为基础，在Illustrator中绘制矢量元素并导入动画制作软件。

1.3.5 声音的创作

一部MG动画便是一种视听语言，声音和画面是语言中十分重要的两个部分。其中声音又包括三个方面——配音、音乐、音效，MG动画中声音的创作也是基于这三个方面。

配音指的是把创作好的文案以画外音的形式呈现在MG动画之中，配音的风格根据MG动画具体的需求而定。如一部偏商务的严肃类MG动画，对于配音的要求是口齿清晰、语音标准等。

> **提示**
>
> 配音的先后可以根据项目实际情况来决定。先配音可以根据配音时间的长短来绘制画面，而后配音就要根据画面的时间长短进行调整，为了避免出现画面和配音不搭的情况，如果没有配音经验，这里建议可以先完成配音工作。

在MG动画中，音乐部分大多是背景音乐以及穿插在动画中的场景音乐。背景音乐来自于平时对音乐素材的积累，也可以邀请专业的声音工作室进行背景音乐的定制创作。场景音乐通常与MG动画内容相搭配，是内容的一个补充。

音效可以进一步增强画面与环境的真实性与节奏感，对于MG动画是一个很好的补充。音效通常来自于一些音效素材网站，这些网站会提供丰富的音效素材，通过这些素材的组合搭配完成不同类型的声音效果。

1.3.6 后期剪辑

在MG动画制作的过程中，后期剪辑的作用更多体现在检验动画是否能与配音同步，这就要求动画师每隔一个时间点渲染导出一次，并把导出的动画导入Premiere等剪辑软件中检测是否与声音同步，如图 1-26所示。这就在一定程度上避免了音画不同步，而要进行反复修改的问题。画面承载着较多的信息量，因此把握画面的节奏显得尤为重要，而后期剪辑则是把握节奏的一个关键性步骤。

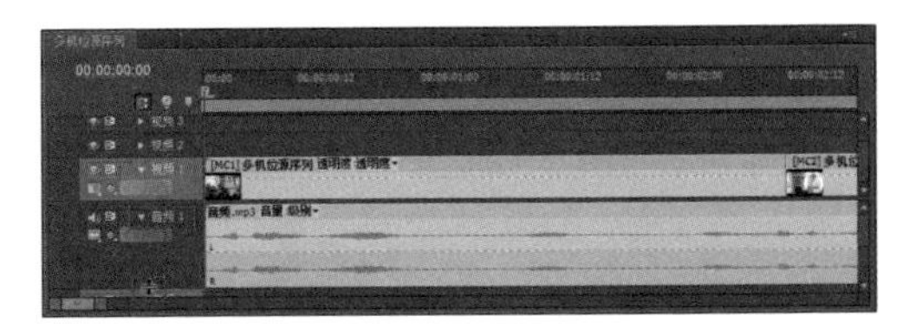

图 1-26 在Premiere软件中修正音画不同步

1.3.7 合成动画 重点

有了前期充足的准备之后，就可以开始进入动画制作的环节。主要是以前期设计好的分镜头脚本、声乐、视觉素材等元素为基础，通过合成软件After Effects、剪辑软件Premiere（根据实际情况选择软件）把这些元素组合设计成一个MG动画。

素材是MG动画制作的基础，素材的来源主要是前期以分镜头脚本为蓝本所进行的素材绘制，包括不同的ICON、人物、场景等。把这些绘制好的矢量素材导入After Effects，以便进行动画的制作。在这里需要注意的是在MG动画制作的过程当中，是以分图层的形式进行动画制作，所以在绘制并导入素材的时候应分层导入。例如，在Illustrator中绘制一个矢量人物，需要分层绘制头部、四肢、身体等部位，最后同样是以分层的形式导入After Effects，以便分层制作动画，如图 1-27所示。

MG 动画制作包括图形动画、人物动画以及文字动画，根据前期分镜头脚本的设计在 After Effects 中实现。其中需要注意的是动画制作的时间点需要和文案的时间点相吻合，这就要求前期脚本设计对这个时间进行一个相对准确的估算。

图 1-27　在AI中分层好的素材导入AE后同样有效

1.4 MG动画的商业价值

MG动画融合了平面设计、动画设计和电影语言，其表现形式丰富多样，具有极强的包容性，能和各种表现形式以及艺术风格混搭。MG动画在如今的多媒体领域已经无处不在，其简约、灵动、极富趣味性、包容性和互动性，比平面设计中的静态文字、图像和图形的表现形式更具优势。动态的图形在这些媒介中被体现得淋漓尽致，几乎任何能使图像动起来的媒介平台都会出现动态图形的身影。

作为近年来大热的表现形式，MG动画融合了动画的运动规律、平面图形设计和电影视听语言，并将动画、平面设计和电影语言巧妙地结合在了一起，以一种非叙事性、非具象化的视觉表现形式和观众进行互动。MG动画的主要应用领域及商业价值包含了以下几点。

1.4.1　产品宣传片

相较于枯燥的文字和旁白解说，MG动画图形变换和音乐搭配的综合效果可以帮助观众更好地了解产品。其生动的画面、丰富的色彩、动感十足的特效加上充满活力的解说，非常适合用来表现产品的特点及功能。图 1-28所示是一则MG动画风格的APP产品宣传片。

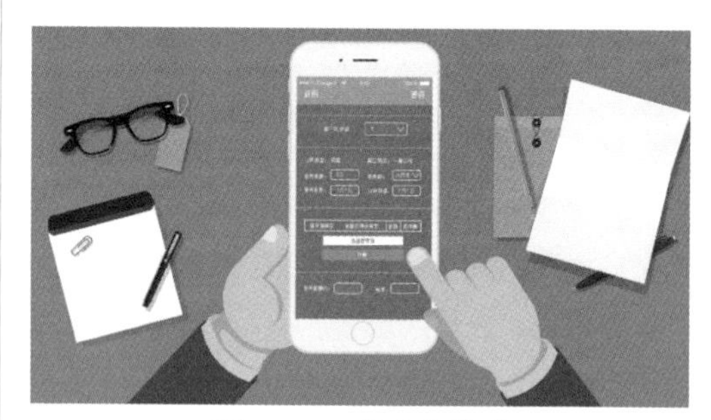

图 1-28　产品宣传片

1.4.2 商业活动视频

在商业活动中，动感的音乐搭配变换丰富的图形动画，相较传统的主持人讲解会更显趣味性，在一定程度上丰富了观众的视觉体验。

1.4.3 音乐MV

一些电子类的音乐MV往往难以用实拍MV表达合适的意境，而点、线、面变换组成的MG动画则很符合电子音乐的风格，如图 1-29所示。

图 1-29　音乐MV

1.4.4 科普教育小动画

一些介绍人体功能、病毒作用过程、旅游攻略和历史事件等类型的教育动画，用传统的2D动画手段制作会比较慢。而MG动画的人物动画制作起来相对便捷，可以大大提高制作效率，同时表现效果也毫不逊色于传统2D动画，如图 1-30所示。

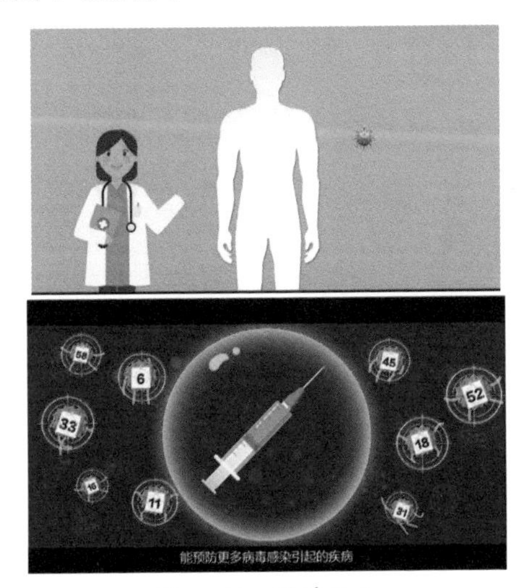

图 1-30　科普动画

1.4.5 团队展示及公司招聘

传统展示个人与团队的方式是方便的PPT软件，但MG相对于PPT来说更加简洁明了，在讲解播放时也相对节省时间，如图 1-31所示。

图 1-31　团队展示及公司招聘

1.4.6 其他领域应用

MG动画的运用远不止上述这些领域，如产品的动态LOGO、APP产品展示、ICON动效设计、电视节目包装、自媒体展示等都可以通过MG动画来实现，部分效果如图 1-32所示。

图 1-32　其他领域应用

1.4.7　未来发展趋势及其影响

MG动画将动画与大信息量相结合，既保留了动画的趣味性，又平衡了商业感。相对于传统的电视广告，基于图形化设计的MG动画更富想象力。轻松幽默的视频风格相较于传统电视广告更适合互联网在线推广，成为一种受大众喜爱的文化传播形式，加之扁平化风格又是时下互联网普遍认可的风格，一经问世便迅速成了大众喜闻乐见的新形式，如图 1-33所示。

图 1-33　大众喜闻乐见的扁平化风格

在当下快节奏的发展趋势下，MG动画是人们能够快速有效获取信息的一种形式。伴随着未来虚拟现实交互的发展，这种表现形式更能展现其内容传达的效率和视觉优势，如图 1-34所示。

图 1-34　未来虚拟现实交互的应用

MG动画让人们对于动画有了新的认识，它在制作上有别于传统的动画制作手法，表现更加快捷方便，效果也更加直观，对市场具有较高的价值。由于它是动画和平面设计结合的产物，对于制作人员的设计审美能力要求也更高。

1.5　案例：制作一个简单的MG动画

在进行后续章节的学习前，先带领读者学习制作一个简单的MG动画，在边学边做的过程中了解制作MG动画的基本流程，为之后制作更复杂的MG动画打下基础。下面，将具体讲解如何制作一个简单的生日蛋糕MG动画。

素材文件：素材\第1章\1.5制作一个简单的MG动画	效果文件：效果\第1章\1.5制作一个简单的MG动画.gif	视频文件：视频\第1章\1.5制作一个简单的MG动画.MP4

1.5.1　导入素材

01 启动 After Effects CC 2018 软件，进入其操作界面。执行“文件”|“导入”|“文件”菜单命令，在弹出的“导入文件”对话框中找到“蛋糕 .ai”文件，单击“导入”按钮，如图 1-35所示。

图 1-35　导入素材

02 在弹出的对话框中设置“导入种类”为“合成”选项，设置“素材尺寸”为“图层大小”选项，然后单击“确定”按钮，如图 1-36 所示。

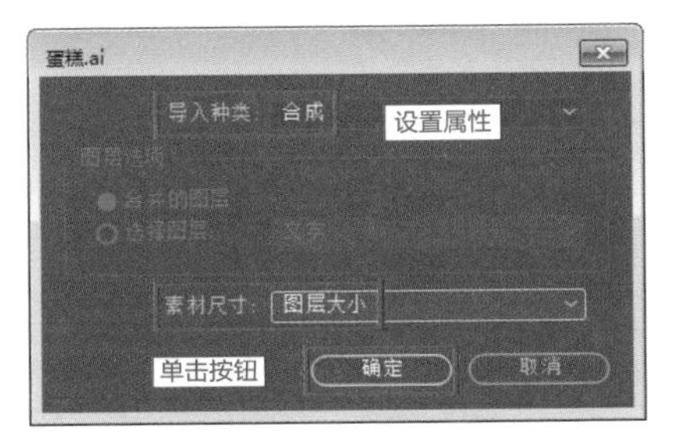

图 1-36　图层设置

相关链接

本书所使用的 Adobe 制作软件均为 2018 版本，具体操作时请读者以自身使用的软件版本为准。AI 矢量文件的绘制将在本书第 2 章的 2.3 节进行具体讲解。

03 导入文件后，执行“编辑”|“首选项”|“导入”菜单命令，在弹出的“首选项”对话框中设置“序列素材”属性为 25 帧 / 秒，然后单击“确定”按钮，如图 1-37 所示。

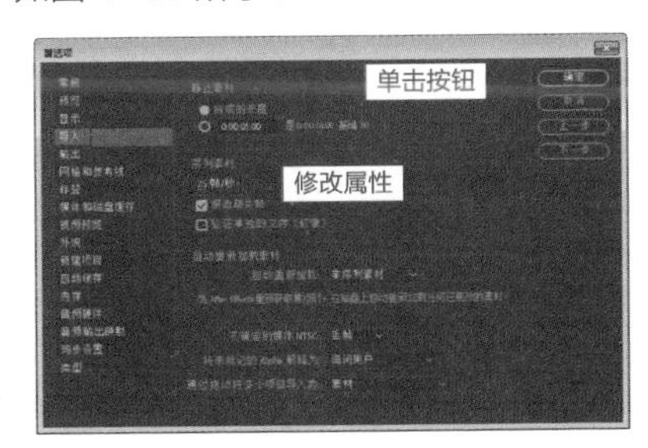

图 1-37　设置导入帧速率

04 在“项目”窗口中双击“蛋糕”合成，在图层面板中可以看到分层摆放的矢量素材，如图 1-38 所示，同时在“合成”窗口会显示绘制好的矢量素材。

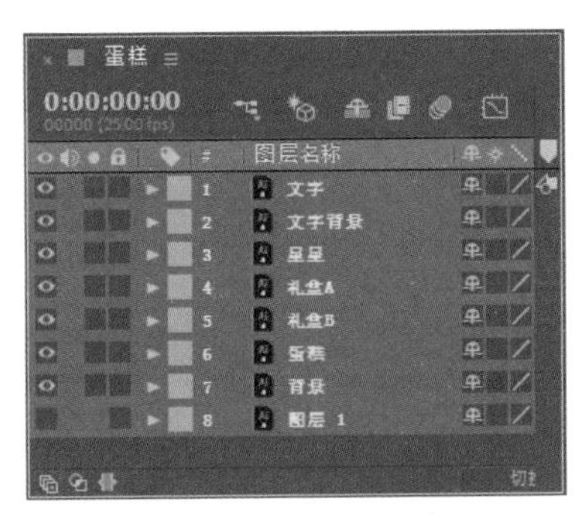

图 1-38　图层分布

05 上述操作后，可以在“合成”窗口预览导入的素材，此时是静态矢量素材，如图 1-39 所示。接下来需要为静态素材设置关键帧动画。

图 1-39　预览素材

1.5.2　制作动画

01 执行“图层”|“新建”|“纯色”菜单命令，在弹出的“纯色设置”对话框中，创建一个与合成大小一致的固态层，将其放置在底层，并设置颜色 RGB 参数为 22、23、50，命名为“底色”，如图 1-40 所示。

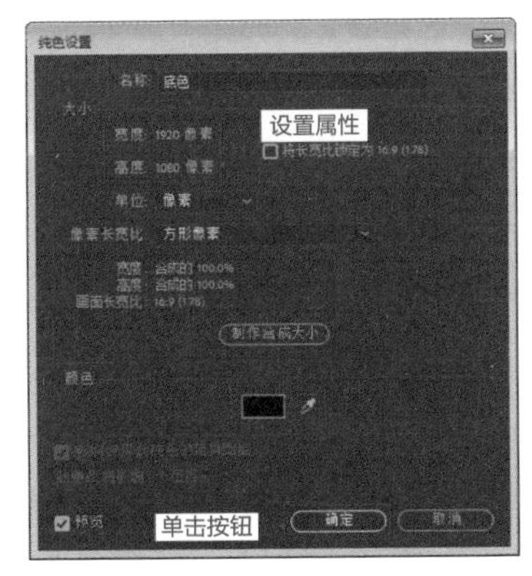

图 1-40　纯色设置

02 完成“纯色设置”对话框中的参数设置后，单击“确定”按钮，此时会在矢量素材底部生成一个蓝色背景，在“合成”窗口的预览效果如图1-41所示。

03 在图层面板中选择“背景”图层，为其执行“效果”|“扭曲”|“变换”菜单命令。接着在图层面板展开“变换”特效属性，在0帧位置单击“缩放”参数前的“时间变化秒表”按钮，设置关键帧动画，并修改“缩放”参数为0，如图1-42所示。

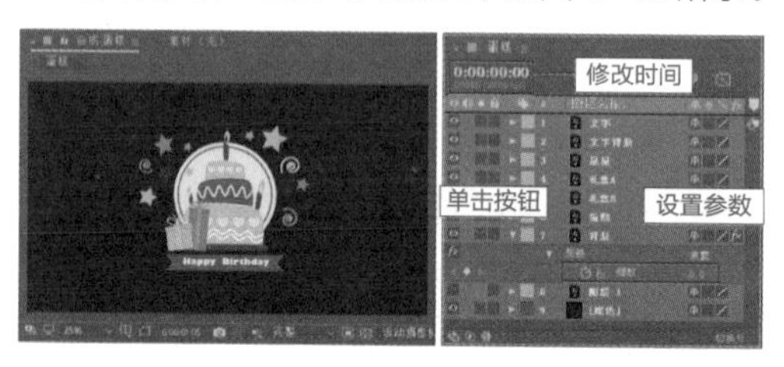

图 1-41　添加背景后效果　图 1-42　设置关键帧动画

提示

上述操作中设置关键帧的“缩放”为变换特效中的属性，并非图层自带的“缩放”属性，设置关键帧动画时切忌弄错。

04 接着分别在第6帧设置“缩放”参数为110，在第12帧设置“缩放”参数为100，修改参数后，在时间线窗口会自动生成对应的关键帧，如图1-43所示。

图 1-43　缩放关键帧动画

05 为了使上述设置的缩放动画更加平滑细腻，在时间线窗口同时选择三个关键帧，按快捷键F9将菱形关键帧转换为缓入缓出关键帧，如图1-44所示。

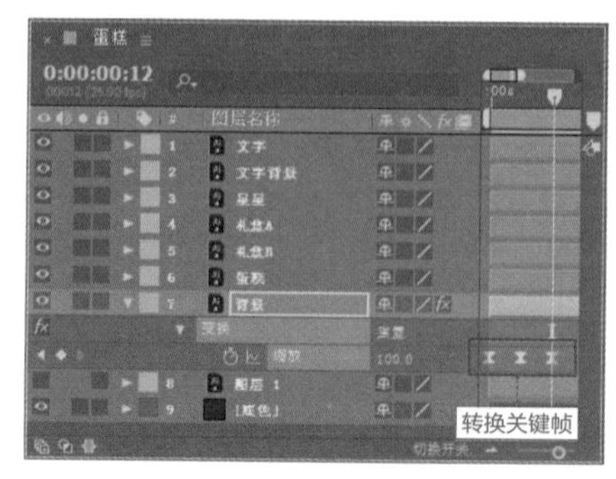

图 1-44　转换关键帧

提示

如果想让设置的“缩放”动画弹出效果更加细腻，可以在图层面板中单击按钮，切换到图表编辑器后调节曲线。

06 为“背景”层设置缩放动画后，预览效果，可以发现图层产生了由小变大，再变小的弹性效果动画，如图1-45所示。

图 1-45　弹性效果动画

07 在图层面板中选择“蛋糕”图层，为其执行“效果”|“扭曲”|“变换”菜单命令。接着全选“背景”图层上的3个缓入缓出关键帧，按快捷键Ctrl+C进行复制，然后将关键帧粘贴（按快捷键Ctrl+V）到“蛋糕”图层的第3帧位置，如图1-46所示。

08 用同样的方法，为“礼盒B”“礼盒A”和“星星”图层分别执行“效果”|“扭曲”|“变换”菜单命令，并相较下方图层，每隔3帧将“缩放”关键帧进行粘贴。关键帧最终效果如图1-47所示。

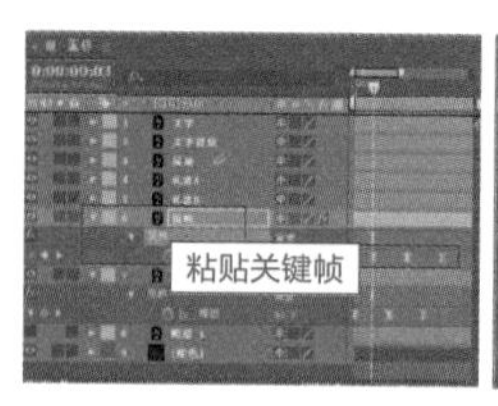

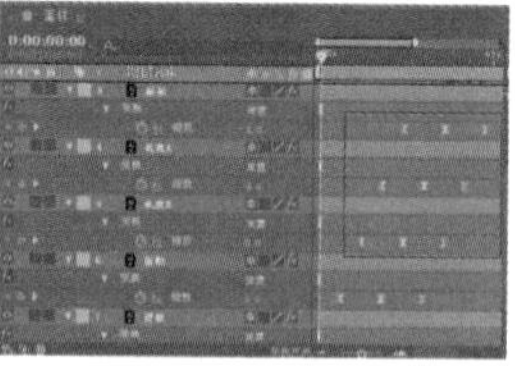

图 1-46　粘贴关键帧　图 1-47　关键帧最终效果

09 上述操作后，在“合成”窗口预览动画效果，设置了关键帧动画的分层素材会按照顺序逐一弹出，效果如图 1-48 所示。

图 1-48　分层素材按顺序逐一弹出

10 在图层面板中选择“文字背景”图层，为其执行“效果”|“扭曲”|“变换”菜单命令，并在效果控件面板中取消勾选“统一缩放”选项。接着设置“缩放高度”参数为 100，在 15 帧位置单击“缩放宽度”属性前的“时间变化秒表”按钮 ，设置缩放宽度关键帧动画，并修改参数为 0，如图 1-49 所示。

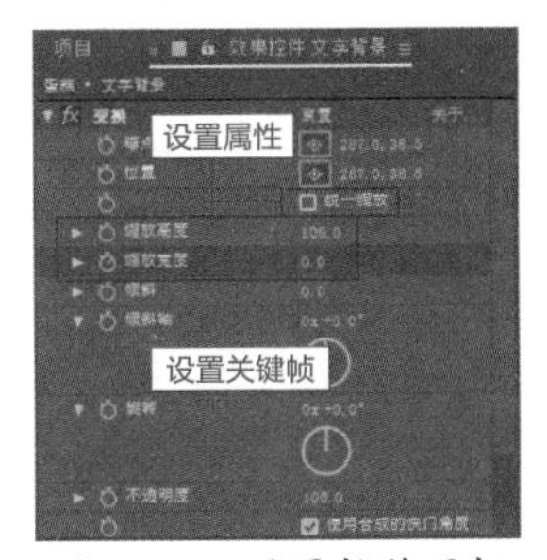

图 1-49　效果控件面板

11 接下来分别在 21 帧位置设置“缩放宽度”参数为 110，在 1 秒 02 帧位置设置“缩放宽度”参数为 100，并按快捷键 F9 将菱形关键帧 转换为缓入缓出关键帧 ，如图 1-50 所示。

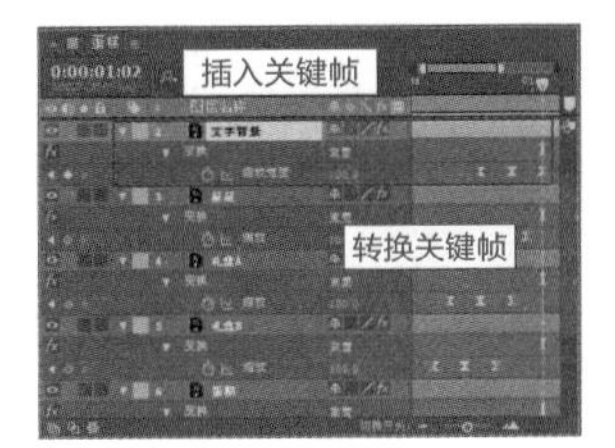

图 1-50　设置关键帧

12 为“文字背景”图层设置关键帧动画后的效果如图 1-51 所示，纵向不发生变化，只产生横向拉伸效果。

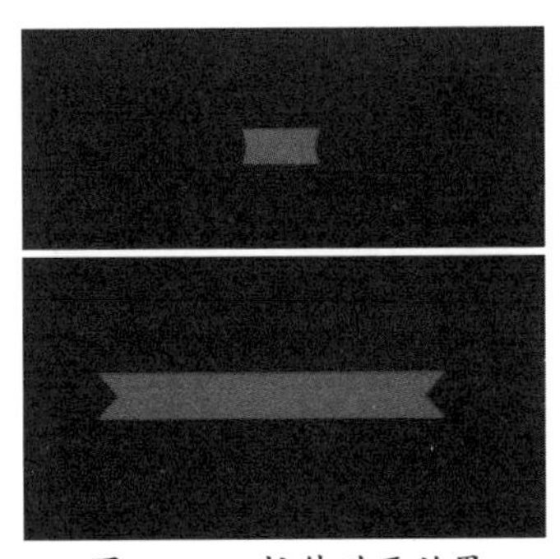

图 1-51　拉伸动画效果

13 在图层面板中选择“文字”图层，为其执行“效果”|“扭曲”|“变换”菜单命令，并在效果控件面板中取消勾选“统一缩放”选项。接着设置“缩放高度”参数为 100，在 18 帧位置单击“缩放宽度”属性前的“时间变化秒表”按钮 ，设置缩放宽度关键帧动画，并修改参数为 0，如图 1-52 所示。

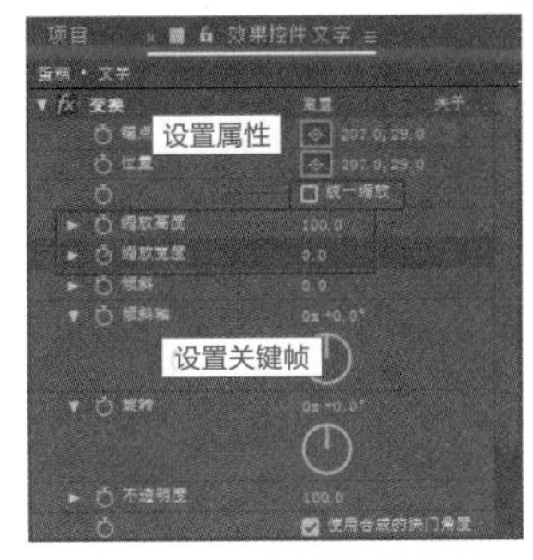

图 1-52　效果控件面板

14 接下来分别在 24 帧位置设置“缩放宽度”参数为 110，在 1 秒 05 帧位置设置“缩放宽度”

参数为 100，并按快捷键 F9 将菱形关键帧转换为缓入缓出关键帧，如图 1-53 所示。

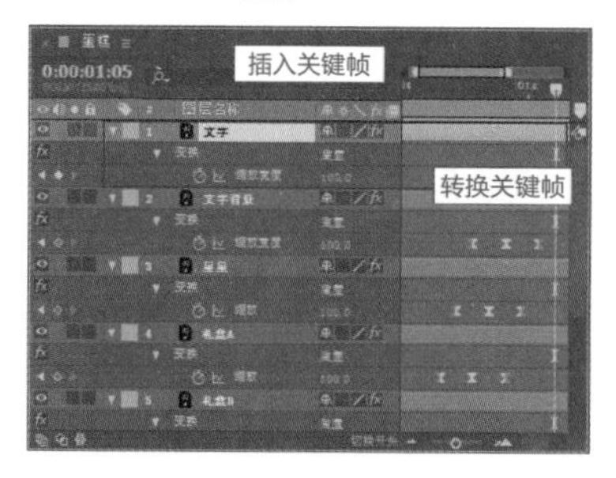

图 1-53　设置关键帧

15 用记事本方式打开素材文件夹中的“动画表达式”文件，按快捷键 Ctrl+A 全选表达式，然后按快捷键 Ctrl+C 进行复制，如图 1-54 所示。

```
n = 0;
if (numKeys > 0){
n = nearestKey(time).index;
if (key(n).time > time){
n--;
}
}
if (n == 0){
t = 0;
}else{
t = time - key(n).time;
}

if (n > 0){
v = velocityAtTime(key(n).time - thisComp.frameD
amp = .3;
freq = 3;
decay = 5.0;
value + v*amp*Math.s                PI)/Math.ex
}else{
value;
}
```

图 1-54　复制表达式

16 在图层面板中选择“背景”图层，按住快捷键 Alt，同时单击设置了关键帧动画的“缩放”属性前的“时间变化秒表”按钮，打开表达式面板，将复制的表达式粘贴至表达式书写框中，如图 1-55 所示。

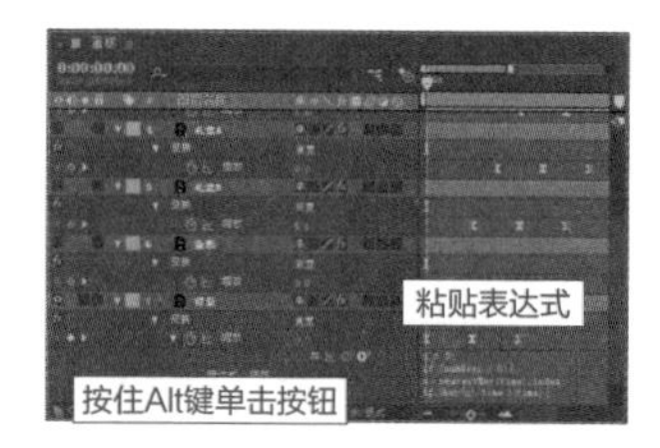

图 1-55　粘贴表达式

提示

上述表达式中标注出来的部分是主要控制运动的三个属性，amp（amplitude）表示振幅，freq（frequency）表示频率，decay 表示衰减。制作时可以根据实际效果对这三个变量进行数值更改，使动画呈现不同的弹跳感。

17 继续选择“蛋糕”图层，按住快捷键 Alt，同时单击设置了关键帧动画的“缩放”属性前的“时间变化秒表”按钮，打开表达式面板，同样将复制的表达式粘贴至表达式书写框中，如图 1-56 所示。

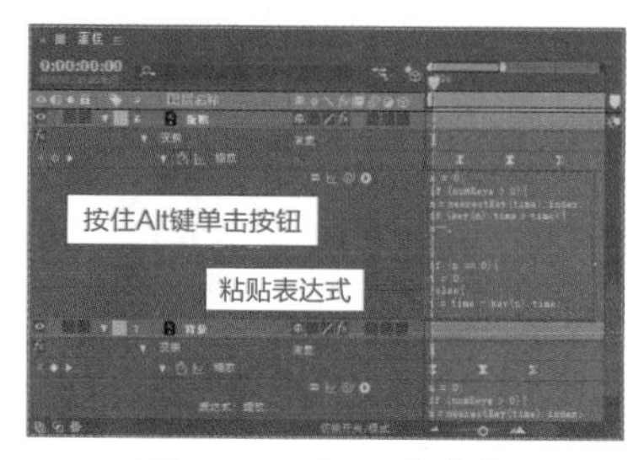

图 1-56　粘贴表达式

18 用上述同样的方法，将同一表达式粘贴给其他图层中设置了关键帧动画的属性，如图 1-57 所示。

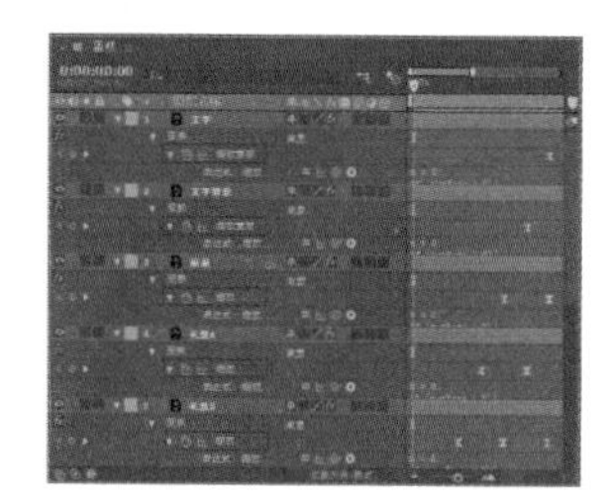

图 1-57　粘贴表达式

提示

选中图层后，按快捷键 U 可以展开所选图层已设置关键帧动画的对应属性。

19 至此，一个简单的蛋糕弹跳 MG 动画就已经制作完成了，按小键盘上的 0 键可以进行动画播放，效果如图 1-58 所示。

图 1-58　最终效果

相关链接

可以选择将动画导出成 GIF 小动图，导出 GIF 的具体方法请参照本书第 2 章的 2.2.3 小节。

1.6 知识拓展

本章主要是MG动画的一些基础知识，包括MG动画的概念、特点，制作MG动画的一般流程及其所具备的商业价值。

在正式学习制作MG动画以前，掌握这些入门知识可以帮助我们对MG动画有一个较为全面的认识。在制作MG动画之前，设计师必须要了解MG动画是什么，在具体制作时需要把握哪些点才能做出符合项目要求的动画效果。

同时，编者概述了制作MG动画的一般流程，意在帮助读者充分了解制作动画时要做的前期准备工作和后期优化工作，掌握这些知识点，相信在之后的项目制作时可以有效地提高工作效率和工作进度。

章节末，编者详细地向读者讲解了如何制作一款简单且极具MG风格的小动画。在边学边做的过程中，相信读者朋友们可以进一步地了解制作MG动画的基本流程，为之后制作更复杂的动画效果打下基础。

1.7 拓展训练

素材文件：素材\第1章\1.7拓展训练	效果文件：效果\第1章\1.7拓展训练.gif	视频文件：视频\第1章\1.7拓展训练.MP4

根据本章所学知识制作灯塔的动画效果，如图 1-59所示。

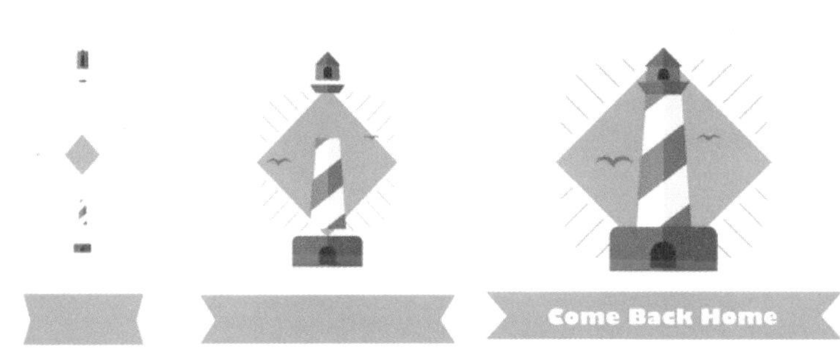

图 1-59　灯塔的动画效果

第 2 章

几款常用的制作软件

MG动画的制作软件非常多，主流常用的有After Effects、Flash、Cinema 4D等。这些软件功能强大，兼容性强，通过彼此之间的相互协作，不仅能提高设计者的动画制作效率，还能制作出丰富多彩的视觉特效。

本章将具体讲解几款常用的MG动画制作软件，分别是After Effects、Photoshop、Illustrator、Flash和Cinema 4D。同时，通过相关实例的讲解及制作，来帮助读者熟悉这几款软件在制作MG动画时的具体使用方法。

本章重点

After Effects软件应用 | Photoshop软件应用

Illustrator软件应用 | Flash软件应用

Cinema 4D软件应用

扫码观看本章
案例教学视频

2.1 After Effects软件介绍

After Effects是Adobe公司推出的一款图形与视频处理软件，它强大的影视后期特效制作功能，使其在整个行业内得到了广泛的应用。

2.1.1 After Effects软件概述

After Effects软件，简称AE。它是一款应用于PC和Mac端上的专业级影视合成软件，同时也是目前最为流行的影视后期合成软件之一。

After Effects拥有先进的设计理念，是一款灵活的基于层的2D和3D后期合成软件，这意味着它与同为Adobe公司出品的Premiere、Photoshop、Illustrator等软件可以无缝结合，兼容使用。再加上它自身包含了上百种特效及预置动画效果，足以创建出众多无与伦比的视觉特效。而关键帧和路径的引入，也使得高级二维动画的制作变得更加游刃有余。这些功能让After Effects在制作MG动画中的作用及地位不容小觑。图 2-1所示为使用AE制作的各种MG动画。

图 2-1　使用AE制作的各种MG动画

提示

本书将以After Effects CC 2018版本为例进行讲解。

2.1.2 After Effects的工作界面 重点

首次启动After Effects CC 2018软件，显示的是标准工作界面，该界面包括菜单栏及集成的窗口和面板，如图 2-2所示。

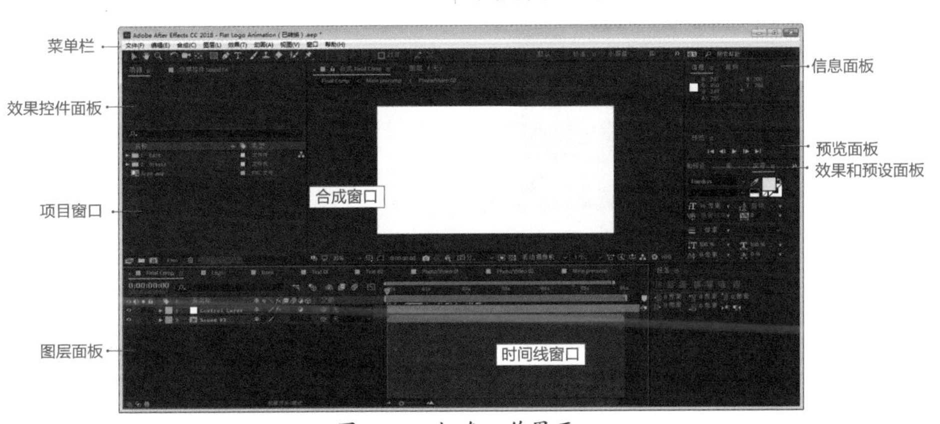

图 2-2　标准工作界面

界面区域介绍如下。

- **菜单栏：**包含了可以执行的各种命令。单击菜单名称即可打开相应的菜单。
- **效果控件面板：**用来显示图层应用的效果。可以在效果控件面板中调节各个效果的参数值，也可以结合时间线窗口为效果参数制作关键帧动画。
- **项目窗口：**用来管理素材与合成，在项目窗口中可以查看每个合成或素材的尺寸、持续时间和帧速率等信息。
- **图层面板：**当前合成项目的所有图层分布在此，可以在该面板中对图层进行各种操作。
- **合成窗口：**用来预览当前效果或最终效果的窗

口，可以调节画面的显示质量，同时合成效果还可以分通道显示各种标尺、栅格线和辅助线。

- **时间线窗口：** 进行后期特效处理和制作动画的主要窗口，该窗口中的素材是以图层的形式进行排列的。
- **预览面板：** 可以通过单击该面板中的按钮，对当前合成项目进行播放预览。
- **效果和预设面板：** 该面板中包含了After Effects软件内置的上百种特效，用户可以将该面板中的特效直接拖动到图层中，也可以选择图层执行“效果”菜单命令。
- **信息面板：** 显示当前所选图层的颜色、位置等属性参数。

提示

除了上面介绍的窗口之外，还有如图 2-3 所示的“渲染队列”窗口这一重要板块，一般在用户创建完合成后进行渲染输出时，就需要使用到“渲染队列”窗口。选择菜单栏中的“合成”|“添加到渲染队列”菜单命令，或者按快捷键 Ctrl+M 即可进入“渲染队列”窗口。

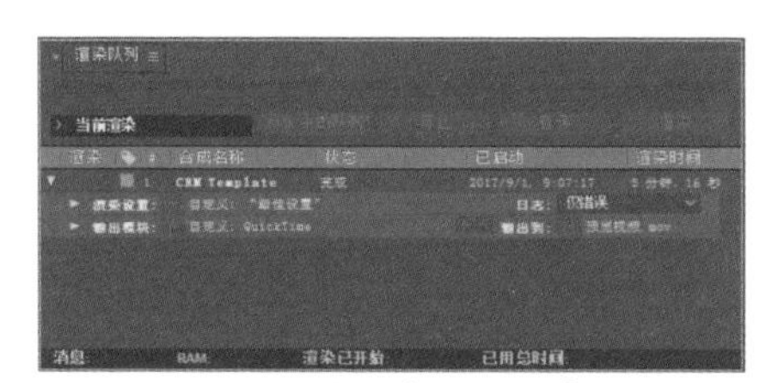
图 2-3 “渲染队列”窗口

2.1.3 案例：Live Photo 动态图标 重点

素材文件：素材\第2章\2.1.3 Live Photo动态图标

效果文件：效果\第2章\2.1.3 Live Photo动态图标.gif

视频文件：视频\第2章\2.1.3 Live Photo动态图标.MP4

01 启动 After Effects CC 2018 软件，进入其操作界面。执行“合成”|“新建合成”命令，创建一个预设为“自定义”的合成，设置大小为 300px × 300px，设置“帧速率”为 60 帧 / 秒，设置“持续时间”为 10 秒，并设置好名称，然后单击“确定”按钮，如图 2-4 所示。

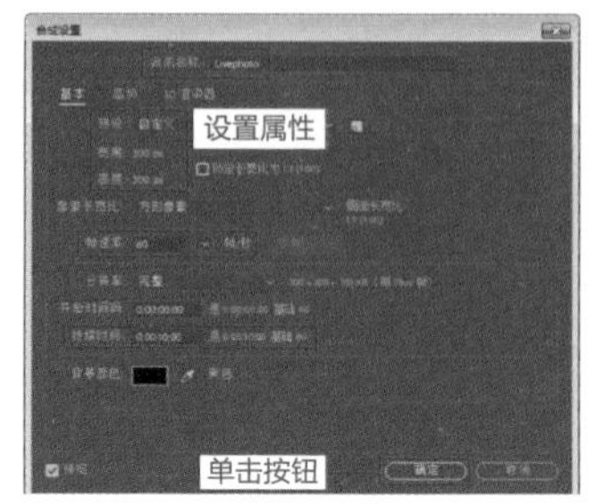

图 2-4 创建合成

02 使用“椭圆”工具在“合成”窗口绘制一个填充为白色且不描边的正圆，如图 2-5 所示。

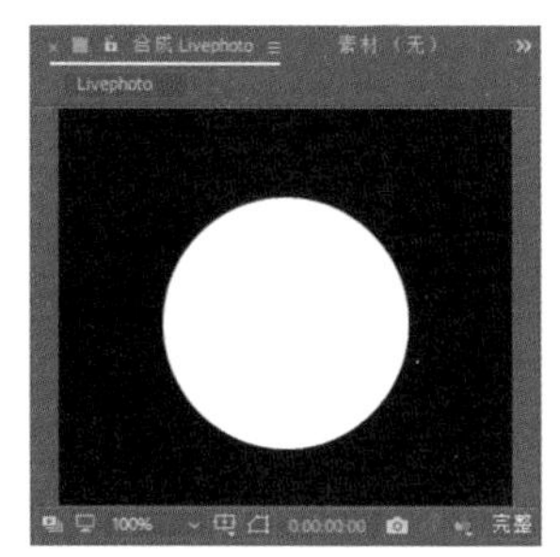
图 2-5 绘制一个正圆

03 在图层面板中选择“形状图层 1”，展开“椭圆 1”属性，设置“大小”参数为 6.6，展开“变换：椭圆 1”属性，设置“位置”参数为 0、0，如图 2-6 所示。设置完成后，在“合成”窗口的圆会缩小并摆放至中心位置，如图 2-7 所示。

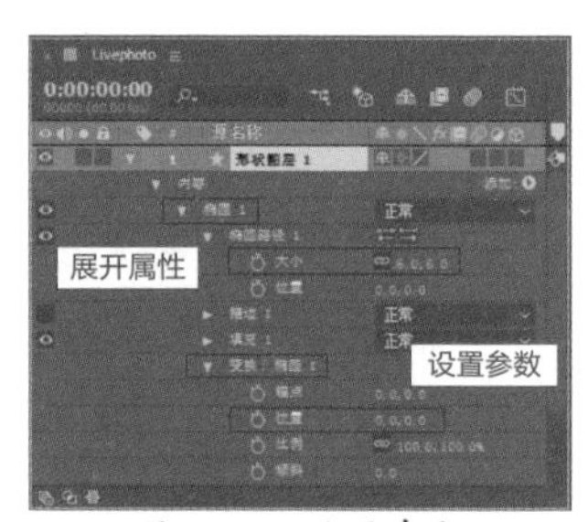

图 2-6 设置参数

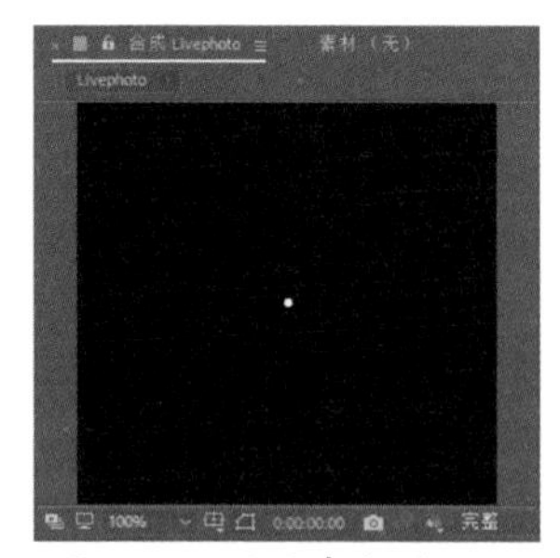
图 2-7 设置参数的效果

04 单击“形状图层 1”右侧的“添加”按钮，在展开的快捷菜单中选择“组（空）”命令，如图 2-8 所示。

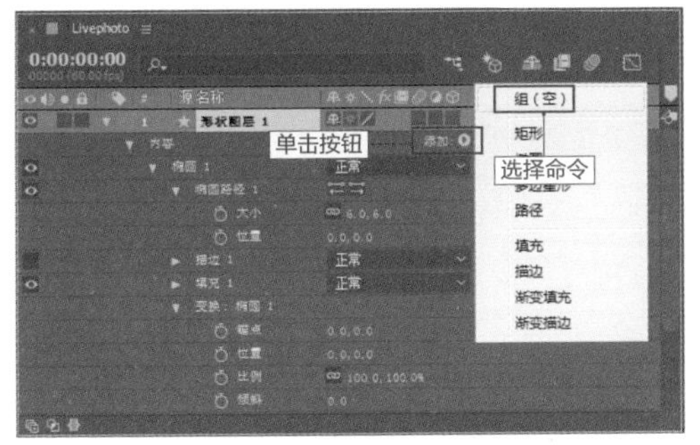

图 2-8 添加“组”

05 在图层面板中，将“椭圆 1”拖入“组 1”，如图 2-9 所示。

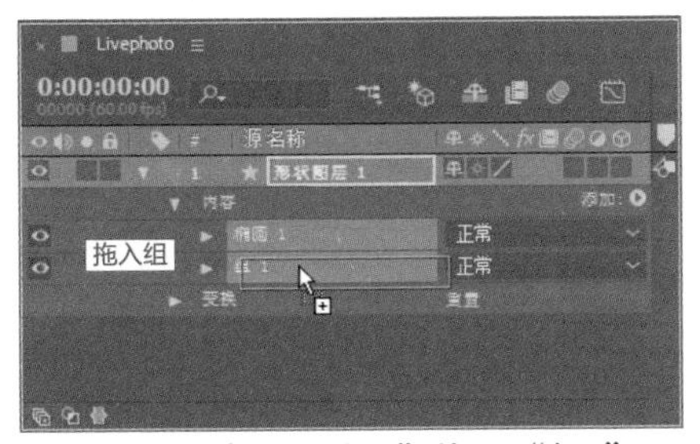

图 2-9 将“椭圆 1”拖入“组1”

06 选择“组 1”，接着单击“形状图层 1”右侧的“添加”按钮，在展开的快捷菜单中选择“中继器”命令，如图 2-10 所示。

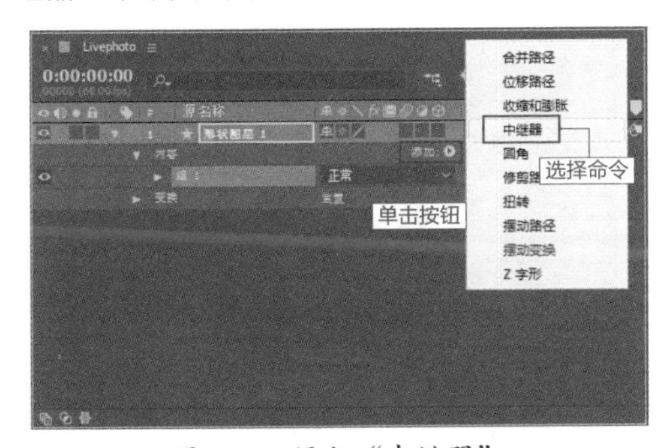

图 2-10 添加“中继器”

07 在图层面板展开“中继器 1”属性，设置“副本”参数为 60，展开“变换：中继器 1”属性，设置“位置”参数为 0、0，设置“旋转”参数为 0×+6°，如图 2-11 所示。

08 展开“椭圆 1”中的“变换：椭圆 1”属性栏，设置“位置”参数为 100、0，如图 2-12 所示。

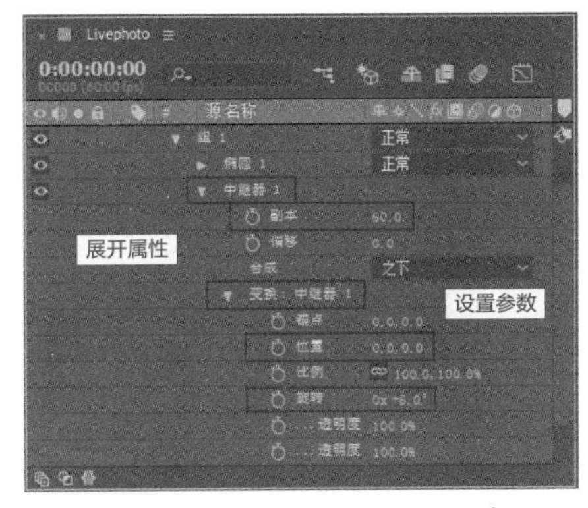

图 2-11 设置“中继器 1”的参数

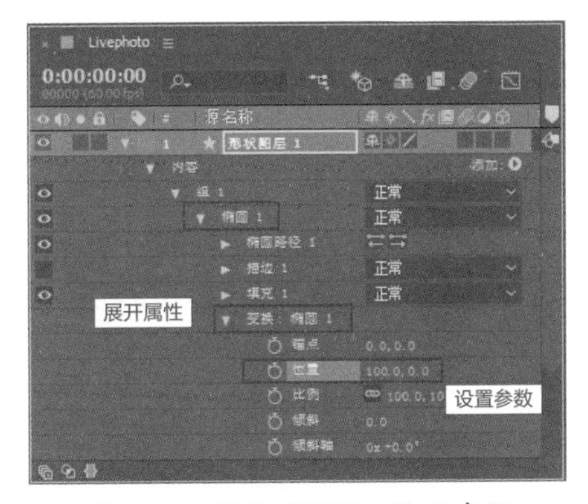

图 2-12 设置“椭圆 1”的参数

提示

上述的“副本”和“旋转”参数可以自行调节，只需保证副本数 × 旋转数 =360 即可，用来控制点的疏密程度。

09 在 0 帧位置分别单击“位置”和“不透明度”参数前的“时间变化秒表”按钮，设置关键帧动画，如图 2-13 所示。设置完成后，在“合成”窗口的对应预览效果如图 2-14 所示。

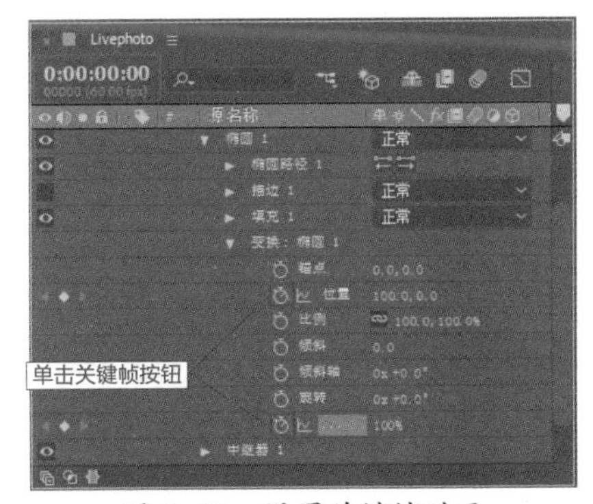

图 2-13 设置关键帧动画

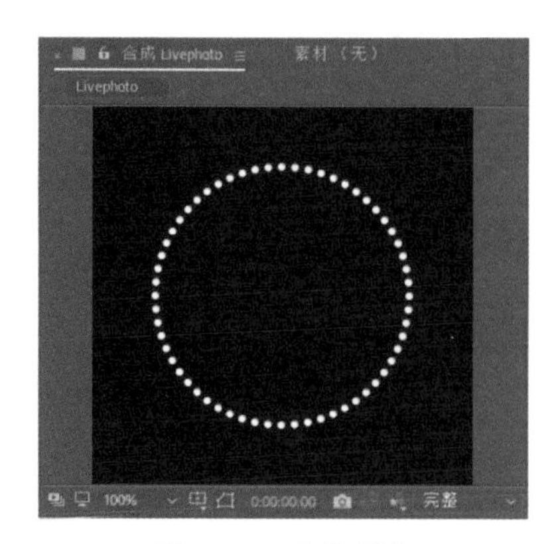

图 2-14　效果预览

10 选择形状图层，按快捷键 Ctrl+D 进行图层复制。接着选择新复制出的“形状图层 2”，展开其“变换：椭圆 1”属性栏，设置“位置”参数为 70、0，设置“比例”参数为 100%、280%。然后在 0 帧给“位置”及“比例”参数设置关键帧动画，同时取消“不透明度”关键帧，如图 2-15 所示。设置参数后，在“合成”窗口的对应预览效果如图 2-16 所示。

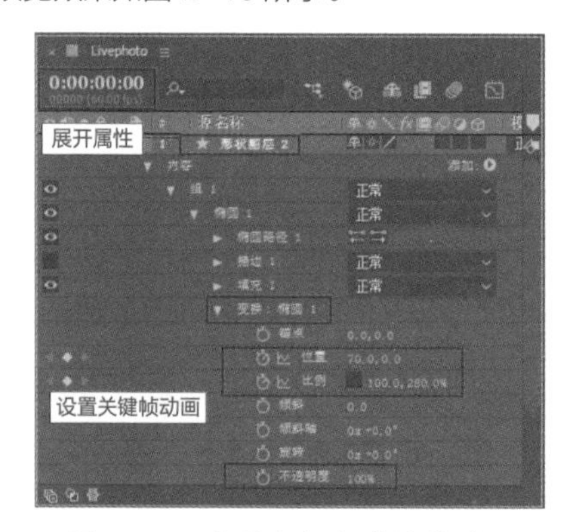

图 2-15　设置参数和关键帧动画

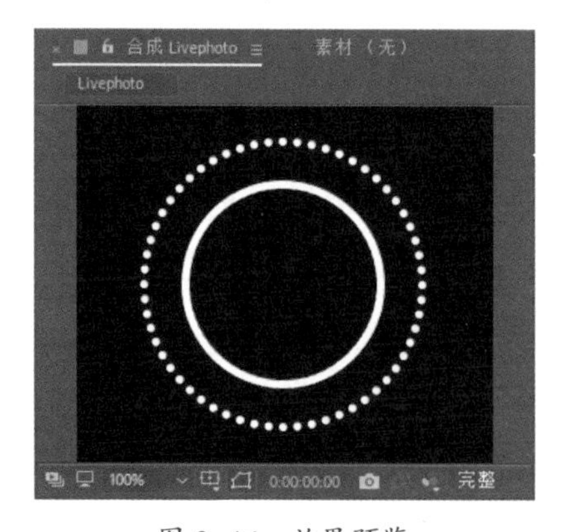

图 2-16　效果预览

提示

上述设置“比例”参数时，需要先取消勾选“约束比例”按钮，否则数值会捆绑在一起同时改变。

11 执行“图层”|“新建”|“形状图层”菜单命令，然后在创建的形状图层中，使用“椭圆”工具绘制一个大小为 60、描边为 15、无填充、白色描边的正圆，并将其放置在合成中央，如图 2-17 所示。

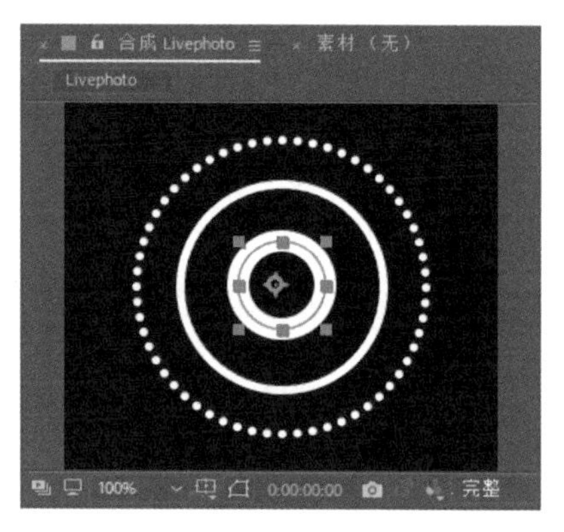

图 2-17　绘制正圆

12 选择“形状图层 3”，按快捷键 Ctrl+Alt+Home 在图层内容中居中放置锚点，然后按快捷键 Ctrl+Home 将视点进行居中摆放，效果如图 2-18 所示。

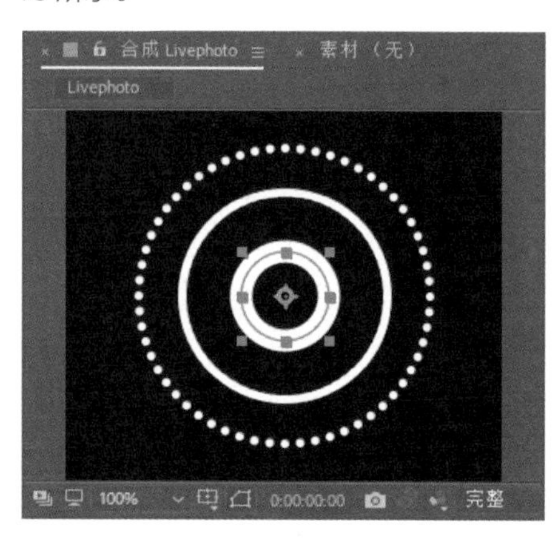

图 2-18　视点居中

提示

要为图层执行锚点视点居中操作，除了按快捷键，还可以单击鼠标右键，在弹出的快捷菜单中选择“变换”选项中的对应选项。

13 展开“形状图层 3”的路径及描边属性，在 0 帧位置分别单击“大小”及“描边宽度”属性前的“时间变化秒表”按钮，设置关键帧，如图 2-19 所示。

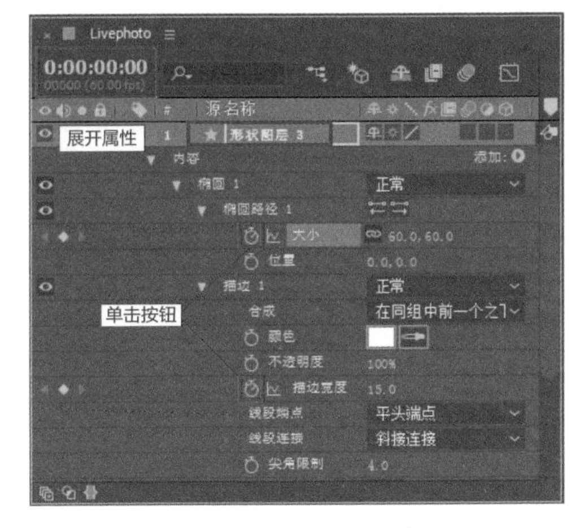

图 2-19 设置关键帧

14 选择“形状图层 3”，按快捷键 Ctrl+D 进行图层复制。接着选择新复制出来的“形状图层 4”，展开其路径、描边及椭圆变换属性栏，设置“大小”参数为 20、20，并在 0 帧位置为“大小”和“不透明度”参数设置关键帧，同时取消“描边宽度”关键帧，如图 2-20 所示。

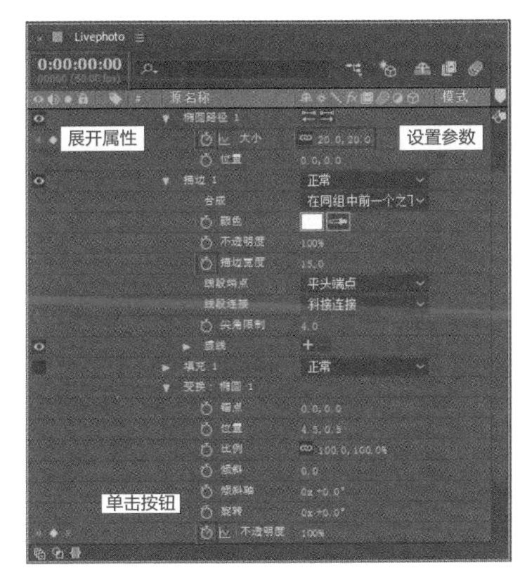

图 2-20 设置参数和关键帧

15 在图层面板中同时选择 4 个形状图层，按快捷键 U 展开已设置关键帧的各项属性，如图 2-21 所示。

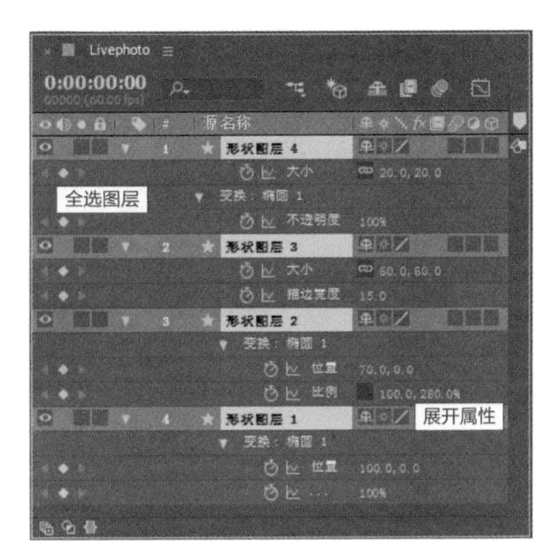

图 2-21 展开关键帧属性

16 在 30 帧位置，将“形状图层 4”的“大小”参数设置为 60、60，“不透明度”属性设置关键帧，将 30 帧的“不透明度”设置为 100，并将其 0 帧的“不透明度”参数设置为 0；将“形状图层 3”的“大小”参数设置为 140、140，“描边宽度”参数设置为 6；将“形状图层 2”的“位置”参数设置为 100、100，“比例”参数设置为 100%、100%；将“形状图层 1”的“位置”参数设置为 140、0，“不透明度”参数设置为 0，如图 2-22 所示。

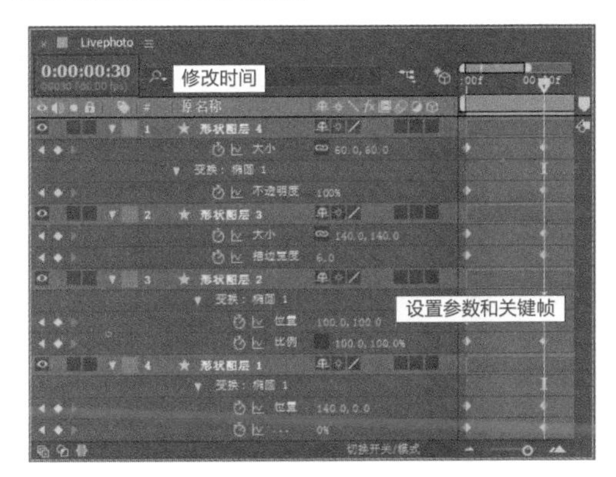

图 2-22 设置参数和关键帧

17 选择时间线窗口中的所有菱形关键帧，按快捷键 F9 将其转换为缓入缓出关键帧，如图 2-23 所示。

18 在图层面板右上角单击按钮，展开“图表编辑器”，接着右键单击“图表编辑器”空白处，在弹出的快捷菜单中选择“编辑速度图表”命令，如图 2-24 所示。

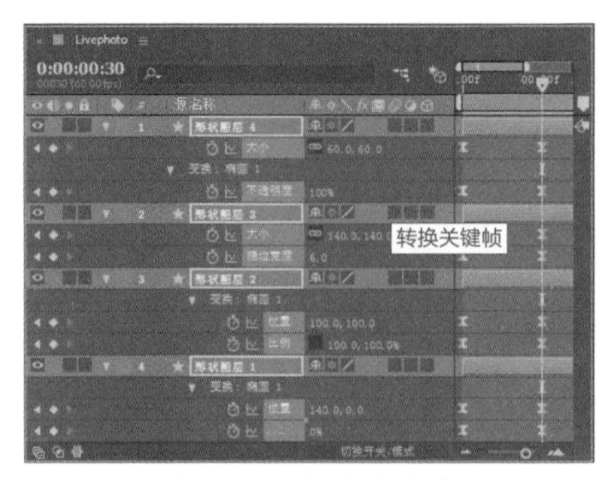

图 2-23　转换关键帧

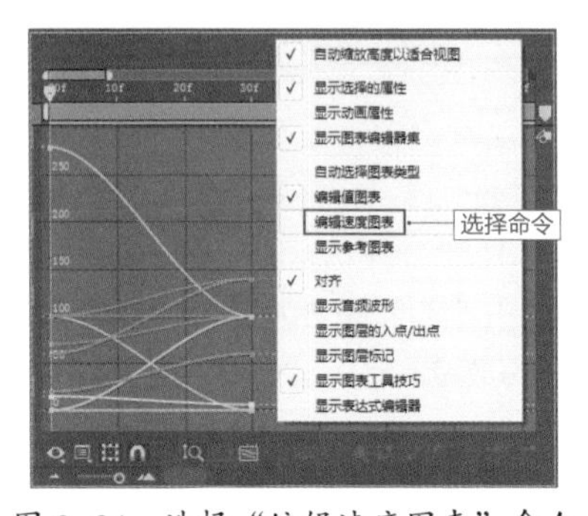

图 2-24　选择“编辑速度图表”命令

19 打开速度图表后，分别选中所有曲线的左右两端，依次按住 Shift 键，并向内拖动进行统一收缩，将曲线调节至如图 2-25 所示状态。

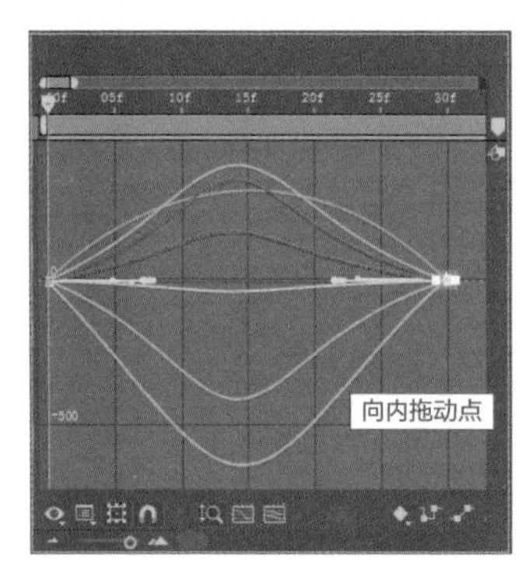

图 2-25　调整曲线

20 单击按钮，返回时间线窗口。接着复制文件夹中对应的弹性表达式，并在图层面板中选择“形状图层 4”，按住快捷键 Alt，同时单击设置了关键帧动画的“大小”属性前的“时间变化秒表”按钮，打开表达式面板，将复制的表达式粘贴至表达式书写框中。然后用同样的方法为“形状图层 3”和“形状图层 2”的“大小”和“位置”属性粘贴同一表达式，如图 2-26 所示。

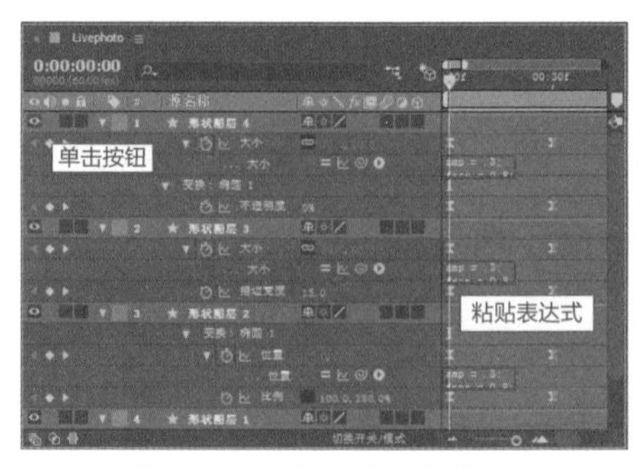

图 2-26　粘贴弹性表达式

21 单击按钮，进入“图表编辑器”窗口，选择上述添加了表达式的 3 个属性，将它们曲线的右端点向上提升，来控制图形的回弹程度，调整结果如图 2-27 所示。

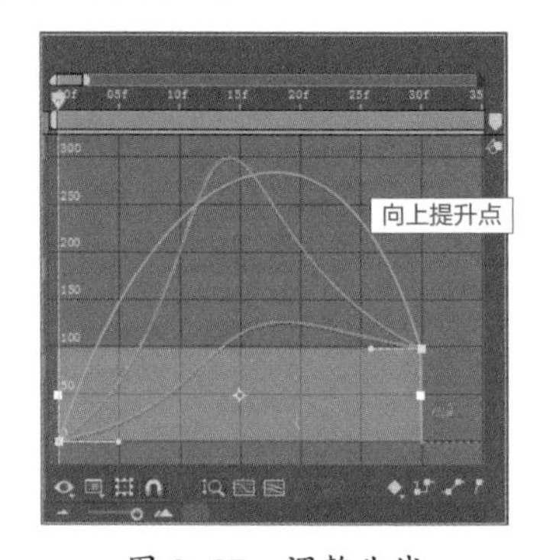

图 2-27　调整曲线

22 在时间线窗口中，将图层关键帧每隔 10 帧向后拖动，摆放成如图 2-28 所示的阶梯状，使动画按先后顺序出现。

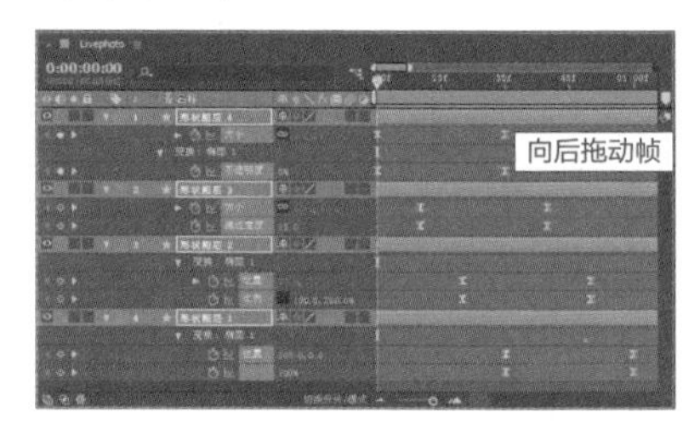

图 2-28　调节关键帧位置

23 在图层面板选择“形状图层 2”，将其末帧的“位置”参数 Y 值修改为 0，优化动画显示效果，如图 2-29 所示。

24 按快捷键 Ctrl+N，创建一个预设为“HDV/HDTV 720 25”的合成，设置“持续时间”为 5 秒，并设置其名称为“Final”，完成后单击“确定”按钮，如图 2-30 所示。

图 2-29　调整末帧参数

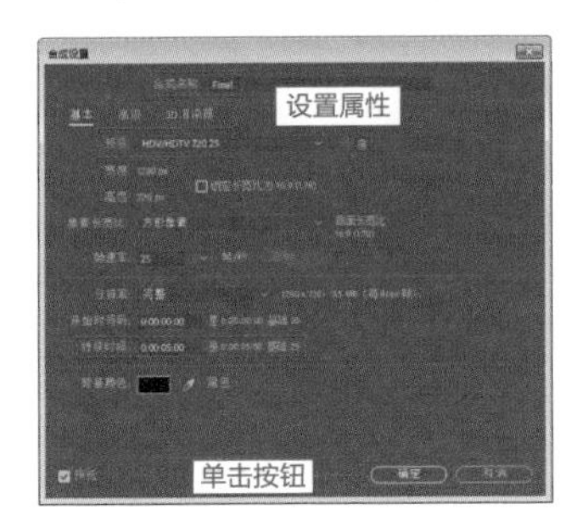

图 2-30　新建合成

25 将“项目”窗口中的“Livephoto”合成拖入“Final”合成中，并选择图层按 S 键展开“缩放”属性，设置其“缩放”参数为 190%、190%，如图 2-31 所示。在“合成”窗口对应的预览效果如图 2-32 所示。

图 2-31　设置缩放参数

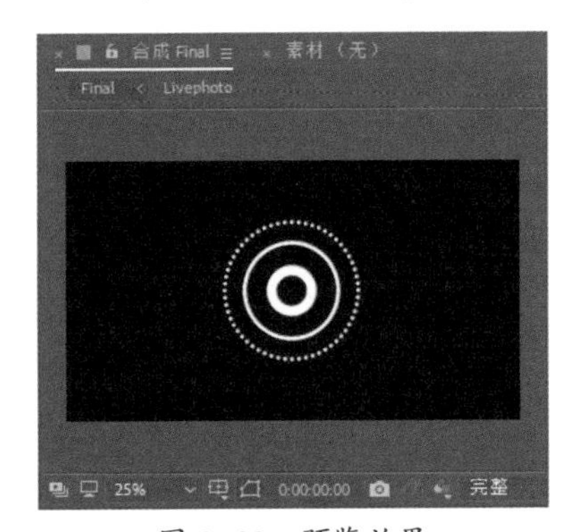

图 2-32　预览效果

26 执行“图层”|“新建”|“纯色”菜单命令，新建一个与合成大小一致的固态层，并设置其名称为“背景”，设置颜色为蓝色（#5499F8），完成后单击“确定”按钮，如图 2-33 所示。

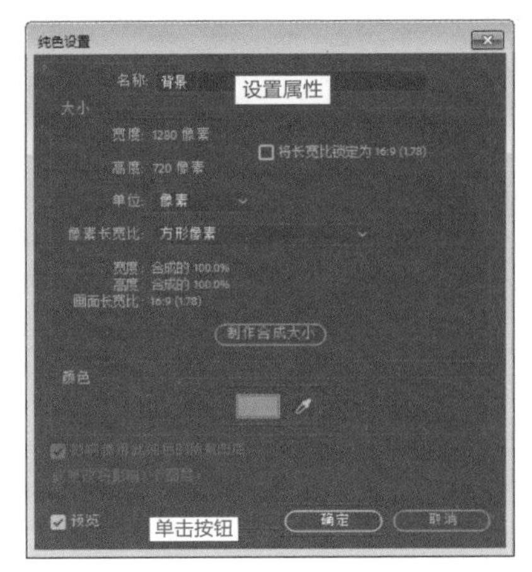

图 2-33　纯色设置

27 将上述创建的“背景”图层放置到“Livephoto”图层下方，此时在“合成”窗口的对应预览效果如图 2-34 所示。

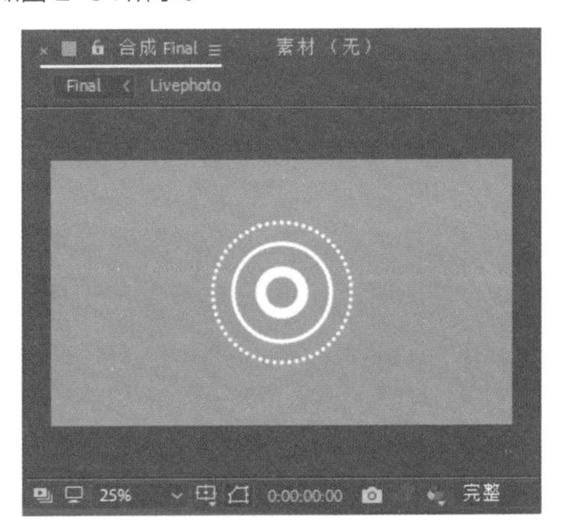

图 2-34　预览效果

28 选择“背景”图层，为其执行“效果”|“生成”|“梯度渐变”菜单命令，然后在效果控件面板中设置“起始颜色”为蓝色（#5499F8），设置“结束颜色”为浅蓝（#54EAF8），如图 2-35 所示。设置完成后，在“合成”窗口对应的预览效果如图 2-36 所示，此时“背景”图层会产生两种颜色相交的渐变效果。

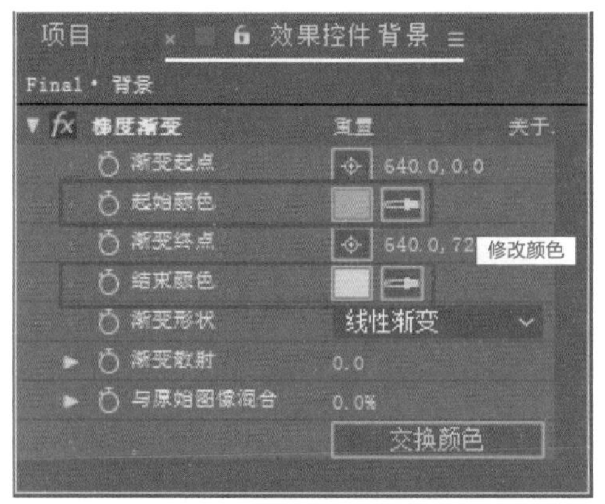

图 2-35 效果控件面板设置

图 2-36 预览效果

29 至此，Live Photo 动态图标就制作完成了，按小键盘上的 0 键可以进行动画播放，效果如图 2-37 所示。

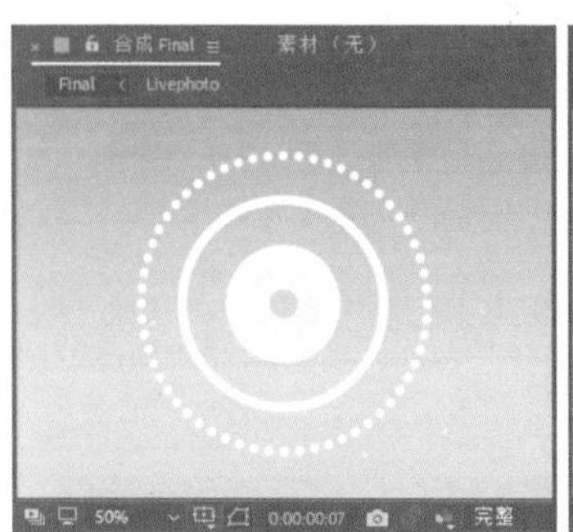

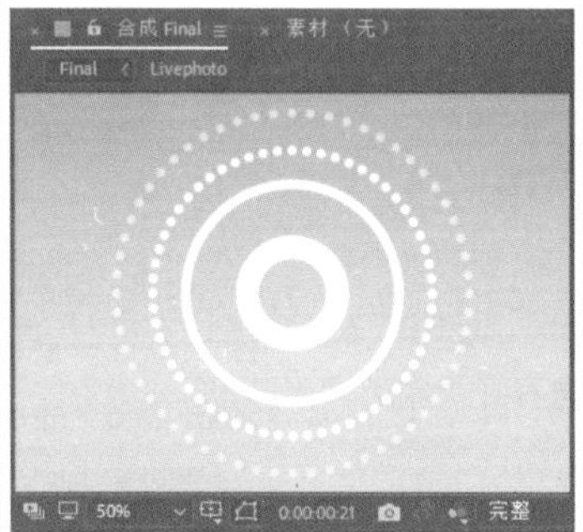

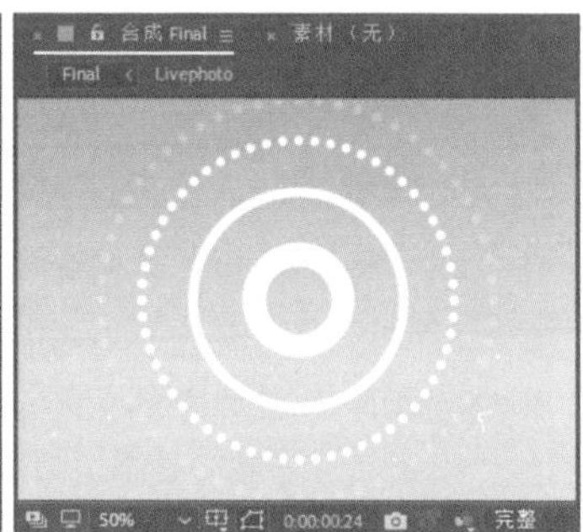

图 2-37 最终效果

2.2 Photoshop软件介绍

Photoshop是全球领先的数码影像编辑软件，其功能强大，应用广泛。不论是平面设计、3D动画、数码艺术、网页制作、矢量绘图、多媒体制作还是桌面排版，Photoshop在每个领域都能发挥重要作用。

2.2.1 Photoshop软件概述

Photoshop软件，简称PS。该软件是Adobe公司旗下最负盛名的集图像扫描、编辑修改、图像制作、广告创意及图像输入与输出于一体的图形图像处理软件，被誉为“图像处理大师”。它的功能十分强大，并且使用方便，深受广大设计人员和计算机美术爱好者的喜爱。

同样地，Photoshop优秀的软件性能也可以在制作MG动画时，起到如虎添翼的作用。它不仅可以用来优化处理图形素材，还可以将After Effects中制作的视频导入，用来制作GIF文件，用于在其他平台上进行传播，如图 2-38 所示。

图 2-38　Photoshop可以用来制作GIF文件

提示

本书将以 Adobe Photoshop CC 2018 版本为例进行讲解。

2.2.2　Photoshop的工作界面

启动Adobe Photoshop CC 2018软件，以“基本功能”工作界面为例，可以看到主要的界面构成元素包括了菜单栏、标题栏、工具栏、工具选项栏、面板、状态栏、图层面板、图像及画布工作区、时间轴窗口等，如图 2-39所示。

此外，在制作MG动画时，最常用到的就是Photoshop导出GIF的这一功能，之后的实例将会具体讲解如何利用Photoshop导出GIF动态图。

图 2-39　“基本功能”工作界面

界面区域介绍如下。

- **菜单栏：** 包含了可以执行的各种命令，单击菜单名称即可打开相应的菜单。
- **标题栏：** 显示了文档名称、文件格式、窗口缩放比例和颜色模式等信息。如果文档中包含多个图层，则标题栏中还会显示当前工作图层的名称。
- **工具栏：** 包含用于执行各种操作的工具，如创建选区、移动图像、绘画和绘图等。
- **工具选项栏：** 用来设置工具的各种选项，它会随着所选工具的不同而改变选项内容。
- **面板：** 有的用来设置编辑选项，有的用来设置颜色属性。
- **状态栏：** 可以显示文档大小、文档尺寸、当前工具和窗口缩放比例等信息。
- **图像及画布工作区：** 是绘图和编辑处理图像的主要区域，其他所有工具和命令都是为工作区窗口的图像而服务的。
- **图层面板：** 在该面板中显示了当前项目的所有图层。
- **时间轴窗口：** 在该窗口可以创建图层帧动画，可在菜单栏的“窗口”菜单中激活该窗口。

2.2.3　案例：Photoshop导出GIF动态图 重点

素材文件：素材\第2章\2.2.3 Photoshop导出GIF动态图

效果文件：效果\第2章\2.2.3 Photoshop导出GIF动态图.gif

视频文件：视频\第2章\2.2.3 Photoshop导出GIF动态图.MP4

01 启动 After Effects CC 2018 软件，进入其操作界面。执行“文件”|“打开项目”菜单命令，在弹出的“打开”对话框中选择图 2-40 所示的工程文件“雪花 .aep”，单击“打开”按钮，如图 2-40 所示。

图 2-40 打开项目文件

02 进入项目文件后，执行“文件”|“导出”|“添加到渲染队列”菜单命令（快捷键 Ctrl+M），进入“渲染队列”窗口，接着在该窗口中单击“输出模块”后的“无损”选项，如图 2-41 所示。

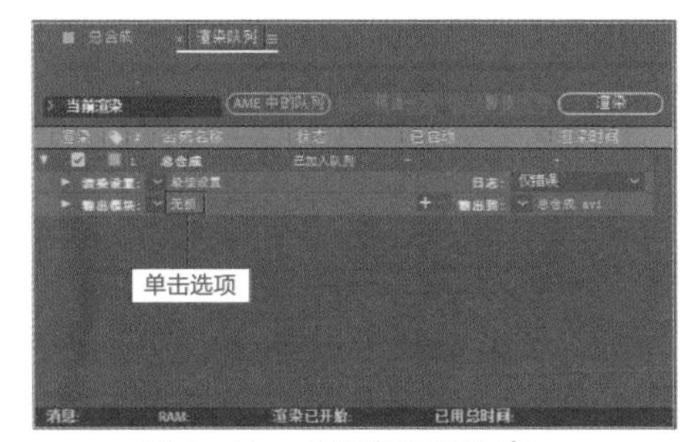

图 2-41 “渲染队列”窗口

03 弹出“输出模块设置”对话框，在“格式”下拉列表中选择“PNG”序列选项，设置完成后单击“确定”按钮，如图 2-42 所示。

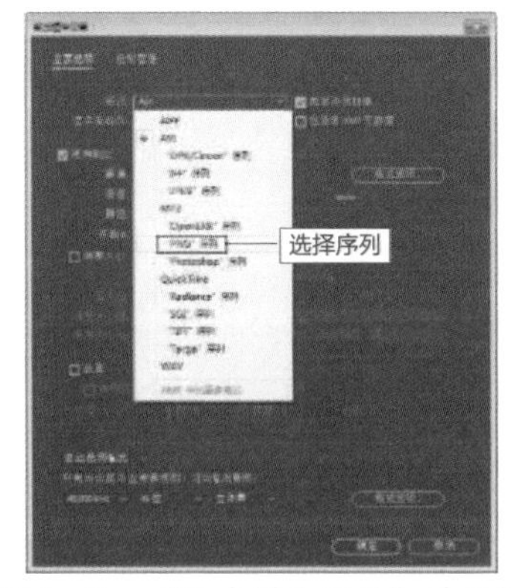

图 2-42 “输出模块设置”对话框

04 继续在“渲染队列”窗口单击“输出到”选项后的蓝色文字，可以在弹出的“将影片输出到”对话框中，设置 PNG 序列的存储位置及名称，设置完成后单击“保存”按钮，如图 2-43 所示。

图 2-43 设置输出保存位置和名称

05 上述操作完成后，单击“渲染队列”窗口右上角的“渲染”按钮，如图 2-44 所示。等待输出完成，即可关闭 After Effects 软件。

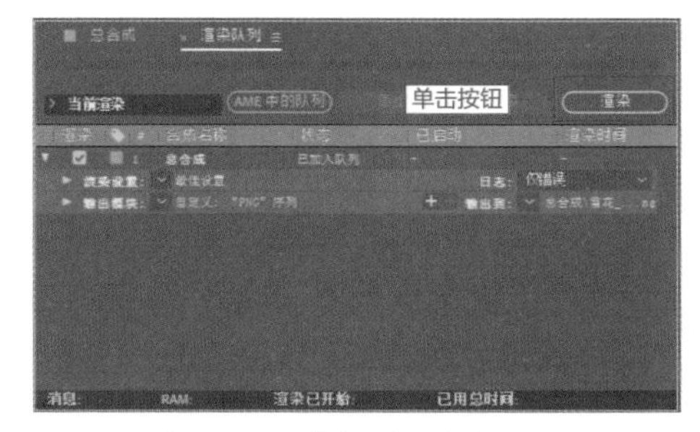

图 2-44 单击“渲染”按钮

06 打开存储路径文件夹，可以看到导出的单帧 PNG 序列图文件，如图 2-45 所示。

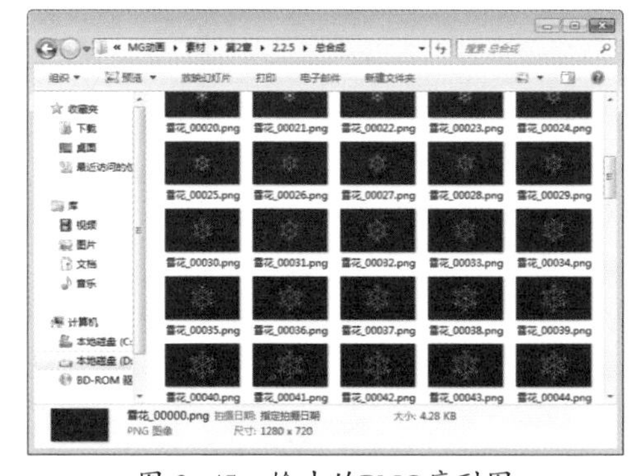

图 2-45 输出的PNG序列图

07 启动 Adobe Photoshop CC 2018 软件，在操作界面执行“文件”|“脚本”|“将文件载入堆

栈”菜单命令，如图 2-46 所示。

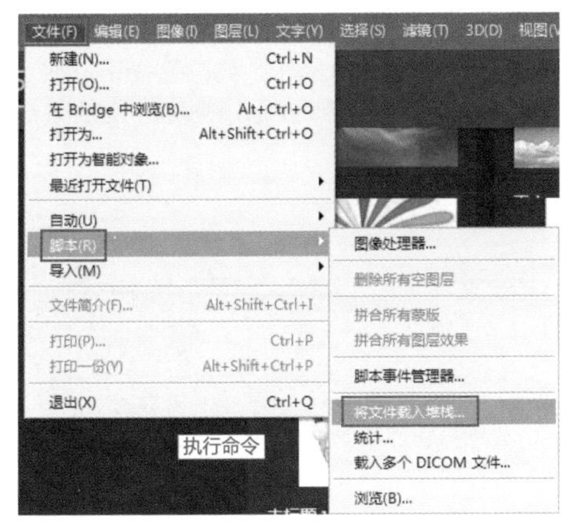

图 2-46 执行菜单命令

08 在弹出的“载入图层”对话框中，单击“使用”下拉列表，切换到“文件夹”选项，然后单击“浏览”按钮，如图 2-47 所示。

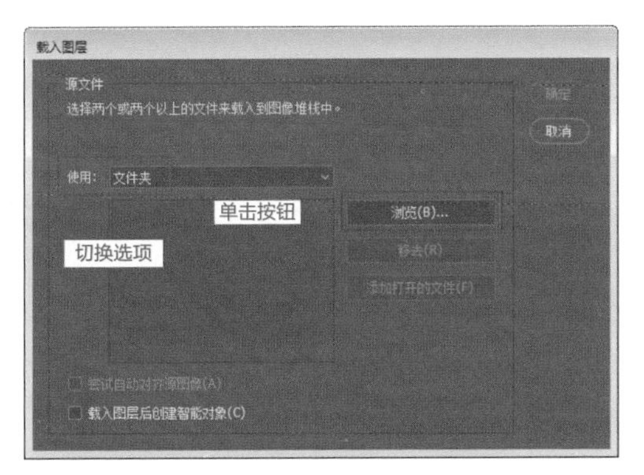

图 2-47 “载入图层”对话框

09 在弹出的“选择文件夹”对话框中，找到保存 PNG 序列的文件夹，然后单击“确定”按钮，如图 2-48 所示。

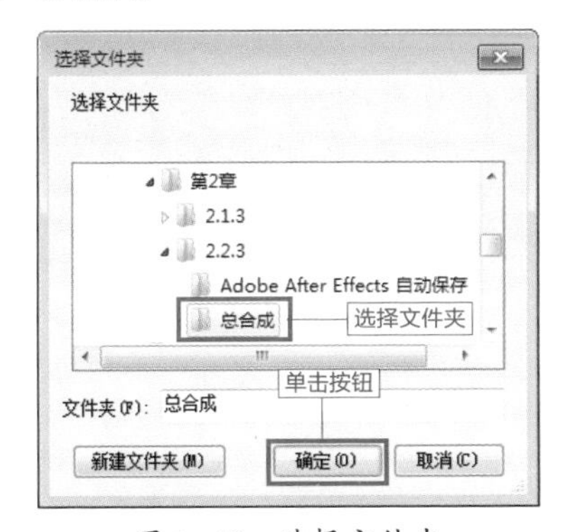

图 2-48 选择文件夹

10 待文件夹序列全部载入完成后，单击“确定”按钮，如图 2-49 所示。

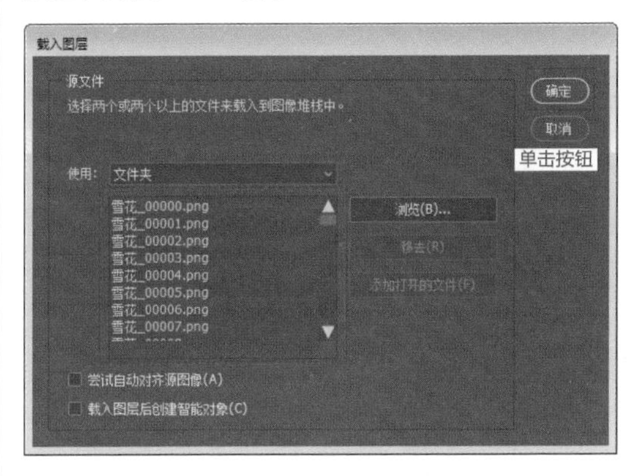

图 2-49 载入文件夹序列

11 执行“窗口”|“时间轴”菜单命令，打开“时间轴”窗口，接着在该窗口中选择“创建帧动画”选项，如图 2-50 所示。

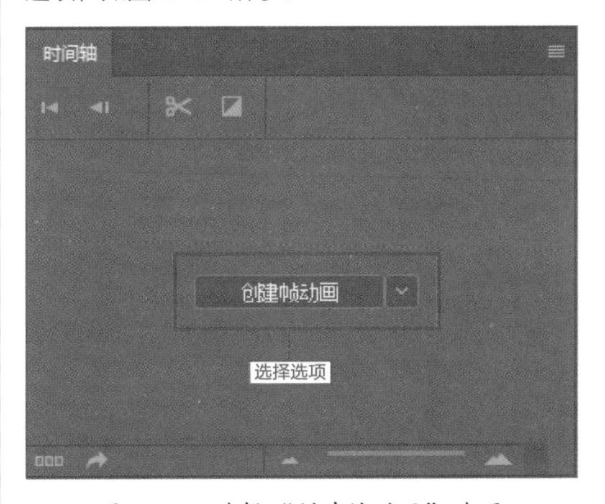

图 2-50 选择“创建帧动画”选项

12 单击“时间轴”窗口右上角的按钮，在弹出的快捷菜单中选择“从图层建立帧”命令，如图 2-51 所示。

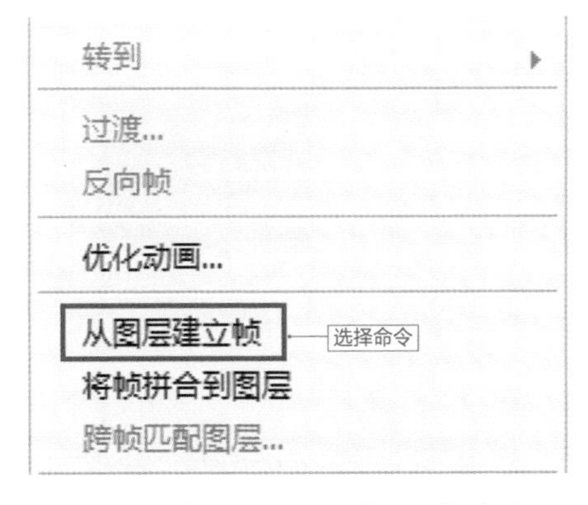

图 2-51 选择“从图层建立帧”命令

13 继续单击“时间轴”窗口右上角的按钮，在弹出的快捷菜单中选择“选择全部帧”命令，使“时间轴”窗口的序列被同时选中，如图 2-52 所示。

图 2-52　选择“选择全部帧”命令

14 由于此时的帧动画是反向播放的，因此还需单击“时间轴”窗口右上角的按钮，在弹出的快捷菜单中选择“反向帧”命令，改变播放顺序，如图 2-53 所示。

图 2-53　选择“反向帧”命令

15 上述操作后，帧动画就创建完成了。执行“文件”|“导出”|“存储为 Web 所用格式（旧版）”菜单命令（快捷键 Alt+Shift+Ctrl+S），如图 2-54 所示。

图 2-54　执行菜单命令

16 在弹出的“存储为 Web 所用格式”对话框中，设置预设为“GIF”，同时将动画属性中的“循环选项”设置为“永远”，如图 2-55 所示。然后单击“存储”按钮，在弹出的对话框中设置保存位置及名称，设置完成后单击“保存”按钮即可输出 GIF。

图 2-55　参数设置

17 至此，利用 Photoshop 软件导出 GIF 的具体操作就讲解完成了，打开存储路径可以进行 GIF 预览，效果如图 2-56 所示。

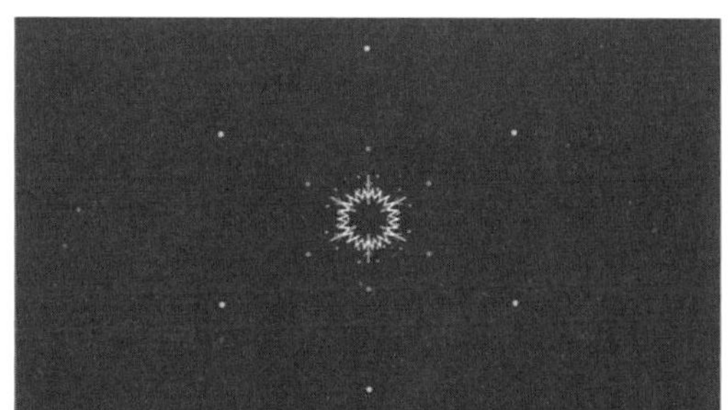

图 2-56　效果预览

提示

用户还可以选择从 After Effects 软件中导出 AVI 视频文件，再导入 Photoshop 软件中直接执行“文件”|“导出”|“存储为 Web 所用格式（旧版）”菜单命令。该方法可以为用户省去创建帧动画这一烦琐步骤。

2.3 Illustrator软件介绍

计算机中的图形和图像是以数字的方式记录、处理和存储的，按照用途可分为位图图像和矢量图形。Illustrator作为一款典型的矢量图形软件，可以创建丰富多彩的矢量图形元素。

2.3.1 Illustrator软件概述

Adobe Illustrator，简称AI。该软件是美国Adobe公司于1986年推出的一款基于矢量的图形制作软件，广泛应用于印刷出版、专业插画、多媒体图像处理和互联网页面的制作等领域。该软件内置专业的图形设计工具，提供了丰富的像素描绘功能以及顺畅灵活的矢量图编辑功能。

相关链接

通俗地讲，2.2 节所介绍的 Photoshop 是一款位图图形编辑软件，而本节所介绍的 AI 为矢量图图形编辑软件。位图图形由像素组成，每个像素都会被分配一个特定的位置和颜色值，也就是说，位图包含了固定数量的像素。缩小位图尺寸会使原图变形，因为这是通过减少像素来使整个图形变小或变大的。因此，如果在屏幕上以高缩放比率对位图进行缩放，或者用低于创建时的分辨率来打印位图，则会丢失其中的细节，并且会出现锯齿现象，如图 2-57 所示。

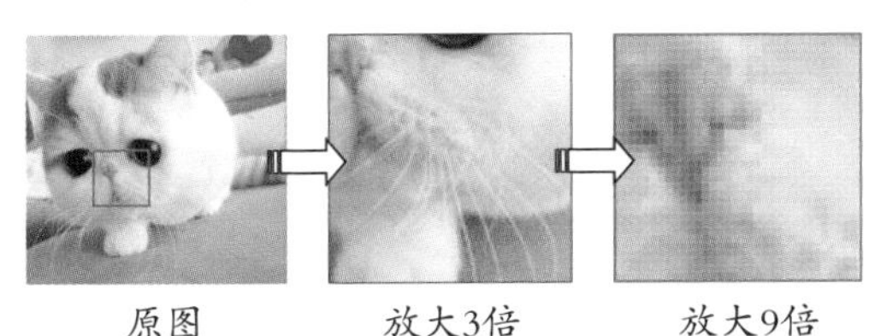

图 2-57　位图放大效果预览

矢量图（也称为矢量图形或矢量对象）是由称作矢量的数学对象定义的直线和曲线构成的，最基本的单位是锚点和路径。矢量图的最大优点是可以任意旋转和缩放而不会影响图形的清晰度和光滑度，如图 2-58所示，并且占用的存储空间也很小。对于将在各种输出媒体中按照不同大小使用的图稿，如MG动画，矢量图形是最佳的选择。

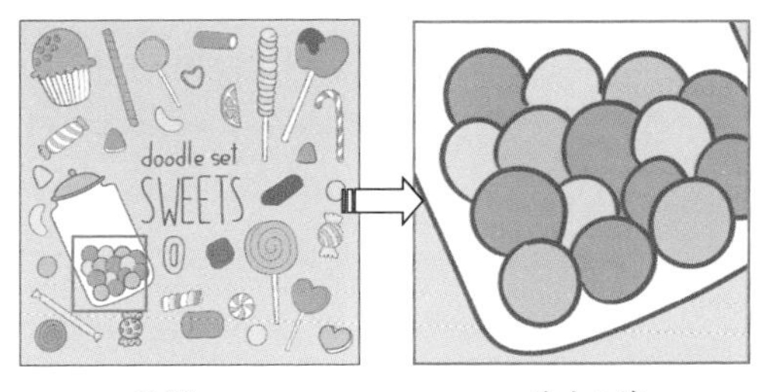

图 2-58　矢量图放大效果预览

提示

本书将以 Adobe Illustrator CC 2018 版本为例进行讲解。

2.3.2 Illustrator的工作界面

Illustrator软件的工作界面典雅而实用，工具的选取、面板的访问以及工作区的切换等都十分方便。不仅如此，用户还可以自定义工作面板，调整工作界面的亮度，以便凸显图稿。诸多设计的不断改进，为用户提供了更加流畅和高效的编辑体验。

启动Adobe Illustrator CC 2018软件，执行“文件”|“打开”命令，打开AI图形文件。进入操作界面后，可以看到Illustrator CC 2018的工作界面是由标题栏、菜单栏、工具栏、绘画区、面板堆栈、图层面板和控制面板等组件组成的，如图 2-59所示。

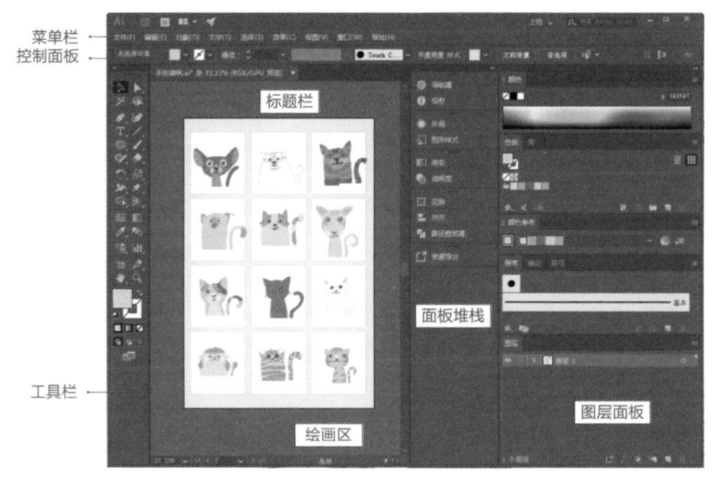

图 2-59 “上色”工作界面

界面区域介绍如下。

- **标题栏：**显示了当前文档的名称、视图比例和颜色模式等信息。
- **菜单栏：**菜单栏用于组织菜单内的命令。Illustrator有9个主菜单，每一个菜单中都包含不同类型的命令。
- **工具栏：**包含用于创建和编辑图像、图稿和页面元素的工具。
- **控制面板：**显示了与当前所选工具有关的选项，会随着所选工具的不同而改变选项。
- **面板堆栈：**用于配合编辑图稿、设置工具参数和选项。很多面板都有菜单，包含特定于该面板的选项。面板可以编组、堆叠和停放。
- **绘画区：**编辑和显示图稿的区域。
- **图层面板：**在该面板中显示了当前项目的所有图层。

2.3.3 案例：超萌小兔子图标动效 难点

素材文件：素材\第2章\2.3.3 超萌小兔子图标动效

效果文件：效果\第2章\2.3.3 超萌小兔子图标动效.gif

视频文件：视频\第2章\2.3.3 超萌小兔子图标动效.MP4

01 启动 Adobe Illustrator CC 2018 软件，进入其操作界面。执行“文件”|“新建”菜单命令（快捷键 Ctrl+N），在弹出的对话框中创建一个大小为 800px × 600px 的图形文件，具体设置如图 2-60 所示。设置完成后，单击“创建”按钮。

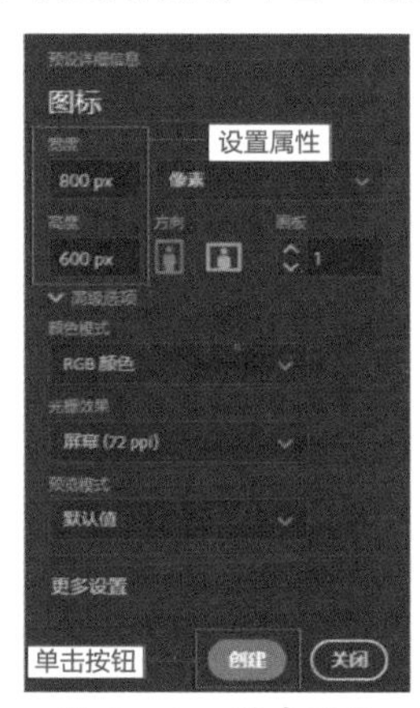

图 2-60 创建项目

02 进入操作界面后，按快捷键 Shift+Ctrl+D 隐藏透明度网格，使绘画区呈现白色，以方便之后的图形绘制，如图 2-61 所示。

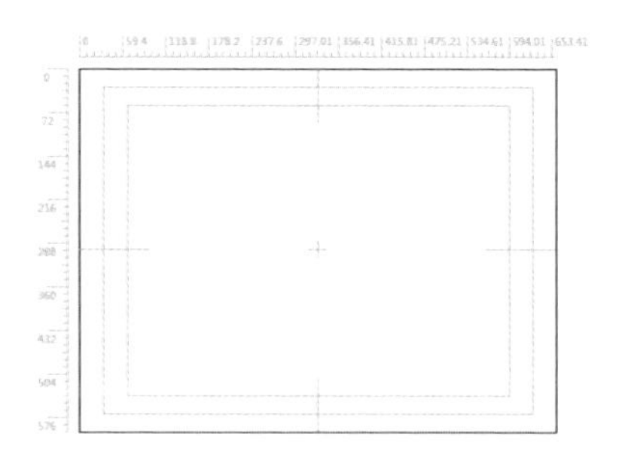

图 2-61 隐藏透明度网格

03 在工具栏选择“椭圆”工具，在绘画区绘制一个正圆形。接着单击该圆形，进入其“属性”面板，设置大小为 300px × 300px，设置描边为 8pt，其中“填色”为蓝色（#78BBE6），“描边”为深蓝色（#1B435D），如图 2-62 所示。将圆形移动到中心位置，并修改对应图层名称为“背景”，效果如图 2-63 所示。

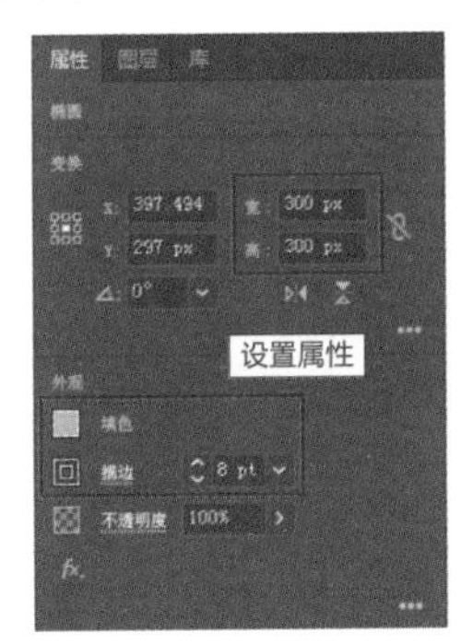

图 2-62 “属性”面板

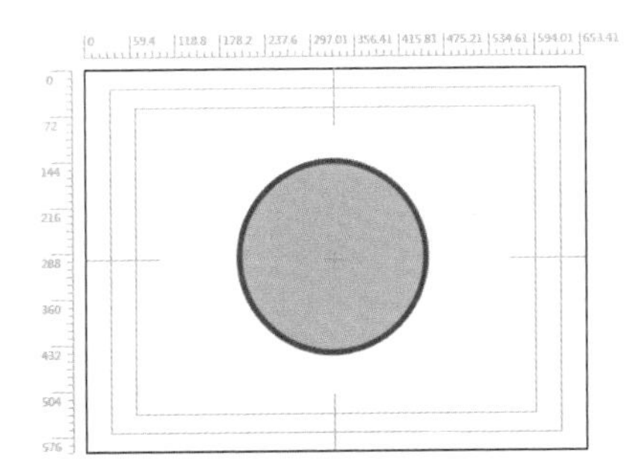

图 2-63 预览效果

04 在图层面板中单击按钮，新建一个图层，放置于“背景”图层下方，并修改其名称为“彩条”，如图 2-64 所示。接着选择“彩条”图层，用“矩形”工具绘制红（#FF726A）、黄（#FFD417）、蓝（#00EDFF）3 个不同颜色的长条矩形，放置在“背景”图层后，效果如图 2-65 所示。

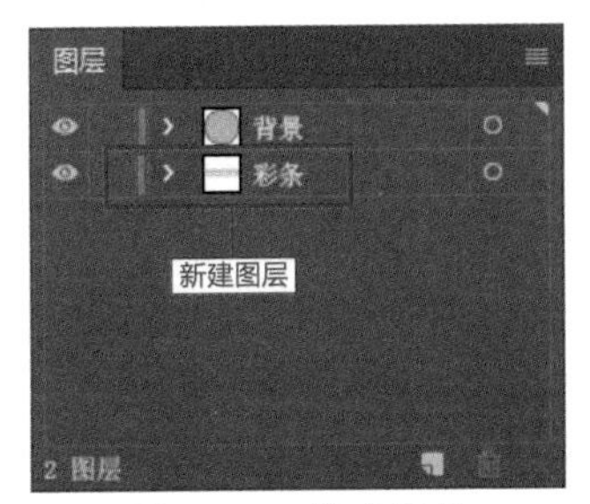

图 2-64 新建图层

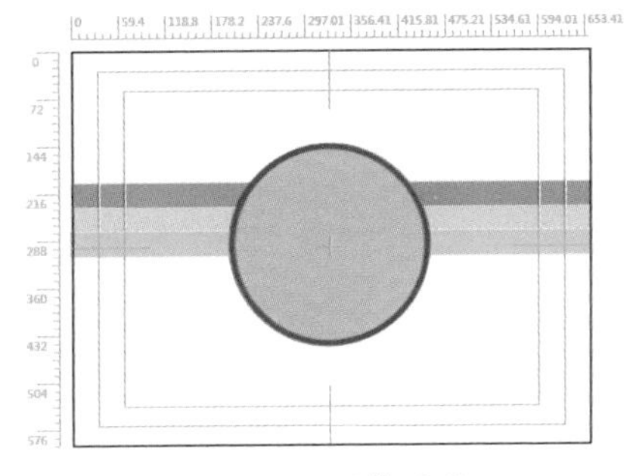

图 2-65 预览效果

提示

在创建彩条背景时，在绘制好第一个长条矩形后，按快捷键 Ctrl+C 进行复制，再在该图层，按快捷键 Ctrl+F 粘贴到当前位置，并通过键盘方向键微调位置，之后在“属性”面板修改颜色即可。

05 在图层面板中单击按钮，新建一个图层，放置于“背景”图层上方，并修改其名称为“路径”。然后在工具栏选择“椭圆”工具，在绘画区绘制一个与“背景”同等大小的无填充、无描边的正圆形，如图 2-66 所示。

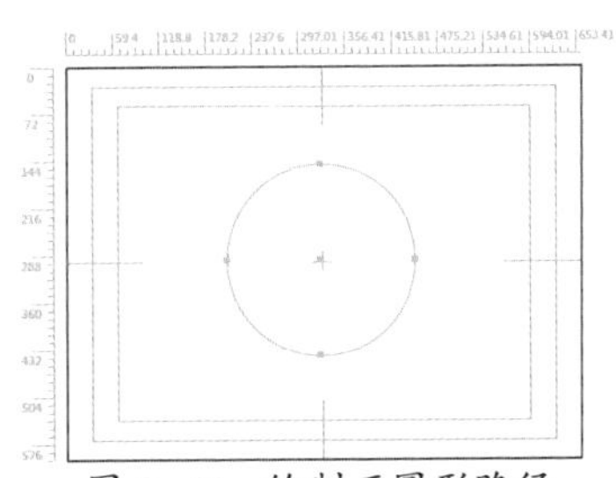

图 2-66 绘制正圆形路径

06 创建一个新图层，将其放置在“路径”图层上方，并修改其名称为“边线”。然后使用“钢笔”工具，在绘画区域以“路径”为参照，在其中绘制几条曲线（曲线描边为 6pt，无填充，描边颜色代码为 #1B435D），如图 2-67 所示。

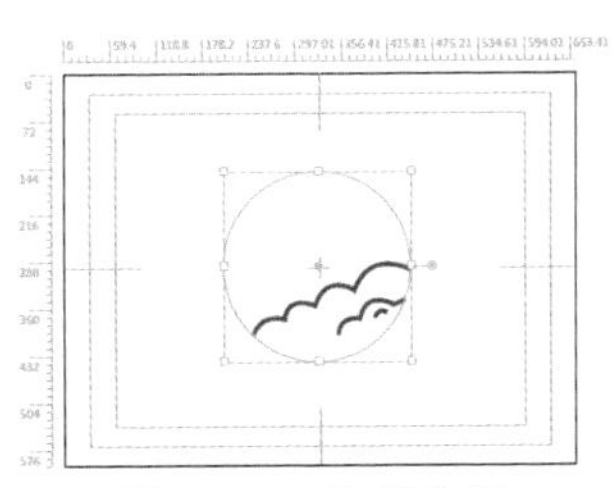

图 2-67 绘制曲线

提示

为了方便观察和操作，可以先将图层面板中的“背景”和“彩条”图层暂时隐藏。

07 再次创建一个图层，将其放置在“路径”图层下方，并修改其名称为“蓝色云”。然后使用“椭圆”工具，在绘画区绘制几个浅蓝色（#4CF4FC）的正圆形堆砌作为云朵，效果如图 2-68 所示。

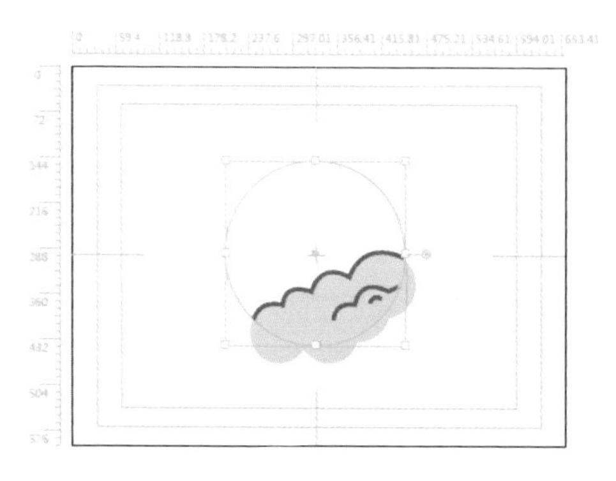

图 2-68 绘制云朵

08 将“边线”图层暂时隐藏，接着在绘画区框选“路径”及“蓝色云”图层，执行“对象”|“剪切蒙版”|“建立”菜单命令（快捷键 Ctrl+7），将路径之外的多余部分裁掉，效果如图 2-69 所示。

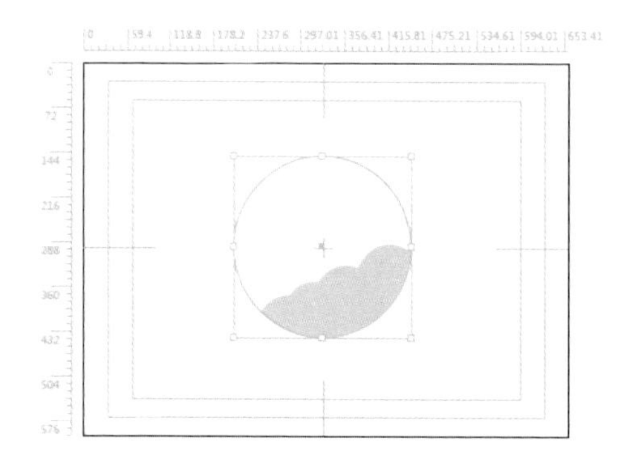

图 2-69 裁切多余部分

09 在图层面板中选择如图 2-70 所示的 3 个图层，然后单击图层面板右上角的按钮，在弹出的快捷菜单中选择“合并所选图层”命令，使图层合并在一起，如图 2-71 所示。

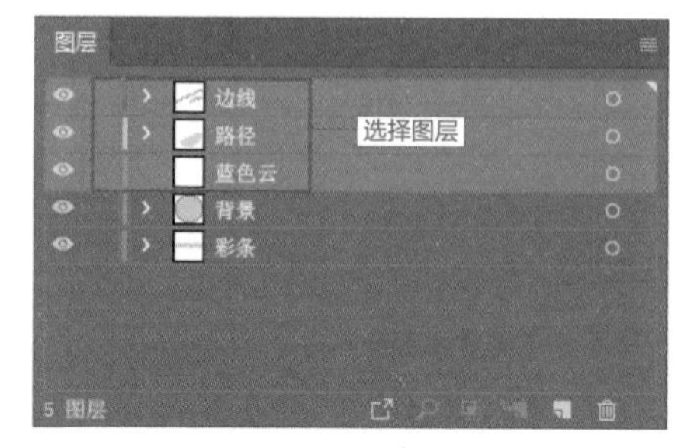

图 2-70 选择图层

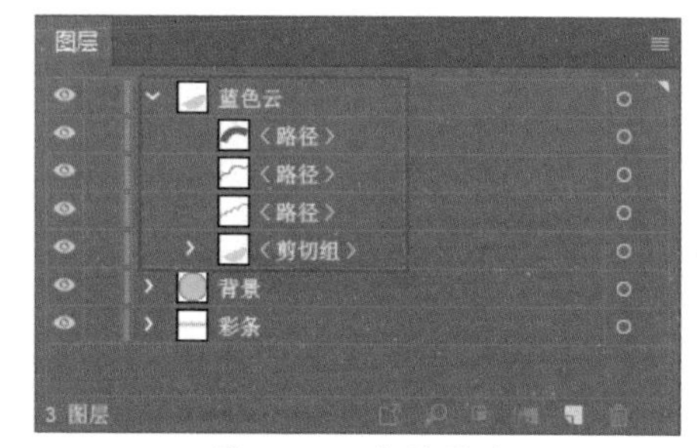

图 2-71 合并图层

10 以“背景”图层为参照，在其中分层绘制天空、月亮和星星，图层摆放如图 2-72 所示。绘制完成后，效果如图 2-73 所示。

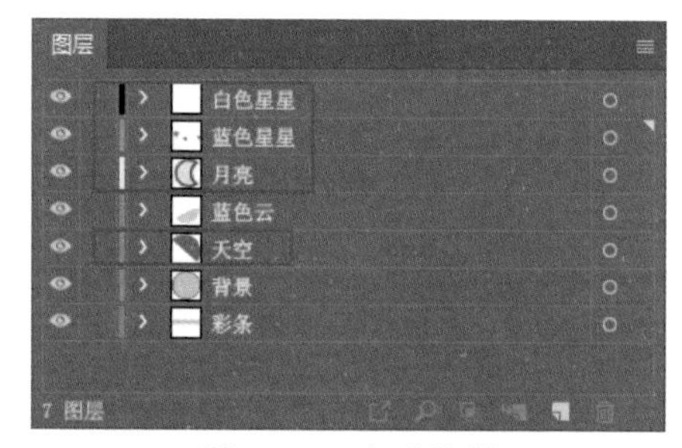

图 2-72 分层绘制

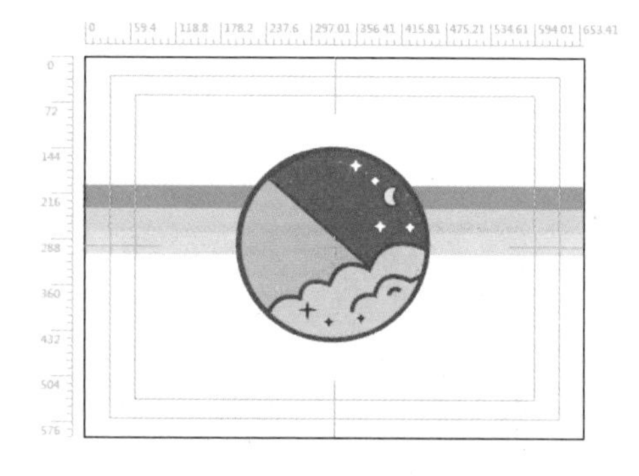

图 2-73 完善背景画面

11 在“蓝色云”图层上方，新建一个命名为“白色云”的图层，然后在其中绘制阴影及描边，如图 2-74 所示。绘制完成后，效果如图 2-75 所示。

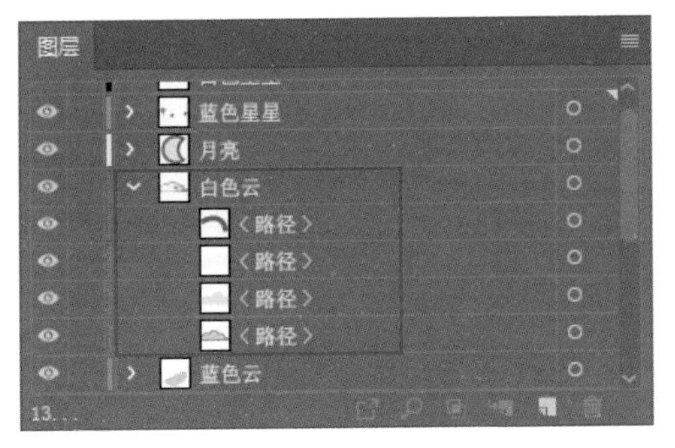

图 2-74 “白色云”图层

图 2-75 预览效果

12 继续新建图层，命名为“兔子”，然后在绘画区域分部件绘制一只兔子，图层摆放如图 2-76 所示。绘制完成后，效果如图 2-77 所示。

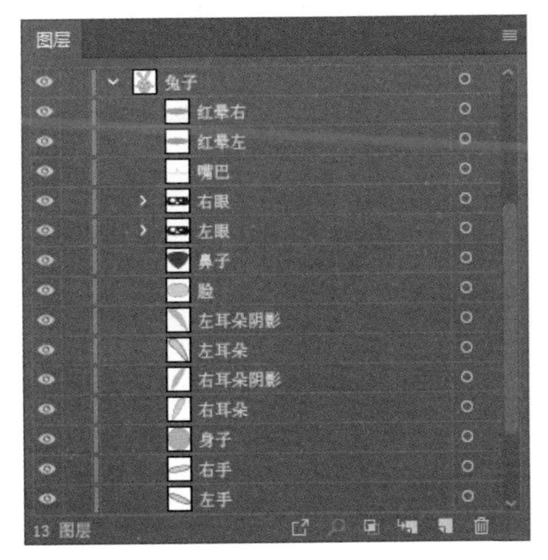

图 2-76 “兔子”图层

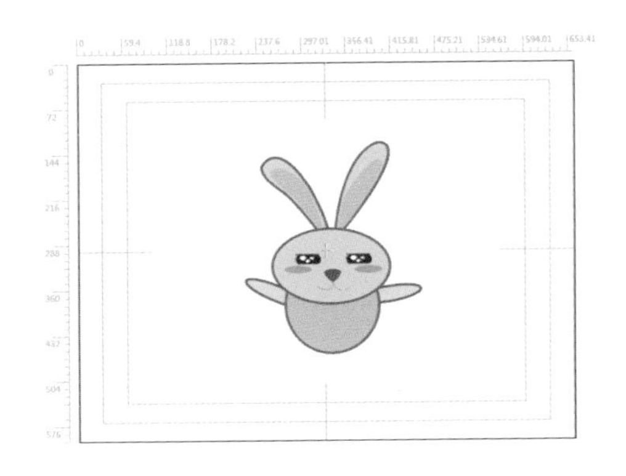

图 2-77 绘制兔子

13 选择“兔子”，将其整体缩放移动至“背景”的左上角，如图 2-78 所示。

图 2-78 将兔子摆放至左上角

14 将“兔子”图层暂时隐藏，接着在其上方新建“太空舱”图层，然后绘制太空舱，如图 2-79 所示。

图 2-79 绘制太空舱

15 在“太空舱”图层上方分别新建“门右边”和“门左边”图层，如图 2-80 所示。在上述两个图层中，分别绘制右舱门和左舱门，如图 2-81 所示。

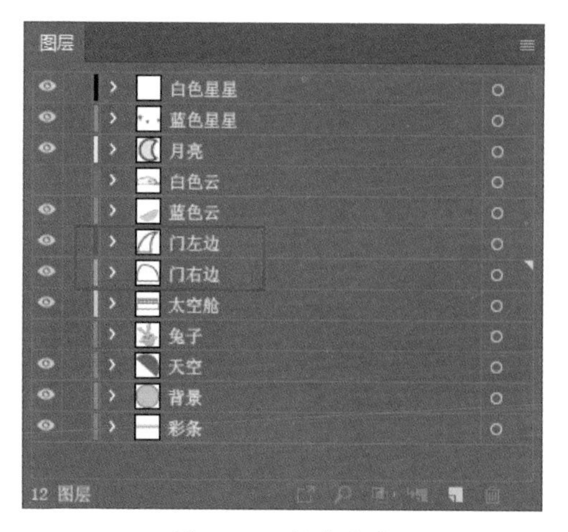

图 2-80　新建图层

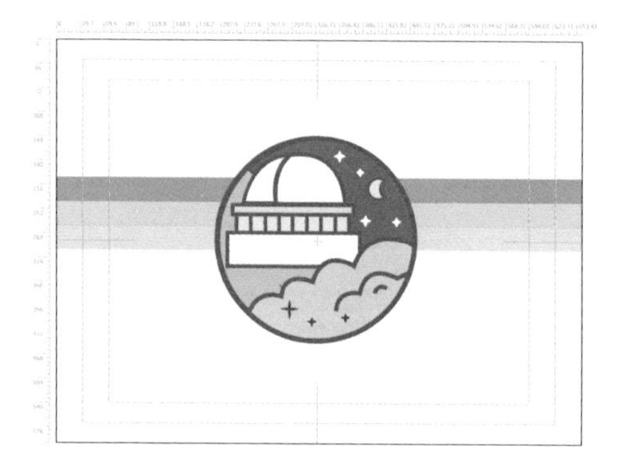

图 2-81　绘制右舱门和左舱门

16 复制“门左边”图层，将复制出的新图层命名为“左门背景”，摆放至“兔子”图层下方，并修改颜色为蓝色（#4467A5），如图 2-82 所示。在绘画区的预览效果如图 2-83 所示。

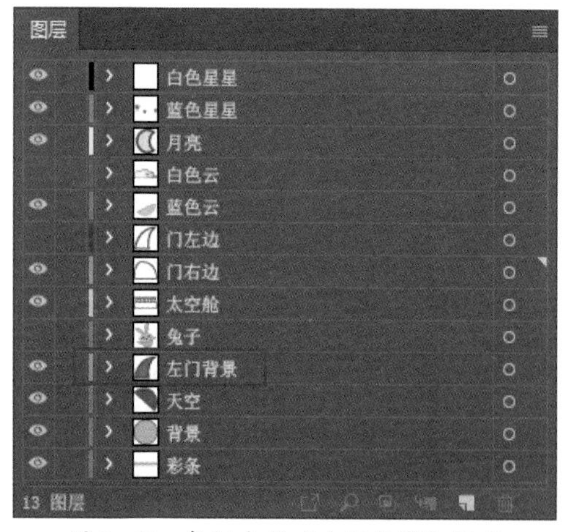

图 2-82　复制出的“左门背景”图层

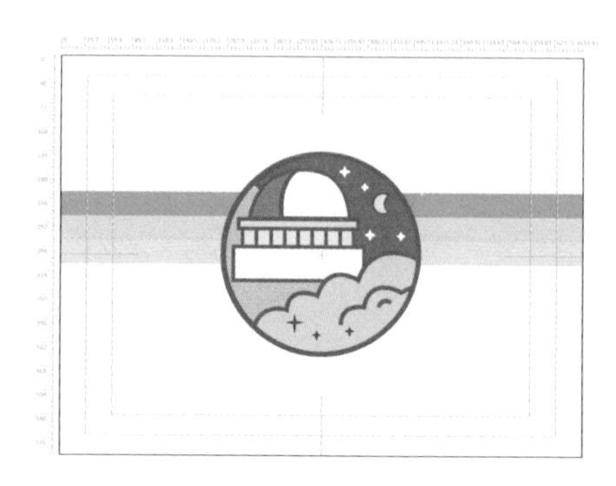

图 2-83　预览效果

提示

要将图形复制到新图层，记得单击图层面板右上角的 ≡ 按钮，提前取消勾选“粘贴时记住图层”命令。另外，复制的快捷键为 Ctrl+C，粘贴至原位置的快捷键为 Ctrl+F。

17 至此，在 Illustrator 中绘制的素材就已全部完成了，恢复所有图层显示，将“门左边”图层的描边取消，图层的摆放如图 2-84 所示。在绘画区的最终预览效果如图 2-85 所示。

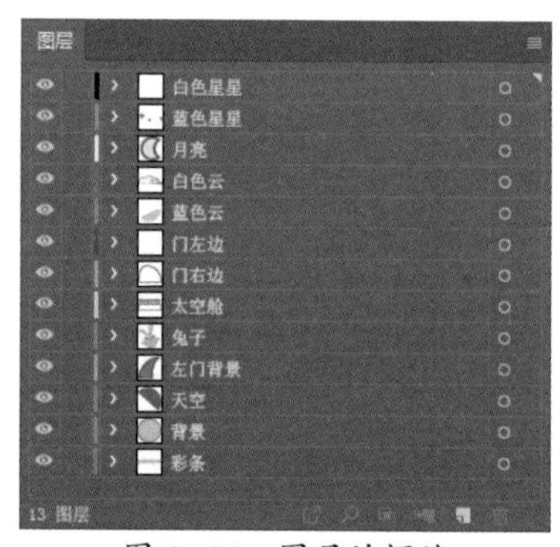

图 2-84　图层的摆放

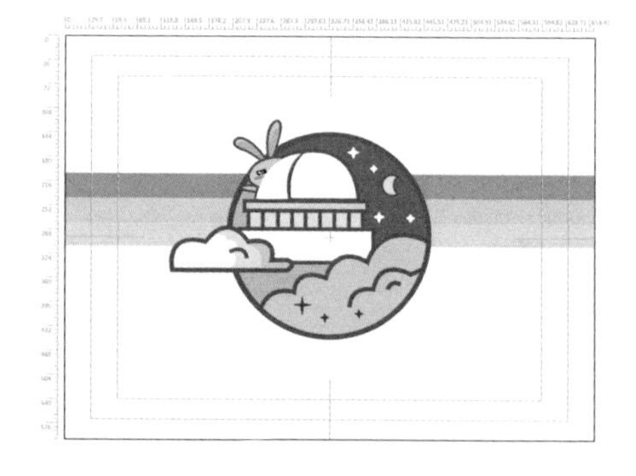

图 2-85　最终预览效果

18 保存上述 AI 文件，并关闭 Adobe Illustrator

CC 2018 软件。然后启动 After Effects CC 2018 软件，进入其操作界面。执行“文件”|“导入”|“文件”菜单命令，在弹出的“导入文件”对话框中选择上述制作完成的 AI 矢量文件“兔子素材 .ai”，单击“导入”按钮，如图 2-86 所示。

图 2-86 导入素材

19 在弹出的对话框中设置“导入种类”为“合成”，设置“素材尺寸”为“图层大小”，然后单击“确定”按钮，如图 2-87 所示。

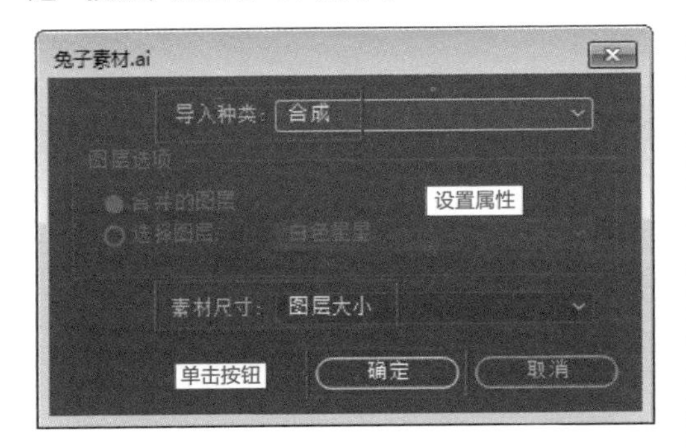

图 2-87 导入合成

20 导入 AI 文件后，会自动生成一个相同名称的合成。在“项目”窗口双击“兔子素材”合成，打开其图层面板，接着在工具栏中选择“矩形”工具▇，在“合成”窗口绘制一个白色无描边正方形（大小为 80px×80px，位置为 399、294），使其能遮住左舱门，如图 2-88 所示。

21 将上述生成的形状图层拖到“门左边”图层下方，修改其名称为“遮罩”，然后将其 TrkMat 属性设置为“Alpha 遮罩‘门左边’”选项，如图 2-89 所示。

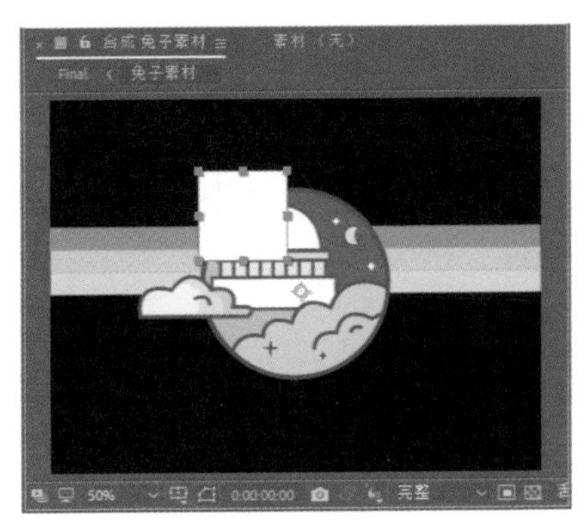

图 2-88 绘制一个正方形

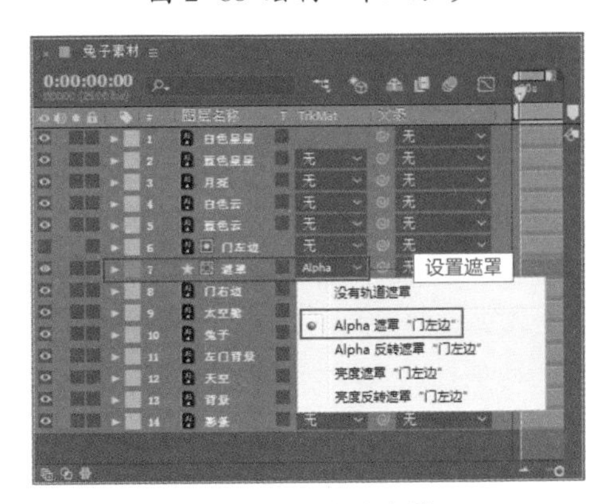

图 2-89 设置遮罩

22 在图层面板中选择“遮罩”图层，按快捷键 P 展开其“位置”属性，在 0 帧单击“位置”属性前的“时间变化秒表”按钮▇，设置关键帧动画，并修改“位置”参数为 399、294。接着在 14 帧修改“位置”参数为 399、357，并将菱形关键帧▇转换为缓入缓出关键帧▇，如图 2-90 所示。设置关键帧动画后，左边白色的门将会生成推拉动画效果，如图 2-91 所示。

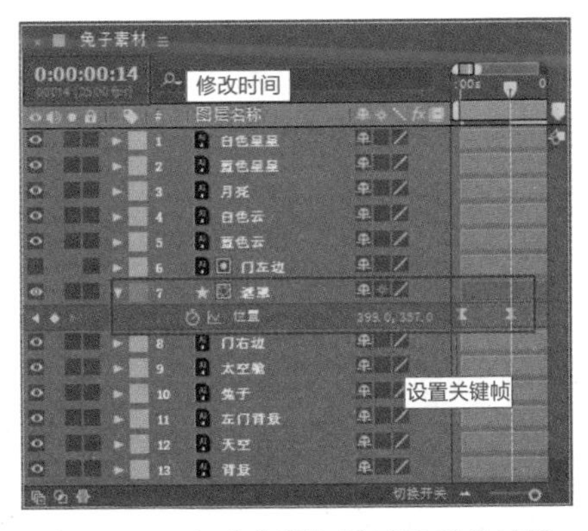

图 2-90 为“遮罩”图层设置关键帧

图 2-91　遮罩效果

提示

在设置“遮罩”图层的 TrkMat 属性前，可以稍微调整一下“门左边”图层对应图形的大小及位置，使其不超出描边，以免设置遮罩后影响整体美观程度。

23 选择“白色云”图层，按快捷键 P 展开其“位置”属性，在 0 帧单击“位置”属性前的“时间变化秒表”按钮，设置关键帧动画，并修改“位置”参数为 234、303.5。接着在 1 秒处修改“位置”参数为 290、303.5，并将菱形关键帧转换为缓入缓出关键帧，如图 2-92 所示。

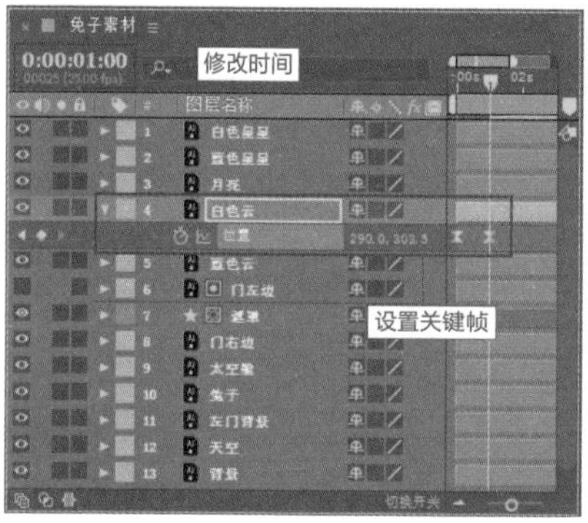

图 2-92　为“白色云”图层设置关键帧

24 复制上述操作中的两个缓入缓出关键帧，分别在 2 秒和 4 秒处按快捷键 Ctrl+V 进行关键帧的粘贴，如图 2-93 所示。

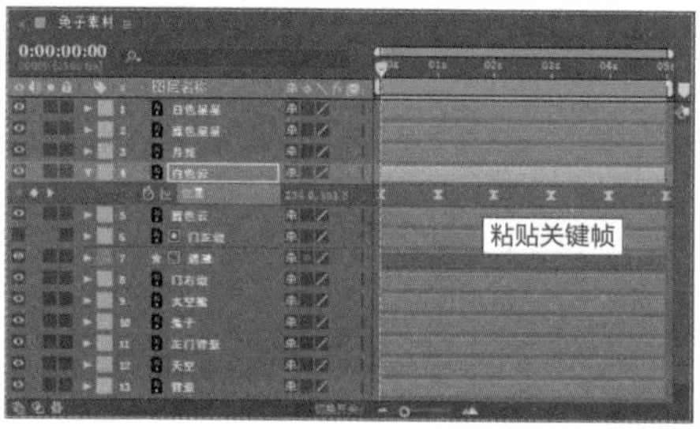

图 2-93　在不同时间点粘贴关键帧

25 在图层面板中选择“兔子”图层，按快捷键 P 展开“位置”属性，在 1 秒 09 帧单击“位置”属性前的“时间变化秒表”按钮，设置关键帧动画，并修改“位置”参数为 408、283.5。接着在 2 秒 02 帧设置“位置”参数为 313、192.5，在 4 秒 02 帧设置“位置”参数为 313、192.5，在 4 秒 19 帧设置“位置”参数为 408、283.5，并按 F9 键将关键帧转换为缓入缓出关键帧，如图 2-94 所示。

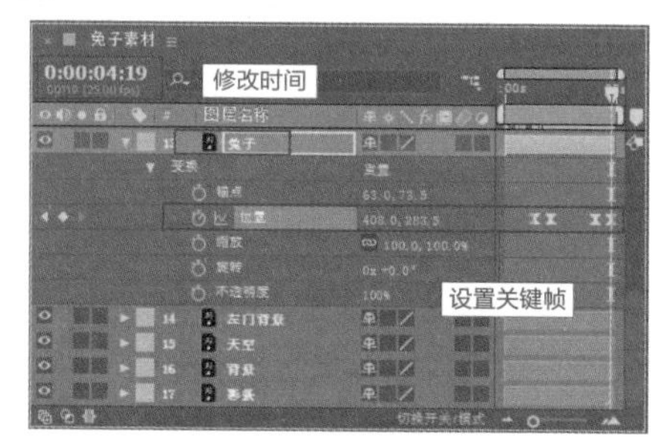

图 2-94　设置关键帧

26 选择“兔子”图层，为其执行“图层”|“从矢量图层创建形状”菜单命令，接着选择命令生成的轮廓图层，展开兔子左边手所在的组，在 2 秒 09 帧时间点为“旋转”参数设置关键帧，此时“旋转”参数为 0×+0°。接着在 3 秒 04 帧修改“旋转”参数为 0×+18°，在 3 秒 14 帧修改“旋转”参数为 0×+0°，然后将关键帧转换为缓入缓出关键帧，如图 2-95 所示。

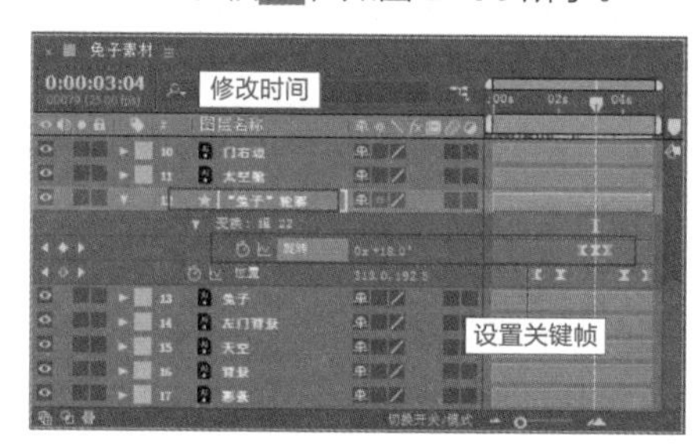

图 2-95　为轮廓图层设置关键帧

提示

上述操作中的“兔子”在执行“从矢量图层创建形状”命令前已设置位置动画，在转化轮廓层后，轮廓层会保留之前制作的位置动画。在设置左边手动画后，记得单击“兔子”图层前的按钮将其隐藏，以免两个图层交叠在一起显示，此操作不会影响动画效果。

27 在图层面板中选择“白色星星”和“蓝色星星”图层，执行“图层”|“从矢量图层创建形状”菜单命令，生成轮廓图层，如图 2-96 所示。

图 2-96 生成轮廓图层

28 下面分别为两颗星星制造闪烁动画效果，主要是通过改变对应组的“不透明度”来产生该效果。展开白色星星所在的组，在 0 帧位置为其“不透明度”属性设置关键帧，并设置“不透明度”参数为 100%，接着在 16 帧位置修改“不透明度”参数为 0%。将这两个关键帧转换为缓入缓出关键帧，并复制粘贴到之后的不同时间点，如图 2-97 所示。

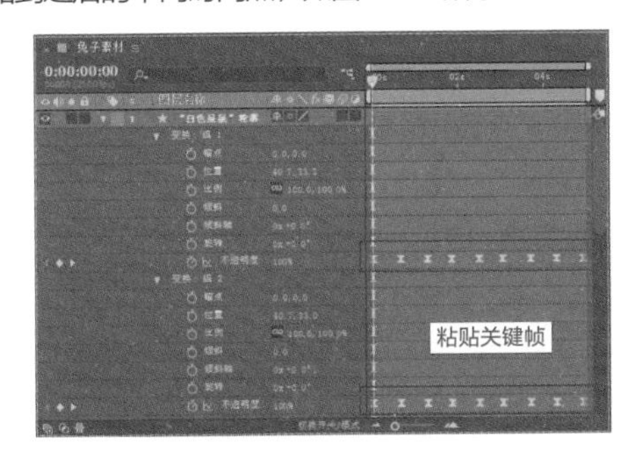

图 2-97 设置白色星星的“不透明度”关键帧

提示

上述操作中，“组 1”和“组 2”为同一颗星星的两个组成部分，所以在设置时，要同时设置“不透明度”关键帧动画。

29 展开蓝色星星所在的组，为了使星星产生交错的闪烁效果，这里为“不透明度”属性设置关键帧时，只需将 0 帧处“不透明度”参数设置为 0%，在 16 帧位置修改“不透明度”参数为 100%，然后将这两个关键帧转换为缓入缓出关键帧，并复制粘贴到之后的不同时间点，如图 2-98 所示。

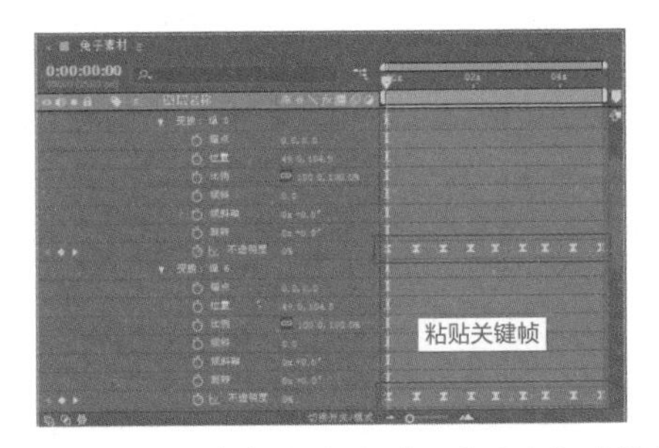

图 2-98 设置蓝色星星的“不透明度”关键帧

30 上述操作后，交错闪烁的两组关键帧就设置完成了，为其他的星星设置闪烁动画，只需将关键帧复制粘贴到对应组的“不透明度”属性上即可，最终效果如图 2-99 所示。

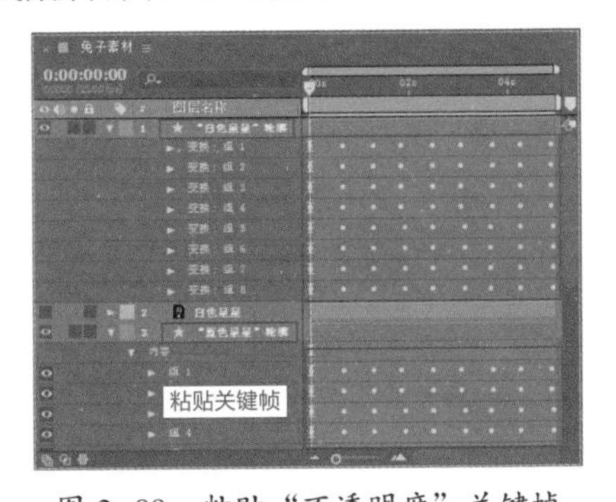

图 2-99 粘贴“不透明度”关键帧

31 按快捷键 Ctrl+N，创建一个预设为“HDV/HDTV 720 25”的新合成，设置“持续时间”为 5 秒，并设置名称为“Final”，然后单击“确定”按钮，如图 2-100 所示。

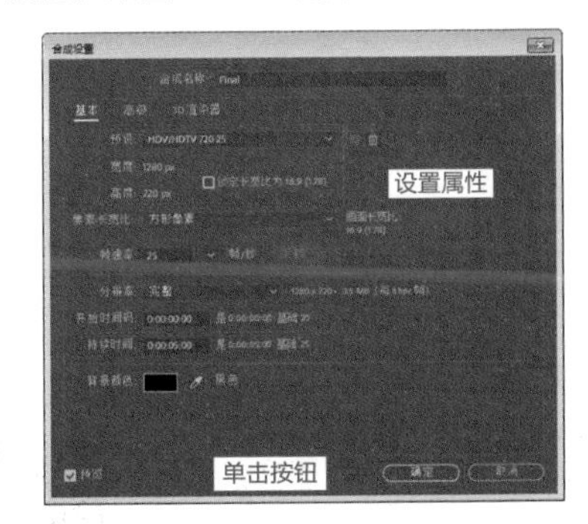

图 2-100 合成设置

32 将“项目”窗口中的“兔子素材”合成拖入“Final”合成，并调整其“缩放”参数使其伸展铺满画面，然后按快捷键 Ctrl+Y 创建一个与合成大小一致的白色固态层，作为背景摆放至底层，如图 2-101 所示。

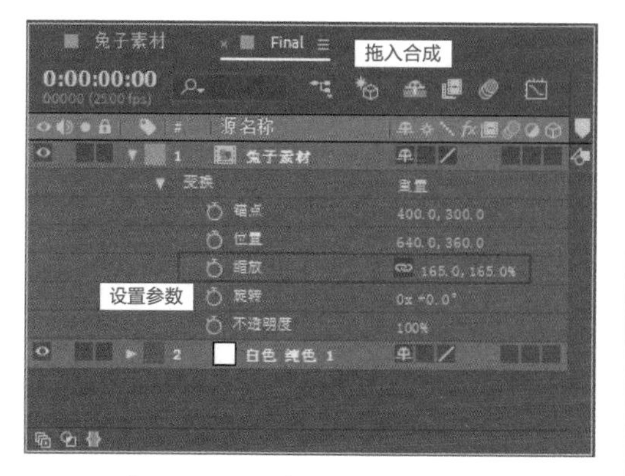

图 2-101　调整缩放和加入背景

33 至此，小兔子图标动效就已经制作完成了，按小键盘上的 0 键可以进行动画播放，效果如图 2-102 所示。

图 2-102　最终效果

2.4 Flash软件介绍

Flash是一款优秀的动画软件，利用它可以制作与传统动画相同的帧动画。从工作方法和制作流程来看，传统动画的制作方法比较烦琐复杂，而Flash动画的制作简化了许多制作流程，能够为创作者节约更多的时间，所以Flash动画的创作方式非常适合个人和动漫爱好者。

2.4.1 Flash软件概述

Adobe Flash软件可以实现多种动画特效，其原理是由一帧帧的静态图片在短时间内连续播放而得到动态过程。在现阶段，Flash应用的领域主要有娱乐短片、片头、广告、MTV、导航条、小游戏、产品展示、应用程序开发界面及开发网络应用程序等几个方面，如图 2-103所示。

图 2-103　Flash的应用领域

相关链接

在此处需要强调的是，MG 动画只是多种动画中的一种风格，而不是专指某个软件做的动画。除了 2.1 节介绍的 After Effects 外，本节介绍的 Flash 和 2.5 节将要介绍的 Cinema 4D 都可以用来制作 MG 动画，图 2-104 所示即为 Flash 制作的 MG 动画短片《古代谣言长啥样》。

图 2-104　MG动画短片《古代谣言长啥样》

提示

本书将以Adobe Flash CC 2015版本为例进行讲解。

2.4.2 Flash的工作界面

Flash CC 2015的工作界面相对于之前的版本来说改进不少，文档切换更加快捷，工具的使用更加方便，图像处理界面也更加开阔了。其“传统”工作界面由菜单栏、工具栏、时间轴、场景、“属性”面板和浮动面板等组成，如图 2-105所示。

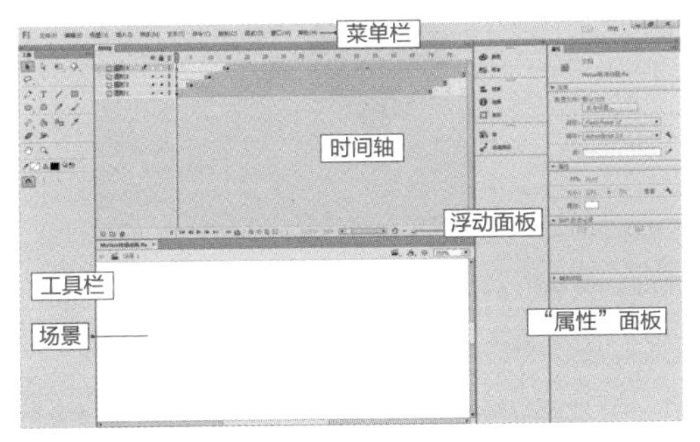

图 2-105 “传统”工作界面

界面区域介绍如下。

- **菜单栏：** 包含了11个菜单，几乎所有的可执行命令都可在菜单栏直接或间接地找到。
- **工具栏：** 包含了绘制和编辑矢量图形的各种工具，主要由工具、查看、颜色和选项4个选区构成，用于进行矢量图形绘制和编辑的各种操作。
- **时间轴：** 主要用来创建不同类型的动画效果和控制动画的播放，是处理帧和图层的工具，帧和图层是动画的组成部分。按照功能的不同，可将时间轴分为图层控制区和时间轴控制区两部分。
- **场景：** 场景也就是常说的舞台，是在创建Flash文档时放置图形内容的矩形区域，这些图形内容包括矢量插图、文本框、按钮、导入的位图图形和视频剪辑等。舞台相当于Photoshop中的画布，无论是动画还是静态的图形，都必须在舞台上创建。
- **“属性”面板：** 也叫“属性检查器”，它的内容根据所选择对象的不同而改变。例如，选择工具栏中的“矩形工具”或“颜料桶工具”时，“属性”面板会显示相应工具的属性。
- **浮动面板：** 由各种不同功能的面板组成，它将相关对象和工具的所有参数加以归类，放置在不同的面板中。在制作动画的过程中，用户可以根据需要将相应的面板打开、移动或关闭。

2.4.3 案例：Flash制作Motion转场动画

素材文件：素材\第2章\2.4.3 Flash制作Motion转场动画

效果文件：效果\第2章\2.4.3 Flash制作Motion转场动画.mov

视频文件：视频\第2章\2.4.3 Flash制作Motion转场动画.MP4

01 启动Adobe Flash CC 2015软件，进入工作界面。执行“文件”|“新建”菜单命令（快捷键Ctrl+N），在弹出的“新建文档”对话框中创建一个类型为“ActionScript 3.0”，大小为1280px×720px，帧频为25帧/秒的动画项目，并设置背景颜色为白色，然后单击“确定”按钮，如图 2-106 所示。

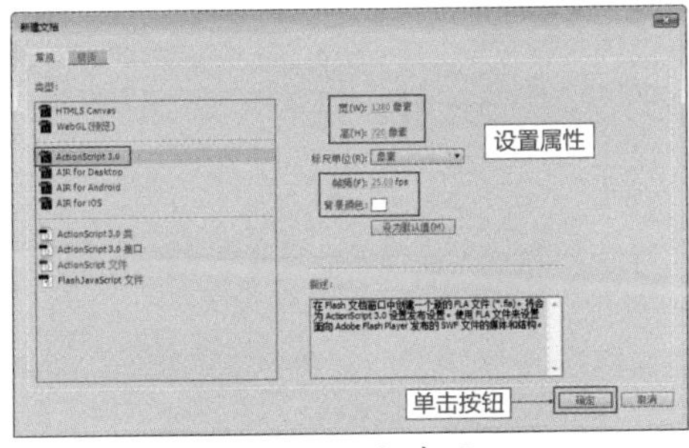

图 2-106 新建项目

02 使用“椭圆”工具 在舞台绘制一个黑色无描边的正圆形，并将其摆放至中心位置，具体参数设置如图 2-107 所示。

图 2-107　正圆形参数设置

03 右键单击舞台中的黑色正圆形，在弹出的快捷菜单中选择“转换为元件”命令（快捷键 F8），如图 2-108 所示。

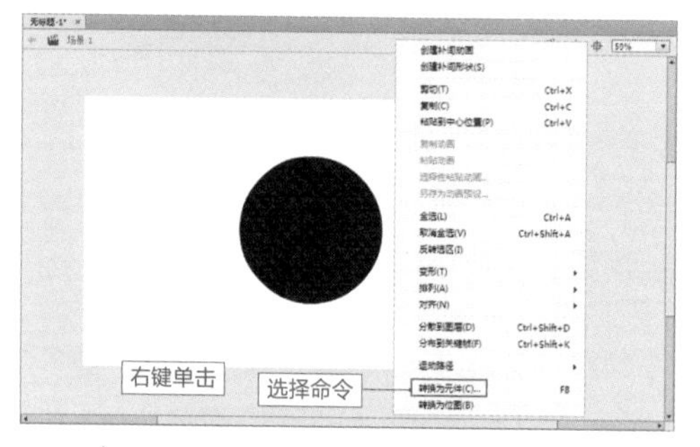

图 2-108　选择“转换为元件”命令

04 弹出“转换为元件”对话框，在该对话框中设置元件名称为“圆形动画”，设置元件类型为“圆形”，单击“确定”按钮，如图 2-109 所示。

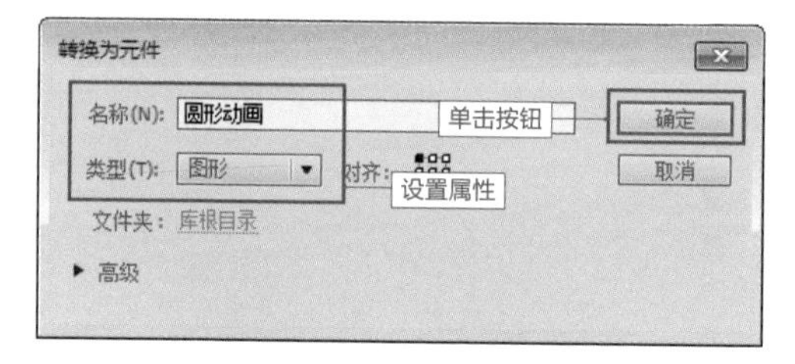

图 2-109　元件设置

05 转换为元件操作后，舞台中的黑色圆形周围出现了一个蓝色方框，如图 2-110 所示。

06 双击黑色圆形进入其元件窗口，再次右键单击舞台中央的黑色圆形，在弹出的快捷菜单中选择“转换为元件”命令，如图 2-111 所示。

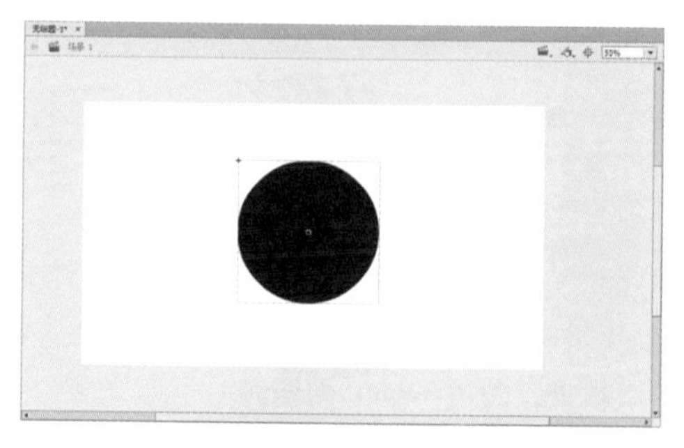

图 2-110　黑色圆形周围出现蓝色方框

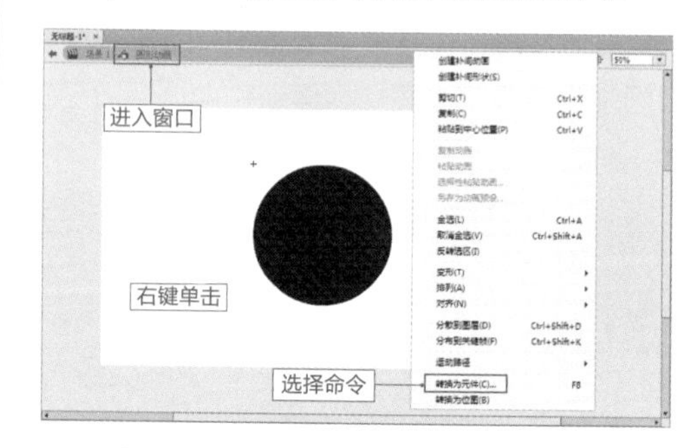

图 2-111　选择“转换为元件”命令

07 弹出“转换为元件”对话框，在该对话框中设置元件名称为“圆形元件”，设置元件类型为“图形”，单击“确定”按钮，如图 2-112 所示。

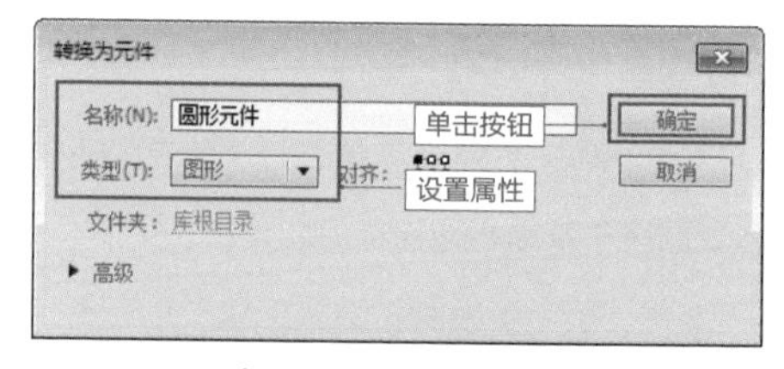

图 2-112　元件设置

08 在“圆形动画”元件窗口下，在时间轴窗口 20 帧的位置单击鼠标右键，在弹出的快捷菜单中选择“插入关键帧”命令，如图 2-113 所示。

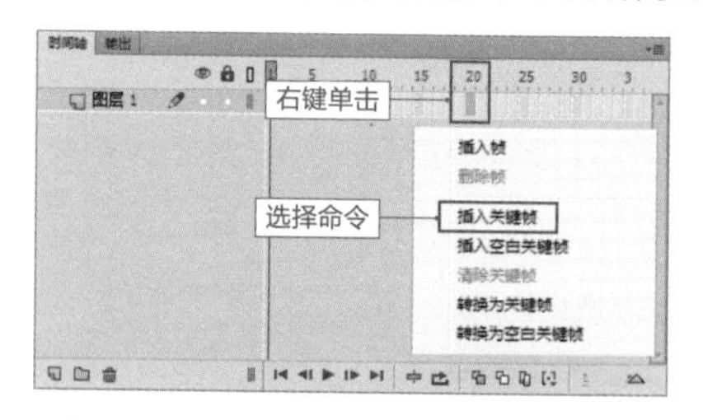

图 2-113　选择“插入关键帧”命令

09 在工具栏中选择“任意变形”工具，在当前 20 帧的位置，按住 Shift 键拖动舞台中的黑色圆形，将其放大至刚好遮住画布状态，如图

2-114 所示。

图 2-114 放大黑色圆形

10 在 0~20 帧的中间单击鼠标右键，在弹出的快捷菜单中选择“创建传统补间”命令，如图 2-115 所示。

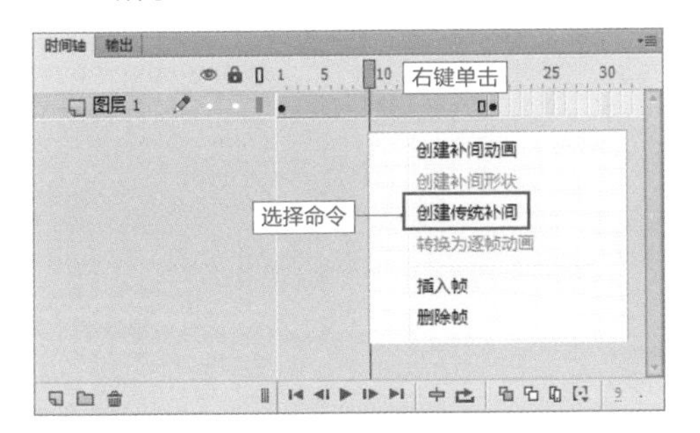

图 2-115 选择“创建传统补间”命令

11 在为图形创建传统补间后，拖动关键帧可以预览到黑色图形生成的缩放动画效果，如图 2-116 所示。

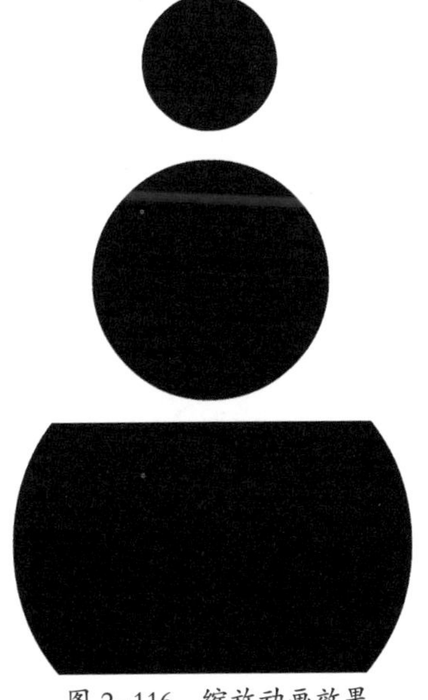

图 2-116 缩放动画效果

12 在时间轴上单击 0~20 帧之间任意一帧，在操作界面右侧弹出的“属性”面板中单击“编辑缓动”按钮，如图 2-117 所示。接着在弹出的对话框中调整曲线至图 2-118 所示的状态，然后单击“确定”按钮。调整曲线后动画的整体运动会更加平缓。

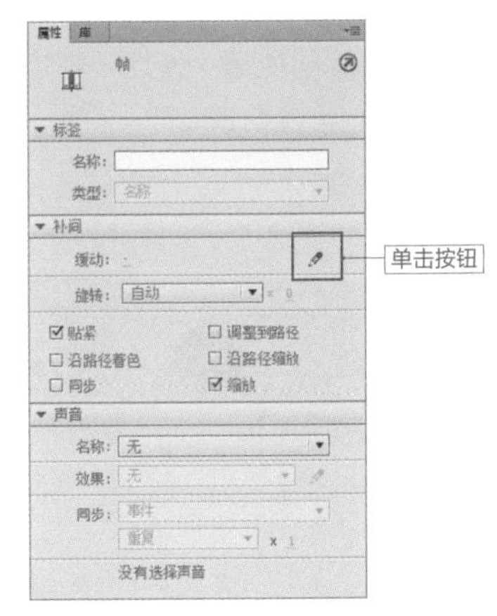

图 2-117 “属性”面板

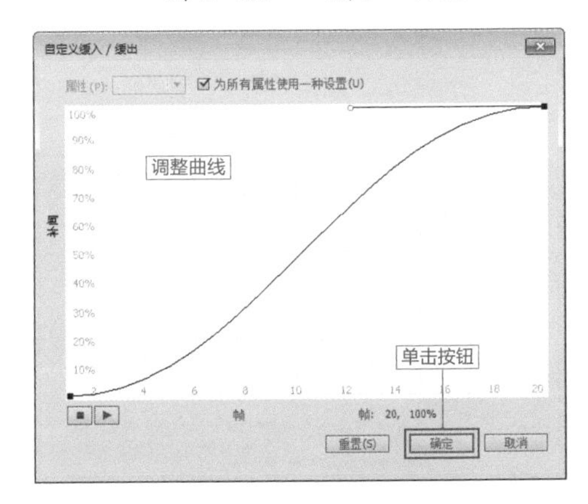

图 2-118 调整曲线

13 在时间轴单击 70 帧位置，按快捷键 F5 插入帧，使动画时间延长，如图 2-119 所示。

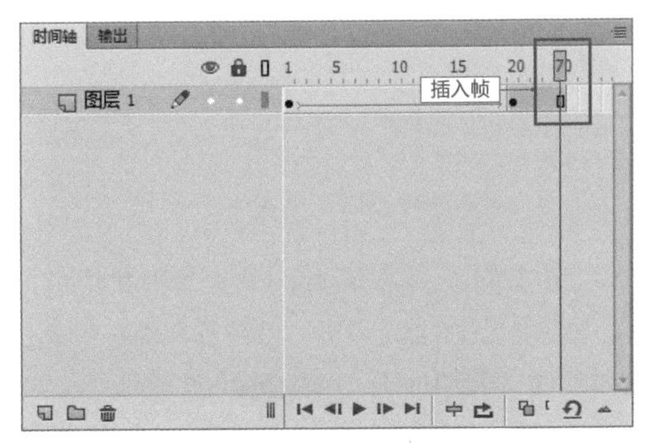

图 2-119 插入帧

资源下载验证码：80132

提示

快捷键 F5 的功能为“插入帧”，快捷键 F6 的功能为“插入关键帧”，快捷键 F7 的功能为“插入空白关键帧”。转换时，只需选择相应的帧后，按下对应快捷键即可。

14 回到第 1 帧的位置，使用“任意变形”工具将黑色圆形进行适当缩放，如图 2-120 所示。

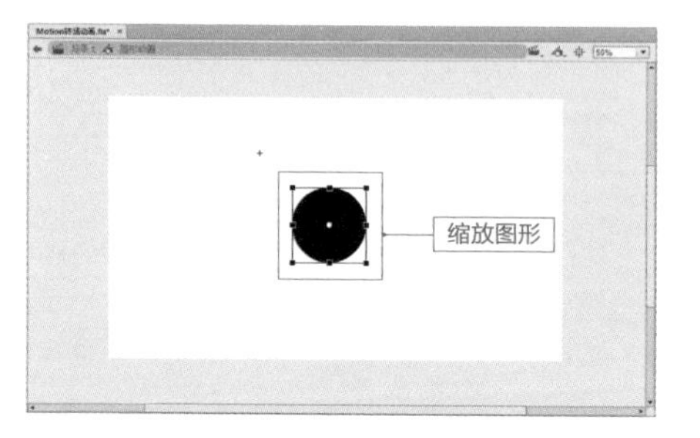

图 2-120 缩放第1帧的圆形

15 在第 5 帧的位置按快捷键 F6 插入关键帧，如图 2-121 所示。然后回到第 1 帧位置，将黑色圆形进行完全缩放，效果如图 2-122 所示。

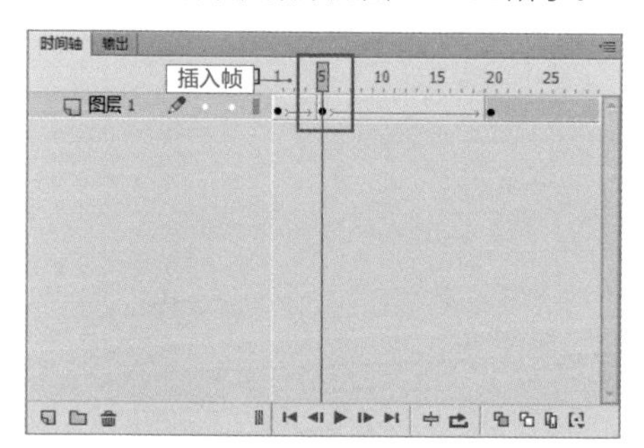

图 2-121 在第5帧插入关键帧

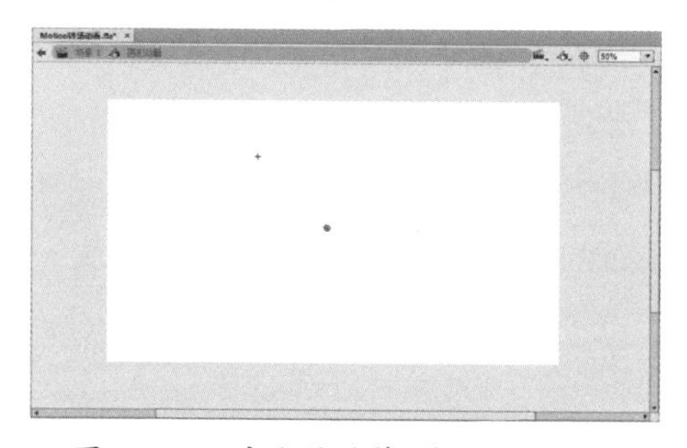

图 2-122 完全缩放第1帧位置的圆形

16 单击舞台中的黑色圆形，在操作界面右侧弹出的“属性”面板中展开“色彩效果”选项组，将“样式”设置为 Alpha，并将其“Alpha”调整到 0%，如图 2-123 所示。

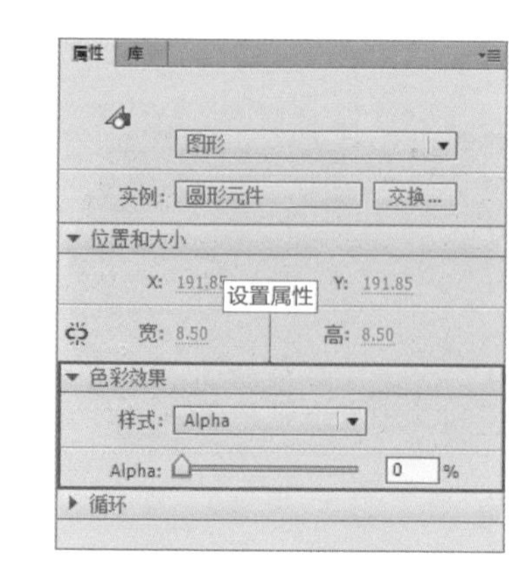

图 2-123 设置属性

17 回到“场景 1”舞台，在第 70 帧位置按快捷键 F5 插入帧，如图 2-124 所示。

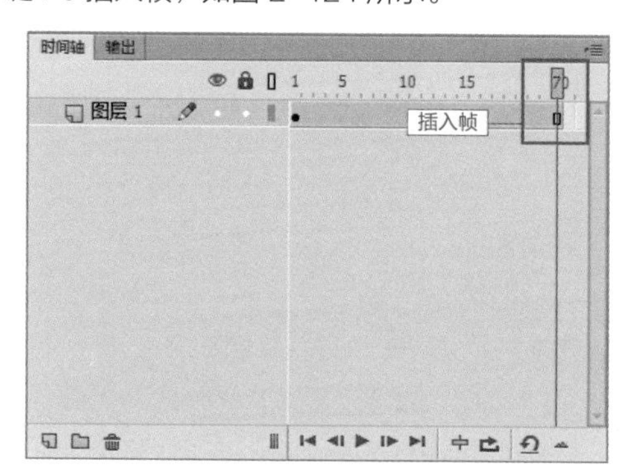

图 2-124 在第70帧位置插入帧

18 在时间轴选择“图层 1”，单击鼠标右键，在弹出的快捷菜单中选择“复制图层”命令，反复操作 3 次，复制出 3 个同属性的图层，如图 2-125 所示。

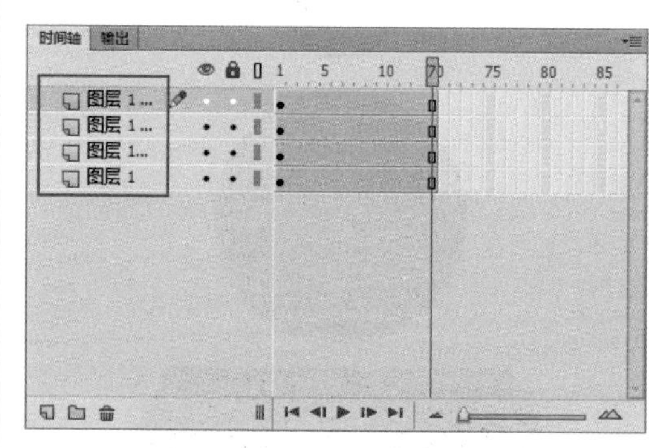

图 2-125 复制出3个图层

19 在时间轴逐一选择每一图层，将帧整体向后拖动，使其呈现阶梯错开排列状态，并分别修改图层名称，如图 2-126 所示。

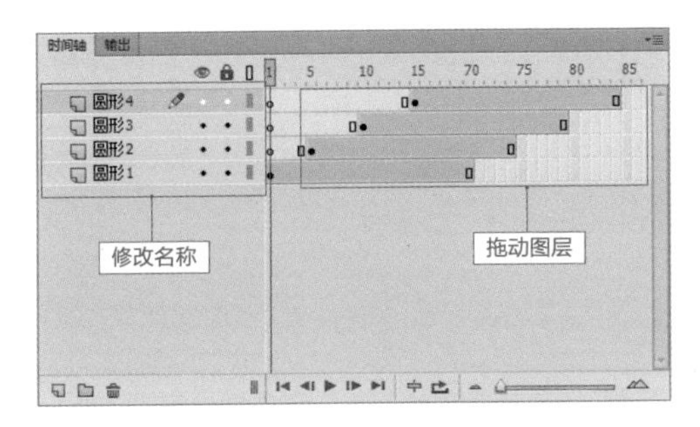

图 2-126　将图层错开排列

20 在舞台单击选择“圆形 1”，在右侧弹出的“属性”面板中修改“样式”为“色调”，修改颜色为粉色（#FC5185），调整色调参数至 100%，如图 2-127 所示。操作完成后，在舞台的预览效果如图 2-128 所示。

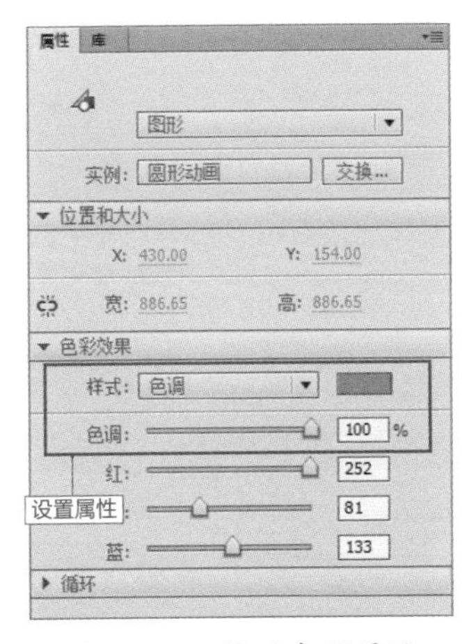

图 2-127　修改色调属性

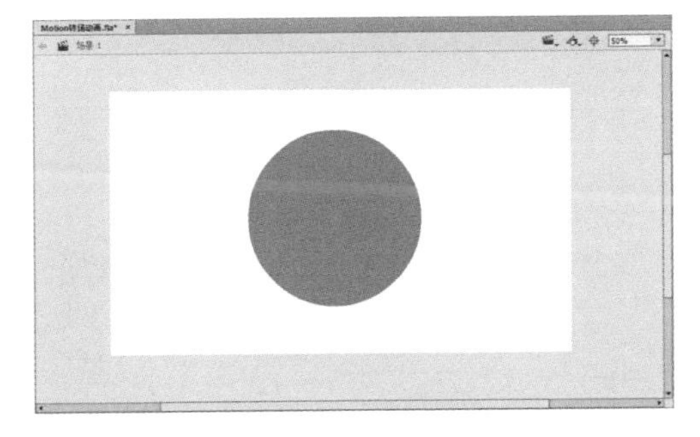

图 2-128　预览效果

21 继续选择“圆形 2”，在右侧弹出的“属性”面板中修改“样式”为“色调”，修改颜色为黄色（#FCE38A），调整色调参数至 100%，如图 2-129 所示。操作完成后，在舞台的预览效果如图 2-130 所示。

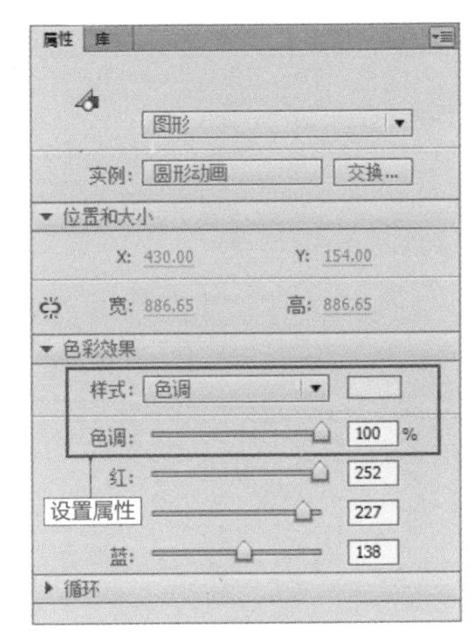

图 2-129　修改色调属性

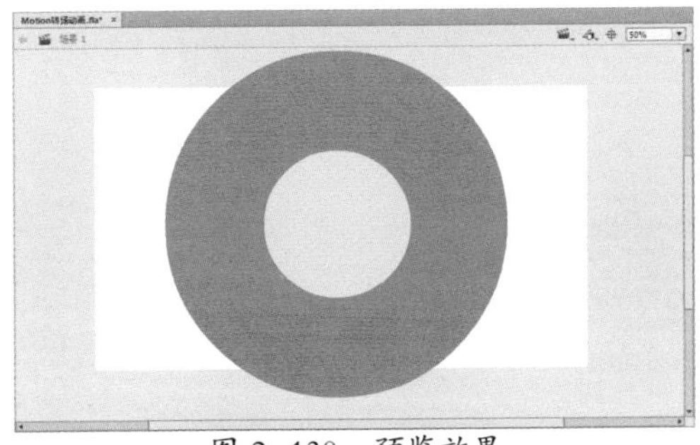

图 2-130　预览效果

22 用上述同样的方法分别修改“圆形 3”颜色为蓝色（#3BB4C1），调整色调参数至 100%，如图 2-131 所示。修改“圆形 4”颜色为淡粉色（#FFCFDF），调整色调参数至 100%，如图 2-132 所示。

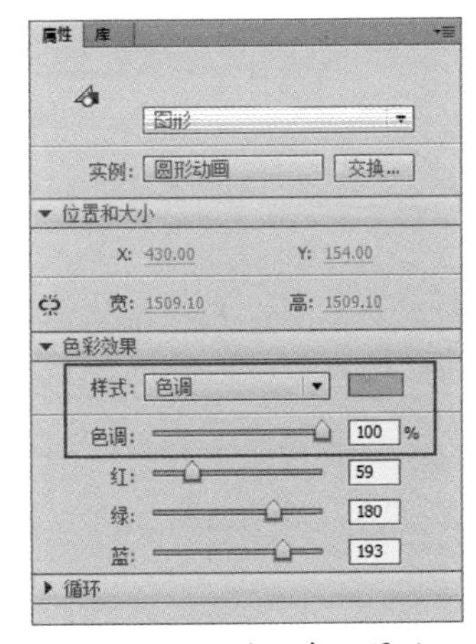

图 2-131　修改色调属性

23 至此，Motion 转场动画就已制作完成了，按回车键可以在 Flash 软件中预览动画效果，如图 2-133 所示。

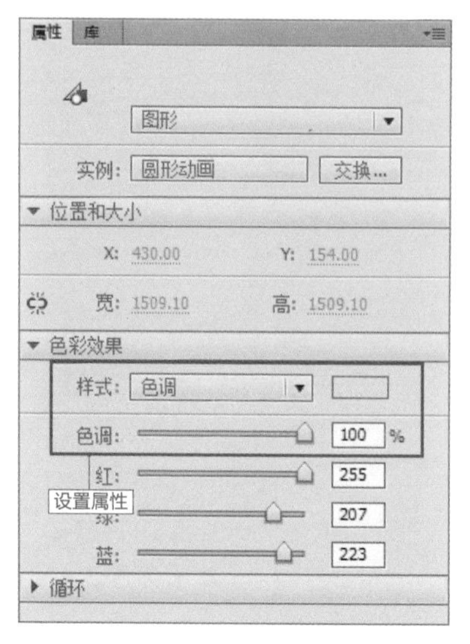

图 2-132 修改色调属性

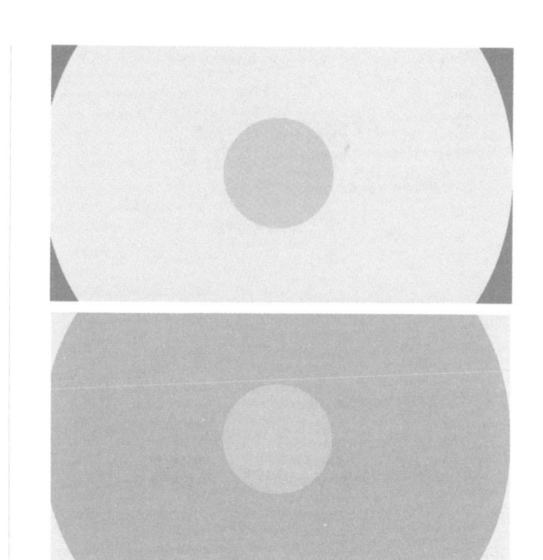

图 2-133 最终效果

2.5 Cinema 4D软件介绍

Cinema 4D，简称C4D。该软件由德国MAXON公司出品，是一款功能强大的3D绘图软件。作为一款综合型的高级三维软件，Cinema 4D以高速图形计算速度著称，有着令人惊叹的渲染器和粒子系统。与其他3D软件一样，Cinema 4D同样具备高端3D动画软件的所有功能，并且更加流畅、高效，便于操作。

2.5.1 Cinema 4D软件概述

Cinema 4D渲染器在不影响速度的前提下，可以为用户渲染出极高品质的图像。同时软件内置丰富的工具包，方便在制作MG动画时，营造出各种丰富的动效。

如前文所说，MG动画是一种风格，而不是专指某个软件制作的动画。除了常见的二维MG动画外，也有许多三维的MG动画，如图2-134所示。像这种三维的MG动画基本就需要借助Cinema 4D来完成了。

本书将以 Cinema 4D R18 版本为例进行讲解。

图 2-134 Cinema 4D制作的三维MG动画

2.5.2 Cinema 4D的工作界面

运行Cinema 4D软件，进入“启动”工作界面。该界面由标题栏、菜单栏、工具栏、编辑模式工具栏、视图窗口、动画编辑窗口、材质窗口、坐标窗口、对象/内容浏览器/构造窗口、属性/层面板和提示栏组成，如图 2-135所示。

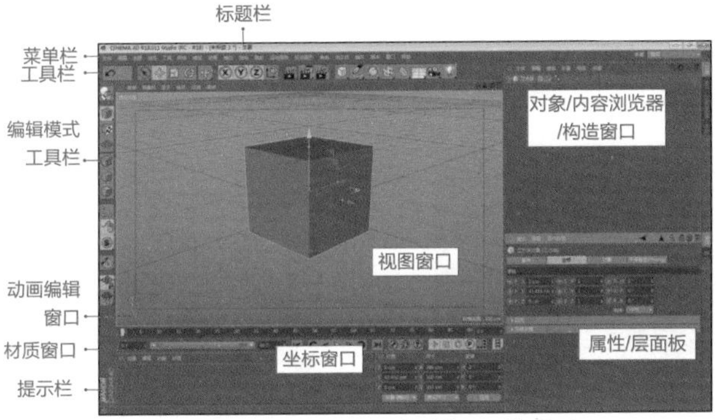

图 2-135 “启动”工作界面

界面区域介绍如下。

- **标题栏：** 位于工作界面最顶端，包含软件版本的名称和当前编辑的文件信息。
- **菜单栏：** 19个菜单包含了可以执行的各种命令，单击菜单名称即可打开相应的菜单。
- **工具栏：** 包含了Cinema 4D预设的一些常用工具，使用这些工具可以创建和编辑模型。工具栏中的工具按照特点可以分为两类，一类是单独的工具，这类工具的图标右下角没有小黑三角形，如、等；另一类则是图标工具组，图标工具组按照类型将功能相似的工具集合在一个图标下，如基本体工具，在该种图标上按住鼠标左键，即可显示相应的工具组。
- **编辑模式工具栏：** 编辑模式工具栏位于界面的最左侧，可以在这里切换不同的编辑模式。
- **动画编辑窗口：** 可以拖动改变时间线位置来设置关键帧动画，并且对动画进行预览播放。
- **材质窗口：** 可以在该窗口添加材质球，并对材质进行编辑。
- **提示栏：** 可以显示当前工具和窗口缩放比例等信息。
- **视图窗口：** 用于多方位展示模型，包含透视视图、顶视图、右视图和正视图这 4 个视图，用户也可以按住快捷键Ctrl+Alt+鼠标左键自由旋转视图，方便查看模型。
- **坐标窗口：** 位于材质窗口右方，是C4D软件独具特色的窗口之一，用于控制和编辑所选对象层级的常用参数。
- **对象/内容浏览器/构造窗口：** 位于界面右上方，其中对象窗口用于显示和编辑管理场景中的所有对象及其标签，内容浏览器窗口用于管理和浏览各类文件，构造窗口用于显示某个对象的构造参数。
- **属性/层面板：** 属性面板用于设置所选对象的所有属性参数，层面板用于管理场景中的多个对象。

2.5.3 案例：扁平化小方块动效 难点

素材文件：素材\第2章\2.5.3 扁平化小方块动效

效果文件：效果\第2章\2.5.3 扁平化小方块动效.mov

视频文件：视频\第2章\2.5.3 扁平化小方块动效.MP4

01 启动 Cinema 4D 软件，进入其工作界面，按快捷键 Ctrl+N 创建一个新项目。在工具栏单击“立方体”按钮，创建一个立方体，如图 2-136 所示。

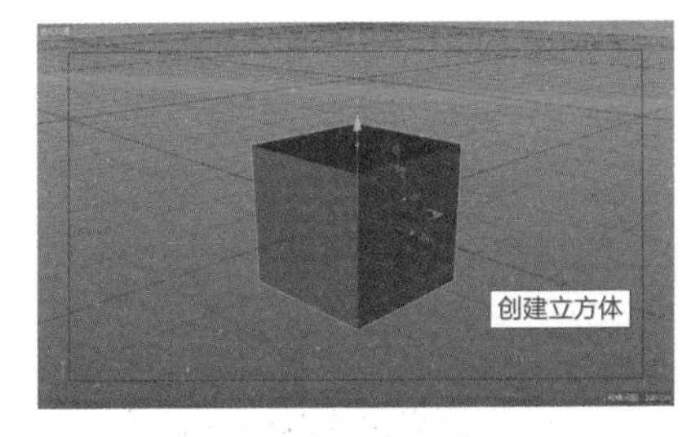

图 2-136 创建立方体

02 在工具栏长按“地面”按钮，在展开的工具列表中选择“背景”选项，如图 2-137 所示。

03 在右侧的对象面板中单击“立方体”选项，如图 2-138 所示。选中模型后，在编辑模式工具栏中单击“转为可编辑对象”按钮，如图 2-139 所示。

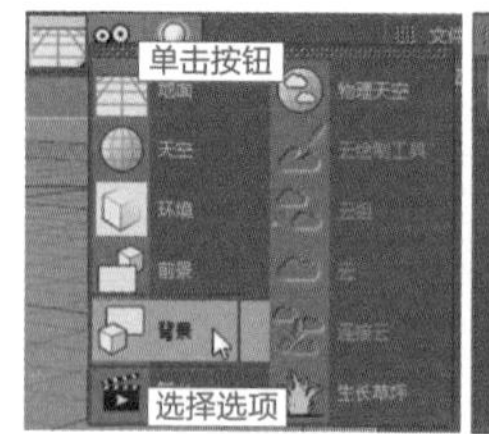

图 2-137　选择“背景”选项

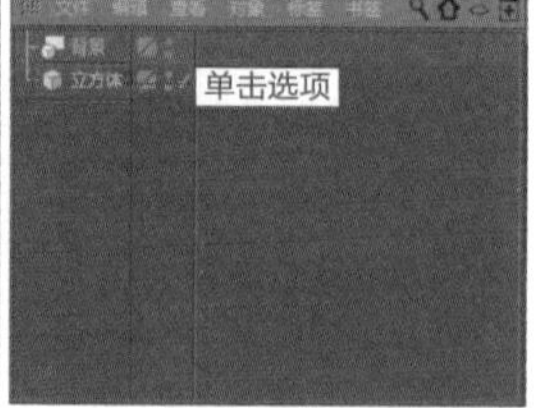

图 2-138　单击“立方体”选项

图 2-139　转为可编辑对象

04 单击材质窗口，按快捷键 Ctrl+N 创建一个材质球，如图 2-140 所示。

图 2-140　创建材质球

05 双击材质球，打开其“材质编辑器”面板，取消勾选“颜色”和“反射”选项，然后勾选“发光”选项，同时在“发光”面板中设置颜色 RGB 参数为 50、50、50，如图 2-141 所示。

图 2-141　编辑材质球

06 关闭“材质编辑器”面板，单击上述创建的材质球，按快捷键 Ctrl+C 进行复制，接着按快捷键 Ctrl+V 粘贴出 3 个新的材质球，如图 2-142 所示。

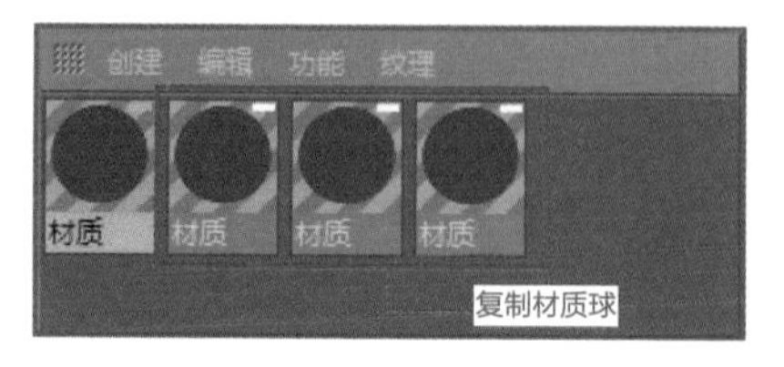

图 2-142　复制材质球

07 双击不同的材质球，进入对应的“材质编辑器”面板，分别修改材质球的“发光”颜色，结果如图 2-143 所示。

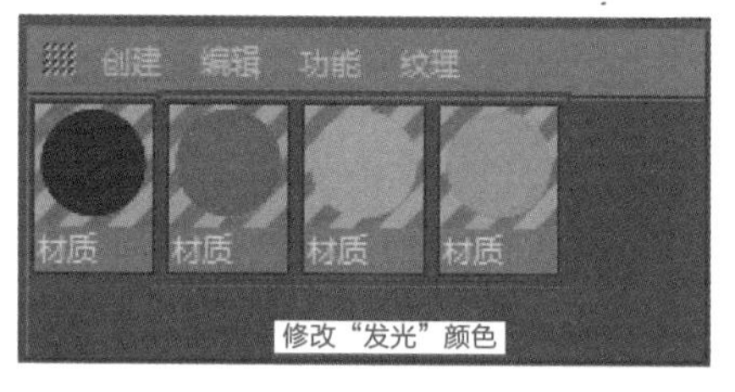

图 2-143　修改材质球的“发光”颜色

提示

红色 RGB 参数为 214、57、50，黄色 RGB 参数为 231、155、17，蓝色 RGB 参数为 35、148、154。

08 选择材质窗口中的黑色材质球，将其拖动添加到对象面板的“背景”图层中，如图 2-144 所示。

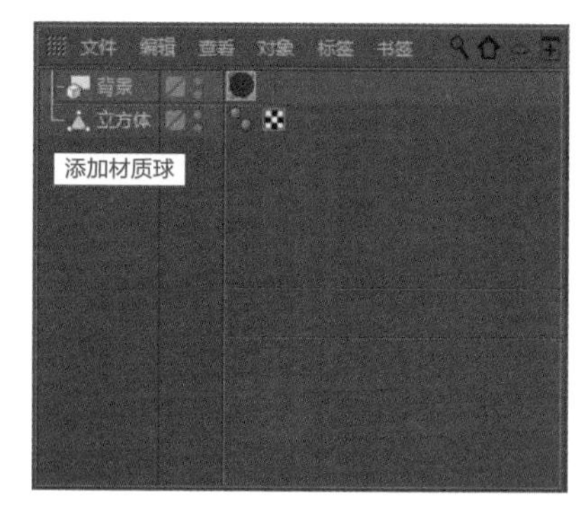

图 2-144　给背景添加材质

09 在编辑模式工具栏中单击“多边形”按钮，切换成面模式，然后单击选中立方体模型其中的一个面，如图 2-145 所示。

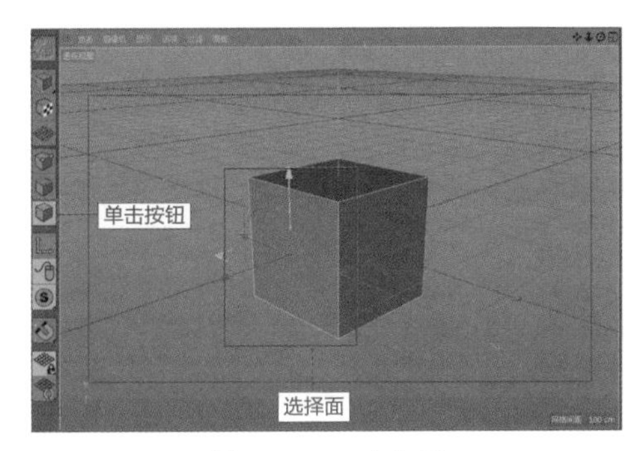

图 2-145　选择面

10 选中材质窗口中的红色材质球，将其拖动添加到选择的面中，如图 2-146 所示。

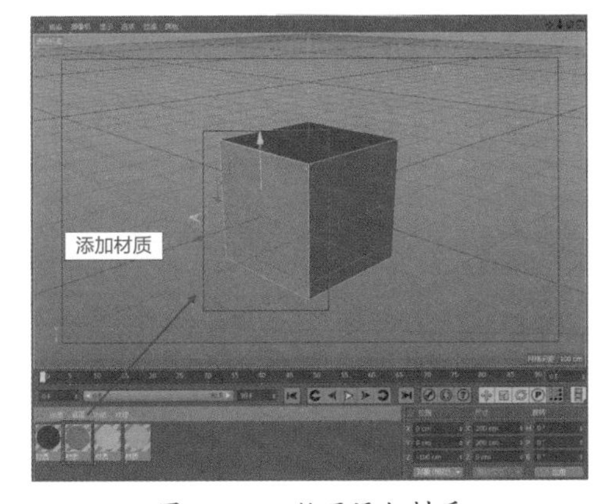

图 2-146　给面添加材质

11 在面模式下，依次单击选择剩余的其他面，分别为它们拖动添加不同颜色的材质球，如图 2-147 所示。

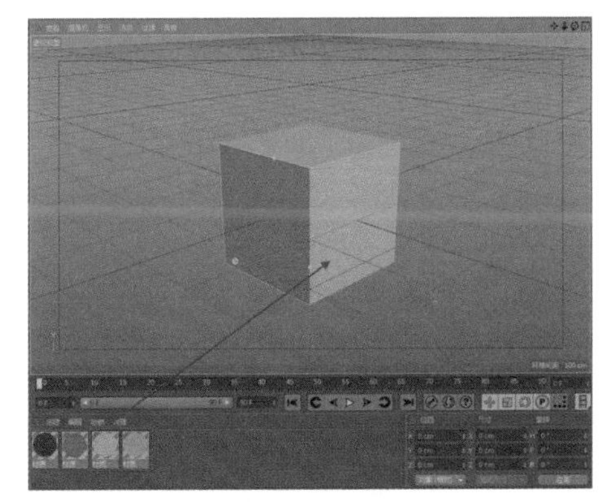

图 2-147　给其他面添加不同材质

提示

添加不同颜色材质，一定要在面模式下先单击选中对应的面，再将材质球拖入面。

12 为所有面添加完材质之后，在对象面板中单击“立方体”图层，如图 2-148 所示。

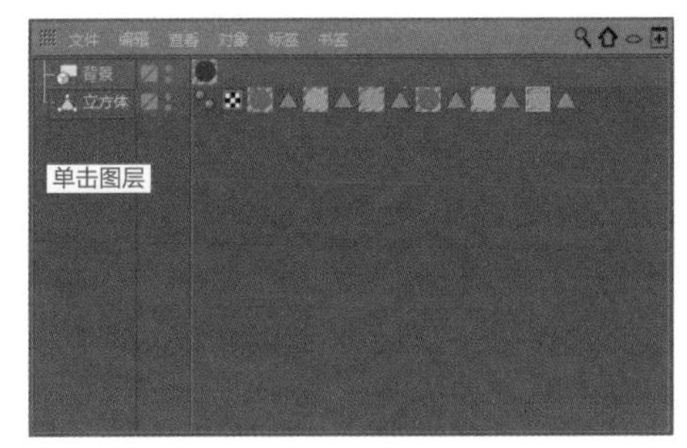

图 2-148　单击“立方体”图层

13 在编辑模式工具栏中单击“模型”按钮，将面模式切换成模型模式，然后进入“立方体”图层的属性面板，在 0 帧位置单击 X 轴缩放属性前的关键帧按钮，设置关键帧动画，如图 2-149 所示。

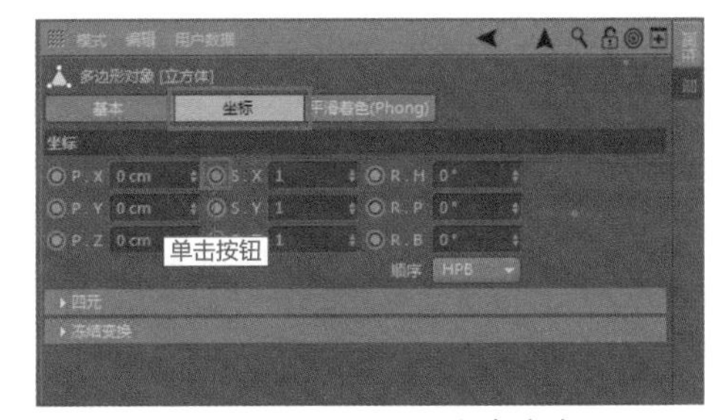

图 2-149　设置缩放关键帧

提示

上述操作中因为是要为整体设置关键帧动画，所以操作前要记得将面模式切换成模型模式。属性面板中的 P 代表“位置”属性，S 代表“缩放”属性，R 代表“旋转”属性。关键帧按钮变成粉色，代表关键帧已设置完成。

14 在动画编辑窗口将时间线拖动到 10 帧位置，同时将整体长度延长为 120F，如图 2-150 所示。

图 2-150　动画编辑窗口

15 在属性面板中修改 X 轴缩放参数为 2，同时单击属性前的按钮，激活关键帧，如图 2-151 所示。

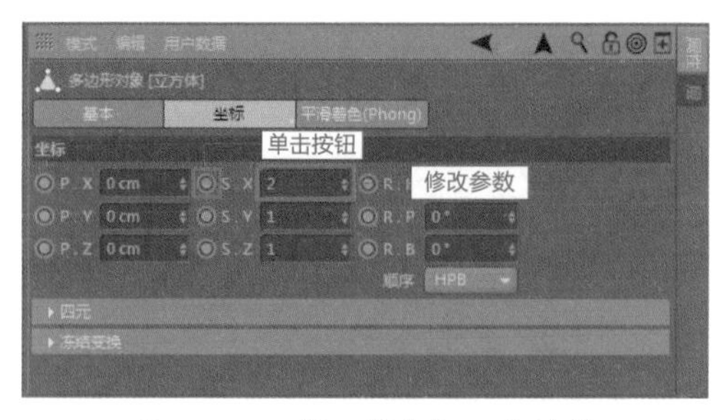

图 2-151　第10帧处插入关键帧

提示

拖动改变时间线位置后，设置的关键帧会变成 状态，需要单击激活成 状态设置新的关键帧。

16 将时间线拖动到 20 帧位置，然后在属性面板中修改 *X* 轴缩放参数为 2，修改 *Z* 轴缩放参数为 1，并分别单击属性前的关键帧按钮 ，设置关键帧动画，如图 2-152 所示。设置关键帧动画后，立方体模型产生如图 2-153 所示效果。

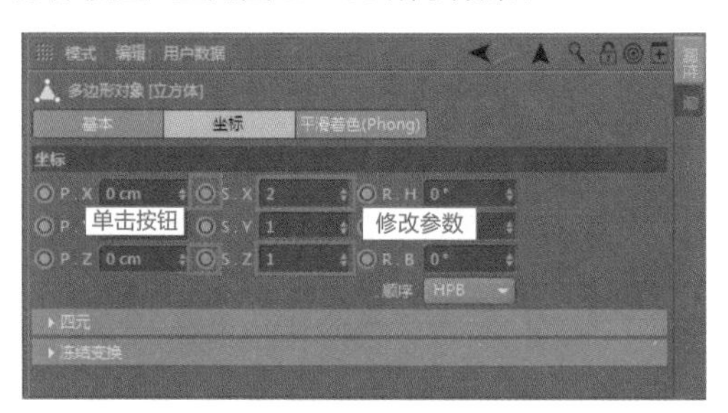

图 2-152　第20帧处插入关键帧

图 2-153　预览效果

17 接下来使用相同方法，参考表 2-1，在不同的时间点分别设置 *X*、*Y*、*Z* 轴缩放关键帧动画。

表2-1　不同时间点的缩放关键帧设置

时间点	*X*轴缩放	*Y*轴缩放	*Z*轴缩放
30帧	2	不设置	2
40帧	2	1	2

（续表）

时间点	*X*轴缩放	*Y*轴缩放	*Z*轴缩放
50帧	1	2	2
60帧	1	2	2
70帧	2	2	2
80帧	2	2	2
110帧	1	1	1
120帧	1	1	1

18 设置缩放关键帧动画后，在视图窗口预览模型动画效果，如图 2-154 所示。

图 2-154　效果预览

19 接下来为模型设置旋转动画。在第 80 帧的位置单击 H（航向）旋转属性前的关键帧按钮 ，设置关键帧动画，如图 2-155 所示。

图 2-155　第80帧设置旋转关键帧

20 在 110 帧位置修改 H 旋转参数为 720°，同时单击属性前的 按钮，激活关键帧，如图 2-156 所示。

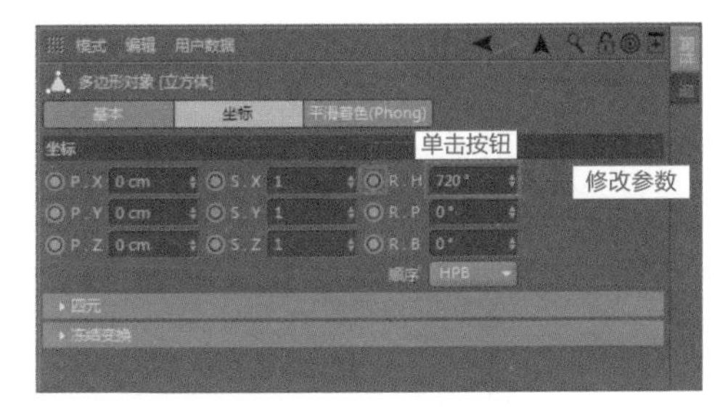

图 2-156　第110帧设置关键帧

提示

旋转属性中的 H（Heading）代表航向，对应 Y 轴旋转；P（Pitch）代表倾斜，对应 X 轴旋转；B（Bank）代表转弯，对应 Z 轴旋转。

21 在 120 帧位置设置 H 旋转参数为 720°，同时单击属性前的◎按钮，激活关键帧，如图 2-157 所示。设置旋转关键帧后，模型会产生一种由大到小旋转缩放的效果，如图 2-158 所示。

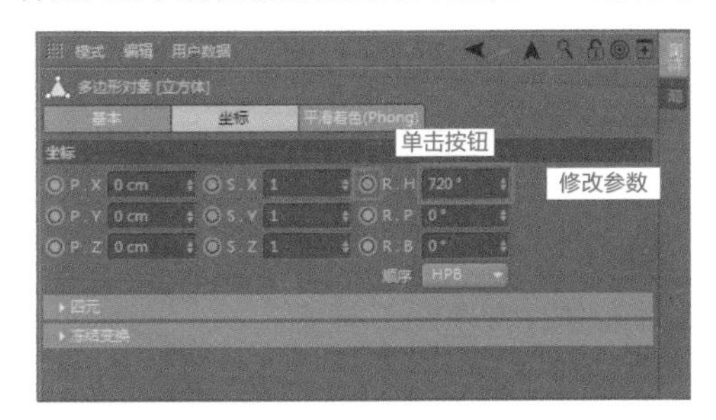

图 2-157　第120帧设置关键帧

图 2-158　旋转效果

22 在操作界面右上角，将当前工作界面切换为“Animate（动画）”，如图 2-159 所示。

23 进入 Animate 界面后，在时间线窗口单击“函数曲线模式”按钮，激活函数曲线窗口，然后单击立方体下的“旋转 H”选项，显示对应的曲线，如图 2-160 所示。

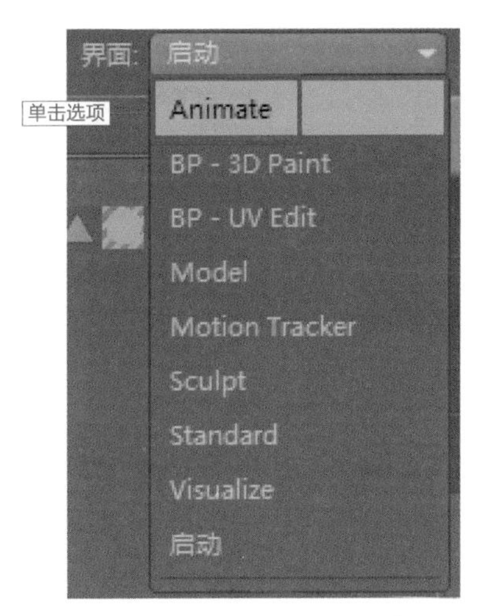

图 2-159　切换Animate界面

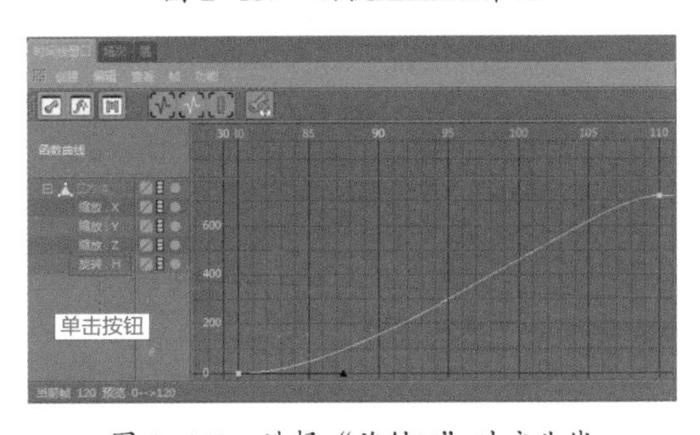

图 2-160　选择“旋转H”对应曲线

24 分别单击选择曲线两端的点，按快捷键 Ctrl+Shift 的同时，将点向内侧拖动，使曲线呈现缓入缓出的平滑状态，如图 2-161 所示。

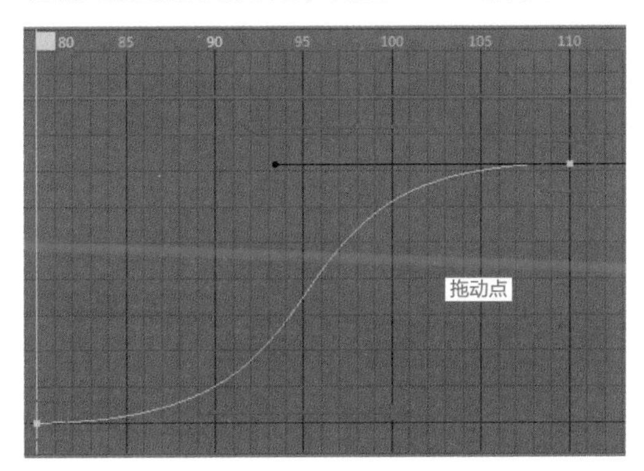

图 2-161　调整曲线

25 返回“启动”界面，在工具栏单击“编辑渲染设置”按钮，在弹出的“渲染设置”对话框中，将“效果”设置为“次帧运动模糊”选项，然后取消勾选“抗锯齿限制”选项，如图 2-162 所示。

图 2-162 “渲染设置”对话框

26 继续在“渲染设置”对话框中单击“抗锯齿”选项，并在右侧面板中设置“抗锯齿”属性为“最佳”，如图 2-163 所示。

图 2-163 设置“抗锯齿”属性为“最佳”

27 在“渲染设置”对话框中单击“输出”选项，然后在右侧面板中设置输出大小为 500px×500px，设置分辨率为 150 像素 / 英寸，将“帧范围”设置为“全部帧”，如图 2-164 所示。

图 2-164 设置输出参数

28 单击“保存”选项，打开“保存”选项组。单击“文件”属性后的按钮，在弹出的对话框中设置输出文件的存储位置及名称，并单击“保存”按钮，最后设置输出格式为 QuickTime 影片，如图 2-165 所示。

图 2-165 设置保存参数

29 完成上述设置后，关闭“渲染设置”对话框。在工具栏单击“渲染到图片查看器”按钮，在弹出的图片查看器中等待输出完成，如图 2-166 所示。

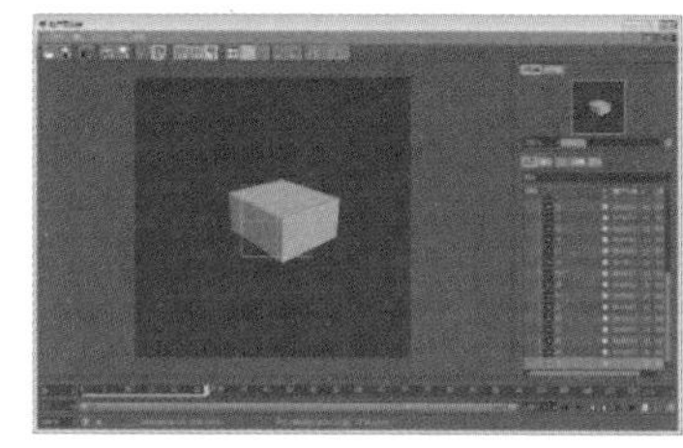

图 2-166 图片查看器

30 至此，在 Cinema 4D 软件中制作的扁平化小方块动效就全部完成了，可以将 QuickTime 影片文件导入 Photoshop 输出成 GIF 动态图，最终效果如图 2-167 所示。

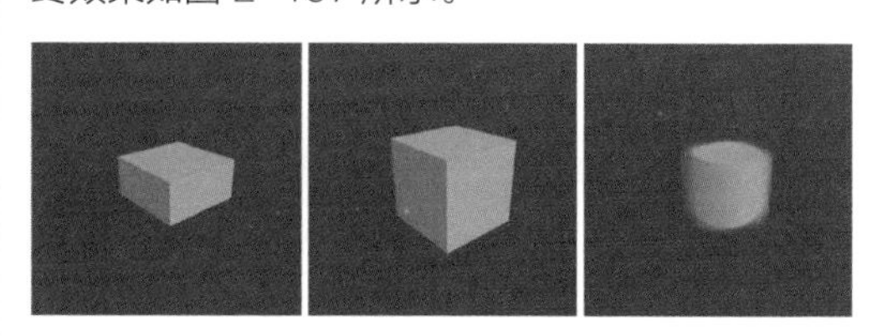

图 2-167 最终效果

2.6 知识拓展

本章主要介绍了5款常用的制作MG动画的软件，分别是AE、PS、AI、Flash和C4D。

这几款软件的功能及界面大相径庭，但相同点在于都可以合理利用起来制作MG动画。5款软件中，大众使用频率较高的是AE软件，其强大的后期特效制作及动画功能，可以方便而高效地帮助用户打造出精美的动画效果。其次是PS软件，它不仅可以用来前期处理动画素材，内置动画功能同样能帮助用户制作MG动画，并且还可以用其导出GIF动态图，方便用户存储和查看文件。

之后还为读者详细介绍了AI软件和Flash软件的操作界面和具体应用。其中，AI作为一款专业的矢量图形制作软件，可以用来绘制MG动画的所需的前期素材，再导入AE中添加所需的动态效果。此外，作为一款专业二维动画软件的Flash，同样可以被利用起来打造MG风格的关键帧动画。最后，编者还详细地介绍了C4D这款3D绘图软件，掌握该款软件的具体使用方法，可以帮助用户快速打造出动态流畅的3D图形动画。

制作MG动画并不局限于使用某一款软件，本节所述的5款软件兼容性强，可以互相导入使用，只要灵活地掌握了这几款软件的具体使用方法，同时发挥想象，相信读者朋友们可以高效地打造出更多优秀的MG动画作品。

2.7 拓展训练

素材文件：素材\第2章\2.7 拓展训练1	效果文件：效果\第2章\2.7 拓展训练1.gif	视频文件：视频\第2章\2.7 拓展训练1.MP4

根据本章所学知识，将素材文件夹中的工程文件导出为GIF动图，效果如图 2-168所示。

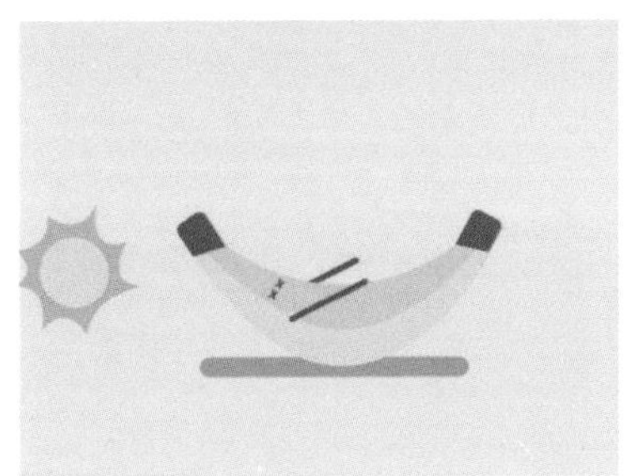
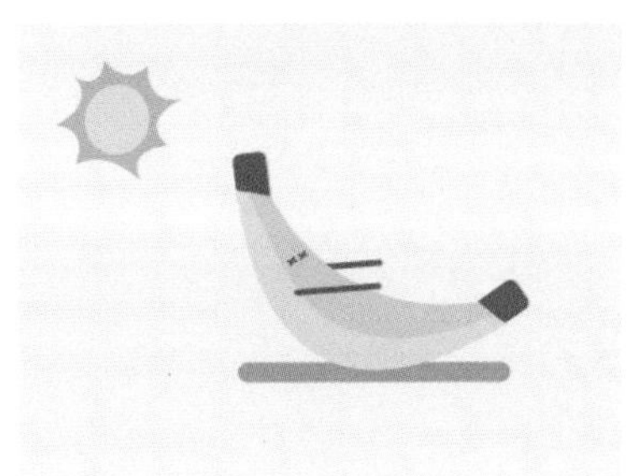

图 2-168 最终效果

素材文件：素材\第2章\2.7 拓展训练2	效果文件：效果\第2章\2.7 拓展训练2.ai	视频文件：视频\第2章\2.7 拓展训练2.MP4

根据本章所学知识，使用AI软件绘制一个简单的星球矢量图形，然后将其导入AE中制作动态图，最终效果如图 2-169所示。

图 2-169 最终效果

第2篇

技巧篇

第3章

MG动画的设计与技巧

MG动画作为平面设计和动画设计结合衍生的艺术形式，在理念上遵循着平面设计的设计原则和思维，在时间表现手法上具备动画的技术手法与影像形式。正因如此，在设计MG动画时，既要懂得平面设计的一些表现手法、画面构成原理和色彩搭配等，还要懂得传统动画的一些原理，比如动画规律，如何把握整体节奏、如何调节关键帧等。

本章将详细介绍在制作MG动画时需要注意的一些设计要点及制作技巧，灵活掌握这些要点，日后制作MG动画时将会更加得心应手。

本章重点

MG动画的剧本文案创作 | MG动画分镜头设计

色彩构成要点 | MG动画可遵循的一些原则

MG动画运动技巧

扫码观看本章案例教学视频

3.1 MG动画设计要点

通过前面章节的学习，相信各位读者已经对MG动画有了大致的了解。MG动画的制作除了要熟悉常用的软件操作，更为重要的是如何设计出能让人眼前一亮的优秀作品。好的作品依靠的不仅仅是设计师纯熟的软件操作，还需要设计师为作品融入优质的设计理念和风格特色，才能使得最终的作品在更新迭代迅速的互联网中脱颖而出。那么，想要设计出优质的MG动画，需要掌握哪些设计要点呢？

3.1.1 优秀的动画需要优秀的剧本 重点

对于不同的公司或设计师来说，MG动画的创作过程和方法可能有所不同，但基本规律是一致的。任何动画生产的第一步都是创作剧本，不过对于MG动画来说，剧本通常都是由客户方提供的："剧本"有可能是一套完整的方案，也有可能只是几张平面广告设计，更有可能是聊天记录中的互相沟通，如图 3-1所示。

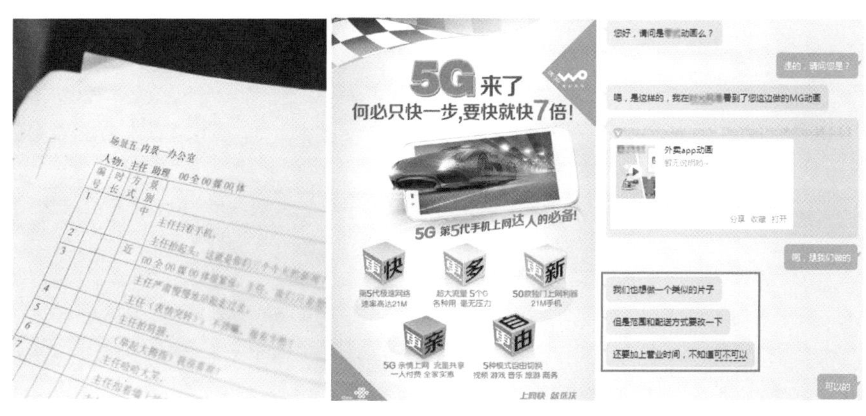

图 3-1 客户可能提供的各种剧本

但无论是何种形式，设计师都应该理清思路，将其转化为制作MG动画所需的剧本文案。剧本文案需要明确三个问题，即：写剧本文案的目的、对受众的影响以及怎样以最简洁明了的表达方式让观众理解并欣然接受，如图 3-2所示。

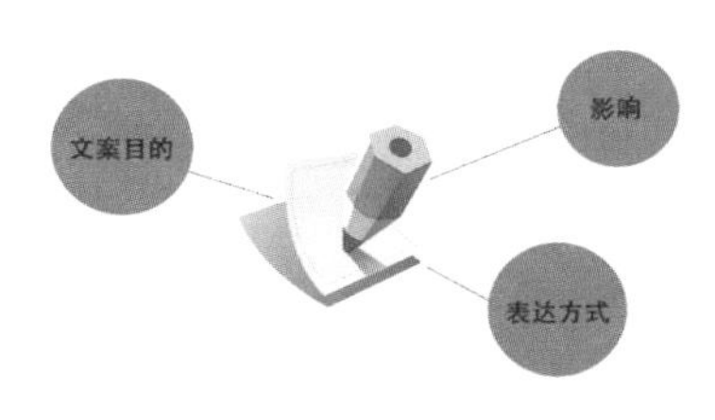

图 3-2 文案需要明确的三个问题

1. 文案目的——为宣传对象服务

在互联网平台上，经常流传着一些"最佳广告文案"这样的作品，点进去看，确实会为那些奇思妙想的点子而惊叹，但是如果问观众这些台词出自哪个品牌、描述的是哪种产品，通常就很难答上来。这便是MG动画写剧本文案时极容易犯的一个错误：创意大于产品。

许多设计师在创作剧本文案时喜欢先写一个看似与产品无关的引子，然后借助这个引子将主要的内容引申出来。这种方法简单有效，是目前比较流行的剧本创作方法。但是MG动画是极为重视视觉效果的动画，如果一个MG动画在前10秒钟之内还没有进入主题，那观众便很难有兴趣继续看下去。而10秒钟的画面留给文案的发挥空间通常也只够写得下几句台词，如何利用这短短的几句台词勾起读者的兴趣，并引申出宣传对象便是设计的重点。

2014年支付宝的“十年账单”在各大社交平台上“刷屏”，其相关的MG动画文案便颇值得借鉴。以“十年”为契机，因此动画在一开始便以“过去十年 我们共同经历了什么”作为第一句，然后依次列举了过去的各种变化，再引入“那我们自己的变化呢”，最后画面一转切入“支付宝十年账单里有答案”，如图 3-3所示。整个前期过程刚好10秒，既以怀旧风勾起了大众的共同记忆，又在短短几句话之间说出了“十年账单”要表达的重点。

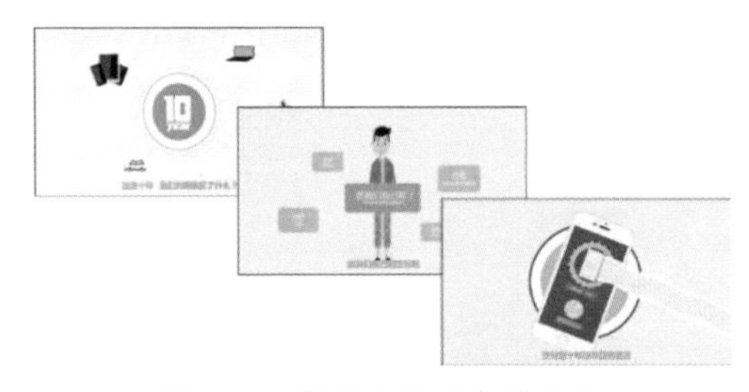

图 3-3 围绕宣传对象做文案

另外，在剧本文案创作完成时，可以找其他人员进行审读，一定要重视其他人员对剧本文案的反馈。其他人员看完后，如果只觉得“写得不错”，或者说“很搞笑、有创意”，而丝毫不提产品内容，就应该引起警惕。

2. 影响——抓住观众的思维逻辑

MG动画的本质是一种宣传手段，要为宣传对象服务。这是所有设计师必须明确的重点，因此在撰写剧本文案时，一定要针对目标观众的思维逻辑来有选择性地做文案表达。

举个例子，如现在都在宣告手机5G时代的来临，鼓励大家选择5G产品，理由是5G速度比4G快，所以能看到的所有广告文案都在强调5G比4G快，如图 3-1中的：

“何必只快一步，要快就快7倍！”

但是对于消费者来说，很可能的思维逻辑却是这样的：

“5G是很快，但是4G也不慢啊！我为什么要换？”

所以在制作相关MG动画时，最好能修改此处文案，给予消费者购买的理由，如5G其实更省钱或者省时间，于是可以修改成如下方案：

“5G网络比4G更为快速，相同的上网时间能提供更多便利，具有更高的性价比。”

然后便可以顺着此条思路进行发散，扩展到画面表现，便能很好地表达出客户想要体现给观众的内容，如图 3-4所示。

图 3-4 将文案与画面结合

知识链接

MG 动画的剧本与真人表演的故事片剧本有很大不同。一般影片中的对话，演员的表演是很重要的，而在MG动画中则应尽可能避免复杂的对话。在 MG 动画中最重要的是用画面表现视觉动作，最好的 MG 动画是通过纯粹的动作取得的，其中没有对话，而是由视觉创作激发人们的想象，就如本书第 1 章中所介绍的《Designed by Apple in California》广告短片。

3. 表达方式——最简原则

剧本文案应当说法直接，最大限度地降低用户的理解负担。间接、模糊的说法，或是生僻和过度“文雅”的用词，都应尽量避免，因为剧本文案只是用作沟通的工具，最有效地传递信息才是它的首要任务。

在含义不变的情况下，优先选择最简洁、字数最少的内容，同时去掉与用户无关和对用户无太大用处的文字。在保持剧本文案的完整性和准确性的前提之下，仍然使每一个文字都有意义，这就是“最简”原则。具体有以下两种简化方法。

简化结构

从结构入手，只保留最核心的主干部分，剪去多余的枝叶。MG动画的剧本文案不同于写文章，不要求主谓宾定状补样样不少，不需要长篇大论，应该用简洁而精炼的文字传递最核心的内容。“世界那么大，我想去看看”这句话之所以能爆红网络，不仅在于它的内涵，更在于它的简单明了。

在对时长有严格要求的MG动画场合，尤其需要简化结构。例如，要为一个旅游APP做MG动画的片头，就可以删去旅游攻略、出行折扣等这些可以在APP内介绍的事物，仅保留“我们是谁、我们能做什么”的主干内容，如图 3-5所示。

图 3-5 简化文案结构

简化文字

尽可能地减少一切不必要的文字。当创作出自己颇为满意的文案后，可以试着再删去其中的三分之一。可以从以下几个方面入手。

- 删去那些与关键含义无关的文字、词语。
- 删去前后重复的词语。
- 使用更短的词组来代替当前的。
- 删去不必要的修饰语。
- 尽量减少词汇，能够使用名词组成的句子，就不要再使用名词之外的词。
- 将长句转变为若干断句，相同字数的文案，有断句的文案看起来更短，也更便于记忆。

事实上，要始终做到“最简”是很难的，一般来说写作都是“加法运算”，即设计者得把想要表达的信息不断累加，最后整理一下使语句通顺，就呈现给用户了。

但从用户的角度出发，是否真的需要全部的信息呢？只将自己想表达的意思一股脑地扔给用户，并不是好的剧本文案，也并不符合用户体验。

怎样通过“减法”来达到“最简”，需要针对不同的情况，具体情况具体分析。对于初学者而言，在保持语义不变的基础上删减字数，或替换成更简洁的句式，是个不错的开始。

3.1.2 生动形象的视觉化传播

现今社会处于图像时代，品牌形象通过视觉化来进行传播，更加容易被大众接受。例如，看到企鹅可以联想到腾讯QQ品牌，看到黄色的字母“M”可以联想到大众熟知的麦当劳，这两者都是通过将自己的品牌形象转化为大众容易接受的视觉符号，来达到深入人心的目的，如图 3-6所示。

图 3-6　品牌形象视觉化传播

形象视觉化是大众最基本的需求之一，美国学者道格拉斯·凯尔纳认为，日常生活形式已经发生了显著的变化，生活与文化紧紧交融，人们深刻地被媒介，特别是被视觉媒介所控制，因此无法拒绝视觉符号对当代生活的有效支配。

心理学中更有“鲜活性效应”这一说法，是指我们更加容易受一个事件的鲜活性（是否有视觉感）影响，而不是这个事件本身的意义。人本就生活在符号的世界里，生活处处皆是符号，只要是具备正常视觉功能的人，都能通过阅读图像来与现实中高度相似的真实场景相对应和匹配，来达到“所见即所得”的效果。

所以，写剧本文案，一定要具备“视觉感”，否则观众看了也不能理解设计师究竟想表达什么。营造这种“视觉感”的常见表现手法包括以下几点。

1. 寓意法

运用巧妙的构思进行侧面表达，即不直接描绘事物所具备的特点，而是寄寓在一定的意境之中，让动画观众们自己体会。例如，图3-7中想表达“老年人（活动）应以游泳、骑车和散步为主”，便可以通过三种活动的抽象特征来代替。

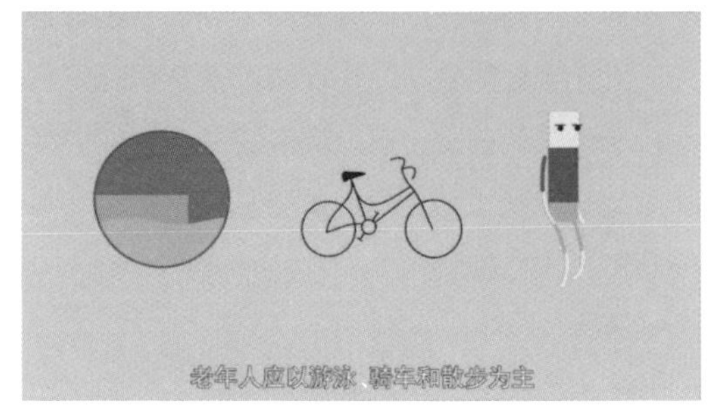

图 3-7　通过寓意来表达事物

2. 对比法

运用形式的大小、黑白的反差以及色彩的对比来创造强烈的视觉效果，以此来突出产品。例如，可以通过表现产品改进前后的对比，使用商品的前后对比，优质商品与劣质商品的对比等来制造反差效果，如图 3-8所示。

图 3-8　通过对比突出自身产品优势

3. 夸张法

通过艺术手法，对作品中某个富有特性的方面进行适度夸大、渲染气氛，以此来加深观众对于这些特性的认识。例如，图 3-9所示表达的“洗牙”效果，即真的绘制一颗“牙”在“洗澡”。

图 3-9 通过夸张手法来进行表达

4. 写实法

将产品的真实面貌和消费者使用产品时的真实情形表现出来，用造型、色彩来烘托真实的气氛，能让观众获得真实的感受，引起共鸣。图 3-10所示便是通过动画描绘真实的骨关节炎发病机理。

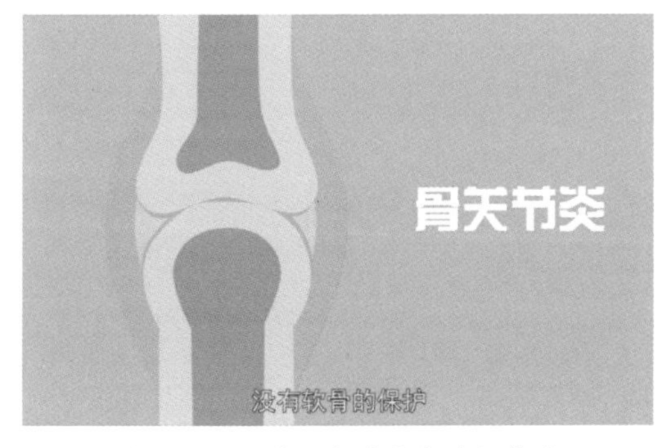

图 3-10 通过写实手法来进行表达

5. 幽默法

运用富有戏剧性的情节，经过巧妙的构思及合成，抓住生活现象中富有趣味、滑稽的东西，及纯趣味的行为，把受众引向轻松愉快的境地。例如，文案中可能会出现“现象级”“举个例子”这样的话语，这时就可以使用“大象”或者“栗子”这种网络流行的谐音事物来表达画面，如图 3-11所示。

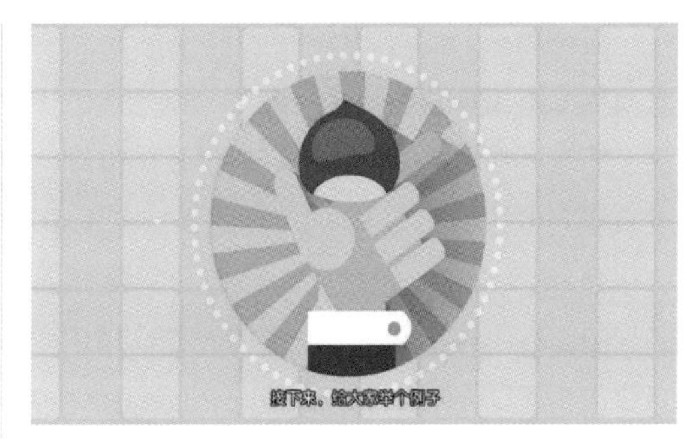

图 3-11 应用当下网络幽默话语

6. 比喻法

将两个不同的事物相互比拟、衬托，把大众熟悉的事物同广告所要表现的内容有机地联系起来，使受众产生联想并领悟其中蕴含的意义，如图 3-12所示。

图 3-12 用恶魔形象来表现黑心代理商

7. 抒情法

用优美且洋溢着诗情画意的画面来表现广告主题，制造一种情绪或气氛，让观众有联想回味的余地，更容易产生情感上的共鸣。

8. 悬念法

利用人们的好奇心理，运用独特的构思和表现手法使受众感到惊奇并产生悬念，能使观众产生继续观看下去的兴趣。

3.1.3 准确的分镜头设计 

MG动画主要以概括的线条描边、单纯的色彩、简约但富有创意的设计为主要元素，整体偏向可爱风格，这些设计要点综合在一起很能吸引观众的眼球。

但这种设计风格对设计师自身的功底要求很高，不仅需要设计者有深厚的概括绘画功底，而且还需要有很好的设计软件使用基础。在看似简单的小插图中，能准确地勾勒出图形的线条和添加适合的颜色，往往是异常艰难的，因此在制作初期很有必要确立整体风格，对分镜头设计有一个明确的概念。前期做好分镜头工作有助于后期工作的有序进行，分镜头的设计决定着动画片的整体风格，影响到动画片的流畅性，关乎动画片的视听节奏。

那么，如何创作出优质的分镜头脚本呢？

1. 分镜头设计奠定动画风格

分镜头脚本设计不仅仅是简单描述动作和事件的外貌，同时还必须有一条根本的、能推动事件发展的内在逻辑线索，这是叙事的方法。

分镜头应该是最终的成片的预览小样，设计者除了要构思每个镜头的构架外，还必须考虑到时间分配的比例，即每一个镜头应该分配的时间，包括每个镜头的时间长度、镜头中动作时间的长度。例如，表3-1所示为《实用财务管理》课程的MG动画分镜头节选。此外，还要考虑镜头之间的连接关系与转换关系等。在画面分镜头的编排过程中，允许改编原有剧本的某些内容，一旦进入制作阶段就必须严格按照画面分镜头上面的各项指标创作。

表3-1 《实用财务管理》课程的MG动画分镜头节选

序号	时间	内容	字幕	画面
1	1s	画面中上方展示课程名称，起背景音乐，画面做简单修饰	实用财务管理	实用财务管理
2	3s	向内隐去课程名称，相同位置弹出2大问题的内容，画面做简单装饰	以2大问题为出发点	问题一：企业为什么能赚那么多钱 问题二：企业赚的钱都去哪儿了
3	6s	添加转场，背景颜色不变，弹出一个电脑屏幕，围绕屏幕写出具体的6大模块	涉及6大模块	涉及6大模块

（续表）

序号	时间	内容	字幕	画面
4	9s	添加转场，修改背景颜色，由画面左侧弹出一伸大拇指的手臂，围绕手臂添加5个图形表示5大问题	解决5大问题	
5	20s	添加转场，切换画面至办公室场景，表现人物焦虑效果，左侧用文字注释形式写出2大问题	这2大问题是 企业为什么能赚那么多钱 企业赚的钱去哪儿了	

提示

因为MG动画和传统动画不一样，很多是靠AE或者其他后期软件进行调整的，如画面的一些修饰效果、转场效果等，因此对于分镜的要求可能更为严格。如果是外发确认的话，建议制作成动态分镜的形式，即以GIF或者小视频的形式来进行表达，这样所有的动画原件都能表现出来，客户也能较为直观地看到效果。

2. 搜集大量相关资料

分镜头脚本是动画作品的总体结构框架，其中的各个要素对动画影片的视觉化形象、制作指导和后期剪辑特效等均可提供可靠的依据。分镜头脚本最基本的构成要素就是角色造型设计和场景设计，在进行分镜创作之前，必须搜集大量的相关资料，做好充分的准备工作。

3. 明确风格模式

风格模式并不依附于动画的叙事和非叙事结构，其本身就会吸引观众的注意。而作为设计者，要做的就是必须找出风格在动画整体形式中所扮演的角色。

镜头的运动可以用来揭露故事信息，制造悬念效果；不连戏的剪辑是为了产生故事上的全知观点；而镜头的安排组织是要让观众注意画面中的个别细节；音乐和噪声的使用是为了制造影片惊奇的效果。

而风格模式可以加强动画中的情绪和情感效用，同时还能帮助影片产生深刻的意义。

4. 合理运用镜头

动画与电影的艺术表现手法非常相似，都是通过一个个镜头衔接来表达一个完整的故事，镜头中的内容体现着设计师的意图。在动画创作中，动画镜头具有重要的作用，镜头将动画的故事发展情节以及动画的节奏完美地表现出来，通过电影镜头语言，可以更加生动地表现动画的艺术视觉化效果，如图 3-13所示。其中，景别的设计和镜头运动的设定都会对动画起到非常重要的作用，不同的景别在人的心理情感上会产生不同的感受，近的景别的使用可以在观众想要看清楚内容的时候得到肯定的答案，而远景和全景又往往能够起到宏观的描述作用，突出表现对象，使其成为视觉中心。

图 3-13　分镜中的镜头表达

提示

景别是指由于摄影机与被摄体的距离不同，而造成被摄体在摄影机寻像器中所呈现出的范围大小的区别。景别一般可分为5种，由近至远分别为特写（指人体肩部以上）、近景（指人体胸部以上）、中景（指人体膝部以上）、全景（人体的全部和周围背景）、远景（被摄体所处环境）。

5. 空间感的把握

要清楚地交代剧情，表达中心思想，空间的连贯性必不可少，可以通过镜头画面的内部造型设计，塑造动画空间。

在二维动画中，纵深方向的塑造是形成画面立体三维空间感的重要手段，纵深效果是靠前、中、后不同层次景物的调用所产生的。在二维动画中，镜头运动并不是真的做镜头的运动，而是做场景的反向运动，是一种错觉感。运用不同形式的镜头运动，使得电影空间的表现有所不同。在设计中，要根据动画片上下文选用不同的运动形式，针对二维动画制作，使用运动的镜头画面即是一种表现空间的有力手段，也是在制作时需要着重把握的关键点。

3.1.4 色彩构成要点 重点

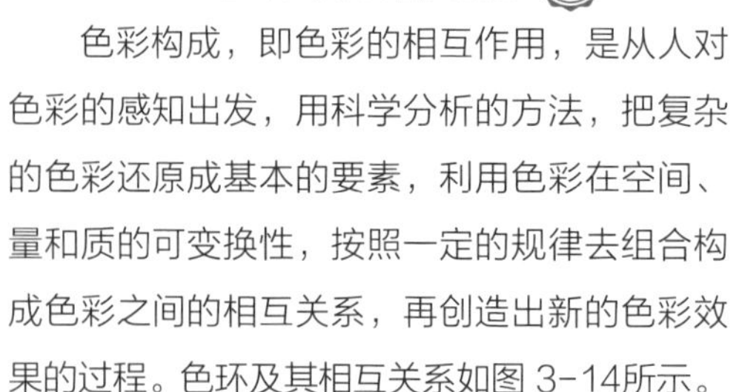

色彩构成，即色彩的相互作用，是从人对色彩的感知出发，用科学分析的方法，把复杂的色彩还原成基本的要素，利用色彩在空间、量和质的可变换性，按照一定的规律去组合构成色彩之间的相互关系，再创造出新的色彩效果的过程。色环及其相互关系如图3-14所示。

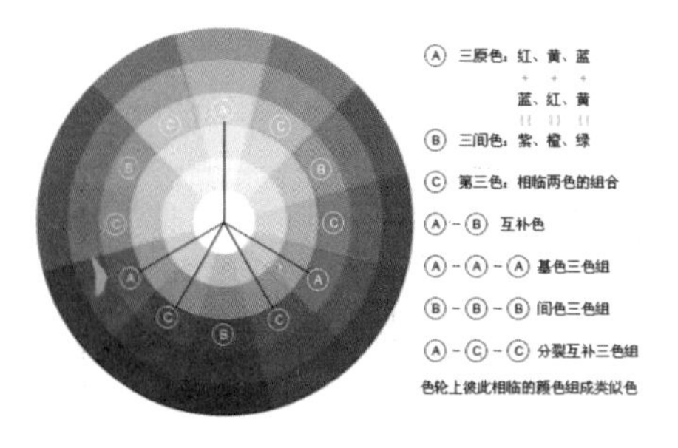

图3-14 色环及其相互关系

色彩构成是一个比较系统和完整认识色彩的理论，因此掌握色彩搭配是一个需要长期积累经验及审美能力的过程。下面，归纳总结几点制作MG动画的色彩搭配原则。

1. 扁平化

MG动画最主要的一个特点就是扁平化。扁平化有点类似于极简主义，同样是追求简洁、简约。不同的是，扁平化设计是一项运用简单效果，或者是刻意采用一个不使用三维效果的设计方案。

在进行扁平化设计时，不局限于某种色彩基调，可以使用任何一种色彩。但传统的色彩法则并不适用，可以尝试利用纯色，采用复古风格或者是同类色系进行设计，如图3-15所示。

图3-15 不同色系搭配产生的不同画面效果

提示

纯粹的亮色往往能够与明亮的或者灰暗的背景形成对比，以达到一种极富冲击力的视觉效果。复古色系色彩饱和度低，是在纯色的基础上添加白色，使色彩变得更加柔和。

2. 使用更少的颜色

世间万物皆有色彩，但是在MG动画设计中，如果每个元素都按照“原本”的颜色去搭配，最后呈现出来的作品效果可能不是“五彩斑斓”，而是眼花缭乱。如果对色彩搭配不是很在行，建议先使用少量的颜色，用更少的色彩去设计，这样并不会降低视觉效果。例如，图 3-16所示的《数字物联网全球服务》动画，虽然只用了3种颜色，但画面的干净与整洁使得主题一目了然，同样达到了很好的表达效果。

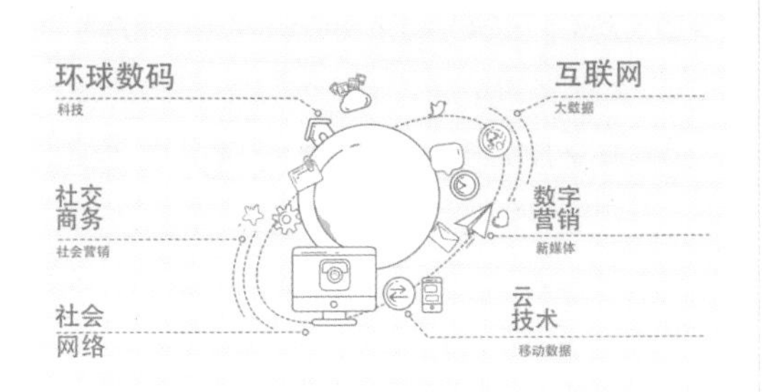

图 3-16　颜色少并不会降低视觉效果

3. 同色系配色

在MG动画设计中，同色系配色正迅速成为一种流行趋势。将同色系颜色应用到背景等辅助元素上，不仅可以统一镜头颜色，还能突出主体，如图 3-17所示。

图 3-17　使用同色系配色的画面效果

与第二点原则大体相同，如果遇到画面中元素众多的情况，要么使用更少的颜色，要么采取同色系配色的原则。这能在一定程度上平衡画面，避免众多的元素色彩凌乱堆砌在一起的情况。

4. 营造光照感

“灯光”在三维制作上很常见，而许多二维MG动画并没有“光照”概念。抛开非抽象的动态ICON元素不说，如果是一个具体的场景，那么就非常适合营造光照感了，如图 3-18所示。

图 3-18　光照感在场景中的表现

营造光照感的3个重要因素分别是颜色、高光及阴影。应当关注光照对主体颜色的影响，选择合适的高光与阴影。可以选择跟光源匹配的高光，以及进行适当的暗部处理，同时还可以为主体物的轮廓添加一些环境光色彩，这样能为抽象简洁的MG动画增加细节精致感，不至于让画面看起来只是一堆不相关的图片拼凑在一起。

3.1.5　声音的创作

从听觉元素上来说，音效是动画创作中非常重要的构成要素之一。一部动画影片配上合适的音效后会形成音画合一的艺术形象，才会最终构成全片的节奏。声音的创作包括了配乐与配音及动画音效，风格多样，具体要根据画面向的客户群体与服务企业的品牌调性来决定。

声音制作的具体流程如下。

1. 素材选择或拟音

音效制作一部分为素材音效制作，另一部分为原创音效制作。素材音效制作的第一步就是挑选类似的音效，通常需要挑选出多个音效进行备用。而原创音效有录音棚录制或户外拟音作为音源，可采集真实声音或进行声音模拟。

2. 音频编辑

原始的声音确定之后，需要进行音频编辑，如降噪、均衡、剪接等。音频编辑是音效制作最复杂的步骤，也是音效制作的关键所在。

3. 声音合成

很多音效都是单一元素，需要对多个元素进行合成，如被攻击时的音效可能会由刀砍和死亡的声音组合而成。合成不仅仅是将两个音轨放在一起，还需要对元素位置、均衡等多方面调整统一。

4. 后期处理

后期处理是指对一部动画的所有音效进行统一处理，使所有音效达到统一的过程。通常音效数量比较多，制作周期较长，而且制作的音效与动画的搭配会有些许出入，这就需要后期处理来使其达到完美契合。此外，还可以根据影片的整体风格需求，对所有音效进行全局处理。例如，当动画风格比较黑暗时，就可以将音效统一削减一些高频，从音响效果上配合动画的整体风格。

3.1.6 MG动画可遵循的一些原则

- **时间与空间的关系：**时间代表关键帧在时间轴上的位置，空间代表两个状态的关键帧之间的距离。因此，两个关键帧距离越大，物体将会显得越轻或者速度越慢。反之，关键帧距离越小，物体将会显得越重或者速度越快。
- **缓入缓出：**不是单纯地指在 After Effects 软件中按 F9 键平滑关键帧。物体的运动一般会经过启动——加速——减速——停止的过程，如手臂的摆动。但很多时候由于惯性，物体的运动会错过终点，再经过缓入缓出慢慢摆回到最终位置。
- **预备动作：**主要动作（初级动作）启动前的动作。从预备动作中可以有效预知下一步动作。通常情况下，预备动作会表现为反向运动，例如，人在跳远的时候手臂会先往后摆，跳跃的时候再向前甩出去。夸张的预备动作对应着较大的主要动作，即速度。
- **挤压与伸展：**保持体积不变，展现物体的体积感，同时还要表现物体的弹性和密度。在制作的时候，挤压与伸展主要通过缩放和变形来实现，一般发生在改变方向和改变动作的时候。
- **夸张：**即突出要传达的信息。这是动画中一个普遍性的原则。在制作的时候，夸张主要通过增加参数或者增加两个状态间的参数对比度来实现，需要设计者明确作品想要传达出什么信息和感觉，然后决定如何去夸张、加强和凸显这种感觉。
- **跟随动作与叠加动作：**子物体随父物体移动，是一个力量传递的过程，在制作时需要通过偏移帧来实现延迟的效果。
- **姿态对应和连续直线动作：**姿态对应有利于调整好每一个镜头画面，连续直线动作可以营造自然的感觉。一般的做法是，先做姿态对应，再做连续直线动作，每一个文字镜头通过姿态对应调好位置，在做镜头转换的时候遵循连续直线动作，做出自然的曲线，这条曲线对应着镜头的位置运动。
- **第二动作：**让主要动作（初级动作）的可读性更强，例如，通过垃圾桶的晃动体现出球的撞击力较大这种效果。

- **曲线原则：** 制作时可以移除多余的关键帧，让运动更加柔和。不过需要注意的是，更多的关键帧有助于调出更精确的动画，所以有时候不是关键帧越少越好，要视实际情况决定。
- **画面元素布局和三分构图法：** 让重要画面出现在合适的位置，让展示的内容出现在交点的地方可以平衡画面。还有一个概念是动态停留，例如，镜头切到一张图片，可以通过极小的缩放插值动画，让画面保持在一个运动的状态，避免摄像机运动戛然而止。
- **绘画元素：** 在传统绘画上阴影很重要，可以表现物体的体积、重量及光线感。体积和深度在After Effects 软件中可以通过灯光及摄像机的运用来体现。
- **吸引力：** 创建任何观众享受的场景内容，要提前预判观众喜欢什么，然后依据他们的喜好，合理运用以上的原则来创造吸引力。
- **表达式：** 这是 After Effects 软件在制作动画上非常强悍的一个功能，运用好表达式可以做出非比寻常的效果，提高工作效率。

3.2 MG动画运动技巧

特殊而繁复的运动效果是MG动画的重要构成之一，但并非所有的MG动画都能把图形运动做到尽善尽美。想要制作出优质的MG动画，就需要设计者将图形运动做得舒服自然。本节将通过8个简单的实例讲解，来归纳制作MG动画时需要注意和把握的运动技巧。

3.2.1 案例：重要的加速度

在MG动画中，想要贴近真实效果，通常要拒绝匀速运动。几乎所有的运动都会产生加速度，并且加速度也是在变化的。

素材文件：素材\第3章\3.2.1 重要的加速度

效果文件：效果\第3章\3.2.1 重要的加速度.gif

视频文件：视频\第3章\3.2.1 重要的加速度.MP4

01 启动 After Effects CC 2018 软件，进入其操作界面。执行“合成”|“新建合成”命令，创建一个预置为“PAL D1/DV”的合成，设置大小为 720px×576px，设置“持续时间”为 2 秒，设置背景颜色为中间色青色（#41F4F6），并设置合成名称为“加速度练习”，然后单击“确定”按钮，如图 3-19 所示。

02 在工具栏中选择“椭圆”工具，在“合成”窗口绘制一个白色填充、无描边的正圆形，如图 3-20 所示。

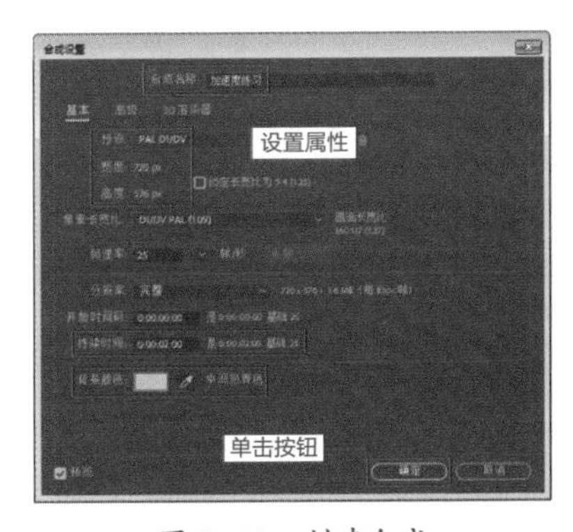

图 3-19 创建合成

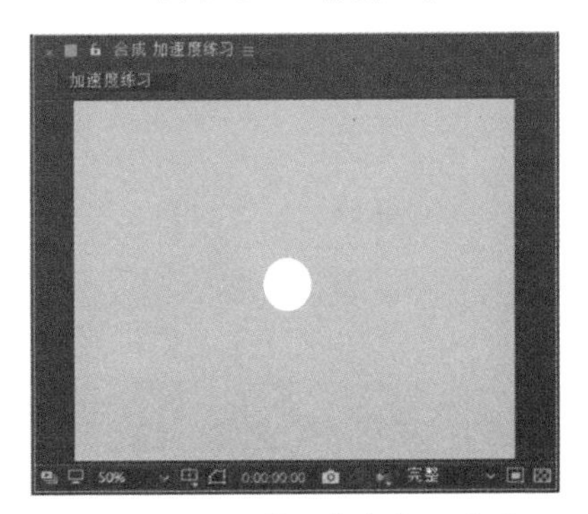

图 3-20 绘制一个白色正圆形

03 在图层面板中选择上述创建的形状图层，将锚点移动到中心位置，然后展开其“变换”属性，在 0 帧处单击“位置”参数前的“时间变化秒表”按钮，并设置其“位置”参数为 110、298，如图 3-21 所示。设置完成后，在“合成”窗口对应的预览效果如图 3-22 所示。

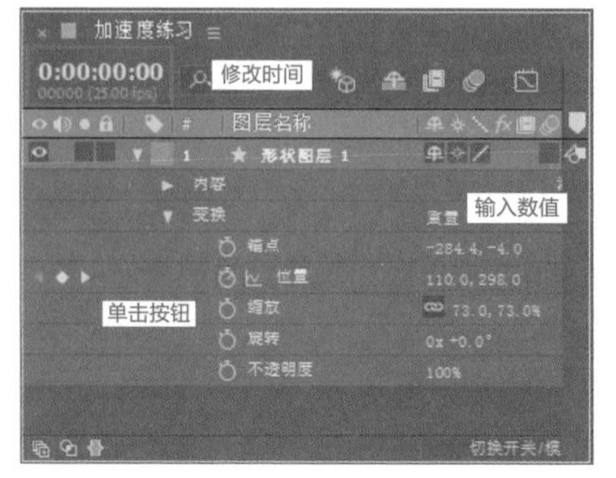

图 3-21 设置关键帧

图 3-22 预览效果

04 在 20 帧处修改“位置”参数为 552、298，并激活关键帧，如图 3-23 所示。此时，在“合成”窗口对应的预览效果如图 3-24 所示。

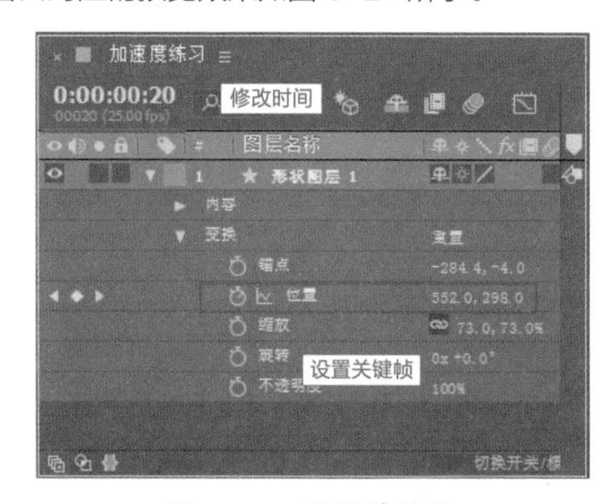

图 3-23 设置关键帧

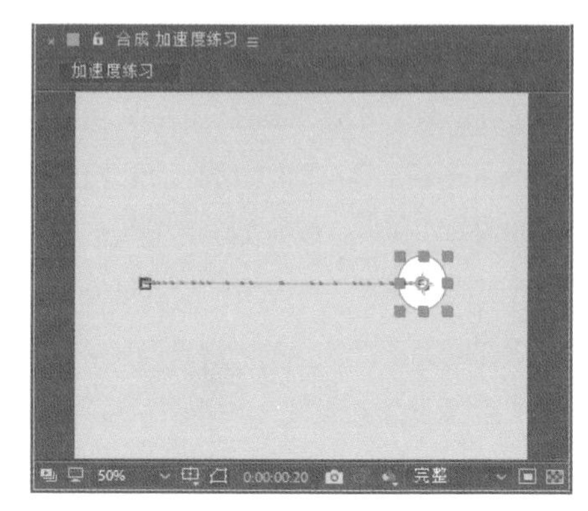

图 3-24 预览效果

05 继续拖动时间线到 1 秒 16 帧位置，在该时间点修改“位置”参数为 110、298，并激活关键帧，使小球返回开始的位置，如图 3-25 所示。在“合成”窗口对应的预览效果如图 3-26 所示。

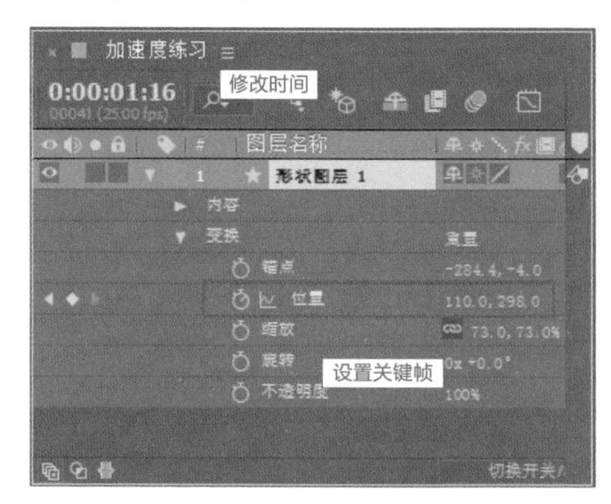

图 3-25 设置关键帧

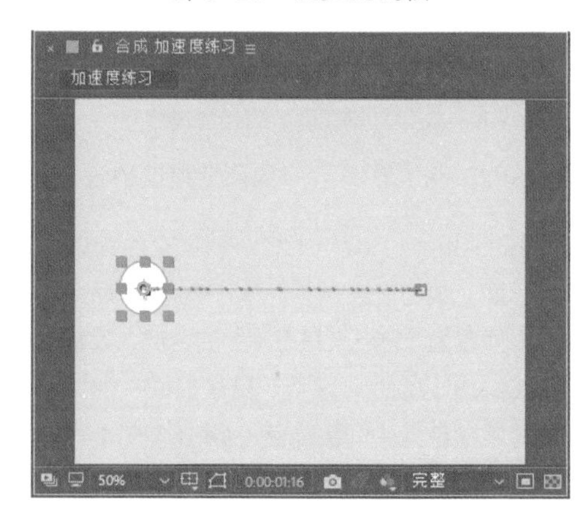

图 3-26 预览效果

06 框选时间线窗口的所有菱形关键帧，按快捷键 F9 转换为缓入缓出关键帧，使运动更加平滑，如图 3-27 所示。

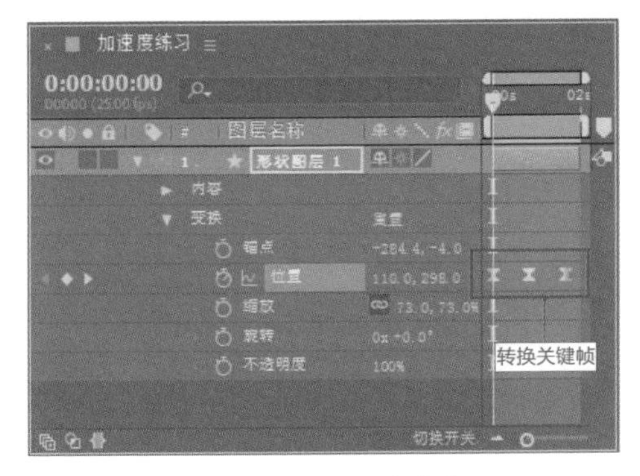

图 3-27　转换关键帧

07 单击图层面板右上角的按钮，进入“图表编辑器”窗口，将“位置”属性的速度曲线调节至图 3-28 所示状态。

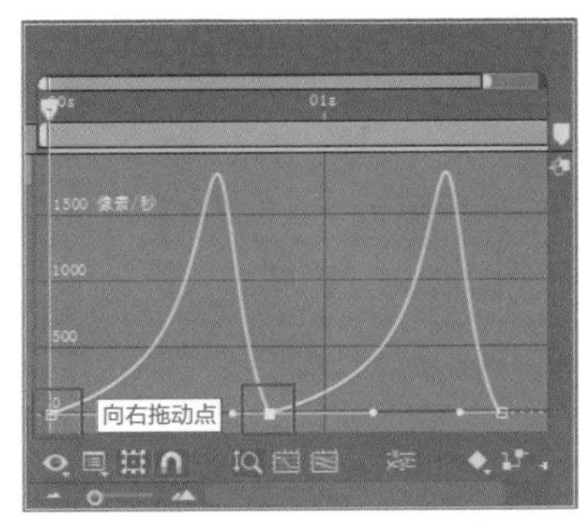

图 3-28　调节速度曲线

08 至此，一个简单的加速度练习实例就制作完成了，按小键盘上的 0 键可以预览运动效果，如图 3-29 所示。

图 3-29　最终效果

3.2.2　案例：弹性

让运动的图形具有弹性，几乎是所有的MG作品都会用到的效果之一，具备弹性的运动能让人感觉到图形柔和的美感，而不是突兀地骤然停止。

素材文件：素材\第3章\3.2.2 弹性

效果文件：效果\第3章\3.2.2 弹性.gif

视频文件：视频\第3章\3.2.2 弹性.MP4

01 启动 After Effects CC 2018 软件，进入其操作界面。执行“合成”|“新建合成”命令，创建一个预置为“PAL D1/DV”的合成，设置大小为 720px×576px，设置“持续时间”为 2 秒，设置背景颜色为中间色青色（#41F4F6），并设置合成名称为“弹性练习”，然后单击“确定”按钮，如图 3-30 所示。

02 在工具栏中选择“椭圆”工具，在“合成”窗口绘制一个白色填充、无描边的正圆形，如图 3-31 所示。

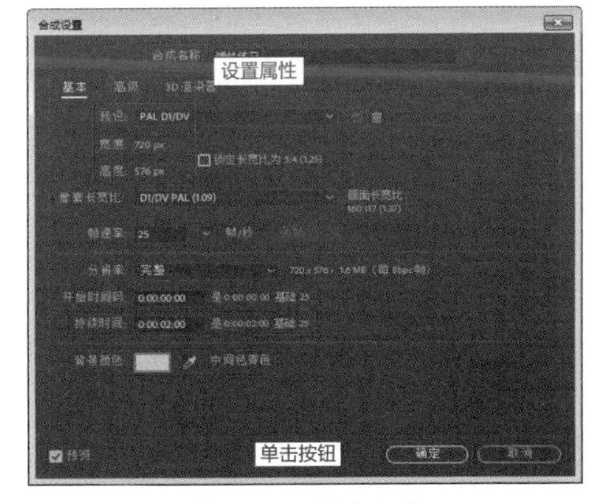

图 3-30　创建合成

图 3-31　绘制一个白色正圆形

03 在图层面板中选择上述创建的形状图层，展开其“变换”属性，在 0 帧处单击“位置”属性前的“时间变化秒表”按钮，并设置其“位置”参数为 344、95，如图 3-32 所示。

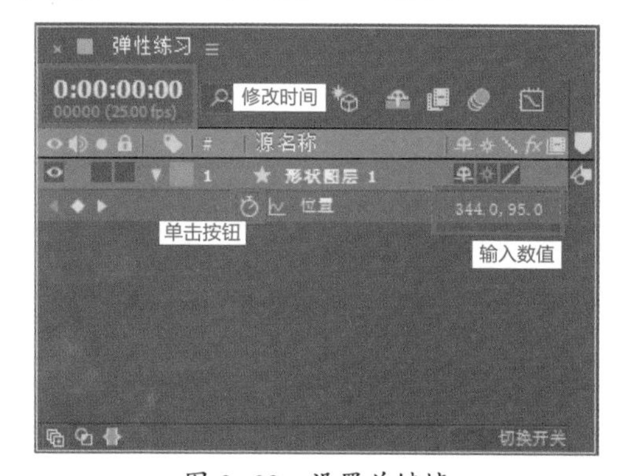

图 3-32　设置关键帧

04 修改时间点为 10 帧，在该时间点圆形做 Y 轴的位移运动，修改“位置”参数为 344、399，并激活关键帧，如图 3-33 所示。

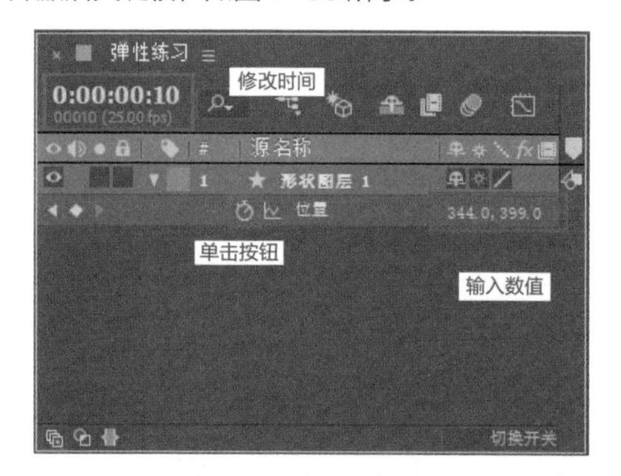

图 3-33　设置关键帧

05 通过设置上述两个关键帧，小球将做上下位移运动，如图 3-34 所示。

图 3-34　预览效果

06 用记事本方式打开素材文件夹中的“回弹表达式”文件，按快捷键 Ctrl+A 全选表达式，然后按快捷键 Ctrl+C 进行复制，如图 3-35 所示。

回弹表达式.txt - 记事本
文件(F)　编辑(E)　格式(O)　查看(V)　帮助(H)

```
nearestKeyIndex = 0;

if (numKeys > 0){
  nearestKeyIndex = nearestKey(time).index;
  if (key(nearestKeyIndex).time > time){
    nearestKeyIndex--;
  }
}

if (nearestKeyIndex == 0) {
  currentTime = 0;
} else {
  currentTime = time - key(nearestKeyIndex).time;
}

if (nearestKeyIndex > 0 && currentTime < 1) {
  calculatedVelocity = velocityAtTime(key(nearestK
  amplitude = 0.1;
  frequency = 2.0;
  decay = 4.0;
  value + calculatedVelocity * amplitude * Math.si
} else {
  value;
}
```

图 3-35　复制表达式

07 回到 AE 图层面板，按住 Alt 键，同时单击“位置”属性前的“时间变化秒表”按钮，打开表达式面板，将复制的表达式粘贴至表达式书写框中，如图 3-36 所示。

图 3-36　粘贴表达式至书写框

08 至此，一个简单的弹性练习实例就制作完成了，按小键盘上的 0 键可以预览运动效果，如图 3-37 所示。

图 3-37　最终效果

知识链接

在上述案例中，除了可以通过为“位置”关键帧添加回弹表达式，来表现物体弹性状态，还可以通过安装第三方插件脚本，更加迅捷地为关键帧生成弹性动画。第三方插件脚本的具体应用可以翻阅本书第 4 章内容。

3.2.3　案例：延迟（惯性）

物理世界中，有质量的物体都具有惯性，而在MG动画里，会经常利用惯性或延迟来丰富图形的运动效果，如拖尾运动。

素材文件：素材\第3章\3.2.3 延迟（惯性）

效果文件：效果\第3章\3.2.3 延迟（惯性）.gif

视频文件：视频\第3章\3.2.3 延迟（惯性）.MP4

01 启动 After Effects CC 2018 软件，进入其操作界面。执行“合成”|“新建合成”命令，创建一个预置为“PAL D1/DV”的合成，设置大小为 720px×576px，设置“持续时间”为 2 秒，设置背景颜色为中间色青色（#41F4F6），并设置合成名称为“拖尾练习”，然后单击“确定”按钮，如图 3-38 所示。

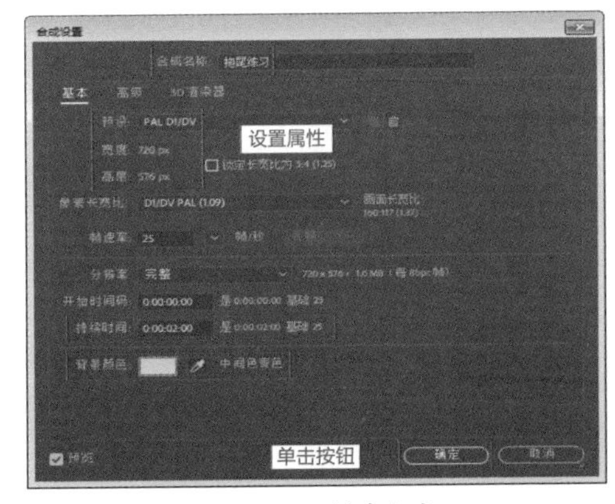

图 3-38　创建合成

02 在工具栏中选择“椭圆”工具，在“合成”窗口绘制一个白色填充、无描边的正圆形，如图 3-39 所示。

图 3-39　绘制一个白色正圆形

03 在图层面板中选择上述创建的形状图层，展开其“变换”属性，在 0 帧处单击“位置”参数前的“时间变化秒表”按钮，并设置其“位置”参数为 874、286，如图 3-40 所示。

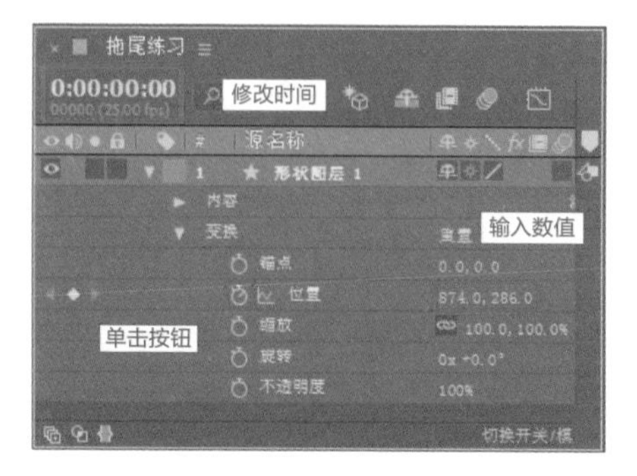

图 3-40 设置关键帧

04 修改时间点为 1 秒，在该时间点修改“位置”参数为 380、286，并激活关键帧，使圆形平移到画面左边，如图 3-41 所示。

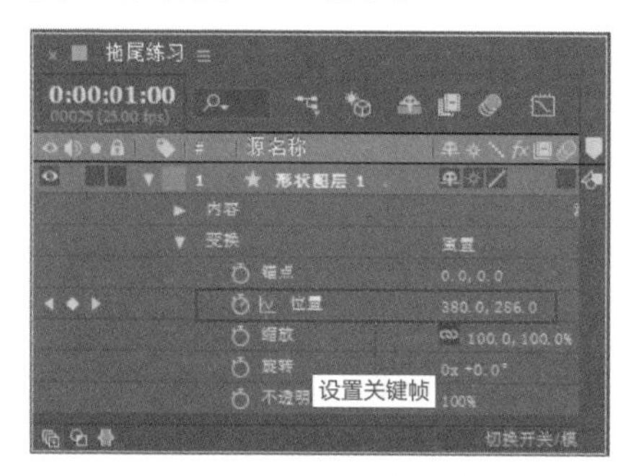

图 3-41 设置关键帧

05 在 2 秒处修改“位置”参数为 874、286，并激活关键帧，如图 3-42 所示。

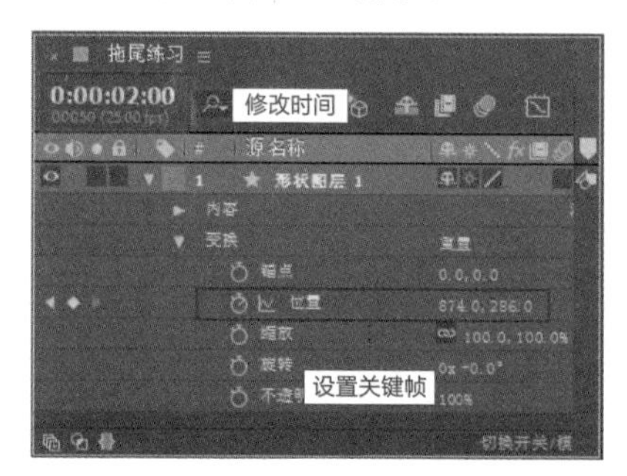

图 3-42 设置关键帧

06 创建好小球的来回运动之后，选中形状图层，为其执行“效果”|“时间”|“残影”菜单命令，并在“效果控件”面板中设置“残影数量”为 2，设置“起始强度”为 0.65，设置“衰减”为 0.69，如图 3-43 所示。

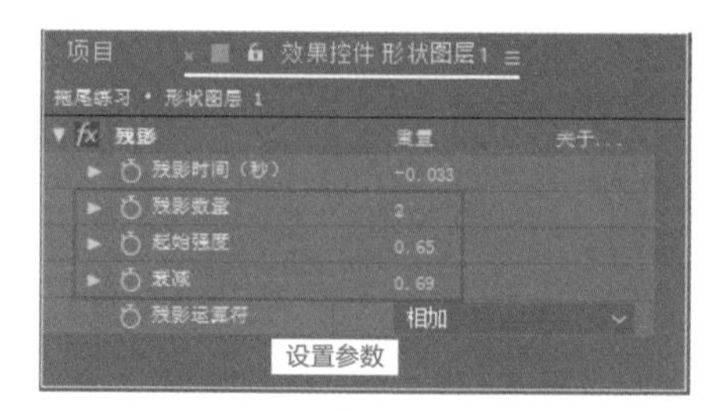

图 3-43 设置“残影”参数

07 将时间线窗口中的关键帧全部选中，按 F9 键转换为缓入缓出关键帧，使整体运动效果更加平滑。至此，一个简单的拖尾练习实例就制作完成了，按小键盘上的 0 键可以预览运动效果，如图 3-44 所示。

图 3-44 最终效果

提示

延迟效果不止上述实例中的这一种表现形式，实际制作时还可以考虑为拖尾增加形变等效果。

3.2.4 案例：随机

无论是位置、大小、角度还是运动，随机性是物理世界中的群体最常存在的一种形态。随机效果可以给人造成一种目不暇接的感觉，有利于丰富画面。

素材文件：素材\第3章\3.2.4 随机

效果文件：效果\第3章\3.2.4 随机.gif

视频文件：视频\第3章\3.2.4 随机.MP4

01 启动 After Effects CC 2018 软件，进入其操作界面。执行“合成”|“新建合成”命令，创建一个预置为“PAL D1/DV”的合成，设置大小为 720px×576px，设置“持续时间”为 2 秒，设置背景颜色为中间色青色（#41F4F6），并设置合成名称为“随机效果练习”，然后单击“确定”按钮，如图 3-45 所示。

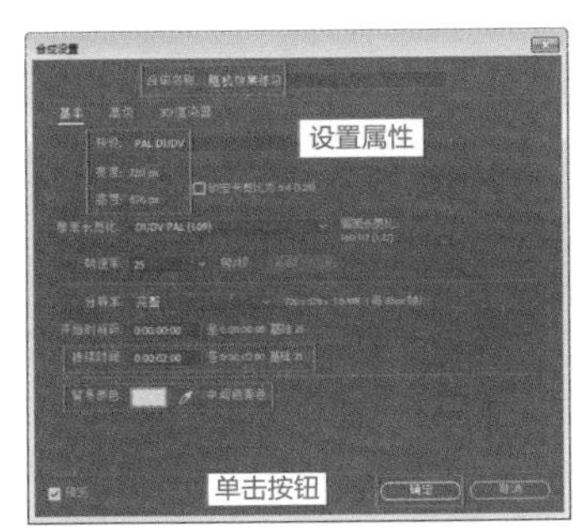

图 3-45 创建合成

02 在工具栏中选择“椭圆”工具，在“合成”窗口分别绘制 6 个白色填充、无描边且大小不一的正圆形，如图 3-46 所示。

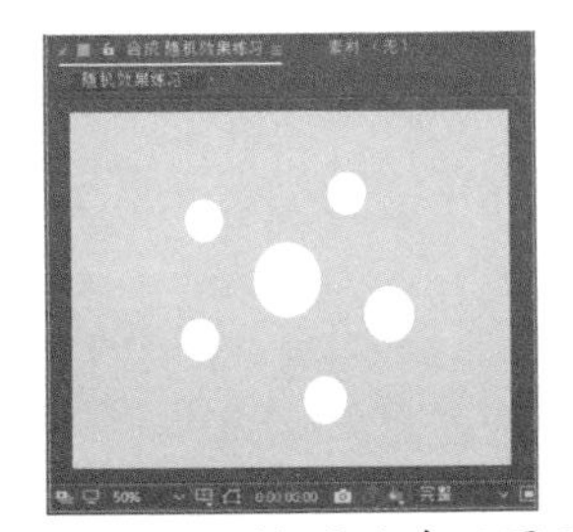

图 3-46 绘制6个白色正圆形

03 分别选择周围的 5 个圆形形状图层，使用“钢笔”工具为对应的圆形添加一条 6px 的白色直线，如图 3-47 所示。然后根据图 3-48 所示将对应的形状图层重命名。

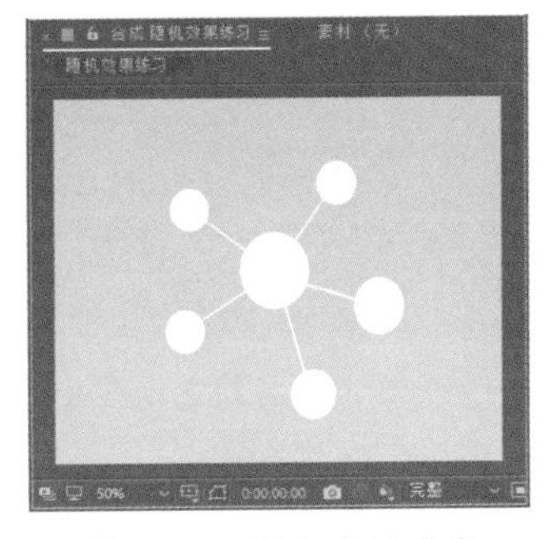

图 3-47 添加白色直线

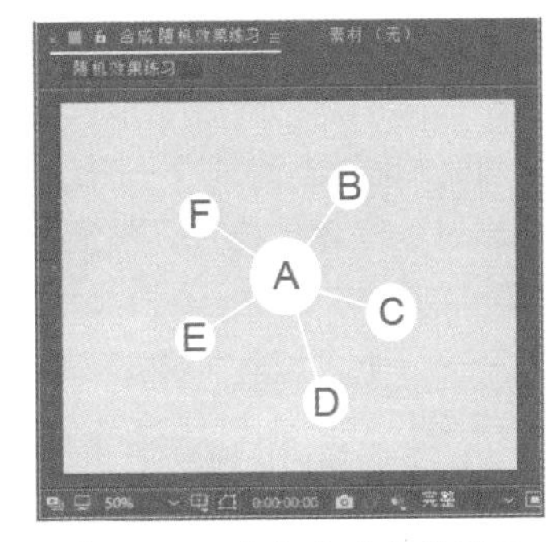

图 3-48 重命名对应的图层

04 选择“A”图层，按快捷键 P 展开其“位置”属性，在 0 帧处单击“位置”属性前的“时间变化秒表”按钮，并设置其“位置”参数为 612、276，如图 3-49 所示。

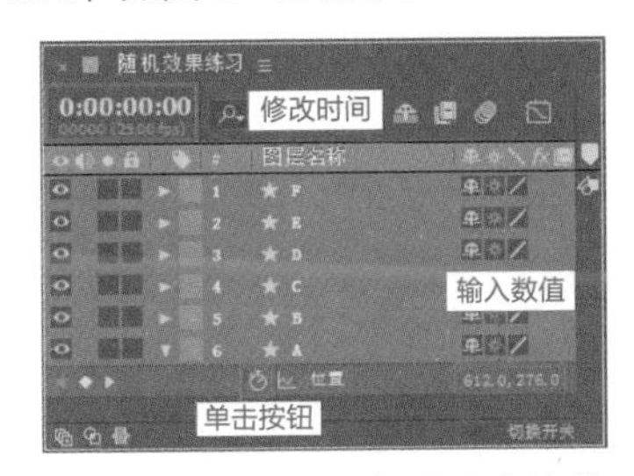

图 3-49 设置“A”图层关键帧

05 接着，分别在第 9 帧设置“位置”参数为 608、272，在第 18 帧设置“位置”参数为 606、280，在 1 秒 03 帧设置“位置”参数为 612、286，在 1 秒 13 帧设置“位置”参数为 612、276，在 1 秒 23 帧设置“位置”参数为 608、272，如图 3-50 所示。

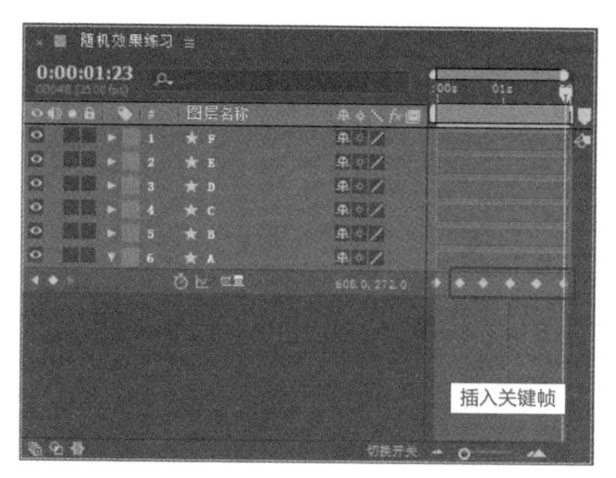

图 3-50　在不同时间点设置关键帧

提示

因为是让圆形做随机运动，所以这里关键帧的设置不必遵循一定的规律，只让圆形做小幅度的转圈运动即可，所有数值参数仅供参考。

06 在图层面板中同时选择“B”~“F”图层，按快捷键 P 展开“位置”属性，然后按快捷键 Shift+R 展开“旋转”属性。在 0 帧处统一单击所有图层“位置”和“旋转”属性前的“时间变化秒表”按钮，在当前所处位置设置关键帧动画，如图 3-51 所示。

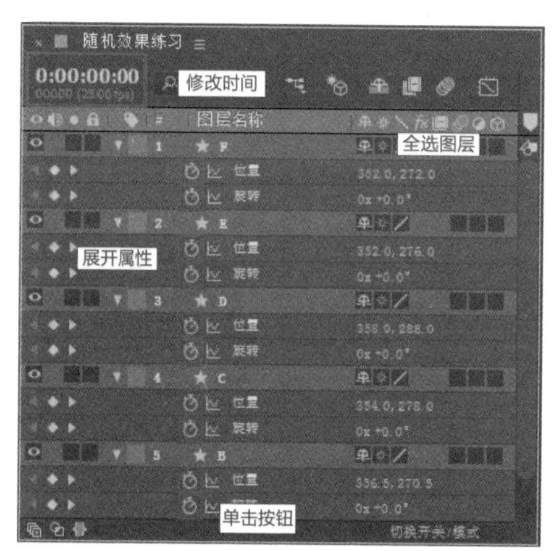

图 3-51　统一设置“位置”和“旋转”关键帧

07 选择“B”图层，使用 Reposition Anchor Point（重置中心点）脚本，将其中心点定位到中心圆“A”位置，如图 3-52 所示。使“B”图层始终围绕“A”图层中心位置运动，其他图层也用同样的方法重新定位中心点到中央位置。

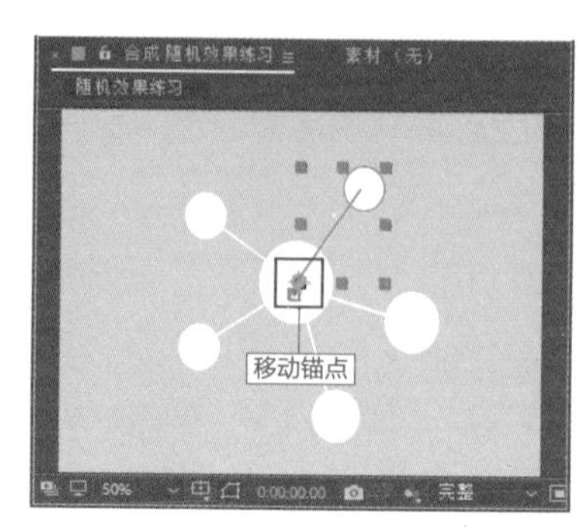

图 3-52　重新定位中心点

提示

Reposition Anchor Point（重置中心点）脚本为选择的图层重新定位中心点（锚点），保持图层边缘与“合成”窗口在同一位置。

08 选择“B”图层，在第 6 帧设置“旋转”参数为 0×-3°，在第 12 帧设置“旋转”参数为 0×+0°。接着使用 0×-3° 和 0×+0° 参数进行交替设置。在第 18 帧设置“位置”参数为 348.5、288.5，在第 1 秒 11 帧设置“位置”参数为 356.5、270.5。关键帧设置参照图 3-53 所示。

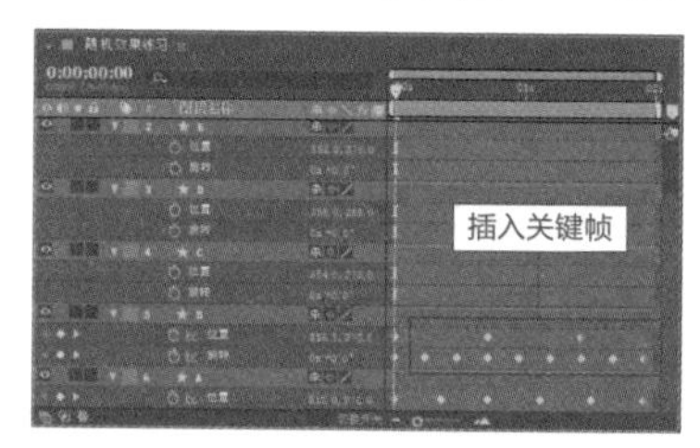

图 3-53　设置“B”图层关键帧

09 选择“C”图层，在第 9 帧设置“旋转”参数为 0×-3°，在第 18 帧设置“旋转”参数为 0×+0°。接着使用 0×-3° 和 0×+0° 参数进行交替设置。在第 16 帧设置“位置”参数为 320、270，在第 1 秒 07 帧设置“位置”参数为 354、278。关键帧设置参照图 3-54 所示。

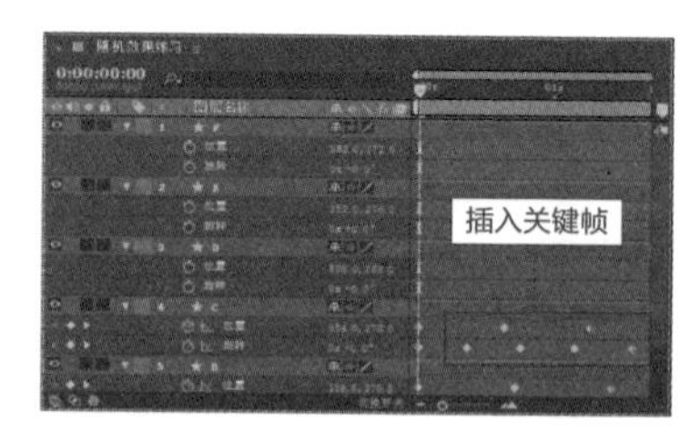

图 3-54　设置“C”图层关键帧

10 选择“D”图层，在第 9 帧设置“旋转”参数为 0×+10°，在第 18 帧设置“旋转”参数为 0×+0°。接着使用 0×+10° 和 0×+0° 参数进行交替设置。在第 13 帧设置“位置”参数为 352、276，在第 1 秒 02 帧设置“位置”参数为 358、288，在第 1 秒 16 帧设置“位置”参数为 352、276。关键帧设置参照图 3-55 所示。

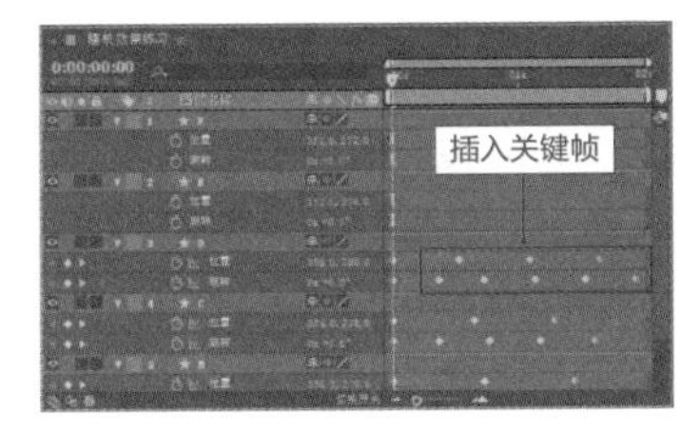

图 3-55　设置“D”图层关键帧

11 选择“E”图层，在第 8 帧设置“旋转”参数为 0×+6°，在第 17 帧设置“旋转”参数为 0×+0°。接着使用 0×+6° 和 0×+0° 参数进行交替设置。在第 13 帧设置“位置”参数为 370、272。关键帧设置参照图 3-56 所示。

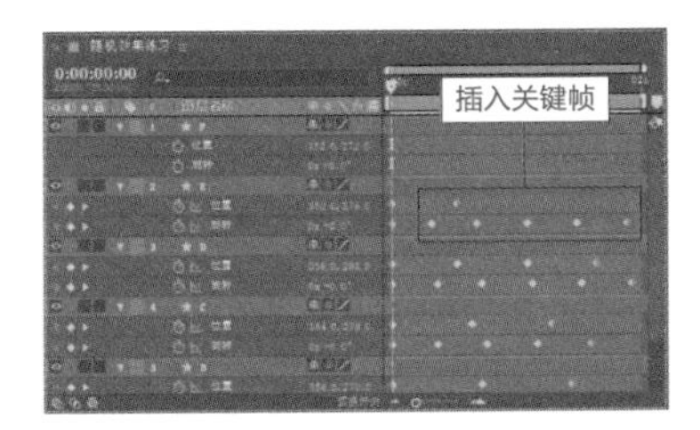

图 3-56　设置“E”图层关键帧

12 选择“F”图层，在第 12 帧设置“旋转”参数为 0×+3°，在第 24 帧设置“旋转”参数为 0×+0°。接着使用 0×+3° 和 0×+0° 参数进行交替设置。在第 16 帧设置“位置”参数为 372、288。关键帧设置参照图 3-57 所示。

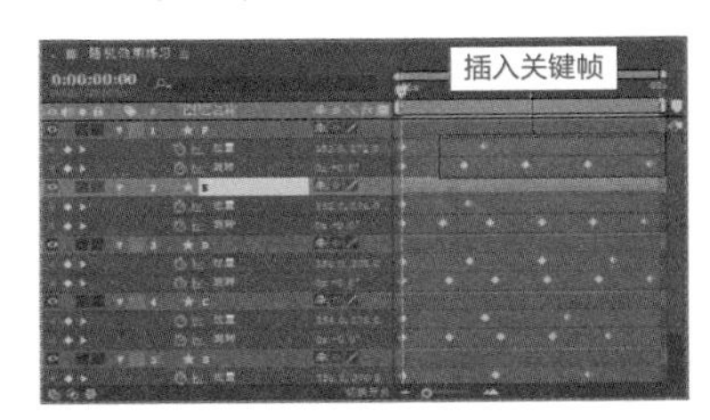

图 3-57　设置“F”图层关键帧

13 框选时间线窗口中的所有菱形关键帧◆，按快捷键 F9 转换为缓入缓出关键帧⧗，使整体运动效果更加平滑，如图 3-58 所示。

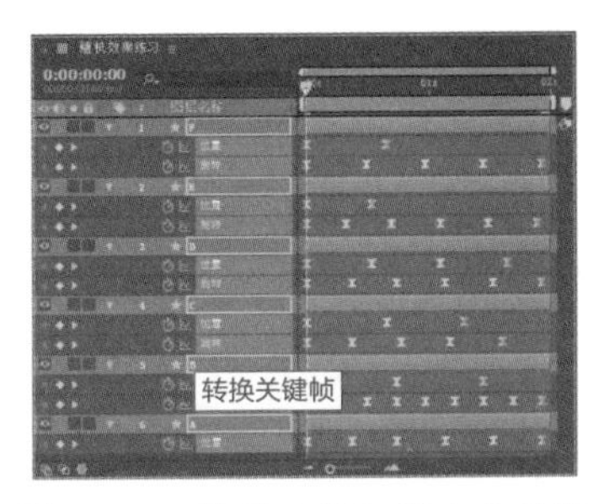

图 3-58　转换为缓入缓出关键帧

14 至此，一个简单的随机效果练习实例就制作完成了，按小键盘上的 0 键可以预览运动效果，如图 3-59 所示。

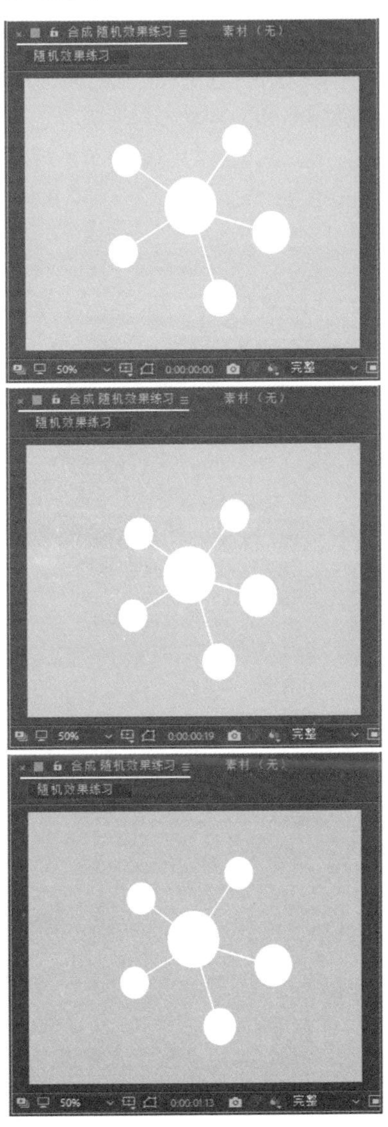

图 3-59　最终效果

3.2.5 案例：层次感（细节）

在MG动画里，为了增加画面的细节以及丰富画面使其不显单调，设计者通常会选择给元素添加更多的细节，或者增加元素的层次感。

素材文件：素材\第3章\3.2.5 层次感（细节）

效果文件：效果\第3章\3.2.5 层次感（细节）.gif

视频文件：视频\第3章\3.2.5 层次感（细节）.MP4

01 启动 After Effects CC 2018 软件，进入其操作界面。执行“合成”|“新建合成”命令，创建一个预置为“PAL D1/DV”的合成，设置大小为 720px×576px，设置“持续时间”为 2 秒，设置背景颜色为中间色青色（#41F4F6），并设置合成名称为“层次感效果练习”，然后单击“确定”按钮，如图 3-60 所示。

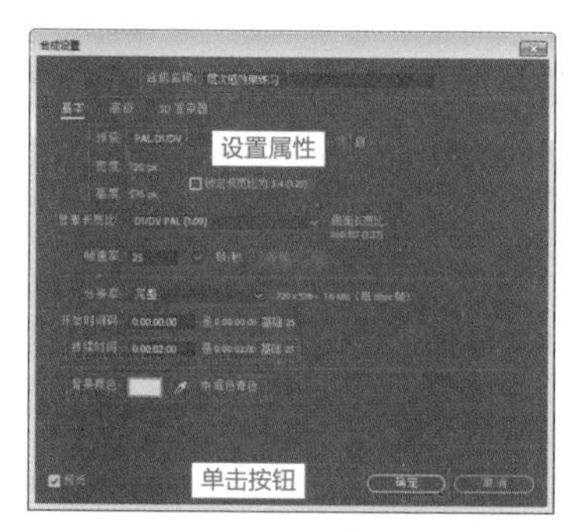

图 3-60　创建合成

02 执行“图层”|“新建”|“纯色”菜单命令，创建一个与合成大小一致的白色固态层，并设置其名称为“圆形”，然后单击“确定”按钮，如图 3-61 所示。

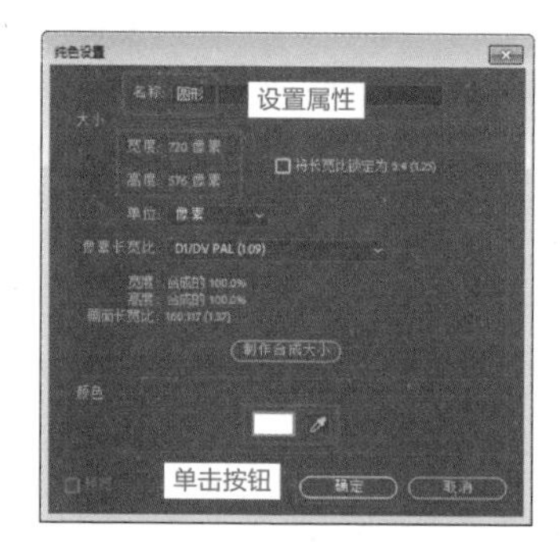

图 3-61　创建白色固态层

03 选择上述创建的“圆形”图层，为其执行“效果”|“生成”|“圆形”菜单命令，并在“效果控件”面板中设置“半径”为 60，设置颜色为灰色（#808B97），如图 3-62 所示。设置完成后，在“合成”窗口的对应预览效果如图 3-63 所示。

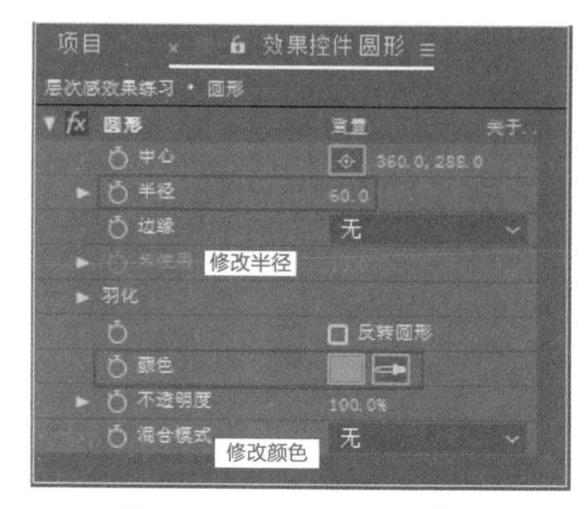

图 3-62　设置圆形效果参数

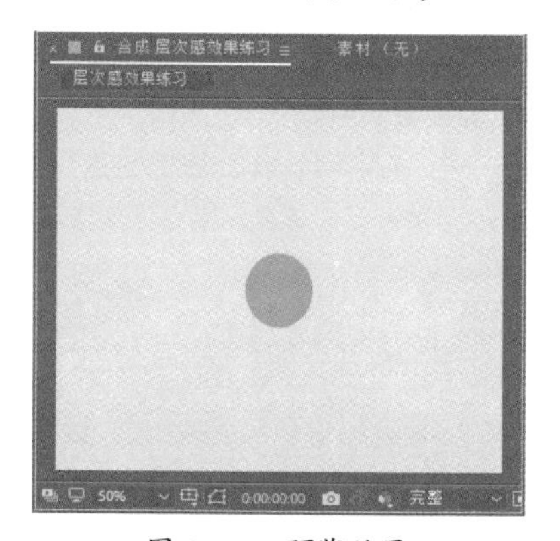

图 3-63　预览效果

04 继续选择“圆形”图层，为其执行“效果”|“过渡”|“径向擦除”菜单命令，在图层面板展开“径向擦除”效果属性，在第 0 帧单击“过渡完成”属性前的“时间变化秒表”按钮，并设置“过渡完成”参数为 100%，如图 3-64 所示。

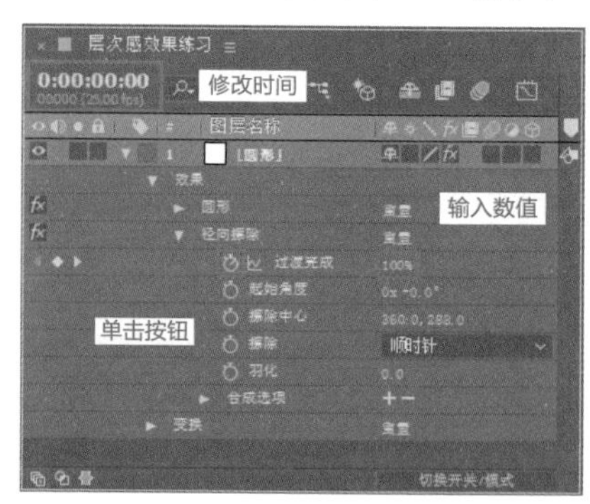

图 3-64　设置关键帧

05 接着在第 15 帧处设置“过渡完成”参数为 0%，可以使圆形产生如图 3-65 所示效果。

图 3-65 预览效果

06 为时间线窗口中的菱形关键帧设置缓入及缓出，如图 3-66 所示。

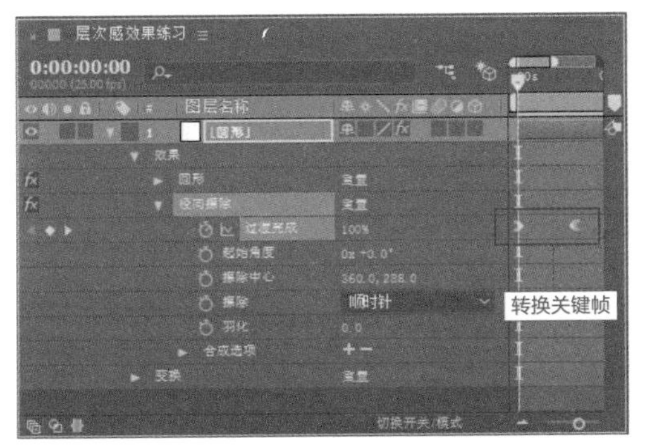

图 3-66 设置缓入及缓出

提示

上述操作中的箭头形状关键帧，与关键帧比较类似，不同的是只能实现一段动画的平滑缓动，包括了入点平滑关键帧和出点平滑关键帧。可以右键单击菱形关键帧，在弹出的快捷菜单中选择“关键帧辅助”来实现。也可以按快捷键 Shift+F9 设置缓入，按快捷键 Ctrl+Shift+F9 设置缓出。

07 选择“圆形”图层，按快捷键 Ctrl+D 复制出一个新图层，为了方便讲解，这里将新复制的图层重命名为“圆形 2”，如图 3-67 所示。

图 3-67 复制出图层并重命名

08 选择“圆形 2”图层，激活其“效果控件”窗口，在其中修改圆形“半径”参数为 80，修改颜色为红色（#F597A4），如图 3-68 所示。设置完成后，在“合成”窗口对应的预览效果如图 3-69 所示。

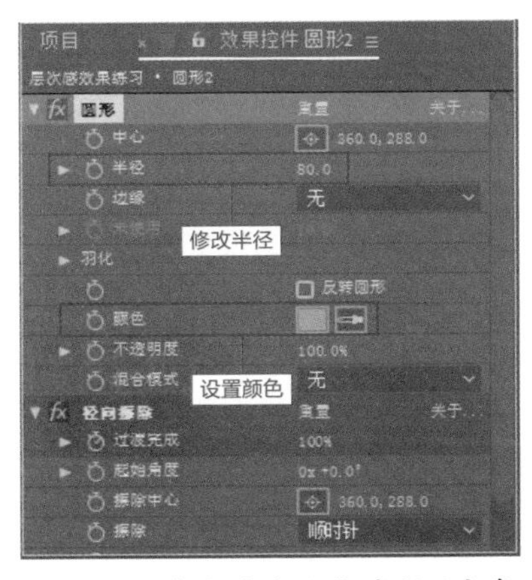

图 3-68 修改“圆形2”半径及颜色

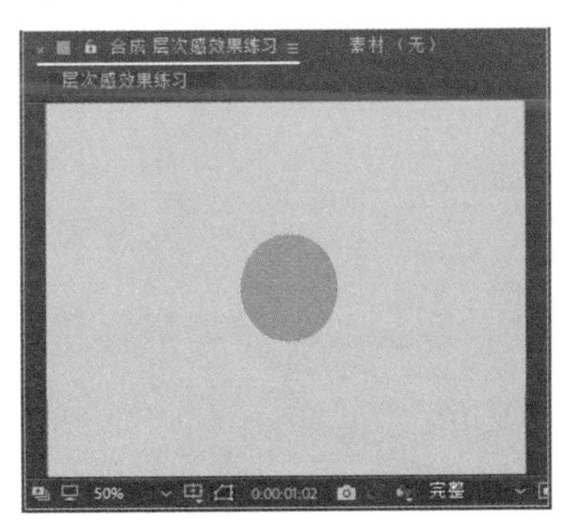

图 3-69 预览效果

09 在图层面板中展开“圆形 2”图层的“径向擦除”效果属性，然后将“过渡完成”关键帧向后移动 10 帧，如图 3-70 所示。使两个图层的圆形产生交错展开的效果，如图 3-71 所示。

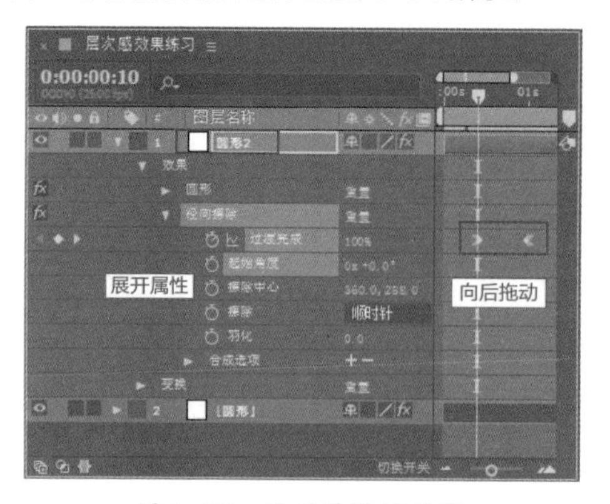

图 3-70　拖动关键帧位置

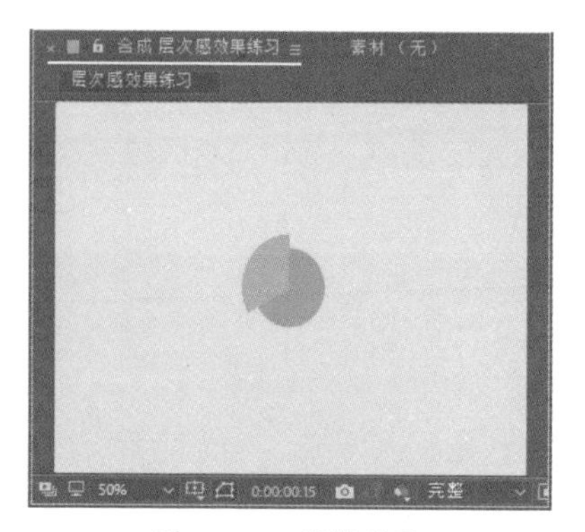

图 3-71　预览效果

10 用同样的方法，复制出新图层“圆形 3”，然后在“效果控件”面板修改圆形“半径”参数为 100，修改颜色为黄色（#FFF1C1），如图 3-72 所示。继续复制出新图层“圆形 4”，在其“效果控件”面板修改圆形“半径”参数为 120，修改颜色为蓝色（#7E90FE），如图 3-73 所示。

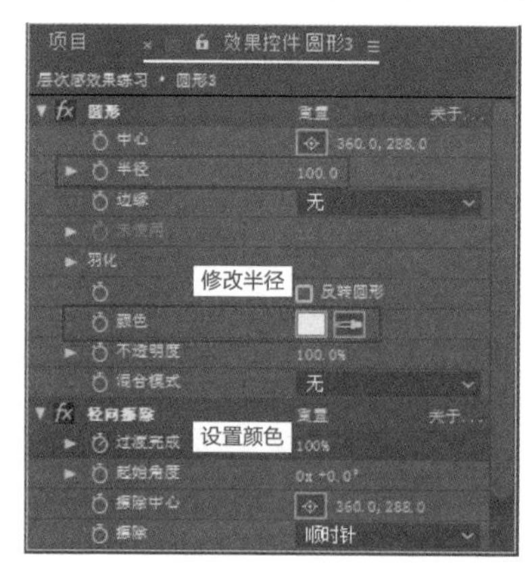

图 3-72　修改“圆形3”半径及颜色

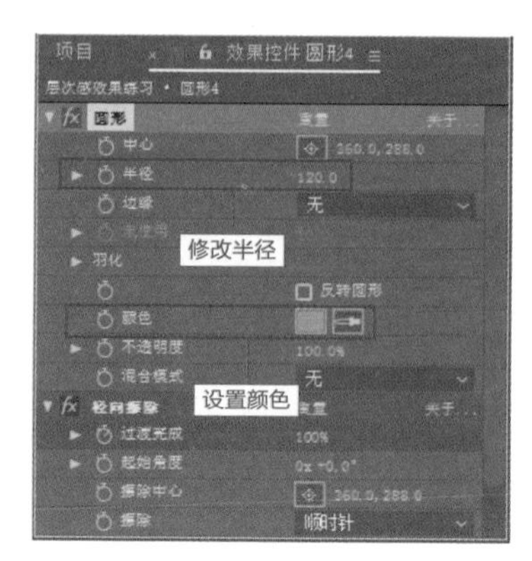

图 3-73　修改“圆形4”半径及颜色

11 在图层面板中同时选择“圆形 3”和“圆形 4”图层，按快捷键 U 展开“过渡完成”属性，将关键帧向后拖动错开，如图 3-74 所示。

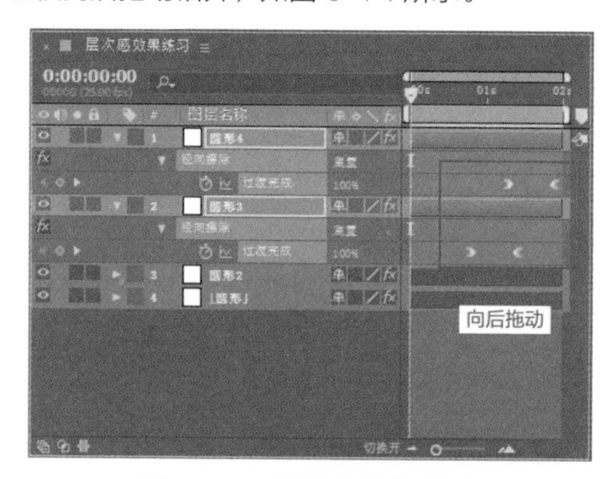

图 3-74　调整关键帧位置

12 同时选择 4 个形状图层，执行“效果”|“透视”|“投影”菜单命令，并在“效果控件”面板统一设置阴影颜色为深灰（#282727），设置“不透明度”为 50%，设置“方向”为 0×+150°，设置“距离”为 5，设置“柔和度”为 7，如图 3-75 所示。

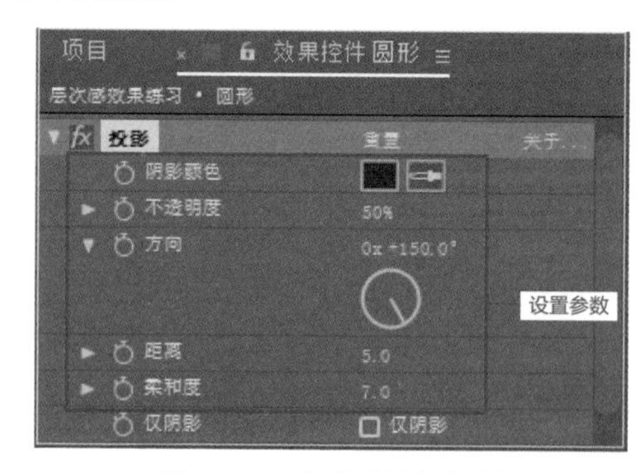

图 3-75　为圆形添加投影

13 至此，一个简单的层次感效果练习实例就制作完成了，按小键盘上的 0 键可以预览运动效果，如图 3-76 所示。

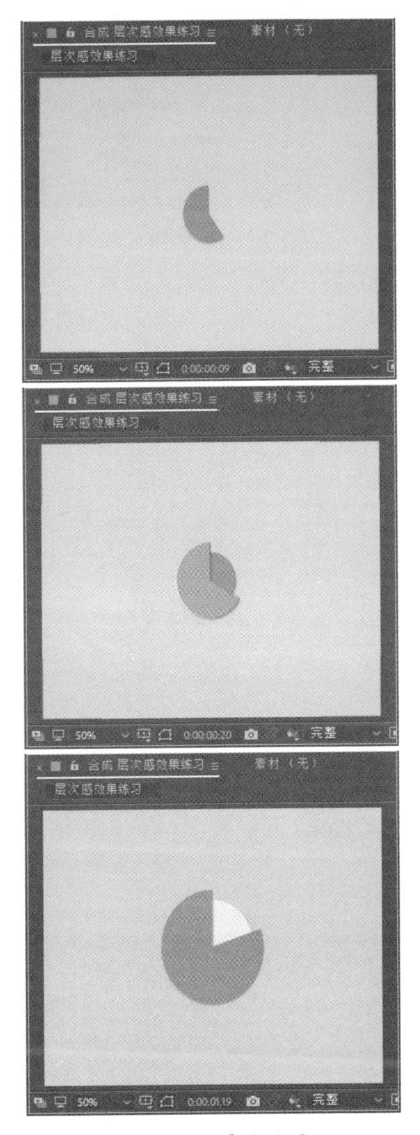

图 3-76　最终效果

3.2.6　案例：运动修饰

在MG动画中，有许多没有实际意义，但是不可或缺的修饰元素，最为常见的有烟花射线、圆环线等，这些元素存在的意义就是为了使画面更加饱满。运动修饰几乎成了MG动画的特征之一。

素材文件：素材\第3章\3.2.6 运动修饰

效果文件：效果\第3章\3.2.6 运动修饰.gif

视频文件：视频\第3章\3.2.6 运动修饰.MP4

01 启动 After Effects CC 2018 软件，进入其操作界面。执行“合成”|“新建合成”命令，创建一个预置为“PAL D1/DV”的合成，设置大小为 720px×576px，设置“持续时间”为 2 秒，设置背景颜色为中间色青色（#41F4F6），并设置合成名称为“修饰元素练习”，然后单击“确定”按钮，如图 3-77 所示。

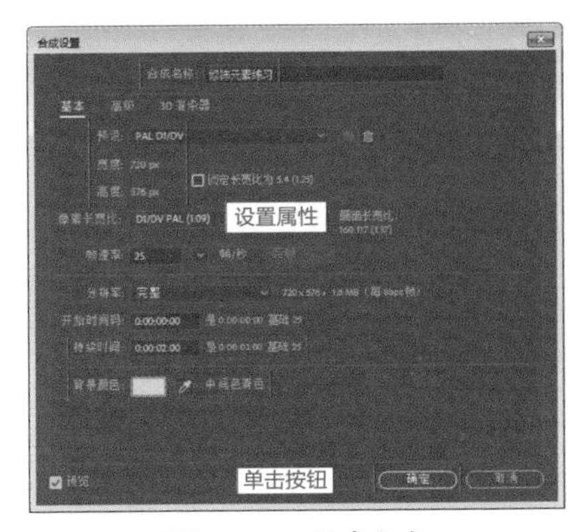

图 3-77　创建合成

02 使用“矩形”工具在“合成”窗口绘制一个白色填充和白色描边，大小为 25px 的矩形，并使锚点居中，如图 3-78 所示。

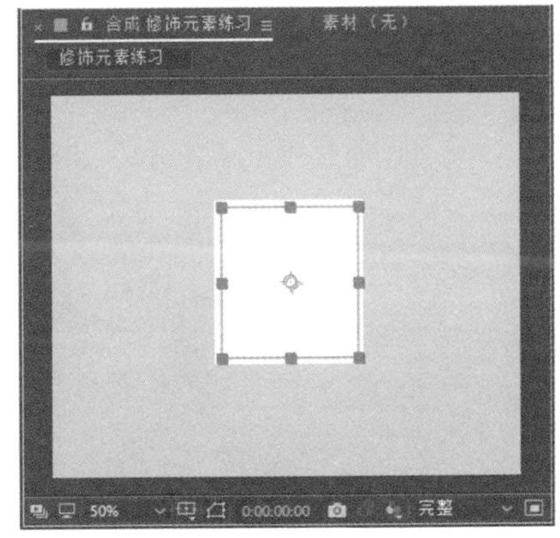

图 3-78　绘制白色矩形

03 展开上述创建的“形状图层 1”矩形属性，设置“填充 1”属性下的“不透明度”参数为 0%，如图 3-79 所示。设置完成后，在“合成”窗口对应的预览效果如图 3-80 所示。

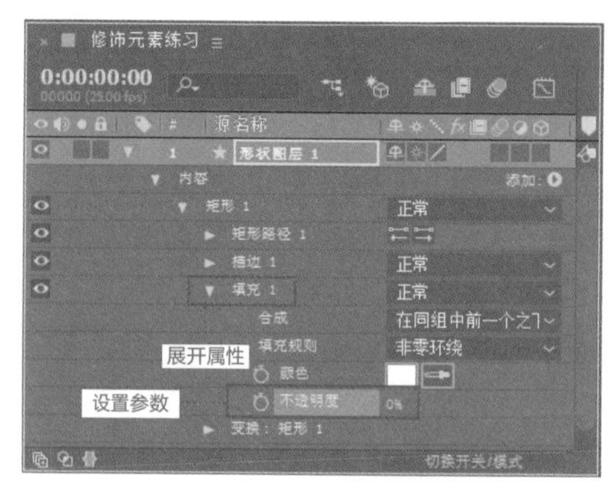

图 3-79　修改不透明度

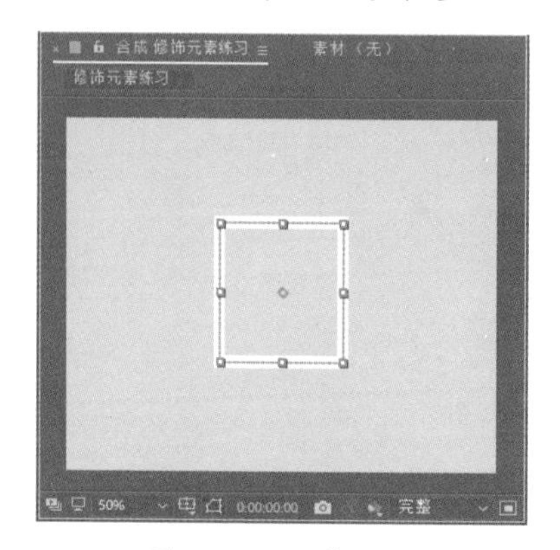

图 3-80　预览效果

04 展开“形状图层 1”的“描边 1”属性，在第 0 帧单击“描边宽度”属性前的“时间变化秒表”按钮，设置关键帧，并设置“描边宽度”为 25，如图 3-81 所示。接着在 1 秒处设置“描边宽度”参数为 0%。

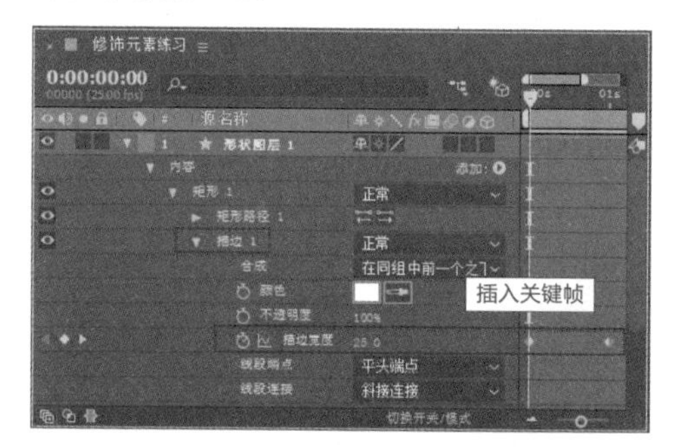

图 3-81　设置描边宽度关键帧

05 展开“矩形路径 1”属性，在第 0 帧单击“大小”属性前的“时间变化秒表”按钮，设置关键帧，并设置“大小”为 120、120，如图 3-82 所示。然后在 1 秒处设置“大小”参数为 0、0。

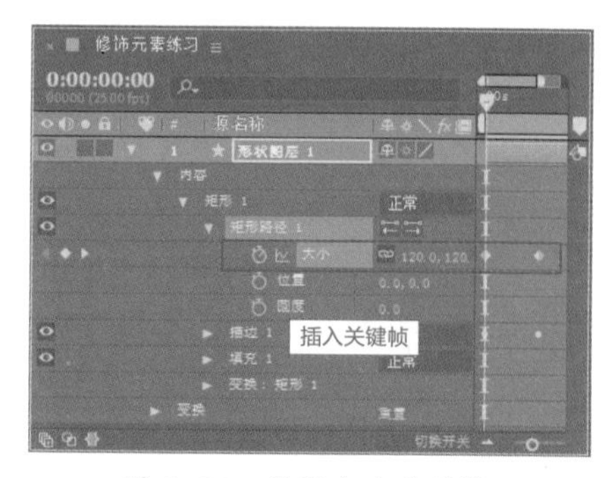

图 3-82　设置大小关键帧

06 展开“变换：矩形 1”属性，在第 0 帧单击“位置”属性前的“时间变化秒表”按钮，设置关键帧，并设置“位置”为 0、0，然后在 1 秒处设置“位置”参数为 0、-300，如图 3-83 所示。

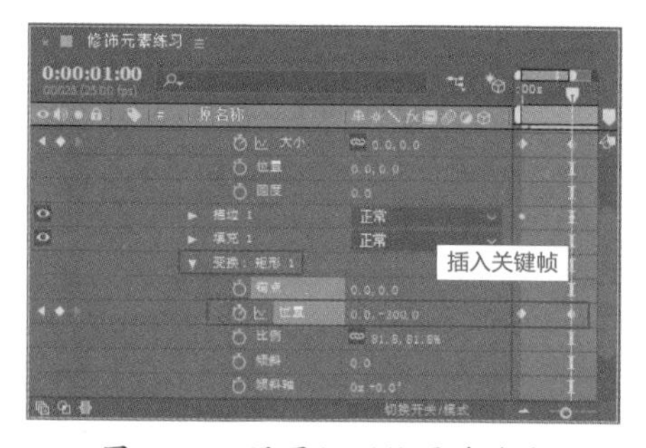

图 3-83　设置矩形位置关键帧

07 在第 0 帧单击“比例”属性前的“时间变化秒表”按钮，并设置“比例”为 0%、0%，如图 3-84 所示。然后在 1 秒处设置“比例”参数为 100%、100%。

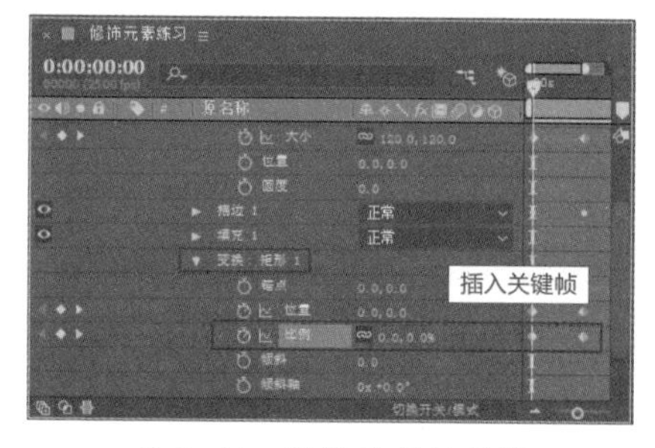

图 3-84　设置比例关键帧

08 在时间线窗口选择上述创建的所有菱形关键帧，按快捷键 F9 转换为缓入缓出关键帧，使运动更加平滑，如图 3-85 所示。

09 在图层面板右上角单击按钮，打开图表编辑器，调整曲线使矩形运动更顺滑，如图 3-86 所示。

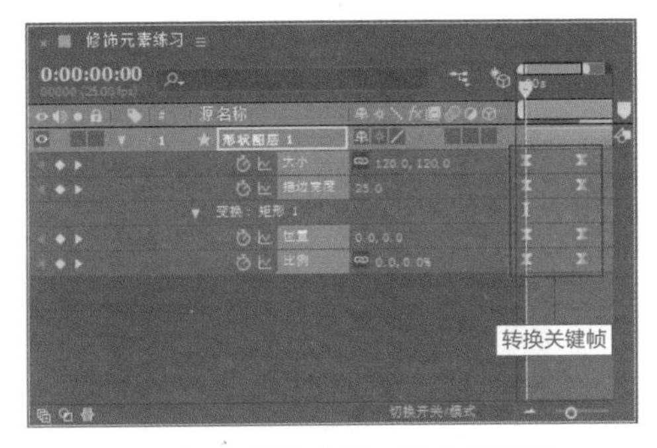

图 3-85　转换为缓入缓出关键帧

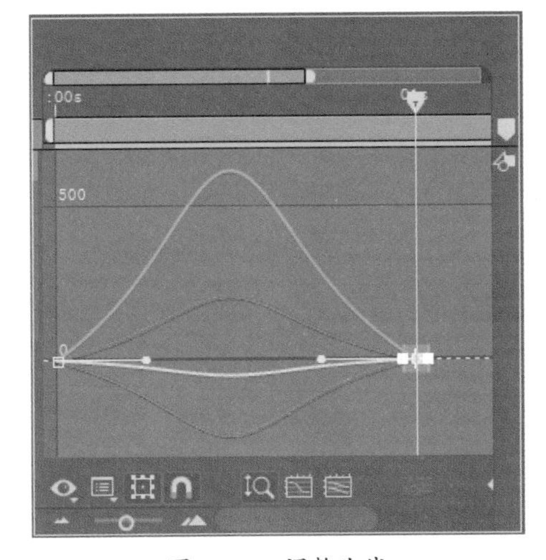

图 3-86　调整曲线

10 单击按钮切换回时间线窗口，在图层面板中选择“形状图层 1”的“内容”属性，然后单击右侧的“添加”按钮，在弹出的快捷菜单中选择“组（空）”命令，如图 3-87 所示。

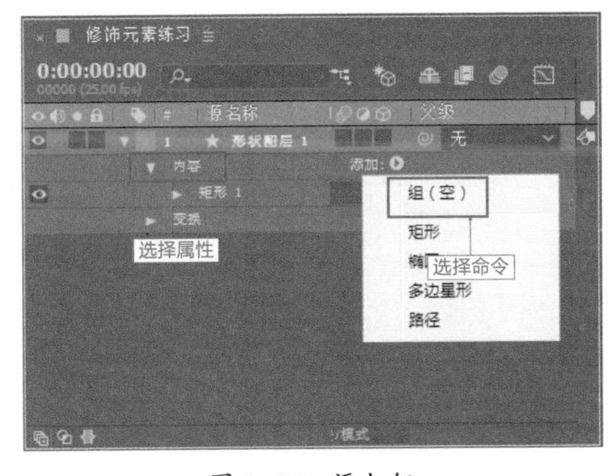

图 3-87　添加组

11 将“矩形 1”拖入“组 1”中，继续选择“内容”属性，单击右侧的“添加”按钮，在弹出的快捷菜单中选择“中继器”命令，如图 3-88 所示。

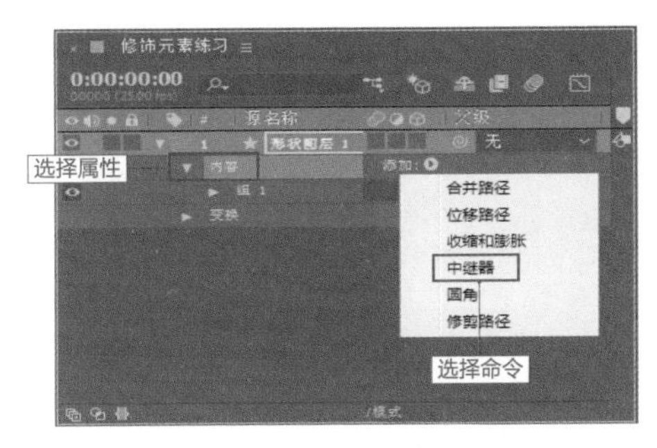

图 3-88　添加中继器

12 展开“中继器 1”属性，将“副本”参数设置为 9。接着展开“变换：中继器 1”属性，将“位置”参数设置为 0、0，将“旋转”参数设置为 0×+40°，如图 3-89 所示。设置参数后，在“合成”窗口的对应预览效果如图 3-90 所示。

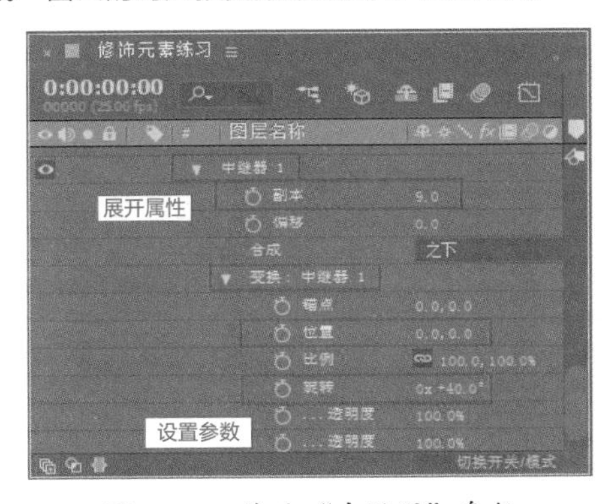

图 3-89　修改“中继器”参数

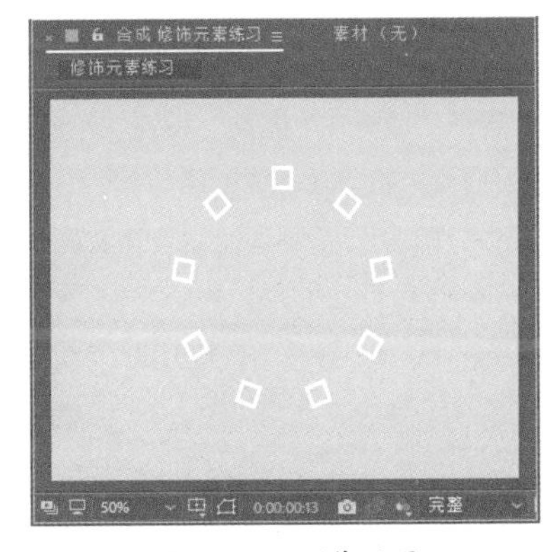

图 3-90　预览效果

提示

“副本”参数设置为 9，即用 360° 除以 9，可以将设置的 9 个矩形均匀分布在圆周上。

13 在图层面板中选择“形状图层 1”，按快捷键 Ctrl+D 复制一层，然后在时间线窗口将复制出来的“形状图层 2”向后拖动 15 帧，如图 3-91 所示。

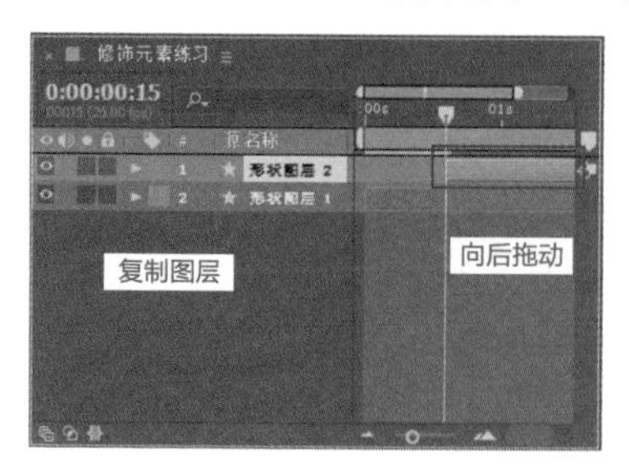

图 3-91　向后拖动“形状图层2”

14 选择“形状图层 2”，展开其“变换”属性，将“描边 1”属性下设置的“描边宽度”关键帧取消，同时修改“描边宽度”为 0，如图 3-92 所示。

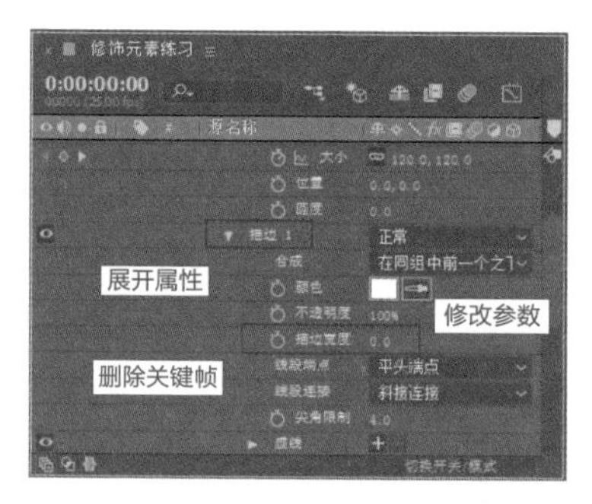

图 3-92 删除关键帧并修改参数

提示

取消某个属性设置的关键帧，只需单击该属性前的“时间变化秒表”按钮即可。

15 继续展开“填充 1”属性，设置“不透明度”参数为 100%，如图 3-93 所示。

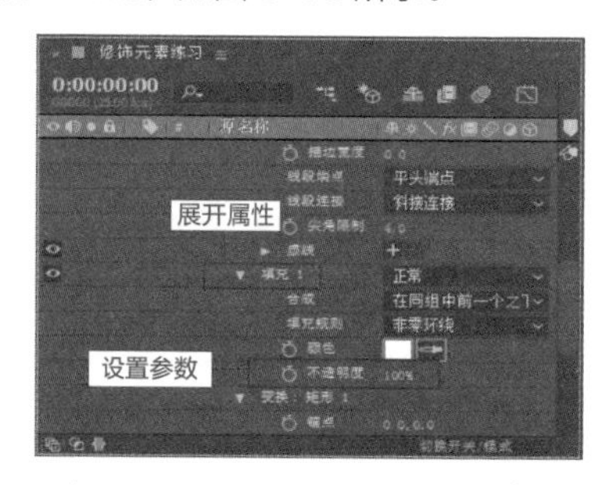

图 3-93　设置“不透明度”参数

16 选择“形状图层 2”，按快捷键 R 展开其“旋转”属性，接着在第 20 帧单击“旋转”属性前的“时间变化秒表”按钮，设置关键帧，同时修改“旋转”参数为 0×+30°，如图 3-94 所示。

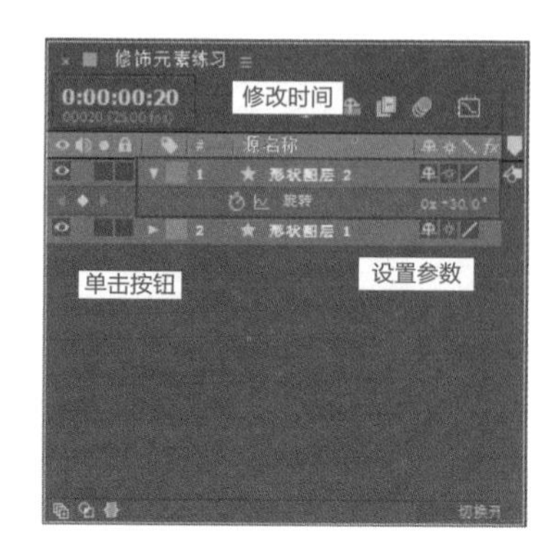

图 3-94　设置“旋转”关键帧动画

17 在 1 秒处设置“旋转”参数为 0×+65°，并激活关键帧，如图 3-95 所示。设置完成后，在“合成”窗口的对应预览效果如图 3-96 所示。

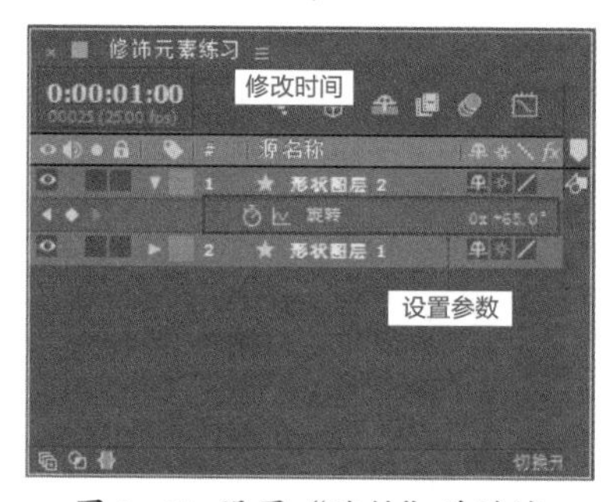

图 3-95 设置“旋转”关键帧

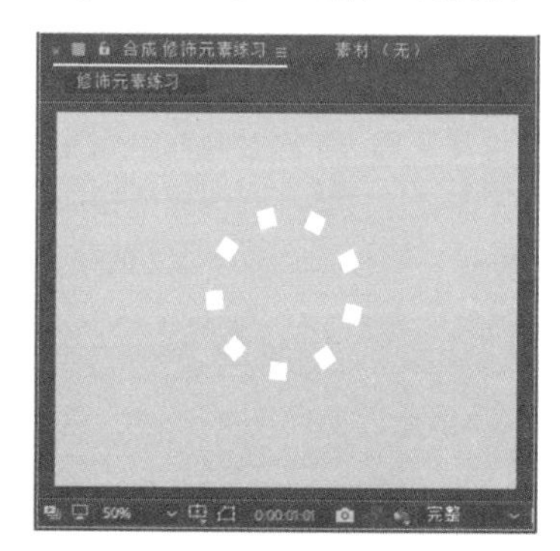

图 3-96　预览效果

18 展开“形状图层 2”的“中继器 1”属性，将“副本”参数设置为 12，接着展开“变换：中继器 1”属性，设置“旋转”参数为 0×+30°，如图 3-97 所示。

19 在图层面板中选择“形状图层 2”，按快捷键 Ctrl+D 复制一层，然后在时间线窗口将复制出来的“形状图层 3”向后拖动至 1 秒 02 帧处，如图 3-98 所示。

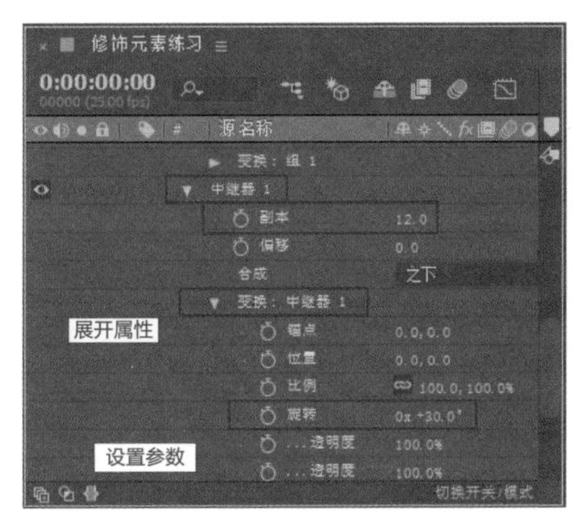

图 3-97　设置“中继器”参数

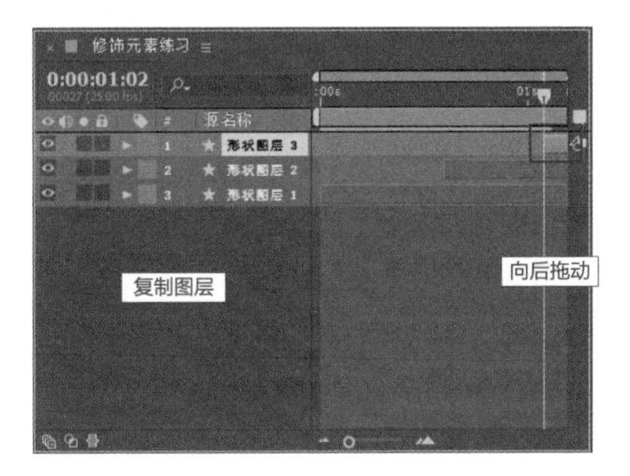

图 3-98　向后拖动“形状图层3”

20 按快捷 U 展开“形状图层 3”的关键帧属性，在 1 秒 02 帧位置修改“大小”参数为 0、0，修改“比例”参数为 100%、100%，并激活这两个关键帧，如图 3-99 所示。

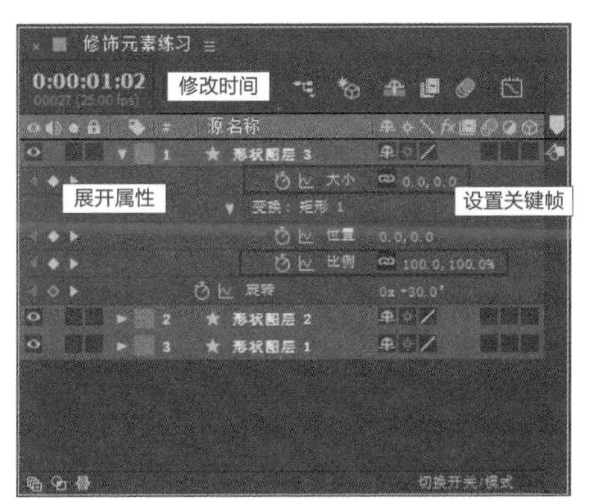

图 3-99　设置关键帧

21 在 1 秒 19 帧处插入关键帧，设置“大小”参数为 10、253，设置“位置”参数为 0、-120，设置“比例”参数为 0%、0%，并激活这 3 个关键帧如图 3-100 所示。

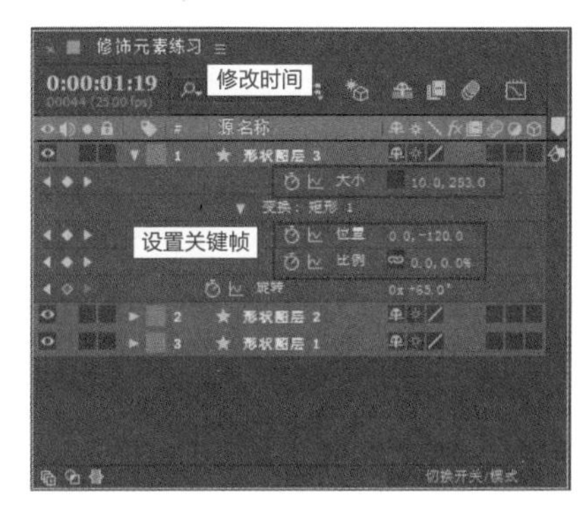

图 3-100　设置下一关键帧

22 至此，一个简单的修饰元素练习实例就制作完成了，按小键盘上的 0 键可以预览运动效果，如图 3-101 所示。

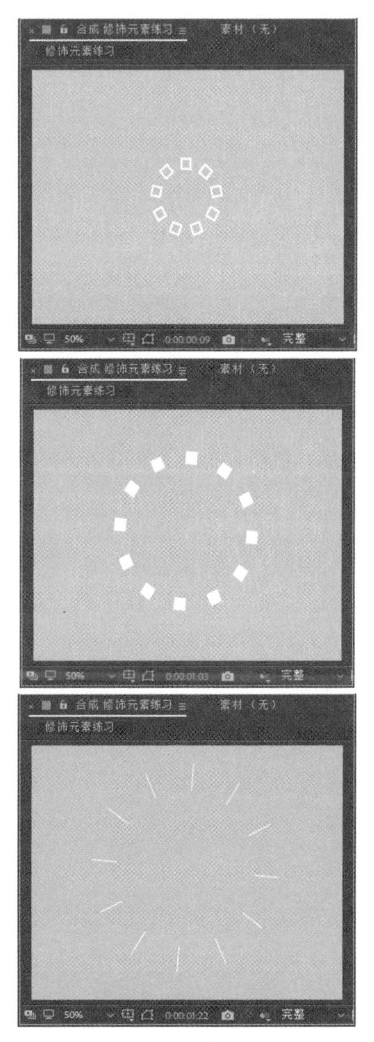

图 3-101　最终效果

3.2.7 案例：模拟现实

在After Effects的二维空间中模拟物理世界，可以使用“Newton（牛顿力学）”插件，复杂点的还可以通过在Cinema 4D软件中建造模型动画来制作AE中无法实现的MG元素。

素材文件：素材\第3章\3.2.7 模拟现实

效果文件：效果\第3章\3.2.7 模拟现实.gif

视频文件：视频\第3章\3.2.7 模拟现实.MP4

01 启动After Effects CC 2018软件，进入其操作界面。执行“合成”|“新建合成”命令，创建一个预置为“PAL D1/DV”的合成，设置大小为720px×576px，设置“持续时间”为2秒，设置背景颜色为中间色青色（#41F4F6），并设置合成名称为“模拟现实练习”，然后单击“确定”按钮，如图3-102所示。

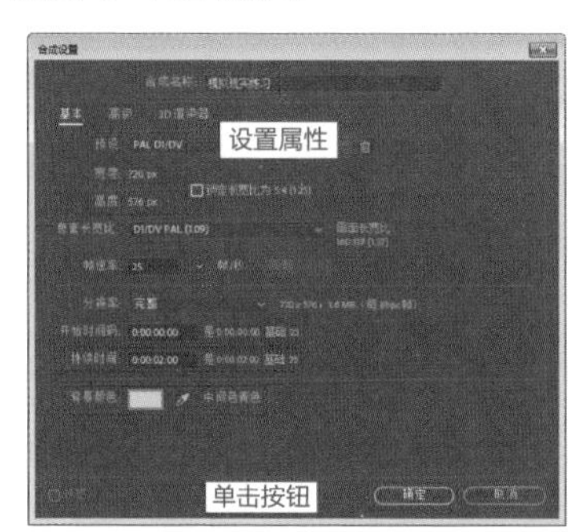

图 3-102 创建合成

02 使用“钢笔”工具在“合成”窗口绘制一个白色描边、无填充的线条形状，其宽度为10px，如图3-103所示。

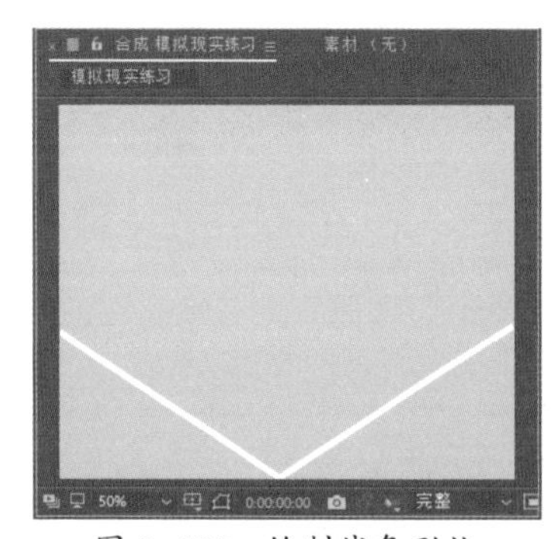

图 3-103 绘制线条形状

03 使用“椭圆”工具在“合成”窗口绘制一些大小不等的白色无描边正圆形，如图3-104所示。

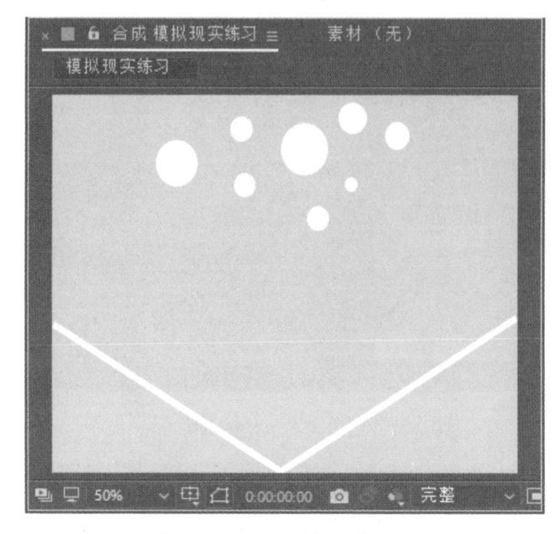

图 3-104 绘制一些圆形

04 选择“形状图层 2”，继续使用“矩形”工具在“合成”窗口绘制一些大小不等的白色无描边正方形，如图3-105所示。

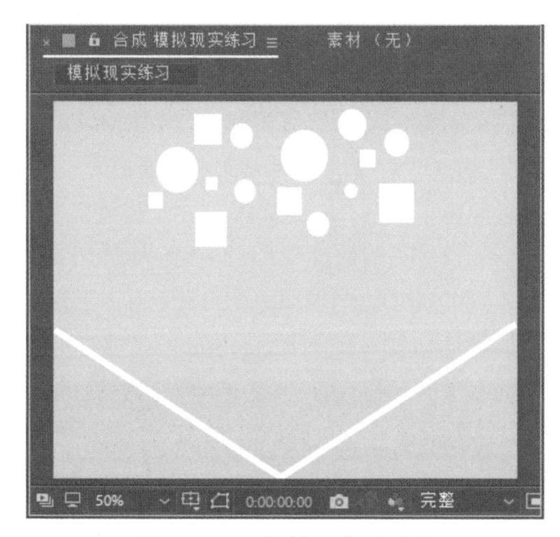

图 3-105 绘制一些正方形

提示

这里是将所有绘制的圆形和矩形放在了“形状图层2”中，之后执行“Newton”操作时会将图层进行分离。用户具体操作时也可以选择分层创建形状。

05 在操作界面执行“合成”|“Newton 2”菜单命令，如图3-106所示。

06 在弹出的对话框中选择“形状图层 2”选项，然后单击“Separate（分离）”按钮，如图3-107所示。

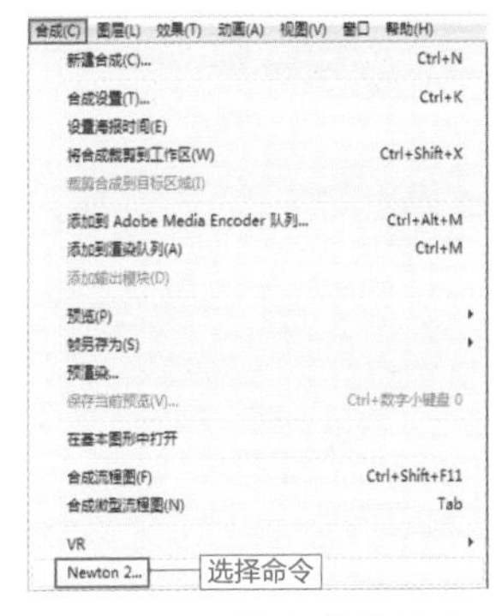

图 3-106 执行菜单命令

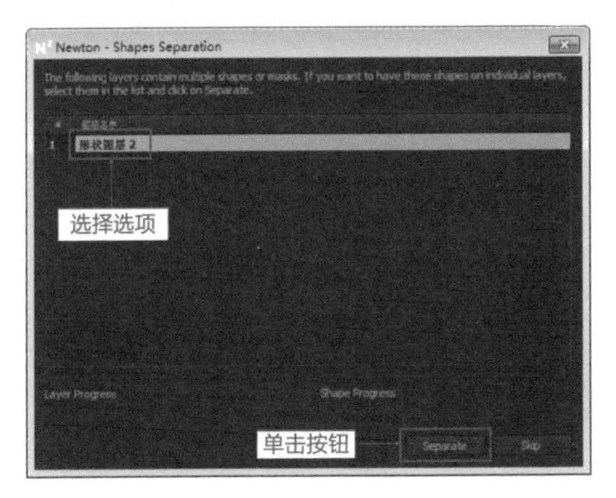

图 3-107 将“形状图层2”分层

知识链接

上述使用的“Newton（牛顿力学）”插件属于第三方插件，需要用户自行安装。在本书第 4 章将会对该插件进行详细讲解。

07 执行上述操作后，将跳转进入“Newton”插件的操作界面，如图 3-108 所示。

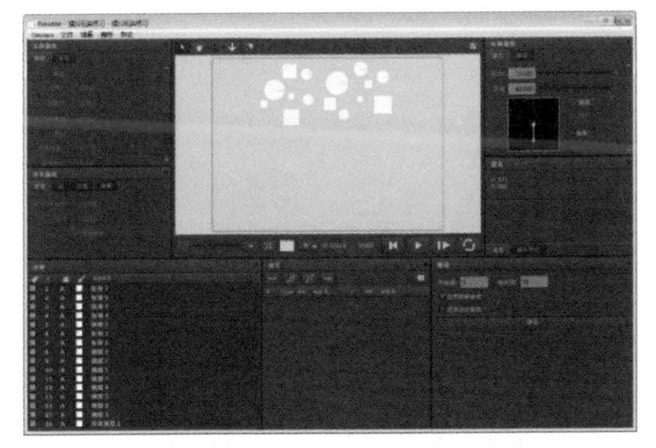

图 3-108 “Newton”插件的操作界面

08 在左下角的“主体”面板中选择“形状图层 1”，如图 3-109 所示。

09 在其“主体属性”面板中，将“类型”设置为“静态”，如图 3-110 所示。

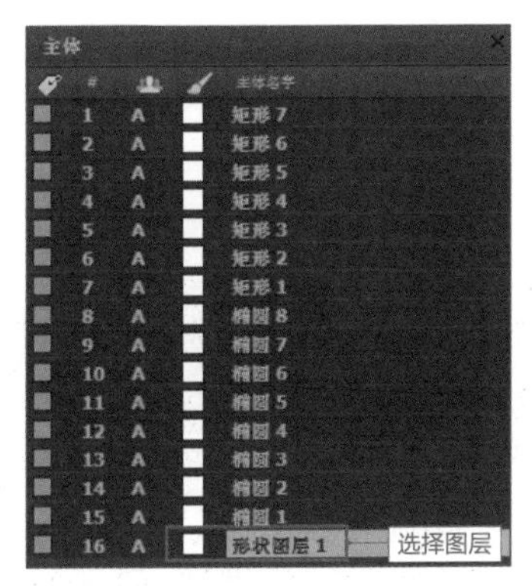

图 3-109 选择“形状图层1”

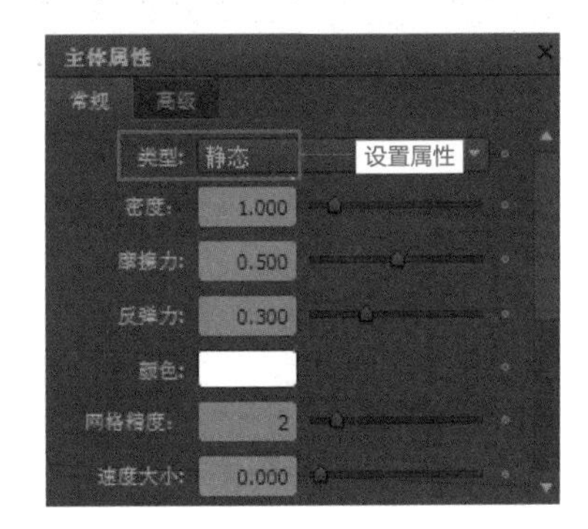

图 3-110 修改类型为“静态”

10 在预览窗口单击“重力工具”按钮，将代表重力方向的绿色直线旋转朝下，如图 3-111 所示。

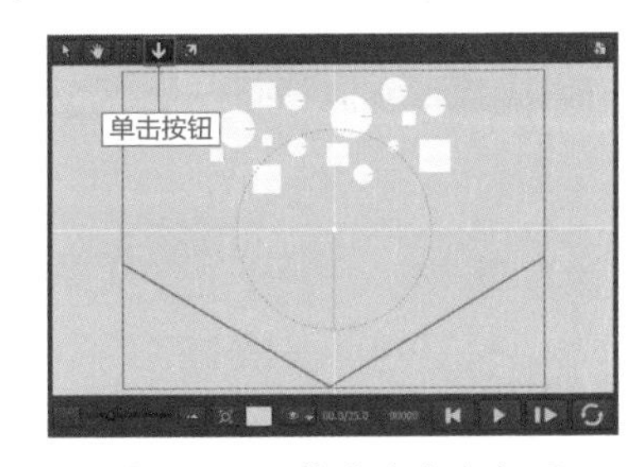

图 3-111 将重力方向朝下

11 单击预览窗口中的“播放 / 暂停”按钮，可以预览到形状下落的效果，如图 3-112 所示。

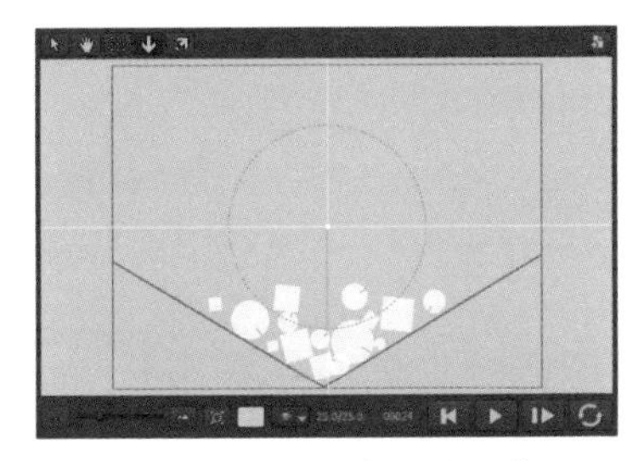

图 3-112 下落效果预览

12 单击“第一帧”按钮 回到首帧，然后在右下角的“输出”面板中设置“结束帧”为 48，勾选“启用运动模糊”选项，然后单击“渲染”按钮，如图 3-113 所示。

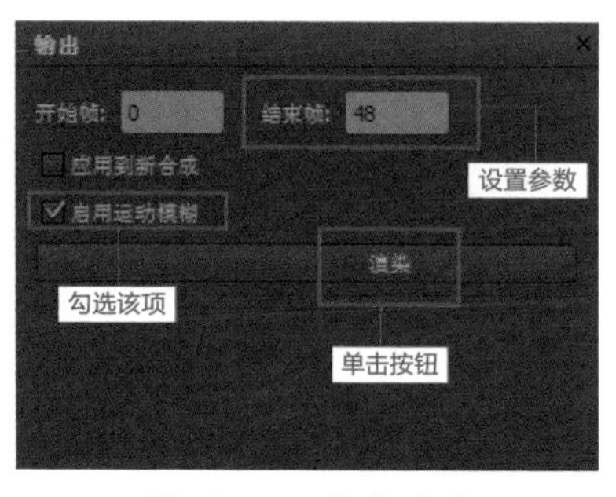

图 3-113 输出设置

13 渲染完成后会自动关闭“Newton”插件窗口，返回 After Effects 操作界面，此时在“合成”窗口已经生成自由落体动画效果，如图 3-114 所示。

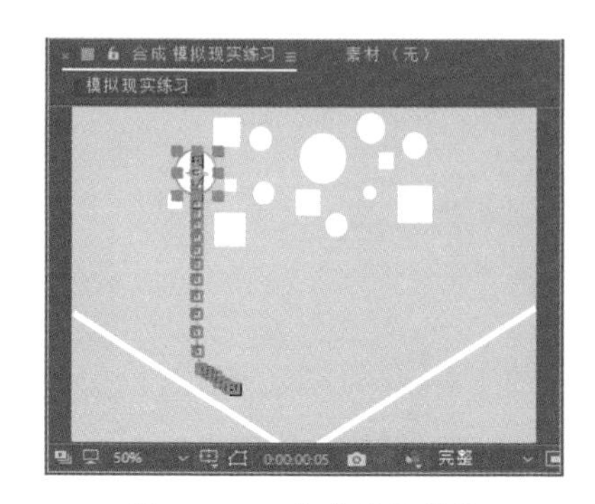

图 3-114 生成动画效果

14 在图层面板中选择“形状图层 1”，按快捷键 T 展开“不透明度”属性，设置其“不透明度”参数为 0%。至此，一个简单的模拟现实练习实例就制作完成了，按小键盘上的 0 键可以预览运动效果，如图 3-115 所示。

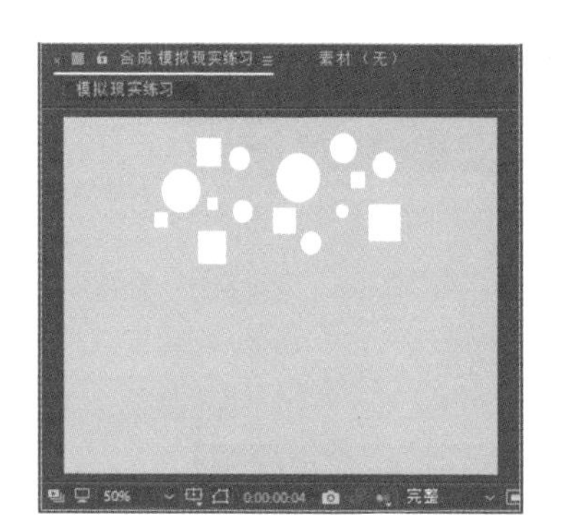

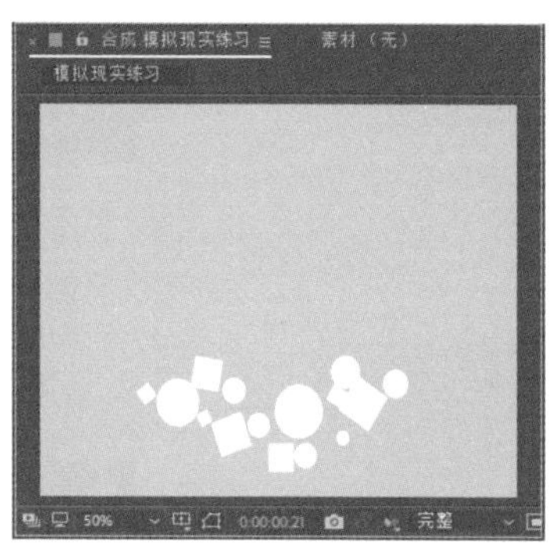

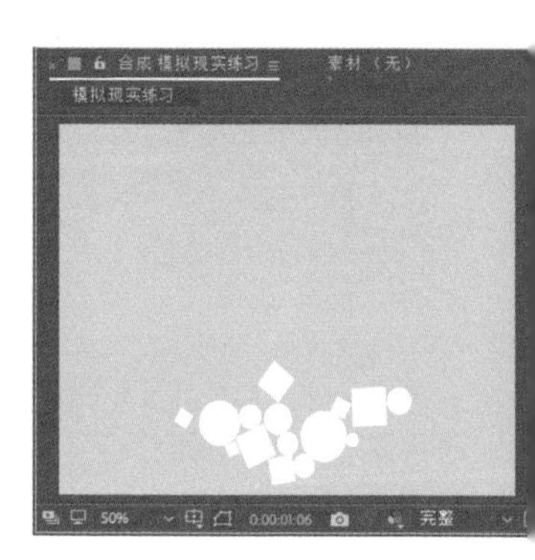

图 3-115 最终效果

3.2.8 案例：具有特色的转场

NG动画中的转场也是其特色之一。最为常见的手法之一，是以一个简单的圆形运动，加以重复，再利用每个图形运动的速度差、角度差、位置差或者时间差，来达到特色十足的转场效果。

素材文件：素材\第3章\3.2.8 具有特色的转场

效果文件：效果\第3章\3.2.8 具有特色的转场.gif

视频文件：视频\第3章\3.2.8 具有特色的转场.MP4

01 启动 After Effects CC 2018 软件，进入其操作界面。执行“合成”|“新建合成”命令，创建一个预置为“PAL D1/DV”的合成，设置大小为 720px×576px，设置“持续时间”为 2 秒，设置背景颜色为中间色青色（#41F4F6），并设置合成名称为“转场效果练习”，然后单击“确定”按钮，如图 3-116 所示。

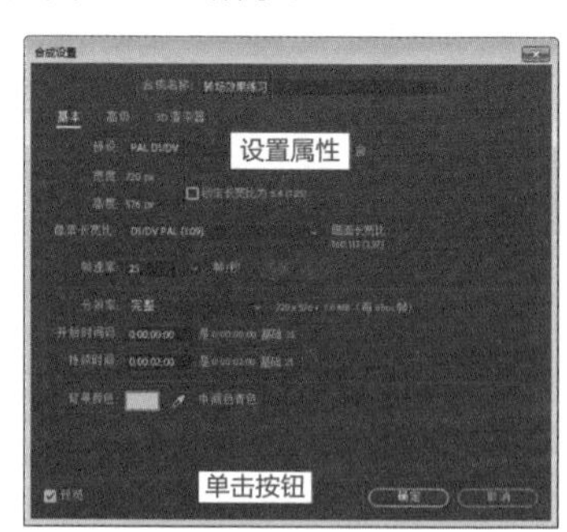

图 3-116 创建合成

02 执行“图层”|“新建”|“纯色”菜单命令，创建一个与合成大小一致的固态层，设置其颜色为红色（#FA7D7D），并将其命名为“红色”，然后单击“确定”按钮，如图 3-117 所示。

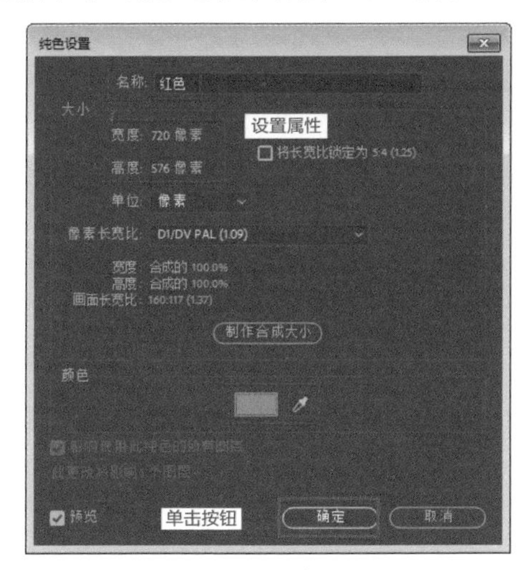

图 3-117　创建固态层

03 再次执行“图层”|“新建”|“纯色”菜单命令，创建一个与合成大小一致的固态层，设置其颜色为青色（#41F4F6），并将其命名为“青色”，然后单击“确定”按钮，如图 3-118 所示。

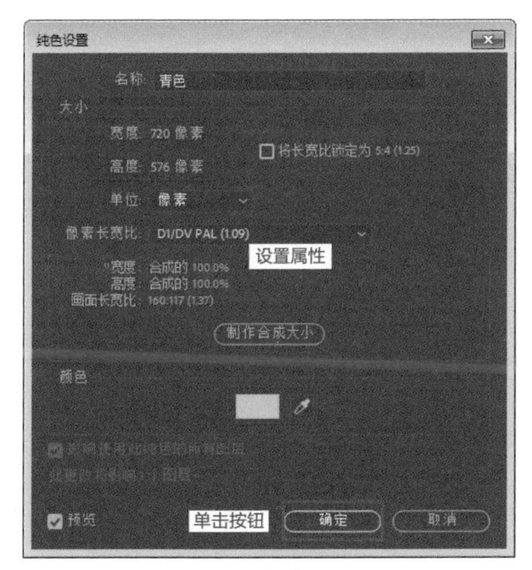

图 3-118　创建第二个固态层

04 在图层面板中选择“青色”图层，为其执行“效果”|“过渡”|“CC Grid Wipe（CC 网格线）”菜单命令，在第 0 帧处单击“Completion（结束）”属性前的“时间变化秒表”按钮，设置关键帧，如图 3-119 所示。

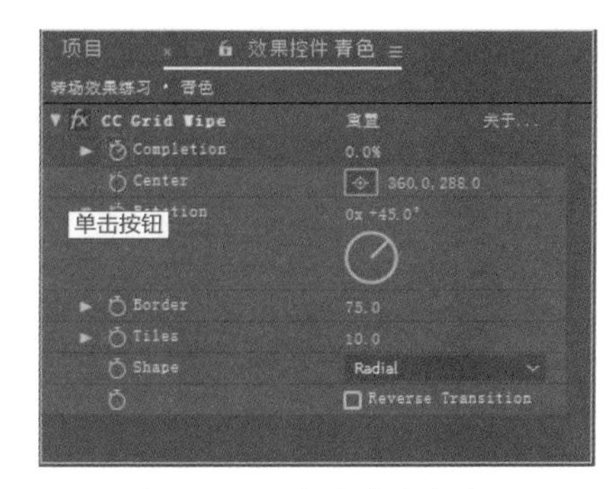

图 3-119　设置关键帧动画

05 在图层面板中选择“青色”图层，按快捷键 U 展开关键帧属性，方便更直观地进行动画设置，如图 3-120 所示。

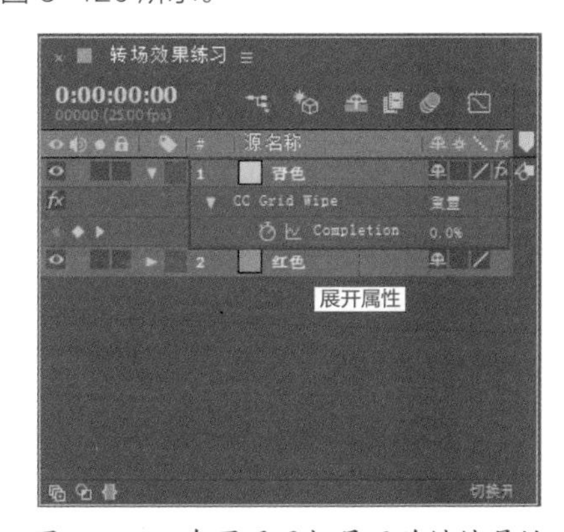

图 3-120　在图层面板展开关键帧属性

06 在第 2 秒位置设置“Completion（结束）”参数为 100，并激活关键帧，如图 3-121 所示。

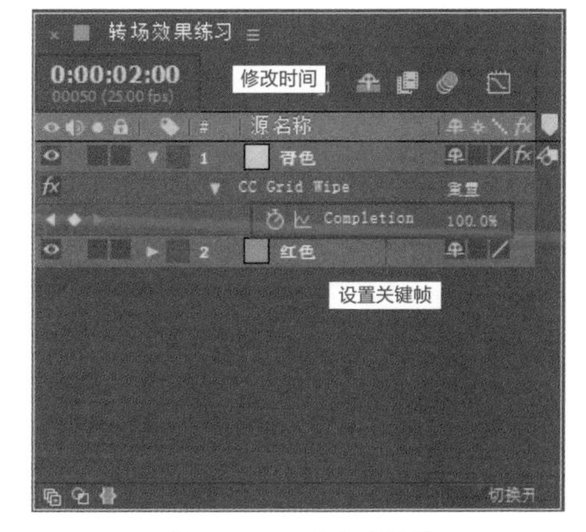

图 3-121　设置关键帧

07 至此，一个简单的转场效果练习实例就制作完成了，按小键盘上的 0 键可以预览运动效果，如图 3-122 所示。

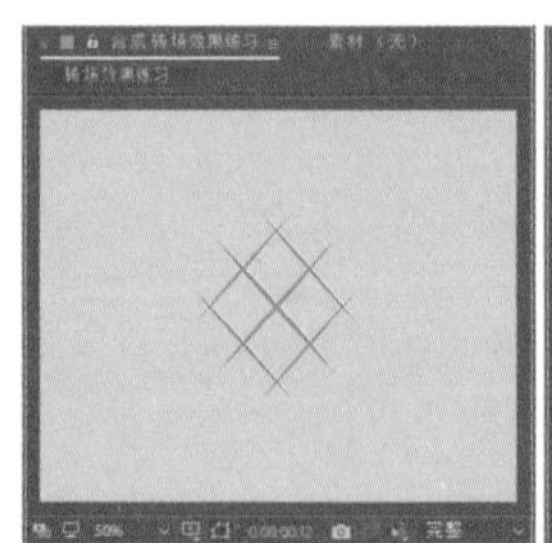
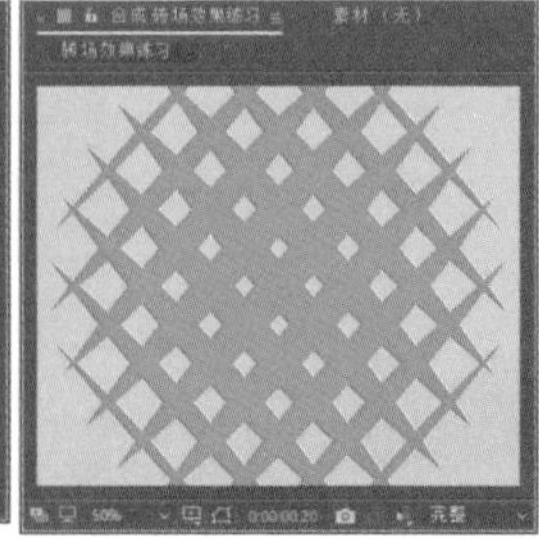
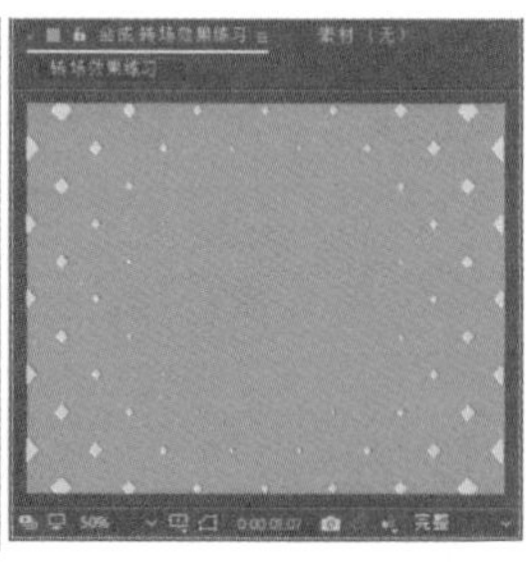

图 3-122 最终效果

3.3 知识拓展

本章主要为读者详细阐述了制作MG动画时需要遵循的几个设计要点和制作技巧，之后以案例的形式详细讲解了MG动画主体常用的几种运动技巧。通过第1章内容的学习，相信读者对于MG动画已有了大致的了解，本章是在第1章内容的基础上，进一步拓展延伸了相关的知识体系。想要制作出质量上乘的MG动画，设计者首先需要明确以下几个设计要点。

- 首先，优秀的动画往往需要优秀的剧本。设计师在前期创作阶段，需要构建出一个符合客户需求，能抓住观众眼球的创意文案。
- 其次，设计师要注意表达方式，以“最简”原则作为根本，删除不必要的和重复且无意义的设计元素。同时可以采取寓意、对比、夸张和幽默等多种方式来营造产品“视觉感”。
- 最后，在文案的基础上进入制作阶段。制作阶段需要特别注意把控分镜头的设计风格、空间感的营造、色彩元素的构成以及声音的创作融合等。

第二小节重点讲解了MG动画的8个运动技巧，并以实例的形式帮助读者掌握营造这些运动效果的具体方法。将本章所学技巧结合之后章节所讲的重点内容加以运用，可以有效地提升动画制作效果。

3.4 拓展训练

素材文件：素材\第3章\3.4 拓展训练	效果文件：效果\第3章\3.4 拓展训练.gif	视频文件：视频\第3章\3.4 拓展训练.MP4

根据本章所学知识，在AE中制作一个弹跳动画，效果如图 3-123所示。

图 3-123 最终效果

第4章

外挂插件及脚本的使用

在制作一些动效复杂的MG动画时，为了达到流畅的动态效果，有时候需要对数量较多的关键帧逐个进行调整设置，那么工程量相对来说就比较大了。这时候如果能使用第三方插件或相应的动效脚本，可以在很大程度上省去这种调节关键帧的烦琐过程。

After Effects作为制作MG动画的最主要软件，不仅自带上百种丰富特效，还可以兼容使用第三方插件，帮助用户创造出更多软件本身难以营造出来的特殊效果。使用After Effects软件第三方插件及脚本，可以让After Effects软件的功能更加丰富，也能让设计更加趋于人性化。

熟练掌握插件及脚本的使用，对于制作优质动画具有很好的辅助作用，不仅可以丰富画面效果，也能大大提高一些复杂特效的制作效率。本章将重点讲解制作MG动画常用的几款AE插件和脚本。

扫码观看本章
案例教学视频

本章重点

外挂插件的安装及使用

插件和脚本的区别

脚本的安装与使用

4.1 外挂插件的安装与使用

After Effects软件除了自身附带的上百种特殊效果，还可以兼容使用第三方插件。许多第三方插件可以创造出AE自身难以实现的特殊效果，将复杂的特效生成简单化。通过使用第三方插件，用户可以较为轻松便捷地营造出丰富的视觉效果。

4.1.1 插件概述

插件，英文为Plug-in，又译外挂，是一种遵循一定规范的应用程序接口编写出来的程序，其作用就是增加一些特定的功能。很多软件都有插件，包括出厂自带的，也包括第三方自主研发的。第三方插件的定位是开发实现原纯净应用软件平台所不具备的功能及程序，例如，图 4-1所示的Optical Flares Options插件作为一款光晕插件，可以快速模拟出各种炫彩发散光效，这是After Effects软件自身比较难以实现的，但该插件可以很方便地一键实现这些效果。

图 4-1 Optical Flares Options插件界面

4.1.2 如何安装插件

用户在下载插件及脚本时，应注意插件是否兼容所使用的AE软件版本，以免安装后导致软件崩溃。一般从网上下载的AE插件包括两种形式，一种是扩展名为“.aex”的文件，如图 4-2所示；另一种是扩展名为“.exe”的文件，如图 4-3所示。

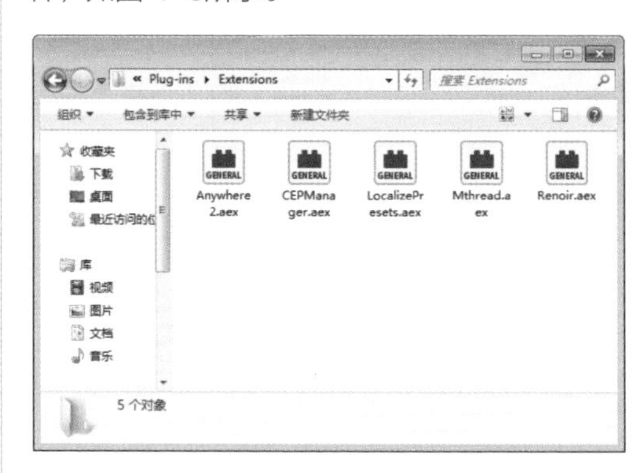

图 4-2 扩展名为“.aex”的文件

图 4-3 扩展名为“.exe”的文件

扩展名为“.aex”的文件，需要用户手动将其复制到After Effects软件的插件目录中方可使用。具体的操作方法是选择要安装的扩展名为“.aex”的插件进行复制，然后进入After Effects软件的安装目录，找到“Plug-ins”文件夹，将复制的插件粘贴到“Plug-ins”文件夹，如图 4-4所示。重启AE软件即可找到对应插件进行使用。

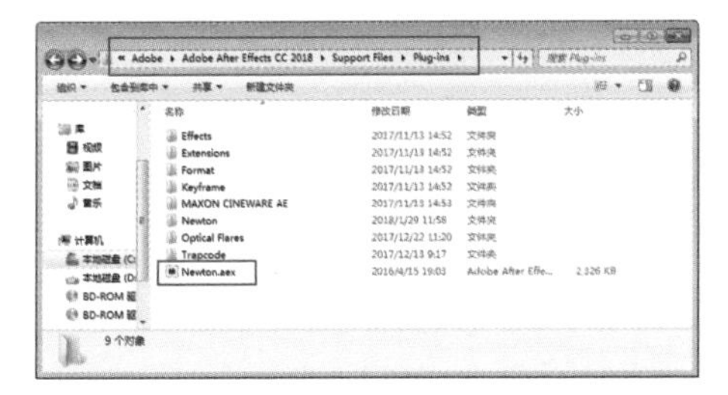

图 4-4　将扩展名为“.aex”的插件复制到“Plug-ins”文件夹

而后缀名为“.exe”的文件，则需要用户手动安装并输入产品密匙后才能使用。下面以Trapcode插件的安装为例进行简要讲解。

- 双击安装文件，或右键单击安装文件，在弹出的快捷菜单中选择“以管理员身份运行”命令，如图 4-5 所示。
- 按照一般软件的安装流程，待弹出如图 4-6 所示的对话框时，在“Serial（序号）”文本框中逐个输入对应的产品序列号，然后单击“Submit（提交）”按钮进行序列号认证。序列号认证成功后，单击右下角的“Next”按钮即可等待插件自行安装。

图 4-5　运行文件

图 4-6　输入产品序列号

知识链接

插件安装程序大多数会分为 32bit 和 64bit 这两种，用户可根据计算机的操作系统进行相应选择。

4.1.3　插件的使用方法

安装好插件后，需要重启刷新After Effects软件。进入工作界面后，选择需要添加插件效果的图层，然后打开“效果”菜单，可以在该菜单下找到之前安装的插件效果，如图 4-7所示。也可以在工作界面右侧的“效果和预设”面板中找到插件效果。

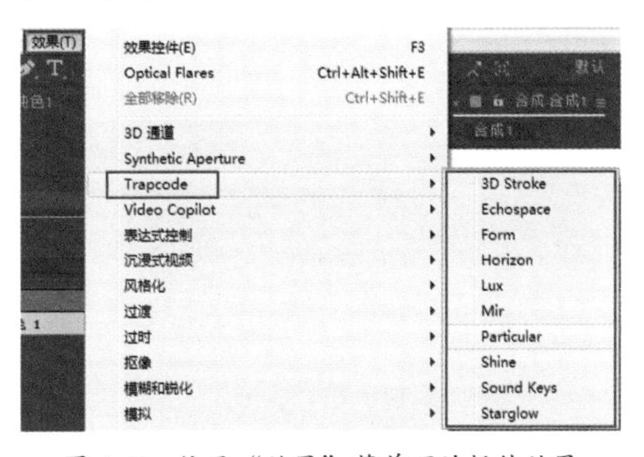

图 4-7　位于“效果”菜单下的插件效果

单击所需效果，即可将其添加给所选图层，接着在“效果控件”面板可对插件特效的各项属性进行设置，如图 4-8所示。

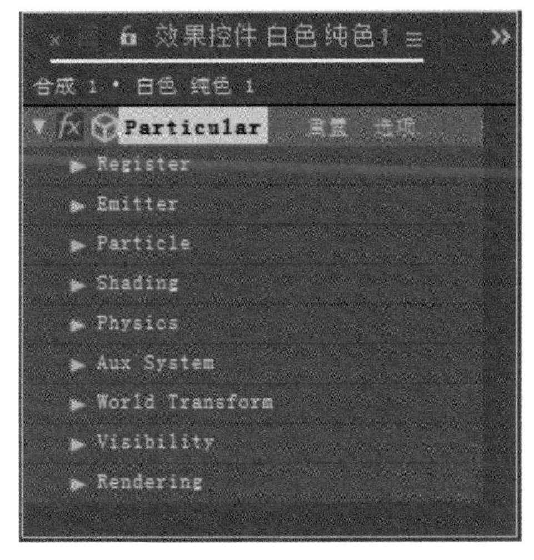

图 4-8　在“效果控件”面板进行属性设置

4.2 Particular（粒子）插件

Particular（粒子）插件是一个功能非常强大的三维粒子滤镜，通过该滤镜可以模拟出真实世界中的烟雾、爆炸等效果。Particular滤镜可以与三维图层发生作用而制作出粒子反弹效果，或从灯光以及图层中发射粒子，还可以使用图层作为粒子样本进行发射。

4.2.1 Particular插件的工作界面 重点

在图层面板选择素材图层，为其执行“效果”|“Trapcode”|“Particular”菜单命令，然后在“效果控件”面板可以展开各项属性进行设置，如图 4-9所示。

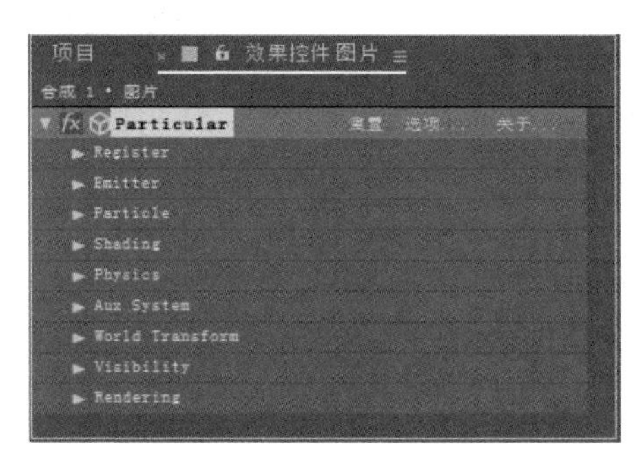

图 4-9 Particular插件的“效果控件”面板

下面对Particular效果的各项属性参数进行详细讲解。

- Register（注册）：用来注册 Form 插件。
- Emitter（发射器）：用来设置粒子产生的位置、粒子的初速度和粒子的初始发射方向等。
  - Particles/Sec（每秒发射的粒子数）：该选项可以通过数值调整来控制每秒发射的粒子数。
  - Emitter Type（发射器类型）：粒子发射的类型，主要包括 Point（点）、Box（立方体）、Sphere（球体）、Grid（栅格）、Light（灯光）、Layer（图层）和 Layer Grid（图层栅格）这 7 种类型。
  - Position XY、Position Z（粒子的位置）：如果为该选项设置关键帧，可以创建拖尾效果。
  - Direction Spread（扩散）：用来控制粒子的扩散，数值越大，向四周扩散出来的粒子就越多；数值越小，向四周扩散出来的粒子就越少。
  - X、Y、Z Rotation（*X*、*Y*、*Z* 轴向旋转）：通过调整它们的数值，用来控制发射器方向的旋转。
  - Velocity（速率）：用来控制发射的速度。
  - Velocity Random（随机速度）：控制速度的随机值。
  - Velocity from Motion（速度跟随运动）：控制粒子运动的速度。
  - Emitter Size X、Y、Z（发射器在 *X*、*Y*、*Z* 轴的大小）：只有当 Emitter Type（发射类型）设置为 Box（立方体）、Sphere（球体）、Grid（栅格）和 Light（灯光）时，才能设置发射器在 *X* 轴、*Y* 轴、*Z* 轴的大小；而对于 Layer（图层）和 Layer Grid（图层栅格）发射器，只能调节 *Z* 轴方向发射器的大小。
- Particle（粒子）：该选项组中的参数主要用来设置粒子的外观，如粒子的大小、不透明度以及颜色属性等。
  - Life[sec]（生命）：该参数通过数值调整可以控制粒子的生命期，以秒来计算。
  - Life Random（生命随机）：用来控制粒子生命期的随机性。
  - Particle Type（粒子类型）：在它的下拉列表中有 11 种类型，分别为 Sphere（球形）、Glow Sphere（发光球形）、Star（星形）、Cloudlet（云层形）、Streaklet（烟雾形）、

Sprite（雪花）、Sprite Colorize（颜色雪花）、Sprite Fill（雪花填充）以及 3 种自定义类型。

- Size（大小）：用来控制粒子的大小。
- Size Random（大小随机）：用来控制粒子大小的随机属性。
- Size over Life（粒子死亡后的大小）：用来控制粒子死亡后的大小。
- Opacity（不透明度）：用来控制粒子的不透明度。
- Opacity Random（随机不透明度）：用来控制粒子随机的不透明度。
- Opacity over Life（粒子死亡后的不透明度）：用来控制粒子死亡后的不透明度。
- Set Color（设置颜色）：用来设置粒子的颜色。
- AtBirth（出生）：设置粒子刚生成时的颜色，并在整个生命期内有效。
- OverLife（生命周期）：设置粒子的颜色在生命期内的变化。
- Random from Gradient（随机）：选择随机颜色。
- Transfer Mode（合成模式）：设置粒子的叠加模式。在右侧的下拉列表中包含 6 种模式可供选择。

● Shading（着色）：用来设置粒子与合成灯光的相互作用，类似于三维图层的材质属性。

● Physics（物理性）：用来设置粒子在发射以后的运动情况，包括粒子的重力、紊乱程度，以及设置粒子与同一合成中的其他图层产生的碰撞效果。

- Physics Model（物理模式）：包含两个模式，Air（空气）模式用于创建粒子穿过空气时的运动效果，主要设置空气的阻力、扰动等参数。Bounce（弹跳）模式用于实现粒子的弹跳。
- Gravity（重力）：粒子以自然方式降落。
- Physics Time Factor（物理时间因数）：调节粒子运动的速度。

● Aux System（辅助系统）：用来设置辅助粒子系统的相关参数，这个子粒子发射系统可以从主粒子系统的粒子中产生新的粒子。

- Emit（发射）：当 Emit 选择为 Off（关闭）时，Aux System（辅助系统）中的参数无效。只有选择 From Main Particles（来自主要粒子）或 At Collision Event（碰撞事件）时，Aux System（辅助系统）中的参数才有效，也就是才能发射 Aux 粒子。
- Physics Collision（粒子碰撞事件）：设置粒子碰撞事件的参数。
- Life[sec]（生命）：用来控制粒子的生命期。
- Type（类型）：用来控制 Aux 粒子的类型。
- Velocity（速率）：初始化 Aux 粒子的速度。
- Size（大小）：用来设置粒子的大小。
- Size over Life（粒子死亡后的大小）：用来设置粒子死亡后的大小。
- Opacity/Opacity over Life（透明度及衰减）：用来设置粒子的透明度。
- Color over life（颜色衰减）：控制粒子颜色的变化。
- Color From Main：使 Aux 与主系统粒子颜色一样。
- Gravity（重力）：粒子以自然方式降落。
- Transfer Mode（叠加模式）：设置叠加模式。

● World Transform（坐标空间变换）：用来设置视角的旋转和位移状态。

● Visibility（可视性）：用来设置粒子的可视性。

● Rendering（渲染）：用来设置渲染方式、摄像机景深以及运动模糊等效果。

- Render Mode（渲染模式）：用来设置渲染的方式，包含 Full Render（完全渲染）和 Motion Preview（预览）两种方式。

■ Depth of Field（景深）：设置摄像机景深。

■ Transfer Mode(叠加模式)：设置叠加模式。

■ Motion Blur（运动模糊）：使粒子的运动更平滑，模拟真实摄像机效果。

■ Shutter Angle（快门角度）、Shutter Phase（快门相位）：这两个选项只有 Motion Blur（运动模糊）为 On（打开）时，才有效。

■ Opacity Boost（提高透明度）：当粒子透明度降低时，利用该选项提高透明度。

4.2.2 案例：汽车喷雾效果制作 重点

素材文件：素材\第4章\4.2.2 汽车喷雾效果制作

效果文件：效果\第4章\4.2.2 汽车喷雾效果制作.gif

视频文件：视频\第4章\4.2.2 汽车喷雾效果制作.MP4

01 启动 After Effects CC 2018 软件，进入其操作界面。执行“合成”|“新建合成”命令，创建一个预置为“PAL D1/DV”的合成，设置大小为 720px×576px，设置“持续时间”为 8 秒，并设置合成名称为“汽车喷雾效果制作”，然后单击“确定”按钮，如图 4-10 所示。

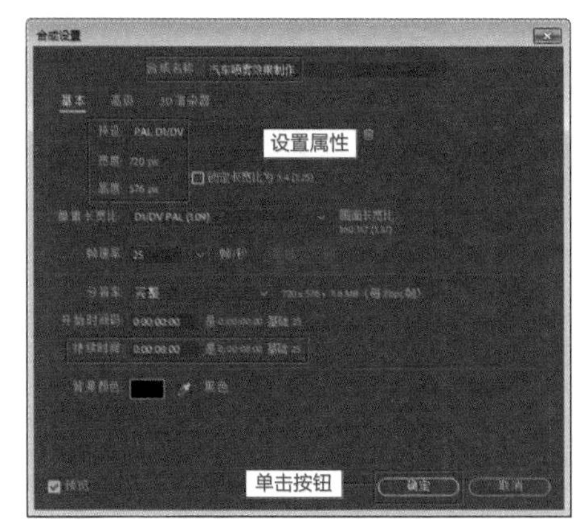

图 4-10 创建合成

02 进入操作界面后，执行“文件”|“导入”|“文件”菜单命令，在弹出的“导入文件”对话框中选择如图 4-11 所示的“汽车 .ai”文件，单击“导入”按钮。

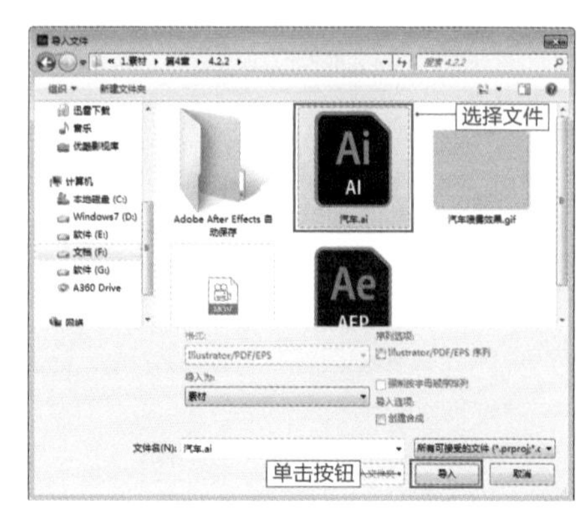

图 4-11 导入AI文件

03 将“项目”窗口中的“汽车 .ai”素材拖入图层面板，然后执行“图层”|“新建”|“纯色”菜单命令，创建一个与“合成”大小一致的粉色（#F5C8BD）固态层置于底层，并设置其名称为“背景”。

04 在图层面板中单击“汽车 .ai”图层，按快捷键 P 展开其“位置”属性，在第 0 帧位置单击该属性前的“时间变化秒表”按钮，然后设置“位置”参数为 816、72，如图 4-12 所示。在“合成”窗口对应的预览效果如图 4-13 所示。

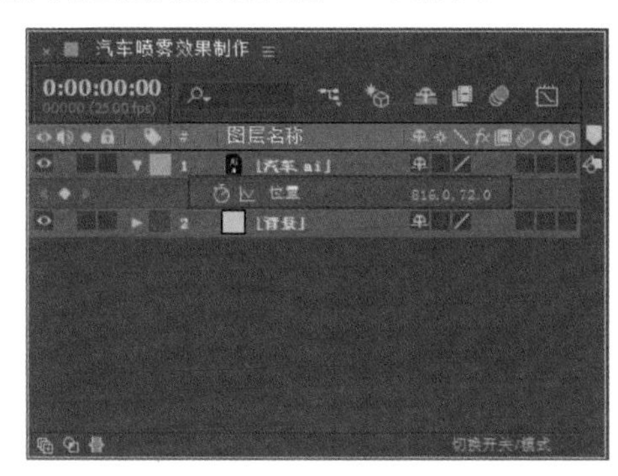

图 4-12 设置“位置”关键帧

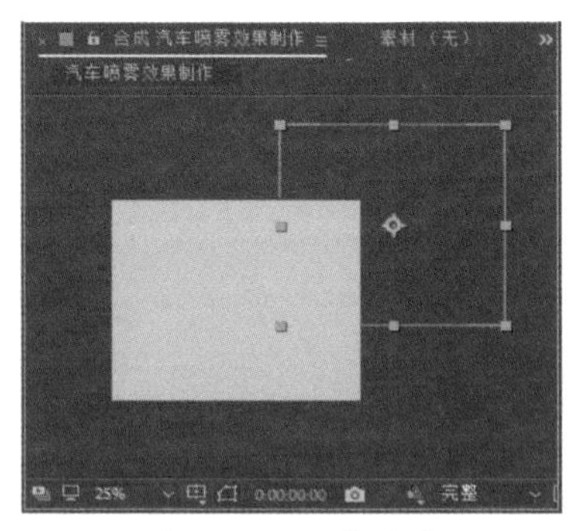

图 4-13 预览效果

提示

导入的 AI 文件持续时间要与合成设置的持续时间相同，可以在时间线窗口自行拖动延长。

05 分别在不同的时间点拖动改变汽车的位置，路径参照图 4-14 所示。在时间线窗口的关键帧如图 4-15 所示。

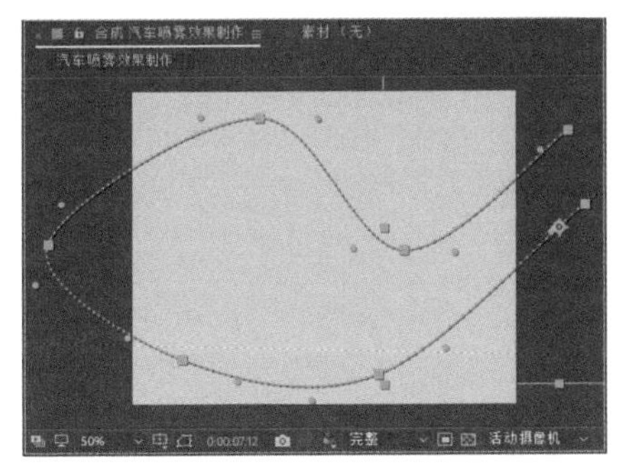

图 4-14　汽车移动路径

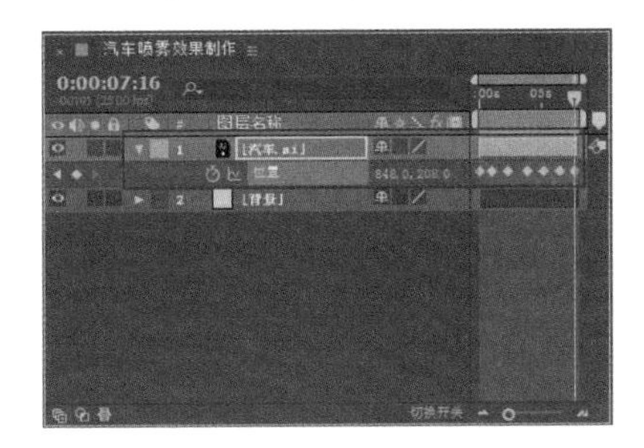

图 4-15　时间线窗口的关键帧

06 在工具栏中选择“转换顶点”工具，将上述路径的每一个关键帧顶点进行拖动调整，使路径曲线更加圆滑，效果如图 4-16 所示。

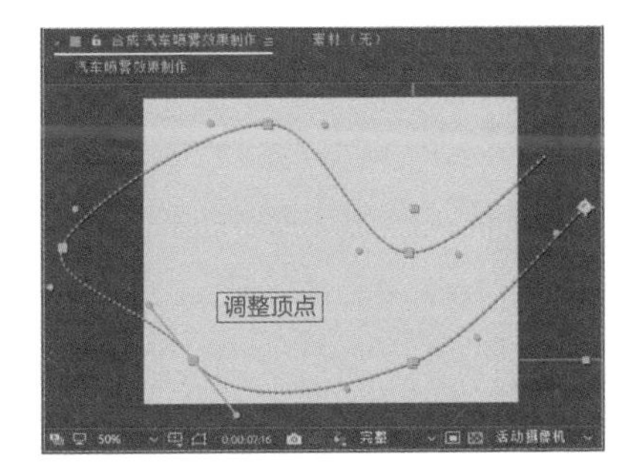

图 4-16　调整路径曲线

07 调整完成后，在时间线窗口选择除首尾两帧以外的所有关键帧，单击鼠标右键，在弹出的快捷菜单中选择“漂浮穿梭时间”菜单命令，如图 4-17 所示。

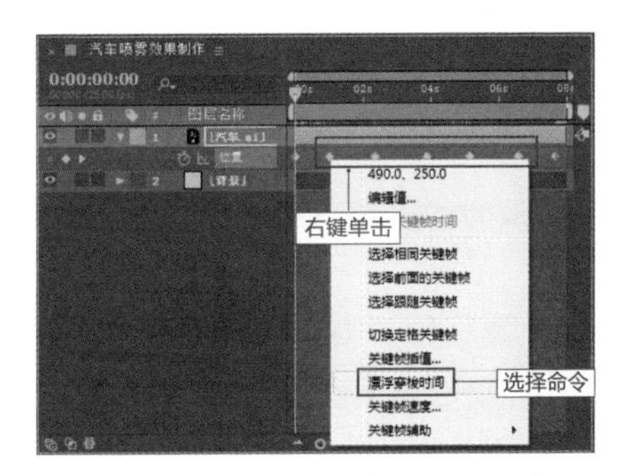

图 4-17　选择“漂浮穿梭时间”命令

提示

转换“漂浮穿梭时间”关键帧可以根据离选定关键帧前后最近关键帧的位置，自动改变选定关键帧在时间上的位置，从而平滑选定关键帧之间的变化速率。通俗的讲法就是转换“漂浮穿梭时间”关键帧后，两个关键帧之间的时间被平均分配了，形成了空间线性插值。

08 在图层面板中选择“汽车 .ai”图层，为其执行“图层”|“变换”|“自动定向”菜单命令（快捷键 Ctrl+Alt+O），在弹出的“自动方向”对话框中选择“沿路径定向”选项，然后单击“确定”按钮，如图 4-18 所示。设置“自动方向”后，在“合成”窗口的预览效果如图 4-19 所示。

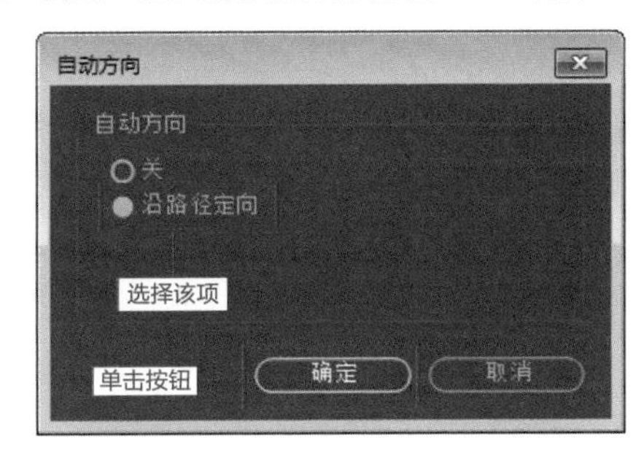

图 4-18　设置“自动方向”

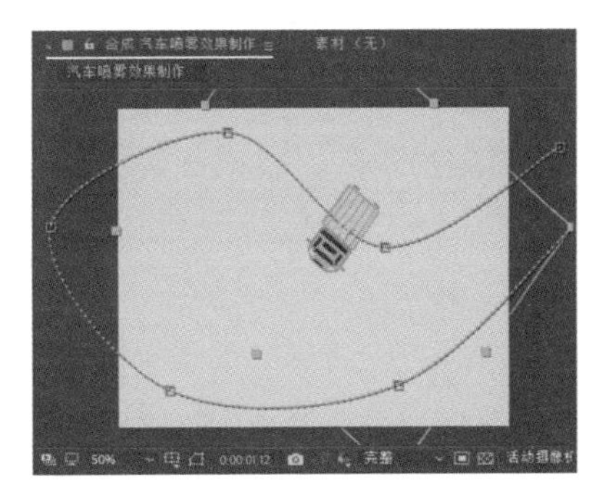

图 4-19　预览效果

09 上述操作后会发现汽车虽然沿着路径开始运动，但车头方向仍然需要调整。在图层面板中选择“汽车 .ai”图层，按快捷键 R 展开其“旋转”属性，根据“合成”窗口中的汽车预览情况，调整“旋转”参数为 0×+88°，如图 4-20 所示。在“合成”窗口的对应预览效果如图 4-21 所示。

图 4-20 调整“旋转”参数

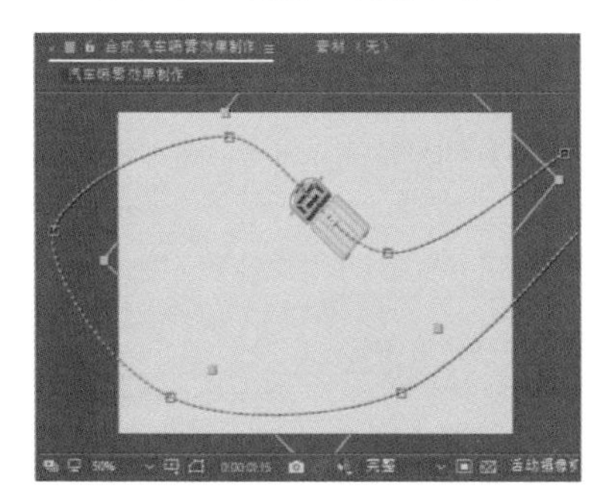

图 4-21 预览效果

10 按快捷键 Ctrl+Y 创建一个与合成大小一致的白色固态层，并修改其名称为“烟雾”，然后单击“确定”按钮，如图 4-22 所示。

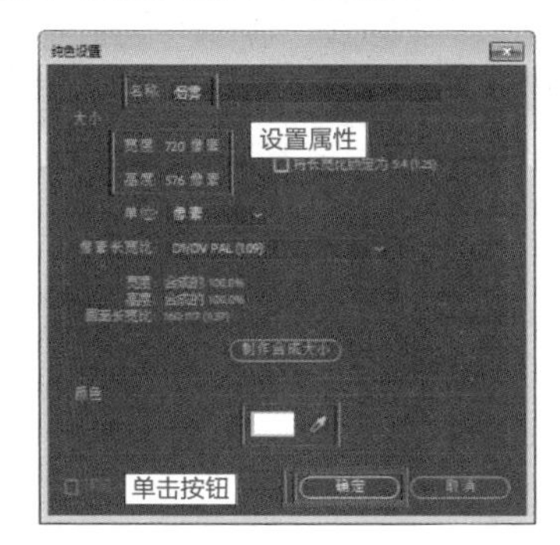

图 4-22 创建固态层

11 将上述创建的“烟雾”图层放置在“汽车 .ai”图层下方，接着选择“烟雾”图层，为其执行“效果”|“Trapcode”|“Particular”菜单命令，执行该命令后的默认效果如图 4-23 所示。

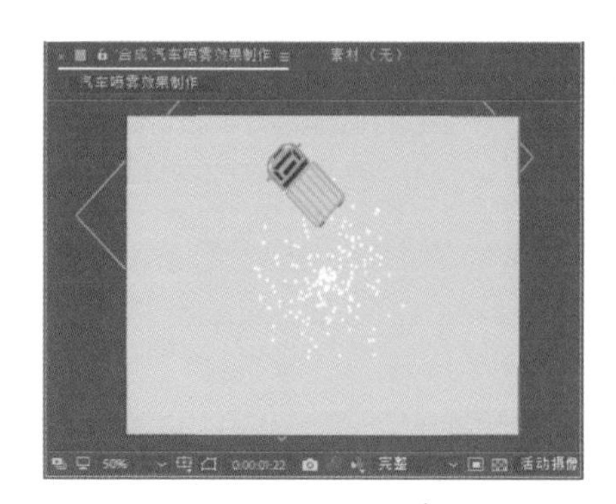

图 4-23 执行“Particular”命令后的默认

12 在图层面板中展开“汽车 .ai”图层的“位置”关键帧属性，全选时间线窗口的关键帧，按快捷键 Ctrl+C 进行复制，如图 4-24 所示。

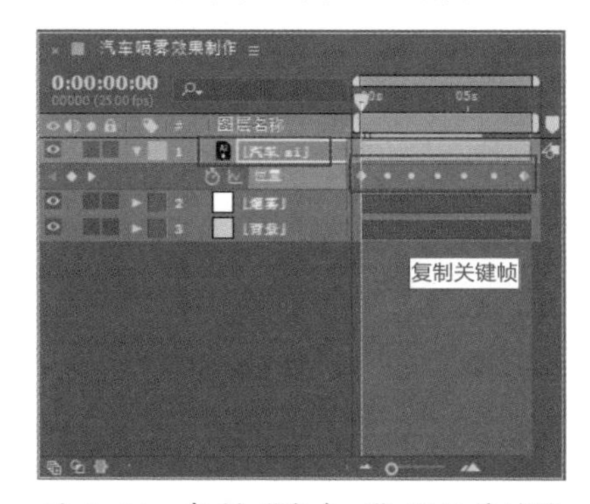

图 4-24 复制“汽车.ai”图层关键帧

13 选择“烟雾”图层，展开其 Particular 效果属性，选择“Emitter（发射器）”属性栏中的“Position XY（XY 位置）”属性，在第 0 帧位置单击该属性前的“时间变化秒表”按钮，设置关键帧，然后在时间线窗口按快捷键 Ctrl+V 粘贴关键帧，如图 4-25 所示。

图 4-25 为Particular属性粘贴关键帧

14 上述操作后，在“合成”窗口进行预览，会发现粒子跟随汽车做同一方向的运动，如图 4-26 所示。

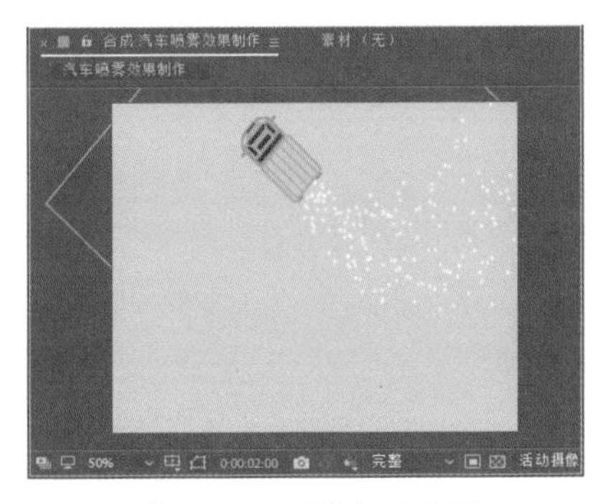

图 4-26　预览粒子效果

15 在“烟雾”图层的“效果控件”面板中，设置“Emitter（发射器）”属性栏下的“Velocity（速率）”参数为 10，设置“Velocity from Motion（速度跟随运动）”参数为 0，如图 4-27 所示。

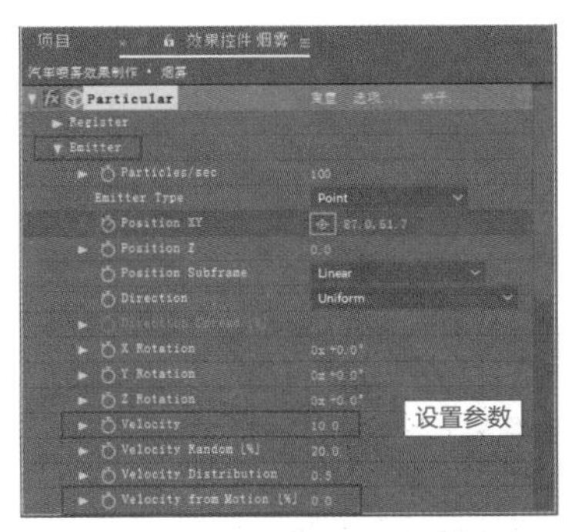

图 4-27　设置Particular属性参数

16 在“效果控件”面板中展开 Particular 效果中的“Particle（粒子）”属性，设置“Life（生命）”为 0.6，设置“Life Random（生命随机）”为 80，设置“Sphere Feather（球状羽化）”为 80，设置“Size（大小）”为 16，设置“Size Random（大小随机）”为 18，如图 4-28 所示。设置完成后，在“合成”窗口的对应预览效果如图 4-29 所示。

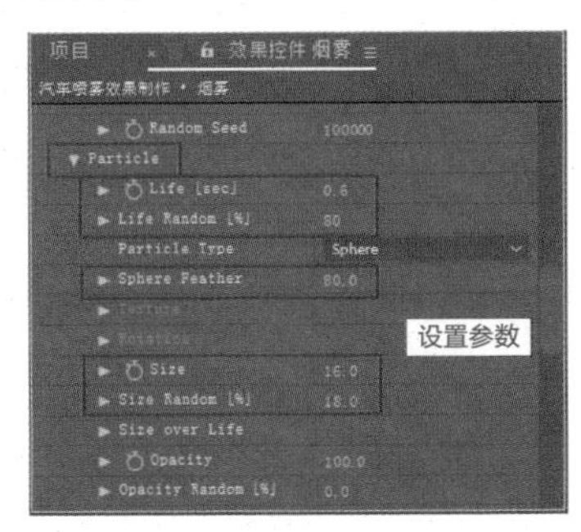

图 4-28　粒子参数设置

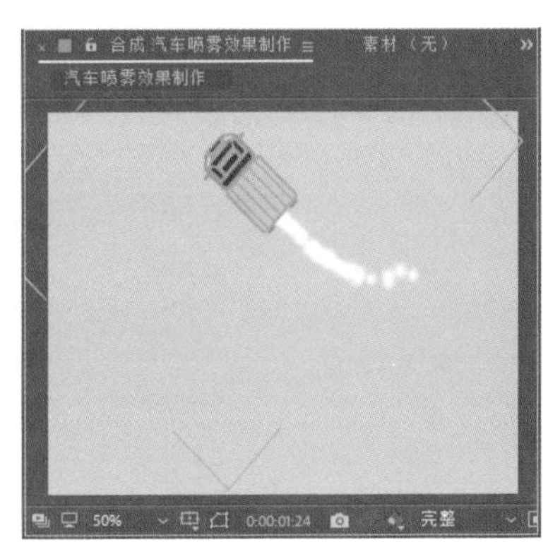

图 4-29　预览效果

17 至此，利用 Particular 插件制作的汽车喷雾效果就完成了，按小键盘上的 0 键可以预览效果，如图 4-30 所示。

图 4-30　最终效果

4.3 Motion Boutique Newton

Motion Boutique Newton（牛顿动力学）插件是一款在Adobe After Effects软件中使用的2D动力学插件。该插件将现有合成中的2D图层视为物理中的刚体，这些刚体会滑动、反弹，会发生相互碰撞，并且还会受到重力的作用。

在Newton插件中还可以通过关节（Joints）将主体物连接在一起，并对不同类型的主体进行处理，某些类型的主体可以先依照After Effects的动画进行运动后，再受到动力的影响，某些类型的主体则完全依靠解算控制其运动。

相关链接

刚体是指在任何力的作用下，体积和形状都不发生改变的物体。

4.3.1 Newton插件的工作界面 

Newton插件提供了一个简单、整洁、易于操作的界面，以及快速的OpenGL预览和直观的控制方式。当模拟结束后，能将效果导出为标准的AE关键帧动画。

Newton插件与其他插件稍有不同的是，其安装后并不在After Effects“效果”菜单中，而是需要在“合成”菜单下执行。启动插件后，等待自动跳转到其操作界面，如图4-31所示。

图 4-31 Newton插件的工作界面

Newton插件将After Effects合成中的二维图层，除音轨、指导层、空间层和隐藏图层之外，转化为物体对象。这些物体对象在插件中称为主体（Body），主体可以弹跳、滑行，并且彼此间还会产生碰撞。在改变主体的属性前，必须先在界面左下角的“主体”面板中选中相关主体图层。

1. “常规”选项卡

“常规”选项卡位于工作界面的左上角，包含于“主体属性”面板之中，如图4-32所示。

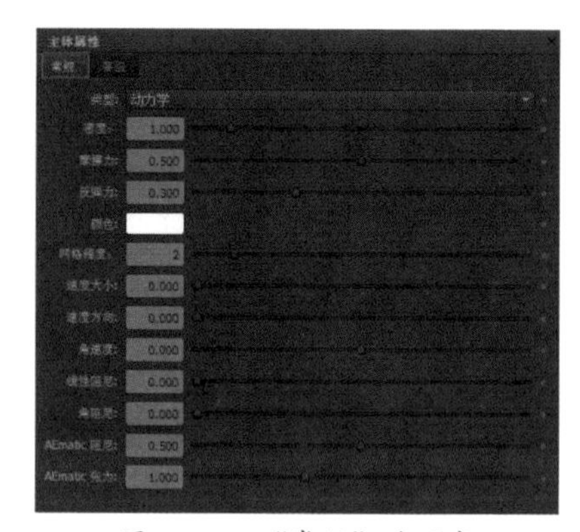

图 4-32 “常规”选项卡

“常规”选项卡中的参数介绍如下。

● **类型（Type）**：用于设置主体的类型。

■ **静态（Static）**：选择该类型，主体将处于静止状态，不做任何运动。

● **运动（Kinematic）**：主体的动画受 AE 中使用的关键帧动画或表达式动画控制时，主体的运动路径不会因物理作用力而发生改变，除非关键帧动画已经结束，这时主体将以动力（Dynamic）的方式运动。

■ **动力（Dynamic）**：主体的运动完全依靠解算（默认设置类型）。

■ **休眠（Dormant）**：主体不受重力影响，但当受到其他主体的碰撞后，将以 Dynamic 的方式运动。

■ **AEmatic**：主体的动画不仅受 AE 中的关键帧动画和表达式动画控制，也受到动力的影响[是动力（Dynamic）和运动（Kinematic）的混合型]。

■ **死亡（Dead）**：主体对碰撞没有影响，且不受解算控制。

● **密度（Density）**：该参数用来确定一个非静态主体的质量，当主体以相同的速度下落，高密度的主体不会比低密度的主体下降得更快。

● **摩擦力（Friction）**：该参数用于控制主体间的彼此滑动。当值为 0 时，没有摩擦力；当值逐渐上调时，摩擦力也会相应地增大。

● **反弹力（Bounciness）**：该参数用于控制主体的反弹，值为 0 表示没有反弹力，值为 1 表示最大的反弹力。

● **颜色（Color）**：用于设置主体在模拟器预览窗口中的颜色。

● **网格精度（Mesh Precision）**：适用于有圆角组成的主体。默认值为 2，较高的值会增加精度，但可能影响运行的速度。对于复杂的形状，建议尽可能地调低该值。

● **速度大小（Velocity Magnitude）**：用于设置主体的线速度大小，力作用于质量中心。

● **速度方向（Velocity Direction）**：用于设置主体的线速度方向。

● **角速度（Angular Velocity）**：用于设置主体的角速度，力作用于质量中心。

● **线性阻尼（Linear Damping）**：用于降低主体的线速度。

● **角阻尼（Angular Damping）**：用于降低主体的角速度。

● **AEmatic 阻尼（AEmatic Damping）**：该参数只适用于 AEmatic 类型的主体，相当于是连接 AE 中设置的运动路径和通过解算所得运动路径的关节阻尼。

● **AEmatic 张力（AEmatic Tension）**：该参数只适用于 AEmatic 类型的主体，相当于是连接 AE 运动路径和通过解算所得运动路径的关节张力。

2. “高级”选项卡

“高级”选项卡同样位于左上角的“主体属性”面板中，其界面如图 4-33所示。

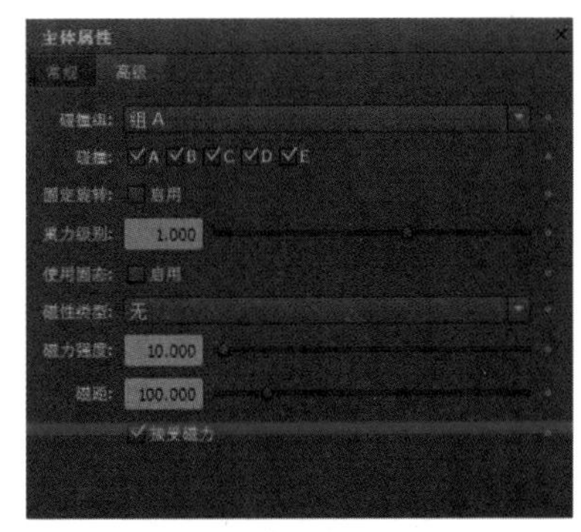

图 4-33 “高级”选项卡

“高级”选项卡中的参数介绍如下。

● **碰撞组（Collision Group）**：可以指定一个碰撞组给主体，也可以指定主体与哪个组发生碰撞。默认情况下，每个主体都属于同一碰撞组，并且可以与其他的组都相碰撞。

● **固定旋转（Fixed Rotation）**：勾选该复选框可以防止主体旋转。

- **重力级别（Gravity Scale）**：该选项允许为每一个主体设置独立的参数，当值为 0 时，即关闭主体的重力，也可以使用负数。
- **使用固态（Use Convex Hull）**：勾选该复选框可以将复杂主体的形状转成近似的空间多面型。
- **磁性类型（Magnetism Type）**：可以将主体变成一个磁铁，吸引（Attraction）或排斥（Repulsion）其他主体。
- **磁力强度（Magnetism Intensity）**：该参数用于调节磁力的强弱程度。
- **磁距（Magnet Distance）**：用于设定能接受到主体磁性的最大距离。
- **接受磁力（Accept Magnetism）**：用于指定主体是否会受到其他的带磁主体的影响。

3. 模拟器预览窗口

位于工作界面中心位置的是模拟器预览窗口，在该窗口中可以实时观察操控主体的运动效果，如图 4-34所示。

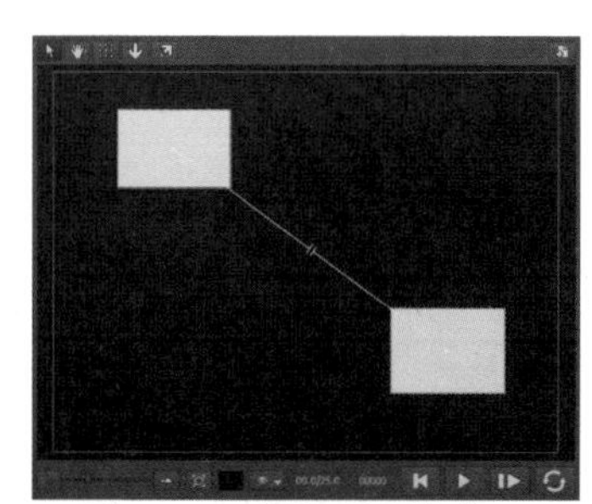

图 4-34　模拟器预览窗口

在模拟器预览窗口上方的工具栏中有6个工具按钮，每个按钮都有特定的操作，如图 4-35所示。

图 4-35　上方工具栏按钮

这 6 个工具按钮的功能如下。

- **选择工具**：选中和移动主体。
- **手柄工具**：用于平移视图。
- **轴心点工具**：修改关节或 AEmatic 主体的锚点。
- **重力工具**：在预览窗口直接设置重力。
- **速度工具**：在预览窗口直接设置主体速度。
- **Take Scene Snapshot（采取现场快照）**：单击该按钮，可以暂时保存当前的场景设置；双击该按钮，将恢复快照所保存的场景。可以在弹出的快捷菜单中选择删除，也可以选中快照后按Delete或Backspace键进行删除。

提示

使用“轴心点工具”前，必须选择至少一个关节或 AEmatic 类型主体。使用“速度工具”前，必须选择至少一个主体。当使用“速度工具”时，按住 Alt 键并单击可以选中主体。

此外，在模拟器预览窗口下方还包括其他功能按钮，如图 4-36所示。

图 4-36　下方功能按钮

各功能按钮详解如下。

- **缩小**：将当前视图进行缩小，也可以通过滑块和鼠标滚轮进行调节。
- **放大**：将当前视图进行放大，也可以通过滑块和鼠标滚轮进行调节。
- **匹配窗口**：使视图自动适配屏幕大小。
- **背景颜色**：默认情况下，预览窗口的背景色与当前合成的背景色相同，可以单击该色块进行背景色的更改。
- **视图选项**：单击该按钮，可以在弹出的快捷菜单中对当前视图执行多项命令。
  - **形状**：显示所有的形状。
  - **网格**：显示内部形状表征。
  - **边界框**：显示对齐到 Bounding Box 的轴，Bounding Box 是包含主体的最小矩形。
  - **本地坐标**：显示主体自身坐标轴，红色和绿色分别代表 *X* 轴和 *Y* 轴。
  - **关节**：显示所有关节。
  - **合成边框**：显示合成范围的边框。
- **第一帧**：在播放预览状态下，单击该按钮可以返回第一帧。

- 播放/暂停：对窗口当前效果进行播放和暂停播放。
- 下一帧：单击该按钮可以进行单帧预览。
- 从0到当前帧重复：第0帧到当前时间的循环播放。

4. “关节”面板

Newton插件可以在主体之间创建关节（Joints），即在两个主体间添加的约束。“关节”面板位于工作界面下方，如图4-37所示。

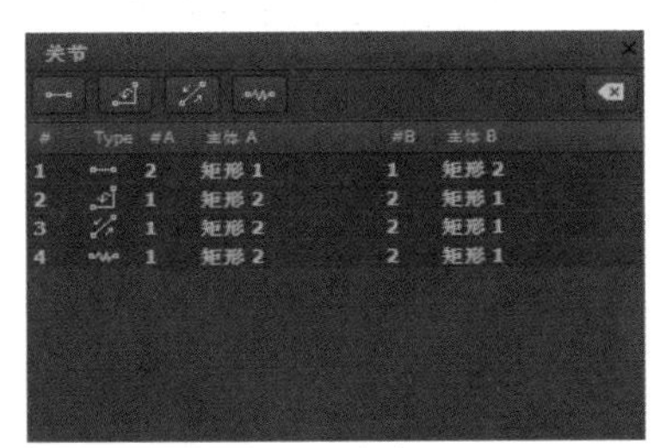

图 4-37 “关节”面板

要添加一个新的关节，需先选中两个主体，并单击位于“关节”面板上方的任意一种关节添加按钮。要移除一个关节，可以在“关节”面板中选中该关节，并单击移除关节按钮（快捷键Alt+W），或在选中该关节两端所接的主体后按快捷键W。

修改关节属性前，必须先选中关节，才能改变其参数，需要注意以下三点。

- 使用“锚点”工具（快捷键J）可以重新连接锚点。
- 选中的多个主体可以一次性创建出多个关节，要创建多个关节时，主体的选择顺序是很重要的。按住Shift键的同时单击主体可以创建一个主体链。
- 可以在首选项对话框自由定义关节的外观，如颜色、描边宽度等。

5. “关节属性”面板

“关节属性”面板位于“主体属性”面板下方，界面如图4-38所示。

“关节属性”面板的属性显示与“关节”面板中主体的关节设置相关联，对应不同种类的关节，该属性面板的参数显示也会不同。该属性面板包括了“距离”“轴”“活塞”和“弹簧”4个选项卡，切换不同选项卡可以对选择的关节进行相应设置。

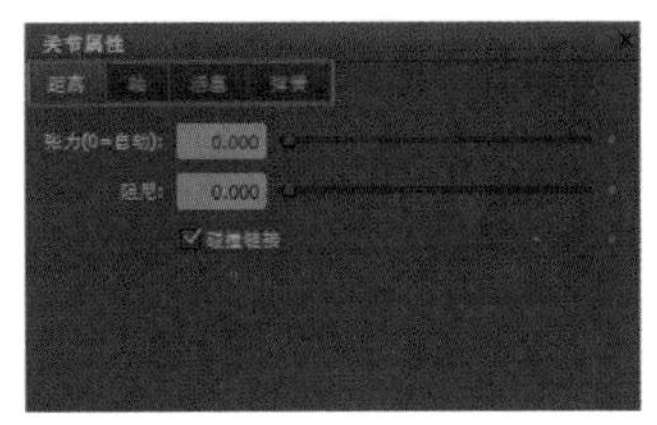

图 4-38 “关节属性”面板

距离

距离关节是通过选择两个主体，然后在“关节”面板单击“添加距离关节”按钮来设定的。它意味着分属两个主体的两个关节锚点之间的距离是恒定的，但给关节添加弹性因素后，距离关节变成柔性距离关节时，锚点间的距离并非总是恒定的。其面板属性如下。

- 张力（Tension）：该参数允许为关节赋予弹性，可用于创建诸如身体之类柔软的东西。
- 阻尼（Damping）：该参数是用来减少或缓和运动的。
- 碰撞链接（Collide Connected）：该选项用来设定连接的两个主体是否发生相互碰撞。

轴（Pivot Joint）

轴关节是通过选择两个主体，然后在“关节”面板单击“添加轴心点关节”按钮来设定的。轴关节即强制两个主体共同使用一个锚点或轴心，关节的角度是两个主体的相对旋转角度，并且数值可以被限制在特定范围内。其面板属性如下。

- 启用限制（Enable Limit）：该参数用于强制让关节的角度保持在所指定的角度上限和下限之间。
- 下角度（Lower Translation）：该参数设定关节角度的下限。

● **上角度（Upper Translation）**：该参数设定关节角度的上限。

● **启用电机（Enable Motor）**：该参数决定是否开启关节电机。

● **电机速度（Motor Speed）**：该参数允许设定电机的速度。

● **最大电机转矩（Max Motor Torque）**：该参数允许设定电机转矩的最大值。

● **碰撞链接（Collide Connected）**：该参数设定所连接的两个主体是否发生相互碰撞。

活塞（Piston Joint）

活塞关节是通过选择两个主体，然后在“关节”面板单击“添加活塞关节”按钮来设定的。活塞关节能使两个主体沿指定的轴发生相对平移，它的参数和轴关节的参数很相似，无非是将旋转替换为平移。其面板属性如下。

● **启用限制（Enable Limit）**：该参数用于强制让关节的位移保持在所指定的上限和下限之间。

● **下角度（Lower Translation）**：该参数设定关节的位移下限。

● **上角度（Upper Translation）**：该参数设定关节的位移上限。

● **启用电机（Enable Motor）**：用于决定是否开启关节电机。

● **电机速度（Motor Speed）**：允许设定电机的速度。

● **最大电机力度（Max Motor Force）**：该参数允许设定电机力的最大值。

● **碰撞链接（Collide Connected）**：用于设定所连接的两个主体是否发生相互碰撞。

弹簧（Spring Joint）

弹簧关节是通过选择两个主体，然后在“关节”面板单击“添加弹簧关节”按钮来设定的。使用弹簧关节可以使两个被约束的主体像被弹簧连接时那样运动。其面板属性如下。

● **弹性（Springiness）**：用于控制弹簧的强度。

● **阻尼（Damping）**：可以减小弹簧振荡的振幅。

● **期望长度（Desired Length）**：可以设定没运动时的弹簧长度。

6. “重力”选项卡

重力是所有主体都会受到的力，通过在“重力”选项卡输入数值，使用重力视图或重力工具来设置重力的强度和方向。“重力”选项卡位于界面右上角的“全局属性”面板中，如图 4-39所示。

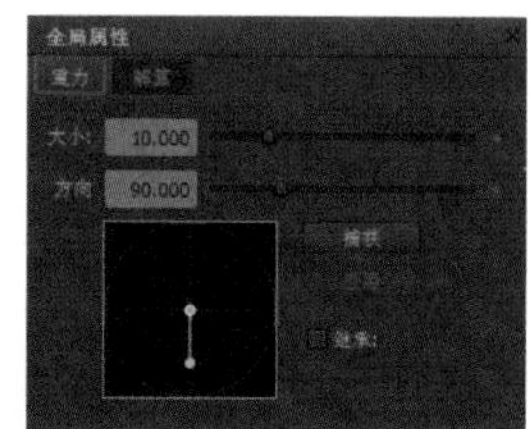

图 4-39　“重力”选项卡

“重力”选项卡中的参数说明如下。

● **大小**：用来设定重力矢量的大小。

● **方向**：用来设定重力矢量的方向。当在重力视图中或用重力工具修改重力时，按住快捷键 Shift 可以让重力矢量对齐到坐标轴。

● **捕获**：单击“捕获”按钮，将记录下鼠标在重力视图上的每次移动。

● **应用**：单击“应用”按钮，记录下的数值将被赋予到在弹出菜单中自动选择的新的空层上。

● **继承**：勾选该复选框，主体的重力将继承自某一层的位置信息。

7. “解算”选项卡

Newton插件的内部使用部分Box2D，2D物理引擎最初是为游戏编程开发的。“解算”选项卡也位于“全局属性”面板中，如图 4-40所示。

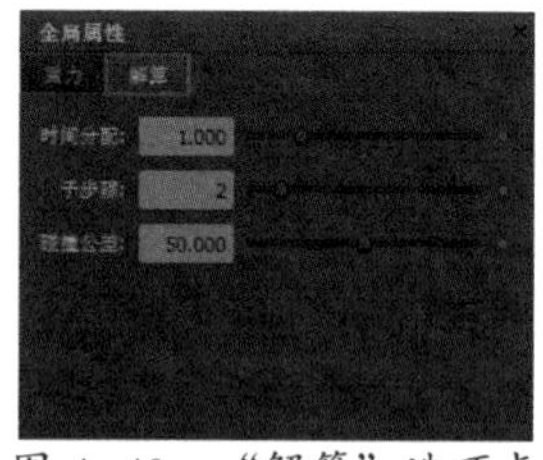

图 4-40　“解算”选项卡

"解算"选项卡中的参数说明如下。

- **时间分配：** 该参数将影响物理运动的时间长度，相当于一个时间重置的控制器。
- **子步骤：** 该参数允许再次分配时间步数，默认值为 2，较高的值会产生高质量的模拟效果，但需要额外的计算时间。
- **碰撞公差：** 用来指定求解的约束条件和碰撞阈值，默认值为 50。较小的值能减小两个相接触主体间的间隙，但当发生碰撞时，可能需要采用重叠和不稳定的效果。

4.3.2 案例：小球填充数字效果制作 重点

素材文件：素材\第4章\4.3.2小球填充数字效果制作

效果文件：效果\第4章\4.3.2 小球填充数字效果制作.gif

视频文件：视频\第4章\4.3.2小球填充数字效果制作.MP4

01 启动 After Effects CC 2018 软件，进入其操作界面。执行"文件"|"导入"|"文件"命令，在弹出的"导入文件"对话框中选择图 4-41 所示的"小球 .ai"文件，然后单击"导入"按钮。

图 4-41 导入AI文件

02 在弹出的对话框中将导入种类设置为"合成"，将素材尺寸设置为"图层大小"，然后单击"确定"按钮，如图 4-42 所示。

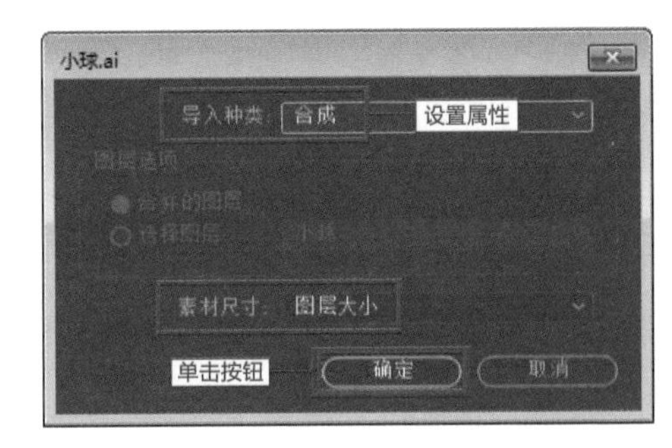

图 4-42 导入设置

提示

直接导入 AI 文件生成的"小球"合成，默认持续时间为 5 秒，这里可以根据实际需要随时打开"合成设置"对话框更改持续时间。

03 导入完成后，在"项目"窗口双击"小球"合成，激活其合成，可以在图层面板看到分布的图层，如图 4-43 所示。此时，在"合成"窗口的图层预览效果如图 4-44 所示。

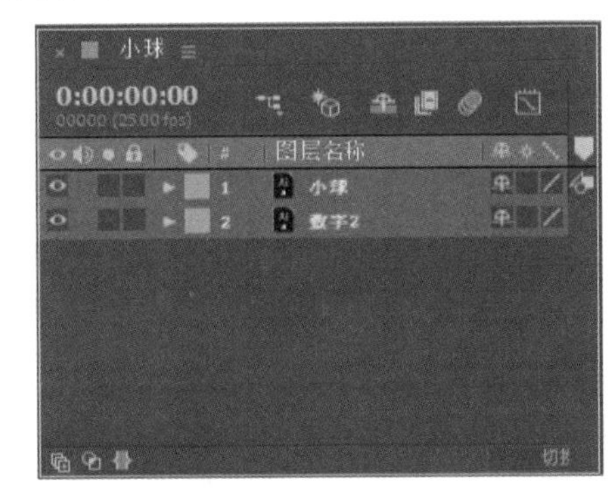

图 4-43 图层面板显示

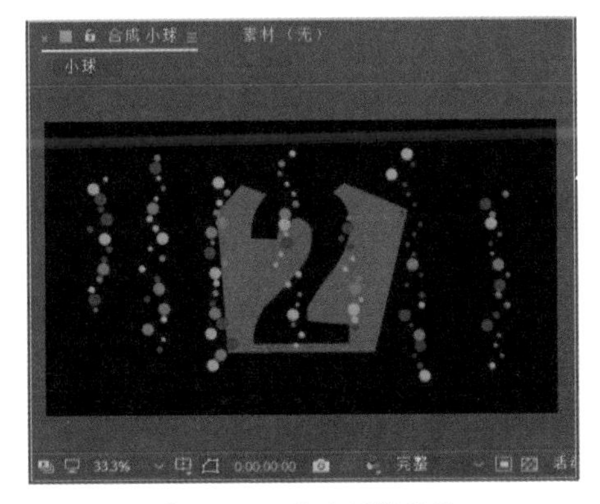

图 4-44 图层预览效果

04 在图层面板中同时选择"小球"和"数字 2"图层，单击鼠标右键，在弹出的快捷菜单中选择"从矢量图层创建形状”命令，如图 4-45 所示。将这两个 AI 图层分别生成轮廓图层，转化后图层如图 4-46 所示。

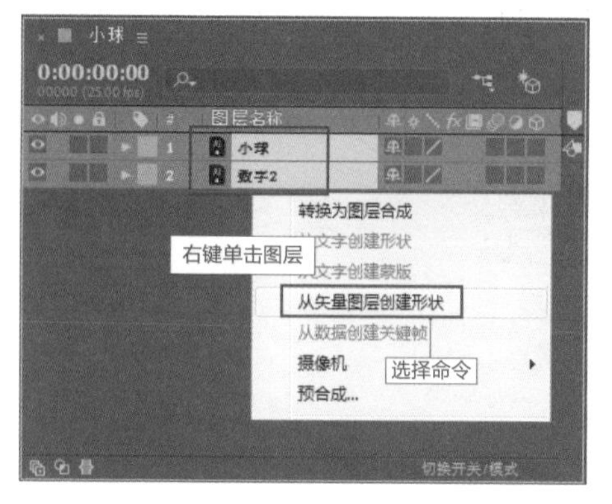

图 4-45 选择“从矢量图层创建形状”命令

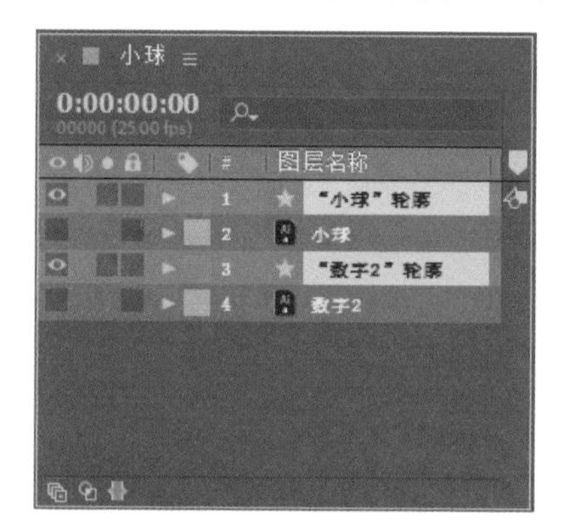

图 4-46 生成轮廓图层

05 生成小球轮廓图层后，执行“合成”|“Newton 2”菜单命令，如图 4-47 所示。

图 4-47 执行菜单命令

06 在弹出的“Shapes Separation（形状分离）”对话框中，选择“‘小球’轮廓”图层，单击“Separate（分离）”按钮，如图 4-48 所示。

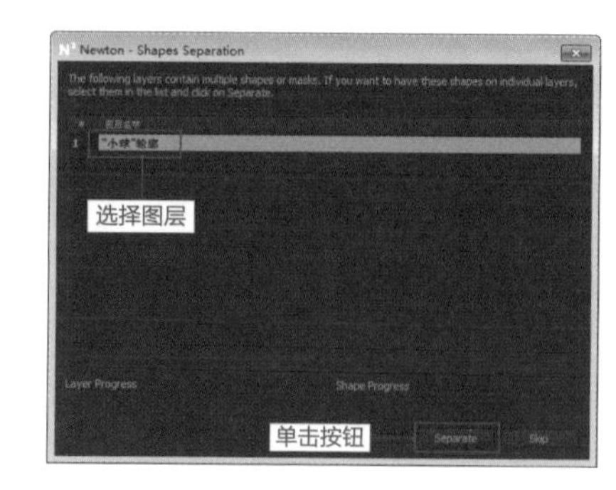

图 4-48 分离图层

提示

Newton 插件可以对单一图层中包含的多个组或图形进行分层，只需在打开插件时弹出的“Shapes Separation（形状分离）”对话框中，对所选图层执行“Separate（分离）”命令即可。如果不需要分离图层，则单击“Skip（跳过）”按钮。

07 进入 Newton 插件工作界面，上述操作中所选择的“‘小球’轮廓”图层分离后，生成的组按顺序摆放在“主体”面板中，在预览窗口可以对形状图层直接进行操控，如图 4-49 所示。

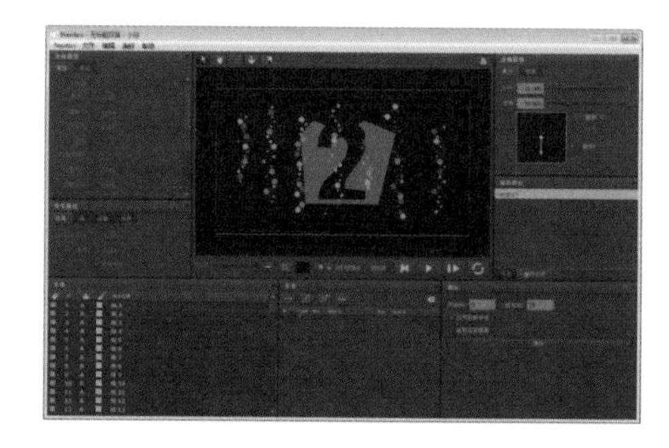

图 4-49 Newton插件工作界面

08 在预览窗口单击“‘数字 2’轮廓”图层，选中状态下，在“主体属性”面板的“常规”选项卡中修改其类型为“静态”，使该图层保持静止状态，不做任何运动，如图 4-50 所示。

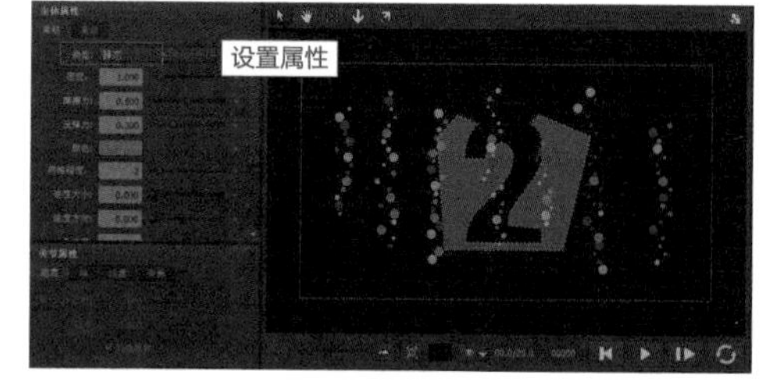

图 4-50 使“‘数字2’轮廓”图层呈静止状态

09 在预览窗口框选每一列小球，如图 4-51 所示。将小球拖动至“‘数字 2’轮廓”图层的开口上方呈一条直线摆放，且摆放到安全框范围以外，如图 4-52 所示。

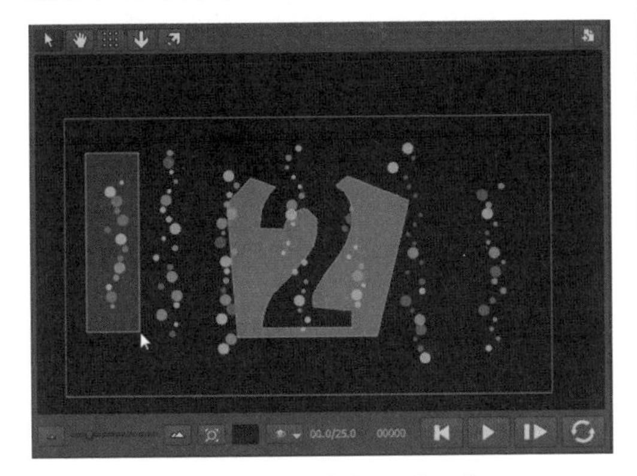

图 4-51　框选每一列小球

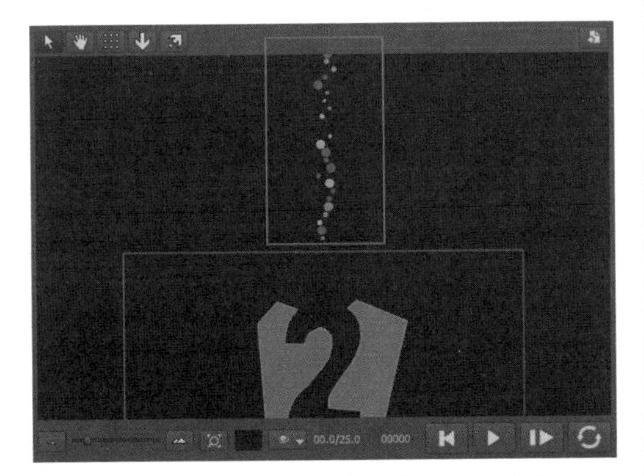

图 4-52　将小球垂直摆放于开口上方

提示

这里只需要对所有小球进行拖动摆放，框选与“‘数字 2’轮廓”图层重叠的小球时，可按 Shift 键减选“‘数字 2’轮廓”图层。

10 在预览窗口单击“播放 / 暂停”按钮▶，预览动画效果，会发现小球落到一定程度便堆砌在一起，且弹出“‘数字 2’轮廓”图层范围，如图 4-53 所示。

11 单击“第一帧”按钮⏮回到首帧，由于小球数量过多或排列不当的原因，需要重新对小球图层的位置及数量进行调整。在 Newton 插件中不方便直接对多余的小球进行删除，所以这里可以将多余小球暂时摆放在一旁，之后回到 AE 工作界面再进行删除操作，如图 4-54 所示。

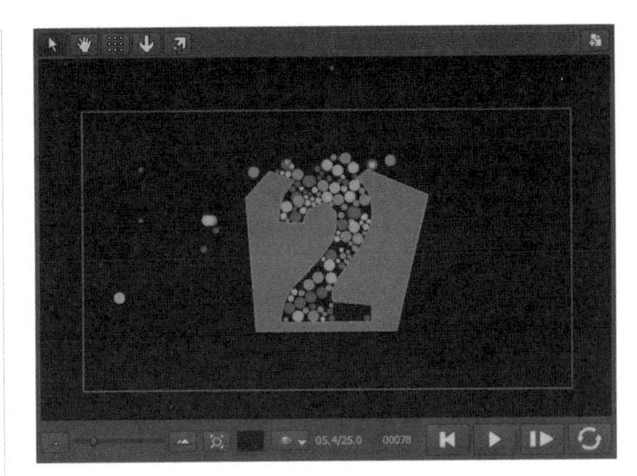

图 4-53　小球弹出轮廓层

图 4-54　将多余小球摆放在旁边

12 播放预览的过程中，可能会发现小球仍出现堵住或弹出画面的情况，这时可以同时选择顶部所有小球图层，然后在工作界面左侧的“常规”选项卡中将小球的“摩擦力”和“反弹力”进行适当减小，如图 4-55 所示。

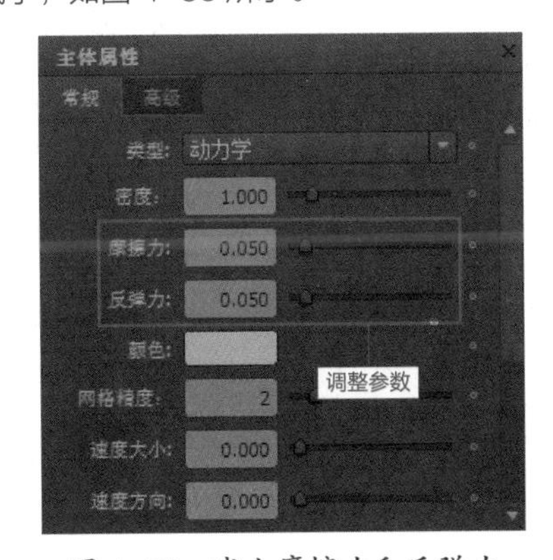

图 4-55　减小摩擦力和反弹力

13 调整完成后，再次单击“播放 / 暂停”按钮▶预览动画效果，最终合适的效果是使全部小球完美地填入“‘数字 2’轮廓”图层，如图 4-56 所示。

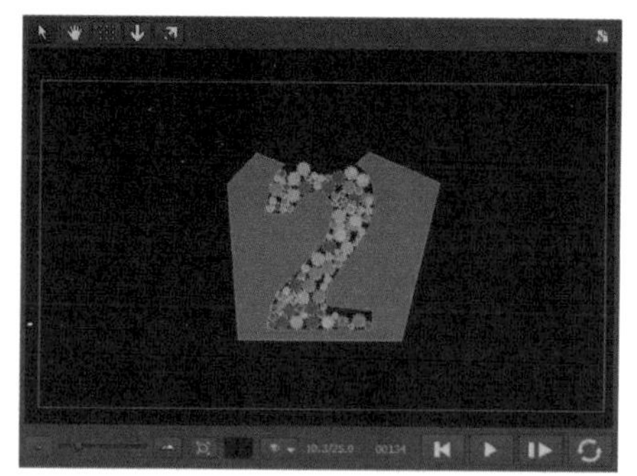

图 4-56　全部小球完美地填入轮廓图层

14 对应小球全部下落后的播放帧，在“输出”面板设置“结束帧”参数，并勾选“应用到新合成”和“启用运动模糊”复选框，然后单击“渲染”按钮，如图 4-57 所示。

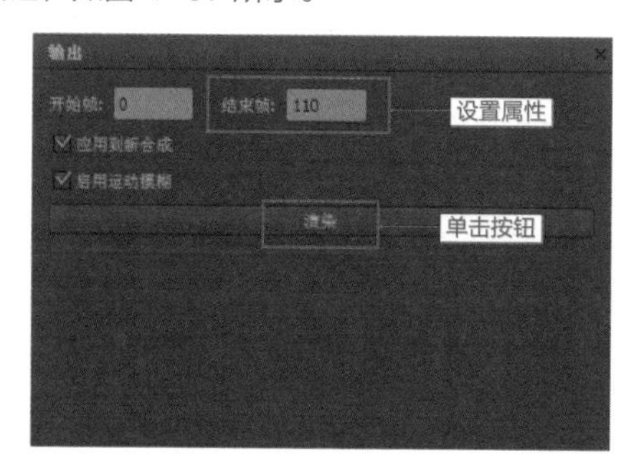

图 4-57　输出设置

15 渲染完成后，系统自动关闭 Newton 插件，返回 AE 工作界面，在“项目”窗口生成了一个“小球 2”新合成，如图 4-58 所示。

图 4-58　生成新合成

提示

勾选“应用到新合成”复选框，渲染出的动画将在 AE 中重新生成一个新的合成，不勾选则直接应用到原合成上，可以根据实际需要进行设置。

16 双击“项目”窗口中的“小球 2”合成，激活其“合成”窗口，框选之前多余的小球，按 Delete 键进行删除，如图 4-59 所示。

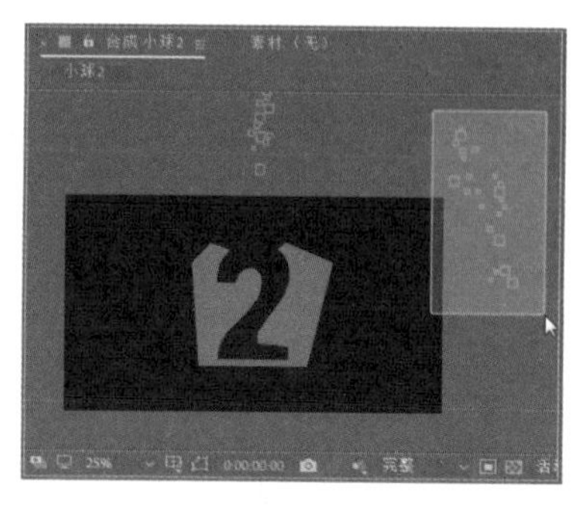

图 4-59　删除多余的小球

17 为了不影响美观程度，在“小球 2”图层面板中选择“‘数字 2’轮廓”图层，按快捷键 T 展开其“不透明度”属性，设置该图层的“不透明度”参数为 0%，如图 4-60 所示。

图 4-60　设置“不透明度”属性

18 设置“不透明度”属性后，在“合成”窗口的“‘数字 2’轮廓”图层将完全呈现透明状态，只保留小球的部分，效果如图 4-61 所示。

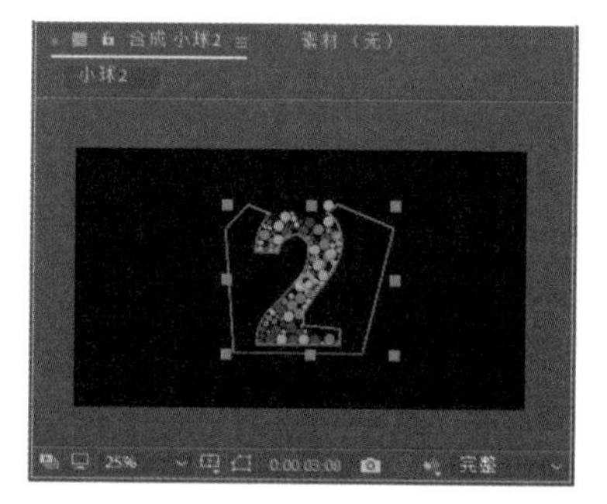

图 4-61　预览效果

19 按快捷键 Ctrl+Y，创建一个与合成大小一致的深蓝（#0F142B）固态层，并设置其名称为“背景”，然后单击“确定”按钮，如图 4-62 所示。

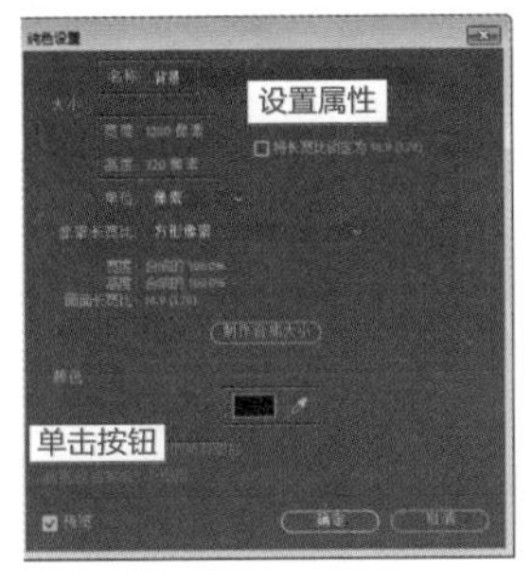

图 4-62　创建固态层

20 将上述创建的“背景”图层置于图层面板最底层。至此，利用 Newton 插件生成的小球填充数字动效就制作完成了，按小键盘上的 0 键可以预览效果，如图 4-63 所示。

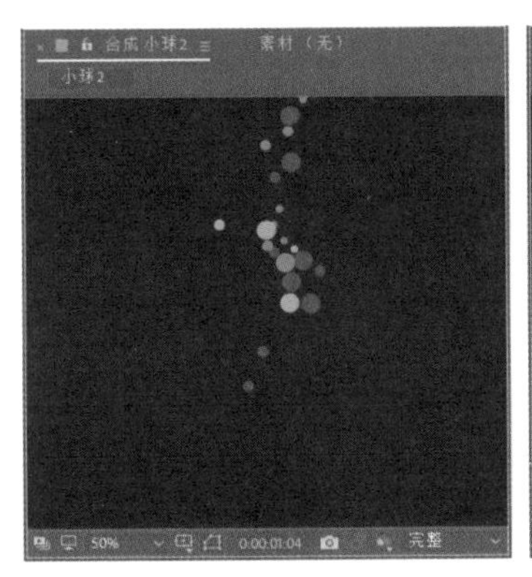
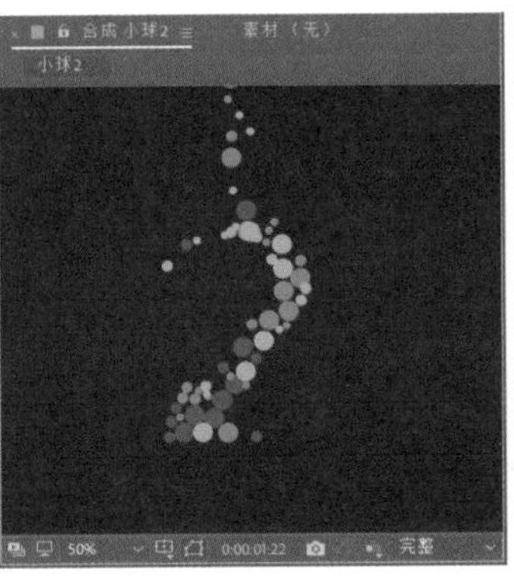
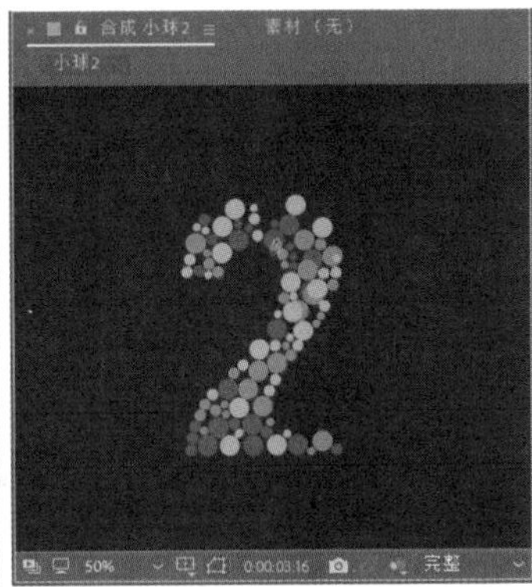

图 4-63　最终效果

4.4 元素动画脚本

MG动画的最重要的构成之一便是动效，如果仅凭在时间线窗口打关键帧逐个进行调整，那必定是一项工程量巨大的事情。AE脚本的出现能有效地解决这一问题，大多数脚本支持动效一键生成，同时骨骼绑定脚本可以简化角色动画的制作，灵活而具有弹跳感的动效势必能让人眼前一亮。本节将具体介绍几款常用的动效脚本。

4.4.1 脚本概述

与插件有所不同，脚本是使用一种特定的描述性语言，依据一定的格式编写的可执行文件，又称作宏或批处理文件。脚本通常可以由应用程序临时调用并执行。简单说来，脚本就是一条条的文字命令，这些文字命令是可以看到的（如用记事本打开进行查看和编辑），脚本程序在执行时，是由系统的一个解释器，将其一条条地翻译成机器可识别的指令，并按程序顺序执行。

4.4.2 脚本的安装与使用

下载的脚本文件同样需要用户手动安装，脚本的安装方法与插件的安装方法一样，只不过存放的目录不同。

After Effects脚本下载完成后，需要用户手动复制脚本文件，粘贴到AE安装目录下的Support Files|Scripts|ScriptUI Panels路径文件夹中，如图 4-64所示。

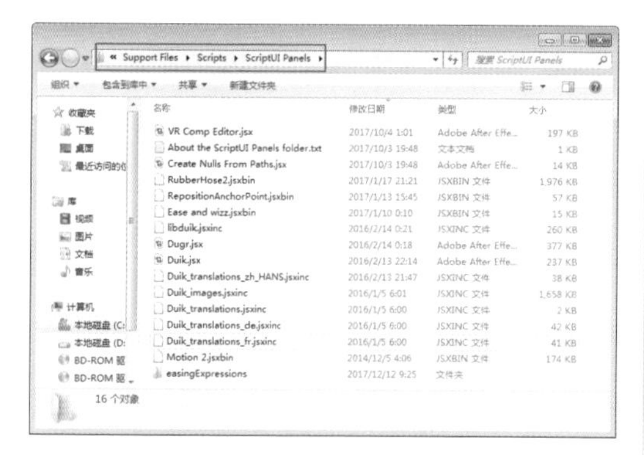

图 4-64　脚本安装路径

粘贴脚本文件后，重启刷新After Effects软件，首次安装脚本需要执行“编辑”|“首选项”|“常规”菜单命令，在弹出的“首选项”对话框中勾选“允许脚本写入文件和访问网络”复选框，然后单击“确定”按钮，如图 4-65所示。

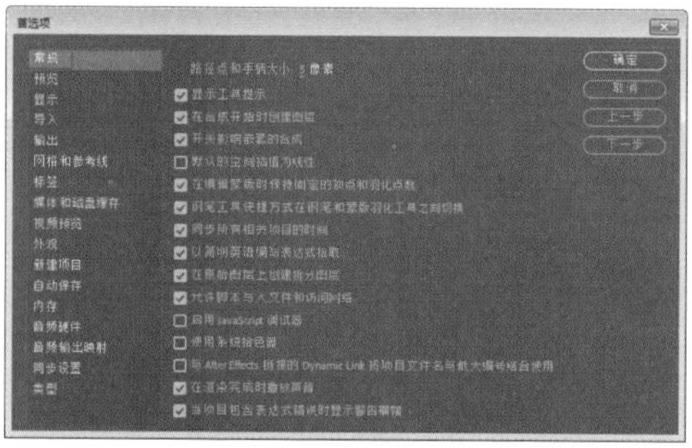

图 4-65　首选项设置

之后可以在工作界面的“窗口”菜单下找到安装的脚本，如图 4-66所示。单击选择任意一款脚本，会在工作界面自动弹出对应脚本的窗口，如图 4-67所示。

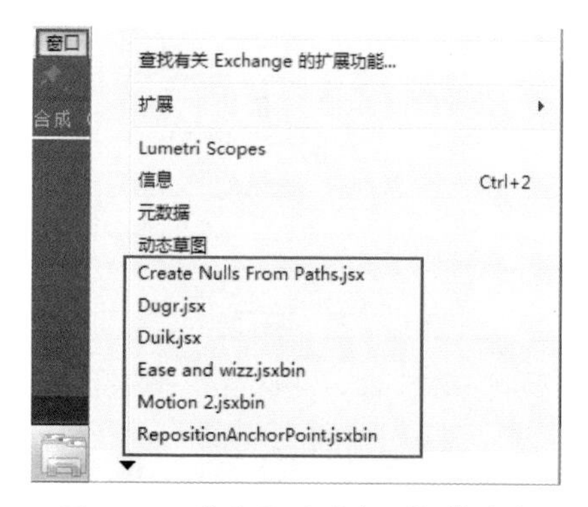

图 4-66　脚本位于“窗口”菜单中

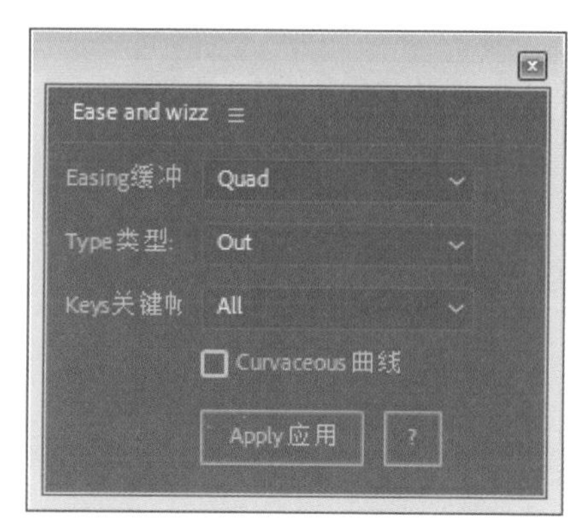

图 4-67　脚本窗口

4.4.3　AE脚本管理器

利用AE脚本可以很大程度地简化制作流程，帮助用户更高效地完成手上的项目。但如果安装的脚本比较多，在“窗口”菜单下可能不好进行管理和查看。

因此，AE脚本管理器应运而生，它可以自动找到用户存放AE脚本的目录，将所有安装的脚本罗列出来，用户可以在其窗口中直接选择需要的脚本进行使用，对于安装脚本比较多的用户来说还是非常方便的。AE脚本管理器窗口如图 4-68所示。

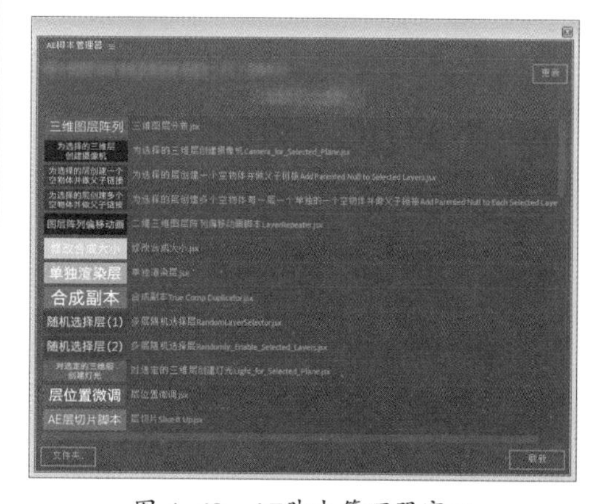

图 4-68　AE脚本管理器窗口

提示

首次使用 AE 脚本管理器需要指定脚本的安装文件夹默认目录。

4.4.4 Mograph Motion V2.0脚本

Mograph Motion，即MG运动图形高级脚本。本节主要介绍的是Mograph Motion V2.0版本，简称Motion 2。

Motion 2脚本是控制图形运动的一个工具，这个工具虽然简单，但是功能强大，可随意对图形的形状、大小、位置、旋转及缩放等属性进行控制。在制作MG动画时，经常需要用到Motion脚本，该脚本可以满足大部分制作动画所需的动效。Motion 2脚本窗口如图 4-69所示。

图 4-69　Motion 2脚本窗口

Motion 2脚本的各项参数介绍如下。

- **动画曲线：**选取首尾关键帧，滑动滑块选择参数，数值越大，效果越强。在该按钮激活状态下，界面左侧有 3 个滑块可用来调整图形运动的缓度。第一个滑块可调整动画曲线前的坡度，即“缓入”。第二个滑块可以调整曲线中心的坡度，即“缓动”。第三个滑块可调整曲线后的坡度，即“缓出”，如图 4-70 所示。

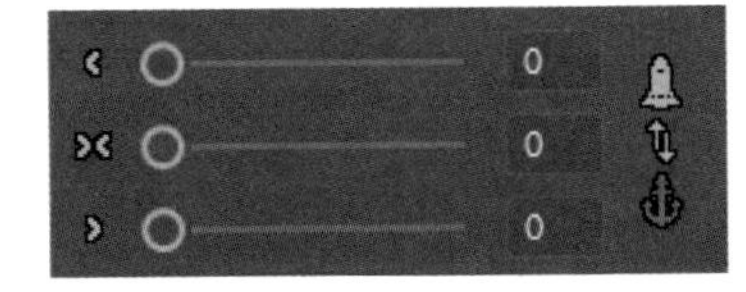

图 4-70　左侧控制滑块

- **锚点设置：**激活该按钮后，可切换到如图 4-71 所示界面，可以在该面板一键设置图层的锚点位置。

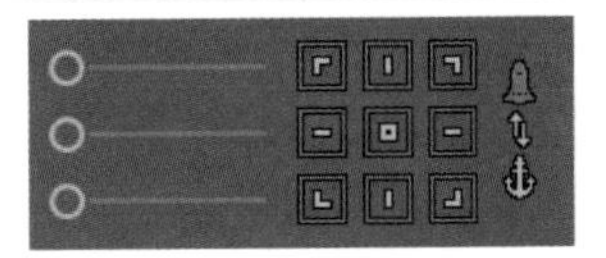

图 4-71　锚点设置九宫格

- **Excite（回弹）：**选择首尾关键帧，单击该选项可以做出惯性回弹的效果。在“效果控件”面板可以调整回弹的力道和次数等参数。
- **Blend（协调）：**将选取关键帧的参数平均混合，让原先极端的帧数值变得较为缓和。
- **Burst（爆炸）：**该爆炸效果在 MG 动画的制作中运用非常多，可以帮助生成一个有多种控制选项的爆炸效果图层。
- **Clone（克隆）：**通常同时选取两个以上图层的帧进行复制粘贴，会变成复制图层，而不是复制帧。用 Clone 功能可以同时复制多个关键帧。
- **Jump（跳跃）：**可以用来制作弧线弹跳动效，通常用来制作小球落地弹跳效果。
- **Name（修改图层名）：**用来重新设置所选图层的名称，对合成不起作用。
- **Null（空）：**在创建一个新的空图层的同时，控制所选的所有图层。
- **Orbit（盘旋）：**可设定一个图层作为中心点，其他图层以中心点为圆心做环绕运动。
- **Rope（连线）：**为选中的两个图层进行连线，可调整粗细和颜色，电线效果经常需要用到。
- **Warp（融合）：**可以使物体移动时出现拖尾效果。
- **Spin（自身旋转）：**让物体以自身锚点为中心进行旋转。
- **Stare（注视）：**设定让一个图层始终对着另一个图层，可以自定义角度。

4.4.5 Ease and Wizz脚本 重点

Ease and Wizz脚本，即关键帧弹簧缓入缓出脚本，该脚本包含表达式库，可以改变关键帧动画属性，提供更多的动画选项，如指数、弹簧和反弹。

具体的应用方法是，只需选择一个关键帧，然后在Ease and Wizz脚本窗口选择缓冲类型，单击“Apply应用”按钮即可将相关表达式添加到该属性上。如果想要为遮罩、形状路径和运动路径曲线添加动画，需勾选“Curvaceous曲线”复选框。

在运动图形中使用该脚本，能够改变AE关键帧的属性，设置更多缓冲类型及键值，因此Ease and Wizz脚本非常适用于制作MG动画。Ease and Wizz脚本窗口如图 4-72所示。

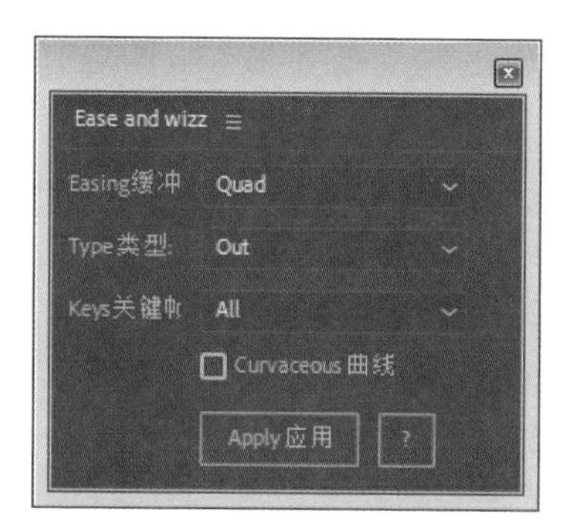

图 4-72　Ease and Wizz脚本窗口

Ease and Wizz脚本的各项参数介绍如下。

- **Easing 缓冲：** 在该属性的下拉列表中包含 16 种动画缓冲效果，如图 4-73 所示。用户可以根据动画效果需要选择不同的缓冲效果。

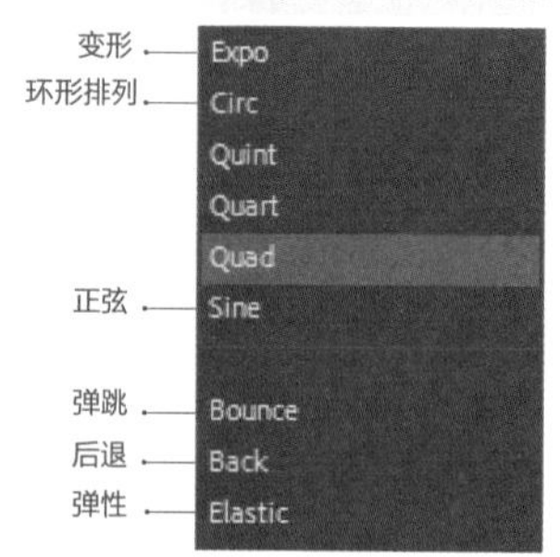

图 4-73　列表中的Easing缓冲效果

Expo out, Expo in
Expo in, Expo out
Back out, Expo in
Back out, Back in
Elastic out, Back in
Elastic out, Expo in
Bounce out, Expo in

图 4-73　下拉列表中的Easing缓冲效果（续）

- **Type 类型：** 在该属性的下拉列表中包含 3 种类型可供选择。
- **Keys 关键帧：** 在该属性的下拉列表中包含 3 种类型可供选择。
- **Curvaceous 曲线：** 可以为遮罩、形状路径和运动路径曲线添加动画。
- **Apply 应用：** 在 Ease and Wizz 脚本窗口为关键帧选择效果后，需单击该按钮才能使动画生效。

4.4.6 Rubber Hose 2脚本 

AE脚本Rubber Hose 2，可以理解为是一款专用于卡通人物关节骨骼绑定的联动弹跳MG动画工具。Rubber Hose 2脚本可以更好地控制动画角色的性能，仅需两个控制点即可完全控制整个绑定动画，如图 4-74所示。

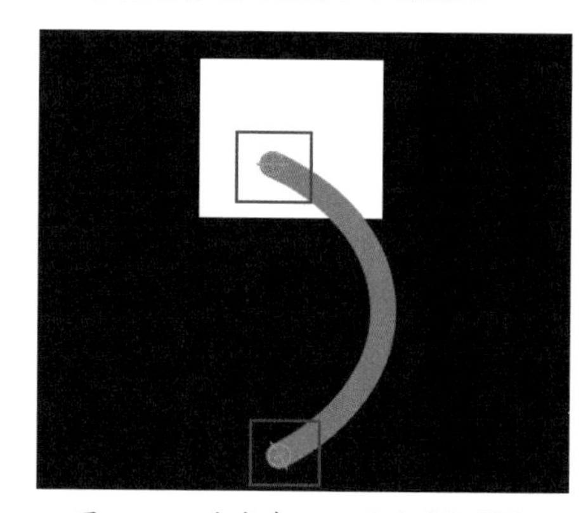

图 4-74　生成在Hose两端的控制点

利用该脚本可以快速生成角色的手和脚，然后通过父子级设定对身体进行绑定。Rubber Hose 2脚本可自定Hose图层配合工作，让用户可以直观地对路径曲线进行控制，整个过程中的所有动画都是实时的，没有关键帧。Rubber Hose 2脚本窗口如图 4-75所示。

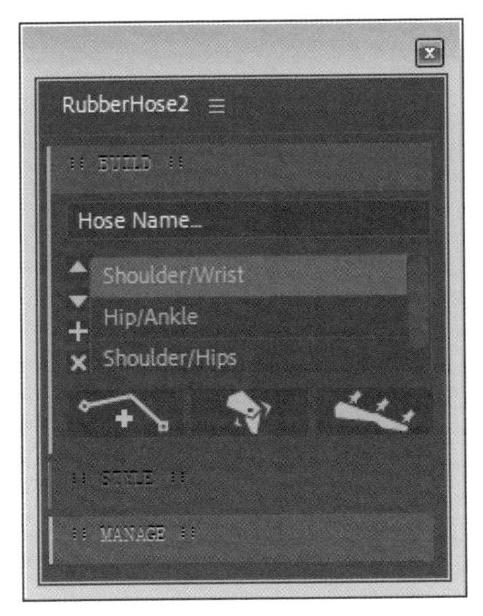

图 4-75　Rubber Hose 2脚本窗口

在Rubber Hose 2脚本窗口可以自定义生成Hose（软管）的名称，并选择Hose类型。在该窗口单击“New Rubber Hose”按钮，可以在图层面板生成3个新的Rubber Hose图层，如图 4-76所示。

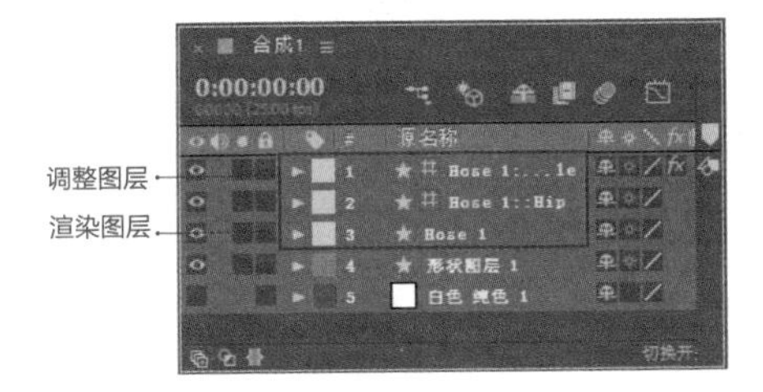

图 4-76　生成的Rubber Hose图层组

提示

最下层的是“渲染图层”，上方两个是“调整图层”，对应 Hose（软管）两端的两个控制点，最终不会被渲染出来。如果需要渲染，可以右键单击该图层，在弹出的快捷菜单中取消勾选“参考线图层”选项。

创建Hose后，单击图层组顶部的图层，可以进入Rubber Hose 2的“效果控件”面板进行更多设置，如图 4-77所示。

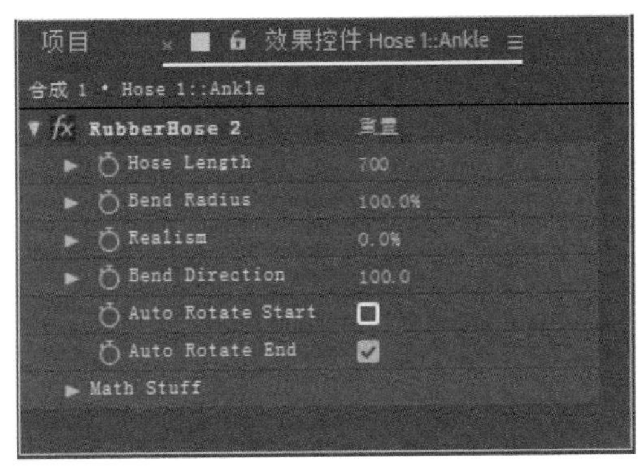

图 4-77　“效果控件”面板

Rubber Hose 2脚本的“效果控件”面板参数讲解如下。

- **Hose Length（软管长度）**：用来调整Hose的整体长度。
- **Bend Radius（弯曲半径）**：用来调整Hose的弯曲程度。
- Realism：用来调整Hose的弧度。
- **Bend Direction（弯曲方向）**：用来调整Hose弯曲的方向。
- **Auto Rotate Start（自动旋转开启）**：用来设置是否开启自动旋转。
- Auto Rotate End（自动旋转关闭）：用来设置是否关闭自动旋转。
- **Math Stuff（函数填充）**：该属性栏中包含脚本默认设置好的各项Hose参数。

4.4.7　案例：为角色添加可调节四肢

素材文件：素材\第4章\4.4.7 为角色添加可调节四肢

效果文件：效果\第4章\4.4.7 为角色添加可调节四肢.aep

视频文件：视频\第4章\4.4.7 为角色添加可调节四肢.MP4

01 启动 After Effects CC 2018 软件，进入其操作界面。执行“文件”|“导入”|“文件”菜单命令，在弹出的“导入文件”对话框中选择如图 4-78 所示的“小狗 .ai”文件，单击“导入”按钮。

图 4-78　导入AI文件

02 在弹出的对话框中设置导入种类为“合成”，设置素材尺寸为“图层大小”，然后单击“确定”按钮，如图 4-79 所示。

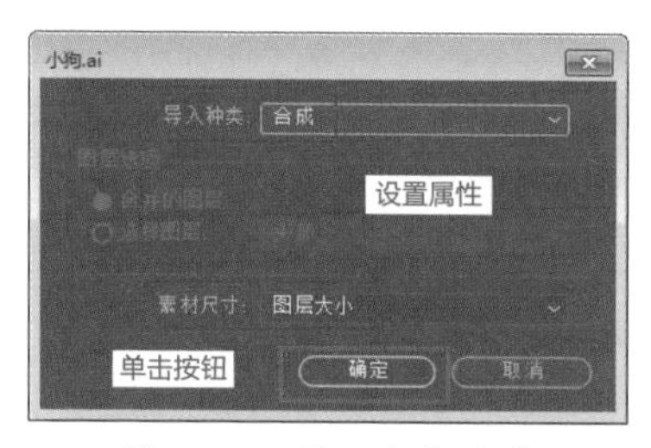

图 4-79　导入合成设置

03 导入完成后，在“项目”窗口中双击生成的“小狗”合成，如图 4-80 所示。

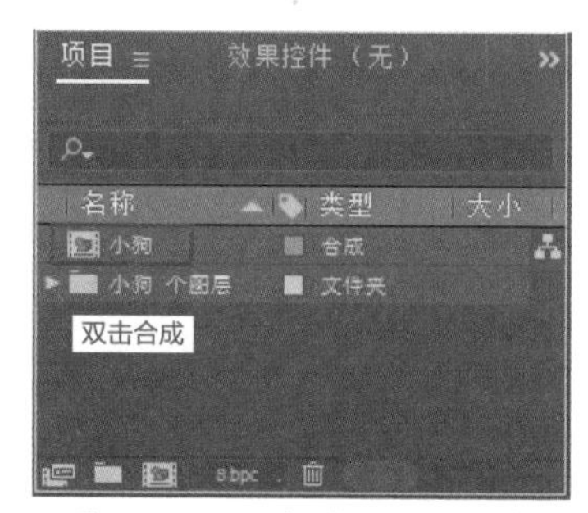

图 4-80　双击“小狗”合成

04 激活“小狗”合成后，其图层面板各图层分布如图 4-81 所示。

图 4-81　图层分布

05 在“合成”窗口对应的预览效果如图 4-82 所示。可以发现导入的AI文件中的小狗没有创建肢体图层，那么接下来就要在 AE 中利用 Rubber Hose 2 脚本创建可以随时调整制作动画的肢体图层。

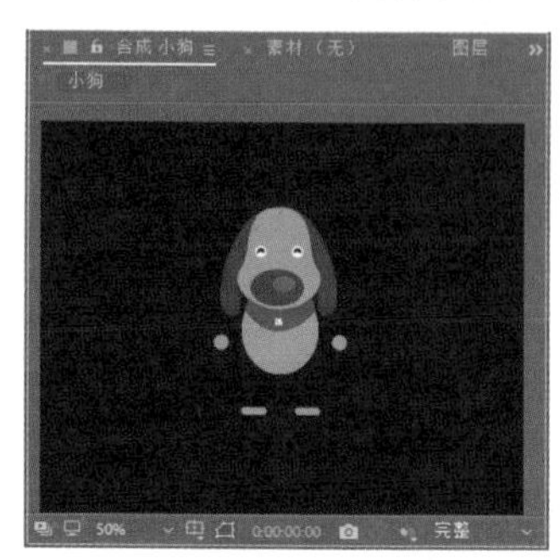

图 4-82　合成预览

06 在“窗口”菜单中找到已安装的 Rubber Hose 2 脚本，双击打开其窗口，如图 4-83 所示。

07 在 Rubber Hose 2 脚本窗口中单击 按钮，会在“合成”窗口生成一条软管，其默认状态如图 4-84 所示。

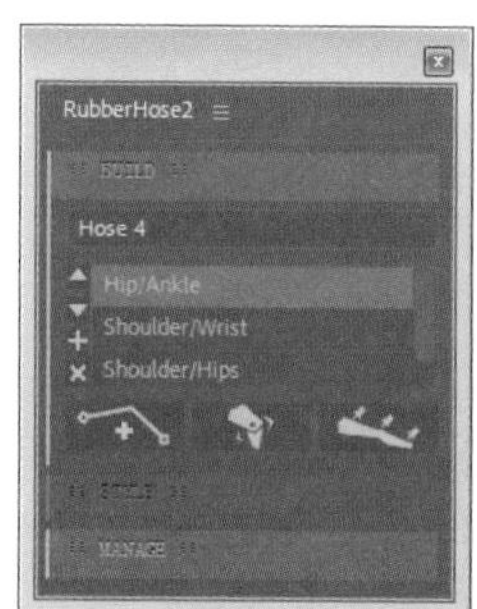

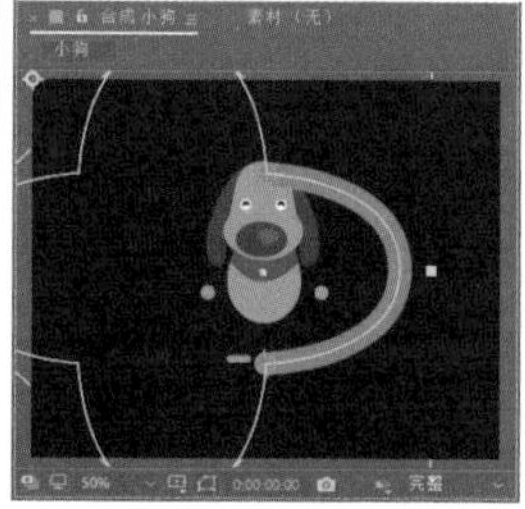

图 4-83　脚本窗口　　图 4-84　生成软管

08 对应地在图层面板中会生成 3 个 Rubber Hose 图层，将 3 个图层移动到“左手”图层下方，作为“左手”图层的控制层，如图 4-85 所示。

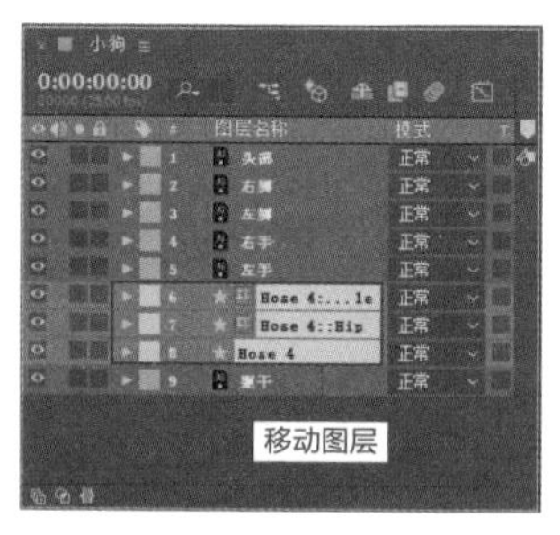

图 4-85　移动Rubber Hose图层

提示

利用 Rubber Hose 2 脚本生成的 3 个图层，可以摆放到需要控制的图层下方，方便进行区分以及之后的控制调整。同时还要调整位于其下方的图层，这里可以将“躯干”图层摆放到“头部”图层下方，避免生成的 Rubber Hose 图层遮挡住“躯干”。

09 在图层面板展开“Hose 4”图层中的“内容”属性，在其下方的属性栏中按照图 4-86 所示修改颜色及描边宽度。修改完参数后，在“合成”窗口的对应预览效果如图 4-87 所示。

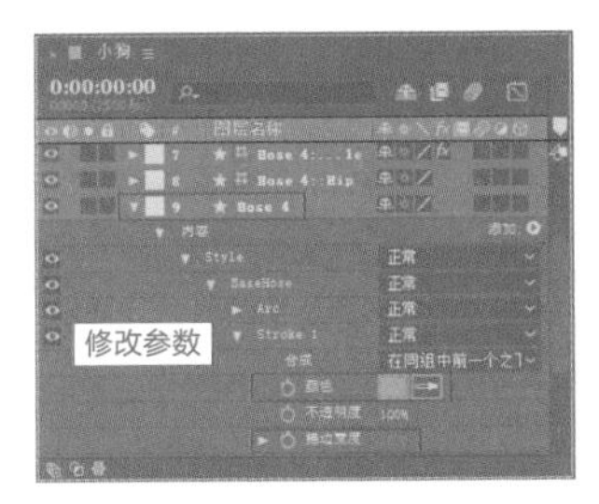

图 4-86 修改颜色及描边宽度

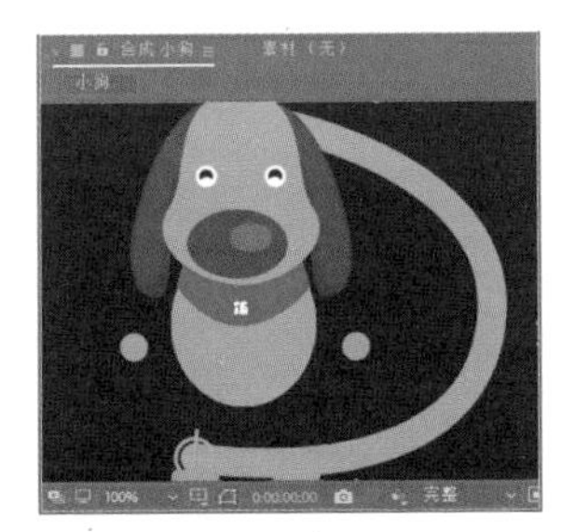

图 4-87 修改参数后的效果

提示

颜色修改可以直接用吸管工具在角色图层上进行吸色。

10 单击最上层 Rubber Hose 图层，如图 4-88 所示，可以激活其“效果控件”面板，参照图 4-89 所示进行属性参数设置。

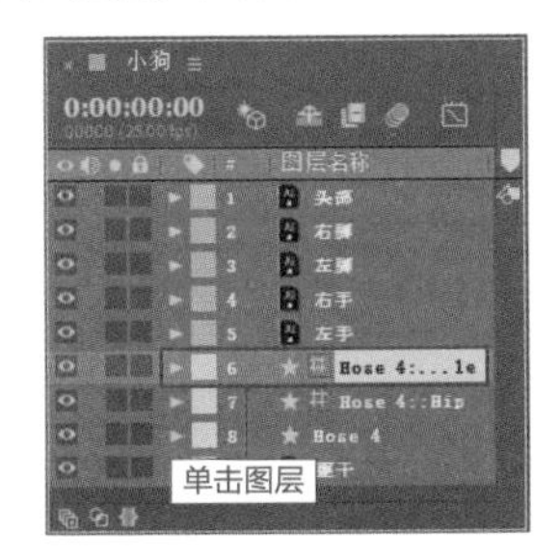

图 4-88 单击最上层Hose图层

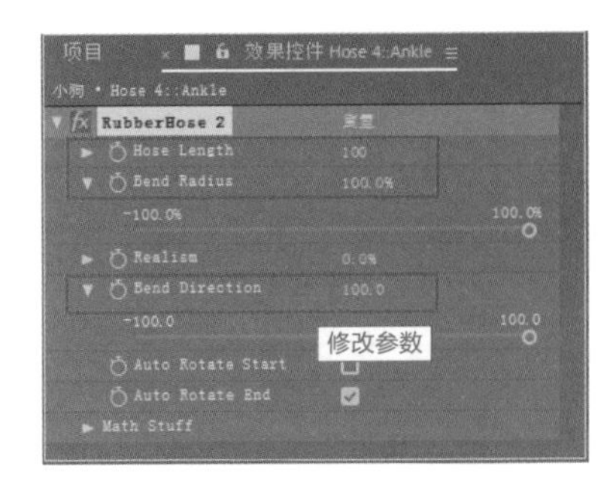

图 4-89 修改“效果控件”面板属性参数

提示

上述操作在“效果控件”面板中标注出来的 3 个属性，是调整角色动作的重要属性，可以根据实际需要设置属性关键帧动画。

11 在“合成”窗口调节两个控制点的位置，作为小狗的左手拖动摆放到躯干左边，如图 4-90 所示。

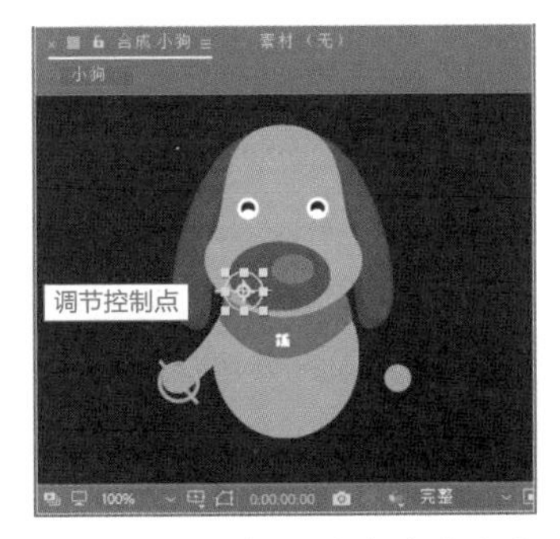

图 4-90 调整摆放左手的位置

12 在图层面板设置 Rubber Hose 图层中两个控制点的父级，一个连接“躯干”图层，一个连接“左手”图层，如图 4-91 所示。

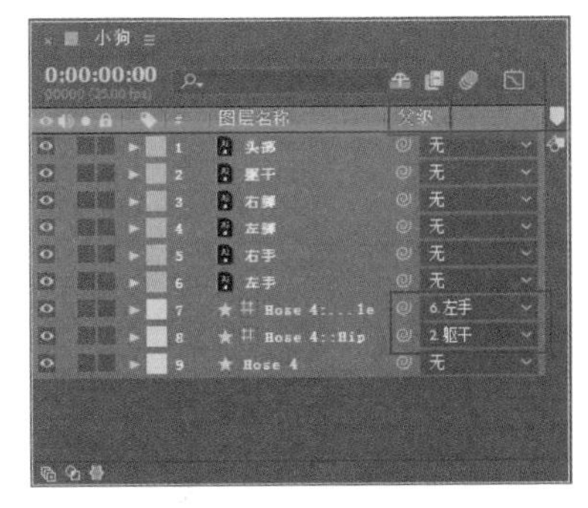

图 4-91 设置父子级

13 用上述同样的方法，为剩下的“右手”“左脚”和“右脚”图层添加 Rubber Hose 控制图层，并连接相应的父级，如图 4-92 所示。

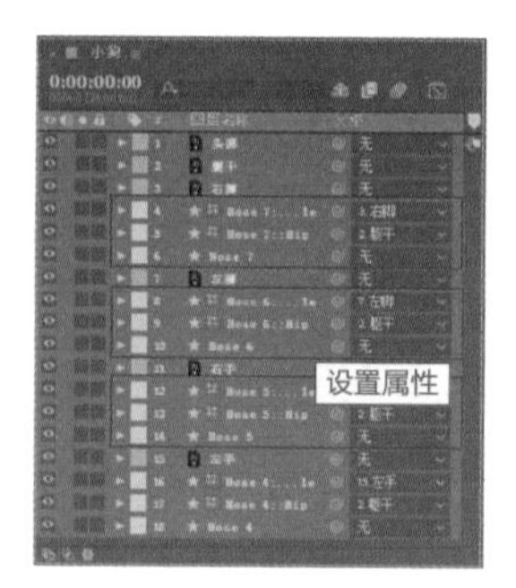

图 4-92　同样的方法设置其他图层

14 至此，利用 Rubber Hose 2 脚本创建的可调节四肢就制作完成了，如图 4-93 所示。之后还可以通过设置“位置”“旋转”等属性的关键帧动画，来制作角色动效。

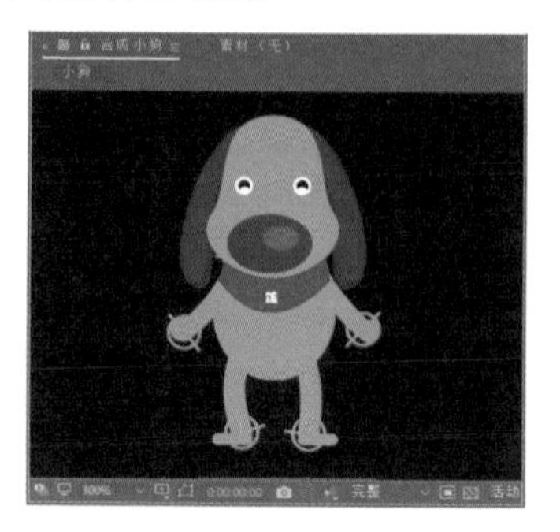

图 4-93　最终效果

4.5 知识拓展

本章详细介绍了在使用After Effects软件制作MG动画时，需要使用到的一些外挂插件及动画脚本。使用第三方插件及脚本，不仅可以让AE软件的功能更加丰富，还可以节省工作时间，将复杂的操作流程简单化。

本节首先对插件进行了简要的概述，然后讲解了安装和使用插件的具体方法，并以两款常用的插件进行讲解及训练，意在帮助读者深入了解第三方插件在AE软件中所发挥的重要作用和具体应用。

本章第四小节内容主要讲解了脚本元素的安装与使用，然后以几款实用性较强的脚本做讲解，来帮助读者熟悉脚本的功能及其使用方法。掌握插件及脚本的使用方法，可以有效地帮助我们在日后制作MG动画项目时，节省大量时间，并打造出更多意想不到的动态效果。

4.6 拓展训练

素材文件：素材\第4章\4.6 拓展训练	效果文件：效果\第4章\4.6 拓展训练.gif	视频文件：视频\第4章\4.6 拓展训练.MP4

根据本章所学知识，利用Motion 2脚本制作一个字母动效，效果如图 4-94所示。

图 4-94　最终效果

第3篇

提高篇

第5章

表达式的使用

After Effects软件具备一个强大的功能——表达式。

通过表达式，建立图层属性与关键帧的相互关系，无须手动插入关键帧，便可生成动效。在After Effects软件中，表达式在整个合成中的应用非常广泛，它最为强大的地方是可以在不同的属性之间彼此建立链接关系，这为我们的合成工作提供了非常大的运用空间，大大提高了工作的效率。本章将具体讲解AE表达式的相关知识及其应用方法。

扫码观看本章案例教学视频

本章重点

表达式控制

表达式语法

函数菜单

5.1 表达式控制

使用表达式可以为不同的图层属性创建某种关联关系。当使用表达式关联器为图层属性创建相关链接时，用户不需要了解任何程序语言，After Effects就可以自动生成表达式语言，从而大大提高工作效率。

5.1.1 表达式概述

简单来说，表达式就是为特定参数赋予待定值的一条或一组语句。当我们想要创建和链接复杂的动画，却又不想创建过多的关键帧时，就可以使用表达式。

AE中的表达式以JavaSscript语言为基础，JavaScript包括一套丰富的语言工具来创建更复杂的表达式，包括最基本的数学运算，可以在某个时间点对某个图层的某个属性值进行计算。使用表达式可以在图层的属性间创建关联，用一个属性的关键帧来动态地对其他图层产生动画。

向属性添加了表达式之后，可继续为该属性添加或编辑关键帧。表达式可使用由该属性的关键帧生成的值作为它的输入值，然后利用该值生成一个新的值。

5.1.2 如何添加表达式 

在图层面板选择需要添加表达式的图层，按住快捷键Alt，同时单击需要添加表达式的属性前面的“时间变化秒表”按钮，如图 5-1所示。此外，还可以通过在“动画”菜单中选择“添加表达式”命令，或者按快捷键Alt+Shift+=来添加表达式。

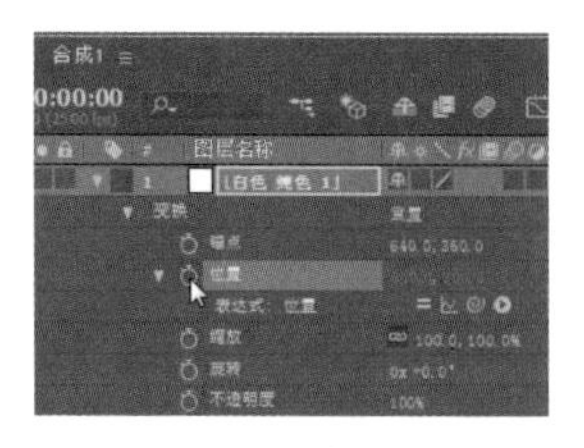

图 5-1 激活表达式面板

提示

需要移除所选择的表达式时，可以在“动画”菜单选择“移除表达式”命令，或直接单击添加了表达式的属性前的“时间变化秒表”按钮即可。

表达式面板如图 5-2所示。

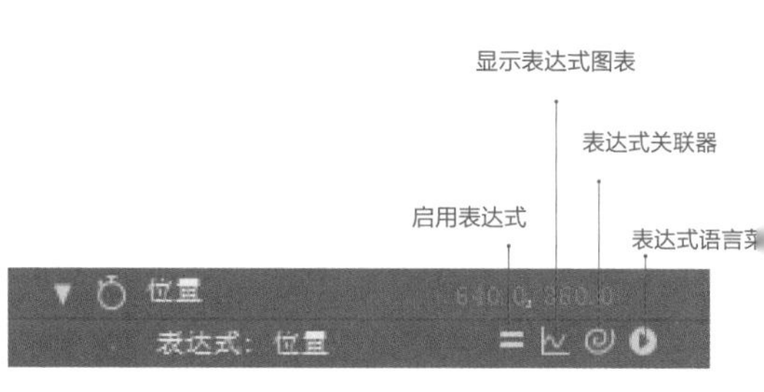

图 5-2 表达式面板

表达式面板中有 4 个按钮，其功能如下。

- **启用表达式：** 可以切换表达式开启和关闭状态。如果不需要效果显示，可以暂时禁用表达式。
- **显示表达式图表：** 激活该按钮，可以方便地看到表达式的数据变化情况，但同时计算机的处理负荷会增大。
- **表达式关联器：** 通过该按钮可以实现图层之间的表达式链接。
- **函数菜单：** 可在展开的函数菜单中查找到一些常用的表达式。

为图层添加表达式后，表达式面板右侧会出现一个表达式输入框。可以选择在表达式输入框中手动输入表达式，如图 5-3所示。或者通过图层之间的链接来创建表达式，如图 5-4所示。

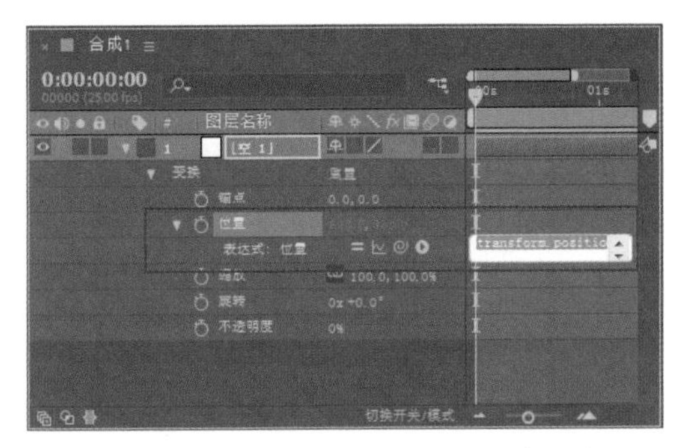

图 5-3　在表达式输入框可输入表达式

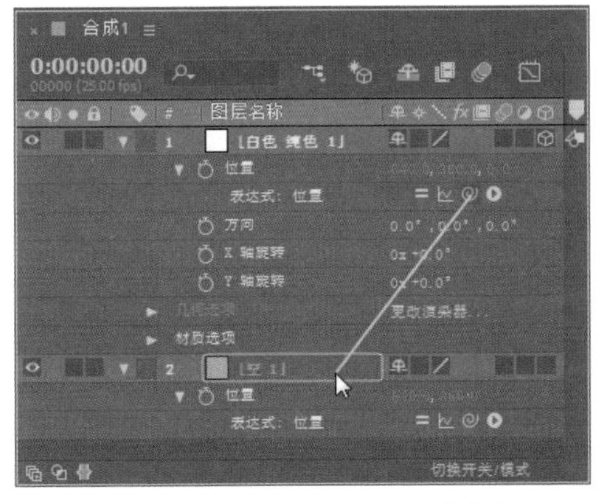

图 5-4　利用图层间的链接创建表达式

提示

当表达式链接不成立或输入的表达式不能被系统执行时，After Effects 软件会自动报告错误，且自动终止表达式的运行，同时窗口会出现警示图标。

5.1.3　编辑表达式 

在After Effects中，可以在表达式输入框中手动输入表达式，也可以使用函数菜单来完整地输入表达式，还也可以使用表达式关联器或从其他表达式中复制表达式。

编辑表达式的方法可大致分为以下3种。

1. 使用表达式关联器编辑表达式

使用表达式关联器可以将一个动画的属性关联到另一个动画的属性中，如图 5-5所示。在一般情况下，新的表达式文本将自动插入表达式输入框中的光标位置之后；如果在表达式输入框中选择了文本，那么这些被选择的文本将被新的表达式文本所取代；如果表达式插入光标并没有在表达式输入框之内，那么整个表达式输入框中的所有文本都将被新的表达式文本所取代。

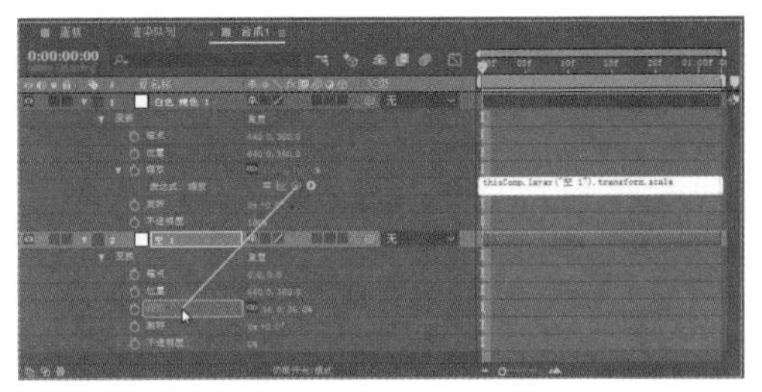

图 5-5　动画属性的相互关联

可以将表达式关联器按钮拖曳到其他动画属性的名字或是数值上来关联动画属性。如果将表达式关联器按钮拖曳到动画属性的名字上，那么在表达式输入框中显示的结果是将动画参数作为一个值出现。如果将表达式广联器按钮拖曳到“位置”属性的Y轴数值上，那么表达式将调用“位置”动画属性的Y轴数值作为自身X轴和Y轴的数值。

提示

在一个合成中允许多个图层、遮罩和滤镜拥有相同的名字。例如，当在同一个图层中拥有两个名称相同的蒙版时，如果使用表达式关联器将其中一个蒙版的属性关联到其他的动画属性中，那么 After Effects将自动以序号的方式为其进行标注，方便区分。

2. 手动编辑表达式

如果要在表达式输入框中手动输入或编辑表达式，可以按照以下步骤进行操作。

- 确定表达式输入框处于激活状态。
- 在表达式输入框中输入或编辑表达式，当然也可以根据实际情况结合函数菜单来输入或编辑表达式。
- 输入或编辑表达式完成后，可以按小键盘上的Enter 键，或单击表达式输入框以外的区域来完成操作。

提示

当激活表达式输入框后，在默认状态下，表达式输入框中所有表达式文本都将被选中，如果要在指定的位置输入表达式，可以将光标插入指定点之后。如果表达式输入框的大小不合适，可以拖曳表达式输入框的上下边框来扩大或缩小表达式输入框的大小。

3. 添加表达式注释

如果用户编写好了一个比较复杂的表达式，在以后的工作中就有可能调用这个表达式，这时可以为这个表达式进行文字注释，以便于辨识表达式。

为表达式添加注释的方法主要有以下两种。

- 在注释语句的前面添加 // 符号。在同一行表达式中，任何处于 // 符号后面的语句都被认为是表达式注释语句，在程序运行时，这些语句不会被编译运行。
- 在注释语句首尾添加 /* 和 */ 符号。在进行程序编译时，处于 /* 和 */ 之间的语句都不会运行。

提示

当书写好了一个表达式实例之后，如果想在以后的工作中调用这个表达式，这时可以将表达式复制粘贴到其他文本应用程序中进行保存，如文本文档和 Word 文档等。在编写表达式时，往往会在表达式内容中指定一些特定的合成和图层名字，在直接调用这些表达式时，系统会经常报错。如果在书写表达式之前，先写明变量的作用，这样在以后调用或修改表达式时就很方便了。

5.1.4 保存和调用表达式

在AE中可以将含有表达式的动画保存为动画预设（Animation Presets），这样一来，在其他工程文件中就可以直接调用这些动画预设。如果在保存的动画预设中，动画属性仅包含表达式而没有任何关键帧，那么动画预设只保存表达式的信息；如果动画属性中包含一个或多个关键帧，那么动画预设将同时保存关键帧和表达式的信息。

在同一个合成项目中，可以复制动画属性的关键帧和表达式，然后将其粘贴到其他的动画属性中，当然也可以只复制属性中的表达式。

- **复制表达式和关键帧：**如果要将一个动画属性中的表达式连同关键帧一起复制到其他的一个或多个动画属性中，这时可以在时间线窗口中选择源动画属性并进行复制，然后将其粘贴到其他的动画属性中。
- **只复制表达式：**如果只想将一个动画属性中的表达式（不包括关键帧）复制到其他的一个或多个动画属性中，可以在时间线窗口中选择源动画属性，然后执行“编辑”|“只复制表达式”菜单命令，接着将其粘贴到选择的目标动画属性中。

5.1.5 表达式控制效果

如果在一个图层中应用了表达式控制效果，如图 5-6所示，那么可以在其他的动画属性中调用该特效的滑块数值，这样就可以使用一个简单的控制效果来一次性影响其他的多个动画属性。

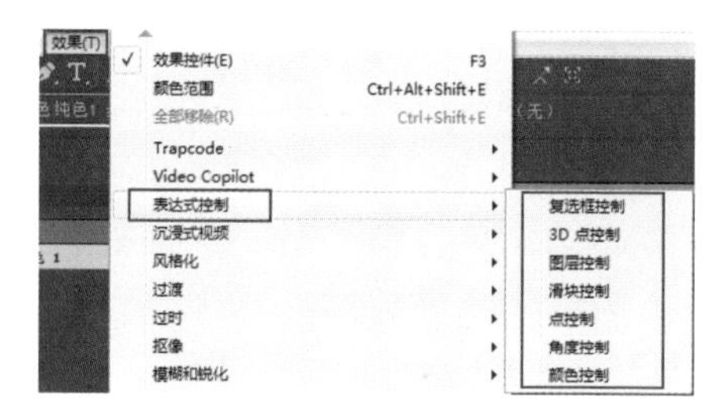

图 5-6 表达式控制效果

表达式控制效果包中的效果可以应用到任何图层中，但是最好应用到一个“空对象”图层中，因为这样可以将“空对象”图层作为一个简单的控制层，然后为其他图层的动画属性制作表达式，并将“空对象”图层中的控制数值作为其他图层动画属性的表达式参考。

5.2 表达式语法

在前面的内容中介绍了表达式的基本操作，本节将重点介绍表达式的语法。

5.2.1 表达式语言

After Effects表达式语言基于JavaScript 1.2，使用的是JavaScript 1.2的标准内核语言，并且在其中内嵌诸如图层（Layer）、合成（Comp）、素材（Footage）和摄像机（Camera）之类的扩展对象，这样表达式就可以访问到After Effects项目中的绝大多数属性值。

在输入表达式时需要注意以下3点。

- 在编写表达式时，一定要注意大小写，因为JavaScript 程序语言要区分大小写。
- After Effects 表达式需要使用分号作为一条语言的分行。
- 单词之间多余的空格将被忽略（字符串中的空格除外）。

5.2.2 访问对象的属性和方法

使用表达式可以获取图层属性中的“属性”和“方法”。After Effects表达式语法规定全局对象与次级对象之间必须以点号来进行分割，以说明物体之间的层级关系，同样目标与属性和方法之间也是使用点号来进行分割的。

提示

在 After Effects 中，如果图层属性中带有 arguments（陈述）参数，则应该称该属性为“方法（method）”；如果图层属性没有带 arguments（陈述）参数，则应该称该属性为“属性（attribute）”。简单说来，属性就是事件，方法就是完成事件的途径；属性是名词，方法是动词。在一般情况下，在方法的前面通常有一个括号，用来提供一些额外的信息。

对于图层以下的级别（如效果、蒙版和文字动画组等），可以使用圆括号来进行分级。例如，要将Layer A图层中的“不透明度”属性使用表达式，链接到Layer B图层中的“高斯模糊”效果中的“模糊度”属性中，这时可以在Layer A图层的“不透明度”属性中编写如下所示的表达式。

```
thisComp.layer（“Layer B”）.effect（“Gaussian Blur”）（“Blurriness”）
```

在After Effects中，如果使用的对象属性是自身，那么可以在表达式中忽略对象的层级不进行书写，因为After Effects能够默认将当前的图层属性设置为表达式中的对象属性。例如，在图层的“位置（Position）”属性中使用“wiggle（）”表达式，可以使用“Wiggle（5，10）”或“Position.wiggle（5，10）”这两种编写方式。

在After Effects中，当前制作的表达式如果将其他图层或其他属性作为调用的对象属性，那么在表达式中就一定要书写对象信息以及属性信息。例如，为Layer B图层中的“不透明度”属性制作表达式，将Layer A中的“旋转（Rotation）”属性作为链接的对象属性，这时可以编写出如下所示表达式。

```
thisComp.layer（“Layer A”）.rotation
```

5.2.3 数组与维数 

数组是一种按顺序存储一系列参数的特殊对象，它使用英文输入法状态中的逗号来分割多个参数列表，并且使用[]符号将参数列表首尾包括起来，如[10，23]。

在实际工作中，为了方便，也可以为数组赋予一个变量，以便于以后调用，如下所示。

```
myArray=[10, 23]
```

在After Effects中，数组概念中的数组维数就是该数组中包含的参数个数，如上面提到的myArray数组就是二维数组。在After Effects中，如果某属性含有一个以上的变量，那么该属性就可以成为数组。表 5-1所示是一些常见的维数及其属性。

表 5-1　常见维数及其属性

维数	属性
一维	Rotation° Opacity%
二维	Scale[*x*=width，*y*=height] Position[*x*，*y*] Anchor Point[*x*，*y*]
三维	三维Scale[width，height，depth] 三维Position[*x*，*y*，*z*] 三维Anchor Point[*x*，*y*，*z*]
四维	Color[red，green，blue，alpha]

数组中的某个具体属性可以通过索引数来调用，数组中的第1个索引数是从0开始，例如，在上面的myArray=[10，23]表达式中，myArray[0]表示的是数字10，myArray[1]表示的是数字23。在数组中也可以调用数组的值，那么“[myArray[0]，5]”与“[10，5]”这两个数组的写法所代表的意思就是一样的。

在三维图层的“位置（Position）”属性中，通过索引数可以调用某个具体轴向的数据。

- **Position[0]：**表示*X*轴信息。
- **Position[1]：**表示*Y*轴信息。
- **Position[2]：**表示*Z*轴信息。

“颜色（Color）”属性是一个四维数值的数组[red，green，blue，alpha]，对于一个8bit颜色深度或16bit颜色深度的项目来说，在颜色数组中每个值的范围都在0~1之间，其中0表示黑色，1表示白色，所以[0，0，0，0]表示黑色，并且是完全不透明，而[1，1，1，1]表示白色，并且是完全透明。在32bit颜色深度的项目中，颜色数组中值的取值范围可以低于0，也可以高于1。

提示

如果索引数超过了数组本身的维度，那么After Effects将会出现错误提示。

在引用某些属性和方法时，After Effects会自动以数组的方式返回其参数值，如“thisLayer.position”表达式所示，该语句会自动返回一个二维或三维的数组，具体要看这个图层是二维图层还是三维图层。

对于某个位置属性的数组，需要固定其中的一个数值，让另一个数值随其他属性进行变动，这时可以将表达式书写成以下形式。

```
y=thisComp.layer(“LayerA”) .position[1]
[50, y]
```

如果要分别与几个图层绑定属性，并且要将当前图层的*X*轴位置属性与图层A的*X*轴位置属性建立关联关系，还要将当前图层的*Y*轴位置属性与图层B的*Y*轴位置属性建立关联关系，这时可以使用如下所示表达式。

```
x=thisComp.layer(“LayerA”).position[0];
y=thisComp.layer(“LayerB”).position[1];
[x, y]
```

如果当前图层属性只有一个数值，而与之建立关联的属性是一个二维或三维的数组，那么在默认情况下只与第1个数值建立关联关系。例如，将图层A的“旋转（Rotation）”属性与图层B的“缩放（Scale）”属性建立关联关系，则默认的表达式应该是如下所示的语句。

```
thisComp.layer(“LayerB”).scale[0]
```

如果需要与第2个数值建立关联关系，可

以将表达式关联器从图层A的“旋转（Rotation）”属性直接拖曳到图层B的“缩放（Scale）”属性的第2个数值上（不是拖曳到缩放属性的名称上），此时在表达式输入框中显示的表达式应该是如下所示的语句。

```
thisComp.layer（“LayerB”）.scale[1]
```

反过来，如果要将图层B的“缩放（Scale）”属性与图层A的“旋转（Rotation）”属性建立关联关系，则缩放属性的表达式将自动创建一个临时变量，将图层A的旋转属性的一维数值赋予这个变量，然后将这个变量同时赋予图层B的缩放属性的两个值，此时在表达式输入框中的表达式应是如下所示语句。

```
Temp=thisComp.layer（1）.transform.rotation;
[temp, temp]
```

5.2.4 向量与索引 

向量是带有方向性的一个变量或是描述空间中的点的变量。在After Effects中，很多属性和方法都是向量数据，如最常用的“位置”属性值就是一个向量。

当然并不是拥有两个以上值的数值就一定是向量，例如，audioLevels虽然也是一个二维数组，返回两个数值（左声道和右声道强度值），但是它并不能称为向量，因为这两个值并不带有任何运动方向性，也不代表某个空间的位置。

在After Effects中，有很多的方法都与向量有关，它们被归纳到向量数学表达式的函数菜单中。例如，lookAt（fromPoint，atPoint），其中fromPoint和atPoint就是两个向量。通过lookAt（fromPoint，atPoint）方法，可以轻松地让摄像机或灯光盯紧整个图层的动画。

提示

在通常情况下，建议用户在书写表达式时最好使用图层名称、效果名称和蒙版名称来进行引用，这样比使用数字序号来引用要方便很多，并且可以避免混乱和错误。因为一旦图层、效果或蒙版被移动了位置，表达式原来使用的数字序号就会发生改变，此时就会导致表达式的引用发生错误。

5.2.5 表达式时间

表达式中使用的时间指的是合成的时间，而不是指图层时间，其单位是以秒来衡量的。默认的表达式时间是当前合成的时间，它是一种绝对时间，如下所示的两个合成都是使用默认的合成时间并返回一样的时间值。

```
thisComp.layer（1）.position
thisComp.layer（1）.position.valueAtTime（time）
```

如果要使用相对时间，只需要在当前的时间参数上增加一个时间增量。例如，要使时间比当前时间提前5秒，可以使用如下表达式。

```
thisComp.layer（1）.position.valueAtTime（time-5）
```

合成中的时间在经过嵌套后，表达式中默认的还是使用之前的合成时间值，而不是被嵌套后的合成时间。需要注意的是，当在新的合成中将被嵌套合成图层作为源图层时，获得的时间值为当前合成的时间。例如，如果源图层是一个被嵌套的合成，并且在当前合成中这个源图层已经被剪辑过，用户可以使用表达式来获取被嵌套合成的“位置”属性的时间值，其时间值为被嵌套合成的默认时间值，如下表达式所示。

```
Comp（“nested composition”）.layer（1）.position
```

如果直接将源图层作为获取时间的依据，则最终获取的时间为当前合成的时间，如下表达式所示。

```
thisComp.layer（“nested composition”）.source.layer（1）.position
```

5.3 函数菜单

After Effects为用户提供了一个函数菜单，用户可以直接调用里面的表达式，而不用自己输入。单击表达式面板中的按钮，可以打开函数菜单，如图 5-7所示。

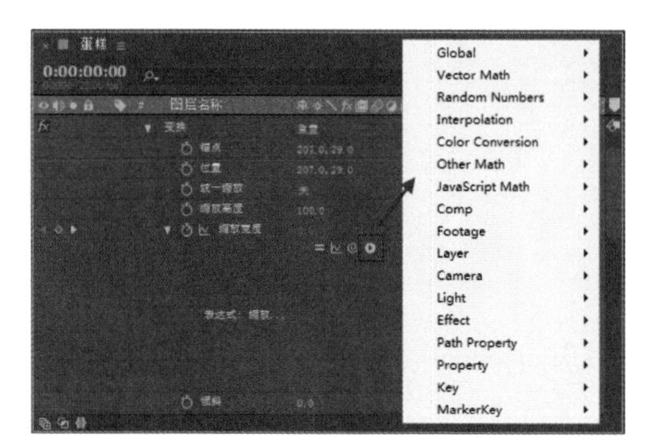

图 5-7　函数菜单

5.3.1 Global（全局）表达式

Global（全局）表达式用于指定表达式的全局设置，如图 5-8所示。

Global(全局)表达式的主要参数说明如下。

- **comp（name）**：为合成进行重命名。
- **footage(name)**：为脚本标志进行重命名。
- **thisComp**：描述合成内容的表达式，如 thisComp.layer（3），而 thisLayer 是对图层本身的描述，它是一个默认的对象，相当于当前层。
- **time（时间）**：描述合成的时间，单位为秒。
- **colorDepth**：返回 8 或 16 的彩色深度位数值。
- **posterizeTime（frames PerSecond）**：framesPerSecond 是一个数值，该表达式可以返回或改变帧速率，允许用这个表达式来设置比合成低的帧速率。

5.3.2 Vector Math（向量数学）表达式

Vector Math（向量数学）表达式包含一些矢量运算的数学函数，如图 5-9所示。

```
comp(name)
footage(name)
thisComp
time
colorDepth
posterizeTime(framesPerSecond)
timeToFrames(t = time + thisComp.displayStartTime, fps = 1.0 / thisComp.frameDuration, isDuration = false)
framesToTime(frames, fps = 1.0 / thisComp.frameDuration)
timeToTimecode(t = time + thisComp.displayStartTime, timecodeBase = 30, isDuration = false)
timeToNTSCTimecode(t = time + thisComp.displayStartTime, ntscDropFrame = false, isDuration = false)
timeToFeetAndFrames(t = time + thisComp.displayStartTime, fps = 1.0 / thisComp.frameDuration, framesPerFoot = 16, isDuration = false)
timeToCurrentFormat(t = time + thisComp.displayStartTime, fps = 1.0 / thisComp.frameDuration, isDuration = false, ntscDropFrame = thisComp.ntscDropFrame)
```

图 5-8　Global（全局）表达式

```
add(vec1, vec2)
sub(vec1, vec2)
mul(vec, amount)
div(vec, amount)
clamp(value, limit1, limit2)
dot(vec1, vec2)
cross(vec1, vec2)
normalize(vec)
length(vec)
length(point1, point2)
lookAt(fromPoint, atPoint)
```

图 5-9　Vector Math（向量数学）表达式

Vector Math（向量数学）表达式的参数说明如下。

- **add（vec1，vec2）**：（vec1，vec2）是数组，用于将两个向量进行相加，返回的值为数组。
- **sub(Vec1，vec2)**：(vec1,vec2)是数组，用于将两个向量进行相减，返回的值为数组。
- **mul（vec，amount）**：vec 是数组，amount 是数，表示向量的每个元素被 amount 相乘，返回的值为数组。

- div（vec，amount）：vec 是数组，amount 是数，表示向量的每个元素被 amount 相除，返回的值为数组。
- clamp（value，limit1，limit2）：将 value 中每个元素的值限制在 limit1~limit2 之间。
- dot（vec1，vec2）：（vec1，vec2）是数组，用于返回点的乘积，结果为两个向量相乘。
- cross（vec1，vec2）：（vec1，vec2）是数组，用于返回向量的交集。
- normalize（vec）：vec 是数组，用于格式化一个向量。
- length（vec）：vec 是数组，用于返回向量的长度。
- length（point1，point2）：（point1，point2）是数组，用于返回两点间的距离。
- lookAt（fromPoint，atPoint）：fromPoint 的值为观察点的位置，atPoint 为想要指向的点的位置，这两个参数都是数组。返回值为三维数组，用于表示方向的属性，可以用在摄像机和灯光的方向属性上。

5.3.3 Random Numbers（随机数）表达式

Random Numbers（随机数）表达式主要用于生成随机数值，如图 5-10所示。

```
seedRandom(seed, timeless = false)
random()
random(maxValOrArray)
random(minValOrArray, maxValOrArray)
gaussRandom()
gaussRandom(maxValOrArray)
gaussRandom(minValOrArray, maxValOrArray)
noise(valOrArray)
```

图 5-10 Random Numbers（随机数）表达式

Random Numbers（随机数）表达式的参数说明如下。

- seedRandom（seed，timeless =false）：seed 是一个数，默认 timeless 为 false，取现有 seed 增量的一个随机值，这个随机值依赖于图层的 index（number）和 stream（property）。但也有特殊情况，例如，seedRandom（n，true）通过给第 2 个参数赋值 true，而 seedRandom 获取一个 0~1 之间的随机数。
- random（）：返回 0~1 之间的随机数。
- random（maxValOrArray）：maxValOrArray 是一个数或数组，返回 0~max Val 之间的数，维度与 maxVal 相同，或者返回与 maxArray 相同维度的数组，数组的每个元素都在 0~maxArray 之间。
- random（minValOrArray，maxValOrArray）：minValOrArray 和 maxValOrArray 是一个数或数组，返回一个 minVal~maxVal 之间的数，或返回一个与 minArray 和 maxArray 有相同维度的数组，其每个元素的范围都在 minArray~maxArray 之间。例如，random（[100，200]，[300，400]）返回数组的第 1 个值在 100~300 之间，第 2 个值在 200~400 之间，如果两个数组的维度不同，较短的一个后面会自动用 0 补齐。
- gaussRandom（）：返回一个 0~1 之间的随机数，结果为钟形分布，大约 90% 的结果在 0~1 之间，剩余的 10% 在边缘。
- gaussRandom（maxValOrArray）：maxValOrArray 是一个数或数组，当使用 maxVal 时，它返回一个 0~maxVal 之间的随机数，结果为钟形分布，大约 90% 的结果在 0~maxVal 之间，剩余的 10% 在边缘；当使用 maxArray 时，它返回一个与 maxArray 相同维度的数组，结果为钟形分布，大约 90%

的结果在 0~maxArray 之间，剩余的 10% 在边缘。

- gaussRandom（minValOrArray，maxValOrArray）：minValOrArray 和 maxValOrArray 是一个数或数组，当使用 minVal 和 maxVal 时，它返回一个 minVal~maxVal 之间的随机数，结果为钟形分布，大约 90% 的结果在 minVal~maxVal 之间，剩余的 10% 在边缘；当使用 minArray 和 maxArray 时，它返回一个与 minArray 和 maxArray 相同维度的数组，结果为钟形分布，大约 90% 的结果在 minArray~maxArray 之间，剩余的 10% 在边缘。

5.3.4 Interpolation（插值）表达式

Interpolation（插值）表达式如图 5-11所示。

```
linear(t, value1, value2)
linear(t, tMin, tMax, value1, value2)
ease(t, value1, value2)
ease(t, tMin, tMax, value1, value2)
easeIn(t, value1, value2)
easeIn(t, tMin, tMax, value1, value2)
easeOut(t, value1, value2)
```

图 5-11 Interpolation（插值）表达式

Interpolation（插值）表达式的参数说明如下。

- linear（t，value1，value2）：t 是一个数，value1 和 value2 是一个数或数组。当 t 的范围在 0~1 之间时，返回一个 value1~value2 之间的线性插值；当 t ≤ 0 时，返回 value 1；当 t ≥ 1 时，返回 value2。
- linear（t，tMin，tMax，value1，value2）：t，tMin 和 tMax 是数，value1 和 value2 是数或数组。当 t ≤ tMin 时，返回 value1；当 t ≥ tMax 时，返回 value2；当 tMin < t < tMax 时，返回 value1 和 value2 的线性联合。
- ease（t，value1，value2）：t 是一个数，value1 和 value2 是数或数组，返回值与 linear 相似，但在开始和结束点的速率都为 0，使用这种方法产生的动画效果非常平滑。
- ease（t，tMin，tMax，value1，value2）：t，tMin 和 tMax 是数，value1 和 value2 是数或数组，返回值与 linear 相似，但在开始和结束点的速率都为 0，使用这种方法产生的动画效果非常平滑。
- easeIn（t，value1，value2）：t 是一个数，value1 和 value2 是数或数组，返回值与 ease 相似，但只在切入点 value1 的速率为 0，靠近 value2 的一边是线性的。
- easeIn（t，tMin，tMax，value1，value2）：t，tMin 和 tMax 是一个数，value1 和 value2 是数或数组，返回值与 ease 相似，但只在切入点 tMin 的速率为 0，靠近 tMax 的一边是线性的。
- easeOut（t，value1，value2）：t 是一个数，value1 和 value2 是数或数组，返回值与 ease 相似，但只在切入点 value2 的速率为 0，靠近 value1 的一边是线性的。

5.3.5 Color Conversion（颜色转换）表达式

Color Conversion（颜色转换）表达式如图 5-12所示。

```
rgbToHsl(rgbaArray)
hslToRgb(hslaArray)
```

图 5-12 Color Conversion（颜色转换）表达式

Color Conversion（颜色转换）表达式的参数说明如下。

- rgbToHsl（rgbaArray）：rgbaArray 是数组[4]，可以将 RGBA 彩色空间转换到 HSLA 彩色空间，输入数组指定红、绿、蓝以及透明度的值，它们的范围都在 0~1 之间，产生的结果值是一个指定色调、饱和度、亮度和透明度的数组，它们的范围也都在 0~1 之间，如 rgbToHsl.effect（"Change Color"）（"Color To Change"），返回的值为四维数组。
- hslToRgb（hslaArray）：hslaArray 是数组[4]，可以将 HSLA 彩色空间转换到 RGBA 彩色空间，其操作与 rgbToHsl 相反，返回的值为四维数组。

5.3.6 Other Math（其他数学）表达式

Other Math（其他数学）表达式如图5-13所示。

```
degreesToRadians(degrees)
radiansToDegrees(radians)
```

图 5-13 Other Math（其他数学）表达式

Other Math（其他数学）表达式的参数说明如下。

- degreesToRadians（degrees）：将角度转换到弧度。
- radiansToDegrees（radians）：将弧度转换到角度。

5.3.7 JavaScript Math（脚本方法）表达式

JavaScript Math（脚本方法）表达式如图5-14所示。

```
Math.cos(value)
Math.acos(value)
Math.tan(value)
Math.atan(value)
Math.atan2(y, x)
Math.sin(value)
Math.sqrt(value)
Math.exp(value)
Math.pow(value, exponent)
Math.log(value)
Math.abs(value)
Math.round(value)
Math.ceil(value)
Math.floor(value)
Math.min(value1, value2)
Math.max(value1, value2)
Math.PI
Math.E
Math.LOG2E
Math.LOG10E
Math.LN2
Math.LN10
Math.SQRT2
Math.SQRT1_2
```

图 5-14 JavaScript Math（脚本方法）表达式

JavaScript Math（脚本方法）表达式的参数说明如下。

- Math.cos（value）：value 为一个数值，可以计算 value 的余弦值。
- Math.acos（value）：计算 value 的反余弦值。
- Math.tan（value）：计算 value 的正切值。
- Math.atan（value）：计算 value 的反正切值。
- Math.atan2（y，x）：根据 y、x 的值计算出反正切值。
- Math.sin(value): 返回 value 值的正弦值。
- Math.sqrt（value）：返回 value 值的平方根值。
- Math.exp(value): 返回 e 的 value 次方值。
- Math.pow（value，exponent）：返回 value 的 exponent 次方值。
- Math.log（value）：返回 value 值的自然对数。
- Math.abs(value): 返回 value 值的绝对值。
- Math.round(value): 将 value 值四舍五入。
- Math.ceil(value): 将 value 值向上取整数。

- Math.floor (value)：将 value 值向下取整数。
- Math.min (value1，value2)：返回 value1和value2这两个数值中最小的那个数值。
- Math.max (value1，value2)：返回 value1和value2这两个数值中最大的那个数值。
- Math.PI：返回 π 的值。
- Math.E：返回自然对数的底数。
- Math.LOG2E：返回以 2 为底的对数。
- Math.LOG10E：返回以 10 为底的对数。
- Math.LN2：返回以 2 为底的自然对数。
- Math.LN10：返回以 10 为底的自然对数。
- Math.SQRT2：返回 2 的平方根。
- Math.SQRT1_2：返回 10 的平方根。

5.3.8 Comp (合成) 表达式

Comp (合成) 表达式如图 5-15所示。

```
layer(index)
layer(name)
layer(otherLayer, relIndex)
marker
numLayers
layerByComment(
activeCamera
width
height
duration
ntscDropFrame
displayStartTime
frameDuration
shutterAngle
shutterPhase
bgColor
pixelAspect
name
```

图 5-15 Comp (合成) 表达式

Comp (合成) 表达式的参数说明如下。

- layer (index)：index 是一个数，得到图层的序数 (在时间线窗口中的顺序)，如 thisComp.layer (4) 或 thisComp.Light (2)。
- layer (name)：name 是一个字符串，返回图层的名称。指定的名称与图层名称会进行匹配操作，或在没有图层名时与源名进行匹配。如果存在重名，After Effects 将返回时间线窗口中的第一个图层，如 thisComp.layer (Solid1)。
- layer (otherLayer，relIndex)：otherLayer 是一个图层，relIndex 是一个数，返回 otherLayer (图层名) 上面或下面 relIndex (数) 的一个图层。
- marker：marker 是一个数值，得到合成中一个标记点的时间。
- numLayers：返回合成中图层的数量。
- layerbycomment：标记图层中的注释内容字段。
- activeCamera：从当前帧中的着色合成所经过的摄像机中获取数值,返回摄像机的数值。
- width：返回合成的宽度,单位为 pixels(像素)。
- height：返回合成的高度，单位为 pixels (像素)。
- duration：返回合成的持续时间值,单位为秒。
- ntscDropFrame：转换为表示 NTSC 时间码的字段。
- displayStartTime：返回显示的开始时间。
- frameDuration：返回画面的持续时间。
- shutterAngle：返回合成中快门角度的度数。
- shutterPhase：返回合成中快门相位的度数。
- bgColor：返回合成背景的颜色。
- pixelAspect：返回合成中用 width/height 表示的 pixel (像素) 宽高比。
- name：返回合成中的名称。

5.3.9 Footage (素材) 表达式

Footage (素材) 表达式如图 5-16所示。

```
height
duration
frameDuration
ntscDropFrame
pixelAspect
name
sourceText
sourceData
dataValue(dataPath)
dataKeyCount(dataPath)
dataKeyTimes(dataPath, t0 = startTime, t1 = endTime)
```

图 5-16 Footage（素材）表达式

Footage（素材）表达式的主要参数说明如下。

- **height：**返回素材的高度，单位为像素。
- **duration：**返回素材的持续时间，单位为秒。
- **frameDuration：**返回画面的持续时间，单位为秒。
- **pixelAspect：**返回素材的像素宽高比，表示为 width/height。
- **name：**返回素材的名称，返回值为字符串。
- **sourceText：**得到文字层的文字字符串。
- **sourceData：**得到数据层的数字字符串。
- **dataValue（dataPath）：**返回数据源字段。
- **dataKeyCount（dataPath）：**返回数据源中的键字段。

5.3.10 Layer Sub-object（图层子对象）表达式

Layer Sub-object（图层子对象）表达式如图 5-17所示。

```
source
sourceTime(t = time)
sourceRectAtTime(t = time, includeExtents = false)
effect(name)
effect(index)
mask(name)
mask(index)
```

图 5-17 Layer Sub-object（图层子对象）表达式

Layer Sub-object（图层子对象）表达式的主要参数说明如下。

- **source：**返回图层的源合成或源素材对象，默认时间是在这个源中调节的时间。
- **effect（name）：**name 是一个字符串，返回 Effects 效果对象。
- **effect（index）：**index 是一个数，返回 Effects 效果对象。
- **mask（name）：**name 是一个字符串，返回图层的 Mask 对象。
- **mask（index）：**index 是一个数，返回图层的 Mask 对象。

5.3.11 Layer General（普通图层）表达式

Layer General（普通图层）表达式如图 5-18所示。

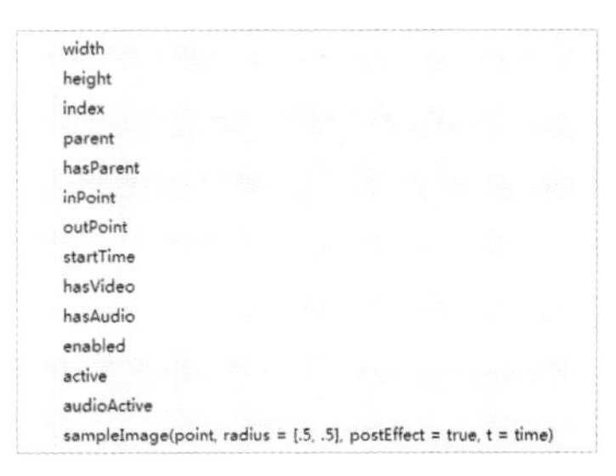

图 5-18 Layer General（普通图层）表达式

Layer General（普通图层）表达式的主要参数说明如下。

- **width：**返回以像素为单位的图层宽度，与 source.width 相同。
- **height：**返回以像素为单位的图层高度，与 source.height 相同。
- **index：**返回合成中的图层数。
- **parent：**返回图层的父图层对象，如 position[0]+parent.width。
- **hasParent：**如果有父图层，则返回 true；如果没有父图层，则返回 false。
- **inPoint：**返回图层的入点，单位为秒。
- **outPoint：**返回图层的出点，单位为秒。
- **startTime：**返回图层的开始时间，单位为秒。
- **hasVideo：**如果有 video，则返回 true；如

果没有 video，则返回 false。

- hasAudio：如果有 audio，则返回 true；如果没有 audio，则返回 false。
- active：如果图层的视频开关处于开启状态，则返回 true；如果图层的视频开关处于关闭状态，则返回 false。
- audioActive：如果图层的音频开关处于开启状态，则返回 true；如果图层的音频开关处于关闭状态，则返回 false。

5.3.12 Layer Property（图层特征）表达式

Layer Property（图层特征）表达式如图5-19所示。

```
anchorPoint
position
scale
rotation
opacity
audioLevels
timeRemap
marker
name
```

图 5-19 Layer Property（图层特征）表达式

Layer Property（图层特征）表达式的参数说明如下。

- anchorPoint：返回图层空间内层的锚点值。
- position：如果一个图层没有父图层，则返回本图层在世界空间的位置值；如果有父图层，则返回本图层在父图层空间的位置值。
- scale：返回图层的缩放值，表示为百分数。
- rotation：返回图层的旋转度数。对于 3D 图层，则返回 *Z* 轴旋转度数。
- opacity：返回图层的透明度值，表示为百分数。
- audioLevels：返回图层的音量属性值，单位为分贝。这是一个二维值，第 1 个值表示左声道的音量，第 2 个值表示右声道的音量，这个值不是源声音的幅度，而是音量属性关键帧的值。
- timeRemap：当时间重测图被激活时，则返回重测图属性的时间值，单位为秒。
- marker：返回图层的标记数属性值。
- name：name 是一个字符串，返回图层中与指定名对应的标记号。

5.3.13 Layer 3D（3D图层）表达式

Layer 3D（3D图层）表达式如图 5-20 所示。

```
orientation
rotationX
rotationY
rotationZ
castsShadows
lightTransmission
acceptsShadows
acceptsLights
ambient
diffuse
specularIntensity
specularShininess
metal
```

图 5-20 Layer 3D（3D图层）表达式

Layer 3D（3D图层）表达式的参数说明如下。

- orientation：针对 3D 图层，返回 3D 方向的度数。
- rotationX：针对 3D 图层，返回 *X* 轴旋转值的度数。
- rotationY：针对 3D 图层，返回 *Y* 轴旋转值的度数。
- rotationZ：针对 3D 图层，返回 *Z* 轴旋转值的度数。
- castsShadows：如果图层投射阴影，则返回 1。
- lightTransmission：针对 3D 图层，返回

灯光的传导属性值。

- acceptsShadows：如果图层接受阴影，则返回 1。
- acceptsLights：如果图层接受灯光，则返回 1。
- ambient：返回环境因素的百分数值。
- diffuse：返回漫反射因素的百分数值。
- specularIntensity：返回镜面因素的百分数值。
- specularShininess：返回发光因素的百分数值。
- metal：返回材质因素的百分数值。

5.3.14 Layer Space Transforms（图层空间变换）表达式

Layer Space Transforms（图层空间变换）表达式如图 5-21所示。

```
toComp(point, t = time)
fromComp(point, t = time)
toWorld(point, t = time)
fromWorld(point, t = time)
toCompVec(vec, t = time)
fromCompVec(vec, t = time)
toWorldVec(vec, t = time)
fromWorldVec(vec, t = time)
fromCompToSurface(point, t = time)
```

图 5-21 Layer Space Transforms（图层空间变换）表达式

Layer Space Transforms（图层空间变换）表达式的参数说明如下。

- toComp（point，t=time）：point 是一个数组 [2or3]，t 是一个数，从图层空间转换一个点到合成空间，如 toComp（anchorPoint）。
- fromComp（point，t=time）：point 是一个数组 [2or3]，t 是一个数，从合成空间转换一个点到图层空间，得到的结果在 3D 图层可能是一个非 0 值，如（2Dlayer），fromComp（thisComp.layer（2）.position）。
- toWorld（point，t=time）：point 是一个数组 [2or3]，t 是一个数，从图层空间转换一个点到视点独立的世界空间，如 toWorld.effect（“Bluge”）（“Bluge Center”）。
- fromWorld（point，t=time）：point 是一个数组 [2or3]，t 是一个数，从世界空间转换一个点到图层空间，如 fromWorld（thisComp.layer（2）.position）。
- toCompVec（vec，t=time）：vec 是一个数组 [2or3]，t 是一个数，从图层空间转换一个向量到合成空间，如 toCompVec（[1, 0]）。
- fromCompVec（vec，t=time）：vec 是一个数组 [2or3]，是一个数，从合成空间转换一个向量到图层空间，如（2D layer），dir=sub（position，thisComp.layer（2）.position）；fromCompVec（dir）。
- toWorldVec（vec，t=time）：vec 是一个数组 [2or3]，t 是一个数，从图层空间转换一个向量到世界空间，如 p1=effect（“Eye Bulge 1”）（“Bulge Center”）；p2=effect（“Eye Bulge2”）（“Bulge Center”），toWorldVec（sub（p1，p2））。
- fromWorldVec（vec，t=time）：vec 是一个数组 [2or3]，t 是一个数，从世界空间转换一个向量到图层空间，如 fromWorldVec（thisComp.layer（2）.position）。
- fromCompToSurface（point，t=time）：point 是一个数组 [2or3]，t 是一个数，在合成空间中从激活的摄像机观察到的位置的图层表面（Z 值为 0）定位一个点，这对于设置效果控制点非常有用，但仅用于 3D 图层。

5.3.15 Camera（摄像机）表达式

Camera（摄像机）表达式如图 5-22所示。

pointOfInterest
zoom
depthOfField
focusDistance
aperture
blurLevel
irisShape
irisRotation
irisRoundness
irisAspectRatio
irisDiffractionFringe
highlightGain
highlightThreshold
highlightSaturation
active

图 5-22 Camera（摄像机）表达式

Camera（摄像机）表达式的主要参数说明如下。

- pointOfInterest：返回在世界坐标中摄像机的目标点的值。
- zoom：返回摄像机的缩放值，单位为像素。
- depthOfField：如果开启了摄像机的景深功能，则返回 1，否则返回 0。
- focusDistance：返回摄像机的焦距值，单位为像素。
- aperture：返回摄像机的光圈值，单位为像素。
- blurLevel：返回摄像机的模糊级别的百分数。
- active：如果摄像机的视频开关处于开启状态，则当前时间在摄像机的出入点之间，并且它是时间线窗口中列出的第 1 个摄像机，返回 true；若以上条件有一个不满足，则返回 false。

5.3.16 Light（灯光）表达式

Light（灯光）表达式如图 5-23所示。

pointOfInterest
intensity
color
coneAngle
coneFeather
shadowDarkness
shadowDiffusion

图 5-23 Light（灯光）表达式

Light（灯光）表达式的参数说明如下。

- pointOfInterest：返回灯光在合成中的目标点。
- intensity：返回灯光亮度的百分比。
- color：返回灯光的颜色值。
- coneAngle：返回灯光光锥角度的度数。
- coneFeather：返回灯光光锥的羽化百分数。
- shadowDarkness：返回灯光阴影暗值的百分数。
- shadowDiffusion：返回灯光阴影扩散的像素值。

5.3.17 Effect（效果）表达式

Effect（效果）表达式如图 5-24所示。

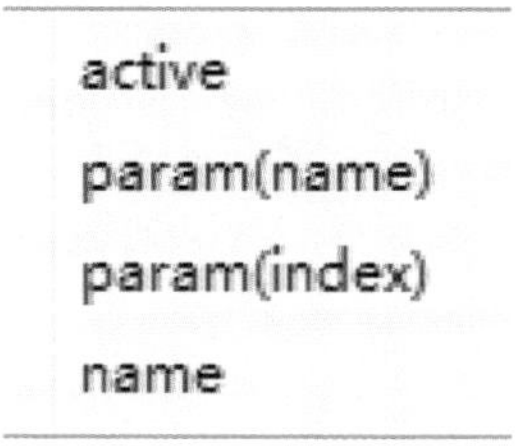

active
param(name)
param(index)
name

图 5-24 Effect（效果）表达式

Effect（效果）表达式的参数说明如下。

- active：如果效果在时间线窗口和“效果控件”面板中都处于开启状态，则返回 true；如果任意一个窗口或面板中的效果关闭了，则返回 false。
- param（name）：name 是一个字符串，返回效果里面的属性，返回值为数值，如 effect（Bulge）（Bulge Height）。
- param（index）：index 是一个数值，返回效果里面的属性，如 effect（Bulge）（4）。
- name：返回效果的名字。

5.3.18 Property（特征）表达式

Property（特征）表达式如图 5-25所示。

```
value
valueAtTime(t)
velocity
velocityAtTime(t)
speed
speedAtTime(t)
wiggle(freq, amp, octaves = 1, amp_mult = .5, t = time)
temporalWiggle(freq, amp, octaves = 1, amp_mult = .5, t = time)
smooth(width = .2, samples = 5, t = time)
loopIn(type = "cycle", numKeyframes = 0)
loopOut(type = "cycle", numKeyframes = 0)
loopInDuration(type = "cycle", duration = 0)
loopOutDuration(type = "cycle", duration = 0)
key(index)
key(markerName)
nearestKey(t)
numKeys
name
active
enabled
propertyGroup(countUp = 1)
propertyIndex
```

图 5-25　Property（特征）表达式

Property（特征）表达式的主要参数说明如下。

- value：返回当前时间的属性值。
- valueAtTime（t）：t 是一个数，返回指定时间（单位为秒）的属性值。
- velocity：返回当前时间的即时速率。对于空间属性，如位置，它返回切向量值，结果与属性有相同的维度。
- velocityAtTime（t）：t 是一个数，返回指定时间的即时速率。
- speed：返回 ID 量，正的速度值等于在默认时间属性的改变量，该元素仅用于空间属性。
- speedAtTime（t）：t 是一个数，返回在指定时间的空间速度。
- wiggle（freq，amp，octaves=1，amp_mult=.5，t=time）：freq，amp，octaves， amp_mult 和 t 是数值，可以使属性值随机摆动（wiggle）；freq 计算每秒摆动的次数；octaves 是加到一起的噪声的倍频数，即 amp_mult 和 amp 相乘的倍数；t 是基于开始时间，如 position.wiggle（.5，16，4）。
- temporalWiggle（freq，amp，octaves=1，amp_mult=.5，t=time）：freq，amp，octaves，amp_mult 和 t 是数值，主要用来取样摆动时的属性值。freq 计算每秒摆动的次数；octaves 是加到一起的噪声的倍频数，即 amp_mult 和 amp 相乘的倍数；t 是基于开始时间。
- smooth（width=.2，samples=5，t=time）：width，samples 和 t 是数，应用一个箱形滤波器到指定时间的属性值，并且随着时间的变化使结果变得平滑。width 是经过滤波器平均时间的范围，samples 等于离散样本的平均间隔数。
- loopIn（type="cycle"，numKeyframes=0）：在图层中从入点到第一个关键帧之间循环一个指定时间段的内容。
- loopOut（type="cycle"，numKeyframes =0）：在图层中从最后一个关键帧到图层的出点之间循环一个指定时间段的内容。
- loopInDuration（type="cycle"，duration=0）：在图层中从入点到第一个关键帧之间循环一个指定时间段的内容。
- loopOutDuration（type="cycle"，duration=0）：在图层中从最后一个关键帧到图层的出点之间循环一个指定时间段的内容。
- key（index）：用数字返回 key 对象。
- key（markerName）：用名称返回标记的 key 对象，仅用于标记属性。
- nearestKey（t）：返回离指定时间最近的关键帧对象。
- numKeys：返回在一个属性中关键帧的总数。

5.3.19 Key（关键帧）表达式

Key（关键帧）表达式如图 5-26所示。

```
value
time
index
```

图 5-26　Key（关键帧）表达式

Key（关键帧）表达式的参数说明如下。

- value：返回关键帧的值。
- time：返回关键帧的时间。
- index：返回关键帧的序号。

5.3.20 案例：AE表达式快速制作延迟动画效果

素材文件：素材\第5章\5.3.20 AE表达式快速制作延迟动画效果

效果文件：效果\第5章\5.3.20 AE表达式快速制作延迟动画效果.gif

视频文件：视频\第5章\5.3.20 AE表达式快速制作延迟动画效果.MP4

01 启动After Effects CC 2018软件，进入其操作界面。执行“合成”|“新建合成”命令，创建一个预置为“PAL D1/DV”的合成，设置大小为720px×576px，设置“持续时间”为2秒，设置背景颜色为深紫色（#2B243B），并设置合成名称为“延迟动画效果”，然后单击“确定”按钮，如图5-27所示。

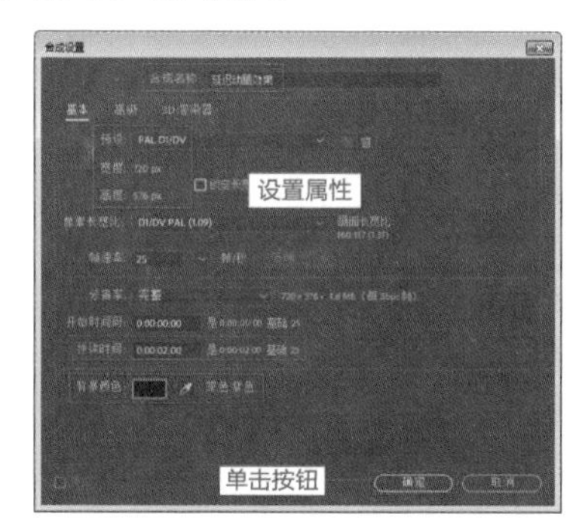

图 5-27 创建合成

02 进入操作界面后，在工具栏选择“钢笔”工具，在“合成”窗口绘制一条曲线，并将该图层命名为“路径”，曲线效果如图5-28所示。

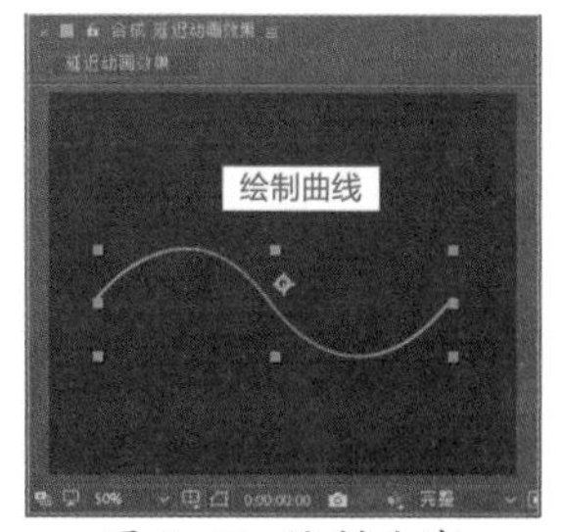

图 5-28 绘制曲线

03 使用“椭圆”工具在“合成”窗口绘制一个红色（#FF4DD7）且无描边的圆形，将其锚点定位到圆心，并把圆心移动到曲线上，如图5-29所示。

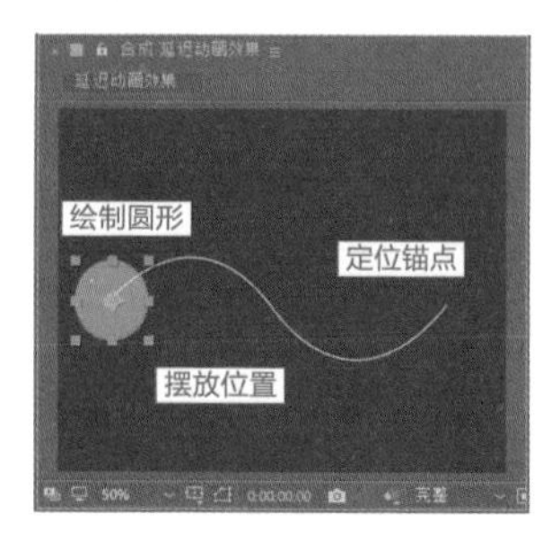

图 5-29 绘制圆形并重置中心点

04 在图层面板中，将上述创建的圆形图层命名为“圆形”。然后展开“路径”图层的“路径 1”属性，单击其中的“路径”选项，按快捷键Ctrl+C复制路径，如图5-30所示。

图 5-30 复制曲线路径

05 选择“圆形”图层，按快捷键P展开其“位置”属性，单击“位置”选项，按快捷键Ctrl+V粘贴路径，如图5-31所示。操作完成后，圆形将会产生沿曲线移动的动画效果，如图5-32所示。

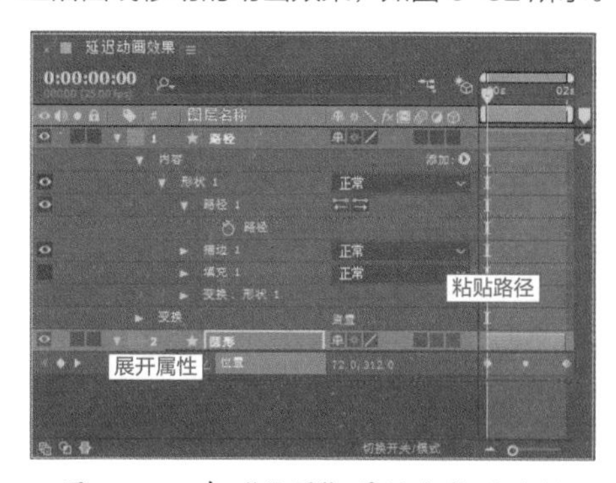

图 5-31 在“位置”属性上粘贴路径

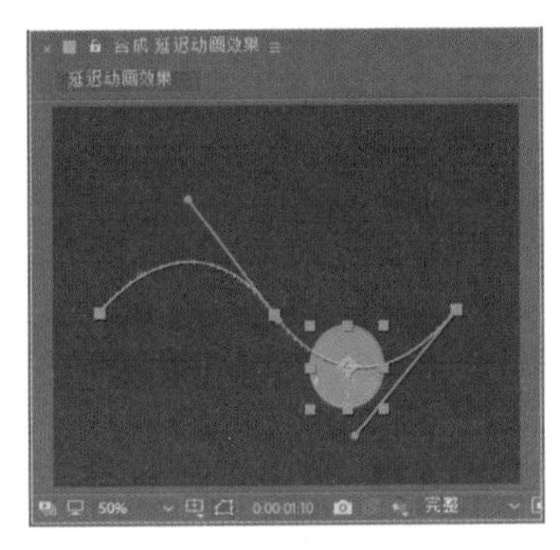

图 5-32　圆形沿曲线移动

06 将“路径”图层进行隐藏，同时在时间线窗口，按快捷键 F9 将“圆形”图层的“位置”关键帧转换为缓入缓出关键帧，如图 5-33 所示。

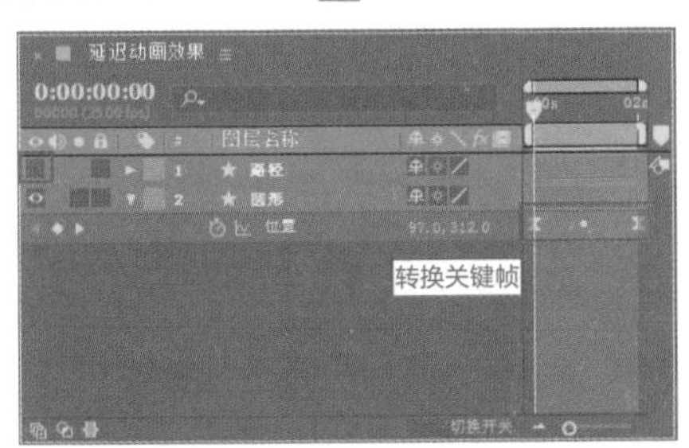

图 5-33　隐藏图层并转换关键帧

07 选择“圆形”图层，按快捷键 Ctrl+D 复制出一个新的“圆形 2”图层，放置在它下方，如图 5-34 所示。

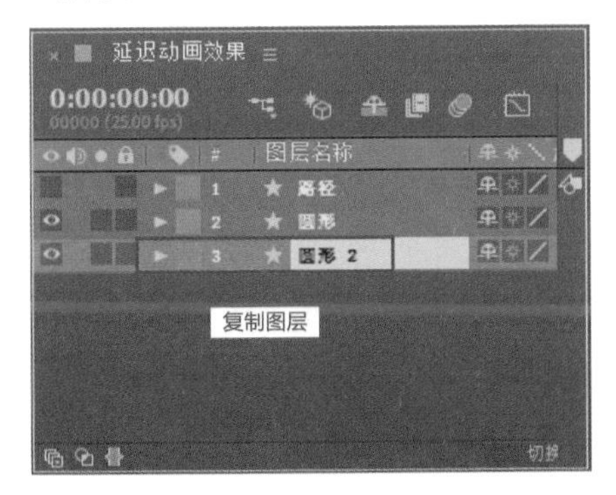

图 5-34　复制出“圆形2”图层

08 选择“圆形 2”图层，按快捷键 P 展开其“位置”属性，然后选中时间线窗口中的关键帧，如图 5-35 所示，按 Delete 键进行删除。

09 选择“圆形 2”图层，按快捷键 Ctrl+D 继续复制出 3 个新的圆形图层，并按照图 5-36 所示顺序进行排列。

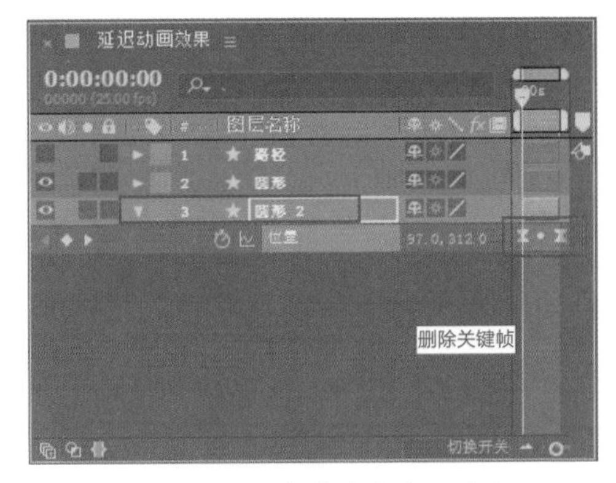

图 5-35　选中关键帧进行删除

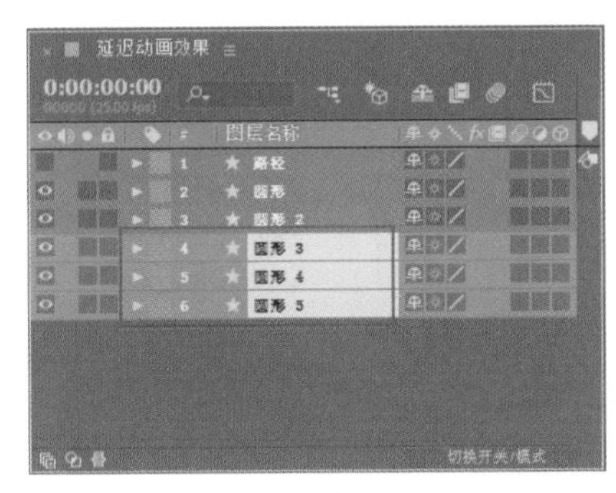

图 5-36　复制图层

10 在图层面板展开所有圆形图层的“位置”属性，接着按住 Alt 键单击“圆形 2”图层“位置”属性前的按钮，激活其表达式属性，然后将拖曳链接到“圆形”图层的“位置”属性上，如图 5-37 所示。

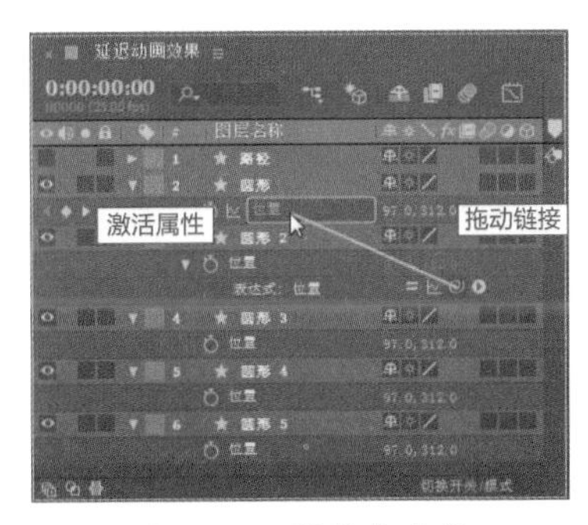

图 5-37　链接表达式

11 链接好“位置”属性后，在表达式输入框中“thisComp.layer(“圆形”).transform.position”的后方加上“.valueAtTime（time-0.04）”，如图 5-38 所示。即代表这个合成中的“圆形”图层此刻延迟 0.04 秒的返回值，0.04 是其中的变量，可自行调整设置。

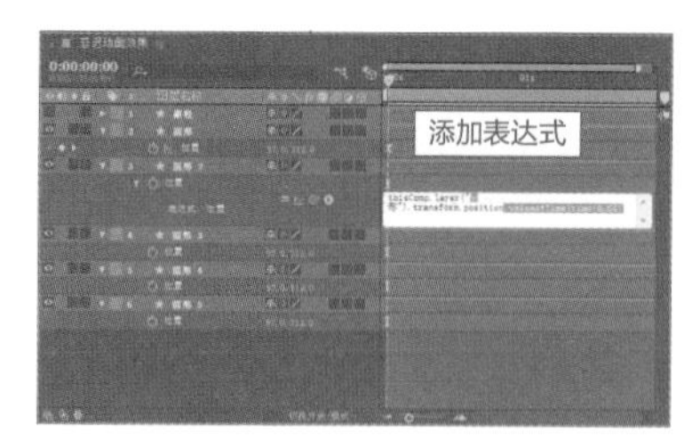

图 5-38　输入表达式

12 选择“圆形 2”图层，在工具栏中修改其填充颜色为蓝色（#61B1FC），修改颜色后的效果如图 5-39 所示。

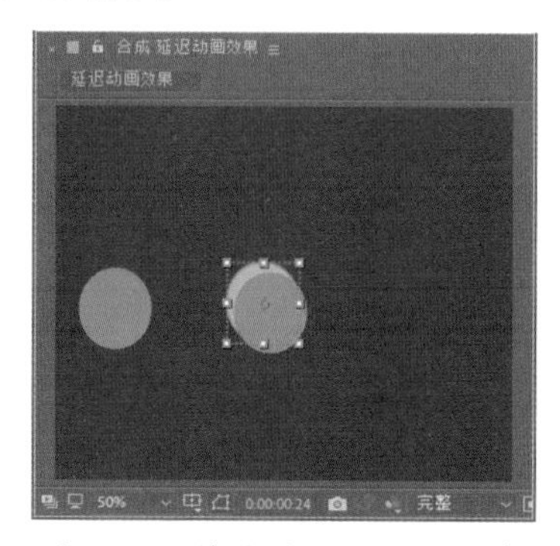

图 5-39　修改“圆形2”的颜色

13 用同样的方法，在图层面板激活“圆形 3”图层的表达式属性，然后将它的拖曳链接到“圆形”图层的“位置”属性上，如图 5-40 所示。

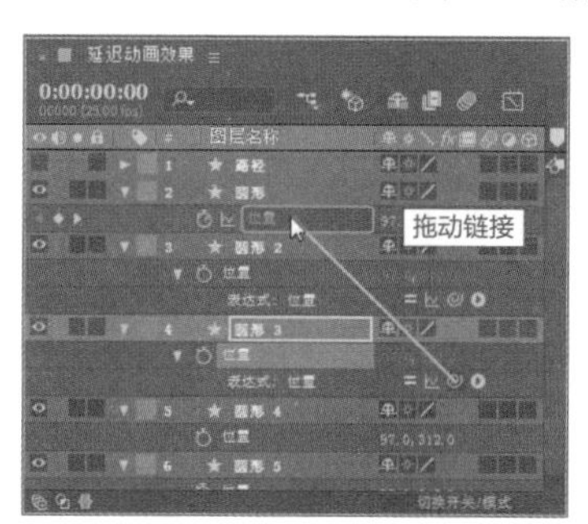

图 5-40　链接表达式

14 链接好“位置”属性后，在“圆形 3”图层的表达式输入框中“thisComp.layer(“圆形”).transform.position”的后方加上“.valueAtTime（time-0.08）”，如图 5-41 所示。

15 选择“圆形 3”图层，在工具栏中修改其填充颜色为蓝色（#4F85C9），并修改其“不透明度”参数为80%，设置完成后的效果如图 5-42 所示。

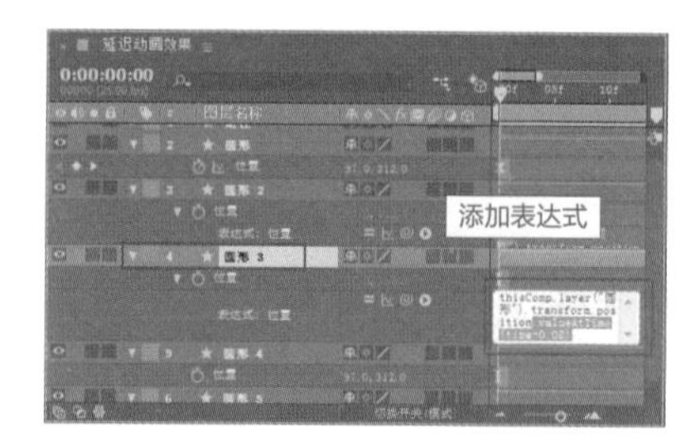

图 5-41　输入表达式

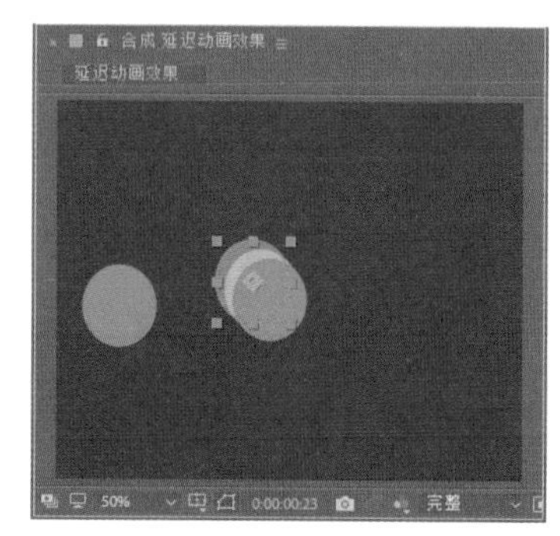

图 5-42　修改“圆形3”的颜色及不透明度

16 在图层面板激活“圆形 4”图层的表达式属性，同样将它的拖曳链接到“圆形”图层的“位置”属性上，如图 5-43 所示。

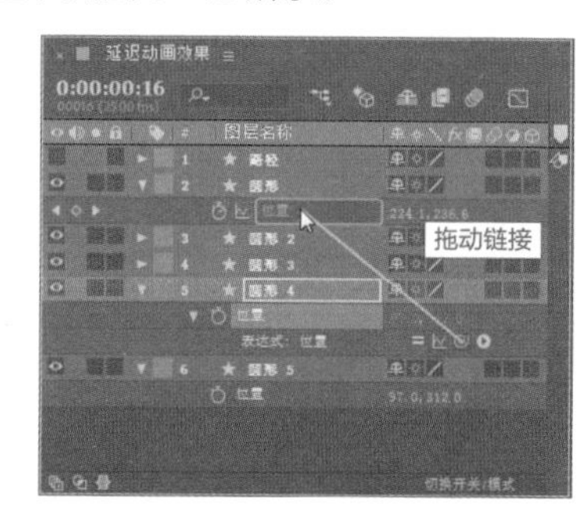

图 5-43　链接表达式

17 链接好“位置”属性后，在“圆形 4”图层的表达式输入框中“thisComp.layer(“圆形”).transform.position”的后方加上“.valueAtTime（time-0.12）”，如图 5-44 所示。

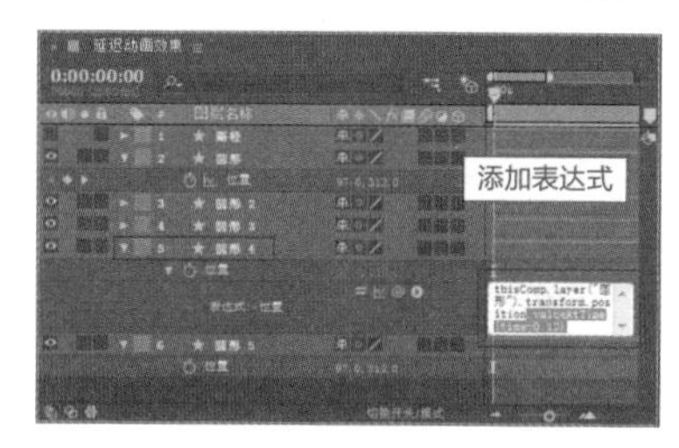

图 5-44　输入表达式

18 选择“圆形 4”图层，在工具栏中修改其填充颜色为蓝色（#3D8FAA），并修改其“不透明度”参数为 60%，设置完成后的效果如图 5-45 所示。

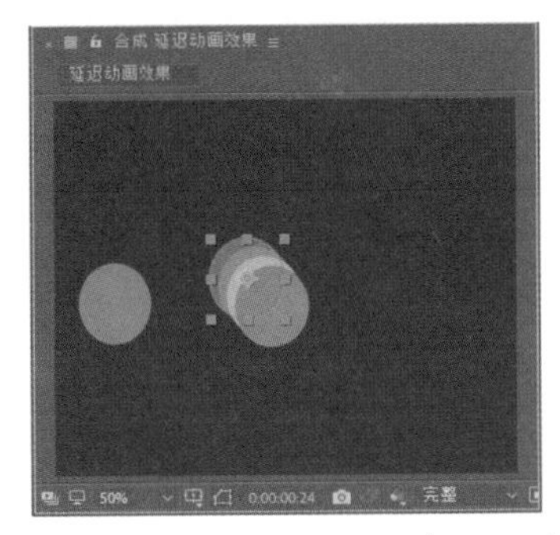

图 5-45　修改“圆形4”的颜色及不透明度

19 在图层面板激活“圆形 5”图层的表达式属性，并将它的◎拖曳链接到“圆形”图层的“位置”属性上，如图 5-46 所示。

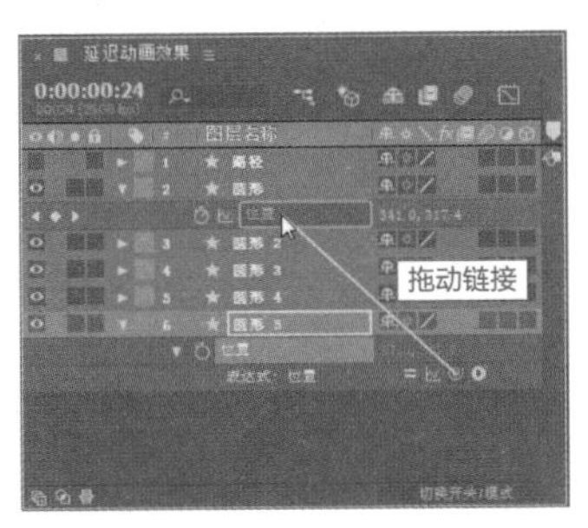

图 5-46　链接表达式

20 链接好“位置”属性后，在“圆形 5”图层的表达式输入框中“thisComp.layer(“圆形”).transform.position”的后方加上“.valueAtTime（time-0.16）”，如图 5-47 所示。

图 5-47　输入表达式

21 选择“圆形 5”图层，在工具栏中修改其填充颜色为蓝色（#477EB6），并修改其“不透明度”参数为 40%，设置完成后的效果如图 5-48 所示。

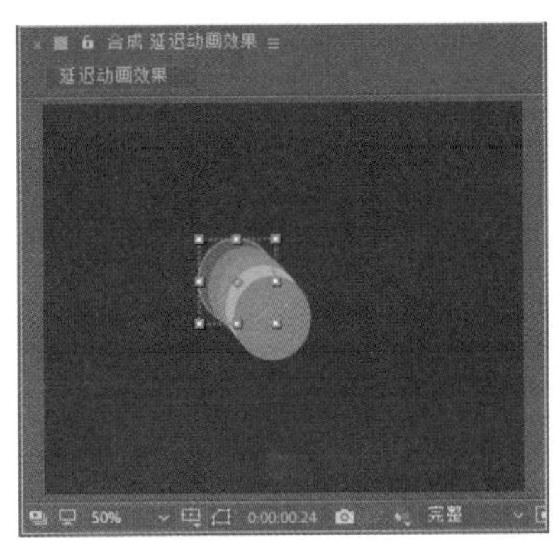

图 5-48　修改“圆形5”的颜色及不透明度

22 在图层面板激活所有圆形图层的“运动模糊”开关◎。至此，利用 AE 表达式制作的延迟动画效果就完成了，按小键盘上的 0 键可以预览效果，如图 5-49 所示。

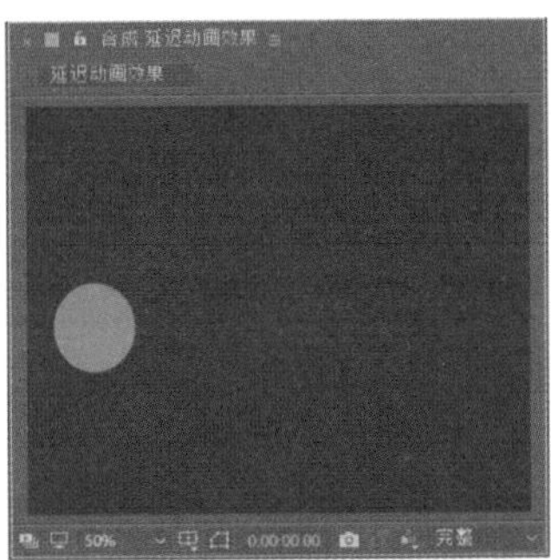

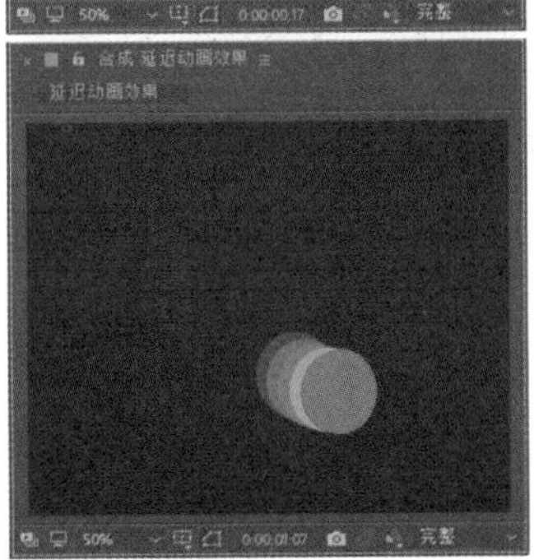

图 5-49　最终效果

5.4 案例：表达式制作雪花飘落效果

素材文件：素材\第5章\5.4 表达式制作雪花飘落效果	效果文件：效果\第5章\5.4 表达式制作雪花飘落效果.gif	视频文件：视频\第5章\5.4 表达式制作雪花飘落效果.MP4

01 启动After Effects CC 2018软件，进入其操作界面。执行“合成”|“新建合成”命令，创建一个预置为“自定义”的合成，设置大小为800px×600px，设置“持续时间”为10秒，并设置合成名称为“表达式雪花”，然后单击“确定”按钮，如图5-50所示。

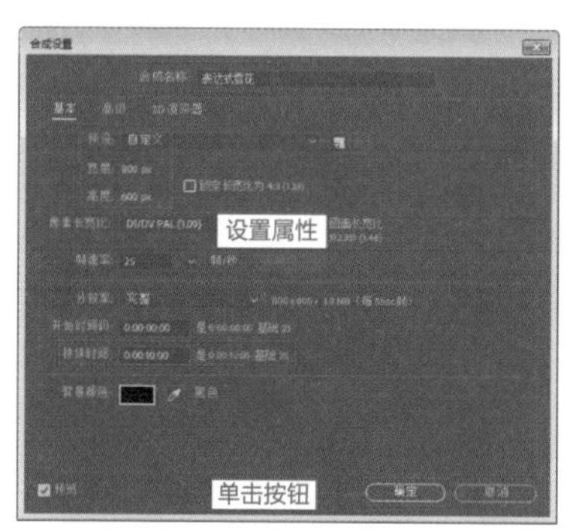

图 5-50 创建合成

02 进入操作界面，在工具栏选择“椭圆”工具，在“合成”窗口绘制一个白色无描边的圆形，如图5-51所示。

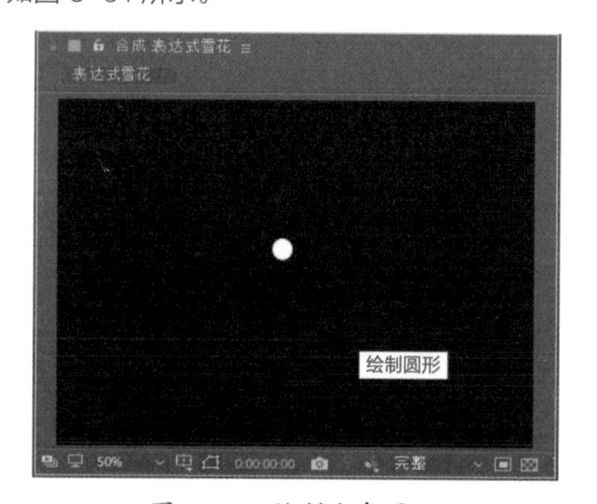

图 5-51 绘制白色圆形

03 在图层面板选择上述创建的“形状图层 1”，展开其“椭圆路径 1”属性，接着按住Alt键单击“大小”属性前的按钮，激活其表达式属性，如图5-52所示，然后在表达式输入框中重新输入以下表达式。

```
seedRandom(index, 1)
r=random(15, 20);
[r, r]
```

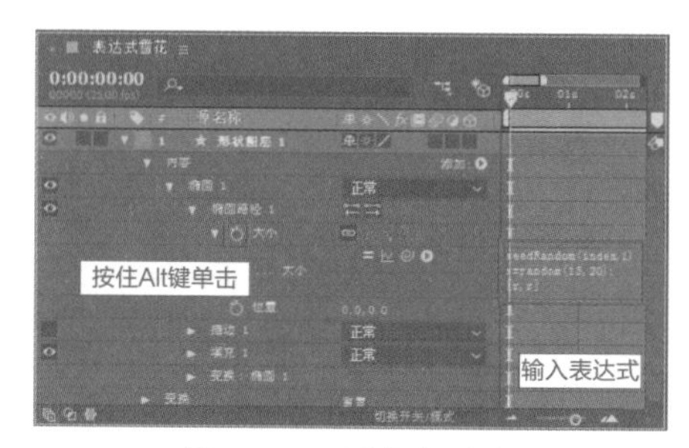

图 5-52 添加表达式

04 选择“形状图层 1”，将其锚点重置于中心位置，如图5-53所示。

图 5-53 将锚点移动至中心

05 在图层面板中选择“形状图层 1”，按快捷键P展开其“位置”属性，然后右键单击“位置”选项，在弹出的快捷菜单中选择“单独尺寸”命令，如图5-54所示。

06 上述操作完成后，在图层面板的“位置”属性将拆分成“X位置”和“Y位置”两个属性。按住Alt键单击“X位置”属性前的按钮，激活其表达式属性，如图5-55所示，然后在表达式输入框中重新输入以下表达式。

```
seedRandom(index, 1)
random(0, 800)+wiggle(2, 20)-value
```

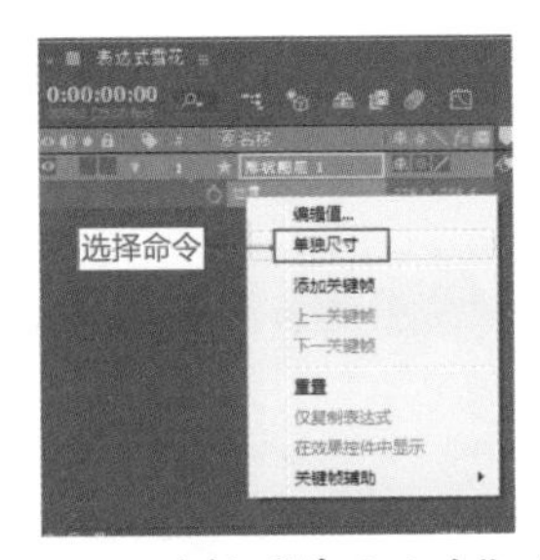

图 5-54　选择“单独尺寸”命令

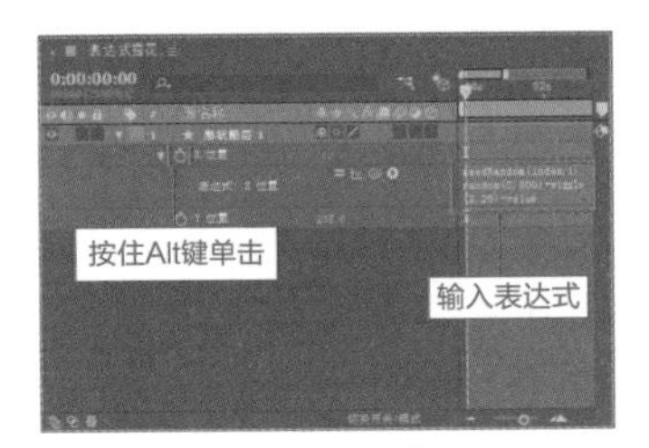

图 5-55　添加表达式

07 按住 Alt 键单击“Y 位置”属性前的按钮，激活其表达式属性，如图 5-56 所示，然后在表达式输入框中重新输入以下表达式。

```
seedRandom(index, 1)
random(-600, 600)+time*80
```

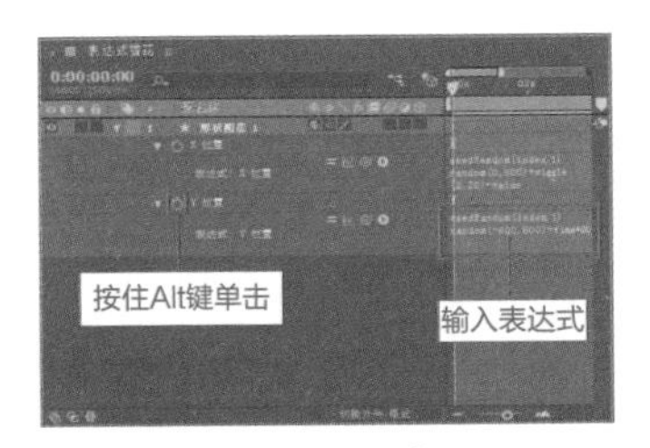

图 5-56　添加表达式

08 在图层面板中选择“形状图层 1”，按快捷键 Ctrl+D 进行图层复制，这里复制出了 99 个图层，尽可能使圆形数量多一些，铺满“合成”窗口，如图 5-57 所示。

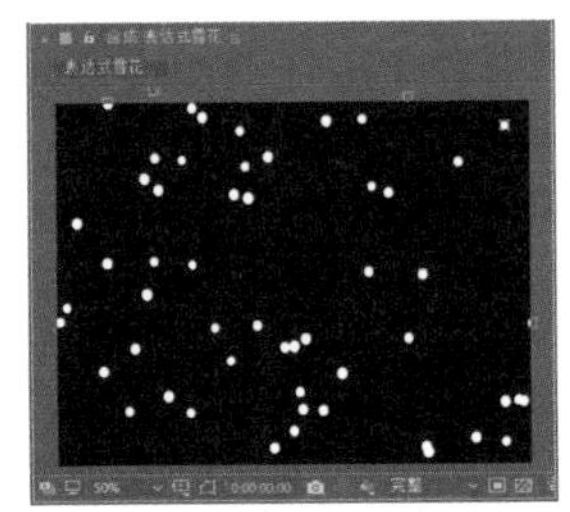

图 5-57　复制出更多的圆形

09 按快捷键 Ctrl+N，创建一个预置为“自定义”的合成，设置大小为 800px×600px，设置“持续时间”为 5 秒，并设置合成名称为“Final”，然后单击“确定”按钮，如图 5-58 所示。

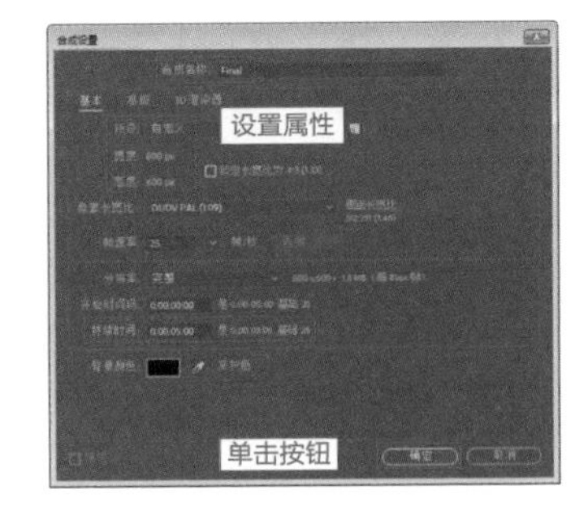

图 5-58　创建合成

10 执行“文件”|“导入”|“文件”菜单命令，在弹出的“导入文件”对话框中选择如图 5-59 所示的“背景.jpg”素材，单击“导入”按钮。

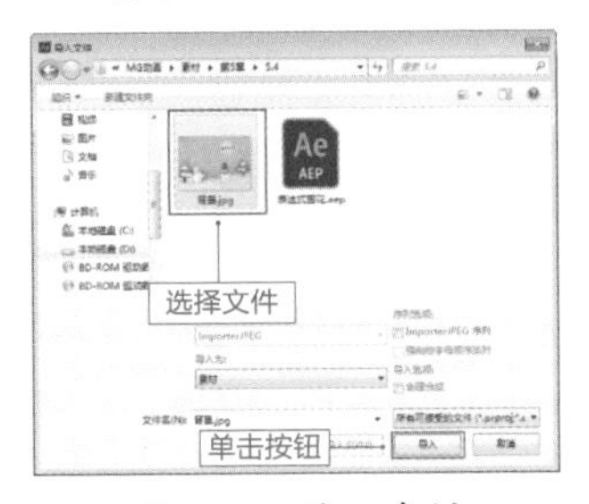

图 5-59　导入素材

11 将“项目”窗口中的“背景.jpg”素材拖入“Final”合成的图层面板中，然后展开其“变换”属性，调整“缩放”参数为 27%、27%，如图 5-60 所示。设置完成后，在“合成”窗口对应的预览效果如图 5-61 所示。

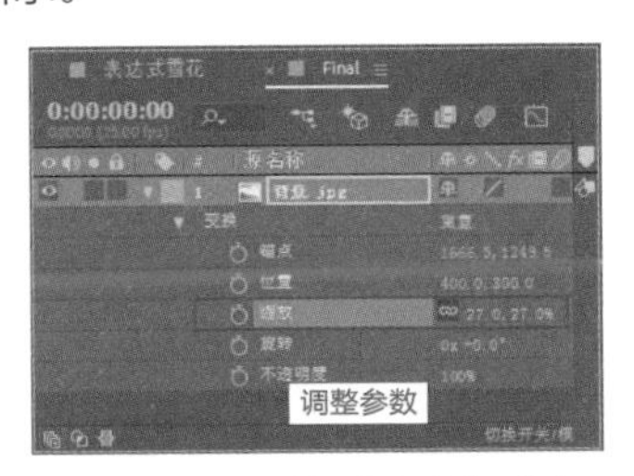

图 5-60　调整“缩放”参数

图 5-61　预览效果

12 将“项目”窗口中的“表达式雪花”合成拖入“Final”合成中，并放置在“背景.jpg”图层上方，如图 5-62 所示。添加“表达式雪花”合成后的预览效果如图 5-63 所示。

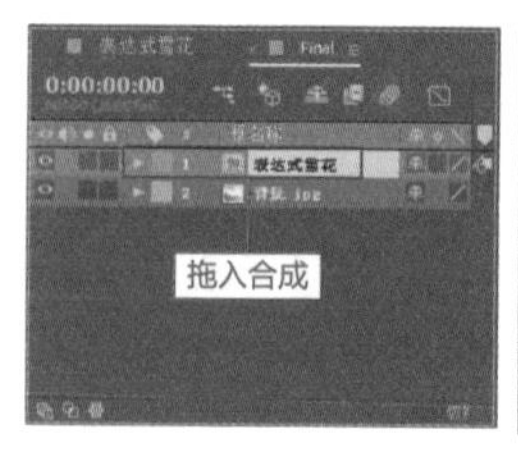

图 5-62　拖入“表达式雪花”合成

图 5-63　预览效果

13 至此，利用表达式制作出的雪花飘落效果就完成了，按小键盘上的 0 键可以预览效果，如图 5-64 所示。

图 5-64　最终效果

5.5 知识拓展

本章主要介绍了表达式在AE软件中的具体使用方法。

第一小节内容主要讲解了添加表达式、编辑表达式、保存和调用表达式这几个重要知识点。第二小节主要讲解的是表达式的语法，包括表达式语言、访问对象的属性和方法、数组与维数、向量与索引以及表达式时间这几个知识要点。

本章的第三小节是围绕AE软件的函数菜单进行内容的讲解，AE软件为用户提供了一个函数菜单，用户可以直接调用里面的表达式，而不用自己输入。熟练掌握函数菜单中的表达式，有助于在制作MG动画时提高工作效率，打造出流畅而极富动感的动画效果。

最后，本章以案例的形式，在边学边做的情况下帮助读者快速掌握利用AE表达式制作动画的具体方法。

5.6 拓展训练

素材文件：素材\第5章\5.6 拓展训练	效果文件：效果\第5章\5.6 拓展训练.gif	视频文件：视频\第5章\5.6 拓展训练.MP4

根据本章所学知识制作一个小蜜蜂动画，效果如图 5-65所示。

图 5-65　最终效果

第 6 章

物体的基本运动

动画中的“运动规律”是研究时间、空间、张数、速度的概念及彼此之间的相互关系，从而处理好动画中动作节奏的规律。想要让动画影片中的各类元素“活”起来，必须要这些元素“动”起来，并且还要动得合理、自然、顺畅，动得符合物体的运动规律。此外，物体本身的属性、材质和所处环境等因素也会造就不同的运动状态，这些都需要我们在日常生活中多观察、多思考，来把握物体运动的自然规律。

本章将详细讲解3个动画制作实例，它们分别是纸飞机路径动画、小皮球弹跳动画和人物行走动画，这3个实例分别代表了3种不同属性物体的运动状态。

扫码观看本章案例教学视频

本章重点

视图切换及应用 | 路径的调节

“CC Sphere（CC球体）”效果 | 弹性动画制作

父子级链接 | 操控点工具的使用

6.1 案例：纸飞机路径动画

纸飞机的飞翔运动是利用重力与升力这两种力量交互作用形成的，纸飞机本身的重量会牵引机身向下掉落，机翼则会借助空气，让纸飞机在空中漂浮。一上一下两股力量，加上飞行的动力（即投掷纸飞机时所产生的动能），三股力量的平衡，从而造就了纸飞机在空中飞翔的优美姿态。

接下来，就为各位读者详细讲解制作纸飞机路径动画的方法。

素材文件：素材\第6章\6.1 纸飞机路径动画	效果文件：效果\第6章\6.1 纸飞机路径动画.gif	视频文件：视频\第6章\6.1 纸飞机路径动画.MP4

6.1.1 绘制纸飞机

01 启动 After Effects CC 2018 软件，进入其操作界面。执行“合成”|“新建合成”命令，创建一个预设为“HDV/HDTV 720 25”的合成，设置“持续时间”为 5 秒，设置“背景颜色”为中间色青色（# BAFCFE），并设置合成名称为“纸飞机”，然后单击“确定”按钮，如图 6-1 所示。

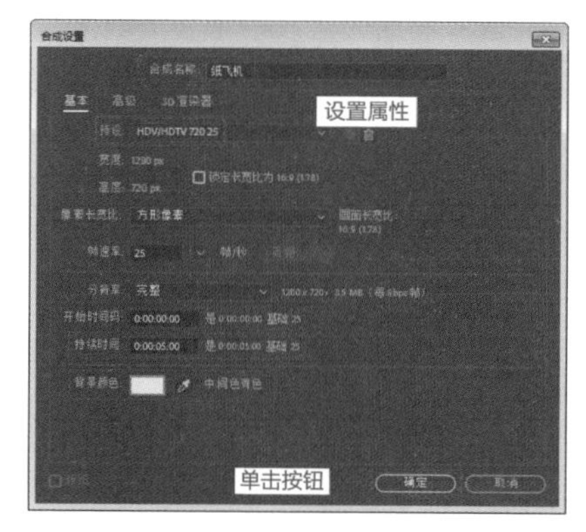

图 6-1　创建合成

02 进入操作界面，在“合成”窗口的“视图”下拉列表中，切换到“顶部”视图。然后在工具栏选择“钢笔”工具，在“顶部”视图的左上角位置绘制一个白色无描边的三角形，如图 6-2 所示。

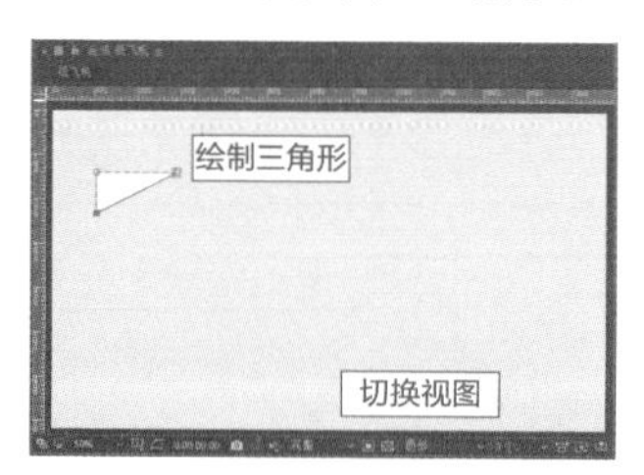

图 6-2　绘制白色三角形

03 在工具栏选择向后平移（锚点）工具，在“合成”窗口将三角形的锚点移动到图 6-3 所示位置。

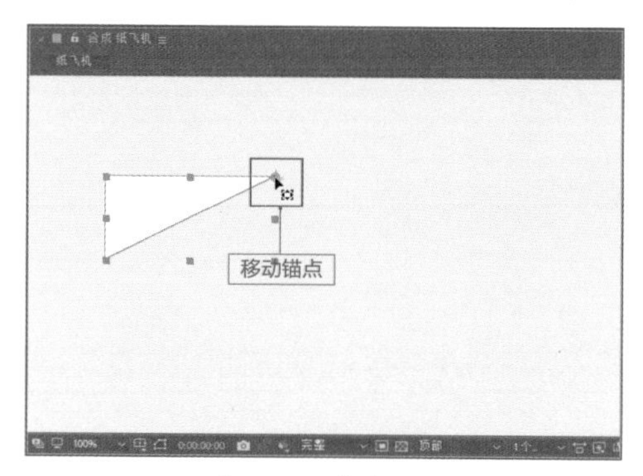

图 6-3　移动锚点

04 在图层面板中，修改形状图层的名称为“机翼 1”，然后激活“机翼 1”图层的“3D 图层”开关，接着展开“机翼 1”图层的“变换”属性，设置其“X 轴旋转”参数为 0×-90°，如图 6-4 所示。

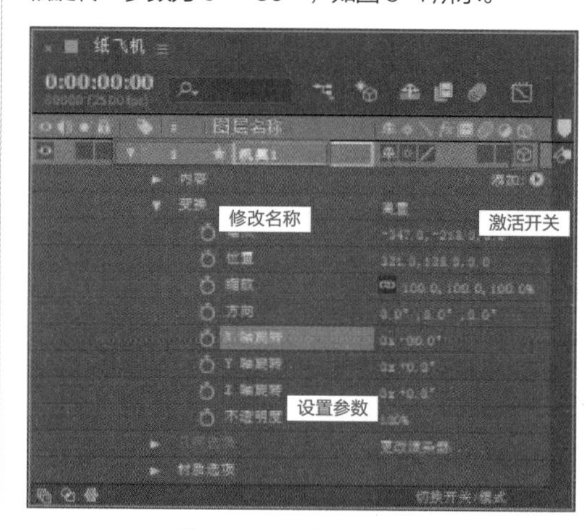

图 6-4　设置形状图层

05 设置“X 轴旋转”参数后的“机翼 1”图层位置会发生改变，在“合成”窗口将其拖动调整到左上角原位置，如图 6-5 所示。

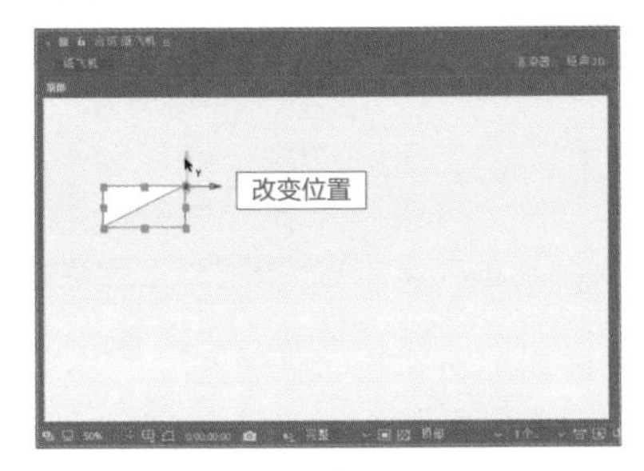

图 6-5 调整图层位置

06 选择“机翼 1”图层，按快捷键 Ctrl+D 进行图层复制，然后展开复制出的“机翼 2”图层的“变换”属性，修改其“X 轴旋转”参数为 0×+90°，如图 6-6 所示。

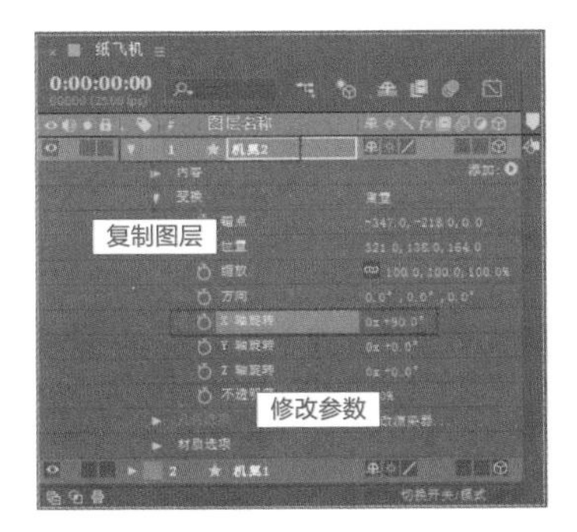

图 6-6 修改“X轴旋转”参数

07 上述操作后，在“合成”窗口中可以预览到“机翼 1”图层和“机翼 2”图层相对称，如图 6-7 所示。

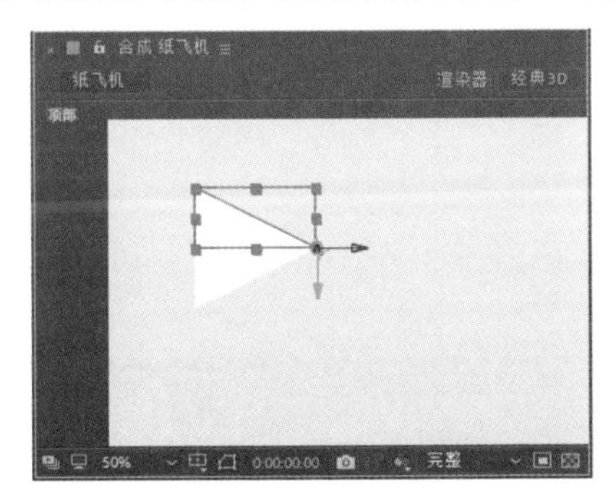

图 6-7 预览效果

08 选择“机翼 2”图层，按快捷键 Ctrl+D 进行图层复制，将复制出的新图层命名为“机身”，接着展开“机身”图层的“变换”属性，设置“X 轴旋转”参数为 0×+0°，如图 6-8 所示。

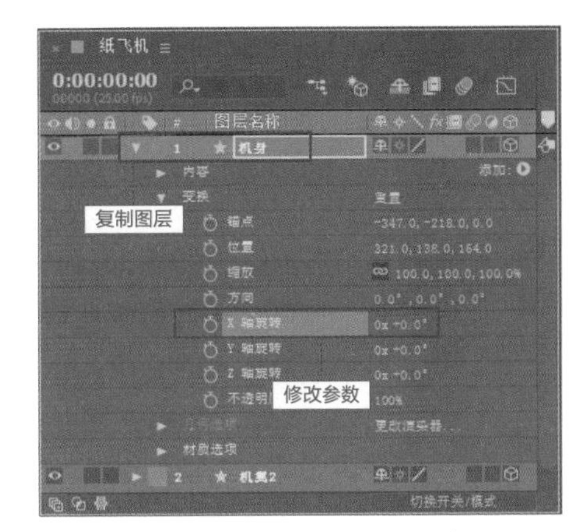

图 6-8 修改“X轴旋转”参数

09 在图层面板中，设置“机翼 1”图层的“Z 轴旋转”参数为 0×-5°，设置“机翼 2”图层的“Z 轴旋转”参数为 0×-5°，如图 6-9 所示。设置完成后，在“合成”窗口对应的预览效果如图 6-10 所示。

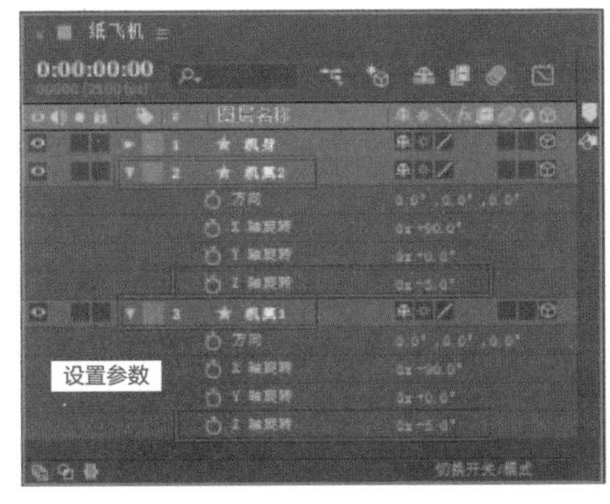

图 6-9 设置“Z轴旋转”参数

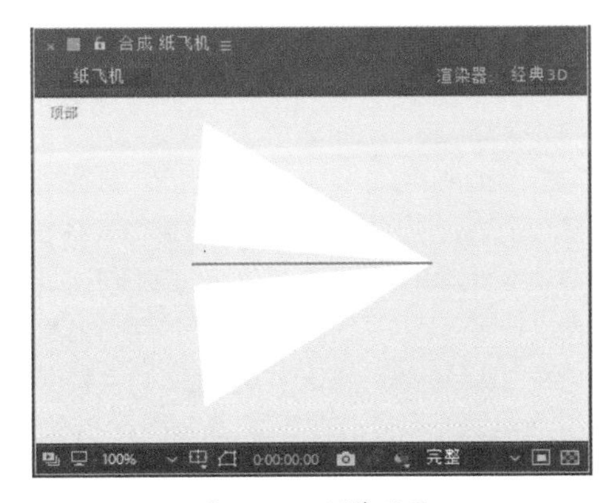

图 6-10 预览效果

10 在图层面板中选择“机身”图层，按快捷键 Ctrl+D 复制出两个新图层“机身 2”和“机身 3”，然后设置“机身2”图层的“Y轴旋转”参数为0×+5°，设置“机身3”图层的“Y轴旋转”参数为0×-5°，如图6-11所示。设置完成后，在“合成”窗口对应的预览效果如图6-12所示。

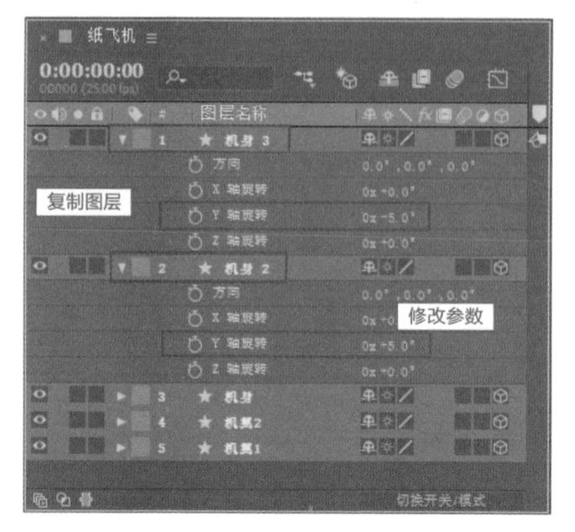

图 6-11 设置“Y轴旋转”参数

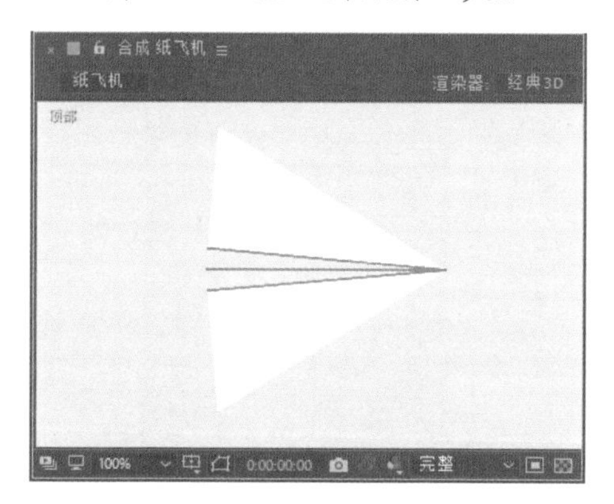

图 6-12 预览效果

11 切换至“正面”视图，然后在图层面板中同时选中3个机身图层，在“合成”窗口将机身的高度向上缩短一些，如图6-13所示。

12 在图层面板中选择“机身2”图层，修改其填充颜色为青色（#C7CFCE）；选择“机身3”图层，修改其填充颜色为灰色（# E6E6E6），方便进行区分。在“合成”窗口切换两个视图，然后在工具栏选择“旋转”工具，以“机身”图层为中线参考，分别选择“机身2”和“机身3”图层，在“合成”窗口的“顶部”视图中绕X轴旋转图层，直到在“左侧”视图中看到“机身2”和“机身3”图层拼凑在一起，效果如图6-14所示。

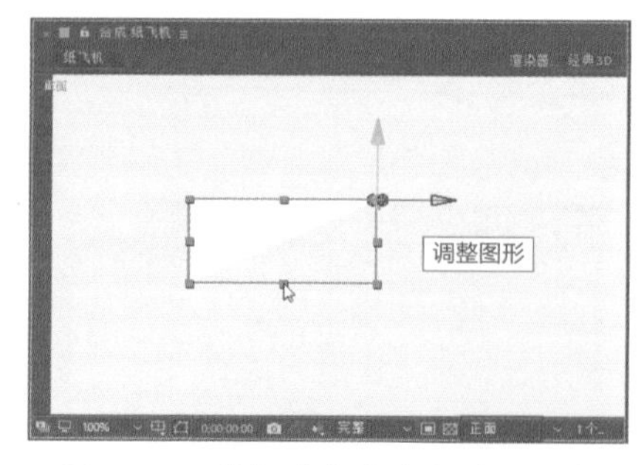

图 6-13 将机身高度向上缩短一些

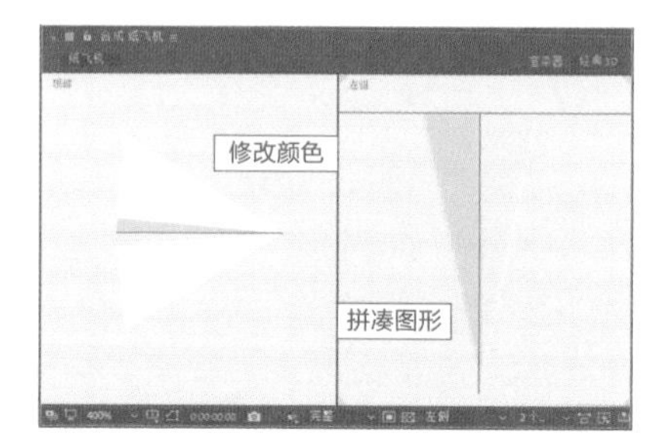

图 6-14 旋转机身使其对称

13 切换至“自定义视图1”视图，按快捷键C可切换“统一摄像机”工具调整视角，效果如图6-15所示。

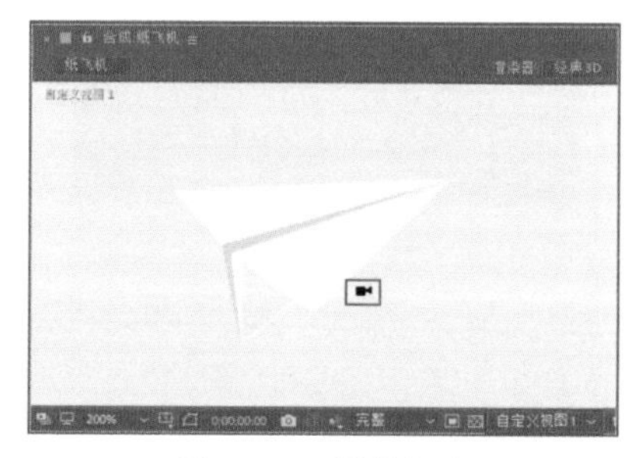

图 6-15 调整视角

14 以“机身”图层为基准设置路径动画，将“机身”图层移到图层面板顶层，然后将其他4个图层的父级统一链接到“机身”图层上，如图6-16所示。

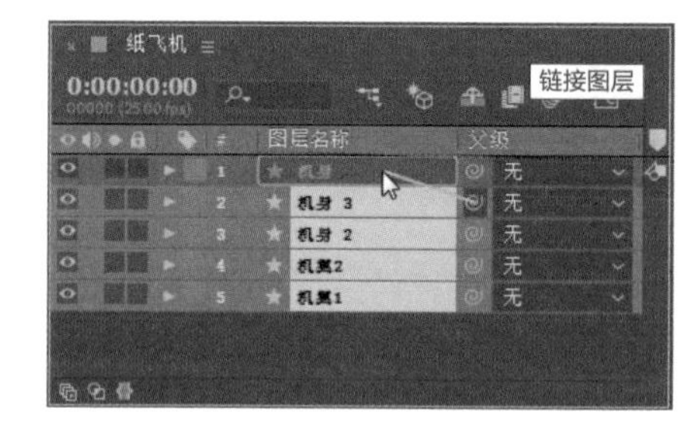

图 6-16 链接图层

提示

链接父级后，如果机翼发生位置错乱的情况，可以旋转机翼摆正位置。

15 同时选择除“机身”图层以外的其他4个图层，单击“消隐”按钮，使其变为状态，如图6-17所示。

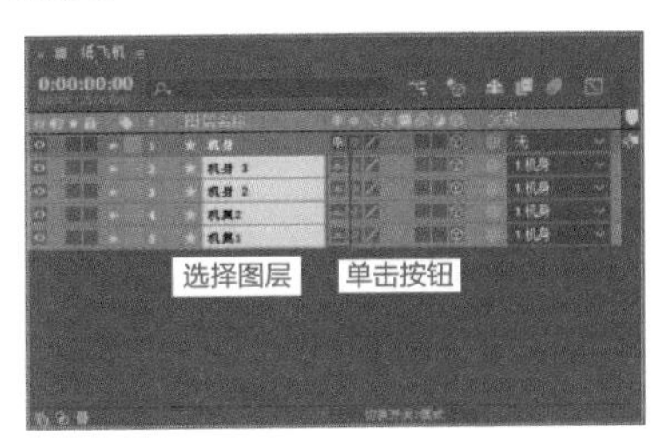

图 6-17　单击图层“消隐”按钮

16 单击图层面板右上角的按钮，上述执行了“消隐”操作的4个图层将被隐藏，如图6-18所示。

图 6-18　隐藏“消隐”图层

17 在图层面板中选择“机身”图层，为其执行“图层”|“变换”|“自动定向”菜单命令（快捷键Ctrl+Alt+O），在弹出的“自动方向”对话框中选择“沿路径定向”选项，单击“确定”按钮，如图6-19所示。

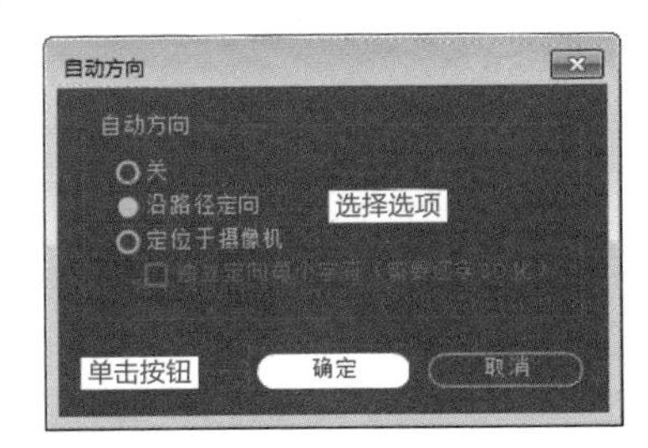

图 6-19　选择“沿路径定向”选项

18 为了方便之后的动画设置，在“合成”窗口将当前视图暂时切换为“顶部”视图，如图6-20所示。

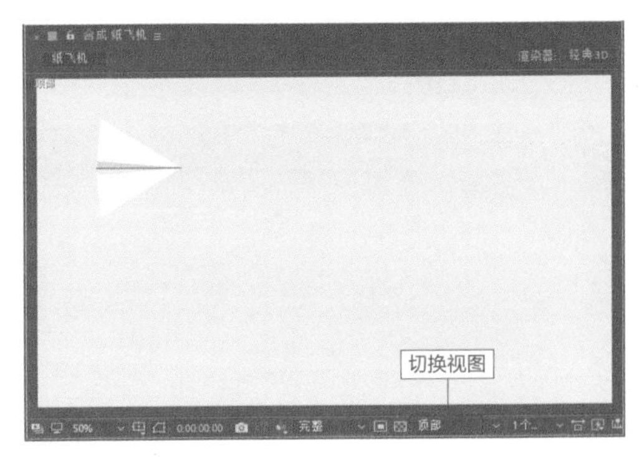

图 6-20　切换为“顶部”视图

6.1.2　制作盘旋动效 

01 接下来要为纸飞机制作盘旋动效。选择“机身”图层，按快捷键P展开其“位置”属性，在第0帧位置，单击“位置”属性前的“时间变化秒表”按钮设置关键帧，这里默认的“位置”参数为321、138、164，如图6-21所示。在“合成”窗口对应的预览效果如图6-22所示。

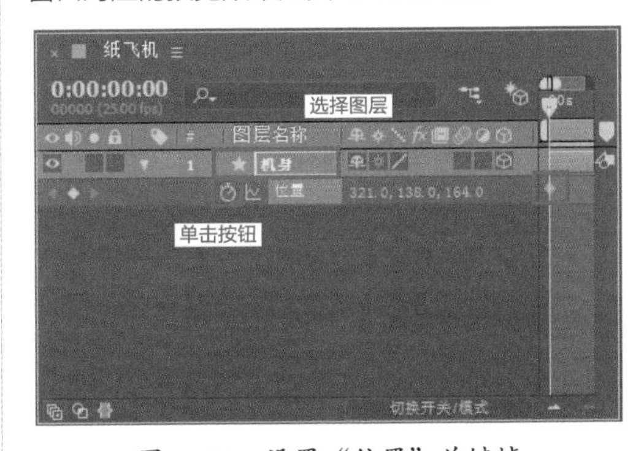

图 6-21　设置“位置”关键帧

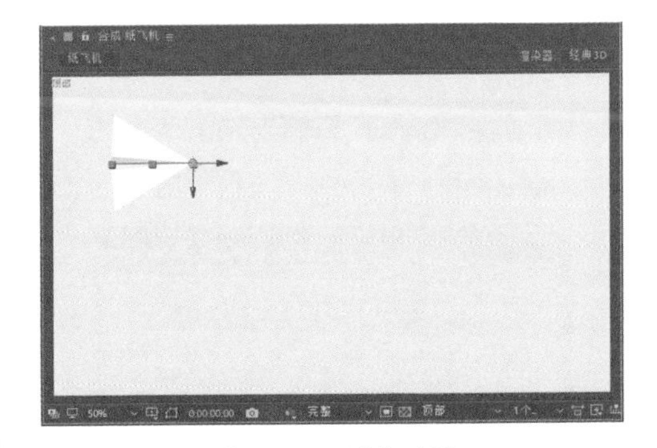

图 6-22　预览效果

02 调整时间点到1秒处，然后将“合成”窗口中的纸飞机沿X轴向右拖拽一段距离，如图

6-23 所示。调整位置后，在图层面板对应的参数如图 6-24 所示。

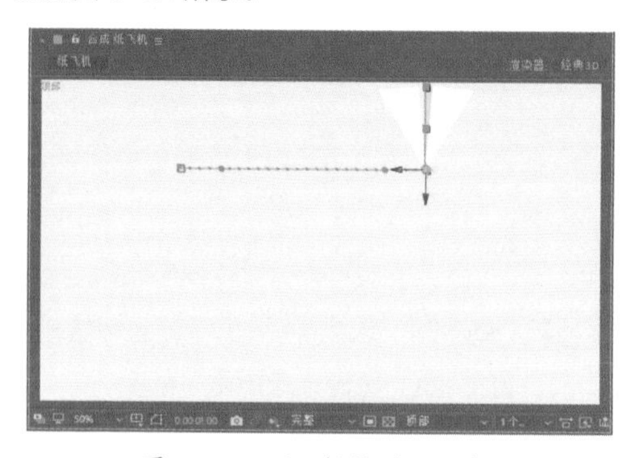

图 6-23　沿X轴拖动纸飞机

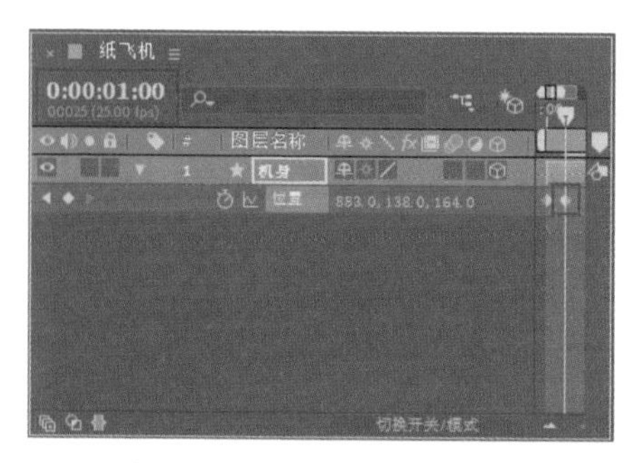

图 6-24　图层面板对应参数

03 在第 2 秒处参照图 6-25 所示调整纸飞机的位置，在第 3 秒处参照图 6-26 所示调整纸飞机的位置，并且让路径尽可能圆滑一些。

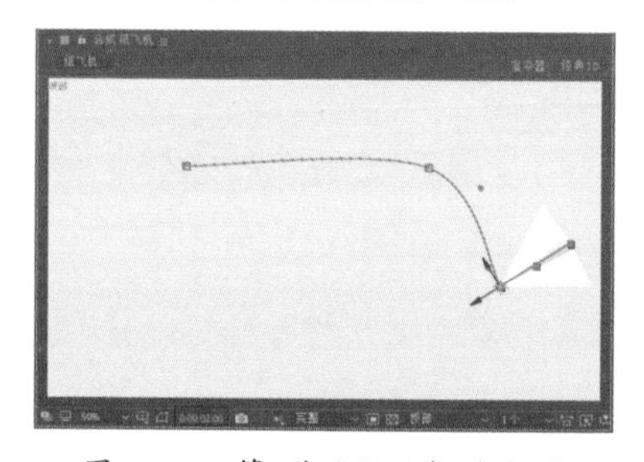

图 6-25　第2秒处纸飞机的位置

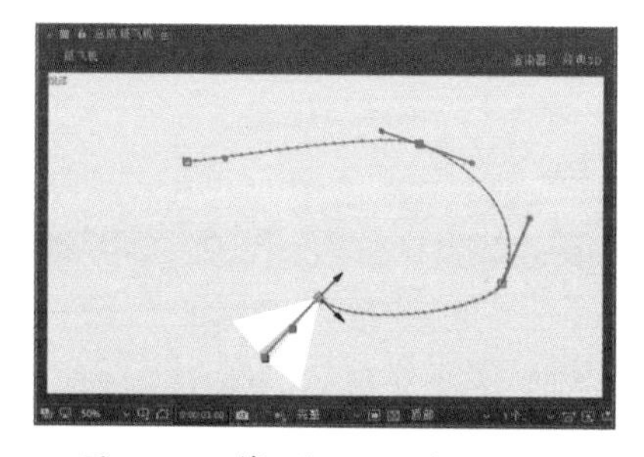

图 6-26　第3秒处纸飞机的位置

04 继续在第 4 秒处参照图 6-27 所示调整纸飞机的位置，在第 4 秒 22 帧处参照图 6-28 所示调整纸飞机的位置。

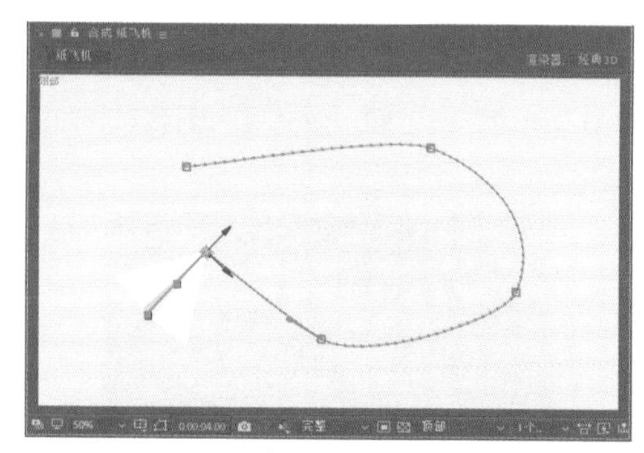

图 6-27　第4秒处纸飞机的位置

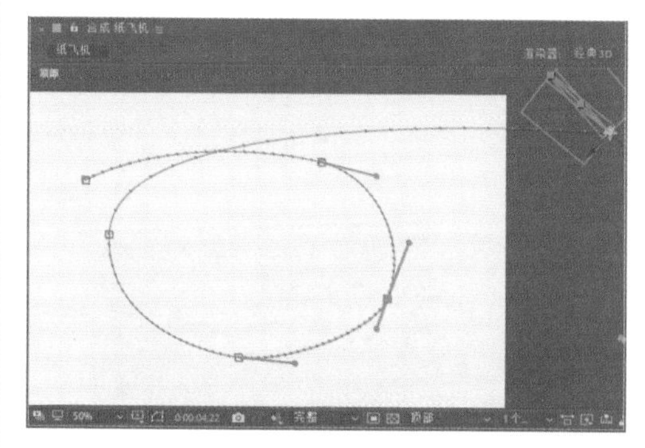

图 6-28　第4秒22帧处纸飞机的位置

05 盘旋路径动画设置完成后，在“合成”窗口将视图切换为“4 个视图”，然后通过节点手柄调整曲线的圆滑度，调整效果如图 6-29 所示。

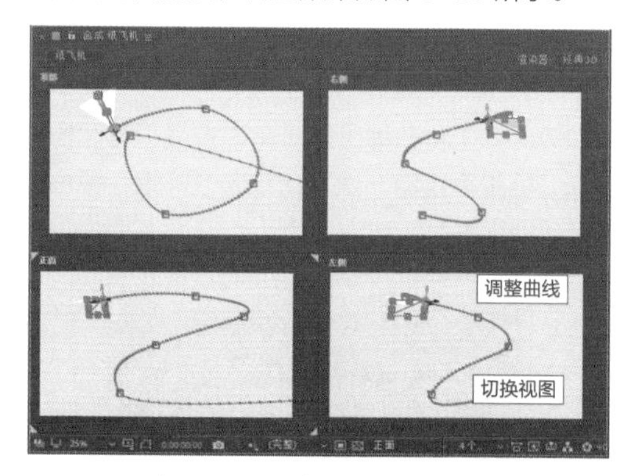

图 6-29　调整曲线的圆滑度

06 选择“机身”图层，展开其“变换”属性，设置“Y 轴旋转”参数为 0×-90°，如图 6-30 所示。

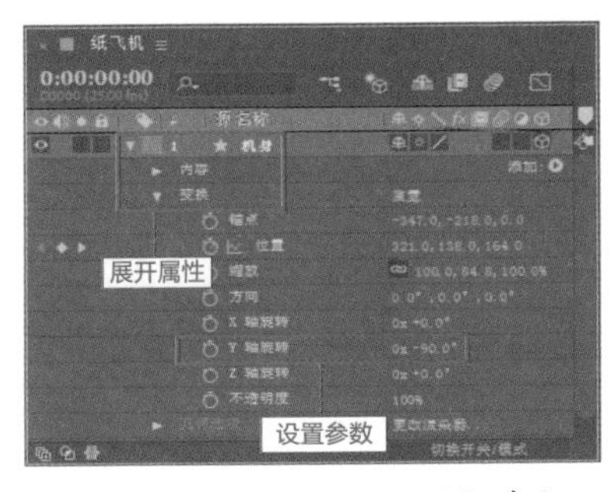

图 6-30　设置“Y轴旋转”参数

07 在“合成”窗口切换不同的视图进行效果预览，并根据实际效果微调曲线，使纸飞机的运动更加流畅，如图 6-31 所示。

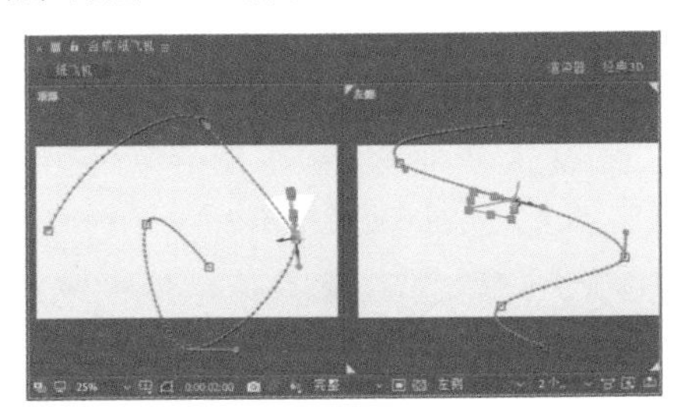

图 6-31　根据动效进行微调

提示

曲线路径需要根据动效情况来进行对应调整，圆滑平缓的曲线可以使飞机保持匀速运动。

08 为了让飞机在旋转降落的过程中有角度偏移，在图层面板中为“方向”属性设置关键帧动画，对应“位置”关键帧所处时间点，分别设置绕X轴旋转角度为0°、25°、25°、0°，如图6-32 所示。

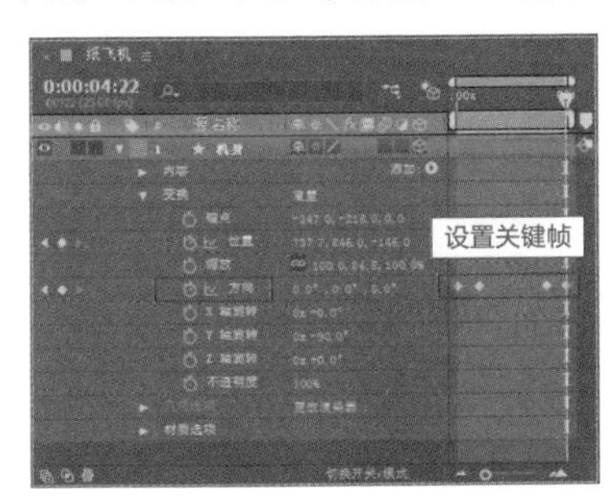

图 6-32　设置“方向”关键帧

09 在图层面板中参照图 6-33 所示设置“缩放”属性，将纸飞机整体缩放至原来的 80%。

10 在图层面板中单击按钮将“机身”图层进行隐藏，如图 6-34 所示。

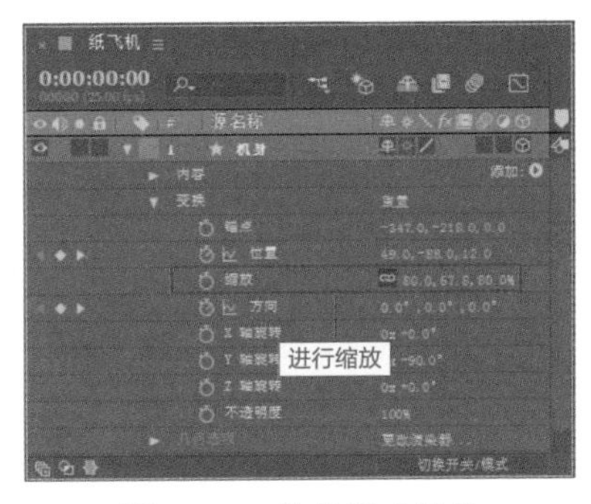

图 6-33　进行适当缩放

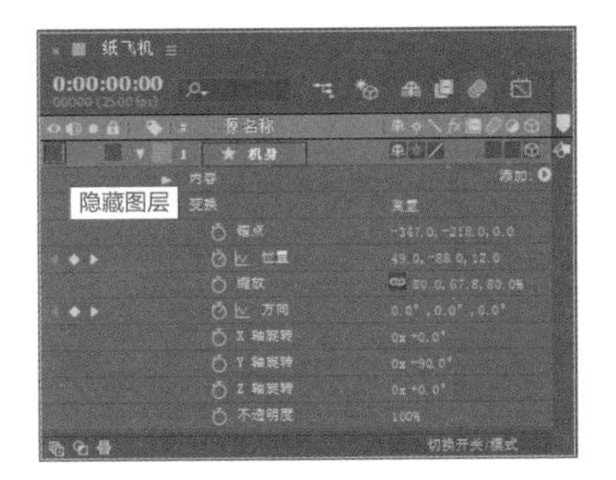

图 6-34　隐藏“机身”图层

11 至此，纸飞机路径动画就制作完成了，切换至“正面”视图，按小键盘上的 0 键可以预览效果，如图 6-35 所示。

图 6-35　最终效果

6.2 案例：小皮球弹跳动画

球体弹跳运动蕴含了最基本的运动规律，制作小皮球自由落体弹跳动画时需要注意的是，模拟从最高点落下，因为加速度的原因小皮球会产生拉伸变形。此外，因为小皮球本身的材质比较特殊，在落到地面的瞬间，会发生比较严重的形变。

上述这些都是设计师在制作小皮球弹跳动画时需要特别注意的，接下来就通过实例讲解如何制作一个小皮球弹跳动画。

素材文件：素材\第6章\6.2 小皮球弹跳动画	效果文件：效果\第6章\6.2 小皮球弹跳动画.gif	视频文件：视频\第6章\6.2 小皮球弹跳动画.MP4

6.2.1 创建小球

01 启动 After Effects CC 2018 软件，进入其操作界面。执行“合成”|“新建合成”命令，创建一个预设为“自定义”的合成，设置大小为800px×600px，设置“持续时间”为5秒，设置“背景颜色”为黑色，并设置合成名称为“条纹”，然后单击“确定”按钮，如图 6-36 所示。

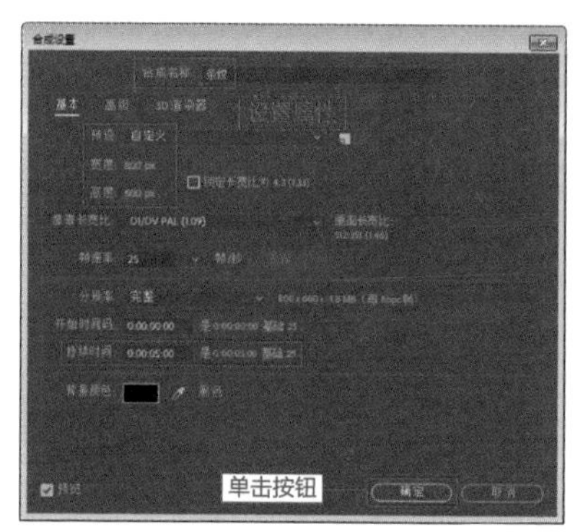

图 6-36 创建合成

02 进入操作界面后，在“合成”窗口单击按钮，切换到透明网格方便观察，如图 6-37 所示。

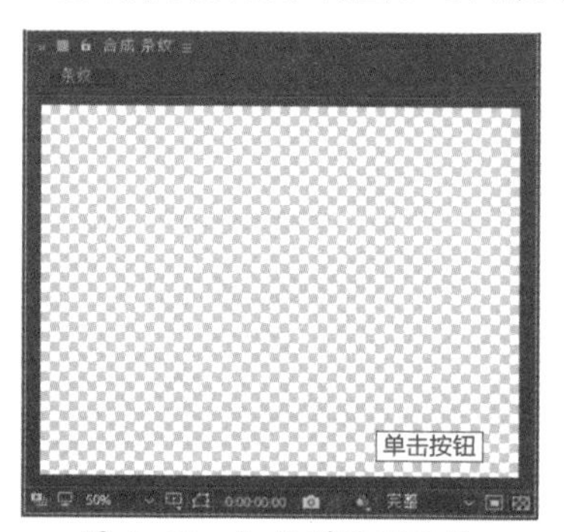

图 6-37 切换到透明网格

03 在工具栏双击“矩形”工具，会在“合成”窗口自动创建一个与合成大小一致的默认黑色矩形，修改该矩形的填充颜色为蓝色（#5BBEDA），如图 6-38 所示。

图 6-38 创建一个蓝色矩形

04 在图层面板中设置上述矩形的“大小”参数为200、600，设置其“位置”参数为 -338、0，如图 6-39 所示。

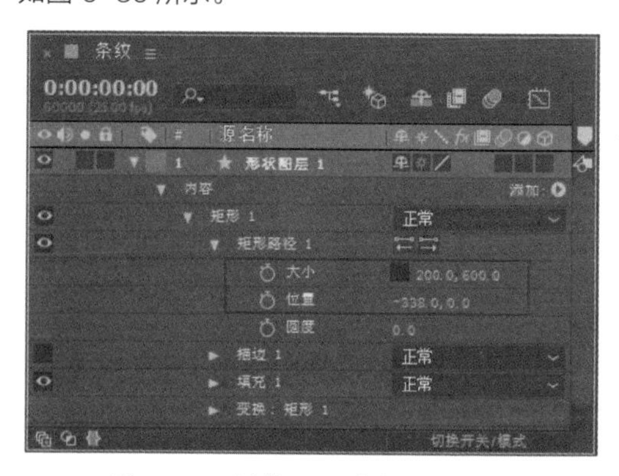

图 6-39 调整矩形的大小及位置

05 上述操作后，在“合成”窗口对应的预览效果如图 6-40 所示。继续在图层面板中选择“矩形1”，按快捷键 Ctrl+D 复制出一个同样大小的矩形，如图 6-41 所示。

图 6-40　预览效果

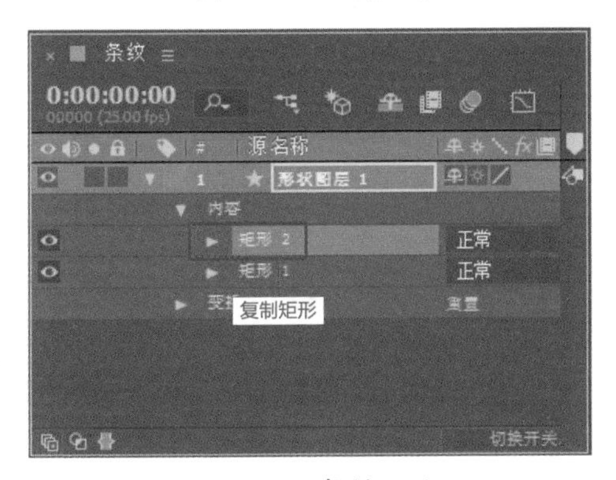

图 6-41　复制矩形

06 将“矩形 2”的填充颜色修改为红色（#F05C5C），然后调整其“位置”参数为 100、0，如图 6-42 所示。操作完成后，在“合成”窗口对应的预览效果如图 6-43 所示。

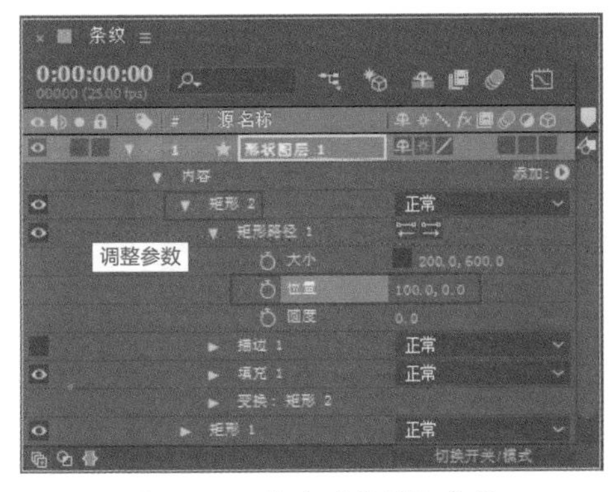

图 6-42　修改“位置”参数

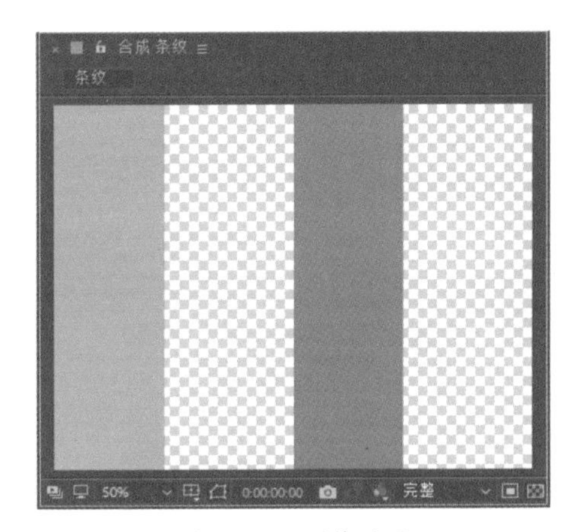

图 6-43　预览效果

07 按快捷键 Ctrl+Y 创建一个与合成大小一致的白色固态层，如图 6-44 所示。然后将创建的固态层放置在“形状图层 1”下方，在“合成”窗口对应的预览效果如图 6-45 所示。

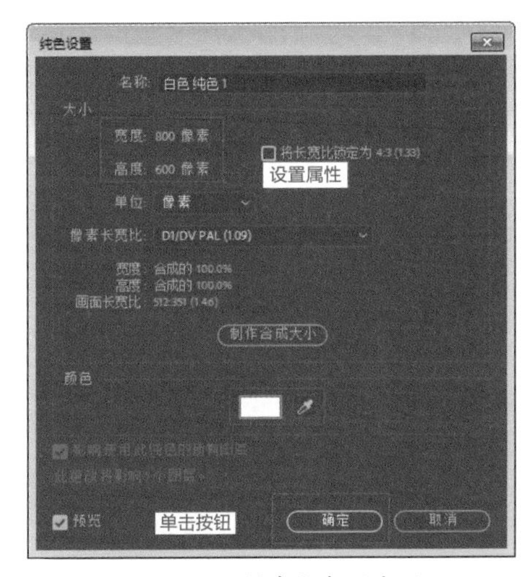

图 6-44　创建白色固态层

图 6-45　预览效果

08 在工具栏选择直排文字工具，在“合成”窗口输入文字“Rubber Ball”，然后设置其字体为“Edwardian Script ITC”，设置字号大小为 98px，设置文字颜色为蓝色（# 5BBEDA），如图 6-46 所示。设置好文字参数后，将其移动摆放到合适位置，效果参照图 6-47 所示。

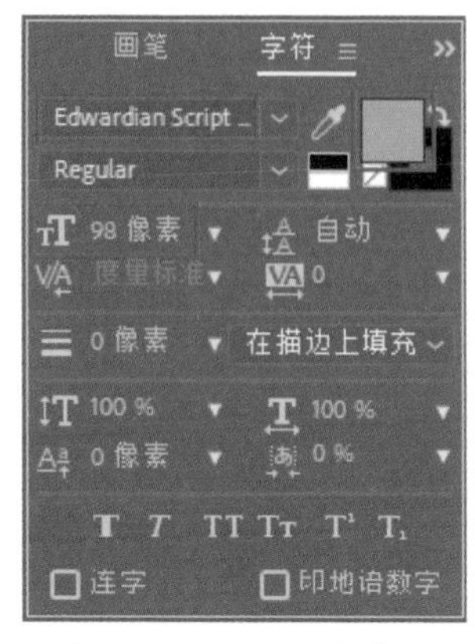

图 6-46 设置文字参数

图 6-47 预览效果

09 按快捷键 Ctrl+N 创建一个预设为“自定义”的合成，设置大小为 800px × 600px，设置“持续时间”为 5 秒，设置“背景颜色”为黑色，并设置合成名称为“小球动效”，然后单击“确定”按钮，如图 6-48 所示。

10 将“项目”窗口中的“条纹”合成拖入“小球动效”合成的图层面板，选择“条纹”图层，为其执行“效果” | “透视” | “CC Sphere（CC 球体）”菜单命令，在“合成”窗口对应的默认效果如图 6-49 所示。

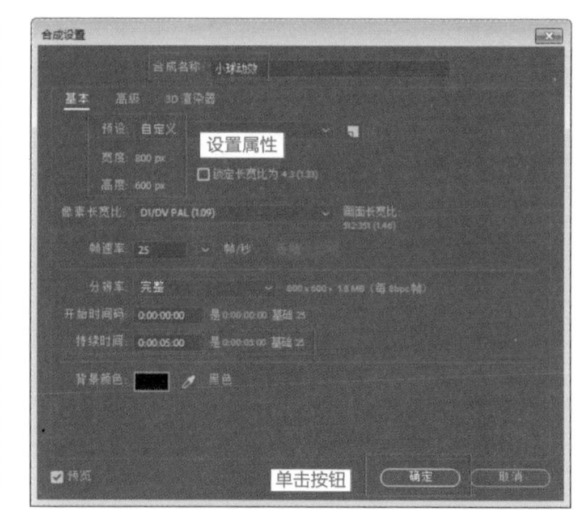

图 6-48 创建合成

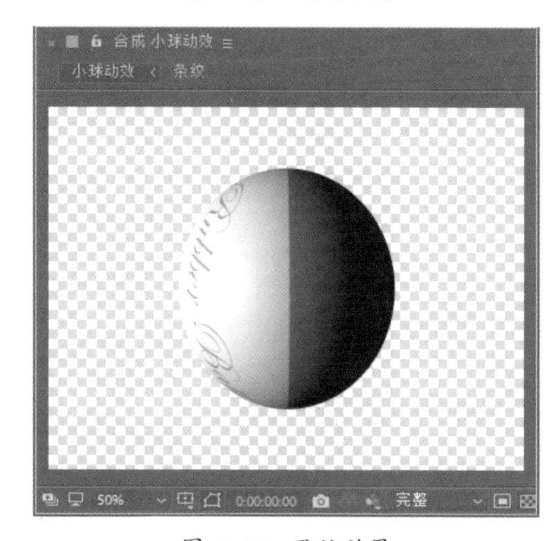

图 6-49 默认效果

11 在“效果控件”面板展开“Shading（明暗）”属性栏，参照图 6-50 所示进行参数设置，使小球呈现扁平化状态，如图 6-51 所示。

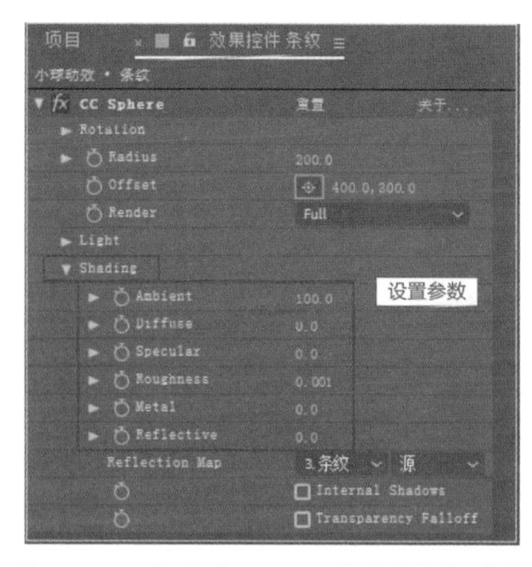

图 6-50 设置“Shading（明暗）”参数

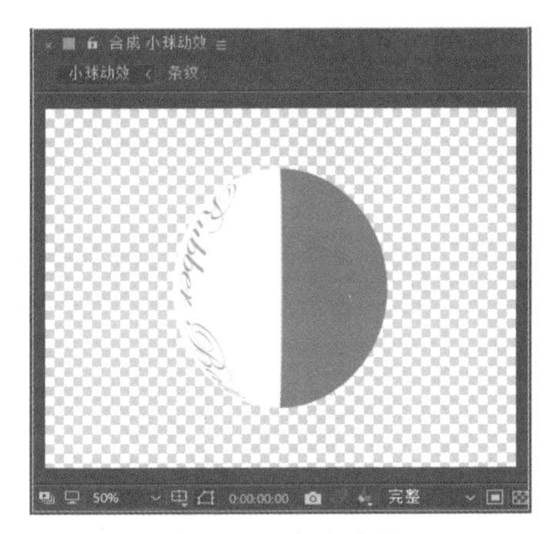

图 6-51　扁平效果

12 在“效果控件”面板展开“Rotation（旋转）”属性栏，按住 Alt 键并单击“Rotation X（X 轴旋转）”属性前的“时间变化秒表”按钮，激活其表达式窗口，输入表达式“time*-280”，如图 6-52 所示。输入表达式后，小球会生成旋转动画效果，如图 6-53 所示。

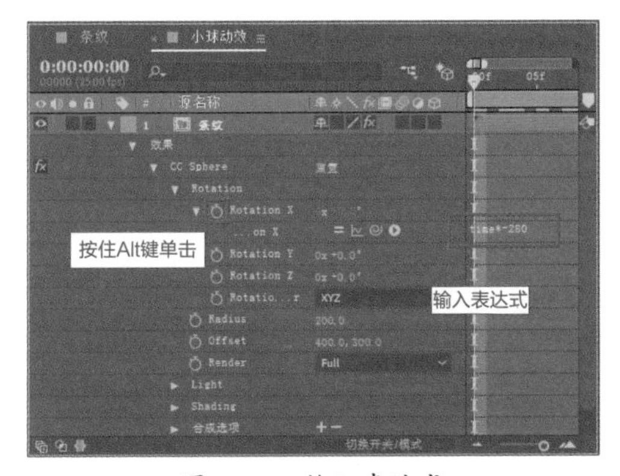

图 6-52　输入表达式

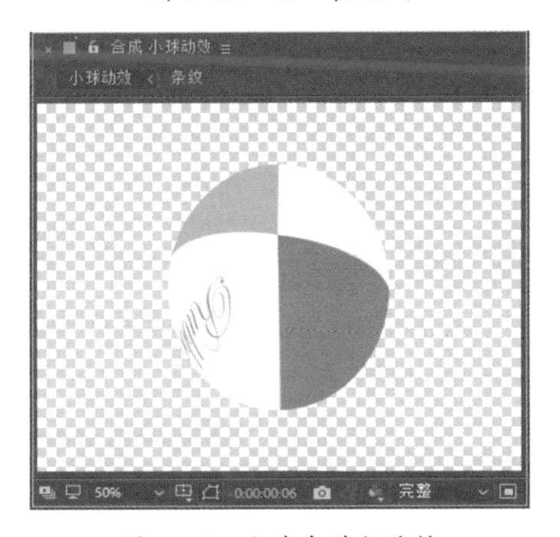

图 6-53　小球会进行旋转

提示

上述操作中输入的表达式数值越大，小球的旋转速度会越快，正负值用来调整小球的旋转方向。

13 在“效果控件”面板设置“Rotation Y（Y 轴旋转）”属性参数为 0×+52°，设置“Rotation Z（Z 轴旋转）”属性参数为 0×+53°，如图 6-54 所示。设置上述参数后，可以使“合成”窗口中的小球适当地偏移一些，如图 6-55 所示。

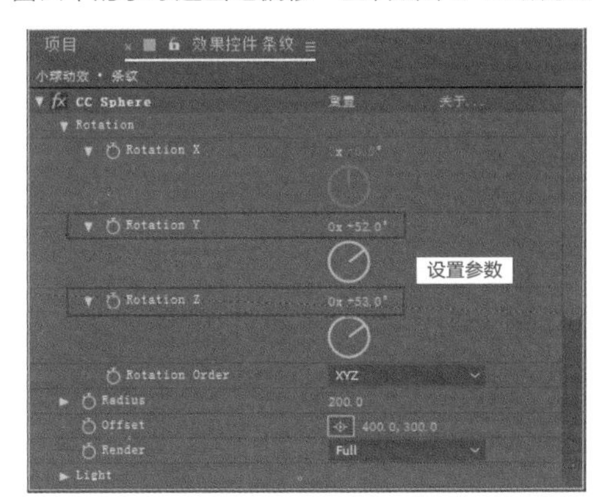

图 6-54　设置旋转参数

图 6-55　使小球适当偏移

14 为了使小球更加立体生动，还需要为其添加阴影。在工具栏选择“钢笔”工具，将填充颜色设置为黑色，然后在“合成”窗口的小球上方绘制一个如图 6-56 所示的阴影形状。

15 在图层面板中选择“条纹”图层，按快捷键 Ctrl+D 复制一层放置在“形状图层 1”上方。然后选择“形状图层 1”，将该图层的 TrkMat 设置为“Alpha 遮罩‘条纹’”，如图 6-57 所示。

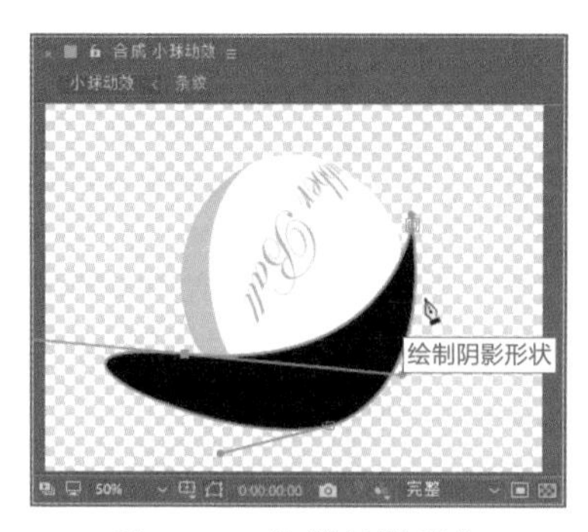

图 6-56 绘制阴影形状

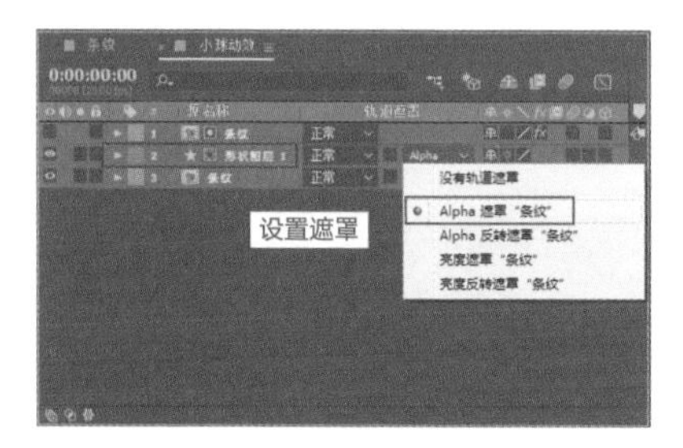

图 6-57 设置图层遮罩

16 选择“形状图层 1”，按快捷键 T 展开其“不透明度”属性，设置“不透明度”参数为 20%，如图 6-58 所示。设置完成后，在“合成”窗口对应的预览效果如图 6-59 所示。

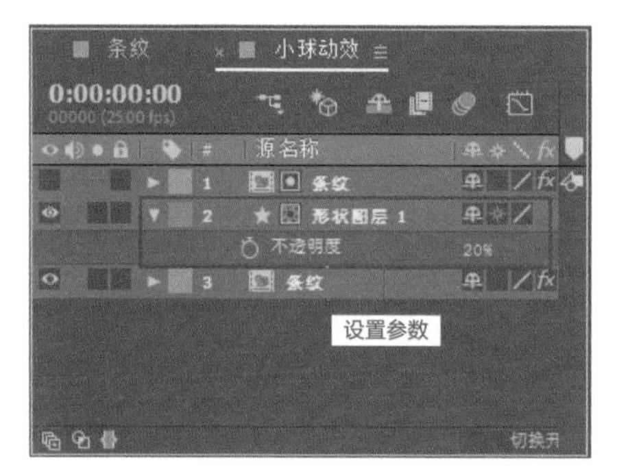

图 6-58 设置“形状图层1”的不透明度

图 6-59 预览效果

6.2.2 制作小球弹跳动画 

01 按快捷键 Ctrl+N 创建一个预设为“自定义”的合成，设置大小为 800px × 600px，设置“持续时间”为 2 秒，设置“背景颜色”为中间色红色（# FFB1B1），并设置合成名称为“合成”，然后单击“确定”按钮，如图 6-60 所示。

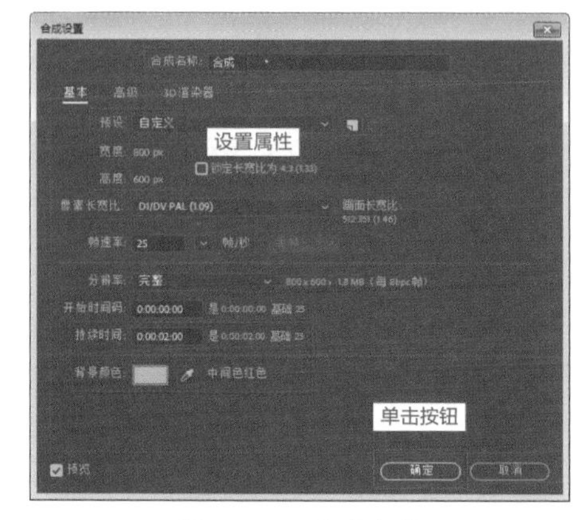

图 6-60 创建合成

02 将“项目”窗口中的“小球动效”合成拖入图层面板，按快捷键 P 展开其“位置”属性，设置小球弹跳动画主要是通过调整 Y 轴位置来实现，因此需要右键单击“位置”属性，在弹出的快捷菜单中选择“单独尺寸”命令，拆分“位置”属性，然后按快捷键 Shift+S 展开其“缩放”属性，如图 6-61 所示。

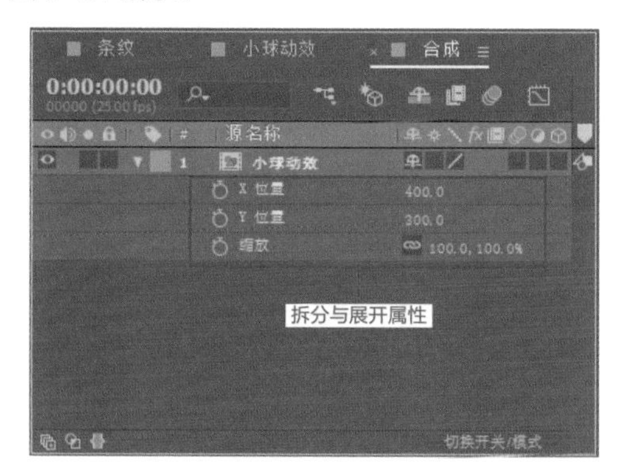

图 6-61 拆分与展开属性

03 在第 0 帧位置，单击“Y 位置”及“缩放”属性前的“时间变化秒表”按钮，设置关键帧动画，并修改“Y 位置”参数为 200，设置“缩放”参数为 30%、30%，如图 6-62 所示。设置完成后，在“合成”窗口对应的预览效果如图 6-63 所示。

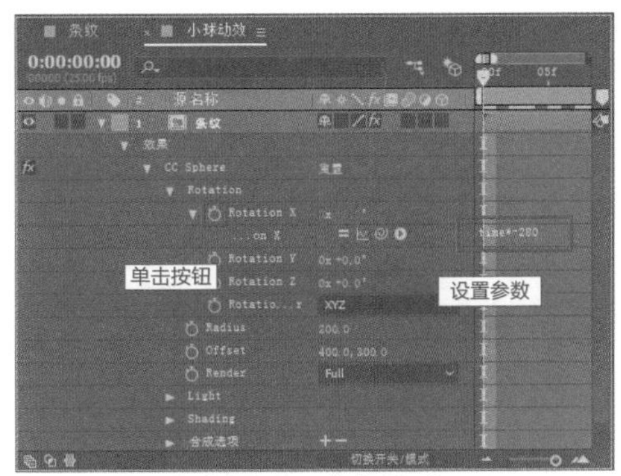

图 6-62　参数设置

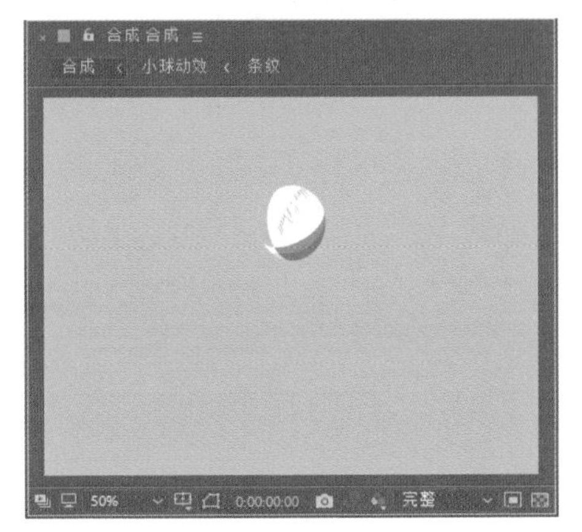

图 6-63　预览效果

04 在第 15 帧处设置“Y 位置”参数为 400，然后在第 17 帧处单击“Y 位置”属性前的◇按钮，插入一个数值为 400 的关键帧，使小球在落地的瞬间停留一段时间，如图 6-64 所示。

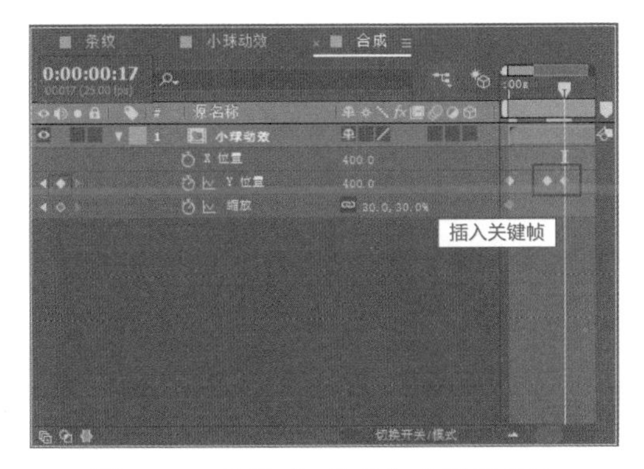

图 6-64　设置“Y位置”关键帧动画

05 在第 1 秒 07 帧时间点设置“Y 位置”参数为 200，并按 F9 键将所有“Y 位置”关键帧转换为缓入缓出关键帧，然后在时间线窗口将工作区域缩短至 1 秒 08 帧位置，如图 6-65 所示。

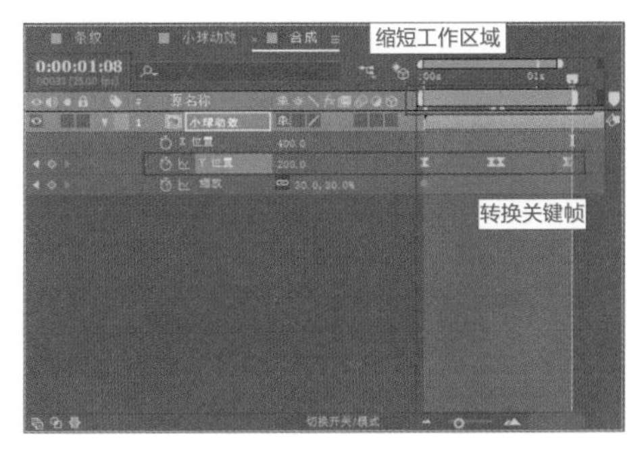

图 6-65　转换关键帧并缩短工作区域

06 在图层面板右上角单击按钮，打开图表编辑器，将“Y 位置”属性的曲线调节至如图 6-66 所示形状，使小球在下落过程中产生加速度。

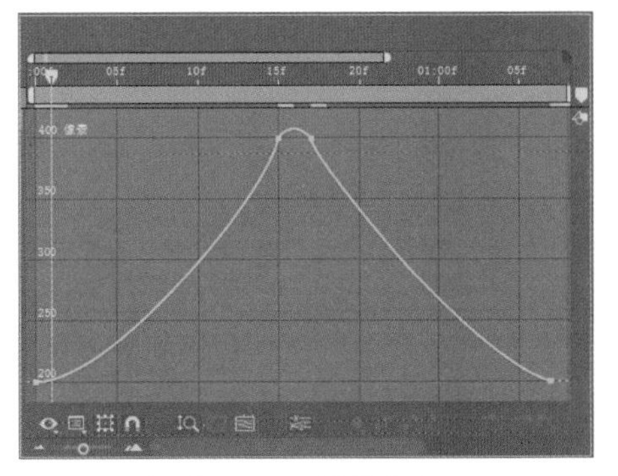

图 6-66　调节曲线

07 再次单击按钮，返回时间线窗口。小球在下落过程中会产生形变，这里需要通过设置“缩放”属性关键帧动画来达到形变效果。在第 14 帧位置修改“缩放”参数为 28%、31%，在第 16 帧位置修改“缩放”参数为 33%、27%，在第 18 帧位置修改“缩放”参数为 28%、31%，在第 1 秒 07 帧位置修改“缩放”参数为 30%、30%，如图 6-67 所示。

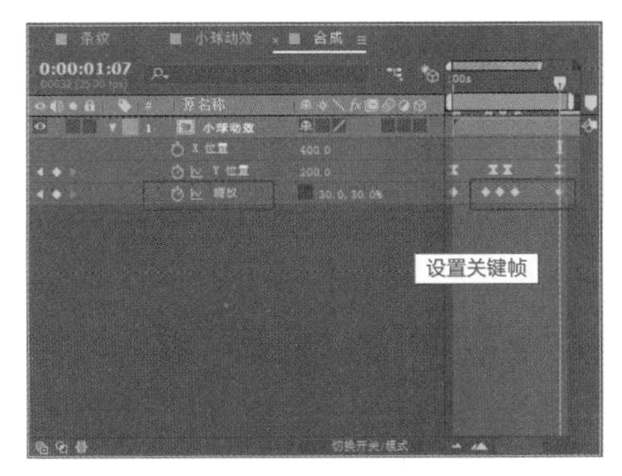

图 6-67　设置“缩放”关键帧

提示

调节曲线前，单击“选择图表类型和选项”按钮，确保勾选了菜单中的“编辑值图表”命令。

08 设置了“缩放”关键帧动画后，激活“小球动效”图层的“运动模糊”开关，在“合成”窗口预览动画效果，可以看到小球在弹跳过程中产生的运动模糊效果及形变效果，如图 6-68 所示。

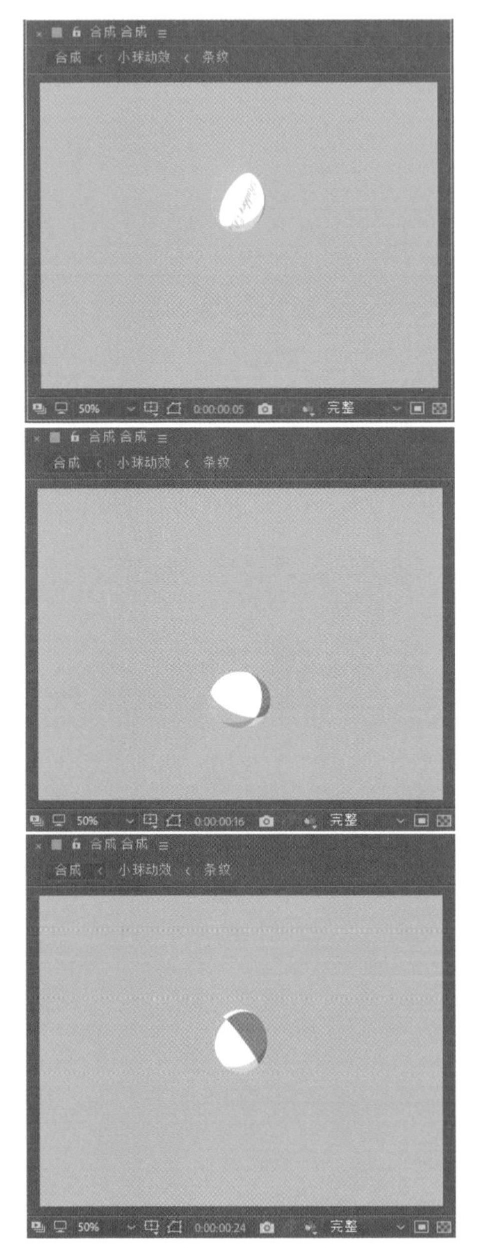

图 6-68　小球在下落过程中产生形变效果

09 接下来还需要为小球添加一个投影。在选中图层状态下双击“椭圆”工具按钮，在“合成”窗口创建一个填充色为黑色的圆，如图 6-69 所示。

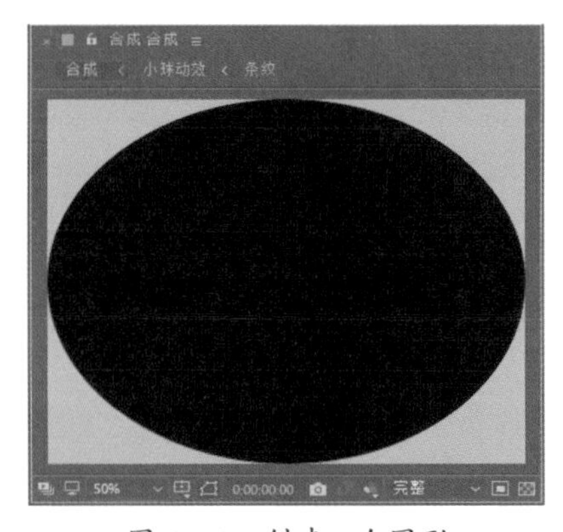

图 6-69　创建一个圆形

10 将上述创建的形状图层放置在“小球动效”图层的下方，然后展开其“椭圆路径 1”属性栏，设置“大小”参数为 106.2、33.8，如图 6-70 所示。

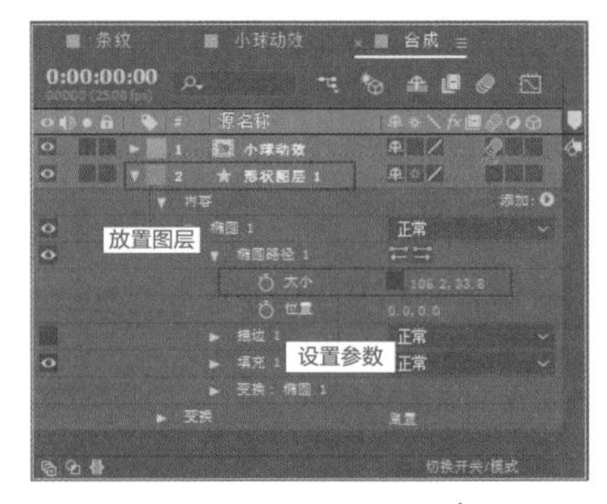

图 6-70　设置“大小”参数

11 展开“形状图层 1”图层的“变换”属性，设置“位置”参数为 400、461，同时调整“不透明度”参数为 20%，如图 6-71 所示。设置完成后，在“合成”窗口对应的预览效果如图 6-72 所示。

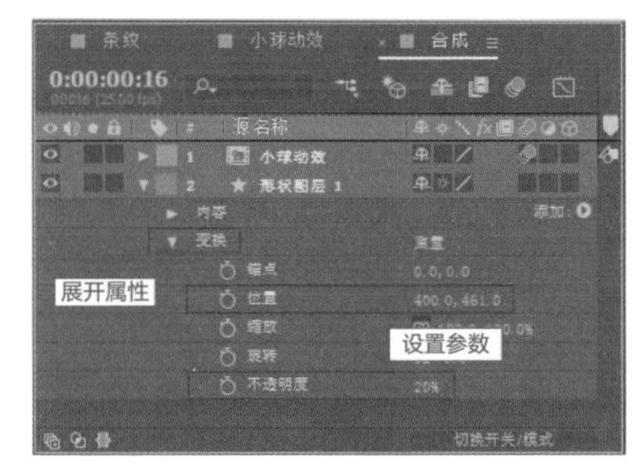

图 6-71　设置参数

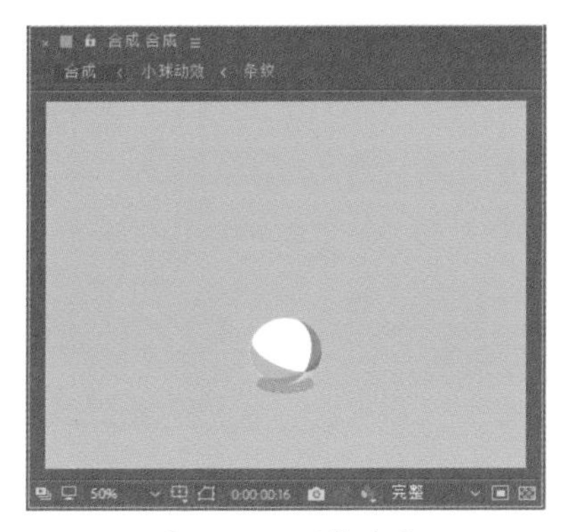

图 6-72　预览效果

12 阴影在小球运动的同时也会产生相应的变化，需要通过设置“缩放”属性关键帧动画来实现该效果。在第 0 帧处单击“缩放”属性前的“时间变化秒表”按钮，设置关键帧动画，并设置“缩放”参数为 100%、100%，对应落地的瞬间，在第 16 帧处设置“缩放”参数为 30%、30%，在第 1 秒 07 帧位置设置“缩放”参数为 100%、100%，并按 F9 键将“缩放”关键帧转换为缓入缓出关键帧，如图 6-73 所示。

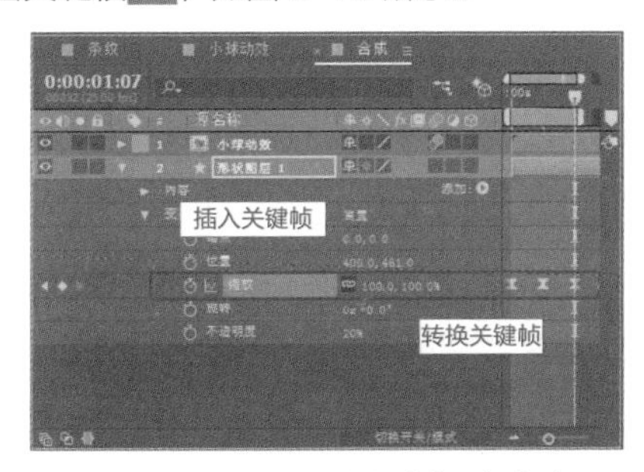

图 6-73　设置“缩放”关键帧

13 在图层面板右上角单击按钮，打开图表编辑器，将“缩放”属性的曲线调节至如图 6-74 所示的形状。

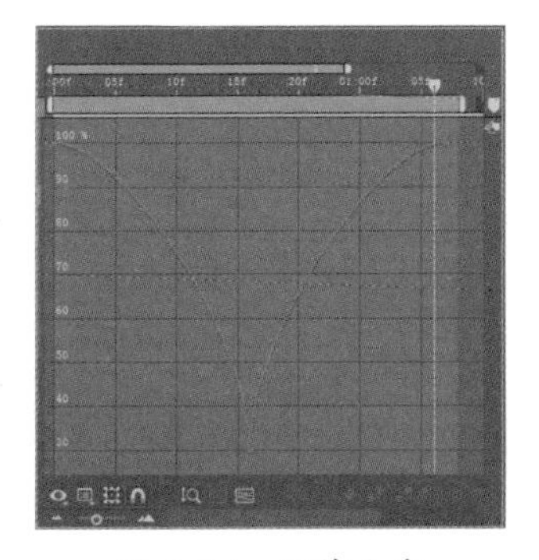

图 6-74　调节曲线

14 至此，小皮球弹跳动画就制作完成了，按小键盘上的 0 键可以预览效果，如图 6-75 所示。

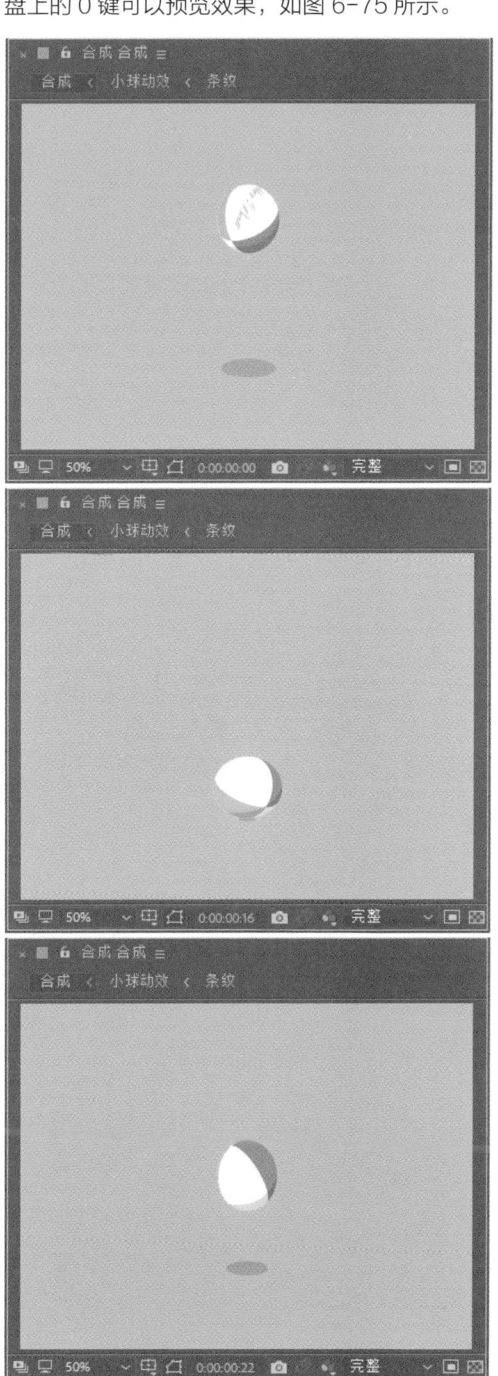

图 6-75　最终效果

6.3 案例：人物行走动画

人物行走即左右两脚交替前行，并带动躯干朝前运动的过程。为了保持身体的平衡，配合两条腿的屈伸、跨步，上肢的双臂还需要前后摆动。为了保持重心，总是需要一条腿支撑，另一条腿才能提起跨步。当迈出步子双脚着地时，头顶就略低；当一脚支地，另一只脚抬起朝前弯曲时，头顶就略高。

此外，在行走的过程中，跨步的那条腿，从离地到朝前伸展落地，中间的膝关节必然弯曲，脚踝与地面成弧形运动线。这条弧形运动线的高低幅度，与走路时的神态和情绪有很大关系。设计师在着手制作人物行走动画时，还要注意脚与地面的关系。下面，将通过动画实例详细讲解人物行走动画的制作方法。

素材文件：素材\第6章\6.3 人物行走动画 | 效果文件：效果\第6章\6.3 人物行走动画.gif | 视频文件：视频\第6章\6.3 人物行走动画.MP4

6.3.1 设置整体运动轨迹

01 启动 After Effects CC 2018 软件，进入其操作界面。执行"文件"|"打开项目"菜单命令，在弹出的"打开"对话框中选择如图 6-76 所示项目文件，并单击"打开"按钮。

图 6-76　打开项目

02 进入操作界面后，可以在"合成"窗口看到已经分层创建好的人物形象，如图 6-77 所示。

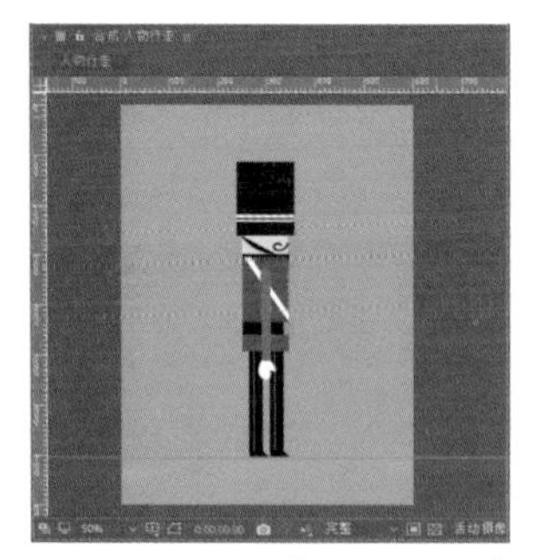

图 6-77　已创建的人物形象

03 将图层面板中的形状图层逐一转换为"预合成"（快捷键 Ctrl+Shift+C），然后在图层面板中将四肢图层的父级统一绑定到"身体"图层上，如图 6-78 所示。

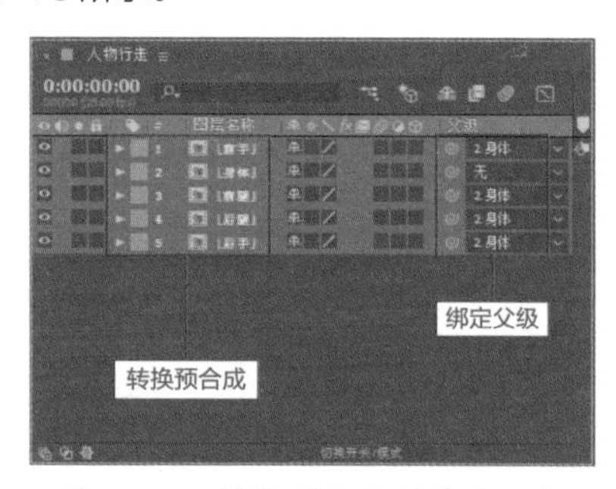

图 6-78　转换预合成并绑定父级

04 选择"身体"图层，按快捷键 P 展开其"位置"属性，在第 5 帧处单击"位置"属性前的"时间变化秒表"按钮，为当前人物所处位置插入一个关键帧，如图 6-79 所示。

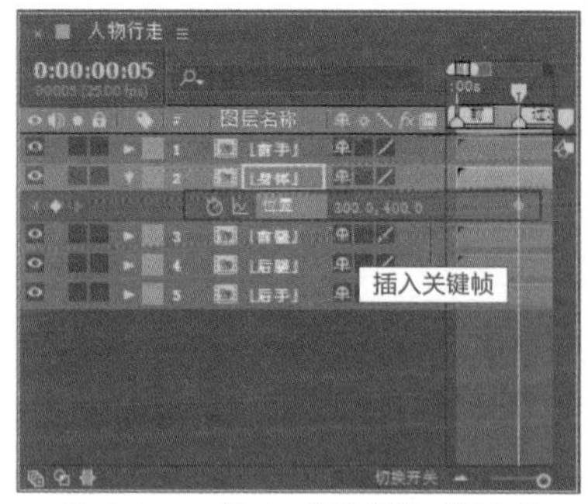

图 6-79　插入"位置"关键帧

05 在第 0 帧位置，参照图 6-80 所示参数设置一个“位置”关键帧，以地平线为基准，使人物整体下移一段距离，如图 6-81 所示。

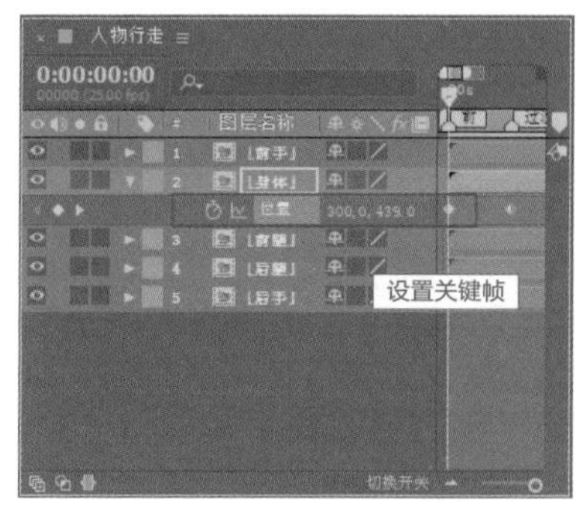

图 6-80　设置关键帧

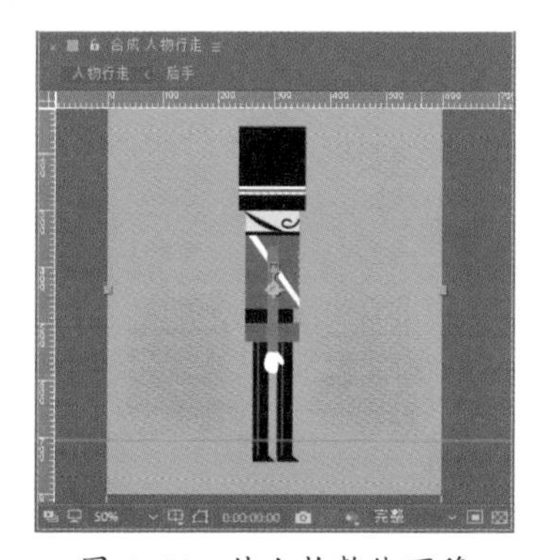

图 6-81　使人物整体下移

06 选中第一个关键帧◆，按快捷键 Ctrl+C 复制关键帧，然后将该关键帧粘贴至第 10 帧位置，如图 6-82 所示。

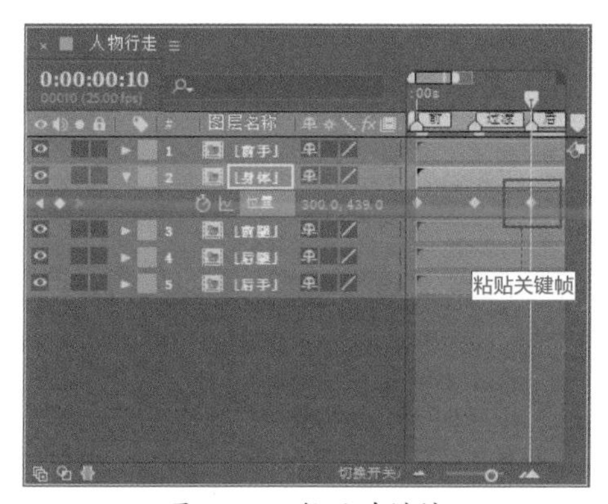

图 6-82　粘贴关键帧

07 复制第 5 帧处的第 2 个关键帧，将该关键帧粘贴到第 15 帧位置，复制第 10 帧处的第 3 个关键帧，将该关键帧粘贴到第 20 帧位置，如图 6-83 所示。这样可以使人物呈现上下交替运动的效果。

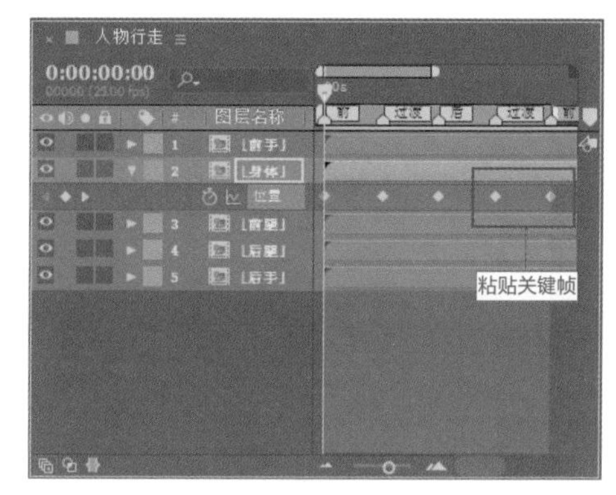

图 6-83　粘贴关键帧

08 在时间线窗口选中第 2 和第 4 个关键帧（过渡关键帧），按快捷键 F9 将菱形关键帧◆转换为缓入缓出关键帧⧗，如图 6-84 所示。

图 6-84　转换关键帧

09 选择上述操作中被转换的 2 个缓入缓出关键帧⧗，执行“动画”|“关键帧速度”菜单命令（快捷键 Ctrl+Shift+K），在弹出的“关键帧速度”对话框中修改影响值为 40%，然后单击“确定”按钮，如图 6-85 所示。

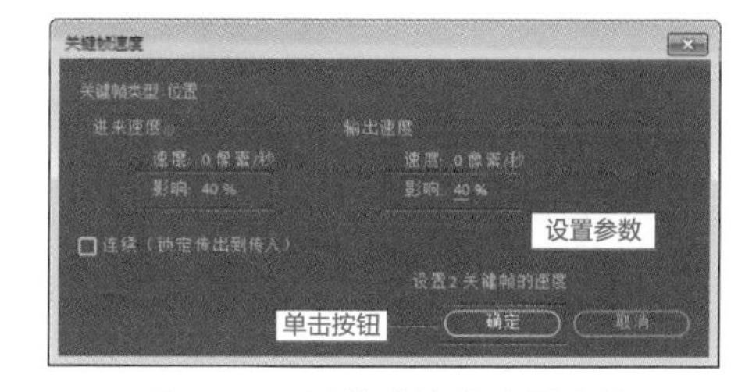

图 6-85　调节关键帧的影响值

提示

通过调节影响值，可以使人物的运动更加具有节奏感。影响值越大，运动效果越明显。

6.3.2 制作人物关节动画 重点

01 选择“前腿”图层，在工具栏单击“操控点工具”按钮（快捷键 Ctrl+P），然后移动光标至“合成”窗口，单击鼠标左键在“前腿”图层上添加3个操控点，如图 6-86 所示。

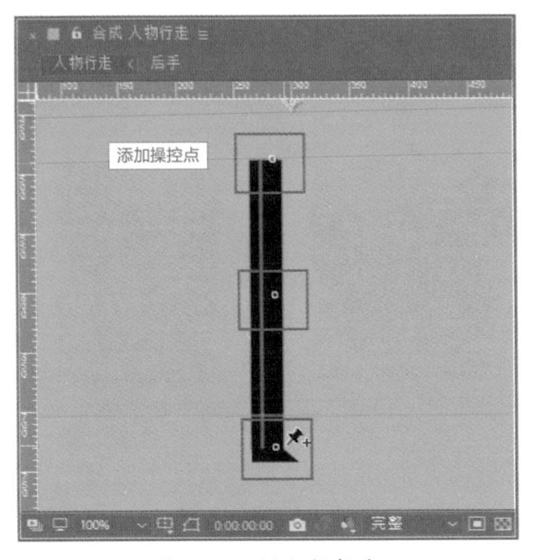

图 6-86 添加操控点

02 添加操控点后，在第 0 帧时间点拖动操控点，调节前腿至图 6-87 所示状态，即以地平线为基准，将前腿抬到地平线之上。

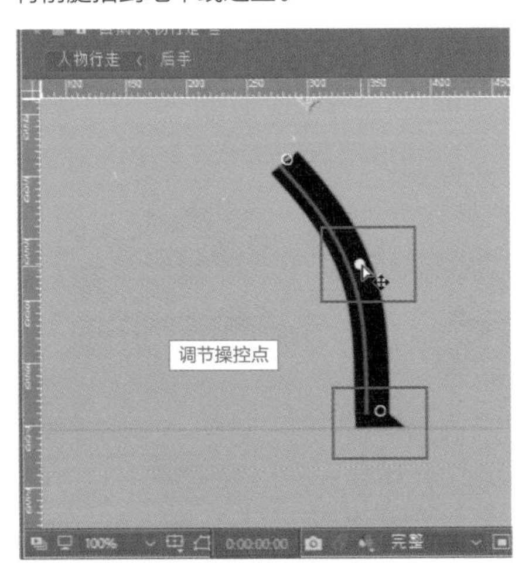

图 6-87 拖动操控点调整前腿位置

提示

这里为了方便观察和操作，设置操控点时可以先将其他图层隐藏。

03 在图层面板选择“前腿”图层，按快捷键 U 可以展开 3 个操控点的关键帧属性，如图 6-88 所示，可以看到在第 0 帧处自动设置的 3 个操控点关键帧。

图 6-88 展开操控点的关键帧属性

04 将时间线拖动到第 10 帧位置，在该时间点调节下方的两个操控点，使前腿呈现图 6-89 所示状态，并从窗口左侧标尺拉出一根参考线摆放在脚后跟。

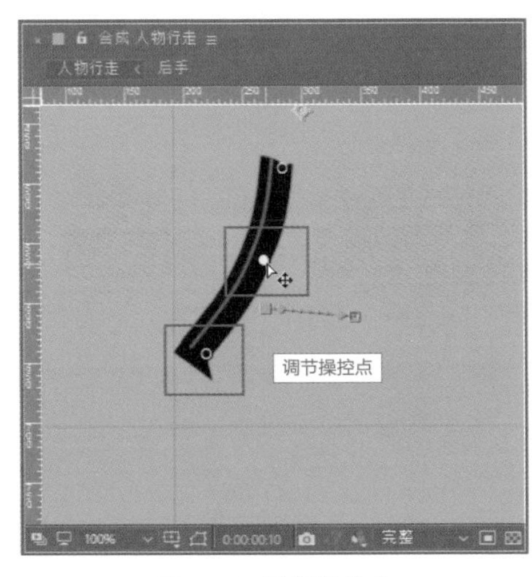

图 6-89 调节操控点

提示

这里主要是通过下方的两个操控点来制作动画，对应的分别是“操控点 2”和“操控点 3”。

05 选择第 0 帧位置的“操控点 2”和“操控点 3”关键帧，按快捷键 Ctrl+C 进行复制，并将其粘贴到第 20 帧，如图 6-90 所示。

图 6-90　粘贴操控点关键帧

06 在图层面板选择“后腿”图层，同样使用“操控点工具” 在第 10 帧处为“后腿”图层上添加 3 个操控点，如图 6-91 所示。

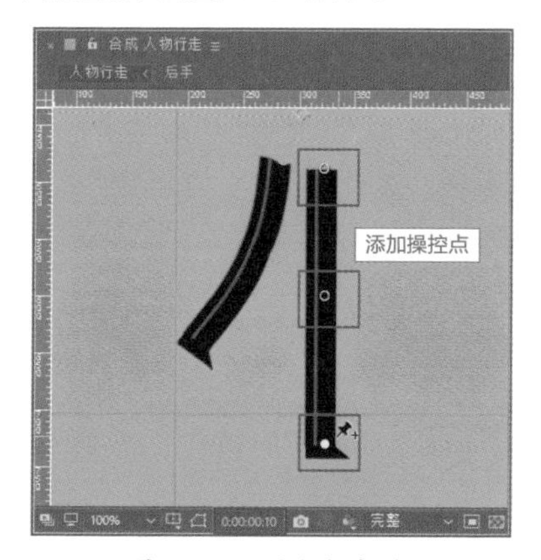

图 6-91　添加操控点

07 在第 10 帧处调节操控点，将“后腿”图层调节至图 6-92 所示状态，并从窗口左侧标尺拉出一根参考线摆放在最下方操控点位置。

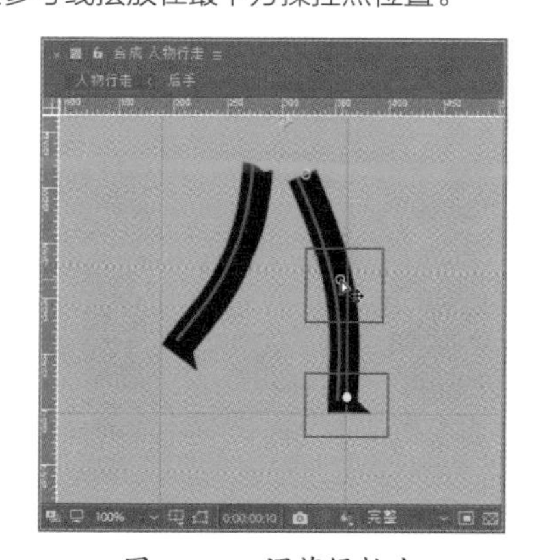

图 6-92　调节操控点

08 移动时间线到第 20 帧位置，在该时间点调节操控点至图 6-93 所示状态。

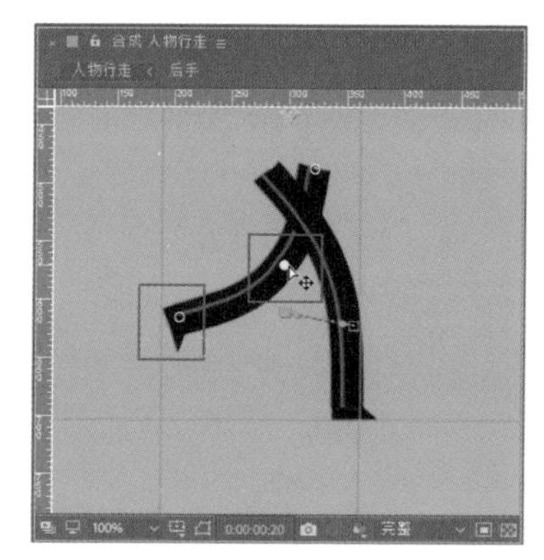

图 6-93　调节操控点

09 在图层面板选择“后腿”图层，按快捷键 U 展开操控点关键帧属性，选择第 20 帧位置的“操控点 2”和“操控点 3”关键帧 ，按快捷键 Ctrl+C 进行复制，并将其粘贴到第 0 帧处，如图 6-94 所示。

图 6-94　粘贴操控点关键帧

10 为了使行走动画过渡更自然，还需要插入过渡关键帧。选择“前腿”图层，移动时间线到第 5 帧位置，在该时间点调节操控点，使腿部呈图 6-95 所示状态。

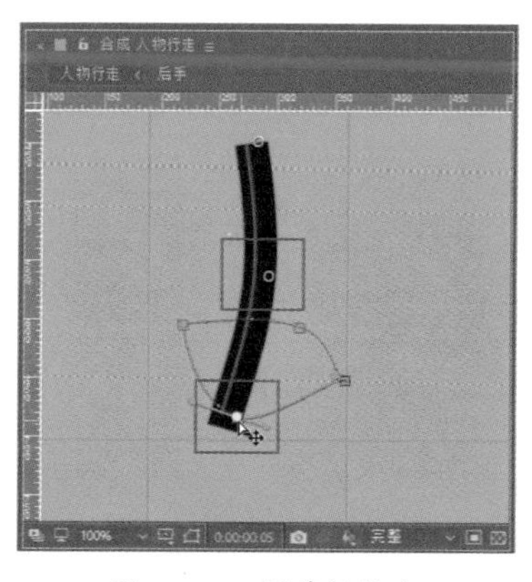

图 6-95　调节操控点

提示

如果在“合成”窗口没有显示操控点，只需在图层面板选中操控点属性即可显示。

11 移动时间线到第 15 帧位置，在该时间点调节操控点，使腿部呈图 6-96 所示状态。

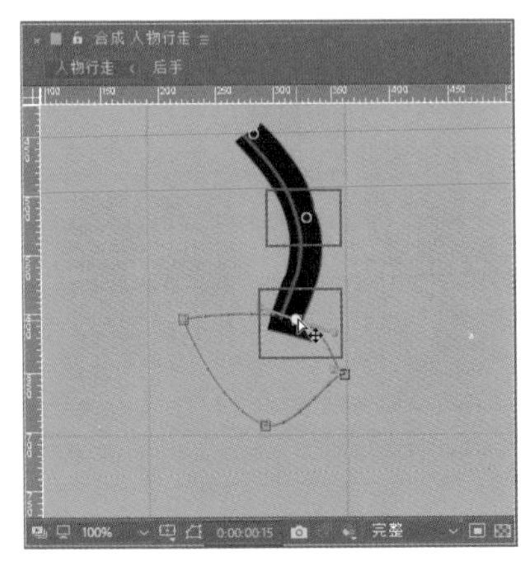

图 6-96 调节操控点

12 在图层面板选择“后腿”图层，用上述同样的方法设置后腿的过渡关键帧，在第 15 帧位置调节操控点至图 6-97 所示状态。

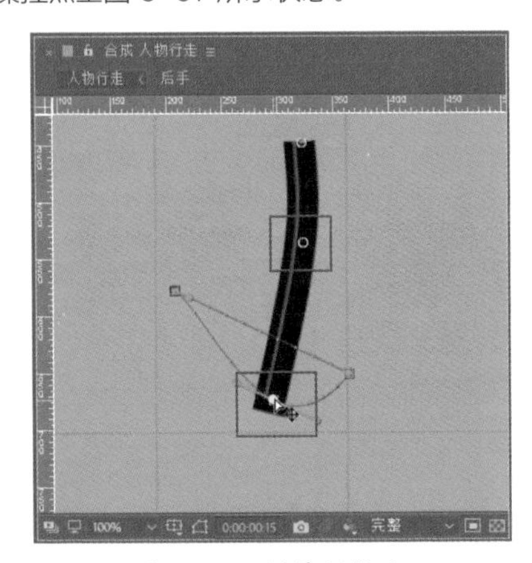

图 6-97 调节操控点

13 设置完腿部动画后预览效果，会发现动作比较呆板，需要将过渡的关键帧◆转换为缓入缓出关键帧⧗，如图 6-98 所示。

14 接下来设置手部动画。选择“前手”图层，在工具栏单击“操控点工具”按钮（快捷键 Ctrl+P），然后移动光标至“合成”窗口，在第 10 帧位置单击鼠标左键，在“前手”图层上添加 3 个操控点，如图 6-99 所示。

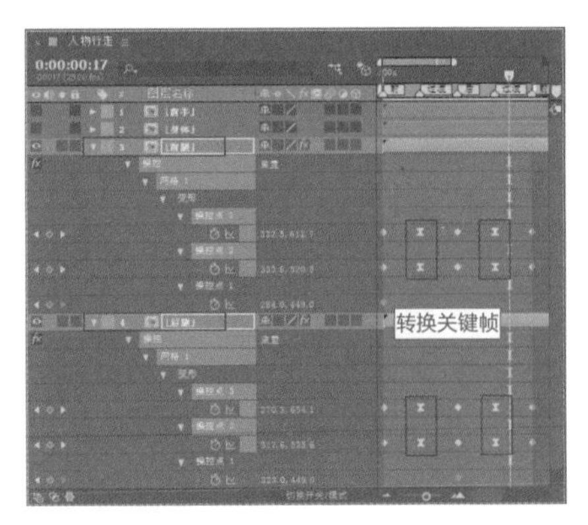

图 6-98 转换过渡关键帧

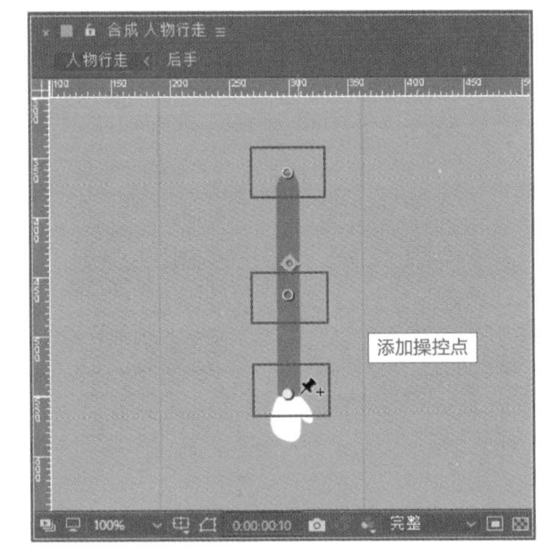

图 6-99 添加操控点

15 在第 10 帧位置调节操控点，使“前手”图层呈图 6-100 所示状态。

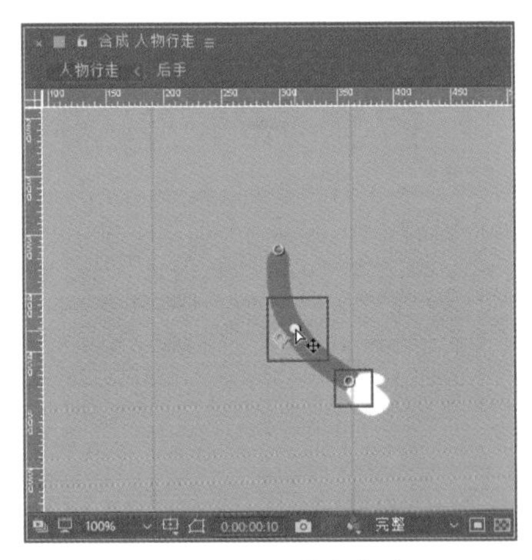

图 6-100 调节操控点

16 拖动时间线到第 20 帧位置，在该时间点调节下方的两个操控点，使手臂呈图 6-101 所示状态。

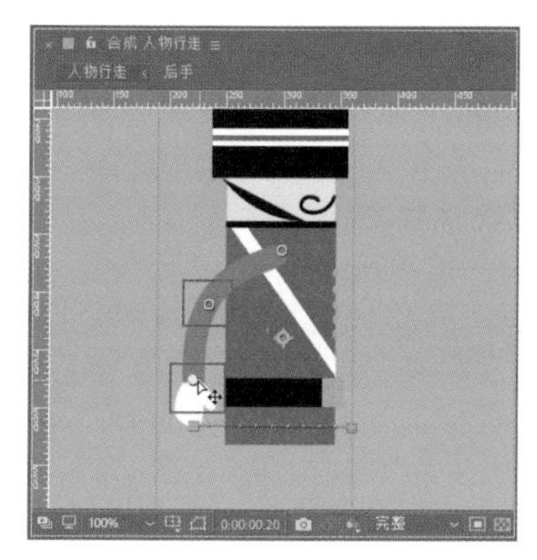

图 6-101 调节操控点

17 选择第 20 帧位置的“操控点 2”和“操控点 3”关键帧◆，按快捷键 Ctrl+C 进行复制，并将其粘贴到第 0 帧，如图 6-102 所示。

图 6-102 粘贴操控点关键帧

18 拖动时间线到第 5 帧，在该时间点调节操控点至图 6-103 所示状态，为“前手”图层设置过渡关键帧。

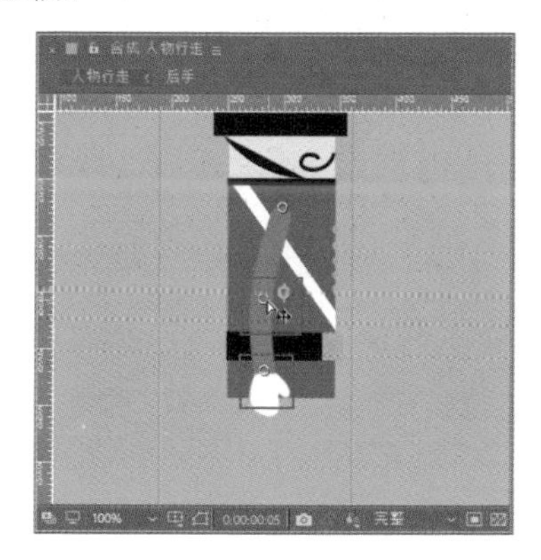

图 6-103 调节操控点

19 选择第 5 帧位置的“操控点 2”和“操控点 3”关键帧◆，按快捷键 Ctrl+C 进行复制，并将其粘贴到第 15 帧，然后将两组过渡关键帧◆转换为缓入缓出关键帧⧗，如图 6-104 所示。

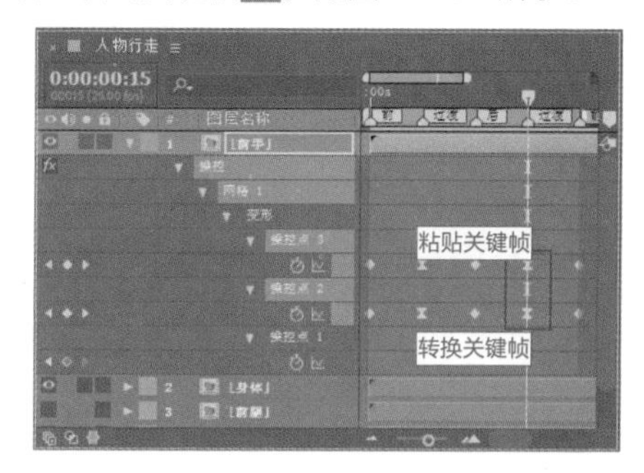

图 6-104 粘贴并转换过渡关键帧

20 接下来用同样的方法设置“后手”图层动画。选择“后手”图层，在第 0 帧处使用“操控点工具”添加 3 个操控点，如图 6-105 所示。

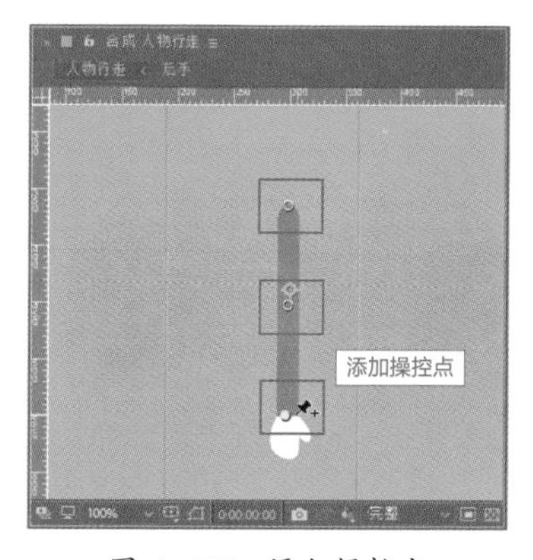

图 6-105 添加操控点

21 调节下方的两个操控点，使“后手”图层呈图 6-106 所示状态。

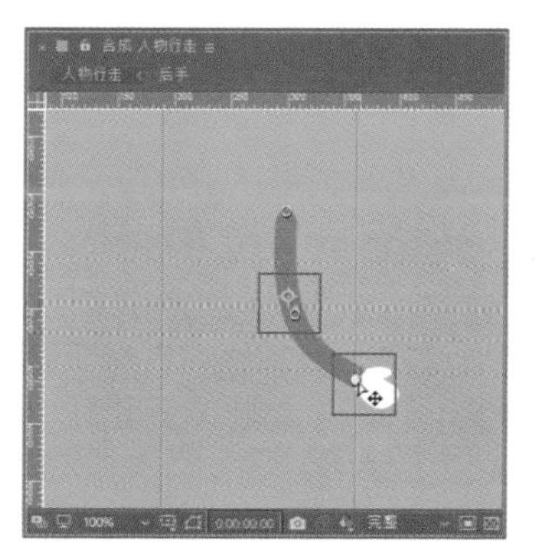

图 6-106 调节操控点

22 选择第 0 帧位置的“操控点 2”和“操控点 3”关键帧◆，按快捷键 Ctrl+C 进行复制，并将其粘贴到第 20 帧，如图 6-107 所示。

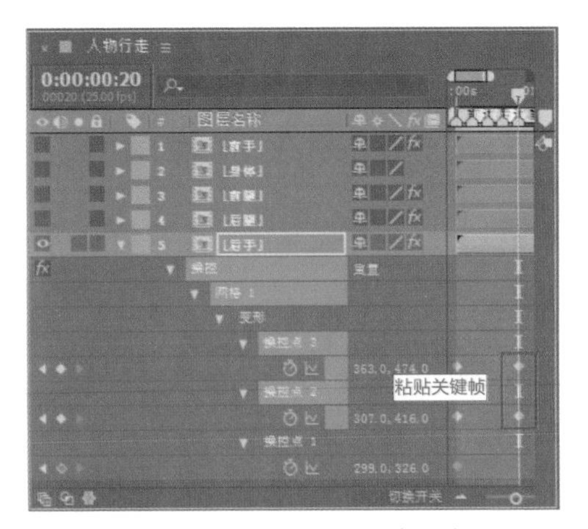

图 6-107　粘贴操控点关键帧

23 拖动时间线到第 10 帧位置，在该时间点调节下方的两个操控点，使手臂呈图 6-108 所示状态。

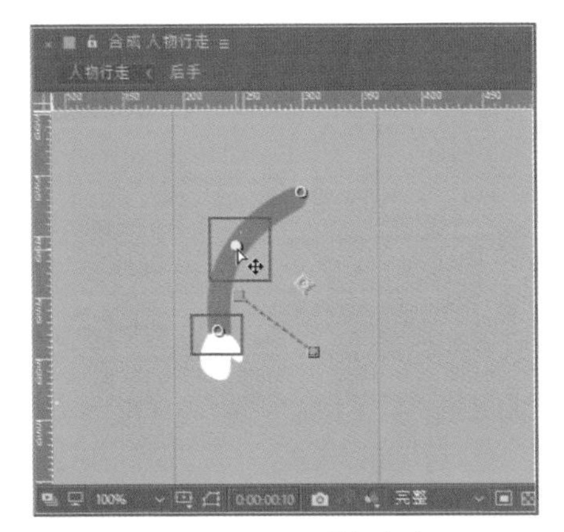

图 6-108　调节操控点

24 拖动时间线到第 5 帧，在该时间点调节操控点至图 6-109 所示状态，为“后手”图层设置过渡关键帧。

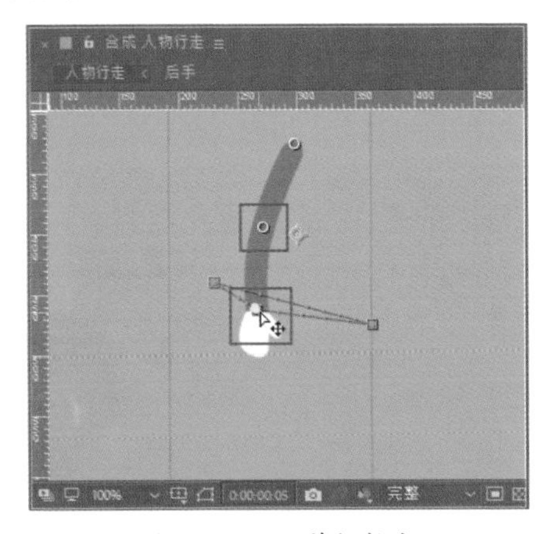

图 6-109　调节操控点

25 选择第 5 帧位置的“操控点 2”和“操控点 3”关键帧◆，按快捷键 Ctrl+C 进行复制，并将其粘贴到第 15 帧，然后将两组过渡关键帧◆转换为缓入缓出关键帧⧗，如图 6-110 所示。

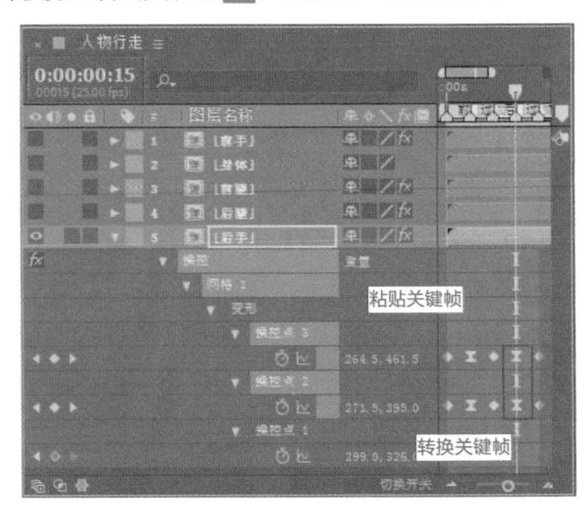

图 6-110　粘贴并转换过渡关键帧

26 完成四肢动画制作后，恢复所有图层显示，接下来还需要为人物创建投影。在工具栏双击“矩形工具”按钮▢，创建一个黑色无描边矩形，如图 6-111 所示。

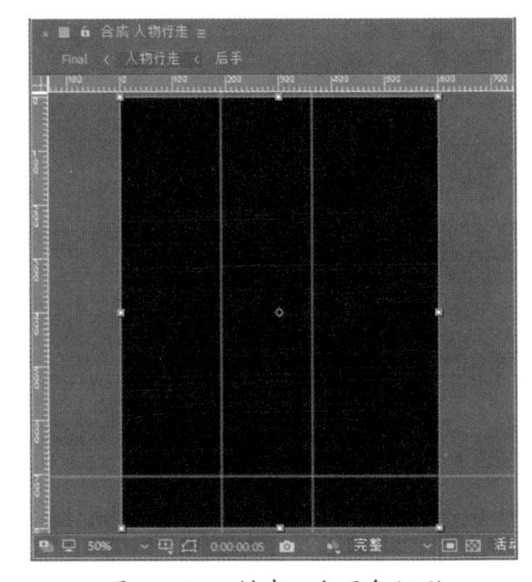

图 6-111　创建一个黑色矩形

27 在选择工具▶状态下将参考线撤回，然后修改上述黑色矩形图层的名称为“投影”，将其移动到最底层，并参照图 6-112 所示设置“大小”及“圆度”属性参数（对应人物肢体张开的最大弧度）。设置完成后，在“合成”窗口对应的预览效果如图 6-113 所示。

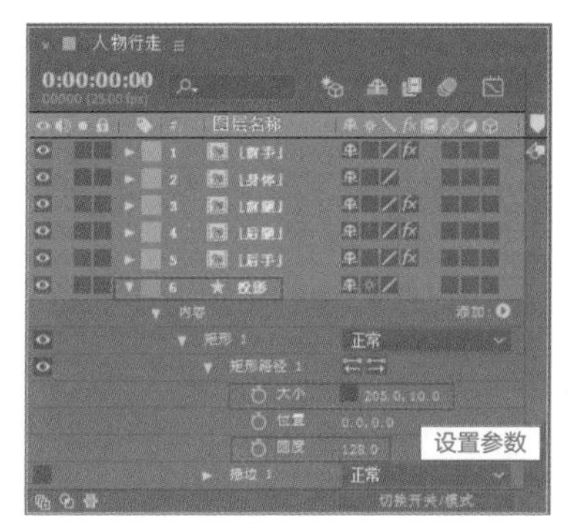

图 6-112 设置“投影”图层的属性

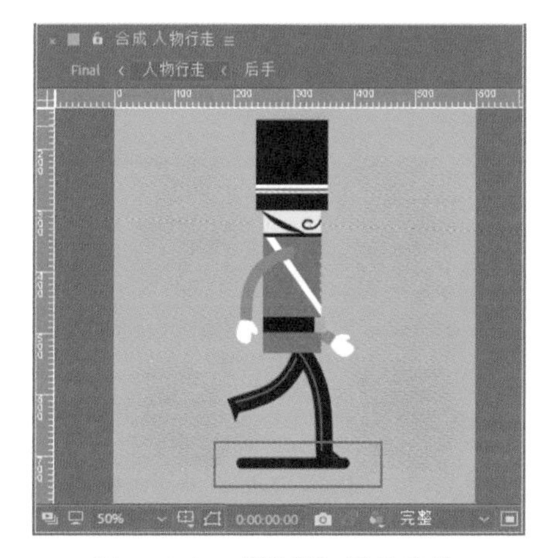

图 6-113 “投影”图层效果

28 选择“投影”图层，按快捷键 S 展开其“缩放”属性，在第 0 帧处单击“缩放”属性前的“时间变化秒表”按钮，设置一个关键帧，如图 6-114 所示。

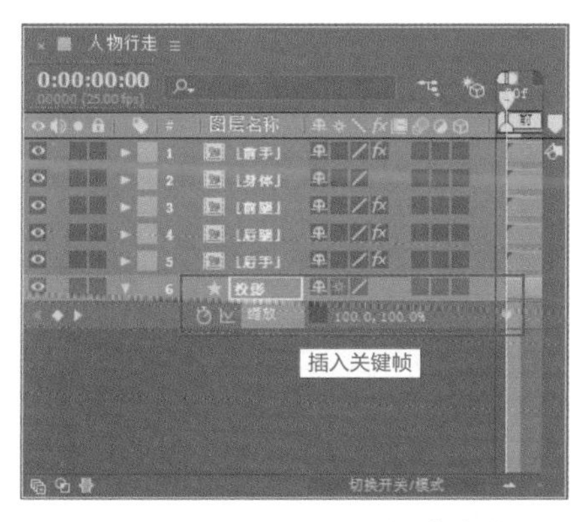

图 6-114 插入“缩放”关键帧

29 在第 5 帧处依照人物身体宽度将投影缩短，效果如图 6-115 所示，参考的“缩放”数值为 55%、100%。

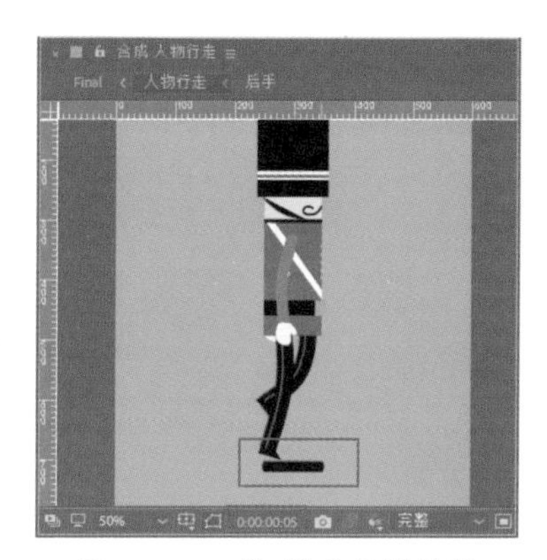

图 6-115 第5帧处投影效果

30 复制第 5 帧处的“缩放”关键帧，将其粘贴到第 15 帧位置。复制第 0 帧处的“缩放”关键帧，将其粘贴到第 10 帧和第 20 帧位置。将第 5 帧和第 15 帧处的菱形关键帧转换为缓入缓出关键帧，如图 6-116 所示。

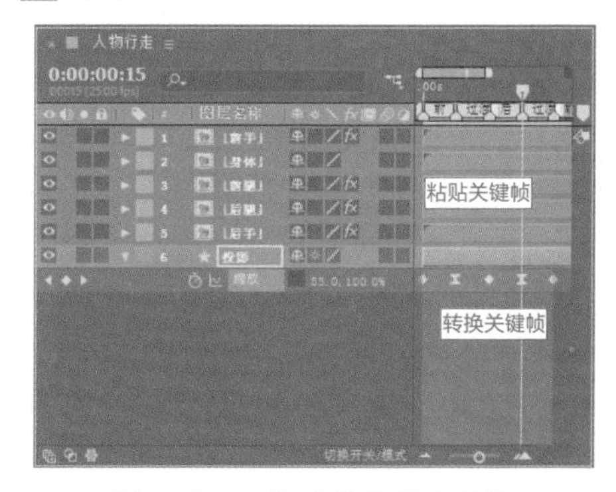

图 6-116 粘贴并转换关键帧

31 选择“投影”图层，按快捷键 T 展开其“不透明度”属性，修改图层的“不透明度”参数为 50%。设置完成后，在“合成”窗口对应的预览效果如图 6-117 所示。

图 6-117 调节透明度后的投影

6.3.3 添加背景

01 按快捷键 Ctrl+N 创建一个预设为“自定义”的合成，设置大小为 800px×600px，设置“持续时间”为 2 秒，设置“背景颜色”为黑色，并设置合成名称为“Final”，然后单击“确定”按钮，如图 6-118 所示。

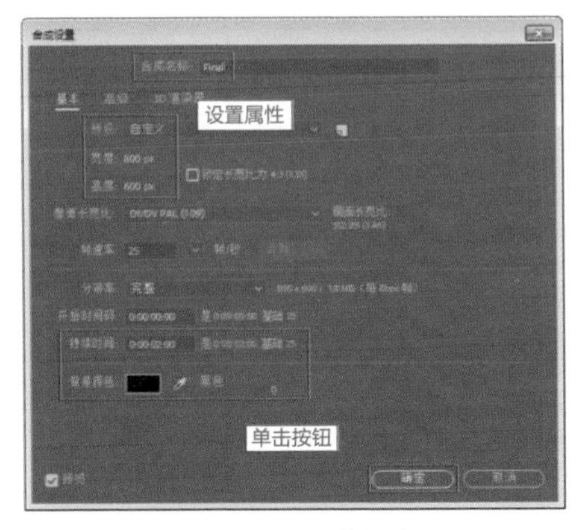

图 6-118 创建合成

02 将“项目”窗口中的“人物行走”合成拖入“Final”合成的图层面板，然后选择“人物行走”图层，按快捷键 S 展开其“缩放”属性，设置图层的“缩放”参数为 70%、70%，效果如图 6-119 所示。

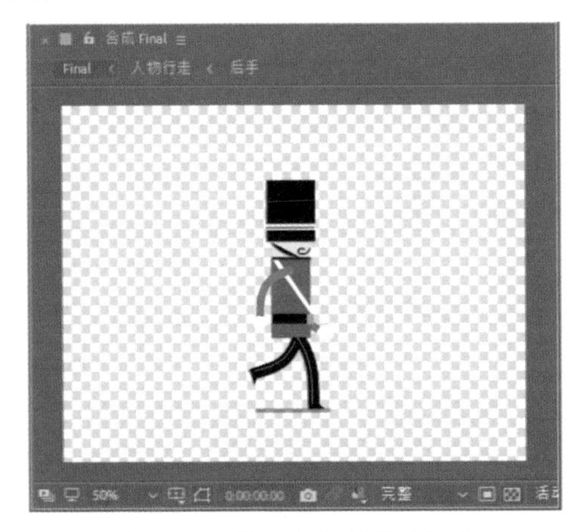

图 6-119 拖入合成并修改大小

03 按快捷键 Ctrl+Y 创建一个与合成大小一致的蓝色(# 111F4D)固态层,并设置其名称为“蓝色背景”，然后单击“确定”按钮，如图 6-120 所示。

04 将上述创建的“蓝色背景”图层放置在最底层，同时在时间线窗口将工作区域缩短至 20 帧位置，使动画可以不断循环播放，如图 6-121 所示。

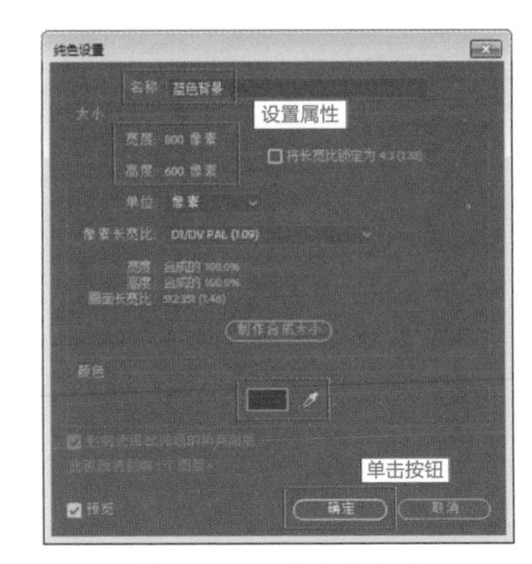

图 6-120 创建固态层

图 6-121 缩短工作区域

05 添加蓝色背景后，在“合成”窗口对应的预览效果如图 6-122 所示。为了丰富画面，可以选择“蓝色背景”图层，按快捷键 Ctrl+D 复制一层放置在其上方，然后按快捷键 Ctrl+Shift+Y 打开“纯色设置”对话框，修改名称为“红色背景”，并将颜色修改为红色(#EA5454)，然后单击“确定”按钮，如图 6-123 所示。

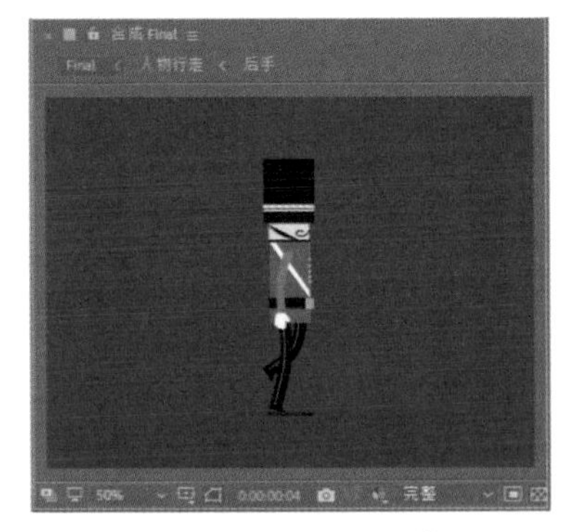

图 6-122 效果预览

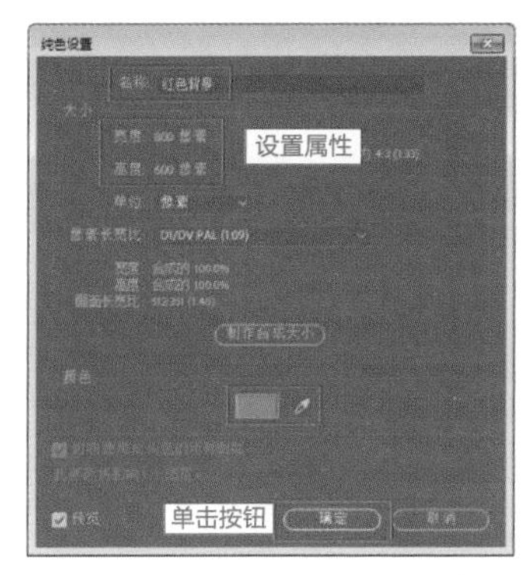

图 6-123　修改名称及颜色

06 在图层面板选择“红色背景”图层，按快捷键 S 展开其“缩放”属性，设置图层的“缩放”参数为 100%、40%，如图 6-124 所示。设置完成后，在“合成”窗口对应的预览效果如图 6-125 所示。

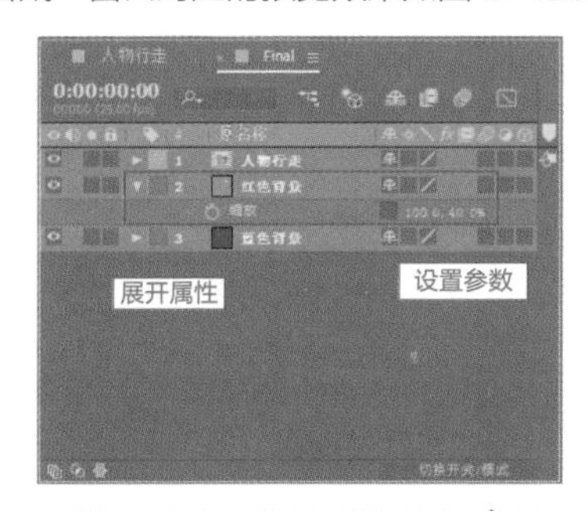

图 6-124　修改“缩放”参数

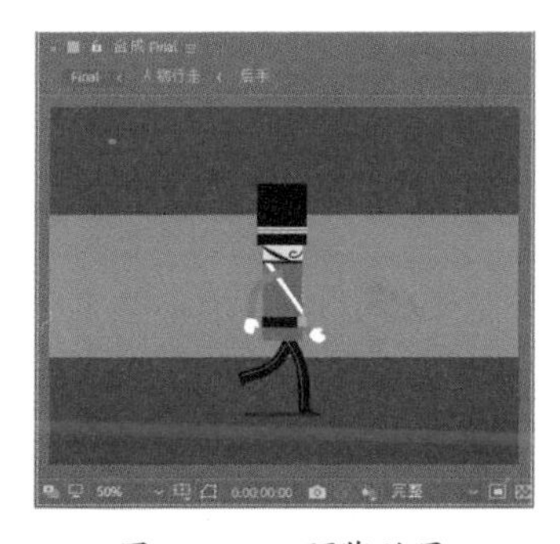

图 6-125　预览效果

07 在工具栏选择文字工具 T，在“合成”窗口输入文字“SOLDIER”，将该图层摆放在“人物行走”图层的下方，并在“字符”面板设置字体为“Elephant”，设置大小为 120px，设置文字颜色为浅蓝色（#D5EEFF），如图 6-126 所示。设置完成后，将文字拖动摆放到画面右上角，如图 6-127 所示。

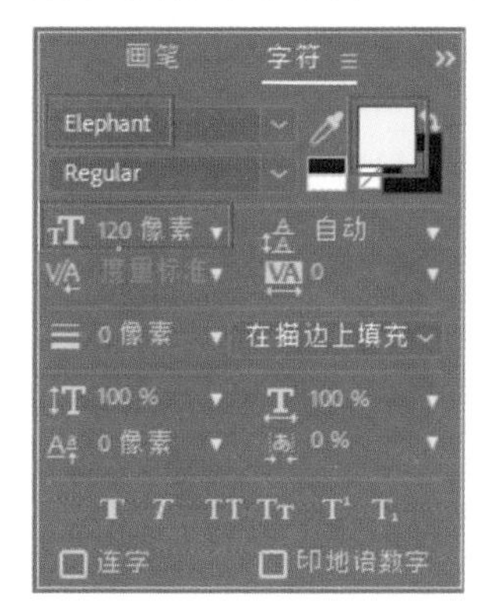

图 6-126　文字属性设置

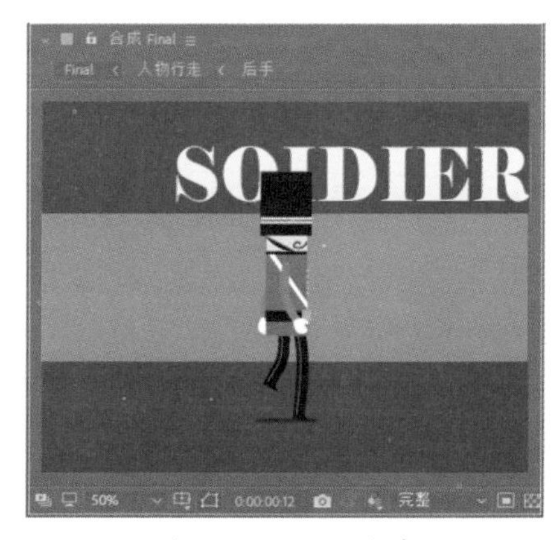

图 6-127　添加文字

08 至此，人物行走动画就全部制作完成了，按小键盘上的 0 键可以预览效果，如图 6-128 所示。

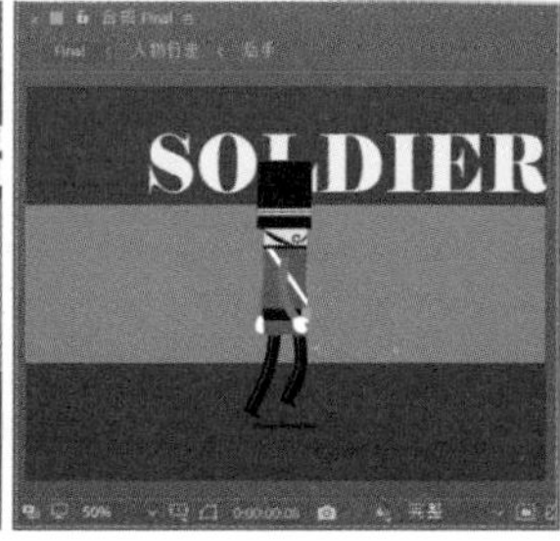
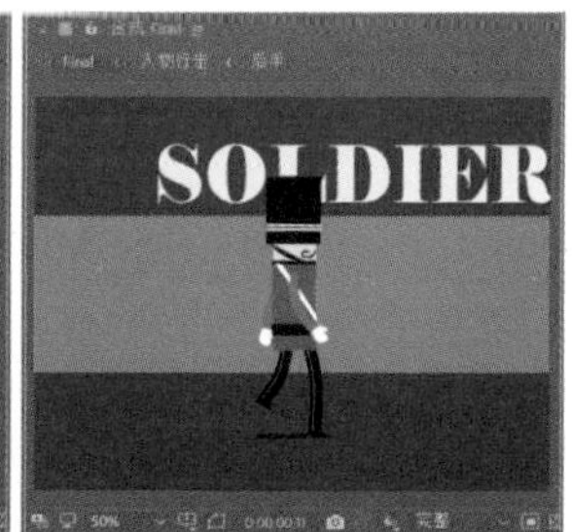

图 6-128　最终效果

6.4 知识拓展

本章主要介绍了3个动画实例的具体制作方法，分别是纸飞机路径动画、小皮球弹跳动画和人物行走动画，这3个实例分别代表了3种不同属性物体的运动状态。

第一小节制作了一个纸飞机路径动画，在制作过程中，需要掌握纸飞机这一特殊材质在空气阻力条件下所呈现的运动状态，同时在具体制作时，涉及的重要知识点包括AE视图的切换和应用，以及物体在多个视图中的路径调节方法。

第二小节制作了一个小皮球弹跳动画，在制作时需要注意的关键点是，皮球是橡胶质地，在和地面接触时，一定会发生形变。在着手制作动画时，涉及的重要知识点包括AE内置特效CC Sphere（CC球体）的具体应用方法和速度曲线的调节。

第三小节制作了一个人物行走动画，在制作时需要注意脚与地面的关系，同时把握人物肢体运动的规律。本小节涵盖的知识点包括父子级链接、操控点工具的使用以及关键帧的调控。

通过3个实例的学习，相信读者可以进一步掌握AE软件的使用方法，同时熟悉对应物体的运动规律。

6.5 拓展训练

素材文件：素材\第6章\6.5 拓展训练	效果文件：效果\第6章\6.5 拓展训练.gif	视频文件：视频\第6章\6.5 拓展训练.MP4

根据本章所学知识制作一个小狗行走动画，效果如图 6-129所示。

图 6-129　最终效果

第4篇

实战篇

第7章

APP 交互动效

如今可以在各种网站和APP上看到动效的身影，一款好的动效可以彰显品质，使网站和APP更加富有活力。然而，有些动效仅仅是为了好看而做，并没有和界面的实际功能联系起来，因此造成用户的认知障碍。如何将动效运用在合适的场景，以及如何制作流畅的动效成了很多设计师思考的问题。

接下来，本章将通过两个实例，为读者讲解MG扁平化风格交互动效的具体制作方法。

本章重点

"音频频谱"效果应用 | "锚点"工具的使用

关键帧动画 | 预合成的具体应用

"蒙版"工具的使用 | 制作路径动画

"图表编辑器"的应用 | "速度曲线"的调节

扫码观看本章案例教学视频

7.1 案例：液态动效音乐播放器

随着社会的快速发展，现今社会生活紧张，而欣赏音乐是其中最好的舒缓压力的方式之一，音乐成了日常生活工作中的一个重要组成部分。随着智能手机的普及，制作精良的音乐APP层出不穷。

一般来说，音乐播放器界面设计的主要实现功能是播放MP3等格式的音乐文件，同时还要具有播放、暂停、音量控制、上下曲选择和列表文件管理等功能。随着扁平化风格的风靡，如今的音乐播放界面设计大都要求界面简明且操作简单。

本节将详细讲解如何用After Effects软件制作一款随音乐节奏跳动的液态动效音乐播放器。

素材文件：素材\第7章\7.1 液态动效音乐播放器	效果文件：效果\第7章\7.1 液态动效音乐播放器.MOV	视频文件：视频\第7章\7.1 液态动效音乐播放器.MP4

7.1.1 制作液态效果音频

01 启动 After Effects CC 2018 软件，进入其操作界面。执行“文件”|“导入”|“文件”菜单命令，在弹出的“导入文件”对话框中选择事先在 Photoshop 中制作好的“播放器界面 .psd”文件，然后单击“导入”按钮，如图 7-1 所示。

图 7-1　导入PS文件

02 在弹出的对话框中将导入种类设置为“合成”，图层选项设置为“可编辑的图层样式”，然后单击“确定”按钮，如图 7-2 所示。

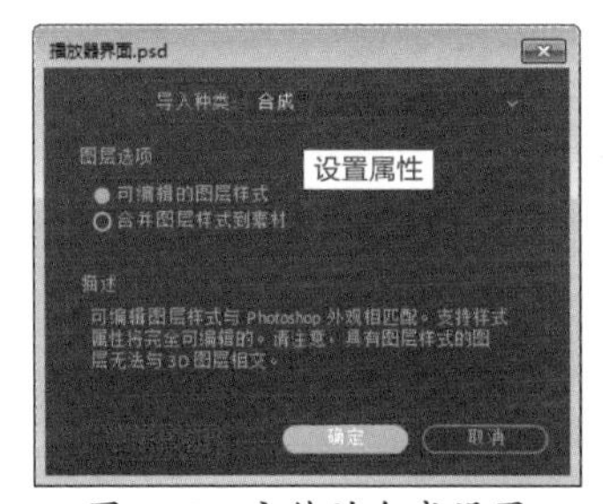

图 7-2　文件的合成设置

03 进入操作界面后，打开生成的“播放器界面”合成，可以在图层面板看到分布的图层，如图 7-3 所示。制作好的“播放器界面”效果如图 7-4 所示，在之后的操作中将会用到该界面。

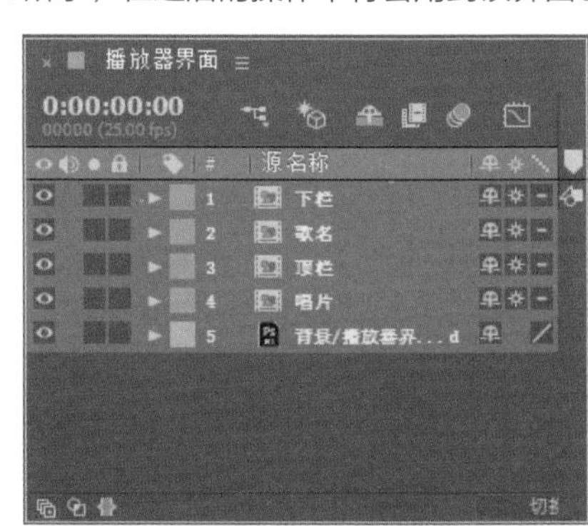

图 7-3　图层分布

图 7-4　界面效果

04 按快捷键 Ctrl+N，创建一个预设为“自定义”的合成，设置大小为 720px × 1280px，设置“持续时间”为 10 秒，设置“背景颜色”为黑色，并设置合成名称为“音频跳动”，然后单击“确定”按钮，如图 7-5 所示。

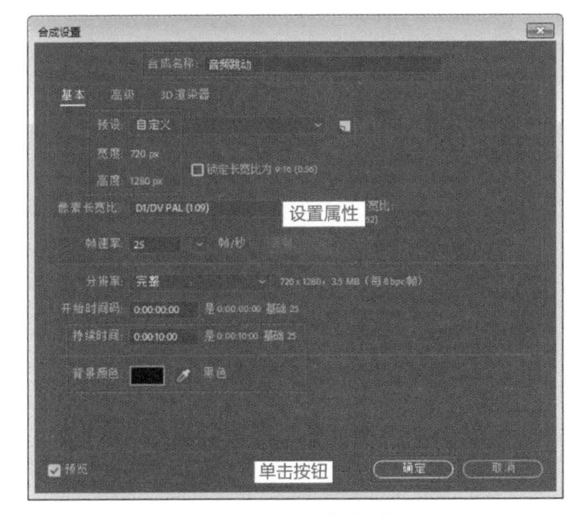

图 7-5 创建合成

05 执行“文件”|“导入”|“文件”菜单命令，在弹出的“导入文件”对话框中选择音频素材，然后单击“导入”按钮，如图 7-6 所示。

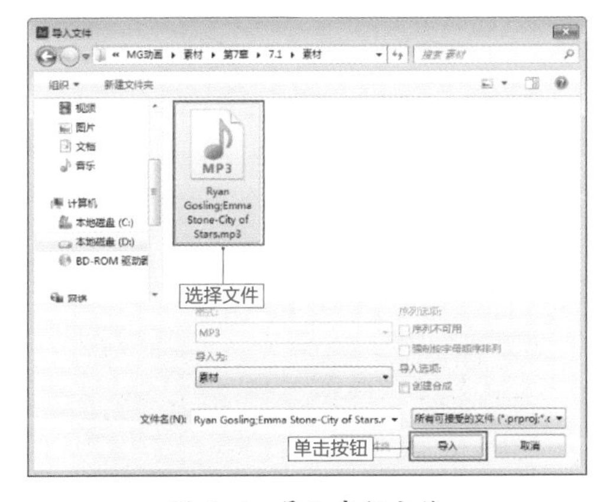

图 7-6 导入音频文件

06 将“项目”窗口中的音频文件拖入“音频跳动”合成，并按快捷键 Ctrl+Y 创建一个与合成大小一致的白色固态层，将其放置在音频图层上方，如图 7-7 所示。

07 选择上述创建的白色固态层，为其执行“效果”|“生成”|“音频频谱”菜单命令，并在“效果控件”面板中展开“音频层”下拉列表，选择对应的音乐，如图 7-8 所示。

图 7-7 创建固态层

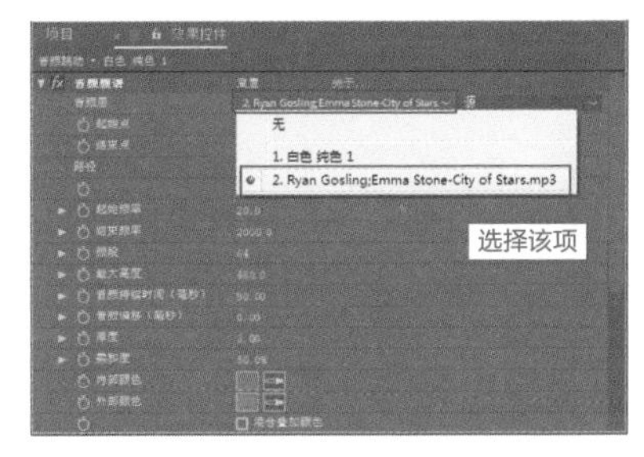

图 7-8 设置音频层

08 继续在“效果控件”面板中参考图 7-9 所示进行参数设置，其中内外部颜色为粉色（#FF7E7E）。设置完成后，在“合成”窗口对应的预览效果如图 7-10 所示。

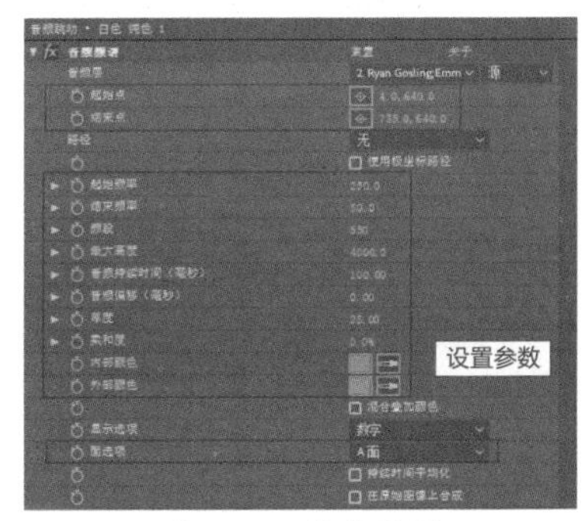

图 7-9 参数设置

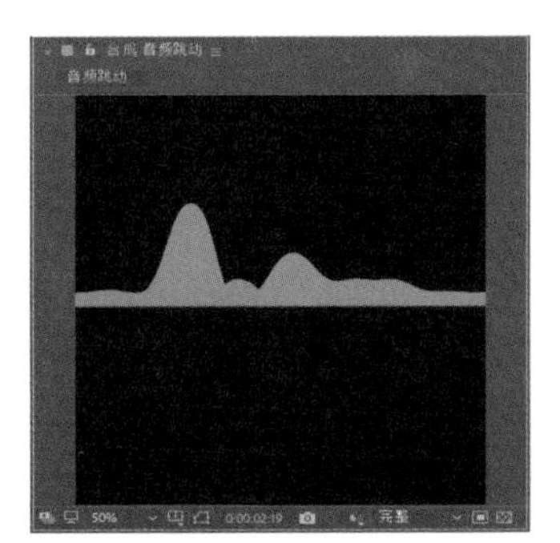

图 7-10 预览效果

09 在图层面板中选择“白色 纯色 1”图层，按快捷键 Ctrl+D 复制出一个新图层，并放置在其上方，然后选择新复制的图层，在“效果控件”面板参照图 7-11 所示修改参数。修改完成后，在“合成”窗口对应的预览效果如图 7-12 所示。

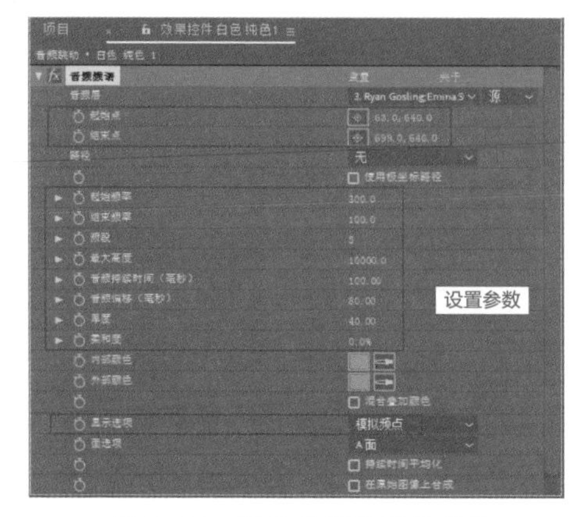

图 7-11　修改复制图层的参数

图 7-12　预览效果

10 按快捷键 Ctrl+N 创建一个预设为“自定义”的合成，设置大小为 720px × 1280px，设置“持续时间”为 10 秒，设置“背景颜色”为黑色，并设置合成名称为“液态效果”，然后单击“确定”按钮，如图 7-13 所示。

11 将“项目”窗口中的“音频跳动”合成拖入“液态效果”合成，接着在未选中任何图层的状态下，使用“矩形”工具■在“音频跳动”图层上方绘制一个粉色（#FF7E7E）无描边的矩形，用来做流动的水波，如图 7-14 所示。

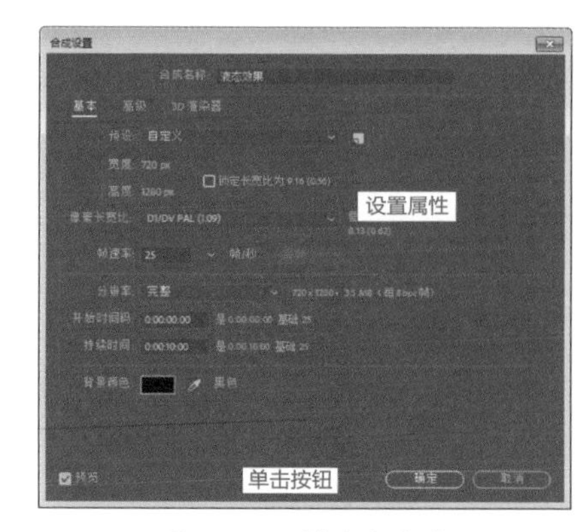

图 7-13　创建新合成

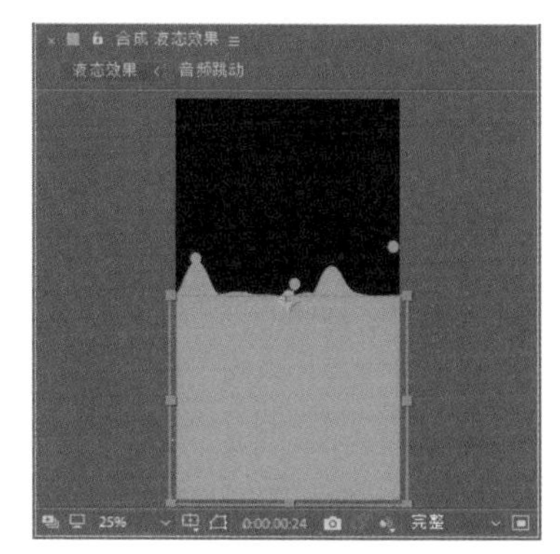

图 7-14　绘制矩形

12 执行“图层”|“新建”|“调整图层”菜单命令（快捷键 Ctrl+Alt+Y），新建一个调整图层，将其放置在顶层。然后选择该调整图层，为其执行“效果”|“过时”|“高斯模糊（旧版）”菜单命令，并在“效果控件”面板设置“模糊度”为 2，如图 7-15 所示。

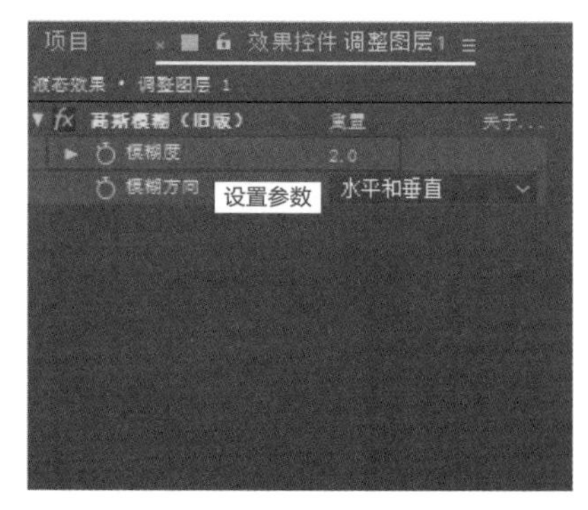

图 7-15　设置“模糊度”参数

13 选择调整图层，执行“效果”|“颜色校正”|“色阶”菜单命令，并在“效果控件”面板参照图 7-16 所示进行参数调整。

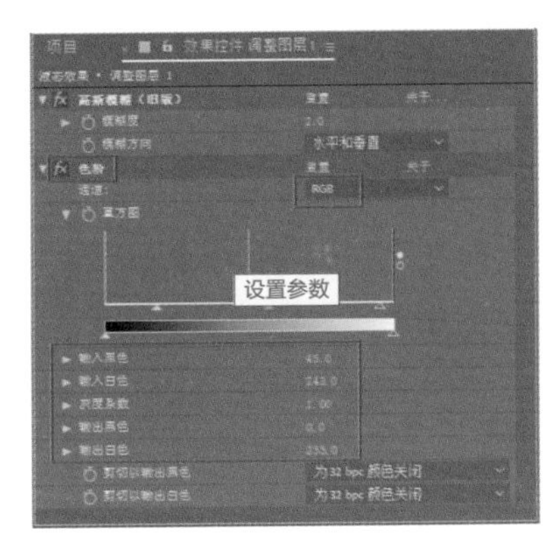

图 7-16　调整“色阶”参数

14 设置完成后，在“合成”窗口对应的预览效果如图 7-17 所示。

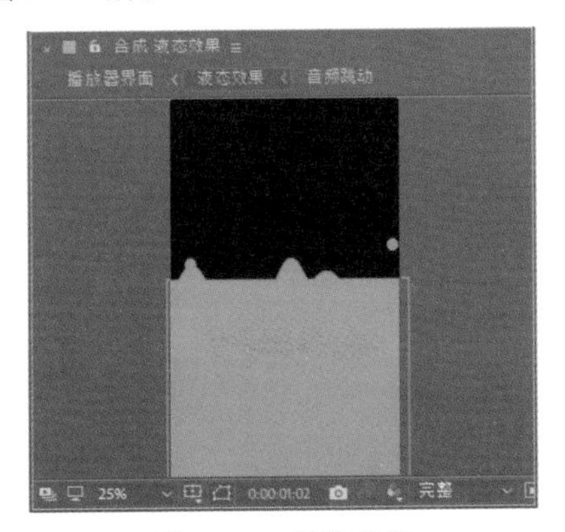

图 7-17　预览效果

15 选择“形状图层 1”，为其执行“效果”|“扭曲”|“湍流置换”菜单命令，添加效果后，在第 0 帧位置为“偏移”和“演化”属性激活关键帧，同时在该时间点设置“偏移”参数为 387、865，设置“演化”参数为 0×-76°，如图 7-18 所示。

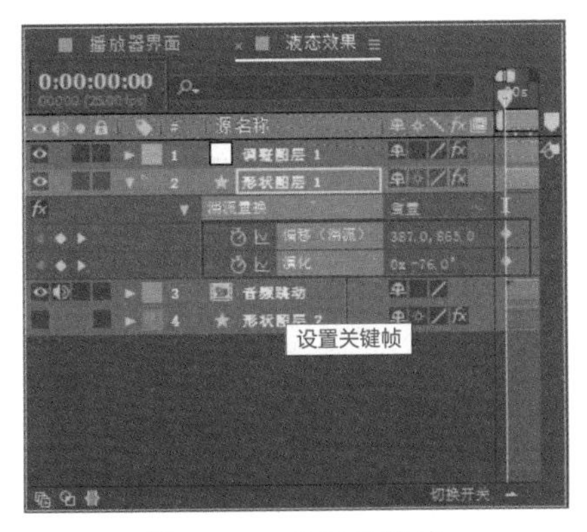

图 7-18　设置关键帧

16 在第 4 秒处修改“偏移”参数为 736、582，修改“演化”参数为 1×+196°，并将工作区域缩短至第 4 秒，如图 7-19 所示。

图 7-19　设置关键帧并缩短工作区域

17 上述操作之后，水波流动的效果就大致完成了，如图 7-20 所示。

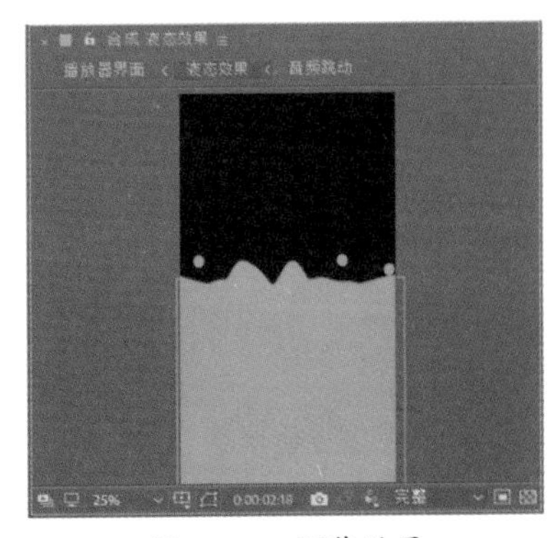

图 7-20　预览效果

提示

矩形的位置尽量与“音频跳动”合成连接紧凑一些，避免在播放的过程中产生空隙。

18 为了使画面更具空间感，还可以继续添加一层水波效果。在未选中图层的状态下，使用“矩形”工具■在“合成”窗口绘制一个粉色(#FF6868)无描边的矩形，并将该矩形图层放置在最底层，效果如图 7-21 所示。

19 选择上述创建的矩形图层，为其执行“效果”|“扭曲”|“湍流置换”菜单命令，添加效果后，在第 0 帧位置为“偏移”和“演化”属性激活关键帧，同时在该时间点设置“偏移”参数为 360、640，设置“演化”参数为 0×+0°，如图 7-22 所示。

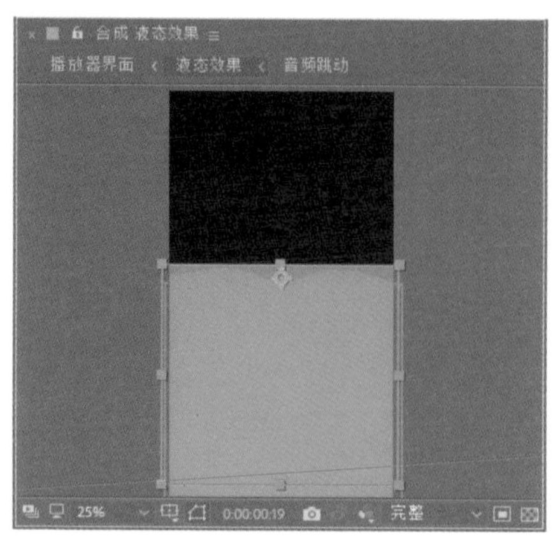

图 7-21　绘制矩形

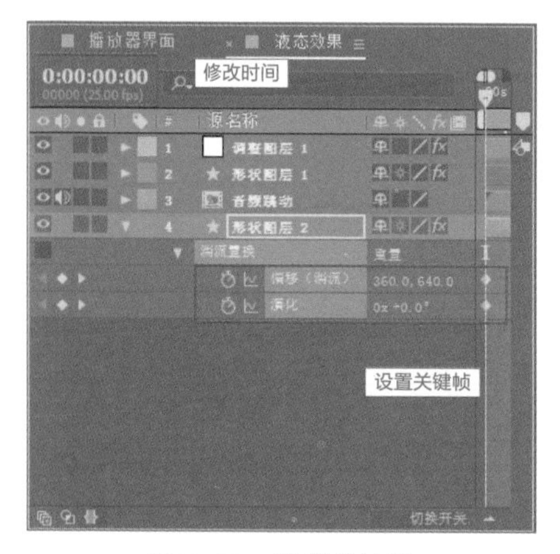

图 7-22　设置关键帧

20 在第 4 秒处修改“偏移”参数为 676、640，修改“演化”参数为 0×+-85°，如图 7-23 所示。调整完成后，在“合成”窗口对应的预览效果如图 7-24 所示。

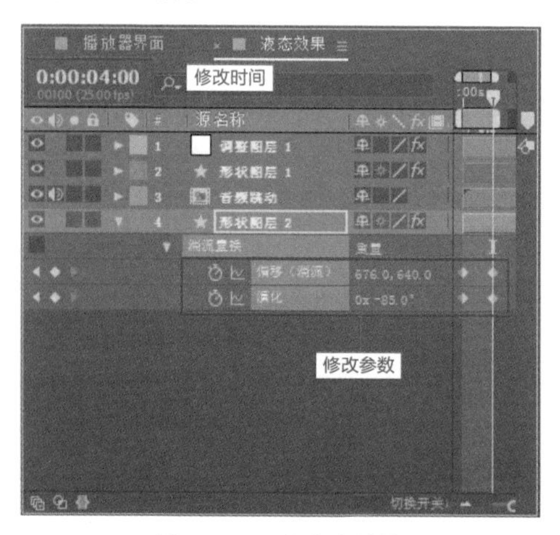

图 7-23　设置关键帧

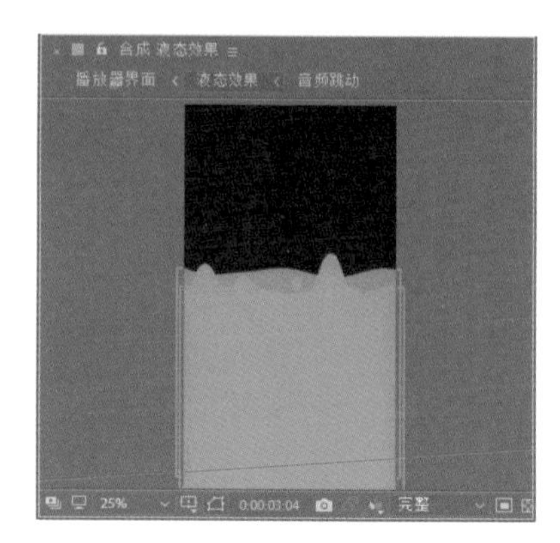

图 7-24　预览效果

7.1.2　播放器动效制作 

01 液体效果音频制作完成后，回到“播放器界面”合成，将“项目”窗口中的“液态效果”合成拖入“播放器界面”合成，并放置在“唱片”图层下方，然后按快捷键 P 展开其“位置”属性，设置“位置”参数为 360、928，如图 7-25 所示。设置完成后，在“合成”窗口对应的预览效果如图 7-26 所示。

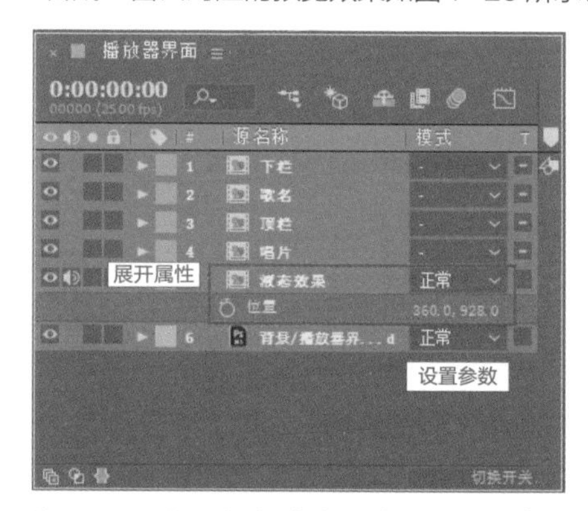

图 7-25　拖入合成并修改其“位置”参数

图 7-26　预览效果

02 在图层面板中选择“唱片”图层，按快捷键 R 展开其“旋转”属性，在第 0 帧处单击“旋转”属性前的“时间变化秒表”按钮设置关键帧，默认“旋转”参数为 0×+0°，接着在第 4 秒位置设置“旋转”参数为 1×+0°，如图 7-27 所示。设置完成后，“唱片”部分将会产生旋转效果，如图 7-28 所示。

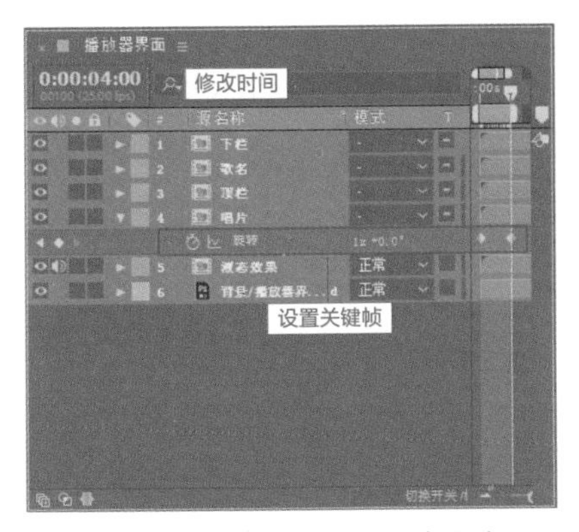

图 7-27　设置“旋转”关键帧

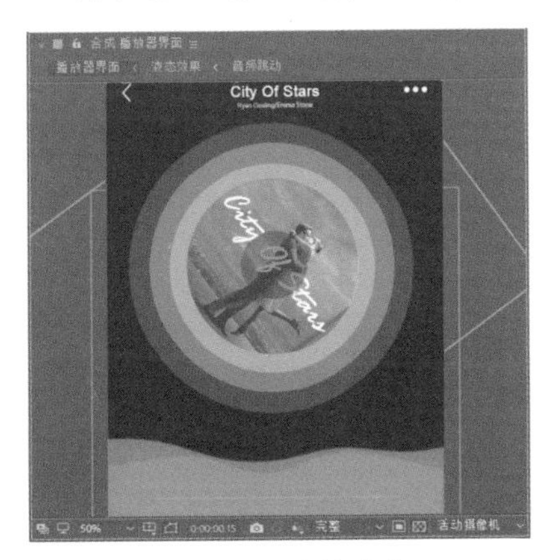

图 7-28　旋转效果

> **提示**
>
> 设置“旋转”关键帧动画前必须把中心点（锚点）定位到圆心位置，否则旋转会发生偏移。改变中心点位置可以利用“锚点”工具或第三方插件脚本。

03 在未选中图层的状态下，使用“矩形”工具在进度线上绘制一个白色无描边的细长矩形，并将该图层放置在顶层，效果如图 7-29 所示。

04 选中上述创建的形状图层，使用“椭圆”工具绘制一个白色无描边的圆形，如图 7-30 所示。

图 7-29　绘制长条矩形

图 7-30　绘制圆形

05 绘制好组合形状后，在图层面板中选择“形状图层 1”，按快捷键 S 展开其“缩放”属性，在第 0 帧处单击“缩放”属性前的“时间变化秒表”按钮设置关键帧，并设置“缩放”参数为 100%、75%，如图 7-31 所示。

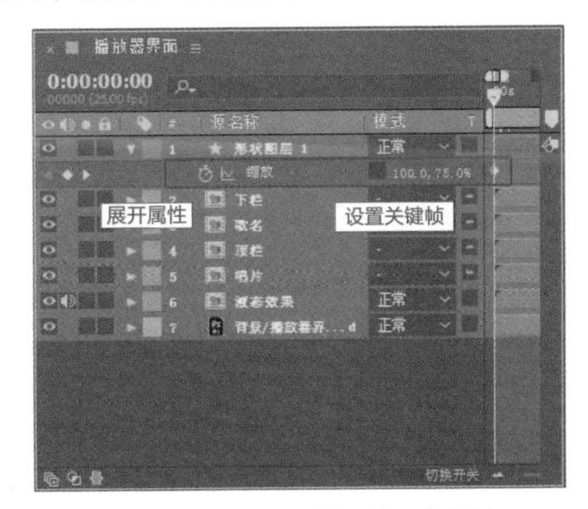

图 7-31　设置“缩放”关键帧

06 在第 4 秒位置设置“缩放”参数为 90%、75%，如图 7-32 所示。

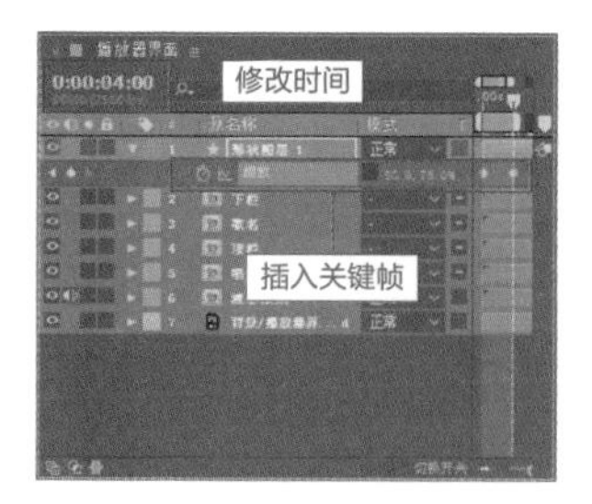

图 7-32　设置关键帧

提示

制作进度条动画前，需要把中心点定位到进度条最右端。

07 至此，这款液态动效音乐播放器就制作完成了，按小键盘上的0键可以预览效果，如图 7-33 所示。

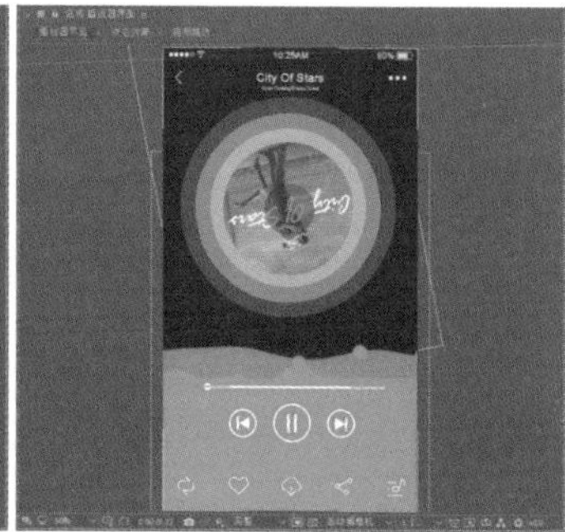

图 7-33　最终效果

7.2 案例：天气动效界面

天气预报是人们日常生活中不可或缺的信息之一，几乎每一台智能手机都安装了天气APP来方便人们随时随地了解天气，知道天气变化，让生活出行变得更加轻松、简单。天气类APP一般包括天气图标、城市定位、天气趋势及温度走向这几个重要元素，并且元素多为动态，使用户具有更直观的感受。

本节将详细讲解如何用After Effects打造一款灵动的五彩天气动效界面。

素材文件：素材\第7章\7.2 天气动效界面

效果文件：效果\第7章\7.2 天气动效界面.MP4

视频文件：视频\第7章\7.2 天气动效界面.MP4

7.2.1 制作图标运动轨迹

01 启动 After Effects CC 2018 软件，进入其操作界面。执行“文件”|“导入”|“文件”菜单命令，在弹出的“导入文件”对话框中选择事先在Photoshop中制作好的“天气界面.psd”文件，然后单击“导入”按钮，如图 7-34 所示。

02 在弹出的对话框中将导入种类设置为“合成”，图层选项设置为“可编辑的图层样式”，然后单击“确定”按钮，如图 7-35 所示。

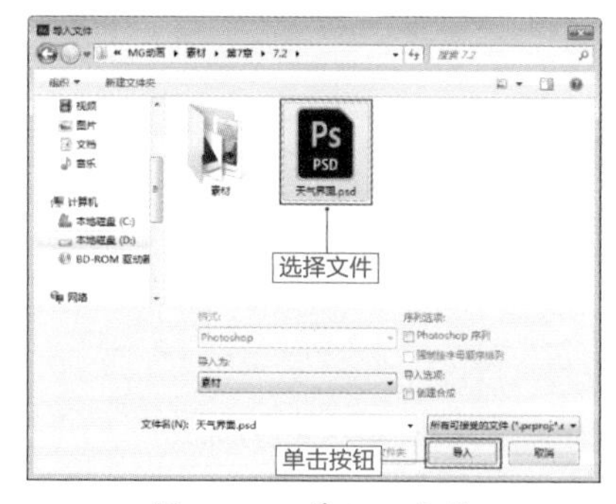

图 7-34　导入PS文件

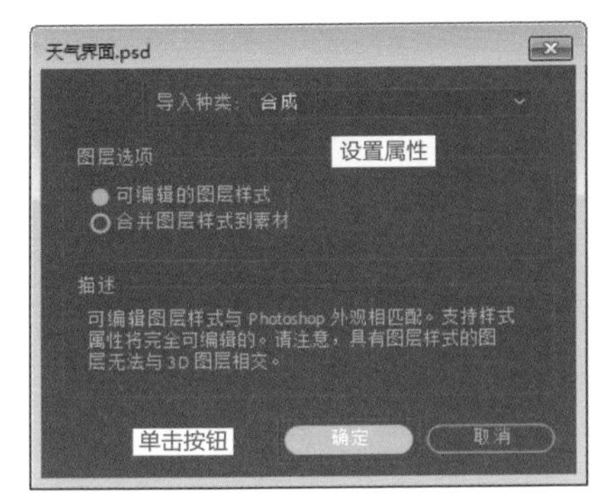

图 7-35　文件的合成设置

知识链接

天气界面也可在 Illustrator 软件中制作完成，制作时需注意素材的分层处理，如本书第 2 章中的 2.3.3 节。

03 进入操作界面后，在“项目”窗口双击“天气界面”合成，可在“合成”窗口预览到天气界面效果，如图 7-36 所示。

图 7-36　天气界面效果

04 在工具栏选择“锚点”工具，然后在图层面板中选择“太阳 1”图层，在“合成”窗口将该图层的锚点移动到太阳的中心位置，如图 7-37 所示。

图 7-37　移动锚点到中心位置

提示

导入的合成默认时长为 10 秒，用户可以在“合成设置”对话框中自行设置持续时间。这里图标的锚点必须移动到中心位置，否则会影响之后图标动画的制作。

05 同样的方法，继续选择“太阳 2”图层和“太阳 3”图层，利用“锚点”工具将它们的锚点移动到太阳中心位置，效果如图 7-38 和图 7-39 所示。

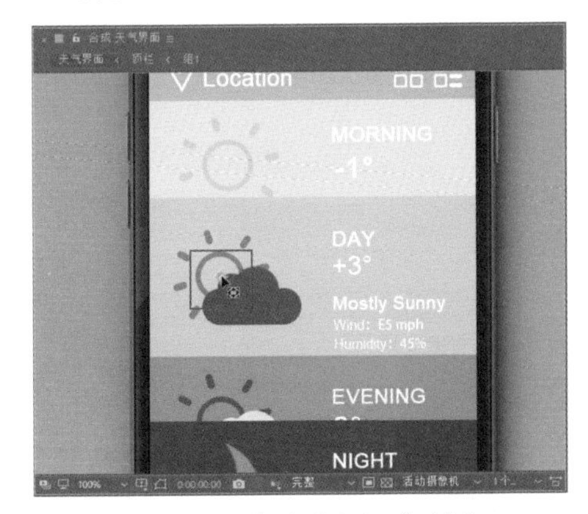

图 7-38　移动“太阳2”锚点

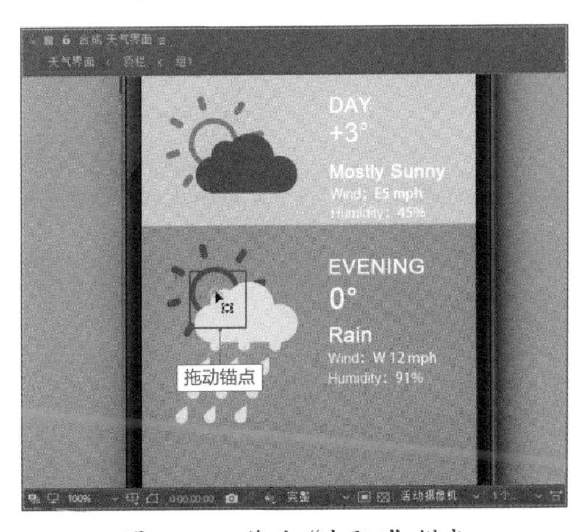

图 7-39　移动“太阳3”锚点

06 调整好锚点位置后，在“合成”窗口左下角单击按钮，调出标尺，然后拉出 4 条参考线，摆放位置如图 7-40 所示。参考线可以为后面的动画制作提供位置参考。

07 以第一条参考线为底线，在图层面板逐个选择天气图标组，移动图标的位置使 4 组天气图标叠放在一起，如图 7-41 所示。

图 7-40　拉出参考线

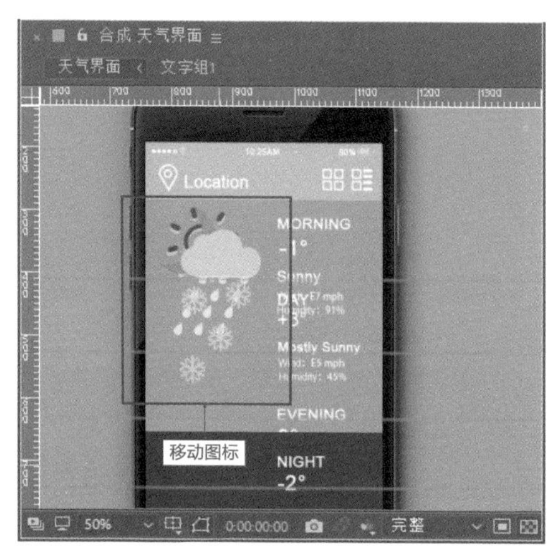

图 7-41　将天气图标叠放在一起

提示

在图层面板中选择每一组天气图标图层时，要确保雨滴和雪花图层也被选中，按 Shift 键可以加选图层。图标如果过大，可以调整缩放参数使图标至合适大小。这里为了方便图标直观显示，编者暂时将背景矩形隐藏了。

08 在图层面板选择所有的图标图层，在选中状态下按快捷键 P 统一展开"位置"属性，然后在第 0 帧处单击"位置"属性前的"时间变化秒表"按钮插入关键帧，如图 7-42 所示。

09 拖动时间线至第 1 秒位置，单击"位置"属性前的按钮，在不改变参数的情况下，插入关键帧，如图 7-43 所示。

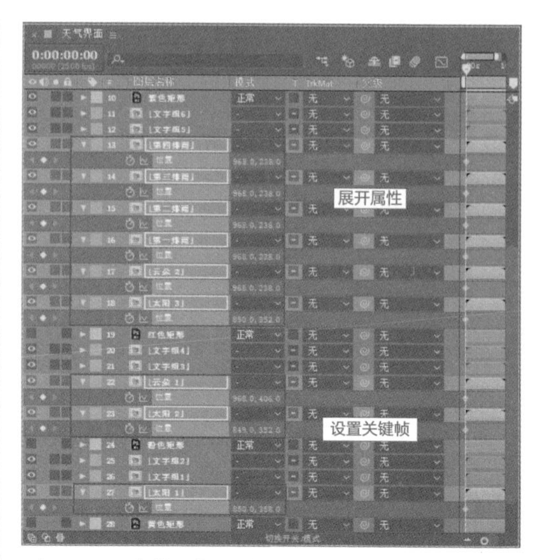

图 7-42　在第0帧处为图标设置"位置"关键帧

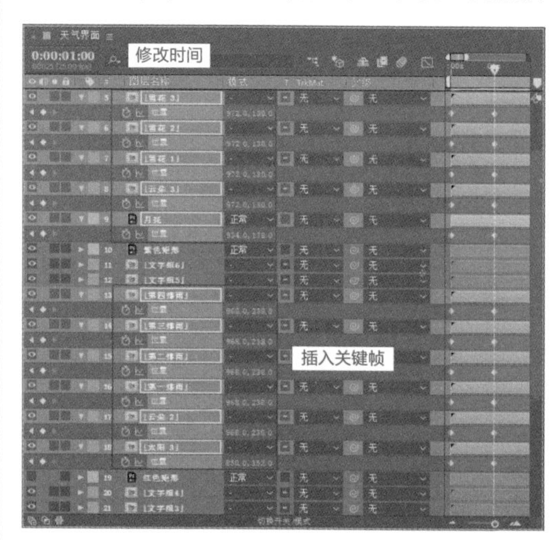

图 7-43　第1秒处添加关键帧

提示

全选图层状态下，只需要单击任意一个图层的"时间变化秒表"按钮，即可同时为所选图层统一添加关键帧。

10 在第 1 秒 15 帧处，统一改变所选天气图标的 Y 轴参数，将图标下移统一摆放在第 2 条参考线上方，如图 7-44 所示。

11 在第 2 秒 15 帧处，单击"位置"属性前的按钮，在不改变前一关键帧参数的情况下，插入关键帧，如图 7-45 所示。

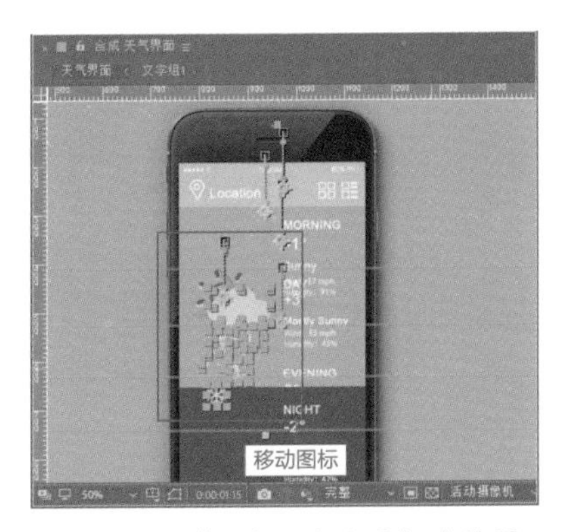

图 7-44　第1秒15帧处图标的位置

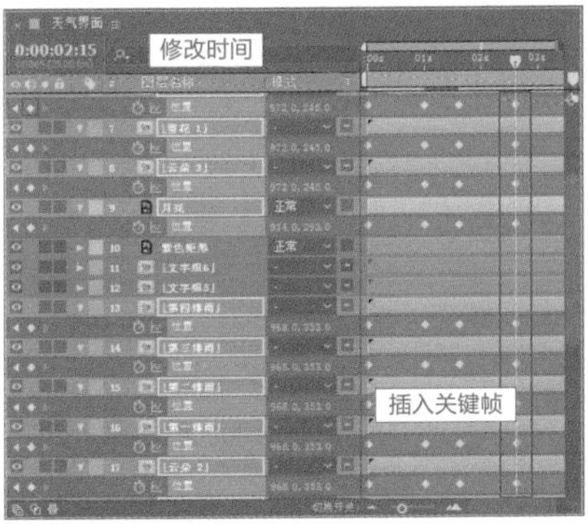

图 7-45　第2秒15帧处添加关键帧

提示

在不同时间点修改“位置”参数后会自动插入关键帧。

12 在第 3 秒 05 帧处，统一改变所选天气图标的 Y 轴参数，将图标下移统一摆放在第 3 条参考线上方，如图 7-46 所示。

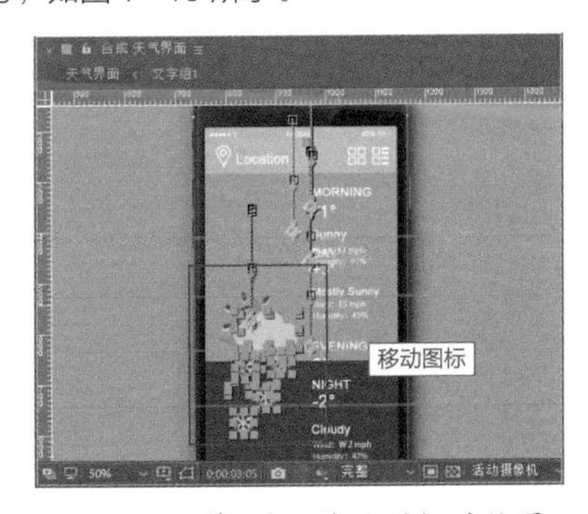

图 7-46　第3秒05帧处图标的位置

13 在第 4 秒 05 帧处，单击“位置”属性前的◆按钮，在不改变前一关键帧参数的情况下，插入关键帧，如图 7-47 所示。

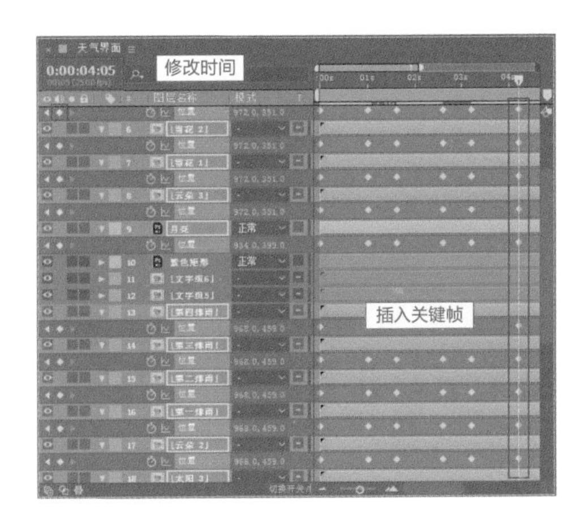

图 7-47　第4秒05帧处添加关键帧

14 在第 4 秒 20 帧处，统一改变所选天气图标的 Y 轴参数，将图标下移统一摆放在第 4 条参考线上方，如图 7-48 所示。

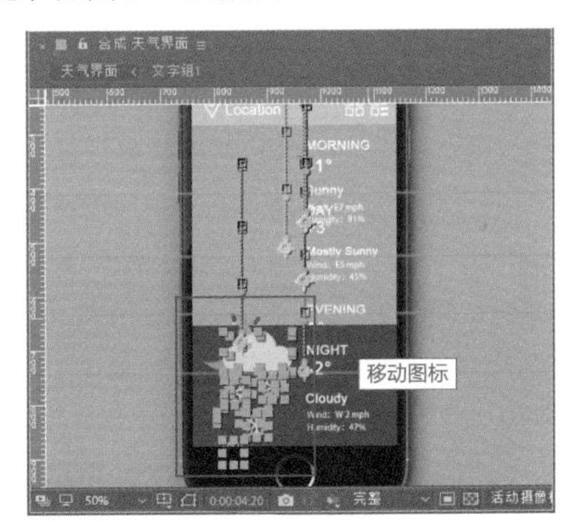

图 7-48　第4秒20帧处图标的位置

15 在第 5 秒 20 帧处，单击“位置”属性前的◆按钮，在不改变前一关键帧参数的情况下，插入关键帧，如图 7-49 所示。

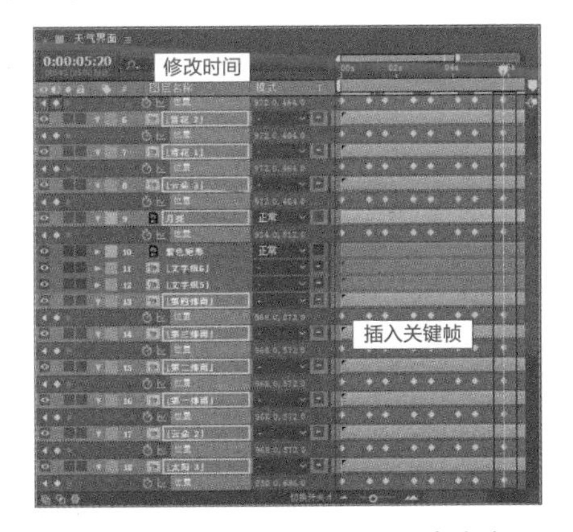

图 7-49　第5秒20帧处添加关键帧

16 接着设置图标上移的动画效果。在第 6 秒 10 帧处，统一改变所选天气图标的 Y 轴参数，将图标上移统一摆放在第 3 条参考线上方，如图 7-50 所示。然后在第 7 秒 05 帧处，单击“位置”属性前的按钮，在不改变前一关键帧参数的情况下，插入关键帧。

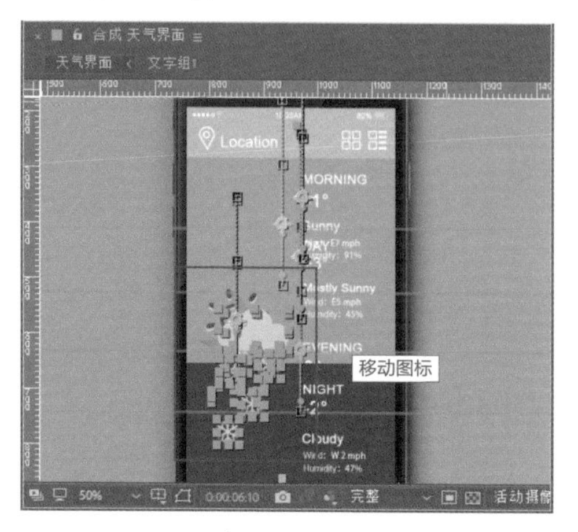

图 7-50　第6秒10帧处图标的位置

17 拖动时间线至第 7 秒 20 帧位置，在该时间点统一改变所选天气图标的 Y 轴参数，将图标上移统一摆放在第 2 条参考线上方，如图 7-51 所示。接着在第 8 秒 15 帧处，单击“位置”属性前的按钮，在不改变前一关键帧参数的情况下，插入关键帧。

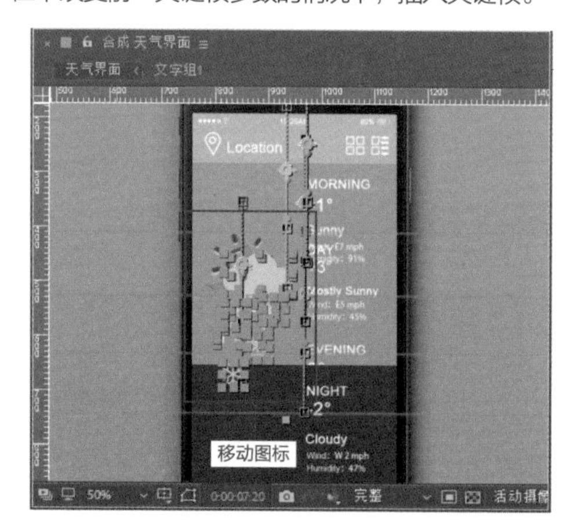

图 7-51　第7秒20帧处图标的位置

18 拖动时间线至第 9 秒 05 帧位置，在该时间点统一改变所选天气图标的 Y 轴参数，将图标上移统一摆放在第 1 条参考线上方，如图 7-52 所示。如果希望图标的位置精准一些，可以选择将第 0 帧处的关键帧复制到第 9 秒 05 帧处，保证图标初始位置相同。

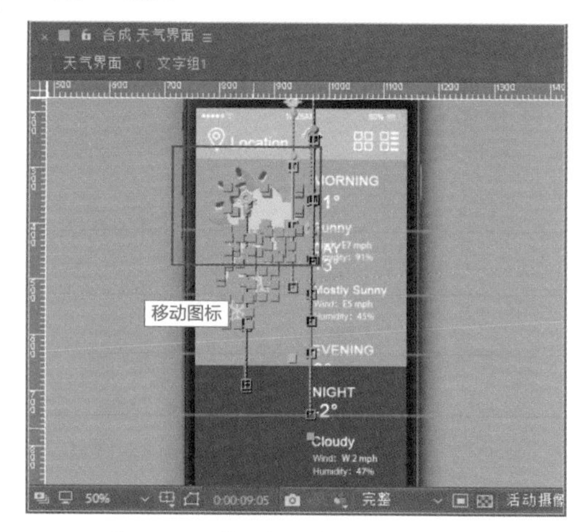

图 7-52　第9秒05帧处图标的位置

19 在时间线窗口将工作区域缩短至第 9 秒 05 帧位置，然后框选所有的图标位置关键帧，按快捷键 F9 将菱形关键帧转换为缓入缓出关键帧，如图 7-53 所示。

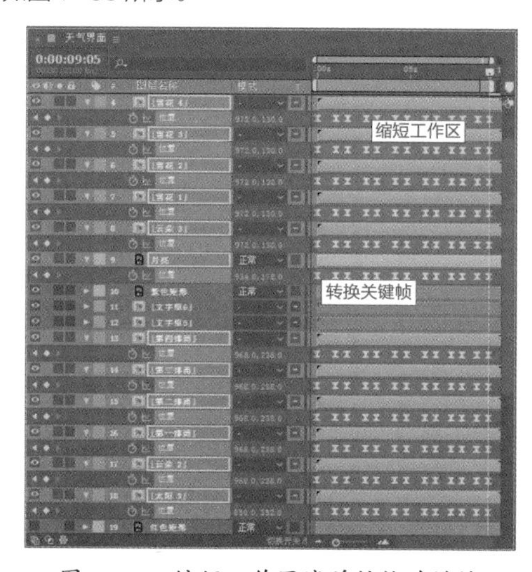

图 7-53　缩短工作区域并转换关键帧

7.2.2 创建预合成 

01 在图层面板中选择第一组天气图标图层，包括“黄色矩形”“太阳 1”“文字组 1”和“文字组 2”图层，如图 7-54 所示。

02 按快捷键 Ctrl+Shift+C 创建预合成，在弹出的“预合成”对话框中设置名称为“早晨”，选中“将所有属性移动到新合成”选项，然后单击“确定”按钮，如图 7-55 所示。

图 7-54　选择第一组天气图标图层

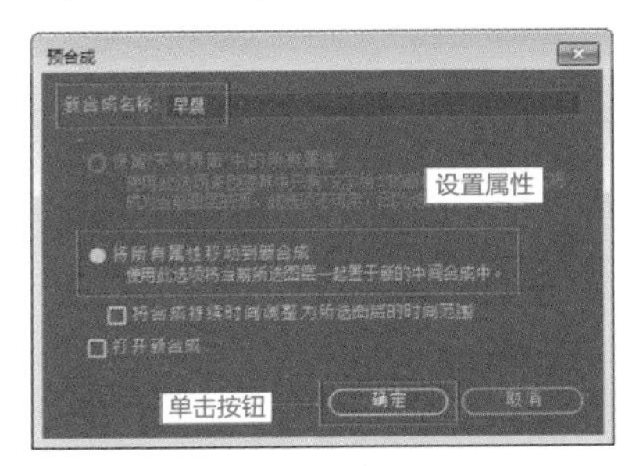

图 7-55　创建预合成

03 继续在图层面板中选择第二组天气图标图层，如图 7-56 所示。按快捷键 Ctrl+Shift+C 创建预合成，在弹出的“预合成”对话框中设置名称为“日间”，选中“将所有属性移动到新合成”选项，然后单击“确定”按钮，如图 7-57 所示。

图 7-56　选择第二组天气图标图层

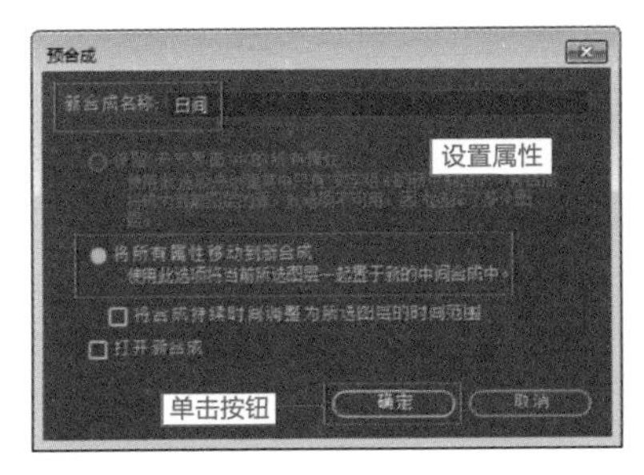

图 7-57　创建预合成

04 选择第三组天气图标图层，如图 7-58 所示。按快捷键 Ctrl+Shift+C 创建预合成，在弹出的“预合成”对话框中设置名称为“傍晚”，选中“将所有属性移动到新合成”选项，然后单击“确定”按钮，如图 7-59 所示。

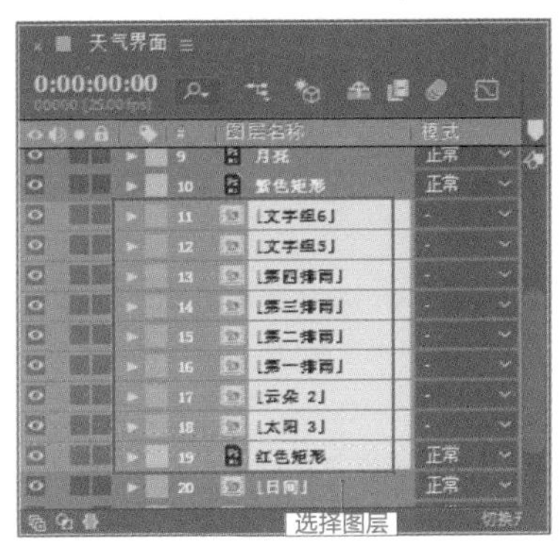

图 7-58　选择第三组天气图标图层

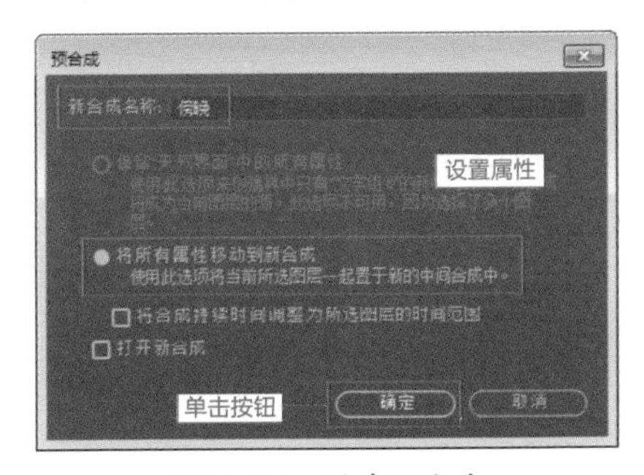

图 7-59　创建预合成

05 选择第四组天气图标图层，如图 7-60 所示。按快捷键 Ctrl+Shift+C 创建预合成，在弹出的“预合成”对话框中设置名称为“夜间”，选中“将所有属性移动到新合成”选项，然后单击“确定”按钮，如图 7-61 所示。

图 7-60　选择第四组天气图标图层

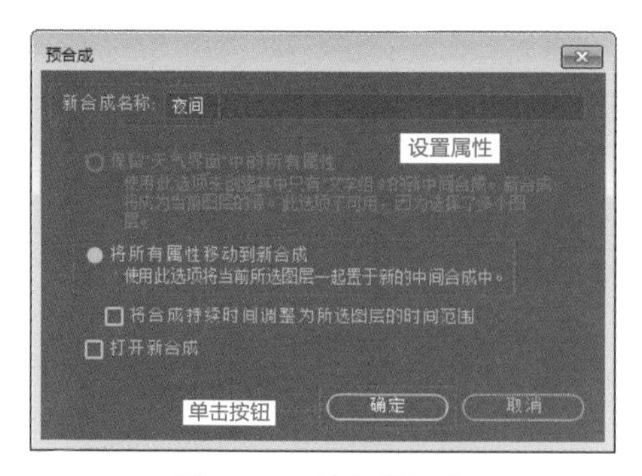

图 7-61　创建预合成

06 上述操作完成后，在图层面板中的图标预合成摆放效果如图 7-62 所示。在“合成”窗口对应的预览效果如图 7-63 所示。

天气界面
0:00:00:00
00000 (25.00 fps)

#	图层名称	模式
1	手机	正常
2	[夜间]	正常
3	[傍晚]	正常
4	[日间]	正常
5	[早晨]	正常
6	[顶栏]	-
7	绿色矩形	正常
8	背景	正常

切换开

图 7-62　图标预合成摆放效果

图 7-63　预览效果

7.2.3　蒙版制作板块推移动画 难点

01 接下来将通过为图层添加蒙版来实现矩形板块的推移效果。在图层面板中选择“日间”图层，然后在工具栏选择“矩形”工具，在“合成”窗口绘制一个如图 7-64 所示的蒙版。然后在图层面板展开“蒙版”属性，在第 1 秒位置单击“蒙版路径”属性前的“时间变化秒表”按钮，设置关键帧。

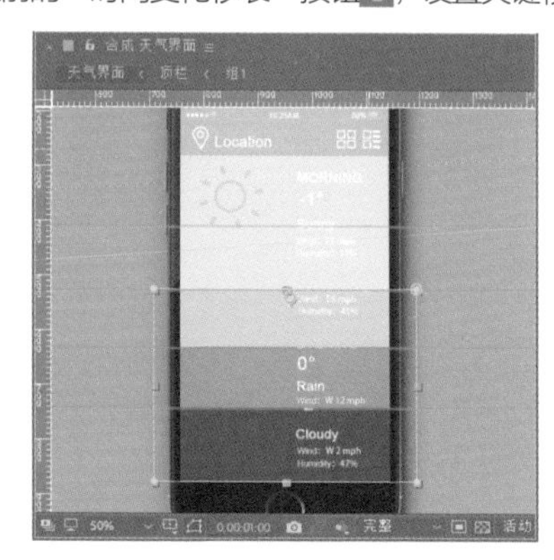

图 7-64　绘制矩形蒙版

02 拖动时间线至第 2 秒位置，在该时间点双击蒙版可进行形状调整，将蒙版调整至图 7-65 所示形状。

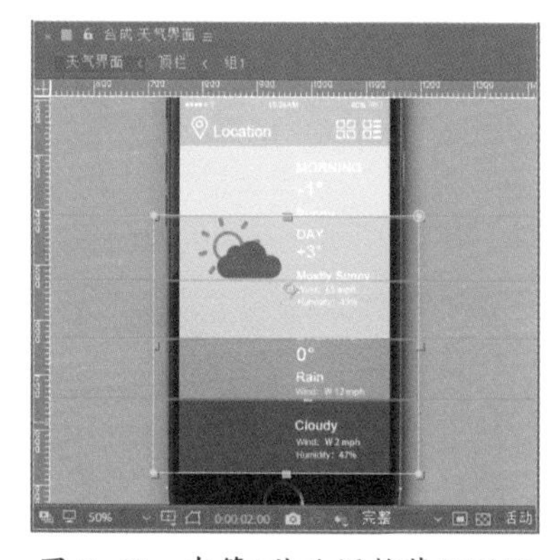

图 7-65　在第2秒处调整蒙版形状

提示

调整蒙版可以参考线位置为参照，具体还得依照天气图标的运动状态来做实际调整，即保证在矩形板块移动的同时，天气图标能完整显示在板块左上角，不管是板块过小还是图标过大，后期都可以通过调整来彼此适应。

03 在图层面板选择“傍晚”图层，然后使用“矩形”工具在“合成”窗口绘制一个如图 7-66 所示的蒙版。然后在图层面板展开“蒙版”属性，在第 2 秒 15 帧位置单击“蒙版路径”属性前的“时间变化秒表”按钮，设置关键帧。

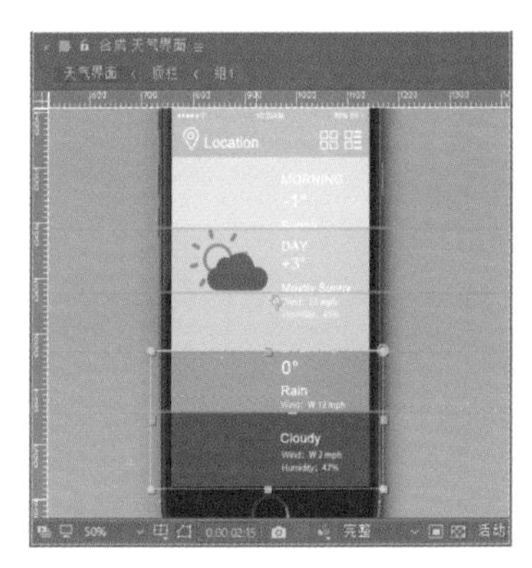

图 7-66　绘制矩形蒙版

04 拖动时间线至第 3 秒 05 帧位置，在该时间点双击蒙版进行形状调整，将蒙版调整至图 7-67 所示形状。

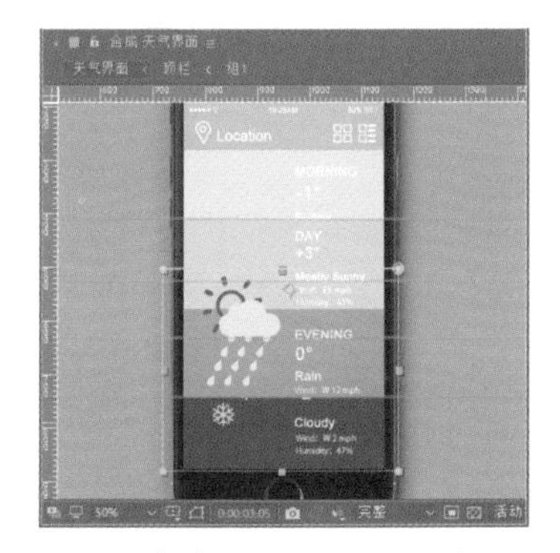

图 7-67　在第3秒05帧处调整蒙版形状

05 在图层面板选择“夜间”图层，然后使用“矩形”工具在“合成”窗口绘制一个如图 7-68 所示的蒙版。然后在图层面板展开“蒙版”属性，在第 4 秒 05 帧位置单击“蒙版路径”属性前的“时间变化秒表”按钮，设置关键帧。

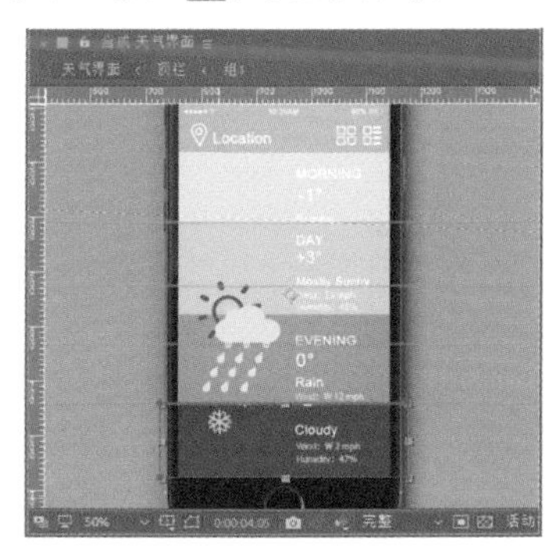

图 7-68　绘制矩形蒙版

06 拖动时间线至第 4 秒 20 帧位置，在该时间点双击蒙版进行形状调整，将蒙版调整至图 7-69 所示形状。

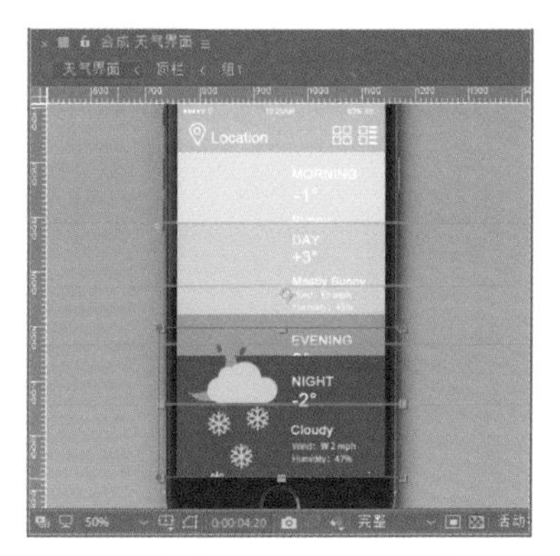

图 7-69　在第4秒20帧处调整蒙版形状

07 拖动时间线到第 5 秒 20 帧位置，在该时间点单击“蒙版路径”属性前的按钮插入关键帧，此时在“合成”窗口的蒙版形状不发生改变，如图 7-70 所示。

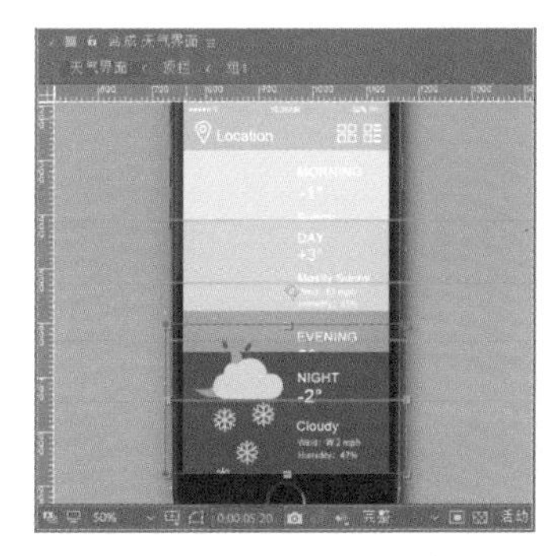

图 7-70　第5秒20帧处的蒙版形状

08 拖动时间线到第 6 秒 10 帧位置，在该时间点双击蒙版进行形状调整，将蒙版调整至图 7-71 所示形状。

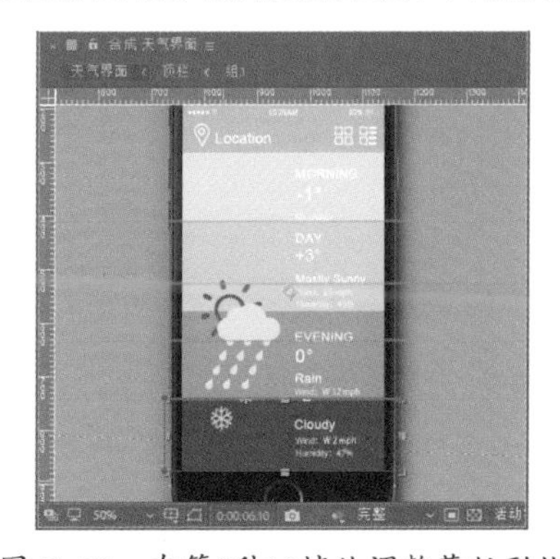

图 7-71　在第6秒10帧处调整蒙版形状

09 拖动时间线至第 7 秒 06 帧，接着选择“傍晚”图层，单击该图层的第二个关键帧，按快捷键 Ctrl+C 复制该关键帧，再按快捷键 Ctrl+V 将关键帧粘贴到当前时间线位置。此时在“合成”窗口的蒙版形状不发生改变，如图 7-72 所示。

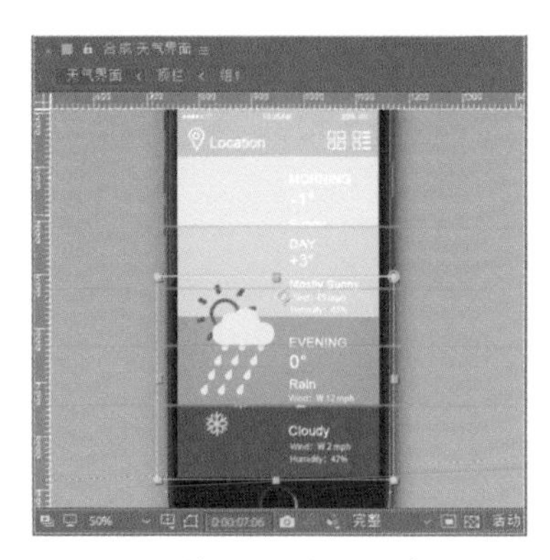

图 7-72　第7秒06帧处的蒙版形状

10 拖动时间线至第 7 秒 20 帧位置，在该时间点双击蒙版进行形状调整，将蒙版调整至图 7-73 所示形状。

图 7-73　在第7秒20帧处调整蒙版形状

11 拖动时间线至第 8 秒 15 帧，接着选择“日间”图层，单击该图层的第二个关键帧，按快捷键 Ctrl+C 复制该关键帧，再按快捷键 Ctrl+V 将关键帧粘贴到当前时间线位置。此时在“合成”窗口的蒙版形状不发生改变，如图 7-74 所示。

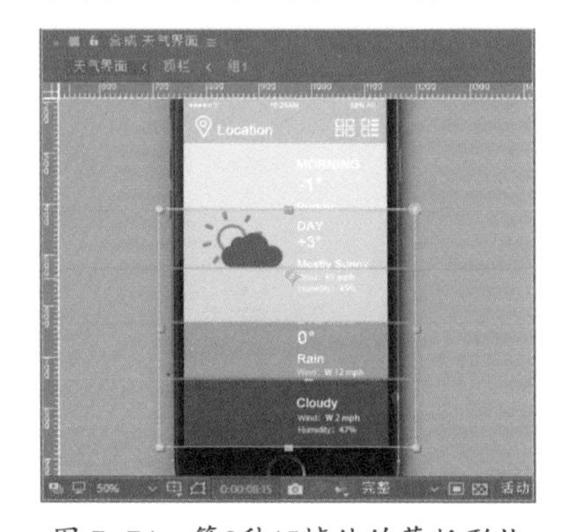

图 7-74　第8秒15帧处的蒙版形状

12 拖动时间线至第 9 秒 05 帧位置，在该时间点双击蒙版进行形状调整，将蒙版调整至图 7-75 所示形状。

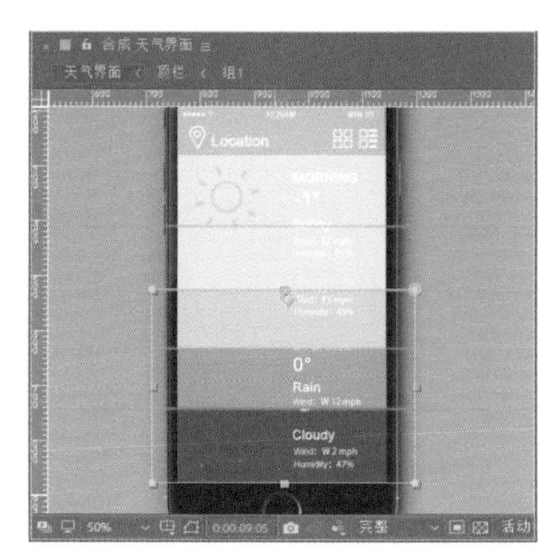

图 7-75　在第9秒05帧处调整蒙版形状

13 在“合成”窗口预览动画效果，会发现过渡处有些板块长度太短，导致过渡不自然，效果如图 7-76 所示。

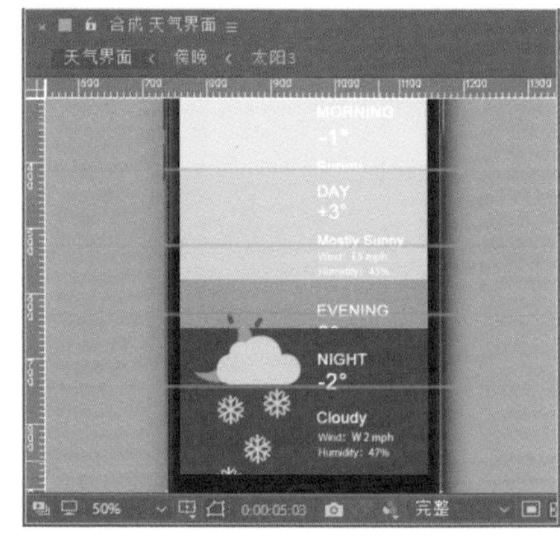

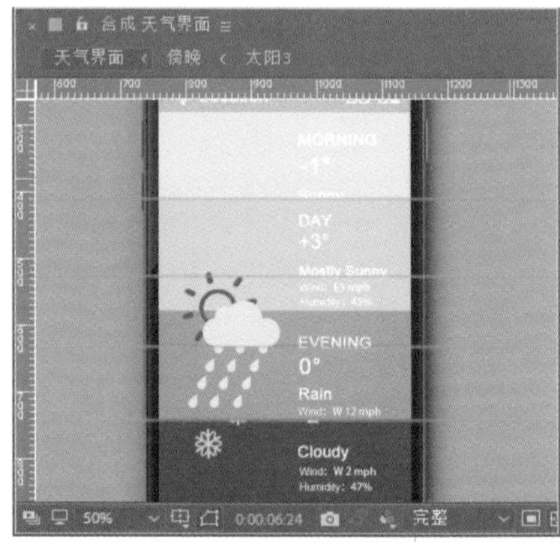

图 7-76　预览效果

14 在图层面板双击“傍晚”图层，进入其合成面板，然后选择“红色矩形”图层，如图 7-77 所示。此时在“合成”窗口默认的效果如图 7-78 所示。

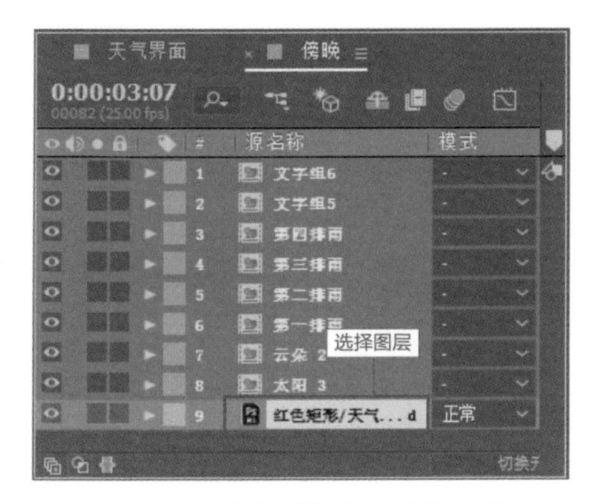

图 7-77　选择“红色矩形”图层

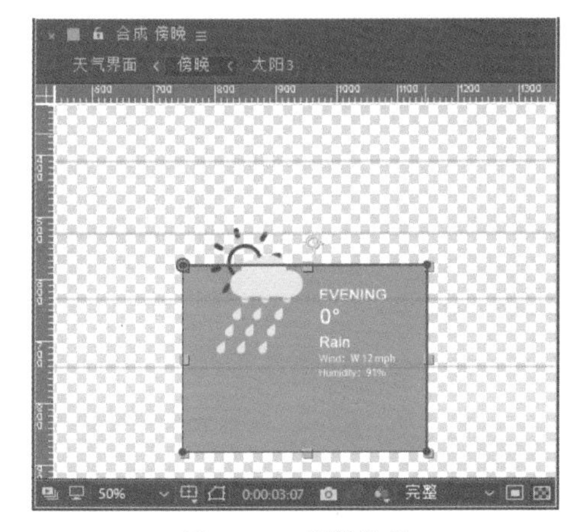

图 7-78　预览效果

15 在“合成”窗口双击红色矩形，激活调整框后，将红色矩形向上拖动延长，如图 7-79 所示。

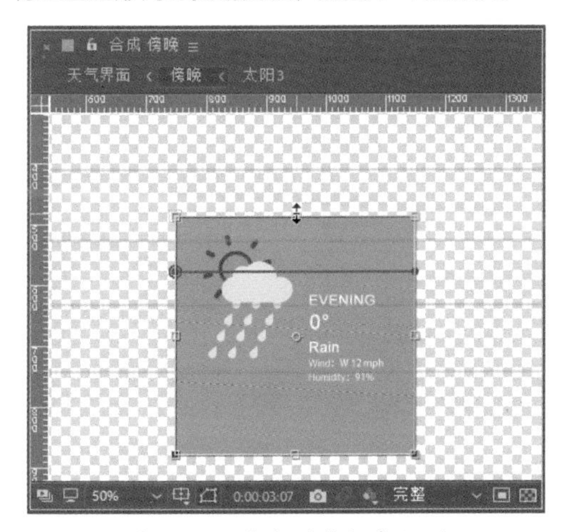

图 7-79　向上延长红色矩形

16 选择“文字组 5”和“文字组 6”图层，将文字向上移动，如图 7-80 所示。

图 7-80　将文字向上移动

17 返回“天气界面”合成，用同样的方法调整“夜间”图层。双击“夜间”图层，进入其合成面板，选择“紫色矩形”图层，默认效果如图 7-81 所示。在“合成”窗口激活调整框后，将紫色矩形向上拖动延长，同时将文字组向上移动到合适位置，效果如图 7-82 所示。

图 7-81　预览效果

图 7-82　向上延长紫色矩形并调整文字

18 调整好后回到“天气界面”合成，框选时间线窗口所有“蒙版路径”关键帧◆，按快捷键 F9 将其转换为缓入缓出关键帧⧗，如图 7-83 所示。

图 7-83 转换关键帧

19 接下来需要为天气图标制作动态效果。在图层面板双击“早晨”图层，进入其合成面板，选择“太阳 1”图层，按快捷键 R 展开其“旋转”属性，在第 0 帧处单击“旋转”属性前的“时间变化秒表”按钮⏱，设置关键帧，如图 7-84 所示。

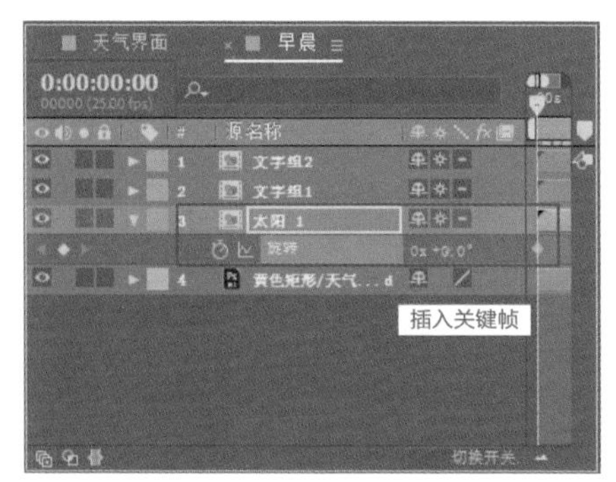

图 7-84 插入“旋转”关键帧

提示

如果想要得到更加完美的动效，这里可以选中关键帧，激活图表编辑器，来对曲线速率进行精细调节。

20 拖动时间线至第 9 秒 05 帧位置，在该时间点修改“旋转”参数为 3×+0°，如图 7-85 所示。设置完成后，太阳会在下落的过程中产生旋转效果。

21 返回“天气界面”合成，在图层面板中双击“日间”图层，进入其合成面板，用上述同样的方法来设置该组图标中太阳的旋转动画，关键帧如图 7-86 所示。

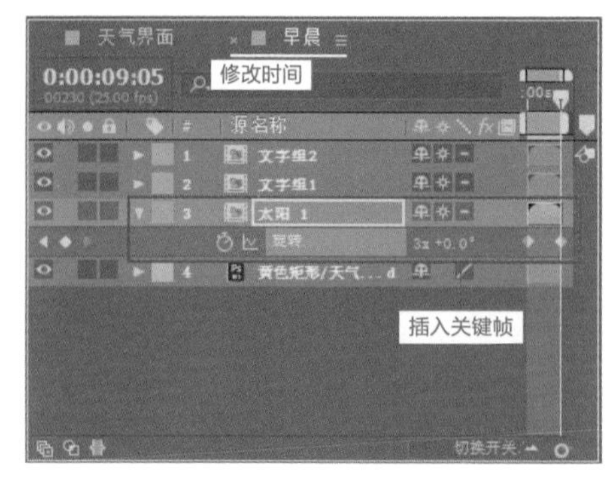

图 7-85 设置关键帧参数

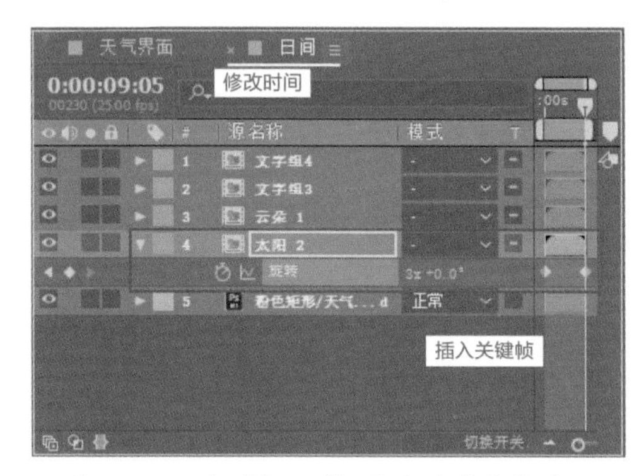

图 7-86 为“太阳2”图层设置旋转动画

7.2.4 制作下雨图标动画

01 返回“天气界面”合成，在图层面板中双击“傍晚”图层，进入其合成面板，为“太阳 3”图层设置旋转动画，如图 7-87 所示。

图 7-87 为“太阳3”图层设置旋转动画

02 接下来制作下雨动效，这里可以删除雨滴参考合成，只留下其中一个合成来制作动效。在“项目”窗口选择“第二排雨”~“第四排雨”这 3 个合成，单击🗑按钮将合成删除，如图 7-88 所示。然后将剩下的“第一排雨”合成重命名为“下雨”。

图 7-88　删除所选合成

03 双击图层面板中的“下雨”合成图层，进入其合成面板，框选所有图层，按快捷键 P 展开“位置”属性，在第 2 秒 20 帧处，在参数不变的情况下，单击“位置”属性前的“时间变化秒表”按钮，设置关键帧，如图 7-89 所示。

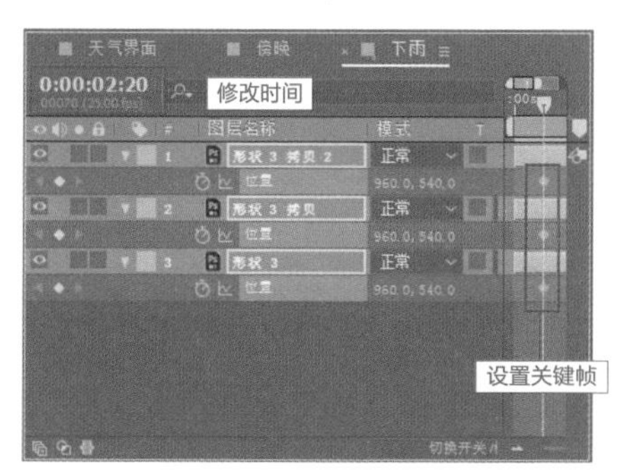

图 7-89　设置“位置”关键帧

04 拖动时间线到第 3 秒 15 帧位置，在该时间点拖动“合成”窗口中的雨滴，运动路径如图 7-90 所示。

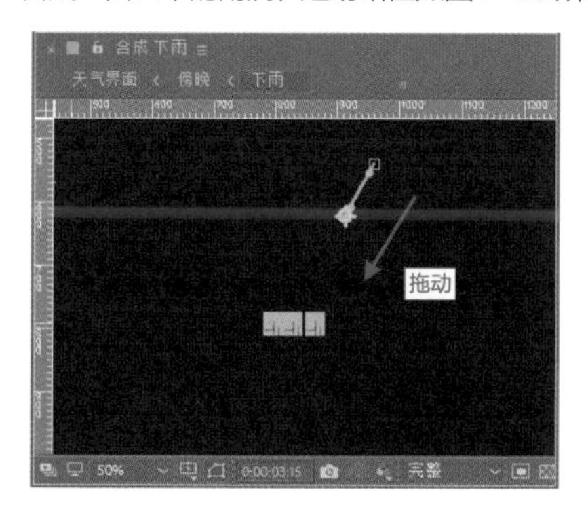

图 7-90　雨滴运动路径

提示

调节雨滴路径需在图层全选状态下进行，在“合成”窗口拖曳锚点即可改变位置。

05 全选图层状态下，按快捷键 Shift+T 展开“不透明度”属性，然后在第 2 秒 20 帧位置统一插入关键帧，参数默认为 100%，如图 7-91 所示。

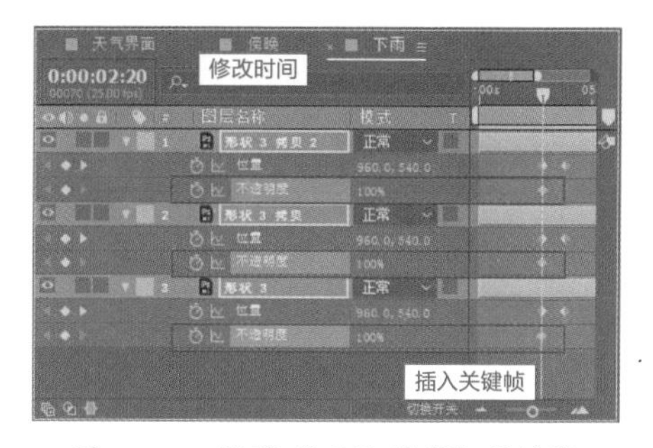

图 7-91　设置“不透明度”关键帧

06 将时间线拖动到第 3 秒 15 帧位置，在该时间点统一修改“不透明度”参数为 0%，如图 7-92 所示。

图 7-92　设置“不透明度”关键帧

07 这样，一组雨滴动效就制作完成了。选择 3 个图层组成的雨滴动效组，按快捷键 Ctrl+D 复制一组图层置于下方，如图 7-93 所示。

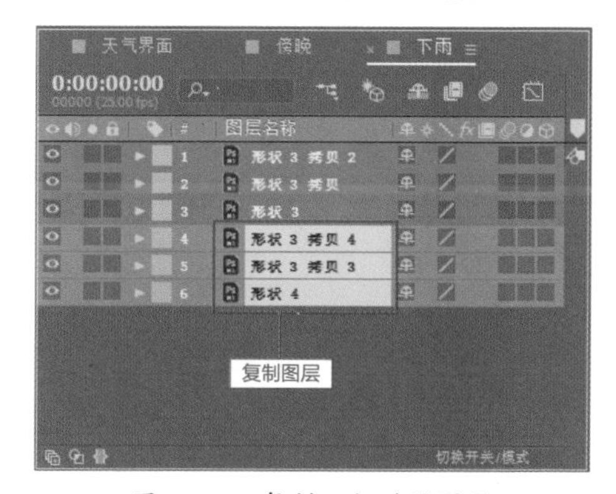

图 7-93　复制一组动效图层

08 为了使雨滴产生错落下降的动态效果，这里需要将复制的雨滴组统一向后拖动至第 3 秒 02 帧时间点位置，如图 7-94 所示。

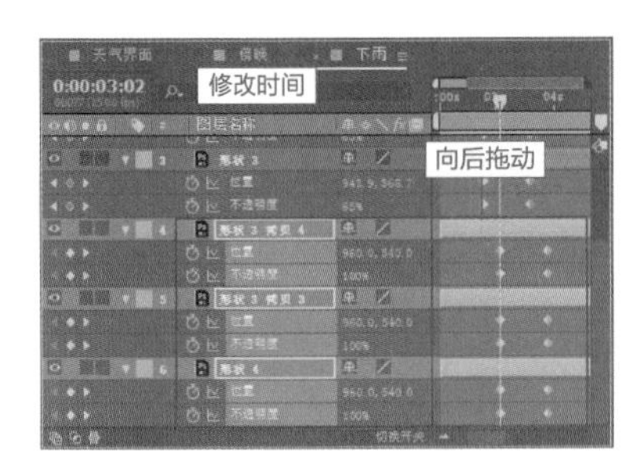

图 7-94　向后拖动关键帧

提示

上述操作中每3个图层对应一组雨滴动效，复制时也需要选择3个图层同时执行操作。

09 再次复制一组雨滴动效摆放在底层，并将关键帧向后拖动到第3秒10帧位置，如图 7-95 所示。

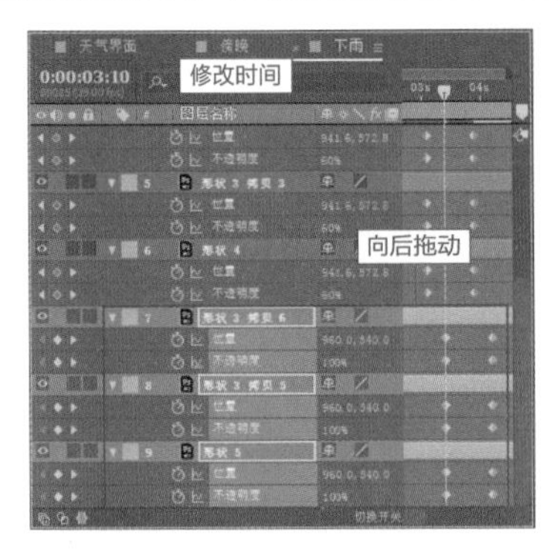

图 7-95　将第3组关键帧向后拖动

10 接下来用同样的方法，多复制几组雨滴动效（编者总共做了6组），并将关键帧向后拖动错开，对应“天气界面”合成中的显示效果，确保下雨图标出现的时间段内，雨滴动效不间断，效果如图 7-96 所示。

图 7-96　“天气界面”预览效果

11 下雨图标还有个上升的过程，因此还需要为上升过程添加下雨效果。具体的操作方法为，选择之前制作的6组雨滴动效，按快捷键 Ctrl+D 复制图层并拖到底层，如图 7-97 所示。

图 7-97　复制动效组图层并移到下方

12 “天气界面”合成对应的图标上升时间点为第6秒02帧，将时间线拖动到该位置，然后按快捷键 U 展开上述操作中所复制图层的所有关键帧属性，框选所有关键帧，统一向后拖动到当前时间线位置，如图 7-98 所示。

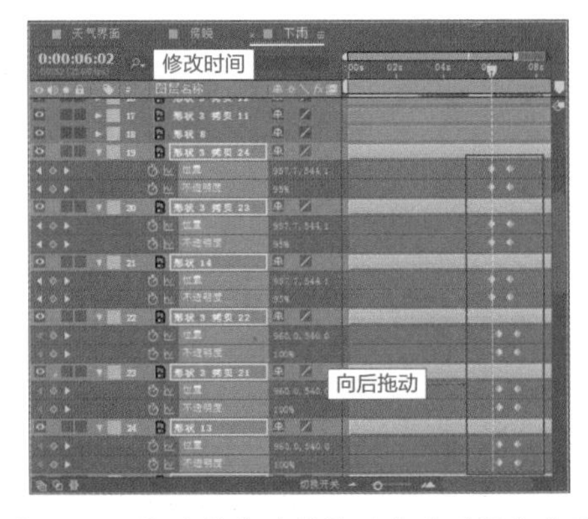

图 7-98　拖动所有关键帧至当前时间线位置

7.2.5　制作雪花图标动画

01 返回“天气界面”合成，接着双击“夜间”合成图层，进入其合成面板，选择“雪花1”图层，按快捷键 P 展开其“位置”属性，并暂时将其他3个雪花图层隐藏，如图 7-99 所示。

02 在“天气界面”合成中，雪花图标出现的时间点约在第4秒20帧位置，对应该时间点，将“雪花1”图层中如图 7-100 所示关键帧选中，按 Delete 键将其删除。

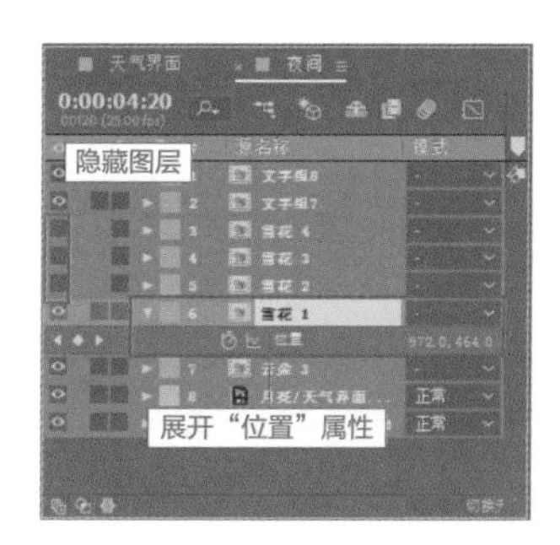

图 7-99　展开“雪花1”图层的“位置”属性

图 7-100　删除所选关键帧

03 将时间线拖动到第 4 秒 20 帧位置，在该时间点拖动“合成”窗口的雪花位置，路径参照图 7-101 所示。继续将时间线拖动到第 5 秒 10 帧，在该时间点拖动“合成”窗口的雪花位置，路径参照图 7-102 所示。

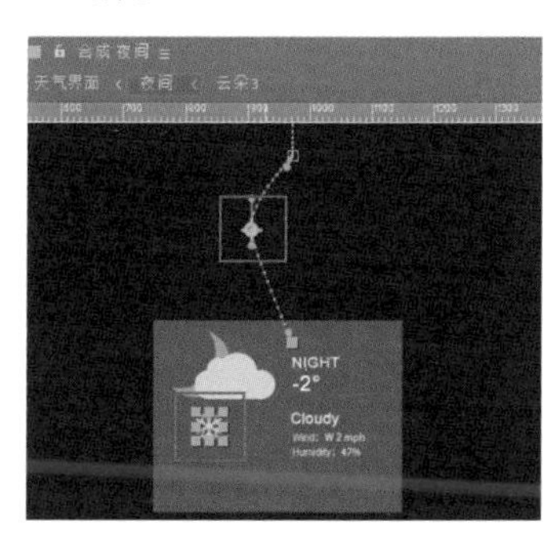

图 7-101　第4秒20帧雪花路径

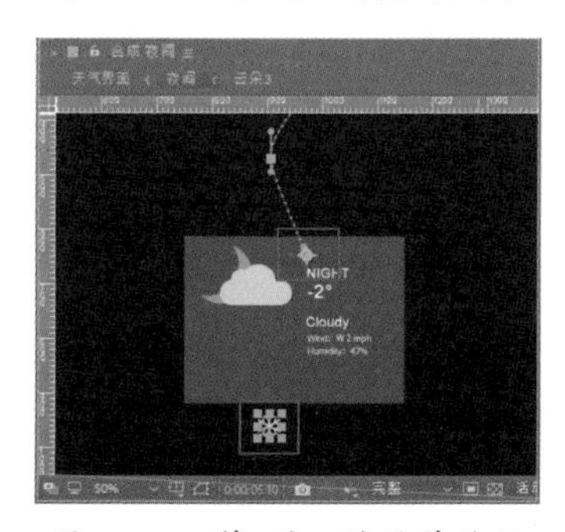

图 7-102　第5秒10帧雪花路径

提示

运动路径和时间点仅供参考。制作雪花动效时，需要随时预览“天气界面”合成的最终效果，不断调整雪花到合适的位置，要注意避免雪花提前出现在板块中的情况。如果雪花过大，可以调整“缩放”参数将雪花适当缩小一些，这里编者将雪花缩放至了 80%，以适配画面效果，还可以将雪花调整成不同大小。

04 选择上述操作中创建的两个关键帧，然后单击图层面板右上角的按钮，打开图表编辑器，激活“速度图表”，将曲线调节至图 7-103 所示状态。

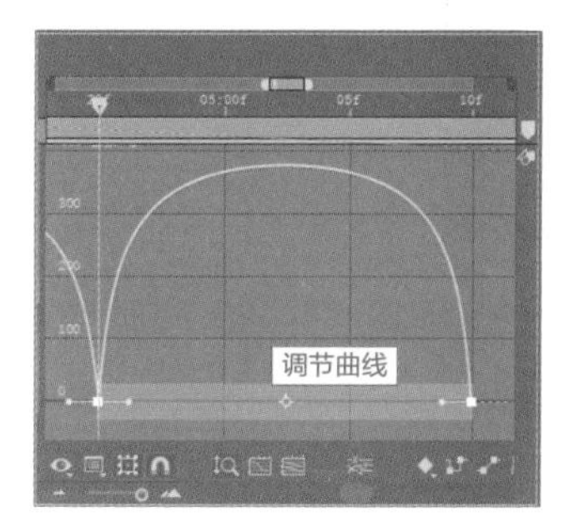

图 7-103　调节曲线

05 返回时间线窗口，选择“雪花 2”~“雪花 4”图层，按快捷键 P 展开“位置”属性，用上述同样的方法，删除多余的关键帧，如图 7-104 所示。

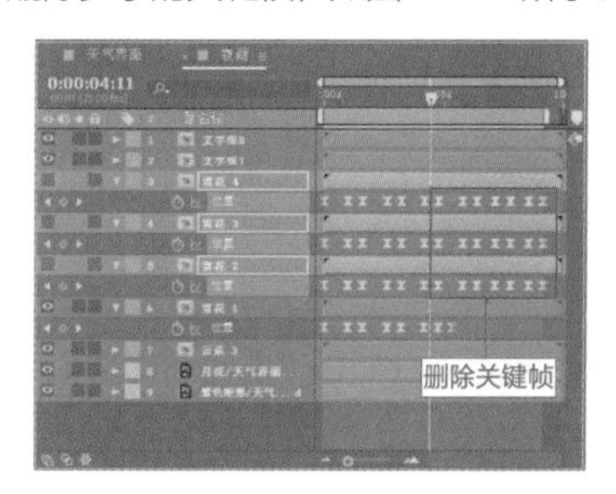

图 7-104　删除所选关键帧

提示

之后雪花的曲线调节皆可参照图 7-103 形状，下面不再做重复讲解。

06 选择“雪花 2”图层，参照“雪花 1”飘落的路径，使雪花位置彼此错开。将时间线拖动到第 4 秒 20 帧位置，在该时间点拖动“合成”窗口的雪花位置，路径参照图 7-105 所示。继续将时间线拖动到第 5 秒 10 帧，在该时间点拖动“合成”窗口的雪花位置，路径参照图 7-106 所示。

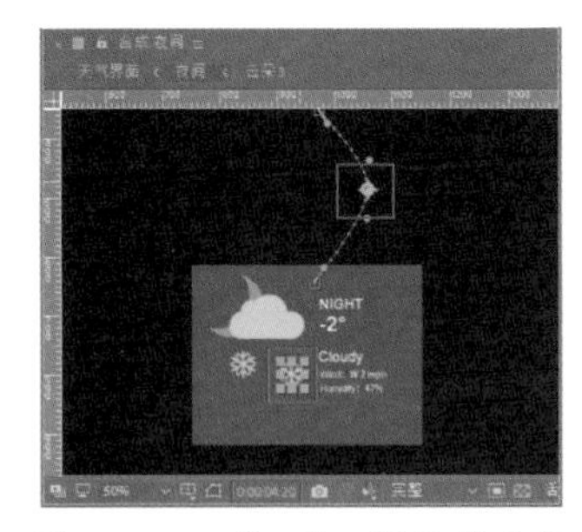

图 7-105　第4秒20帧雪花路径

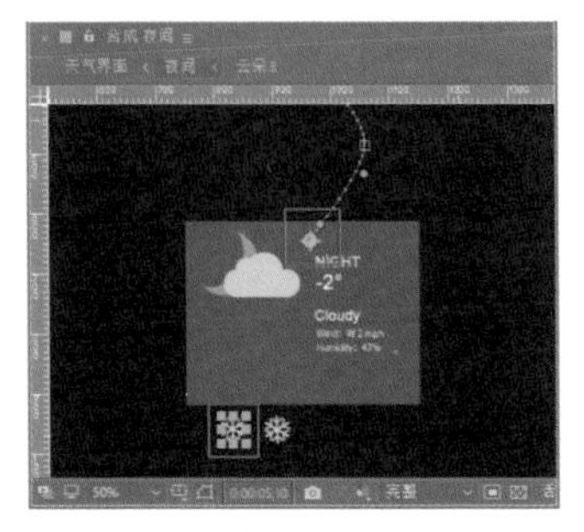

图 7-106　第5秒10帧雪花路径

07 用同样的方法继续设置“雪花 3”和“雪花 4”图层的飘落路径动画，设置完成后，路径效果大致如图 7-107 所示。在“合成”窗口对应的图标及板块预览效果如图 7-108 所示。

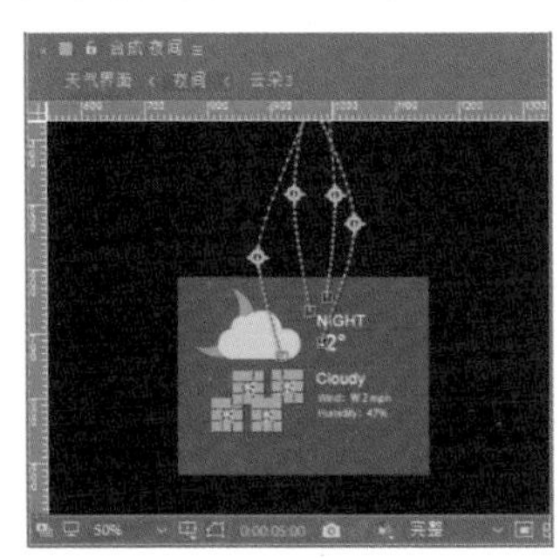

图 7-107　雪花路径效果

图 7-108　预览效果

7.2.6　制作文字动画

01 接下来为文字制作动画效果。首先进入“日间”合成图层面板，在该面板选择“文字组 3”图层，按快捷键 P 展开“位置”属性，参照“天气界面”合成的板块动效，在第 1 秒位置单击属性前的“时间变化秒表”按钮，插入关键帧，参数如图 7-109 所示。该位置在“天气界面”合成对应的预览效果如图 7-110 所示。

图 7-109　设置“位置”关键帧

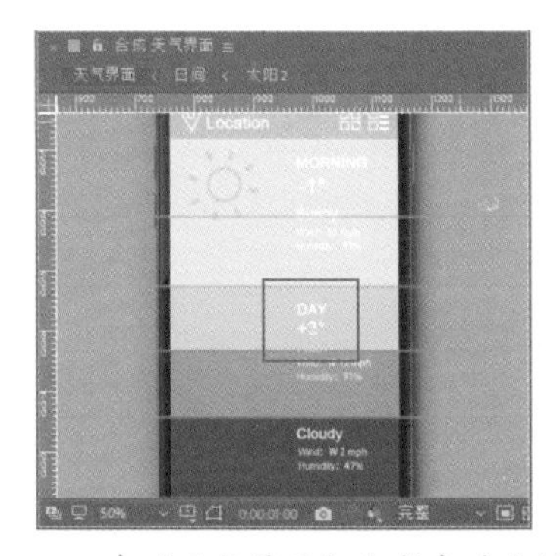

图 7-110　在“天气界面”合成中对应的效果

02 在“天气界面”合成中，板块完全推上去后的时间点对应在第 1 秒 20 帧位置，回到“文字组 3”图层，在该时间点参照图 7-111 所示设置“位置”参数。设置完成后，在“天气界面”合成对应的预览效果如图 7-112 所示，此时粉色板块完全展开，文字也随着板块的推移，移动到了顶端。

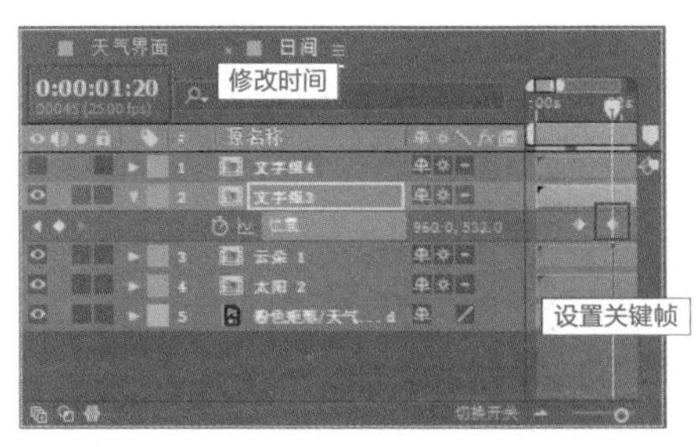

图 7-111　设置第二个“位置”关键帧

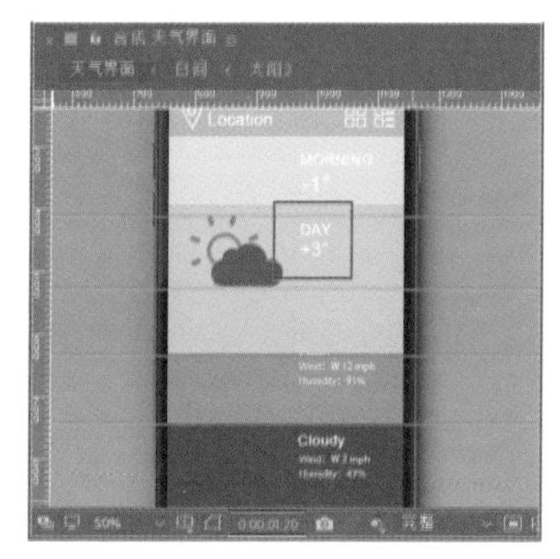

图 7-112　在“天气界面”合成中对应的效果

03 将上述创建的两个位置关键帧转换为缓入缓出关键帧，然后在图表编辑器中将关键帧的曲线调节至图 7-113 所示状态。

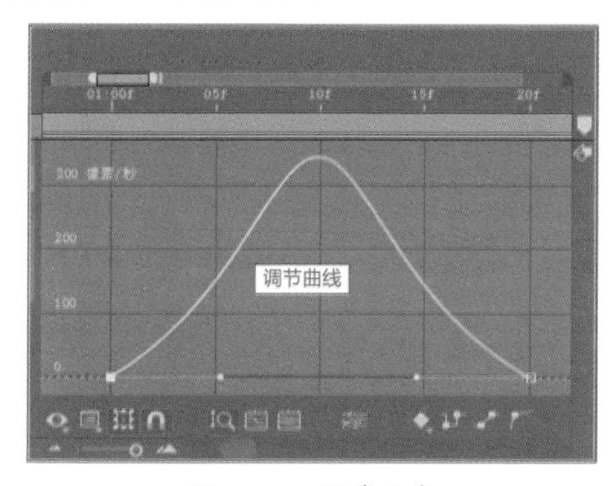

图 7-113　调节曲线

04 将时间线拖动到第 8 秒 16 帧，在该时间点粉色板块会开始下移，单击“位置”属性的◆按钮插入一个关键帧，然后拖动时间线至末尾的第 9 秒 05 帧，将第一个位置关键帧复制到该时间点，如图 7-114 所示。

图 7-114　设置关键帧

05 继续在“日间”合成内选择“文字组 4”图层，按快捷键 P 展开其“位置”属性，在第 1 秒 20 帧位置单击属性前的“时间变化秒表”按钮，插入关键帧，参数如图 7-115 所示。在“天气界面”合成中对应的效果如图 7-116 所示，此时的“文字组 4”没有出现在板块内。

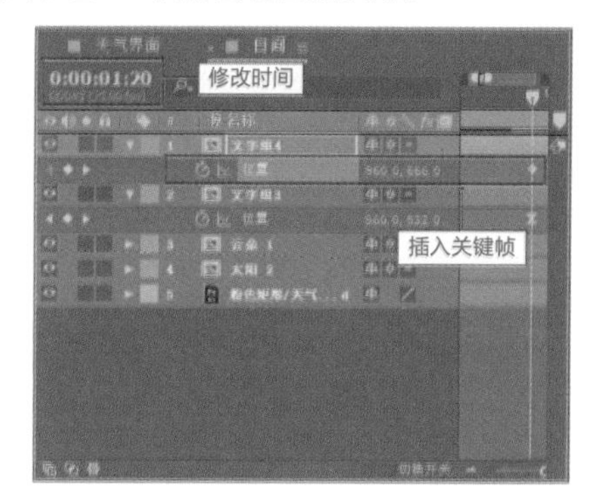

图 7-115　设置关键帧

图 7-116　在“天气界面”合成中对应的效果

06 将时间线向后拖动 7 帧到第 2 秒 02 帧位置，在该时间点将“文字组 4”图层对应的文字移动到“文字组 3”的下方，效果如图 7-117 所示。此时的图层“位置”参数如图 7-118 所示。

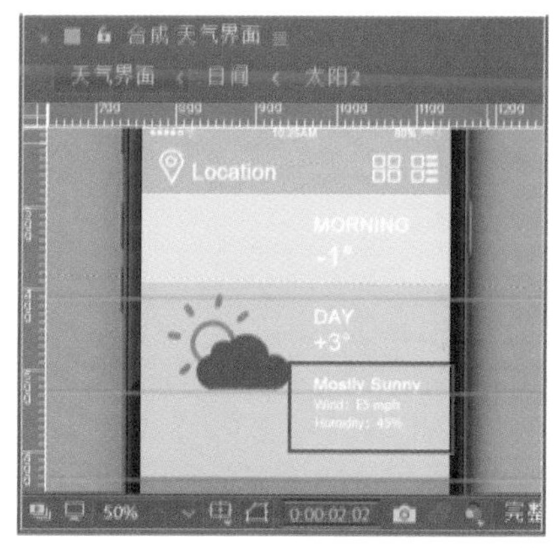

图 7-117　移动文字后的效果

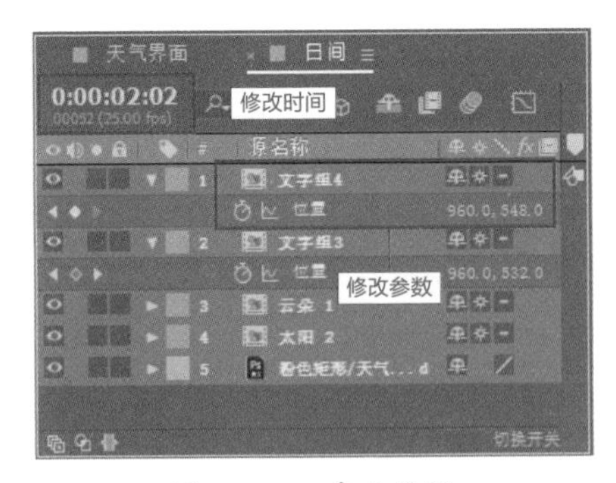

图 7-118 参数设置

07 将上述创建的两个位置关键帧转换为缓入缓出关键帧，然后在图表编辑器中将关键帧的曲线调节至图 7-119 所示状态。

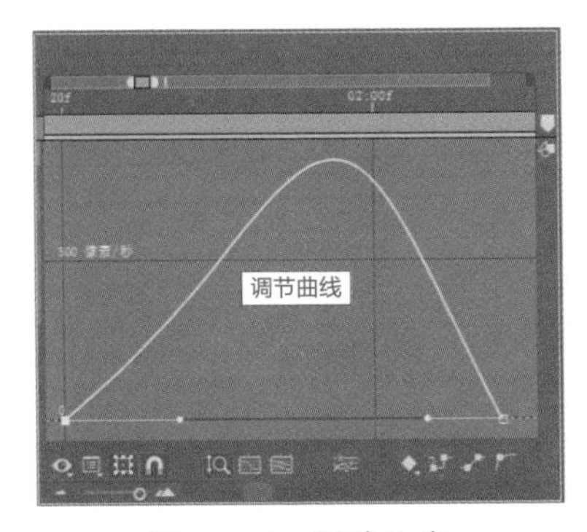

图 7-119 调节曲线

08 返回时间线窗口，将时间线拖动到第 8 秒 16 帧位置，然后在该时间点将“文字组 4”的◎链接到“文字组 3”的◎上，如图 7-120 所示。操作完成后，动效播放到该时间点时，“文字组 4”图层会随着“文字组 3”图层做同样的位移。

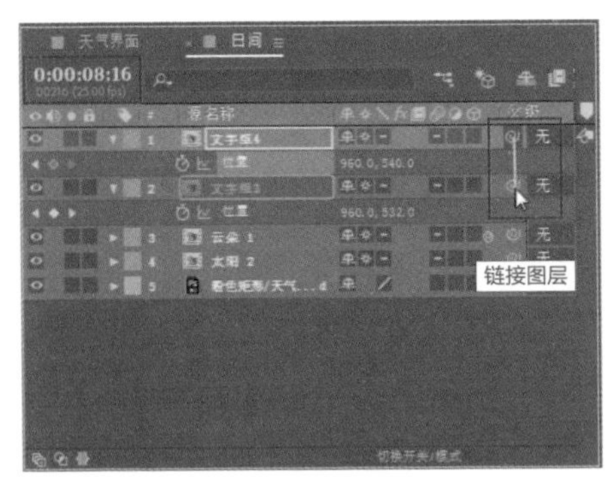

图 7-120 链接父子级

09 用同样的方法设置“傍晚”合成中的文字动画。进入“傍晚”合成面板，选择“文字组 5”图层，按快捷键 P 展开其“位置”属性，参照“天气界面”合成的板块动效，在第 2 秒 14 帧位置单击属性前的“时间变化秒表”按钮◎，插入关键帧，参数如图 7-121 所示。该位置在“天气界面”合成中对应的预览效果如图 7-122 所示。

图 7-121 设置“位置”关键帧

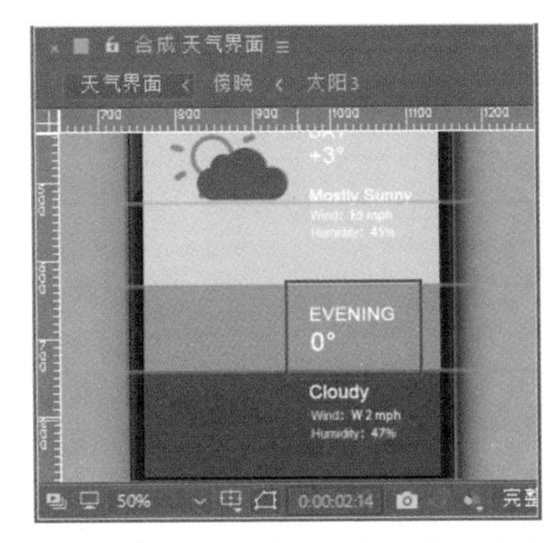

图 7-122 在“天气界面”合成中对应的效果

10 在“天气界面”合成中，板块完全推上去后的时间点对应在第 3 秒 06 帧位置，回到“文字组 5”图层，在该时间点参照图 7-123 所示设置“位置”参数。设置完成后，在“天气界面”合成中对应的预览效果如图 7-124 所示，此时红色板块完全展开，文字也随着板块的推移，移动到了顶端。

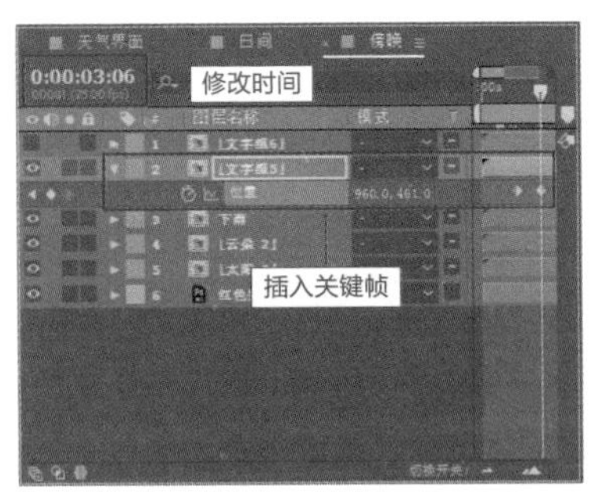

图 7-123 设置第二个“位置”关键帧

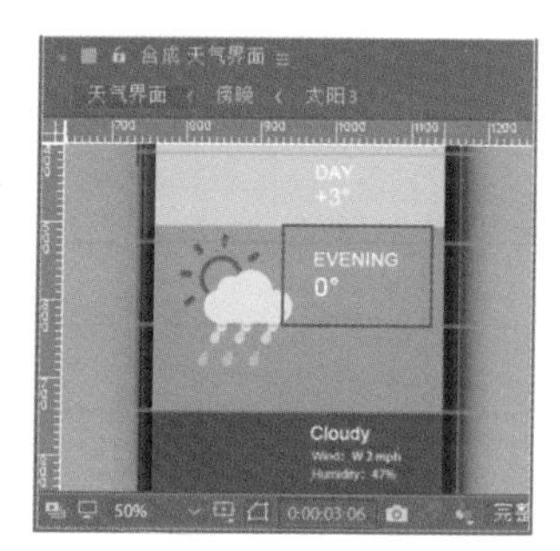

图 7-124　在“天气界面”合成中对应的效果

11 将上述创建的两个位置关键帧转换为缓入缓出关键帧，然后在图表编辑器中将关键帧的曲线调节至图 7-125 所示状态。

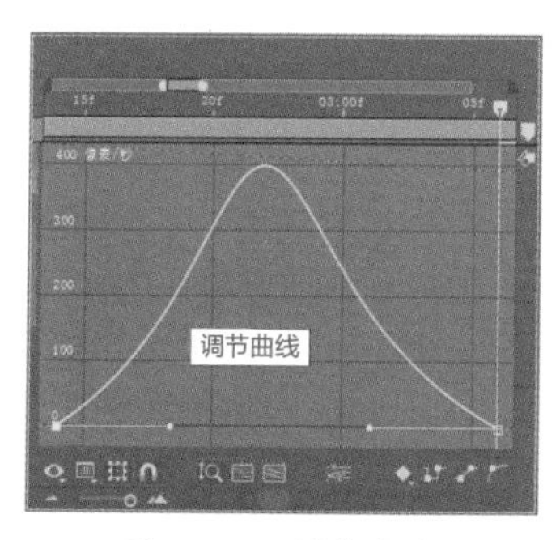

图 7-125　调节曲线

12 将时间线拖动到第 7 秒 06 帧，在该时间点红色板块会开始下移，单击“位置”属性的◆按钮插入一个关键帧，然后拖动时间线至第 7 秒 20 帧，将第一个位置关键帧⧗复制到该时间点，如图 7-126 所示。

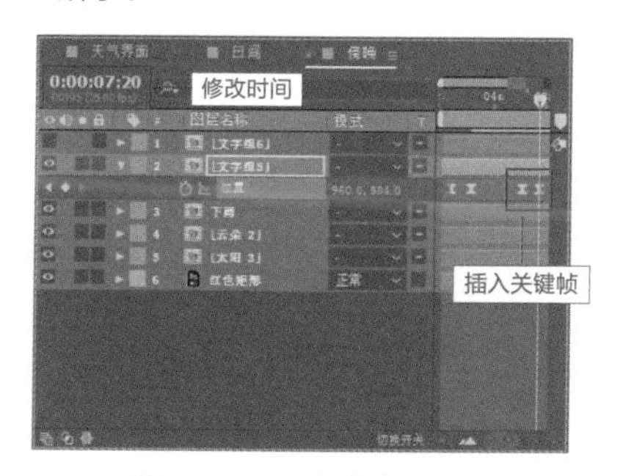

图 7-126　关键帧设置

13 接下来设置“文字组 6”图层的动效。选择“文字组 6”图层，按快捷键 P 展开其“位置”属性，在第 3 秒 06 帧位置单击属性前的“时间变化秒表”按钮⏱，插入关键帧，参数如图 7-127 所示。在“天气界面”合成中对应的效果如图 7-128 所示，此时的“文字组 6”没有出现在板块内。

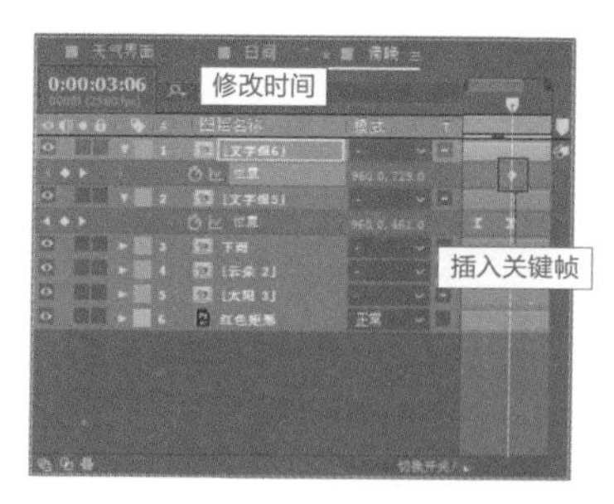

图 7-127　设置关键帧

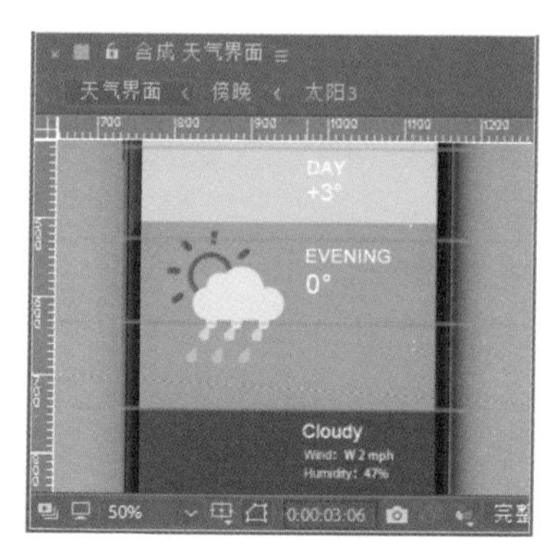

图 7-128 在“天气界面”合成中对应的效果

14 将时间线向后拖动 7 帧到第 3 秒 13 帧位置，在该时间点将“文字组 6”图层对应的文字移动到“文字组 5”图层下方，效果如图 7-129 所示。此时的图层“位置”参数如图 7-130 所示。

图 7-129　移动文字后的效果

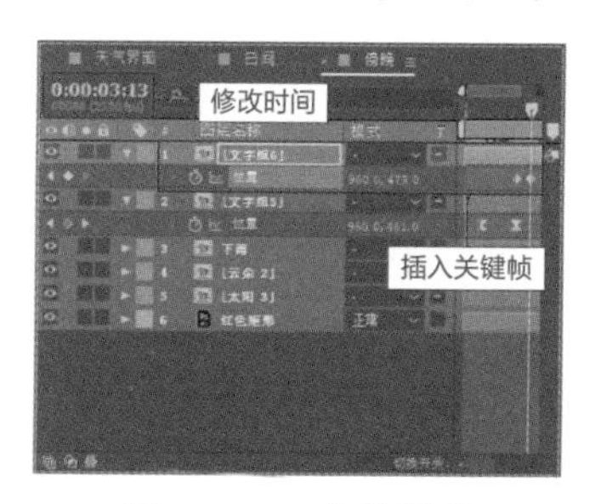

图 7-130　参数设置

15 将上述创建的两个位置关键帧转换为缓入缓出关键帧，然后在图表编辑器中将关键帧的曲线调节至图 7-131 所示。

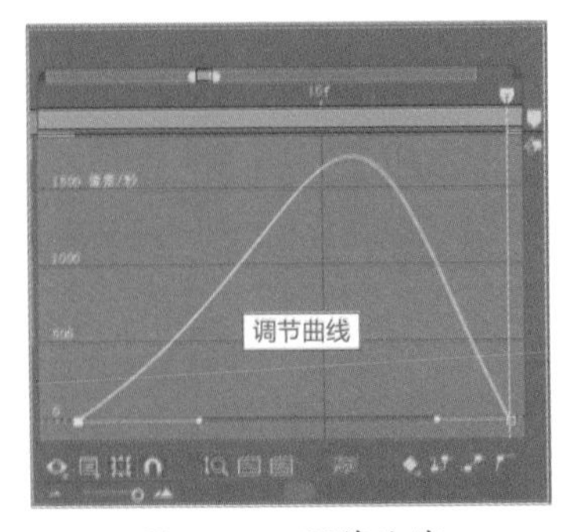

图 7-131 调节曲线

16 返回时间线窗口，将时间线拖动到第 7 秒 06 帧位置，然后在该时间点将“文字组 6”的链接到“文字组 5”的上，如图 7-132 所示。操作完成后，动效播放到该时间点时，“文字组 6”图层会随着“文字组 5”图层做同样的位移。

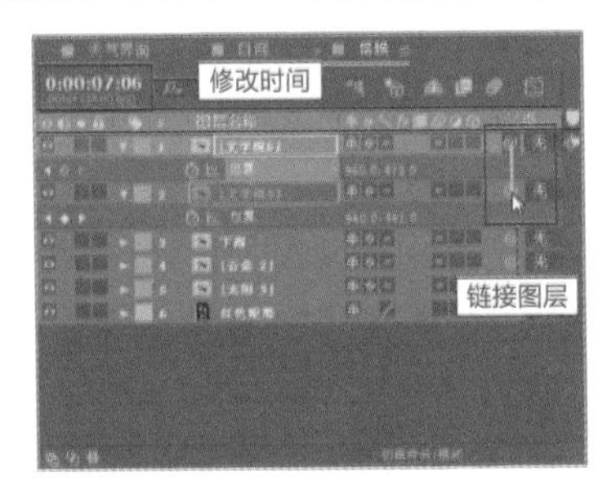

图 7-132 链接父子级

17 进入“夜间”合成面板，选择“文字组 7”图层，按快捷键 P 展开其“位置”属性，参照“天气界面”合成的板块动效，在第 4 秒 05 帧位置单击属性前的“时间变化秒表”按钮，插入关键帧，参数如图 7-133 所示。该位置在“天气界面”合成中对应的预览效果如图 7-134 所示。

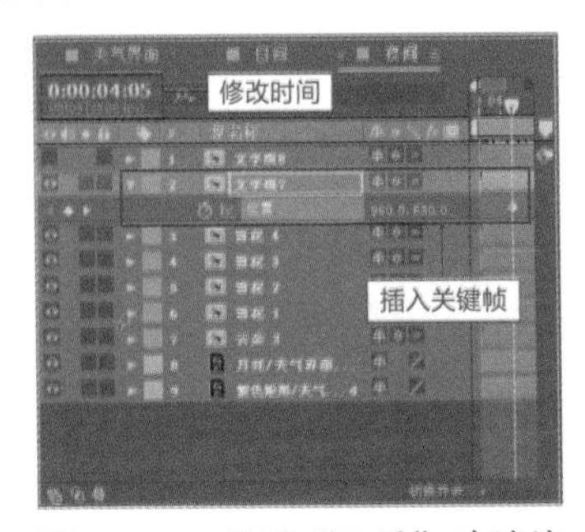

图 7-133 设置“位置”关键帧

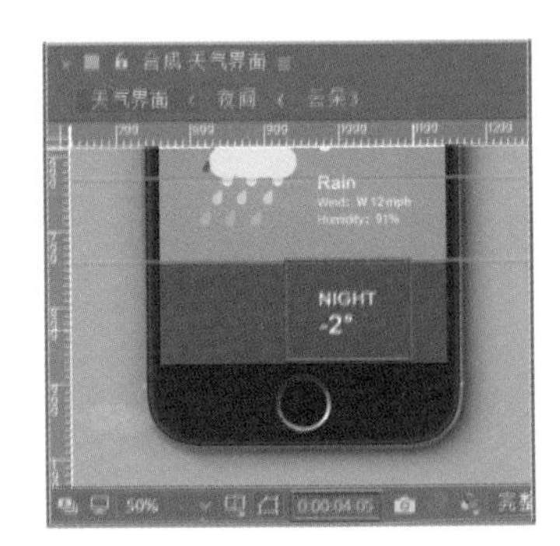

图 7-134 在“天气界面”合成中对应的效果

18 在“天气界面”合成中，板块完全推上去后的时间点对应在第 4 秒 20 帧位置，回到“文字组 7”图层，在该时间点参照图 7-135 所示设置“位置”参数。设置完成后，在“天气界面”合成中对应的预览效果如图 7-136 所示，此时紫色板块完全展开，文字也随着板块的推移，移动到了顶端。

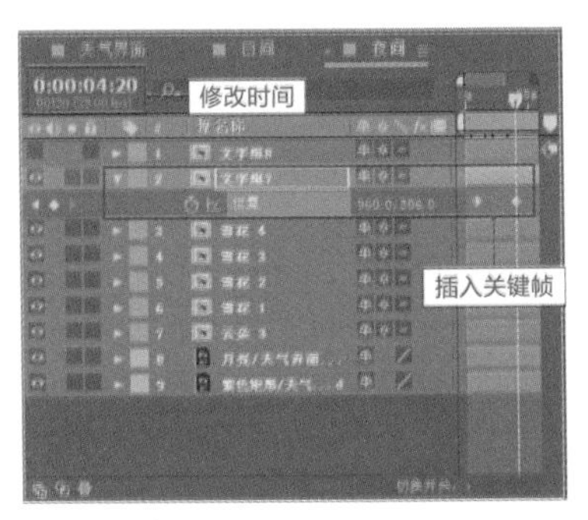

图 7-135 设置第二个“位置”关键帧

图 7-136 在“天气界面”合成中对应的效果

19 将上述创建的两个位置关键帧转换为缓入缓出关键帧，然后在图表编辑器中将关键帧的曲线调节至图 7-137 所示状态。

20 将时间线拖动到第 5 秒 22 帧，在该时间点紫色板块会开始下移，单击“位置”属性的按钮插入一个关键帧，然后拖动时间线至第 6 秒 10 帧，将第一个位置关键帧复制到该时间点，如图 7-138 所示。

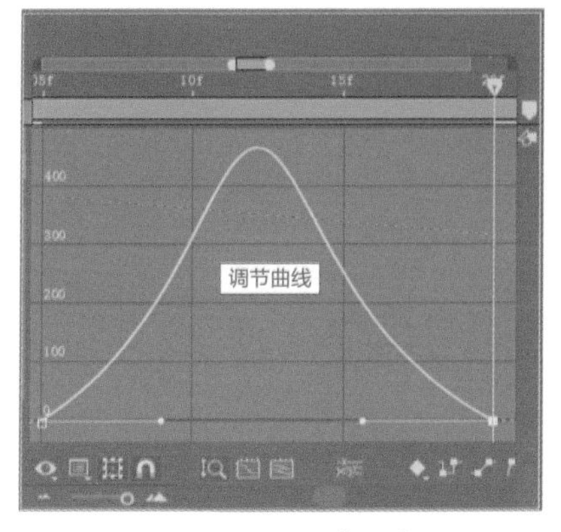

图 7-137　调节曲线

图 7-138　关键帧设置

21 选择"文字组 8"图层，按快捷键 P 展开其"位置"属性，在第 4 秒 20 帧时间点参照图 7-139 所示进行参数设置。接着将时间线向后拖动 7 帧至第 5 秒 02 帧位置，在该时间点参照图 7-140 所示进行参数设置，使文字产生向上移动的动画效果。

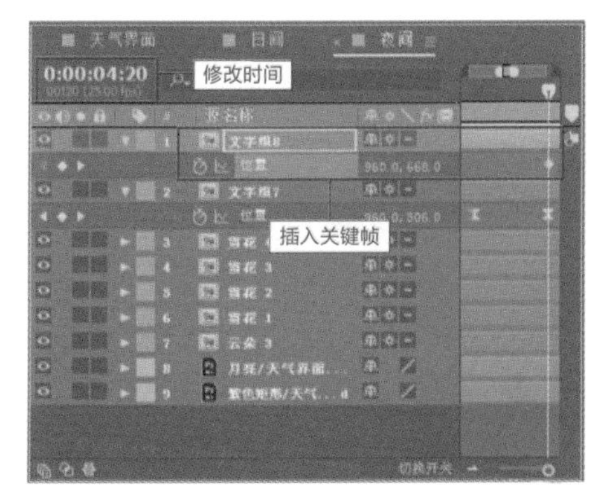

图 7-139　关键帧参数设置

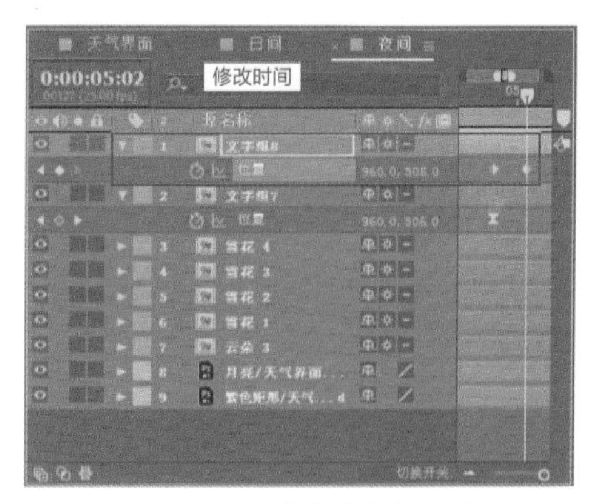

图 7-140　关键帧参数设置

22 将上述创建的两个位置关键帧转换为缓入缓出关键帧，然后在图表编辑器中将关键帧的曲线调节至图 7-141 所示状态。

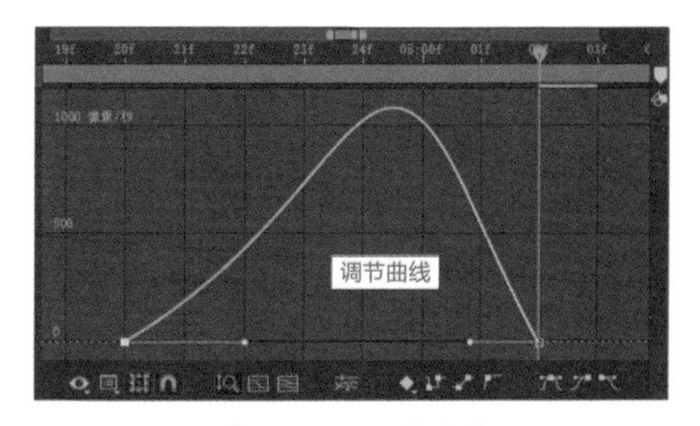

图 7-141　调节曲线

23 返回时间线窗口，将时间线拖动到第 5 秒 22 帧位置，然后在该时间点将"文字组 8"的链接到"文字组 7"的上，如图 7-142 所示。操作完成后，动效播放到该时间点时，"文字组 8"图层会随着"文字组 7"图层做同样的位移。

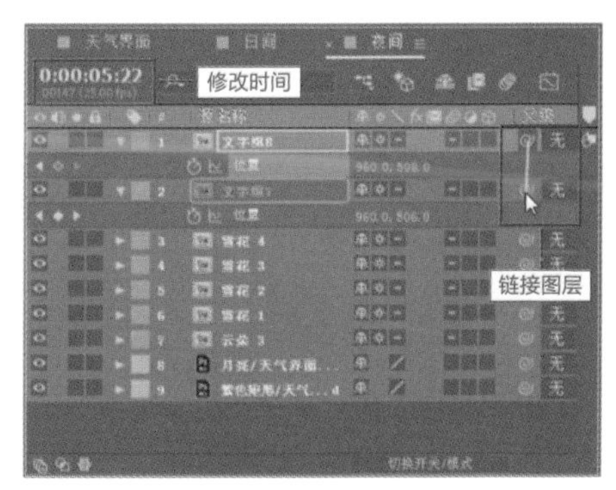

图 7-142　链接父子级

24 返回"天气界面"合成，关闭参考线。至此，一款 MG 风格的天气动效界面就制作完成了，按小键盘上的 0 键可以预览效果，如图 7-143 所示。

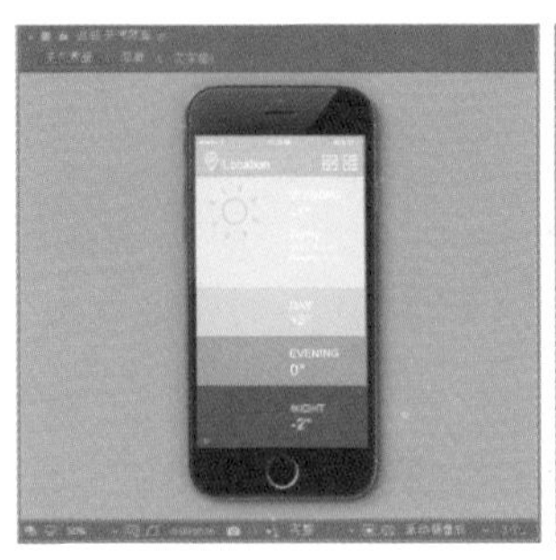

图 7-143　最终效果

7.3 知识拓展

本章为读者详细讲解了两款扁平化风格APP动效界面的制作方法。

第一节制作的是一款液态动效音乐播放器，通过为导入的音频文件添加“音频频谱”效果，可以打造出随节奏跳动的水波频谱。

第二节制作了一款天气动效界面，本小节内容涵盖的重要知识点比较多，包括AE预合成的创建使用、蒙版工具的使用、路径动画的创建、图标编辑器的应用和速度曲线的调节。

相信读者朋友们在边学边做的过程中，可以快速地掌握上述的重要知识点。

7.4 拓展训练

素材文件：素材\第7章\7.4拓展训练 | 效果文件：效果\第7章\7.4 拓展训练.gif | 视频文件：视频\第7章\7.4 拓展训练.MP4

根据本章所学知识制作一个手机展示UI界面，效果如图 7-144所示。

图 7-144　最终效果

第 8 章

MG 文字动画

文字在影视后期合成中不仅仅担负着补充画面信息和媒介交流的角色，也是设计师们常用来作为视觉设计的辅助元素。

After Effects软件提供了强大的文字特效制作工具和技术，因此用户可以在AE中为文字添加各种绚丽多彩的特殊效果。本章将详细讲解3组MG风格文字动画的具体制作方法，来帮助读者巩固AE内置特效的使用方法，以及关键帧动画的具体制作。

扫码观看本章案例教学视频

本章重点

粒子应用 | 文字工具

简单阻塞工具 | 轨道遮罩

图层的复制及粘贴 | 路径动画

8.1 案例：粒子爆破文字

After Effects作为一款专业的影视后期特效软件，内置了上百种特殊视频效果，每种特效都可以通过时间轴设置关键帧生成视频动画，或通过相互叠加搭配使用来实现震撼的视觉特效。

本节将主要讲解如何利用After Effects内置粒子效果——CC Particle Systems II，打造一款爆破动效文字。

素材文件：素材\第8章\8.1 粒子爆破文字	效果文件：效果\第8章\8.1 粒子爆破文字.gif	视频文件：视频\第8章\8.1 粒子爆破文字.MP4

8.1.1 创建扁平化线条

01 启动After Effects CC 2018软件，进入其操作界面。执行“合成”|“新建合成”|菜单命令，在弹出的“合成设置”对话框中创建一个预设为“自定义”的合成，设置大小为1280px×720px，设置“帧速率”为30帧/秒，设置“持续时间”为10秒，设置“背景颜色”为黑色，并设置合成名称为“LOGO动效”，然后单击“确定”按钮，如图8-1所示。

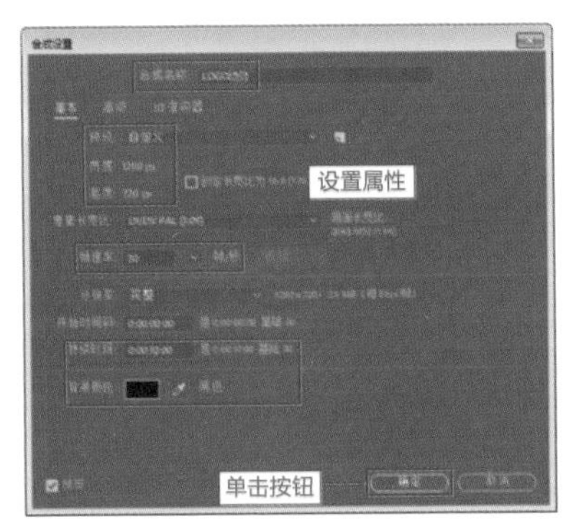

图8-1 创建合成

02 进入操作界面后，按快捷键Ctrl+Y创建一个与合成大小一致的白色固态层，并设置其名称为“流动线条”，然后单击“确定”按钮，如图8-2所示。

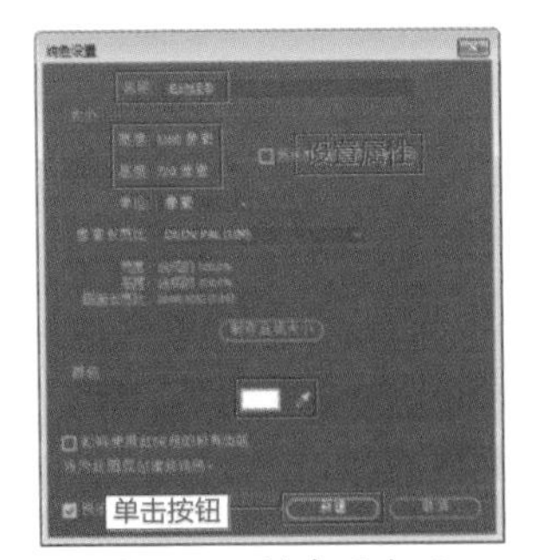

图8-2 创建固态层

03 在图层面板中选择上述创建的“流动线条”图层，然后使用“钢笔”工具在“合成”窗口绘制一条曲线路径，并调节好各个锚点使路径尽可能圆滑一些，效果参照图8-3所示。

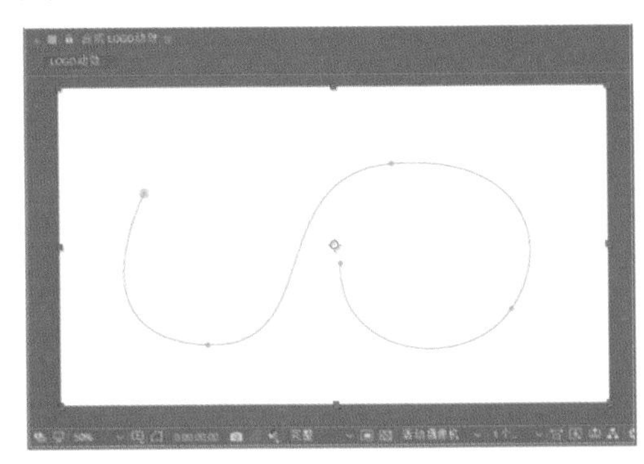

图8-3 绘制一条圆滑的路径

04 绘制好曲线路径后，为“流动线条”图层执行“效果”|“模拟”|“CC Particle Systems II”菜单命令，添加该效果后，拖动时间线可以预览到默认效果，如图8-4所示。

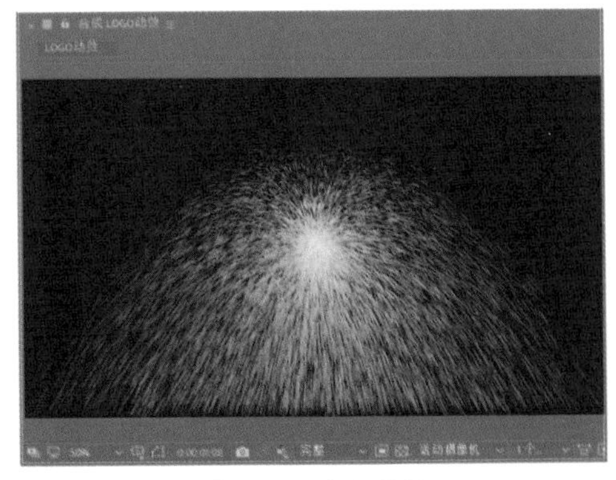

图8-4 默认效果

提示

CC Particle Systems II 效果为 AE 软件自带的二维粒子特效，该效果可以跟其他第三方插件一样创建出漂亮的粒子。

05 在“效果控件”面板中设置“Birth Rate（出生率）”参数为 50，设置“Longevity（寿命）”参数为 0.6，如图 8-5 所示。调整参数后，在“合成”窗口对应的粒子预览效果如图 8-6 所示。

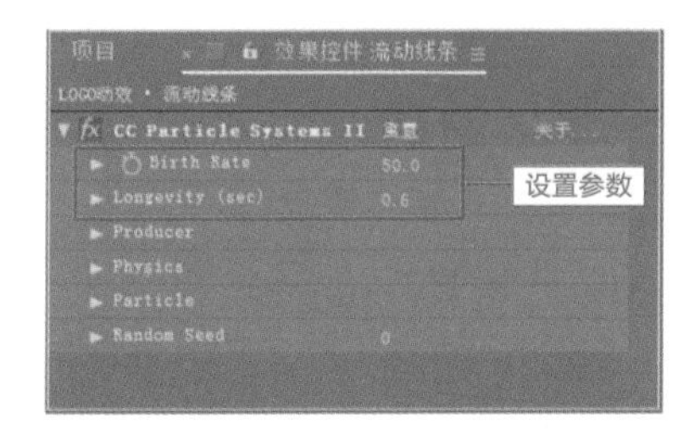

图 8-5　调整效果参数

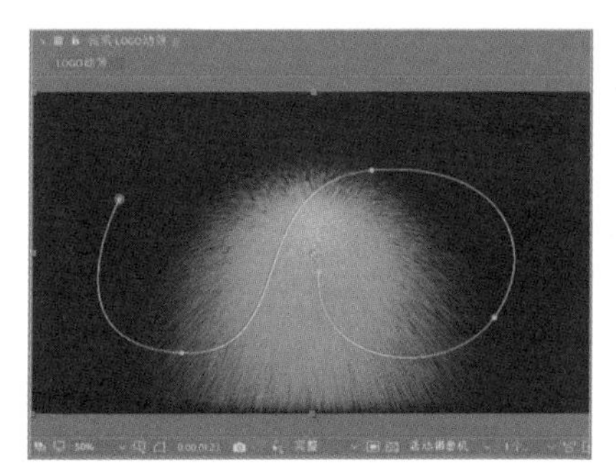

图 8-6　粒子预览效果

06 在“效果控件”面板展开“Physics（物理学）”属性栏，在该属性栏下设置“Animation（动画）”为“Vortex（旋涡）”，设置“Velocity（速率）”为 0，设置“Gravity（重力）”参数为 0，如图 8-7 所示。完成参数设置后，在“合成”窗口的粒子将变成一个圆点，效果如图 8-8 所示。

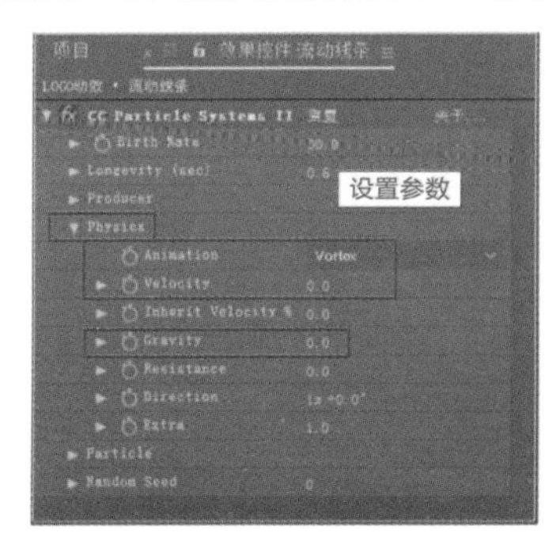

图 8-7　设置动画属性

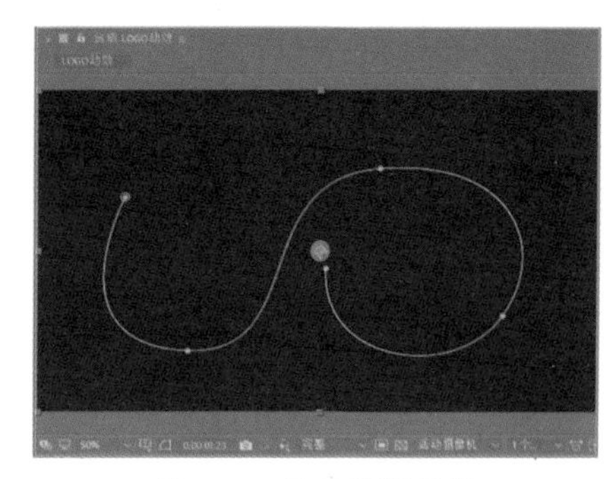

图 8-8　粒子预览效果

07 接下来需要为粒子设置路径动画，让其随曲线路径运动。在图层面板展开“流动线条”图层的“蒙版”属性，将时间线移到首帧，选中“蒙版路径”属性，按快捷键 Ctrl+C 复制该属性，如图 8-9 所示。

图 8-9　复制“蒙版路径”属性

08 展开“流动线条”图层的“效果”属性下的“Producer（发生器）”属性栏，选中“Position（位置）”属性，按快捷键 Ctrl+D 将上述操作中复制的“蒙版路径”关键帧粘贴到该处，如图 8-10 所示。

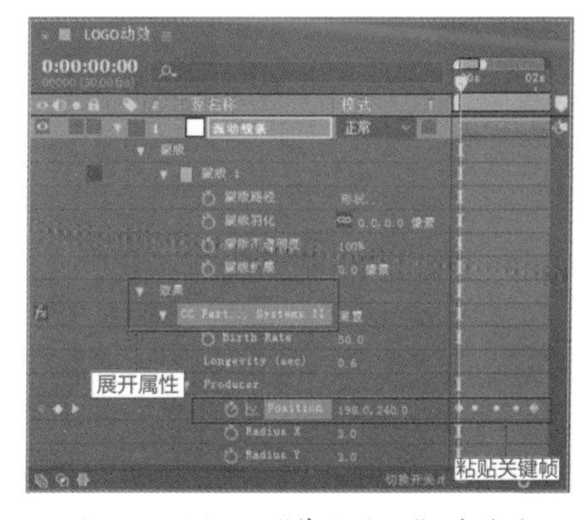

图 8-10　粘贴“蒙版路径”关键帧

09 在时间线窗口框选粘贴的关键帧，按快捷键F9将其转换为缓入缓出关键帧。然后单击图层面板右上角的按钮，在图表编辑器中将曲线调节至图8-11所示状态，使动效与开始相比结束得更快一些。设置完成后，在“合成”窗口对应的预览效果如图8-12所示。

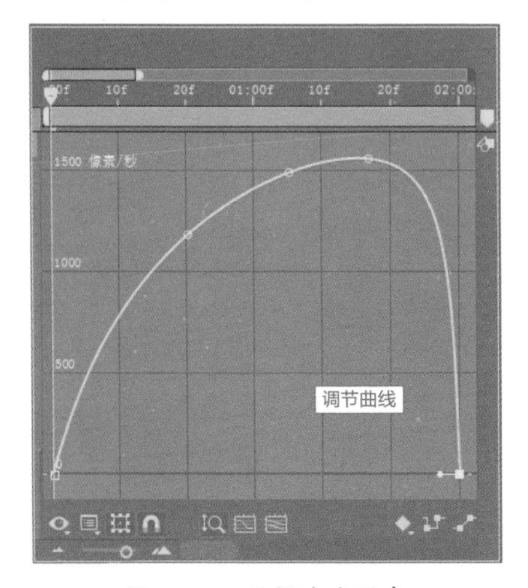

图8-11　编辑速度图表

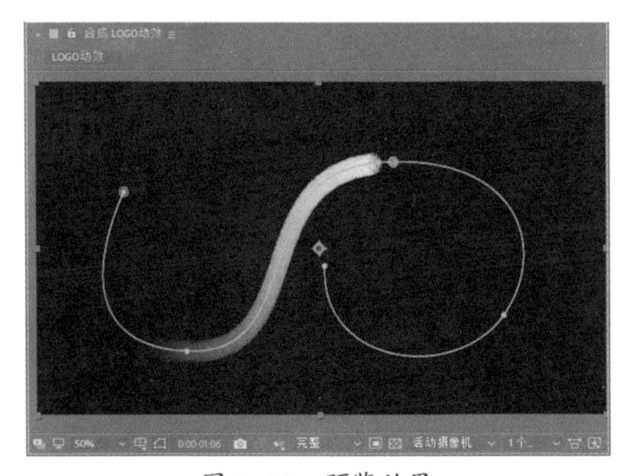

图8-12　预览效果

10 再次进入“效果控件”面板，展开“Particle（粒子）”属性栏，设置“Particle Type（粒子类型）”为“Faded Sphere（透明球）”，设置“Death Size（死亡大小）”参数为0，设置“Size Variation（大小变化）”参数为100%，设置“Opacity Map（不透明贴图）”为“Constant（常数）”，并将“Max Opacity（不透明度最大值）”参数调整至100%，如图8-13所示。参数设置完成后，在“合成”窗口对应的预览效果如图8-14所示。

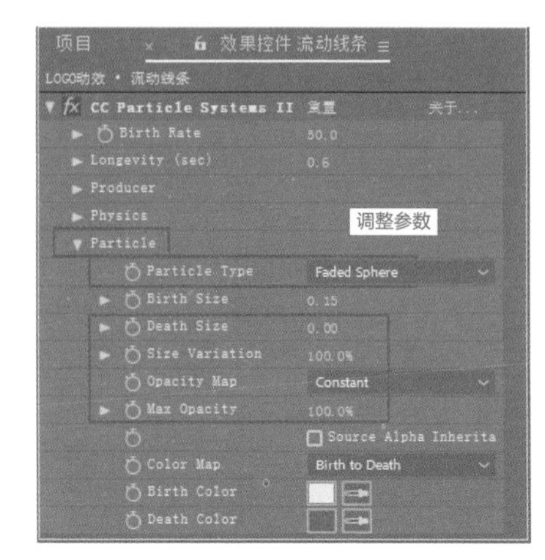

图8-13　调整粒子参数

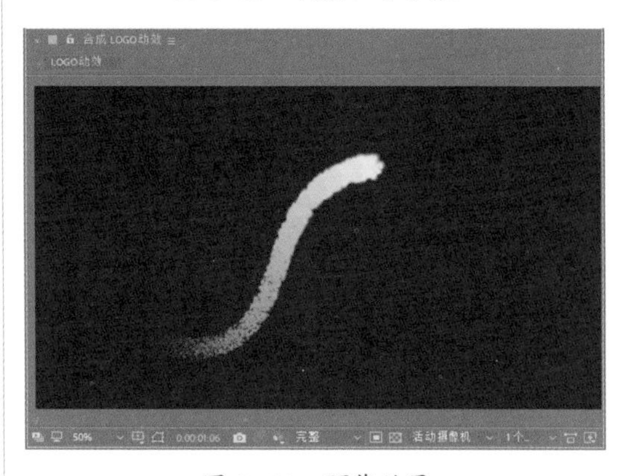

图8-14　预览效果

11 在“效果控件”面板分别单击“Birth Color（出生颜色）”和“Death Color（死亡颜色）”属性后的色块，在弹出的色板中修改颜色为蓝色（#5686FF），如图8-15所示。设置完成后，在“合成”窗口对应的预览效果如图8-16所示。

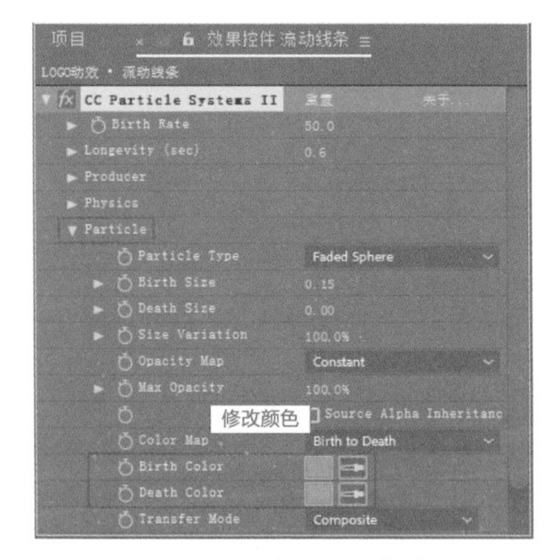

图8-15　修改粒子颜色

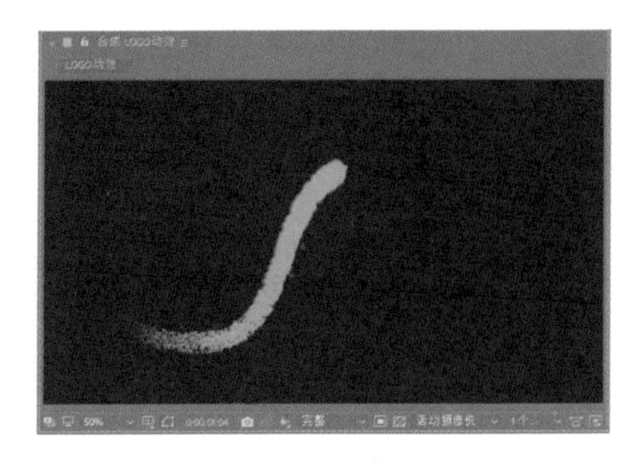

图 8-16　预览效果

12 选择“流动线条”图层，为其执行“效果”|“遮罩”|“简单阻塞工具”菜单命令，然后在“效果控件”面板设置“阻塞遮罩”参数为 40，如图 8-17 所示。设置完成后，在“合成”窗口对应的预览效果如图 8-18 所示，粒子已经极具扁平感了。

图 8-17　设置“阻塞遮罩”参数

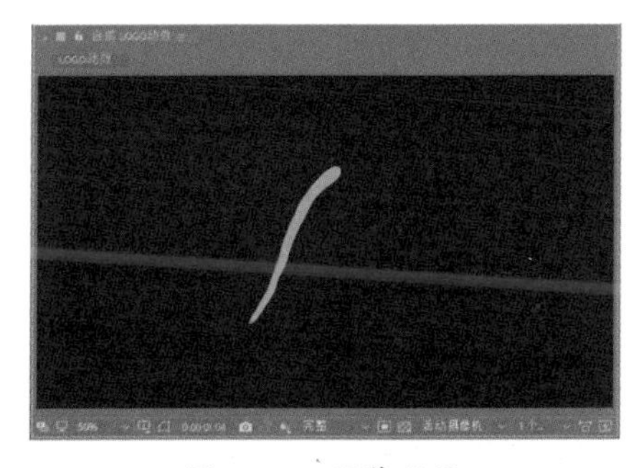

图 8-18　预览效果

13 接下来设置消失动画。将时间线移动到 1 秒 26 帧位置，在该时间点单击“Birth Rate（出生率）”属性前的“时间变化秒表”按钮，设置关键帧，默认参数此时是 50，如图 8-19 所示。

14 移动时间线到 2 秒 03 帧，在线条即将变成圆点的时候，设置“Birth Rate（出生率）”参数为 0，如图 8-20 所示。

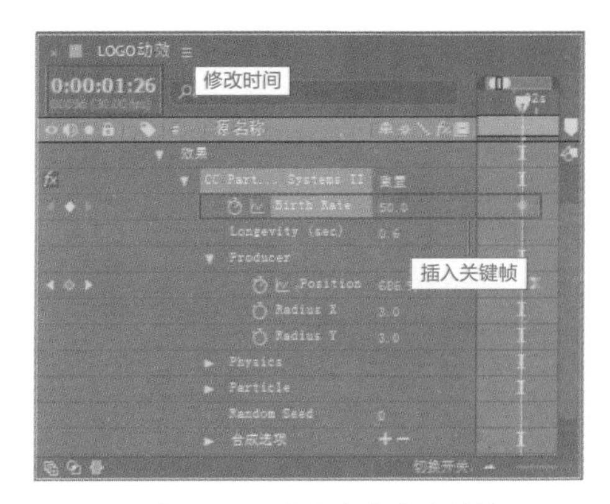

图 8-19　设置出生率关键帧

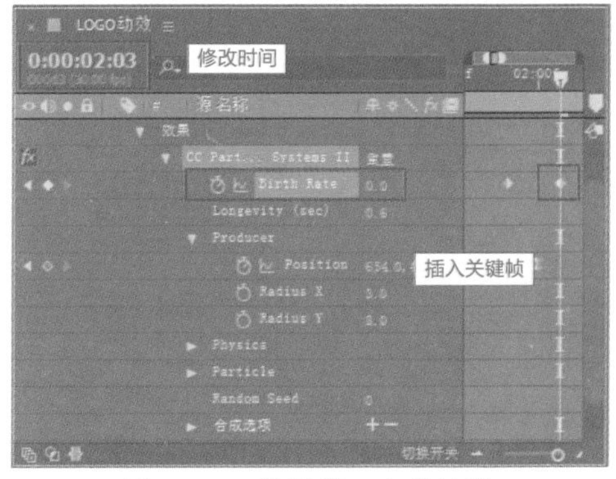

图 8-20　设置第二个关键帧

15 选择“流动线条”图层，按快捷键 Ctrl+D 复制一层，并将复制的图层命名为“底层”，摆放至“流动线条”图层下方，然后在时间线窗口将该图层向后拖动 7 帧，如图 8-21 所示。

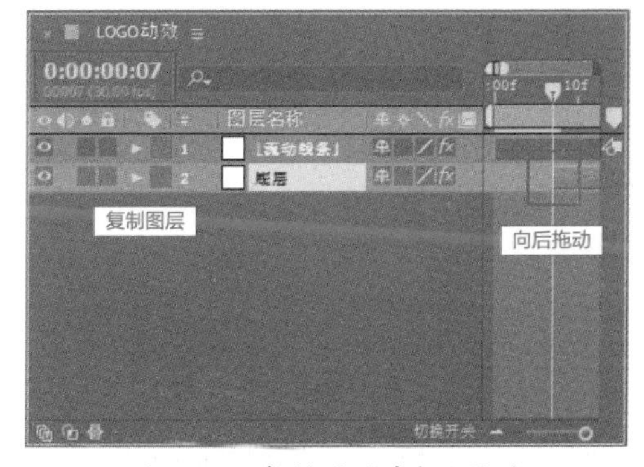

图 8-21　复制图层并向后拖动

16 进入“底层”图层的“效果控件”面板，展开“Particle（粒子）”属性栏，将“Birth Color（出生颜色）”和“Death Color（死亡颜色）”设置为白色（颜色可以根据需要自行设置），并将“阻塞遮罩”参数调整至 60，如图 8-22 所示。

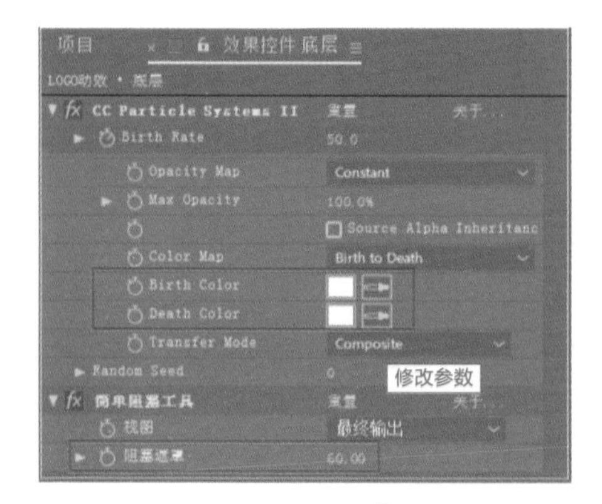

图 8-22　修改参数

8.1.2　优化动态效果 重点

01 接下来设置第二组粒子动效。在图层面板中同时选择“流动线条”和“底层”图层，按快捷键 Ctrl+D 复制图层，如图 8-23 所示。

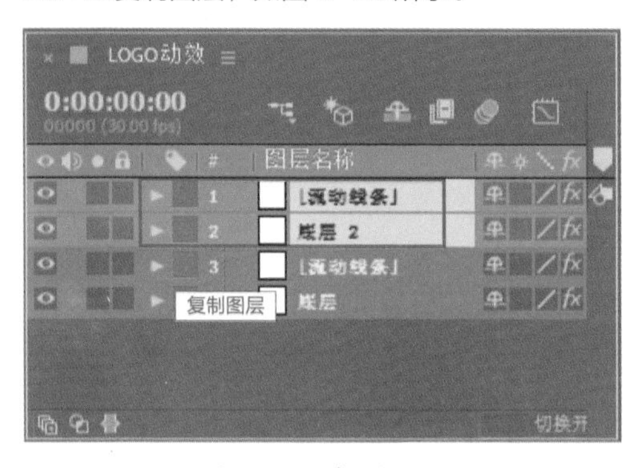

图 8-23　复制图层

02 为上述复制的图层组执行“图层”|“变换”|“水平翻转”菜单命令，然后执行“图层”|“变换”|“垂直翻转”菜单命令，操作完成后，在“合成”窗口对应的预览效果如图 8-24 所示。

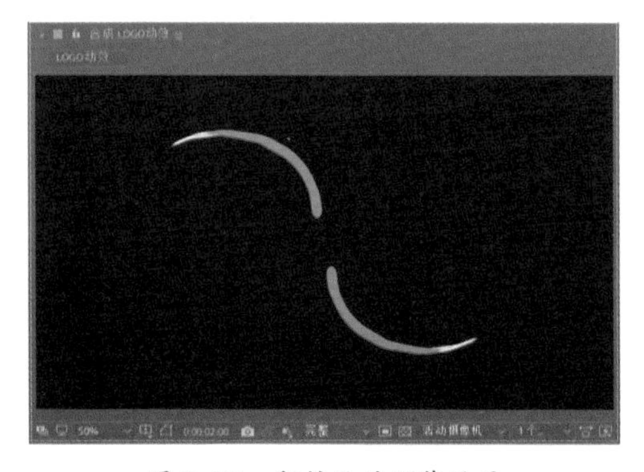

图 8-24　翻转后的预览效果

提示

选择图层后单击鼠标右键，在弹出的快捷菜单中同样可以选择执行翻转命令。

03 选择“底层 2”图层，进入其“效果控件”面板，展开“Physics（物理学）”属性栏，设置“Velocity（速率）”为 0.1，接着调整“阻塞遮罩”参数为 55，如图 8-25 所示。这样调整是为了使线条之间有所差别，参数可以根据需要自行设置。

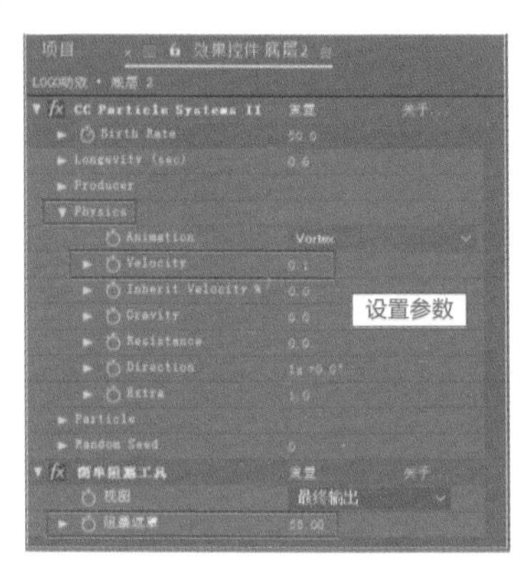

图 8-25　调整参数

04 将时间线拖动到 2 秒左右，此时两条线正好汇合在中心点，在未选中图层的状态下，使用“椭圆”工具 在“合成”窗口绘制一个无填充、白色描边（描边为 50px）的圆形，并摆放在中心位置，如图 8-26 所示。

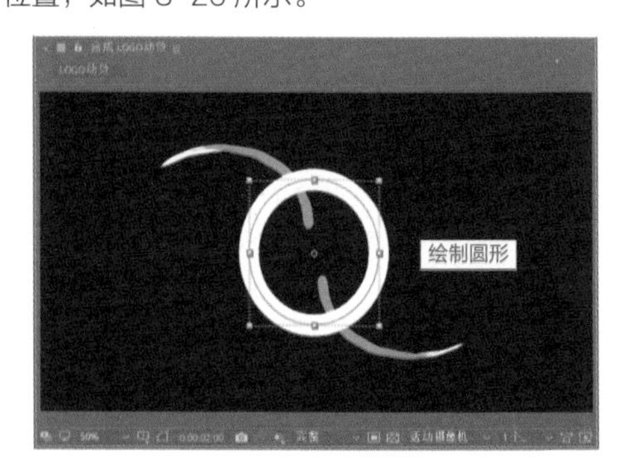

图 8-26　绘制一个圆形

05 将上述创建的圆形形状图层改名为“迸发效果”，在图层面板展开该图层的“变换：椭圆 1”属性栏，在 2 秒处单击“比例”属性前的“时间变化秒表”按钮，设置关键帧，并修改参数为 0%、0%，如图 8-27 所示。

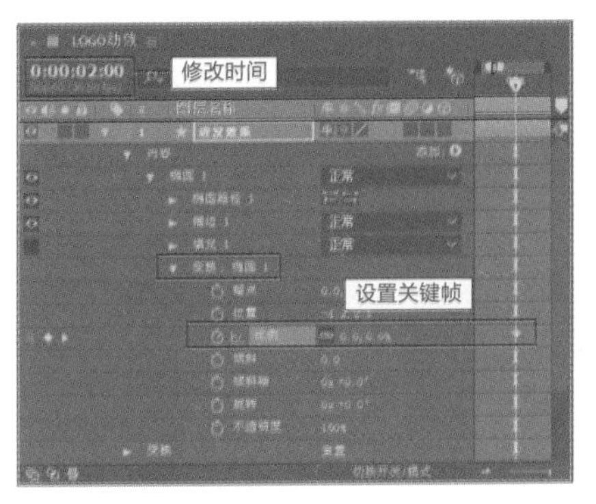

图 8-27 设置“比例”关键帧

06 拖动时间线到 3 秒 03 帧，在该时间点设置“比例”参数为 100%、100%，如图 8-28 所示。然后将上述两个菱形关键帧转换为缓入缓出关键帧。

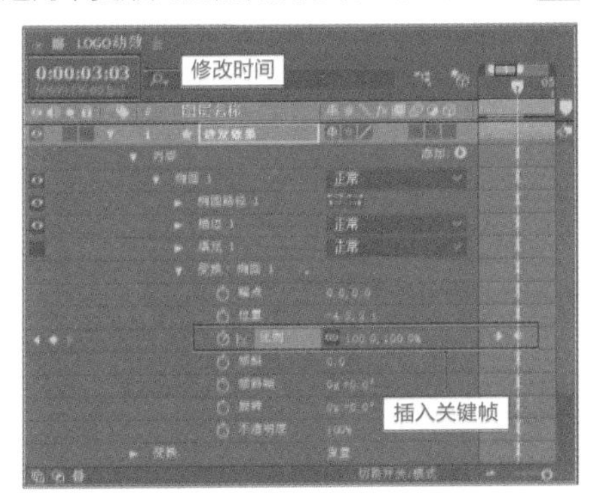

图 8-28 插入第二个关键帧

07 展开“描边 1”属性栏，将时间线拖动到 2 秒 18 帧位置，在该时间点单击“描边宽度”属性前的“时间变化秒表”按钮，设置关键帧，参数默认为 50，如图 8-29 所示。

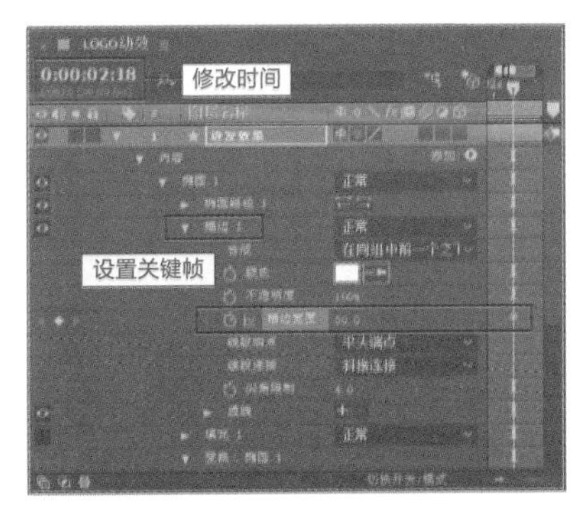

图 8-29 设置“描边宽度”关键帧

08 拖动时间线到 3 秒 12 帧位置，在该时间点设置“描边宽度”为 0，如图 8-30 所示。然后将上述两个菱形关键帧转换为缓入缓出关键帧。

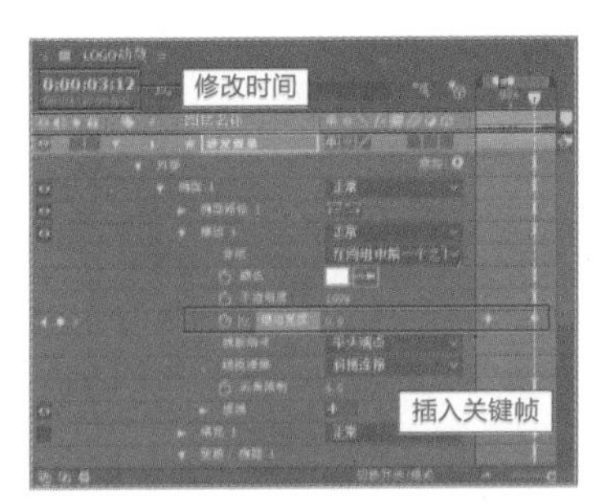

图 8-30 插入第二个关键帧

提示

播放动效时如果觉得过快，可以在时间线窗口选中关键帧后，按住 Alt 键向后（右）拖动关键帧，使距离拉大，以延缓播放效果。但需要注意的是，该操作会令时间点发生变化。

09 选择“迸发效果”图层，为其执行“效果”|“风格化”|“毛边”菜单命令，并在“效果控件”面板设置“边界”参数为 30，设置“边缘锐度”参数为 10，如图 8-31 所示。设置完成后，在“合成”窗口对应的预览效果如图 8-32 所示。

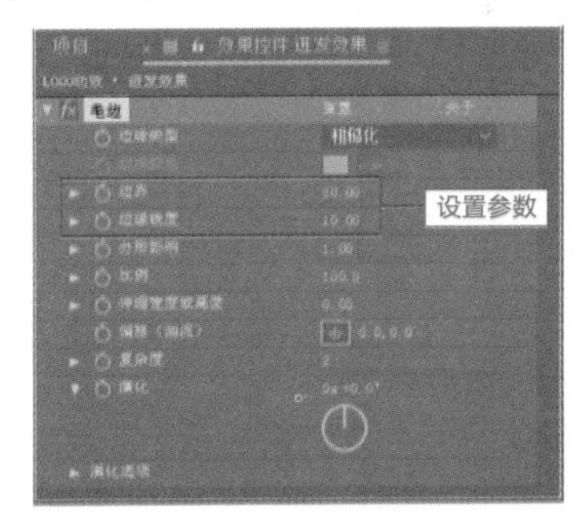

图 8-31 调整“毛边”效果

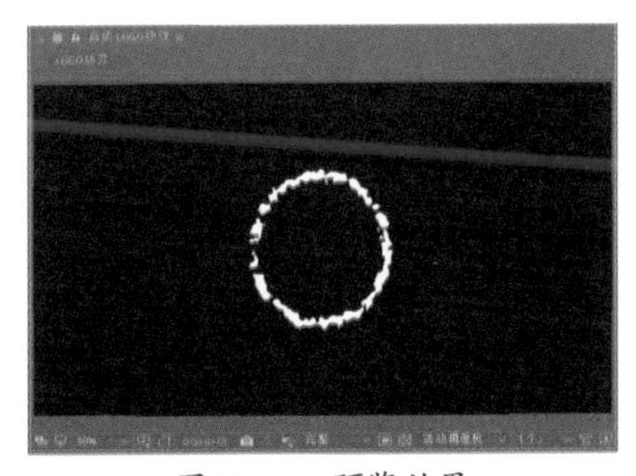

图 8-32 预览效果

10 在图层面板选择“迸发效果”图层，按快捷键 Ctrl+D 复制一层，然后将复制出来的“迸发效果 2”图层向后拖动 7 帧，并放置在“迸发效果”图层下方，如图 8-33 所示。

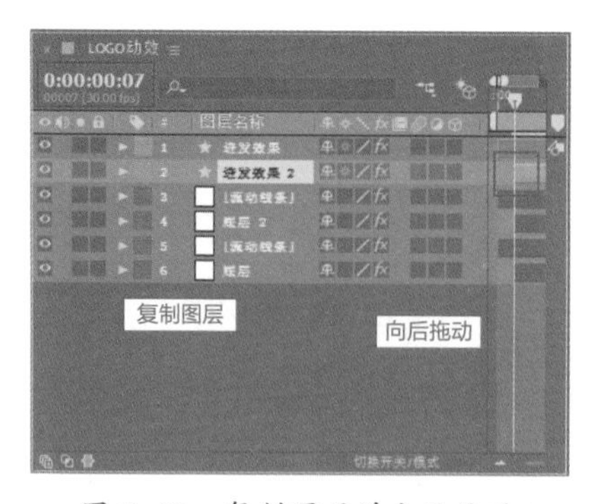

图 8-33　复制图层并向后拖动

11 选择“迸发效果 2”图层，在工具栏修改描边颜色为蓝色（#5686FF），设置完成后，在“合成”窗口对应的预览效果如图 8-34 所示。

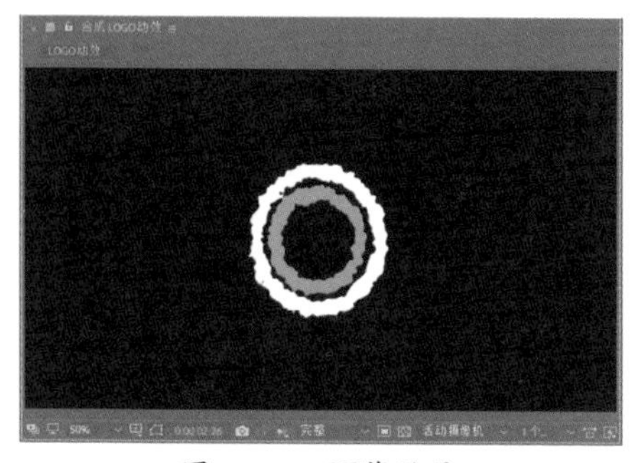

图 8-34　预览效果

12 执行“文件”|“导入”|“文件”菜单命令，在弹出的“导入文件”对话框中选择如图 8-35 所示的“文字 .png”素材，然后单击“导入”按钮。

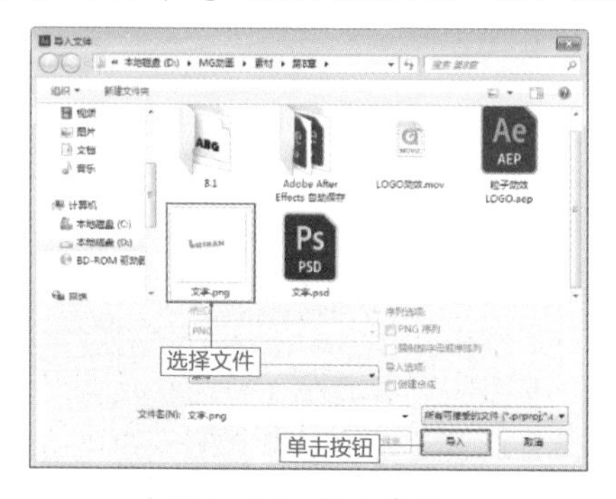

图 8-35　导入素材

13 将“项目”窗口中的“文字 .png”素材拖入图层面板，并置于顶层。然后选择文字图层，按快捷键 Ctrl+Shift+C 创建预合成，在弹出的对话框中设置新合成名称为“LOGO”，同时选择“将所有属性移动到新合成”选项，然后单击“确定”按钮，如图 8-36 所示。

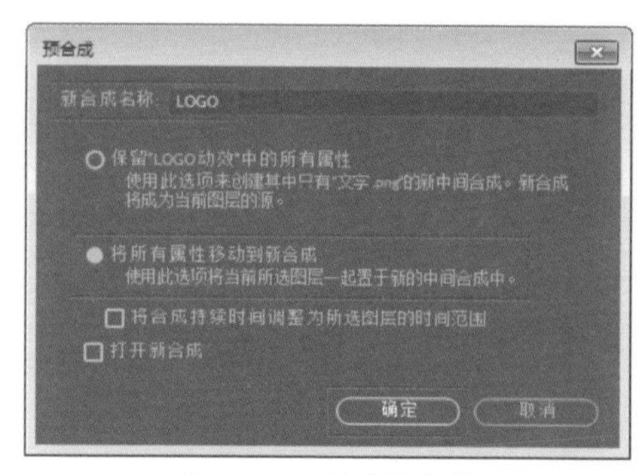

图 8-36　创建预合成

14 为文字图层创建预合成后，将时间线拖动到 3 秒 02 帧位置，然后为文字图层执行“效果”|“Transitions-Movement”|“缩放 - 摇摆”菜单命令。执行该命令后，在图层面板展开关键帧属性，可以看到效果自动添加了关键帧，如图 8-37 所示。

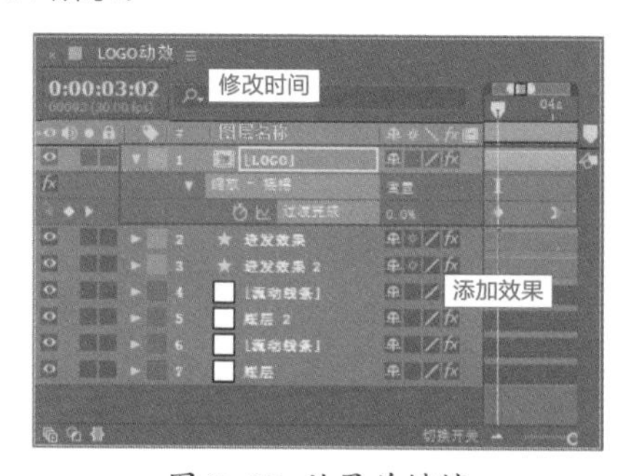

图 8-37　效果关键帧

15 选择上述关键帧，单击图层面板右上角的图表编辑器按钮，进入图表编辑器，将速度曲线调节至图 8-38 所示状态。

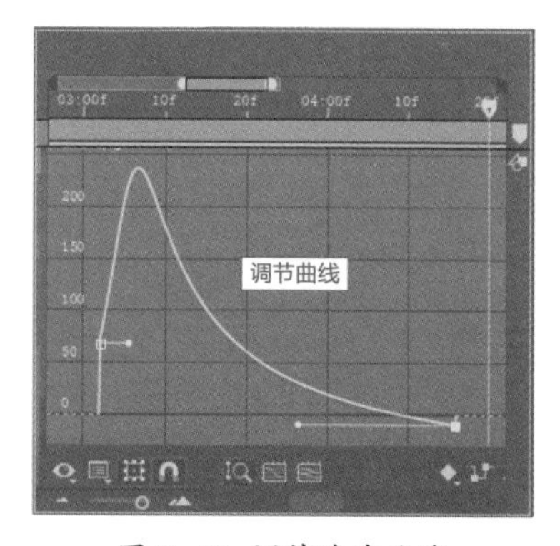

图 8-38　调节速度曲线

16 按快捷键 Ctrl+Y 创建一个与合成大小一致的蓝灰色（#3B3E47）固态层，并将其命名为“背景”，然后单击“确定”按钮，如图 8-39 所示。

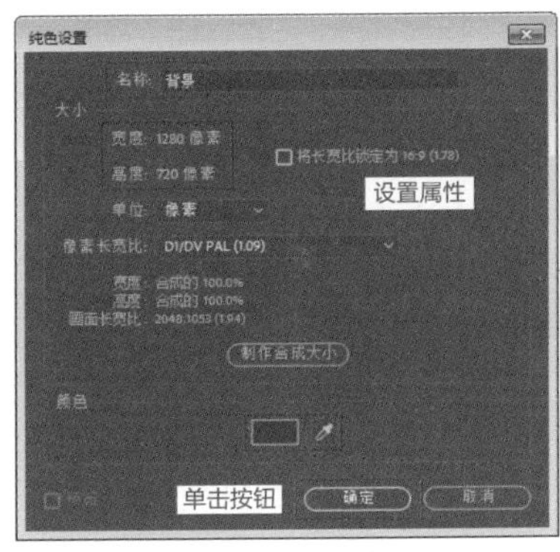

图 8-39　创建固态层

17 将上述创建的“背景”图层放置在最底层，此时在“合成”窗口对应的预览效果如图 8-40 所示。

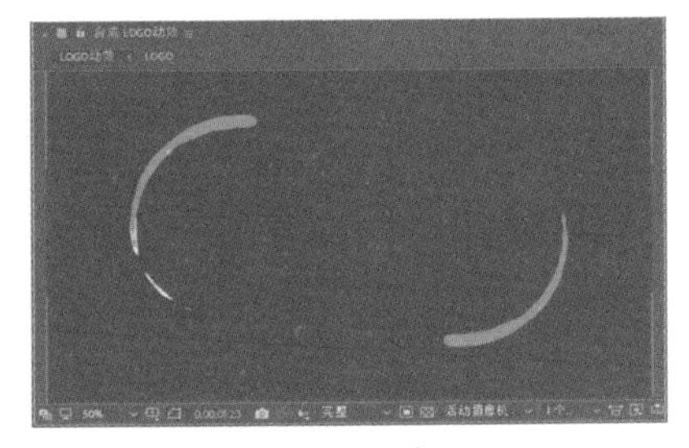

图 8-40　预览效果

18 至此，通过粒子打造的爆破文字就制作完成了，将工作区域缩短至第 5 秒，按小键盘上的 0 键可以预览效果，如图 8-41 所示。

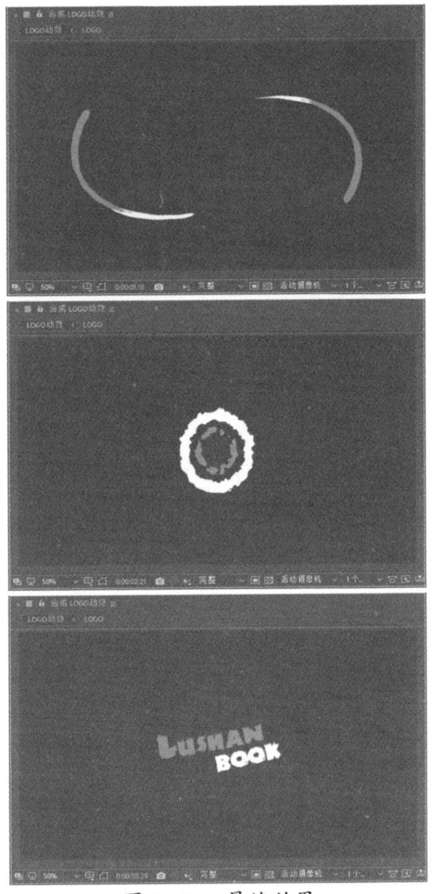

图 8-41　最终效果

8.2 案例：海洋波浪文字

本节将通过实例拆分讲解，介绍如何利用After Effects软件中的轨道遮罩功能及部分内置特殊效果，来制作一款海洋波浪效果文字。

素材文件：素材\第8章\8.2 海洋波浪文字

效果文件：效果\第8章\8.2 海洋波浪文字.MOV

视频文件：视频\第8章\8.2 海洋波浪文字.MP4

8.2.1 制作波纹效果 重点

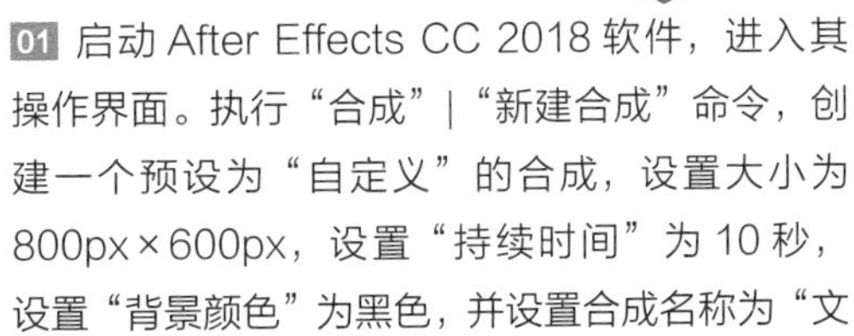

01 启动 After Effects CC 2018 软件，进入其操作界面。执行“合成”|“新建合成”命令，创建一个预设为“自定义”的合成，设置大小为800px×600px，设置“持续时间”为 10 秒，设置“背景颜色”为黑色，并设置合成名称为“文字合成”，然后单击“确定”按钮，如图 8-42 所示。

02 进入操作界面后，在工具栏选择文字工具 T，在“合成”窗口输入文字“数艺社”，并在“字符”面板设置字体为“华文琥珀”，设置大小为 183px，颜色为白色，效果如图 8-43 所示。

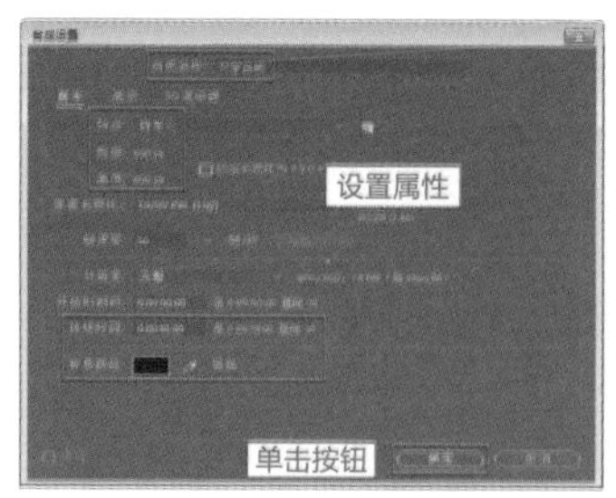

图 8-42　创建合成

图 8-43　文字效果

03 按快捷键 Ctrl+N 创建一个预设为“自定义”的新合成，设置大小为 1280px × 720px，设置“持续时间”为 10 秒，设置“背景颜色”为黑色，并设置合成名称为“水”，然后单击“确定”按钮，如图 8-44 所示。

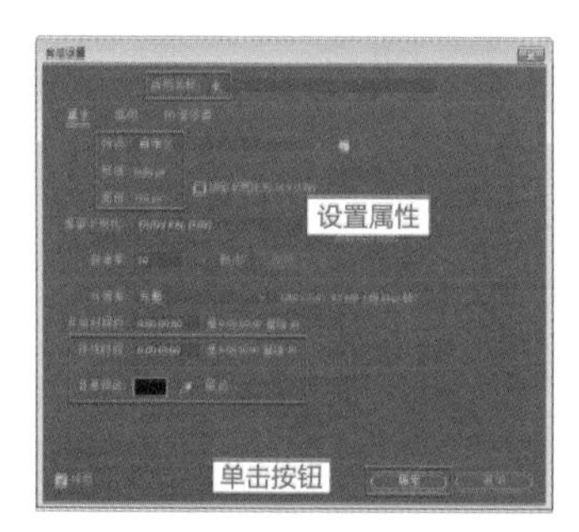

图 8-44　创建新合成

04 在工具栏选择“钢笔”工具，在“合成”窗口绘制一个灰色（#DDE8F1）填充、无描边的矩形，如图 8-45 所示。

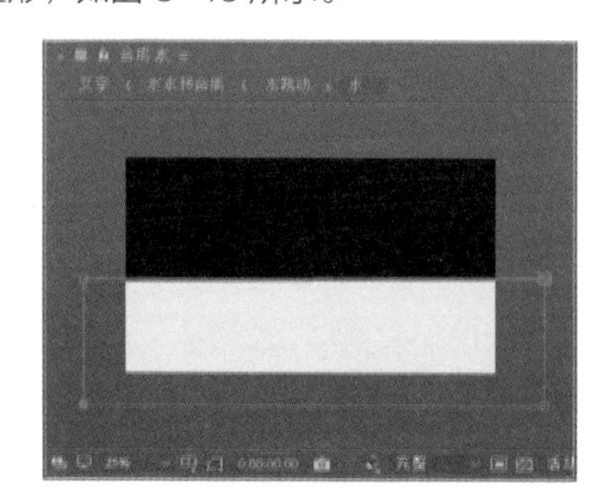

图 8-45　用“钢笔”工具绘制矩形

05 在图层面板中选择上述创建的形状图层，展开其“内容”属性栏下的“路径 1”属性，在第 0 帧位置单击“路径”属性前的“时间变化秒表”按钮，插入关键帧，如图 8-46 所示。

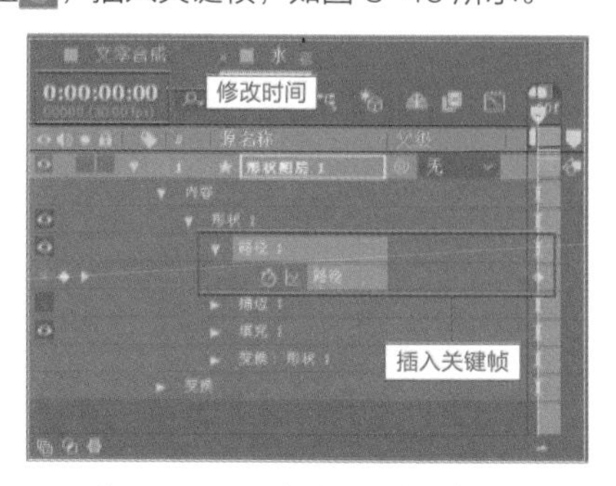

图 8-46　设置“路径”关键帧

06 接着在该时间点，使用工具栏中的“添加顶点”工具，为形状图层添加锚点，并调节至图 8-47 所示形状。

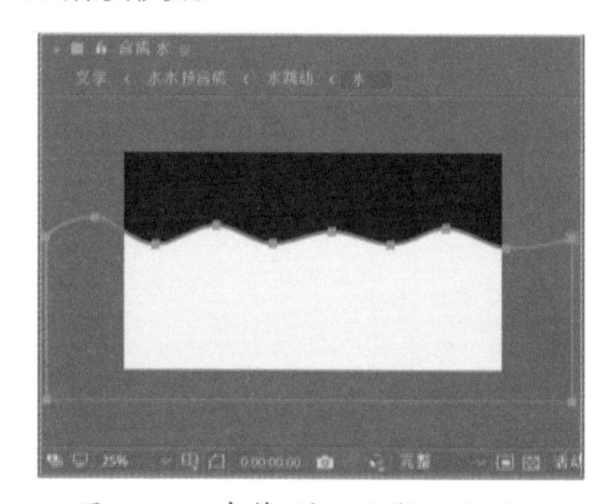

图 8-47　在第0帧处调整形状图层

07 将时间线拖动到第 20 帧位置，在该时间点调节形状图层的各个锚点，使其较第 0 帧的形状有所平缓和差别，效果如图 8-48 所示。

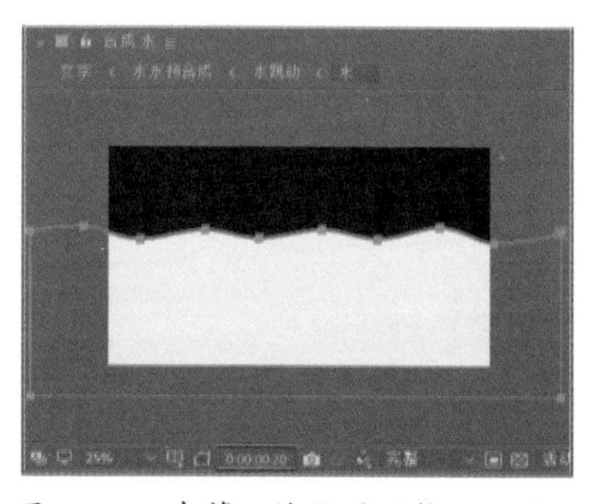

图 8-48　在第20帧位置调整形状图层

08 将时间线拖动到第 1 秒 10 帧位置，在该时间点调节形状图层的各个锚点，形状参照图 8-49 所示。

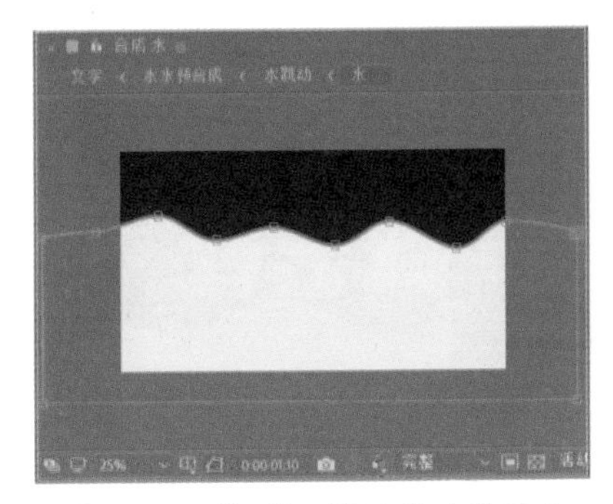

图 8-49　第1秒10帧处的波浪形态

提示

在图层面板单击“路径 1”属性文字，即可唤醒锚点至可调整状态。

09 用同样的方法，在第 2 秒位置再次调节形状图层的各个锚点，形状参照图 8-50 所示。

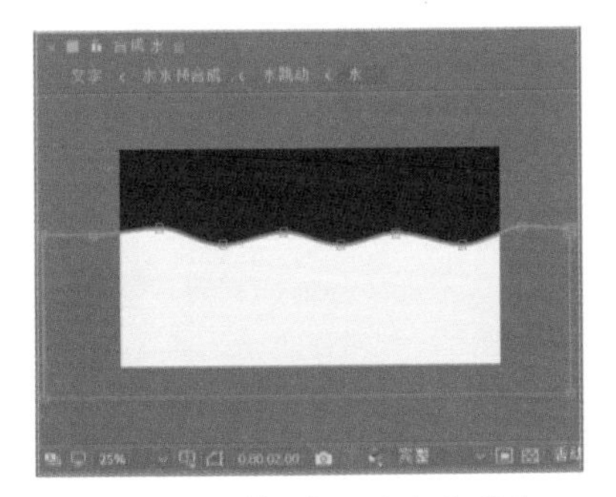

图 8-50　第2秒处的波浪形态

10 将上述创建的 4 个关键帧◆视为一组波浪动态，在时间线窗口同时选择 4 个关键帧进行复制，并连续粘贴在之后的时间点，如图 8-51 所示。

图 8-51　粘贴关键帧

11 回到“文字合成”图层面板，将“项目”窗口中的“水”合成拖入“文字合成”的图层面板，并放置在文字图层下方，如图 8-52 所示。此时在“合成”窗口对应的预览效果如图 8-53 所示。

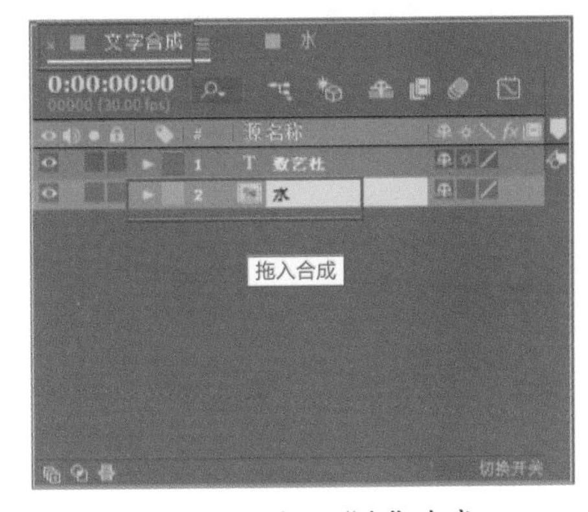

图 8-52　拖入“水”合成

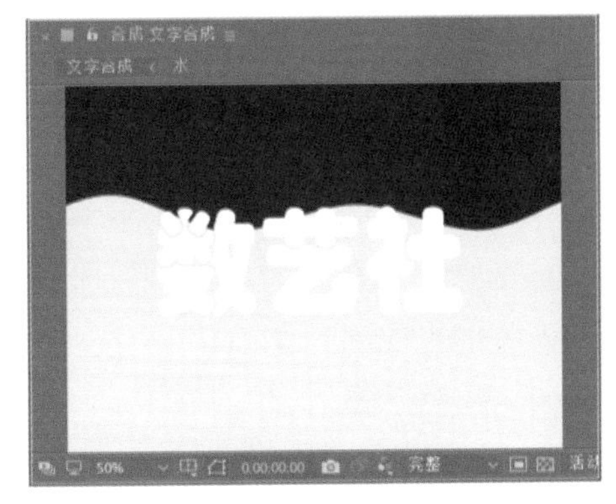

图 8-53　预览效果

12 在图层面板中选择“水”图层，按快捷键 P 展开其“位置”属性，在第 0 帧处单击“位置”属性前的“时间变化秒表”按钮，设置关键帧，然后调整 X 轴参数，使图层最左端与文字最左端齐平，参数如图 8-54 所示。在“合成”窗口对应的图层效果如图 8-55 所示。

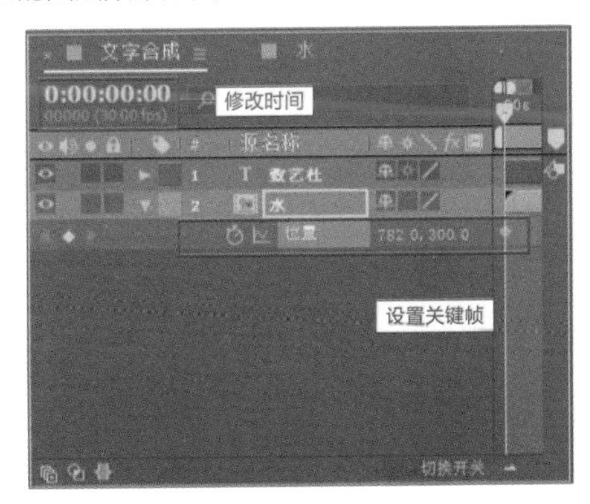

图 8-54　设置关键帧

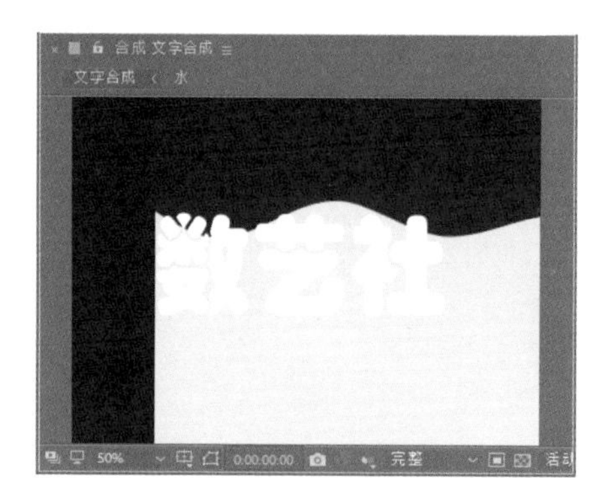

图 8-55　图层效果预览

13 拖动时间线到第 4 秒位置，在该时间点继续调整 X 轴参数，使形状图层最右端与文字最右端齐平，参数如图 8-56 所示。在“合成”窗口对应的预览效果如图 8-57 所示。

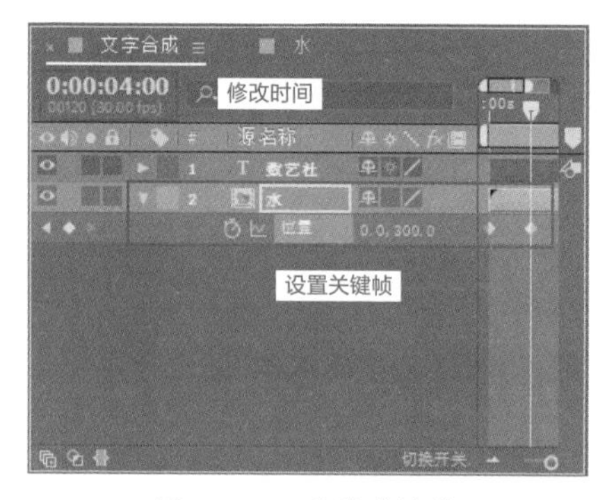

图 8-56　设置关键帧

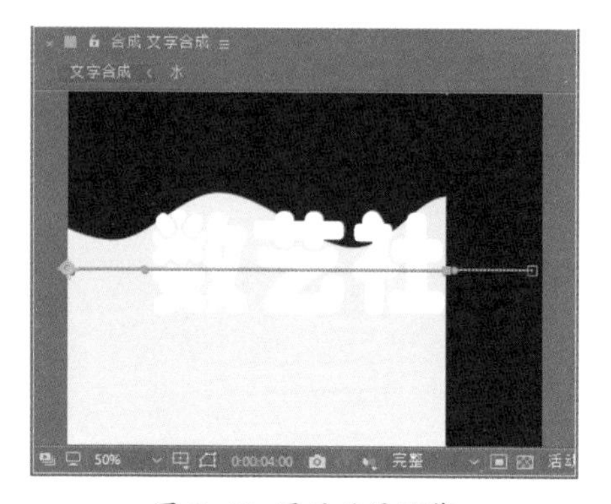

图 8-57 图层效果预览

14 回到第 0 帧位置，在该时间点调整“位置”属性的 Y 轴参数，使“水”图层完全移动到文字下方，效果如图 8-58 所示。

15 在第 4 秒位置，同样调整“位置”属性的 Y 轴参数，使“水”图层可以完全遮盖住文字，效果如图 8-59 所示。

图 8-58　第0帧位置预览效果

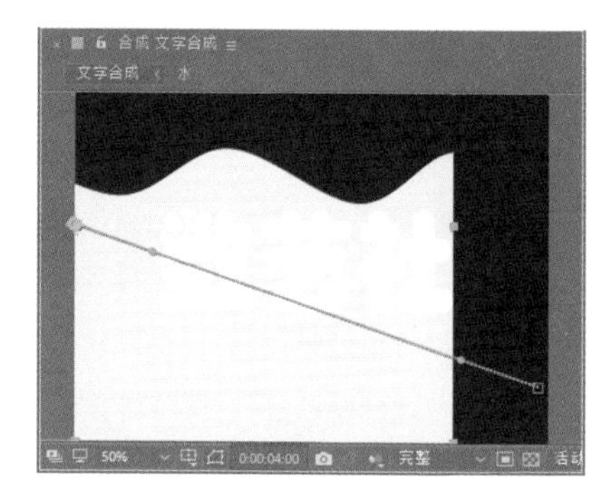

图 8-59　第4秒位置预览效果

16 在图层面板中将“水”图层的“TrkMat（轨道遮罩）”设置为“Alpha 遮罩‘数艺社’”，如图 8-60 所示。设置完轨道遮罩后，在“合成”窗口对应的预览效果如图 8-61 所示。

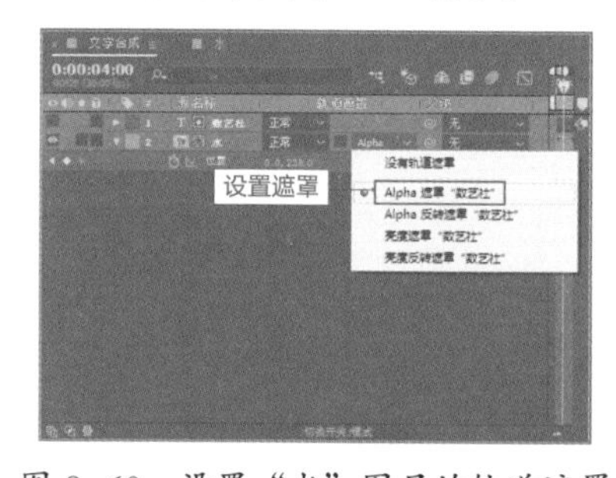

图 8-60　设置“水”图层的轨道遮罩

图 8-61　预览效果

8.2.2 制作其他波纹层

01 在“项目”窗口中选择“水”合成，按快捷键 Ctrl+D 复制出“水 2”合成，双击选项可进入“水 2”合成窗口，如图 8-62 所示。

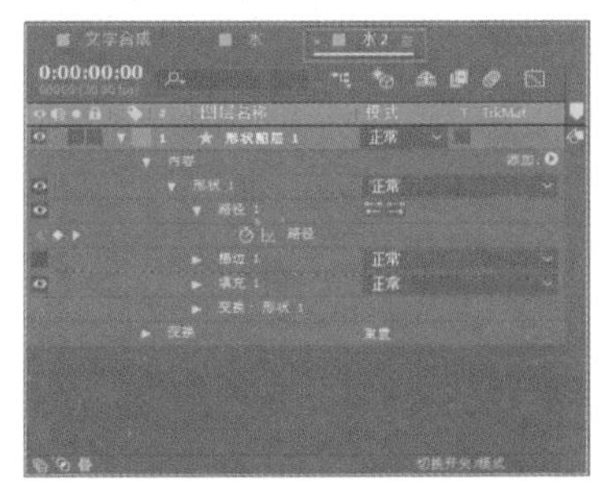

图 8-62 “水2”合成窗口

02 选择“形状图层 1”，在工具栏修改填充颜色为蓝色（#00BBF0），如图 8-63 所示。

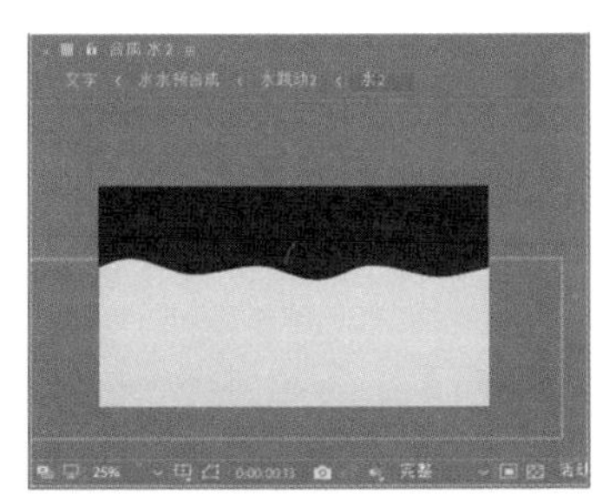

图 8-63 修改填充颜色

03 为了使“水 2”合成中的波纹与“水”合成中的波纹有所区别，这里需要重新调整“路径”关键帧。在时间线窗口选择第 4 个关键帧之后的所有关键帧，按 Delete 键将关键帧删除，如图 8-64 所示。

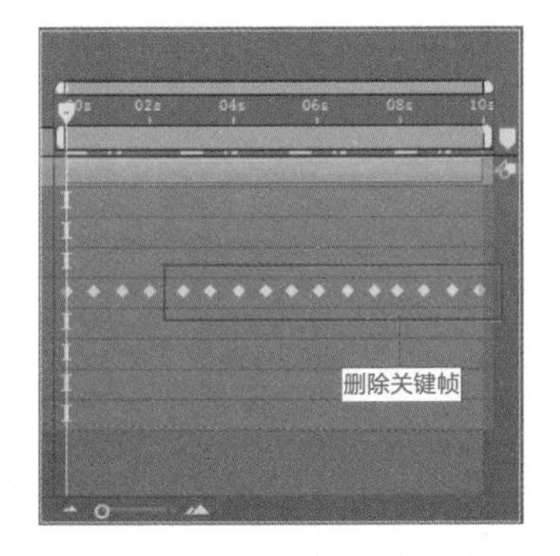

图 8-64 删除所选关键帧

04 将时间线拖动到第 0 帧位置，在该时间点调节形状图层的各个锚点，使形态有所变化，如图 8-65 所示。

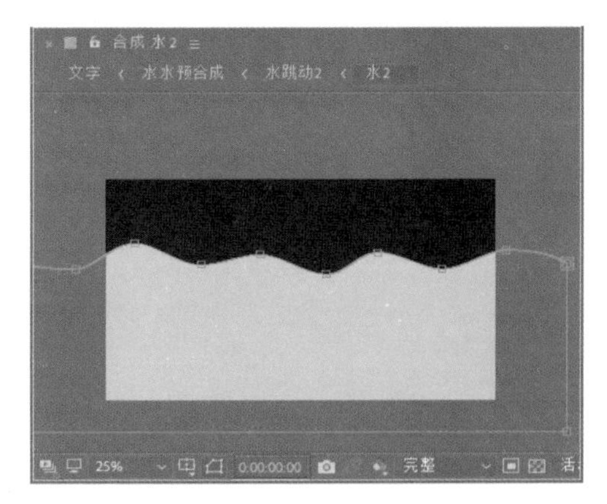

图 8-65 调整形状图层

05 用同样的方法分别调整剩余 3 个时间点的波纹形态，调整完成后框选并复制 4 个关键帧，将关键帧粘贴到之后的时间点，如图 8-66 所示。

图 8-66 复制并粘贴关键帧

06 在调整好“水 2”合成中的波浪效果后，回到“文字合成”窗口，在图层面板选择“水”图层，按快捷键 Ctrl+D 复制出一个新图层，并放置在顶层，如图 8-67 所示。

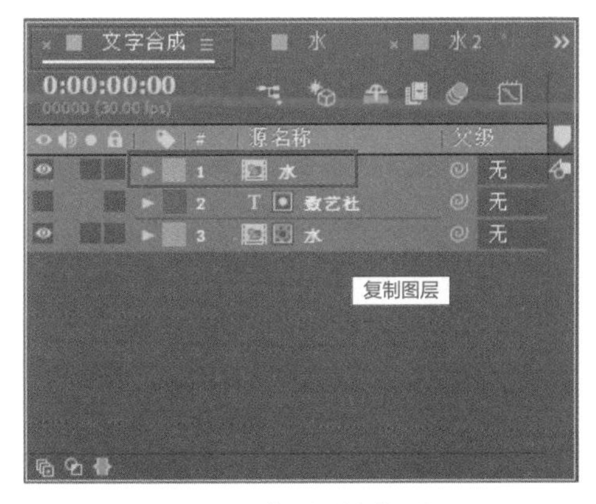

图8-67 复制“水”图层

07 按住 Alt 键的同时在“项目”窗口选中“水 2”合成，将其拖曳到上述复制的“水”合成上，如图 8-68 所示。

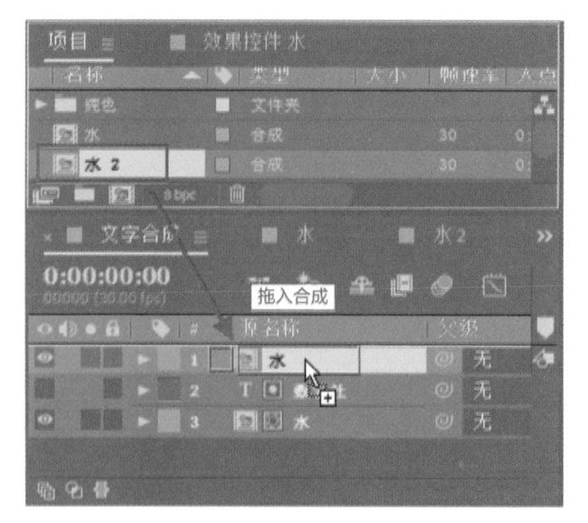

图 8-68 按住Alt键拖动合成

08 上述操作完成后，复制的“水”合成会被替换成“水 2”合成。将“水 2”图层摆放至“水”图层上方，并暂时关闭图层的轨道遮罩，然后在时间线窗口将“水 2”图层向后拖动至 1 秒处，如图 8-69 所示。

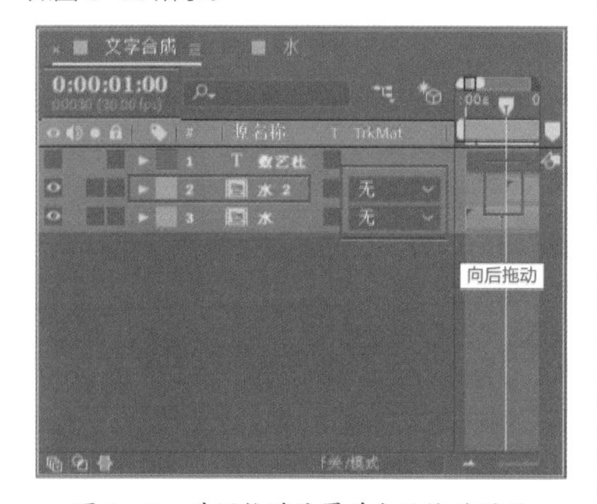

图 8-69 关闭轨道遮罩并向后拖动图层

09 操作完成后进行播放预览，两组水波纹会先后往上移动，效果如图 8-70 所示。

10 在图层面板中同时选择“水”和“水 2”图层，按快捷键 Ctrl+Shift+C 创建预合成，在弹出的“预合成”对话框中设置新合成名称为“水预合成”，同时选择“将所有属性移动到新合成”选项，然后单击“确定”按钮，如图 8-71 所示。

图 8-70 预览效果

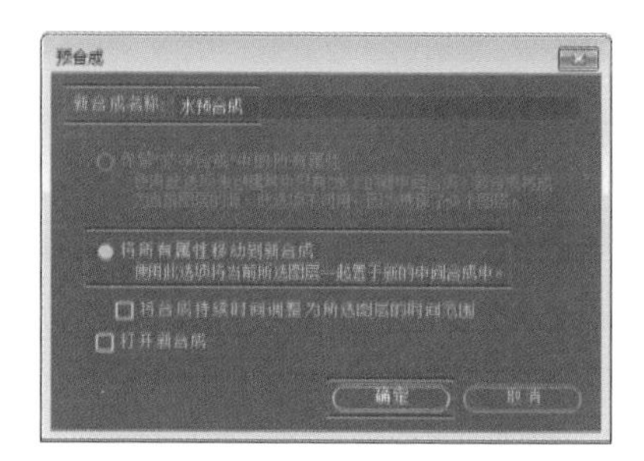

图 8-71 创建预合成

11 在图层面板中选择生成的“水预合成”图层，将该图层的轨道遮罩设置为“Alpha 遮罩‘数艺社’”，如图 8-72 所示。设置轨道遮罩后，在“合成”窗口对应的预览效果如图 8-73 所示。

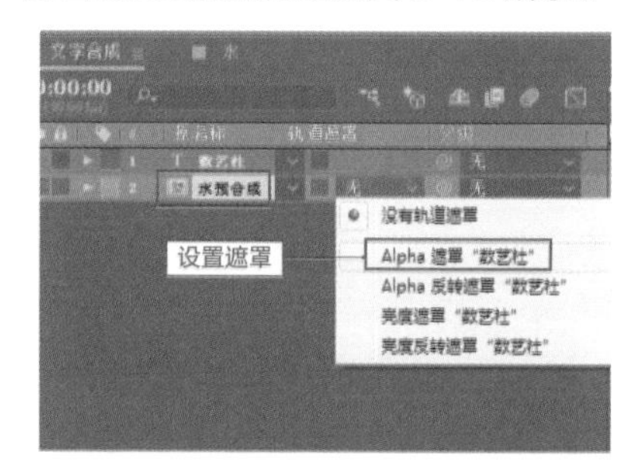

图 8-72 设置轨道遮罩

图 8-73 预览效果

12 接下来用同样的方法再次制作一个水波纹合成。在“项目”窗口选择“水”合成，按快捷键Ctrl+D复制出“水3”合成，双击进入其合成窗口，如图8-74所示。

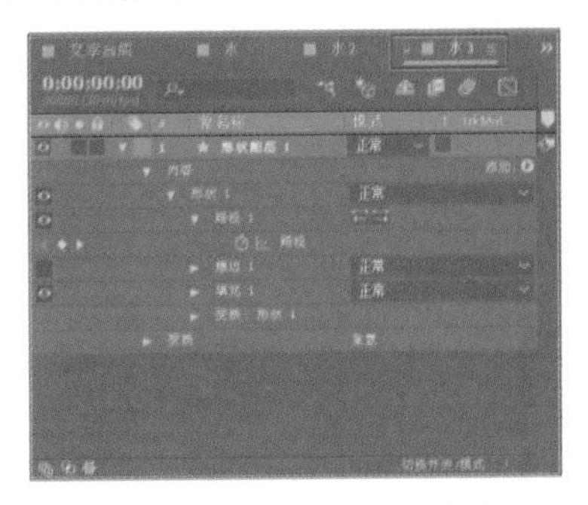

图 8-74 进入“水3”合成窗口

13 选择“形状图层1”，在工具栏修改填充颜色为深蓝色（# 1E73AD），如图8-75所示。

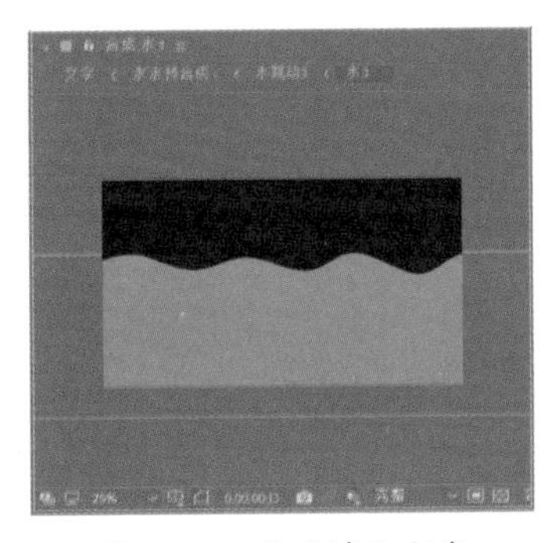

图 8-75 修改填充颜色

14 在时间线窗口选择第4个关键帧之后的所有关键帧◆，按Delete键将关键帧删除，如图8-76所示。

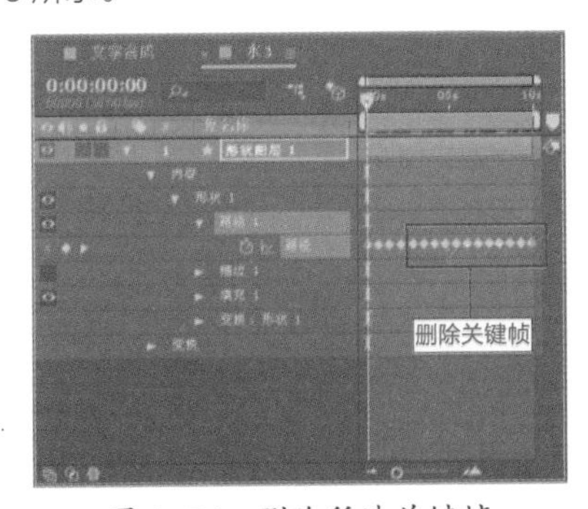

图 8-76 删除所选关键帧

15 在剩下的4个关键帧所在时间点，分别调整形状图层的各个锚点，使波纹呈现不同形态，如图8-77所示。

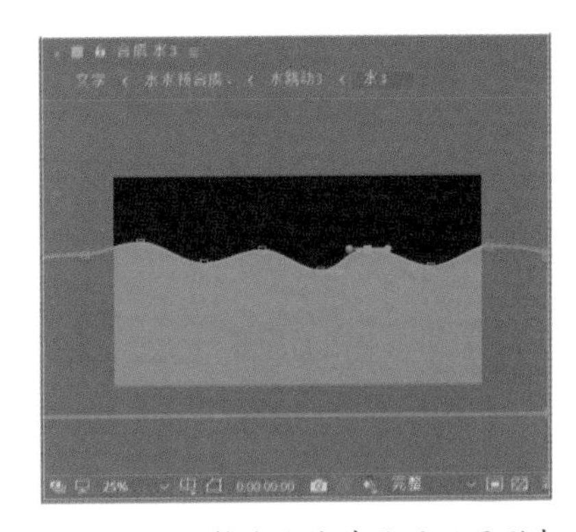

图 8-77 调整波纹使其呈现不同形态

16 调整好波纹形态后，框选复制时间线窗口的4个关键帧◆，并将关键帧粘贴到之后的时间点，如图8-78所示。

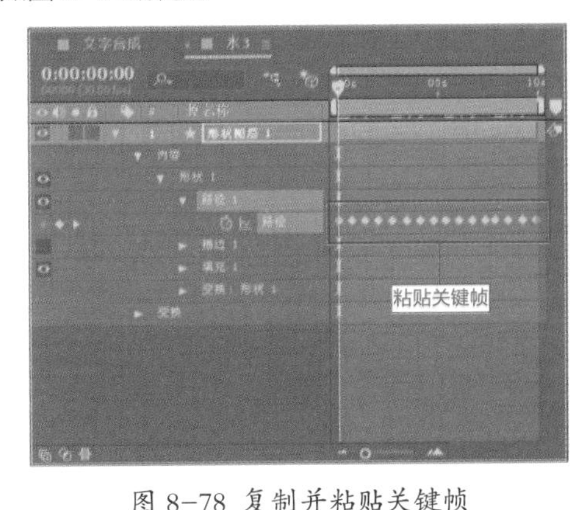

图 8-78 复制并粘贴关键帧

17 回到“水预合成”窗口，在图层面板中选择“水”图层，按快捷键Ctrl+D复制一层，并放置在顶层，如图8-79所示。

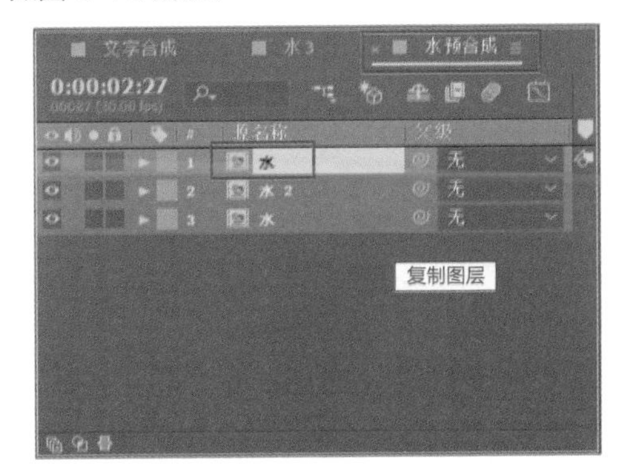

图 8-79 复制“水”图层放置在顶层

18 按住Alt键的同时在“项目”窗口选中“水3”合成，将其拖曳到上述复制的“水”合成上，如图8-80所示。

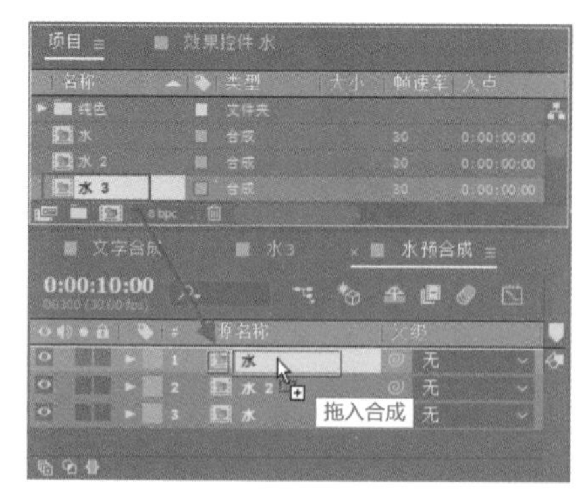

图 8-80　按住Alt键拖动合成

19 上述操作完成后，复制的“水”合成会被替换成“水 3”合成。在时间线窗口将“水 3”图层向后拖动至 2 秒处，如图 8-81 所示。

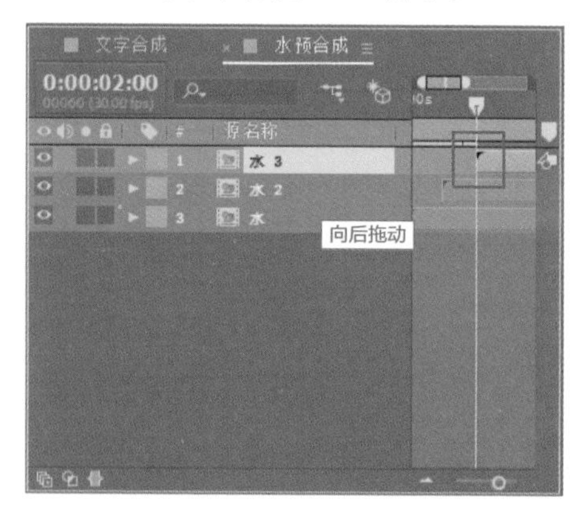

图 8-81　将“水3”合成向后拖动至2秒处

20 操作完成后，在“合成”窗口对应的预览效果如图 8-82 所示，3 层不同颜色的波浪会逐渐往上升起。在“文字合成”窗口，结合文字对应的动画预览效果如图 8-83 所示。

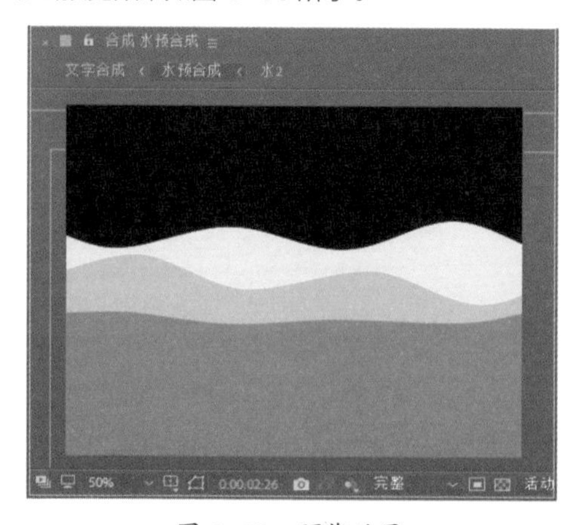

图 8-82　预览效果

图 8-83　在“文字合成”窗口的预览效果

21 接下来制作第 4 层水波纹。在“项目”窗口选择“水”合成，按快捷键 Ctrl+D 复制出“水 4”合成，双击进入其合成窗口，如图 8-84 所示。

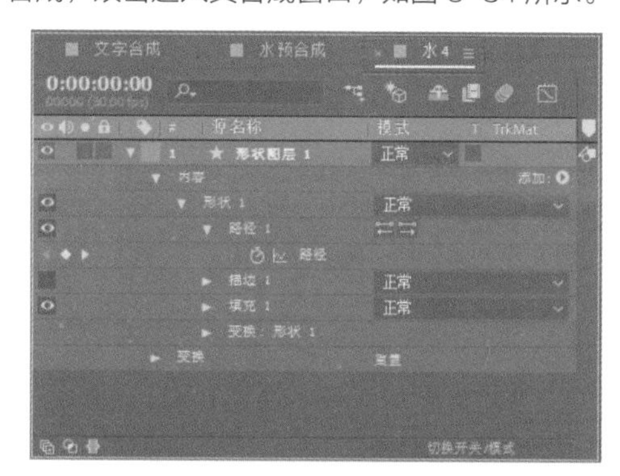

图 8-84　进入“水4”合成窗口

22 选择“形状图层 1”，在工具栏修改填充颜色为藏蓝（#00204A），如图 8-85 所示。

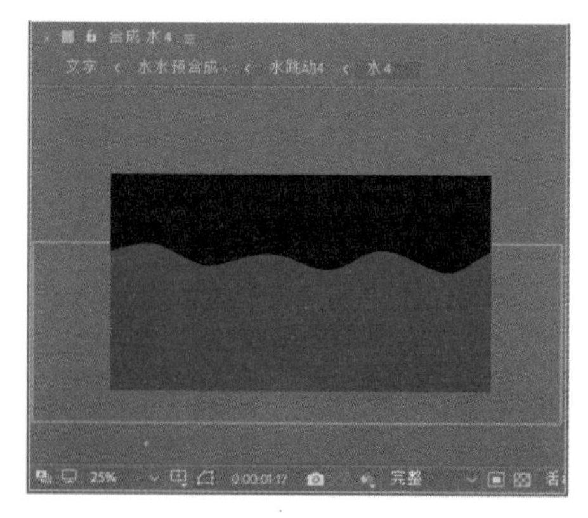

图 8-85　修改填充颜色

23 在时间线窗口选择第 4 个关键帧之后的所有关键帧，按 Delete 键将关键帧删除，如图 8-86 所示。

图 8-86　删除所选关键帧

24 在剩下的 4 个关键帧所在时间点，分别调整形状图层的各个锚点，使波纹呈现不同形态，如图 8-87 所示。

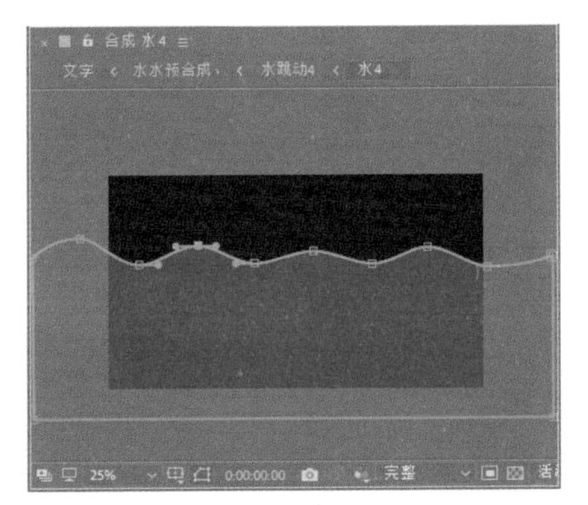

图 8-87　调整波纹使其呈现不同形态

25 调整好波纹形态后，框选复制时间线窗口的 4 个关键帧◆，并将关键帧粘贴到之后的时间点，如图 8-88 所示。

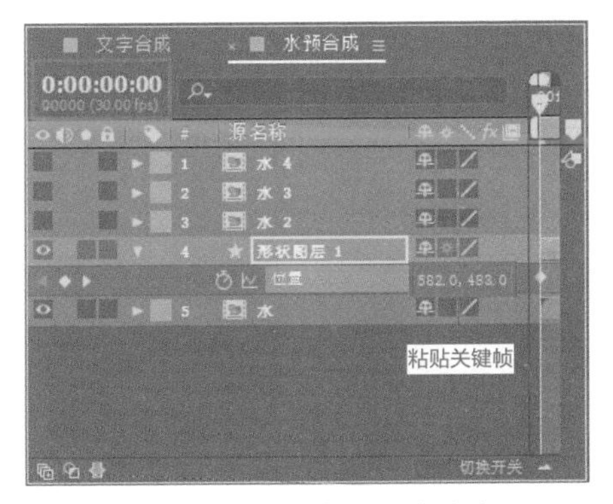

图 8-88 复制并粘贴关键帧

26 回到“水预合成”窗口，在图层面板中选择“水”图层，按快捷键 Ctrl+D 复制一层，并放置在顶层，如图 8-89 所示。

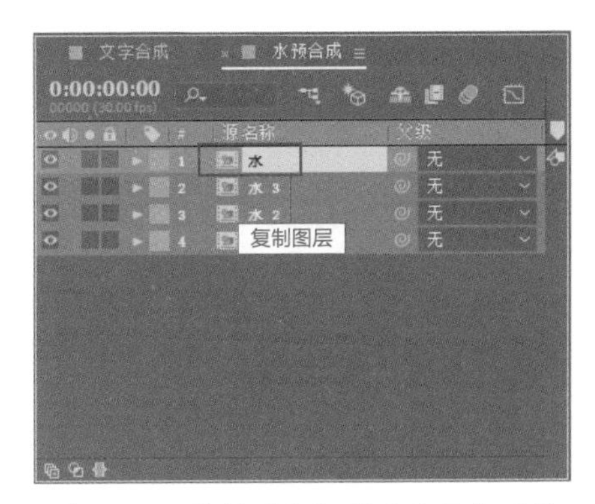

图 8-89　复制“水”图层放置在顶层

27 按住 Alt 键的同时在“项目”窗口选中“水 4”合成，将其拖曳到上述复制的“水”合成上，如图 8-90 所示。

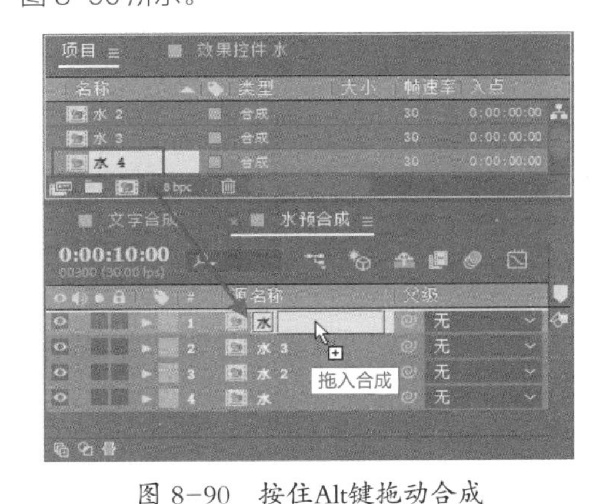

图 8-90　按住Alt键拖动合成

28 上述操作完成后，复制的“水”合成会被替换成“水 4”合成。在时间线窗口将“水 4”图层向后拖动至 3 秒处，如图 8-91 所示。

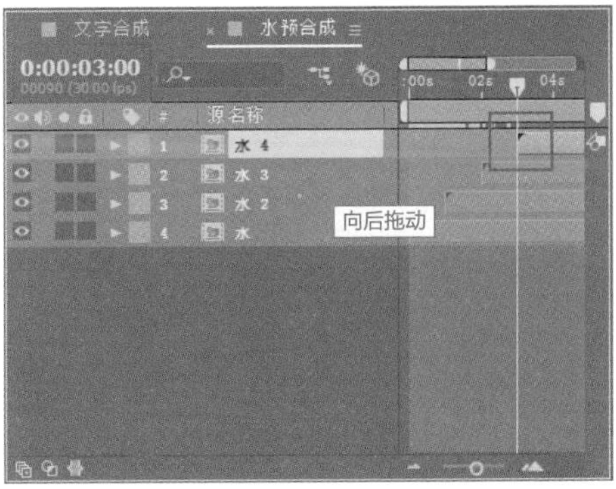

图 8-91　将“水4”合成向后拖动至3秒处

29 操作完成后，在“合成”窗口对应的预览效果如图 8-92 所示。在“文字合成”窗口，结合文字对应的动画预览效果如图 8-93 所示。

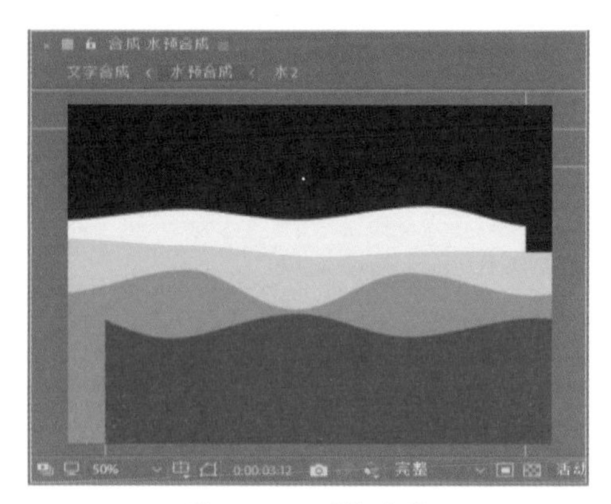

图 8-92　预览效果

图 8-93　在“文字合成”窗口的预览效果

8.2.3 制作跳动的水滴 

01 在“水预合成”中，未选中图层状态下，使用“椭圆”工具 在“合成”窗口绘制一个灰色（#DDE8F1）填充、无描边的圆形，如图 8-94 所示。

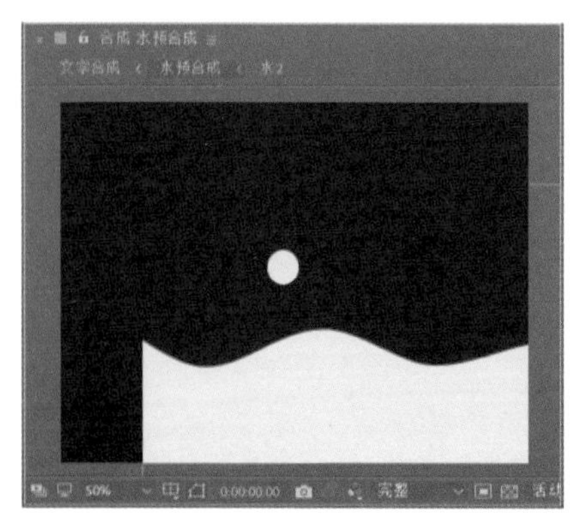

图 8-94　绘制一个灰色的圆形

02 将上述创建的水滴形状图层移动摆放到“水”图层上方，为了方便观察，可以先将其上方的 3 个图层隐藏，如图 8-95 所示。

图 8-95　暂时隐藏上方图层

提示

水滴颜色与对应的波纹颜色要一致，可以直接在波纹上进行取色。圆形的锚点需要移动到中心位置，以方便之后做位移动画。

03 选择“形状图层 1”，按快捷键 P 展开其“位置”属性，在第 0 帧处单击“位置”属性前的“时间变化秒表”按钮，设置关键帧，并在该时间点将圆形摆放到想要跳出的位置，如图 8-96 所示。此时，在图层面板对应的“位置”参数如图 8-97 所示。

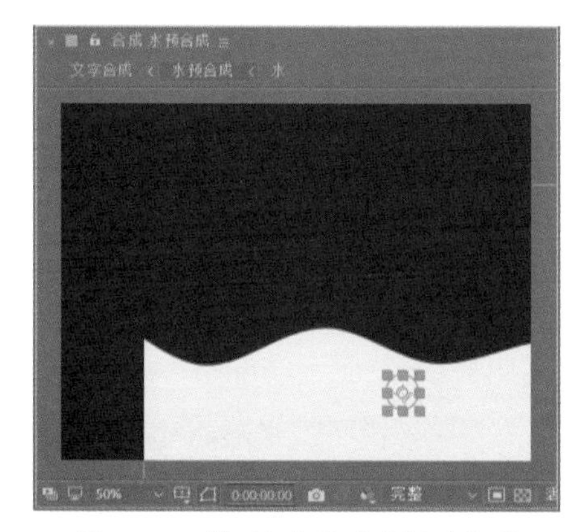

图 8-96　第0帧处圆形的摆放位置

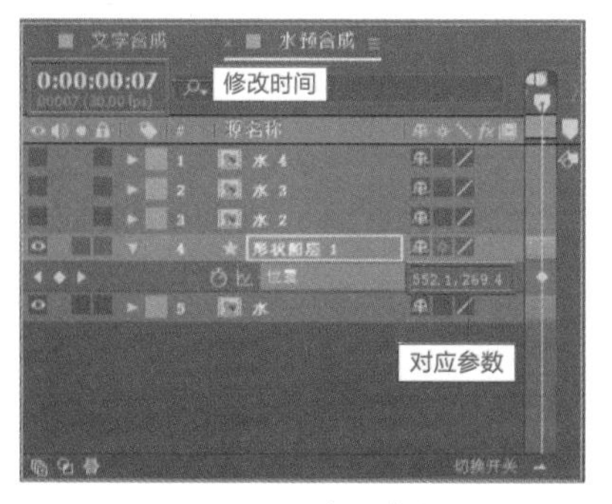

图 8-97　对应参数

04 将时间线拖动到第 15 帧，在该时间点拖动圆形到图 8-98 所示位置。此时，在图层面板对应的“位置”参数如图 8-99 所示。

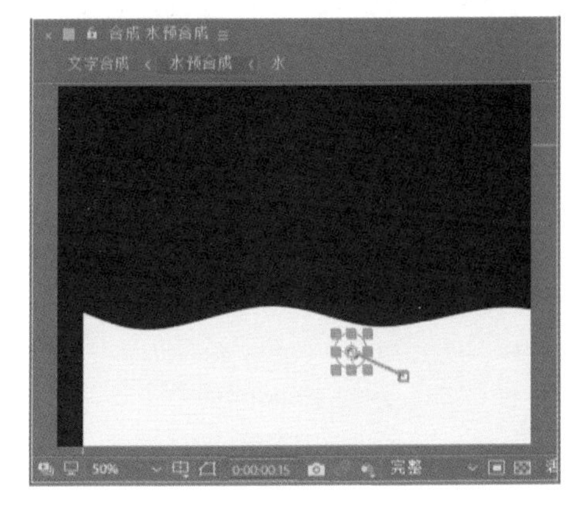

图 8-98　第15帧处圆形的摆放位置

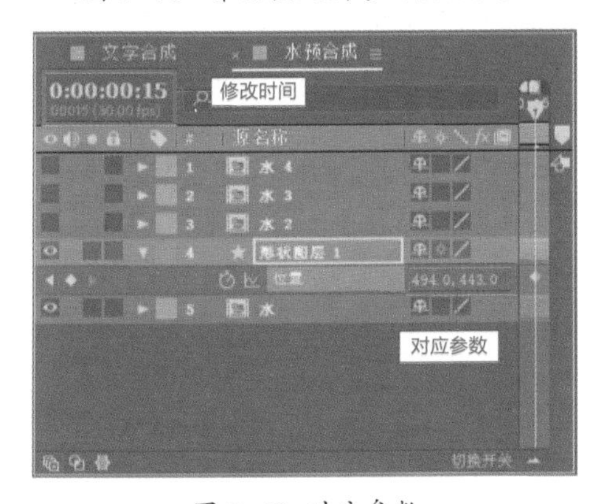

图 8-99　对应参数

05 继续拖动时间线到第 7 帧位置，在该时间点拖动圆形到图 8-100 所示位置。此时，在图层面板对应的参数如图 8-101 所示。

图 8-100　第7帧处圆形的摆放位置

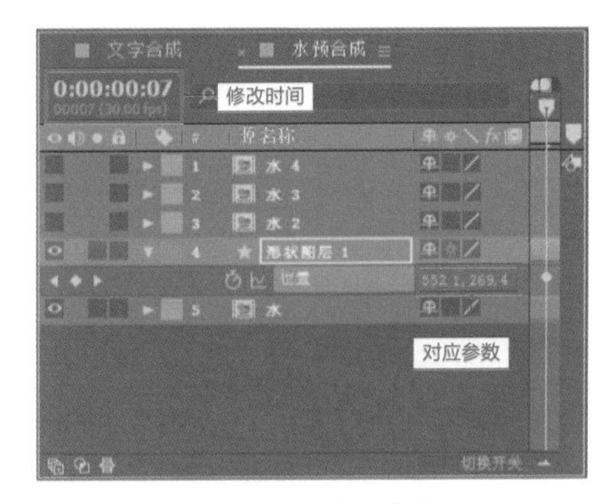

图 8-101　对应参数

06 使用“钢笔”工具将圆形运动路径调整成圆滑的曲线，如图 8-102 所示。

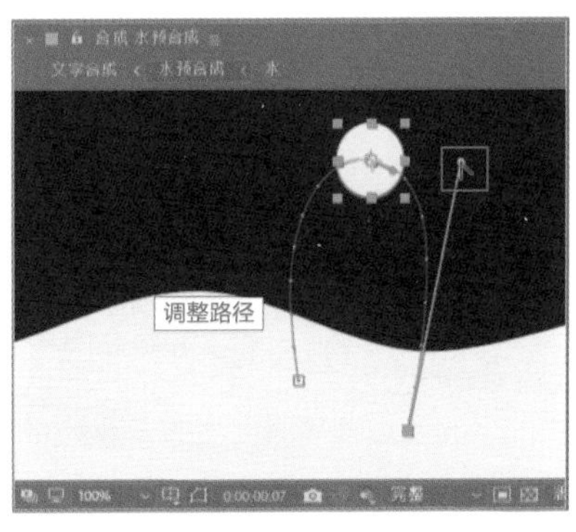

图 8-102　将路径调整成圆滑的曲线

07 在图层面板选择“形状图层 1”，展开其“椭圆路径 1”属性栏，在第 7 帧位置（对应圆形跳起的最高点）单击“大小”属性前的“时间变化秒表”按钮，设置关键帧，并调整圆形至合适大小（这里大小为 58、58），如图 8-103 所示。

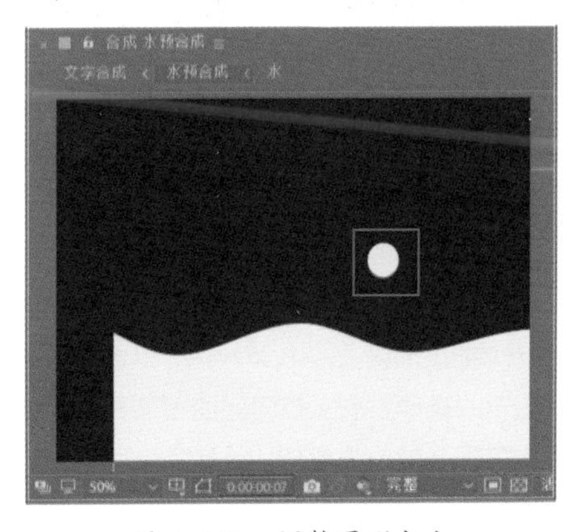

图 8-103　调整圆形大小

08 将时间线拖到 0 帧位置，该时间点对应的是圆形刚刚跳起时的动作，在该时间点将圆形调整成比较扁平的形态，如图 8-104 所示。在该时间点对应的“大小”参数如图 8-105 所示。

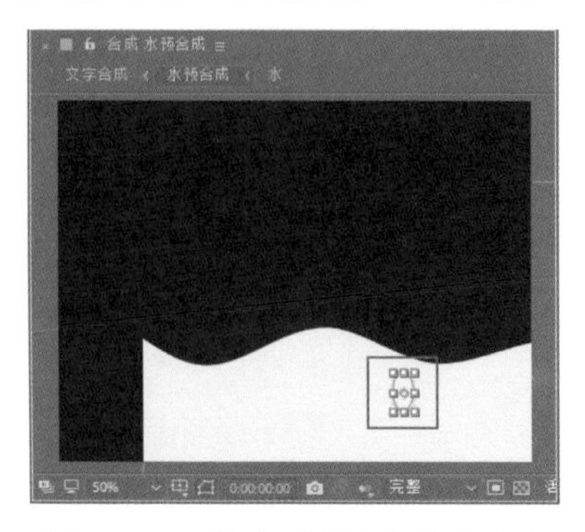

图 8-104 将圆形调整成扁平形态

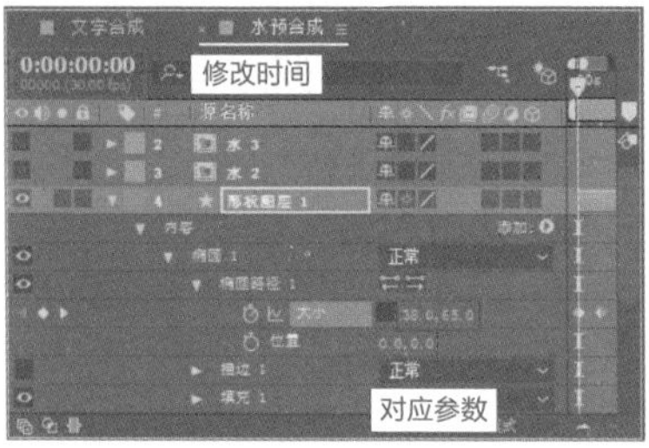

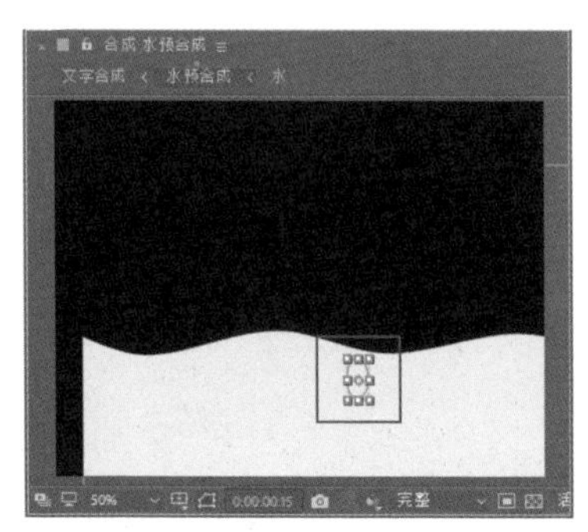

图 8-105 对应的大小参数

09 拖动时间线到第 15 帧位置，在该时间点将第 0 帧处的“大小”关键帧复制过来，使圆形在下落时间点同样呈现扁平形态，如图 8-106 所示。

图 8-106 圆形下落时呈扁平形态

10 为了使圆形能根据曲线路径进行运动，还需要调整圆形的运动方向。在图层面板展开“旋转”属性，在第 0 帧位置单击“旋转”属性前的“时间变化秒表”按钮，设置关键帧，并将圆形的一端对准曲线路径，如图 8-107 所示。此时对应的“旋转”关键帧参数为 0×+7°。

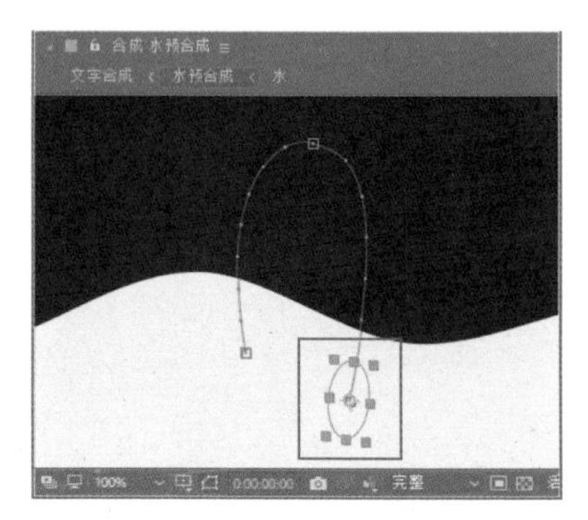

图 8-107 调整圆形方向对齐路径

11 拖动时间线到第 4 帧，在该时间点调整圆形方向，使其始终追寻路径运动，如图 8-108 所示。此时对应的“旋转”关键帧参数为 0×-10.1°。

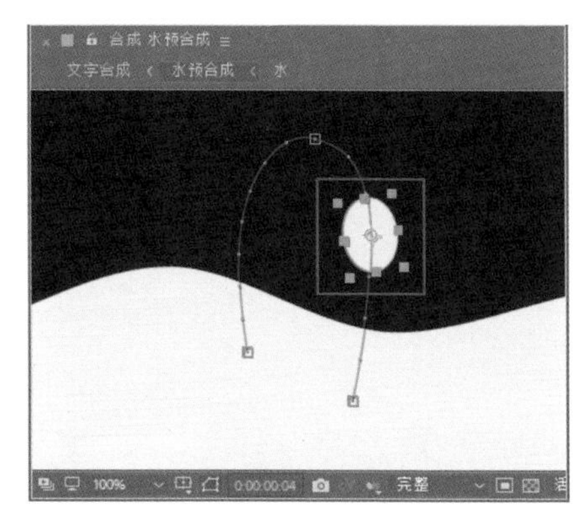

图 8-108 调整圆形方向对齐路径

12 拖动时间线到第 7 帧，在该时间点继续调整圆形方向，如图 8-109 所示。此时对应的“旋转”关键帧参数为 0×-103°。

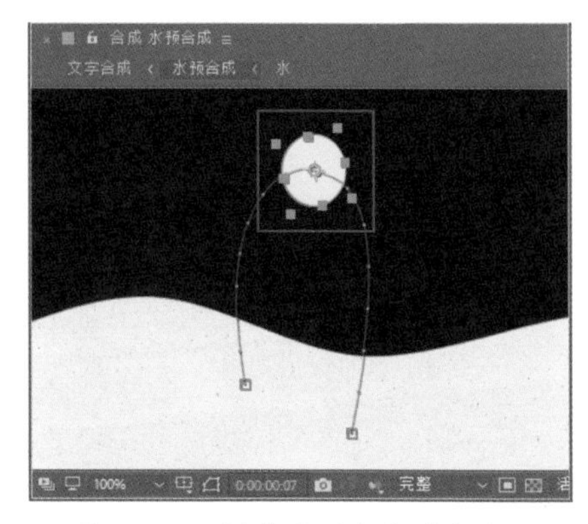

图 8-109 调整圆形方向对齐路径

13 拖动时间线至第 11 帧，在该时间点对应的“旋转”关键帧参数为 0×-171°，调整方向使圆形呈现图 8-110 所示状态。

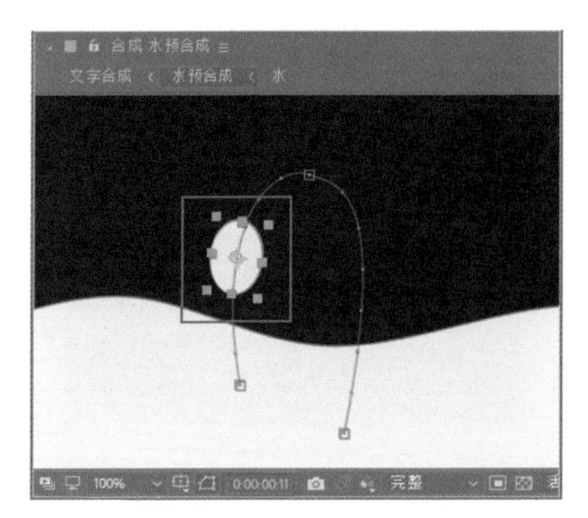

图 8-110　调整圆形方向对齐路径

14 拖动时间线到第 15 帧位置，在该时间点调整圆形方向，使其呈现图 8-111 所示状态。此时对应的“旋转”关键帧参数为 0×-185°。

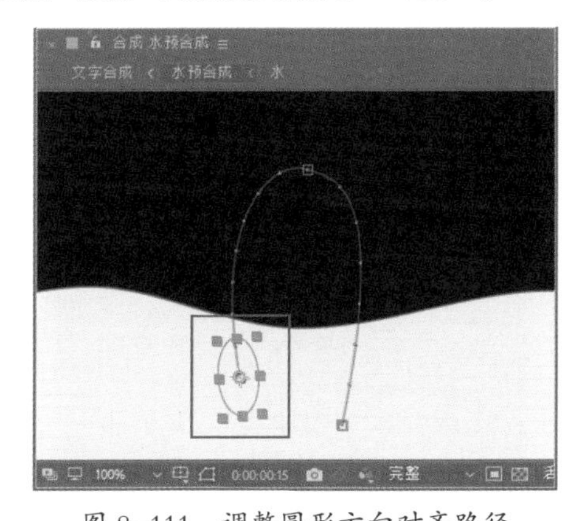

图 8-111　调整圆形方向对齐路径

15 设置完关键帧后，在时间线窗口框选所有的“位置”属性关键帧，按快捷键 F9 将菱形关键帧转换为缓入缓出关键帧，如图 8-112 所示。

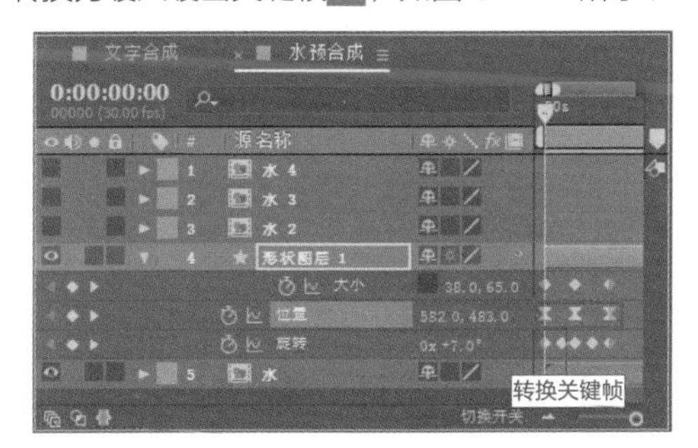

图 8-112　转换关键帧

16 在图层面板右上角单击按钮，在图表编辑器中将速度曲线调节至图 8-113 所示状态，使圆形在上升和下落的过程中产生加速度。

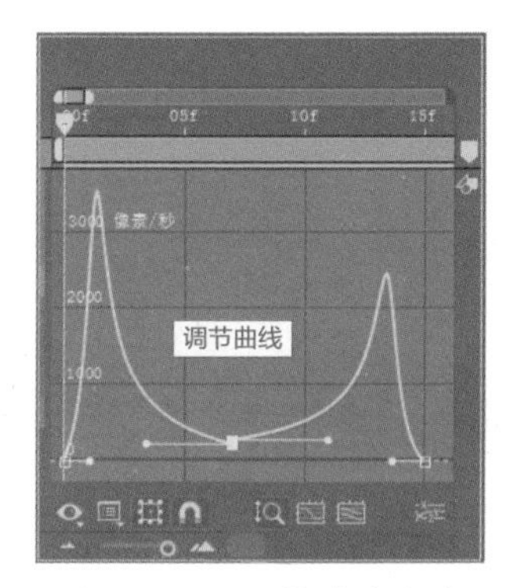

图 8-113　调节速度曲线

17 按快捷键 Ctrl+Alt+Y 创建一个调整图层，放置在“形状图层 1”的上方，如图 8-114 所示。

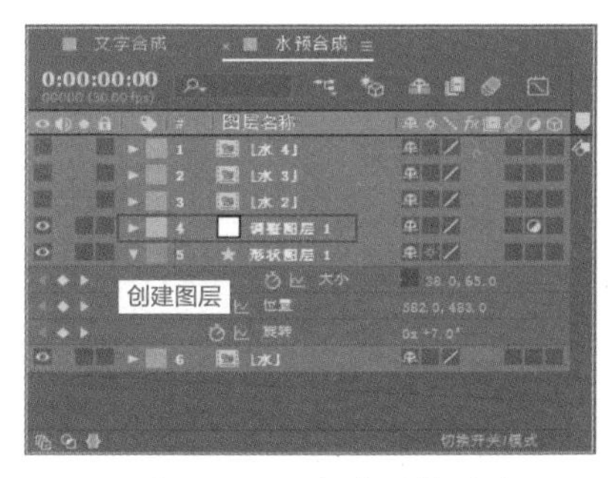

图 8-114　新建调整图层

18 选择上述创建的调整图层，为其执行“效果”|“遮罩”|“简单阻塞工具”菜单命令，并在“效果控件”面板中设置“阻塞遮罩”参数为 20，如图 8-115 所示。

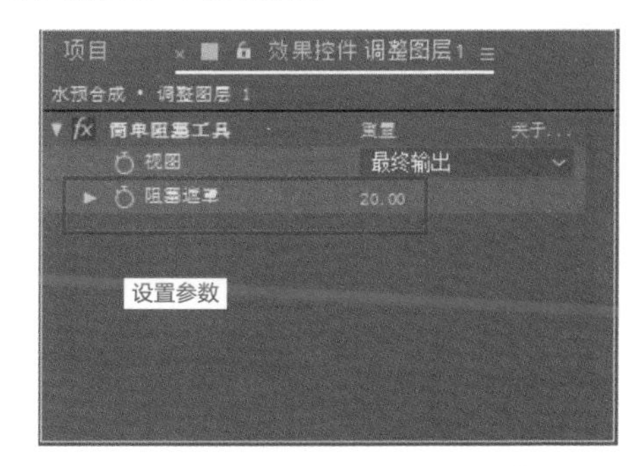

图 8-115　设置“阻塞遮罩”参数

19 添加阻塞效果后，圆形会和波纹产生牵引效果，如图 8-116 所示。

20 此时在“文字合成”窗口拖动时间线预览文字效果，会发现跳动的圆形出现过早。这里对应第一层文字波纹，需要在图 8-117 所示状态让圆形水滴跳出，此处对应的时间点为 1 秒 07 帧。

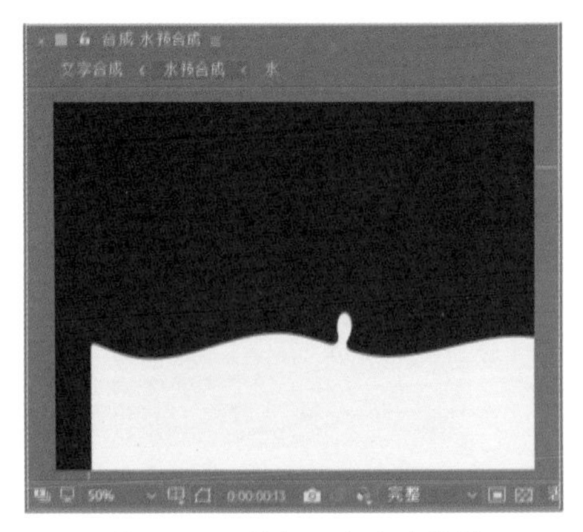

图 8-116　添加阻塞后的效果

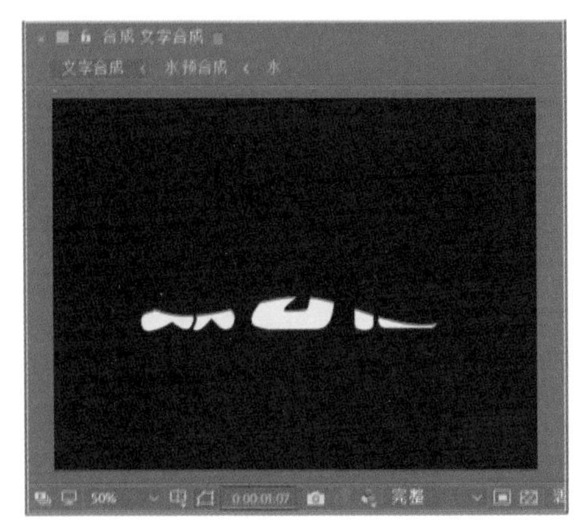

图 8-117　在该时间点让水滴跳出

21 回到“水预合成”窗口，选择“形状图层 1”，在时间线窗口将该图层向后拖动到第 1 秒 07 帧位置，如图 8-118 所示。

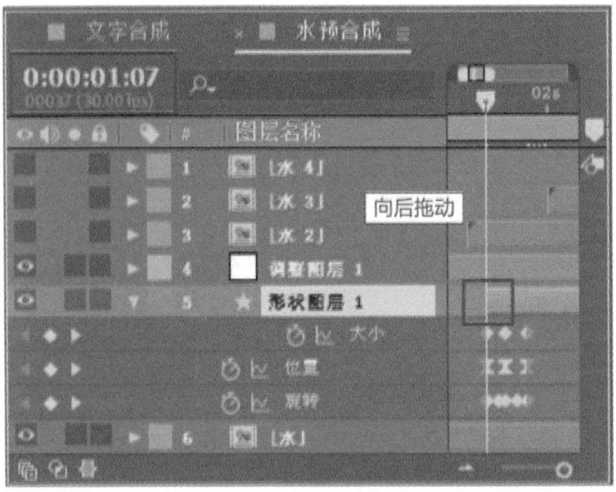

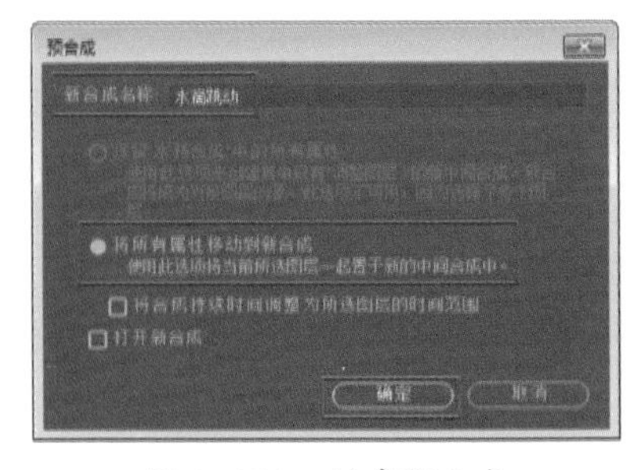

图 8-118　拖动图层至第1秒07帧

22 上述操作后，改变了圆形水滴的出现时间点，在“文字合成”窗口再来预览效果，会发现圆形水滴出现的时间点刚刚好，如图 8-119 所示。

图 8-119　预览效果

> **提示**
>
> 水滴跳动的位置和时间点可以根据需要自行调整。

8.2.4　制作其他波纹层水滴

01 完成上述操作后，在“水预合成”窗口同时选择“水”“形状图层 1”和“调整图层 1”这 3 个图层，如图 8-120 所示。

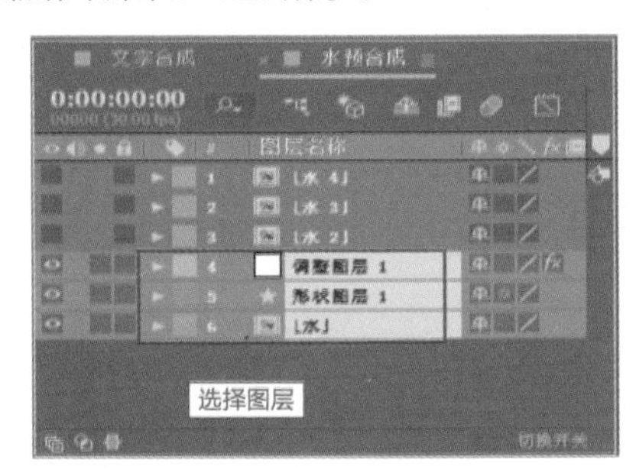

图 8-120　选中3个图层

02 按快捷键 Ctrl+Shift+C 创建预合成，设置新合成的名称为“水滴跳动”，并选择“将所有属性移动到新合成”选项，然后单击“确定”按钮，如图 8-121 所示。

图 8-121　创建预合成

03 进入上述创建的“水滴跳动”预合成窗口，在图层面板中选择“形状图层 1”和“调整图层 1”

这2个图层，按快捷键Ctrl+D复制所选图层，如图8-122所示。

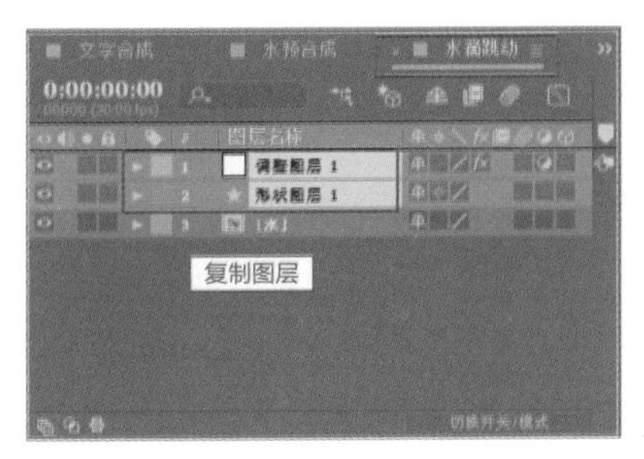

图8-122 复制所选图层

04 回到"水预合成"窗口，将上述复制的两个图层粘贴至"水2"图层上方，如图8-123所示。

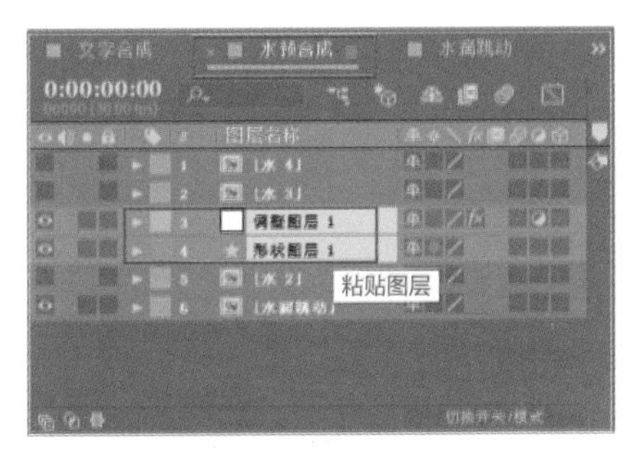

图8-123 粘贴图层

> **提示**
>
> 在制作第二层水波纹水滴跳动效果的时候，可以暂时将其余三层水波纹图层隐藏，以方便观察。

05 选择"形状图层1"，在工具栏修改其填充颜色为蓝色（#00BBF0），使其与对应的第二层水波纹颜色一致，如图8-124所示。

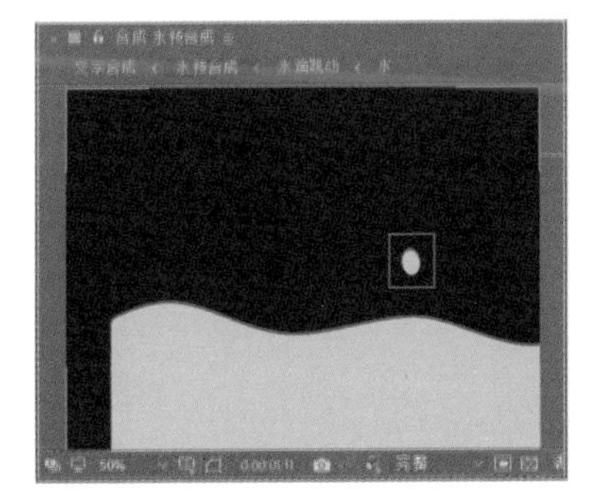

图8-124 修改水滴填充颜色

06 此时在"文字合成"窗口拖动时间线预览文字效果，对应第二层文字波纹，需要在图8-125所示状态让圆形水滴跳出，此处对应的时间点为2秒12帧。

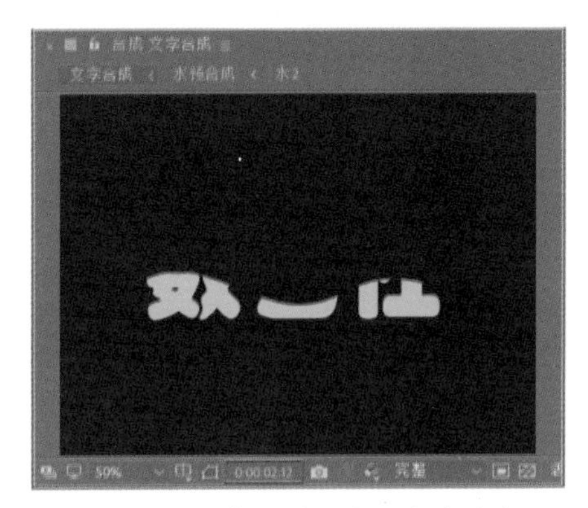

图8-125 在该时间点让水滴跳出

07 回到"水预合成"窗口，选择"形状图层1"，在时间线窗口将该图层向后拖动到第2秒12帧位置，如图8-126所示。

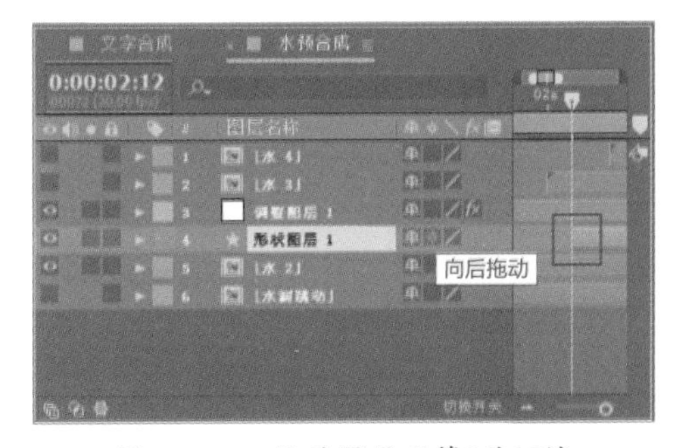

图8-126 拖动图层至第2秒12帧

08 此时在"合成"窗口预览效果，会发现水滴运动路径整体低于水波纹，如图8-127所示。

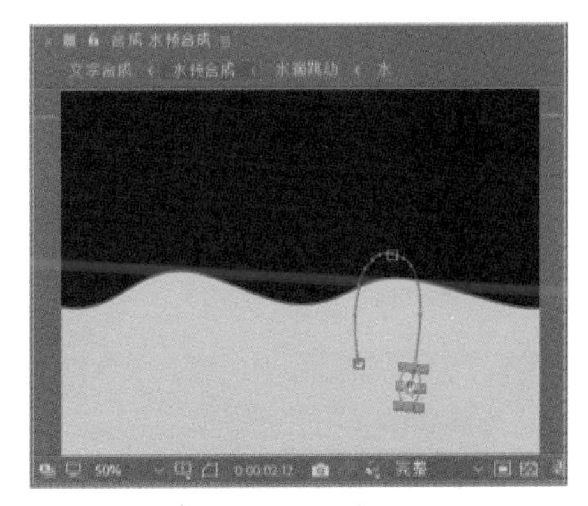

图8-127 预览效果

09 选择"形状图层1"，按快捷键U展开关键帧属性，选中"位置"属性，如图8-128所示。将所有的"位置"关键帧（即整体路径）摆放到合适的位置（与之前的水滴位置错开），效果如图8-129所示。

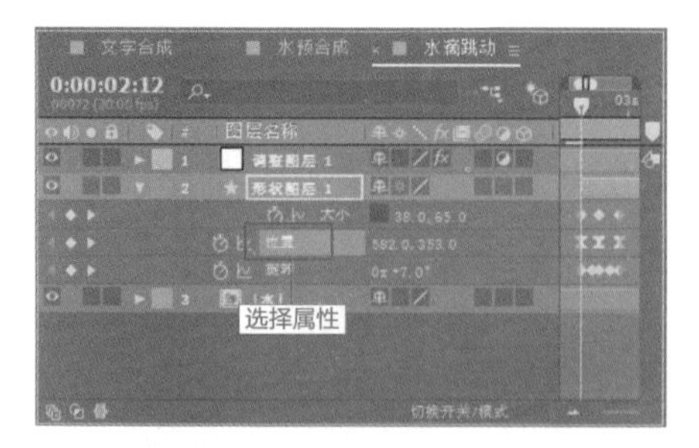

图 8-128　选中“位置”属性

图 8-129　预览效果

10 选择“形状图层 1”，按快捷键 S 展开“缩放”属性，调整“缩放”参数为 85%、85%，如图 8-130 所示。在“合成”窗口对应的预览效果如图 8-131 所示。

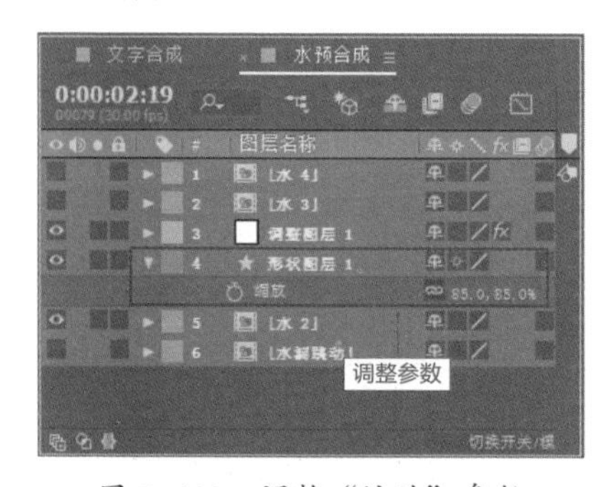

图 8-130　调整“缩放”参数

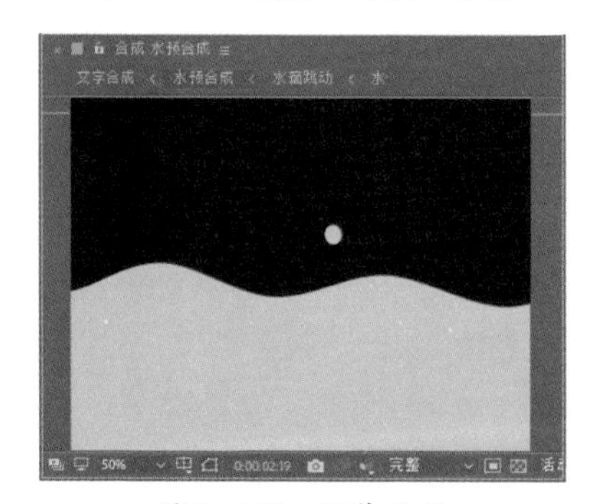

图 8-131　预览效果

11 还可以选择“形状图层 1”，按快捷键 Ctrl+D 复制一层，然后在时间线窗口将该图层向后拖动至第 2 秒 19 帧，如图 8-132 所示。

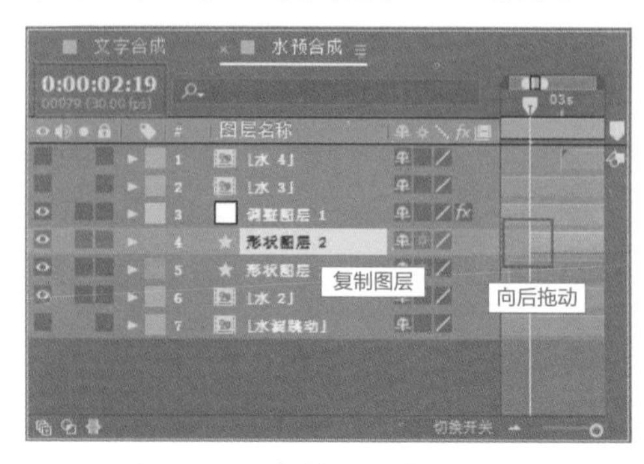

图 8-132　复制图层并向后拖动

12 展开“形状图层 2”的“位置”及“缩放”属性，进行适当调整，使其与其他水滴形态有所区别，效果如图 8-133 所示。

图 8-133　预览效果

13 调整完成后，在图层面板选择如图 8-134 所示的 4 个图层，按快捷键 Ctrl+Shift+C 创建预合成，设置新合成的名称为“水滴跳动 2”，并选择“将所有属性移动到新合成”选项，然后单击“确定”按钮，如图 8-135 所示。

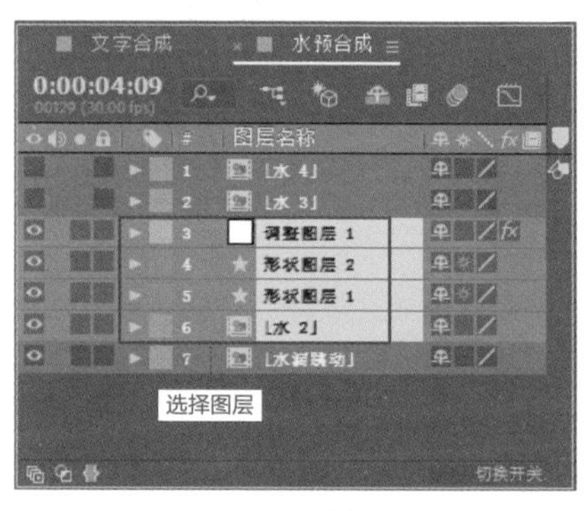

图 8-134　选择图层

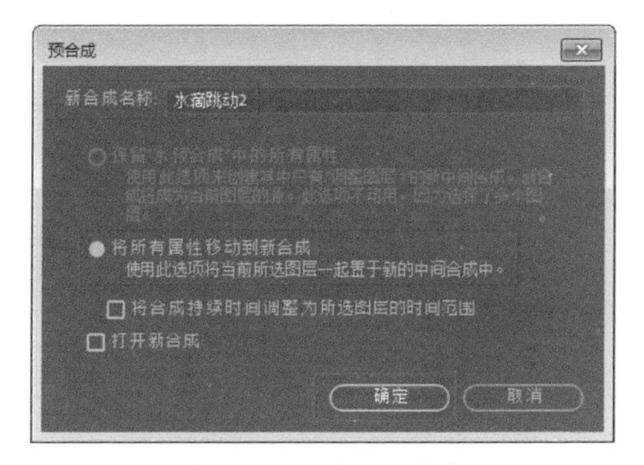

图 8-135　创建预合成

14 用同样的方法，将“水滴跳动”合成中的“形状图层 1”和“调整图层 1”复制到“水预合成”中的“水 3”图层上方，并在时间线窗口将“形状图层 1”向后拖动至第 4 秒 06 帧位置，如图 8-136 所示。

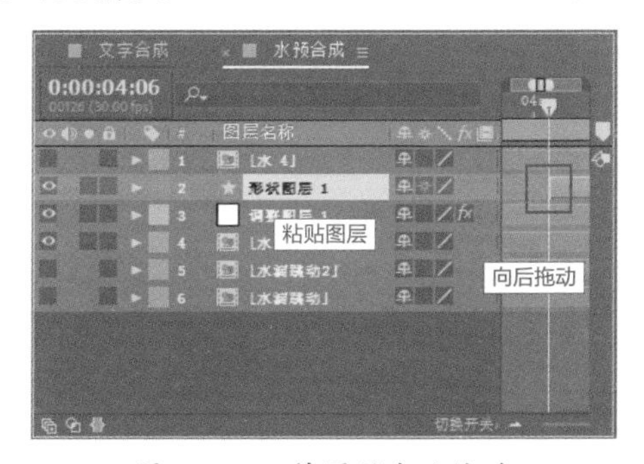

图 8-136　将图层向后拖动

15 展开“形状图层 1”的“位置”及“缩放”属性，改变圆形的大小及位置，并将其填充颜色设置为深蓝色（# 00BBF0），与第 3 层水波纹颜色一致，效果如图 8-137 所示。

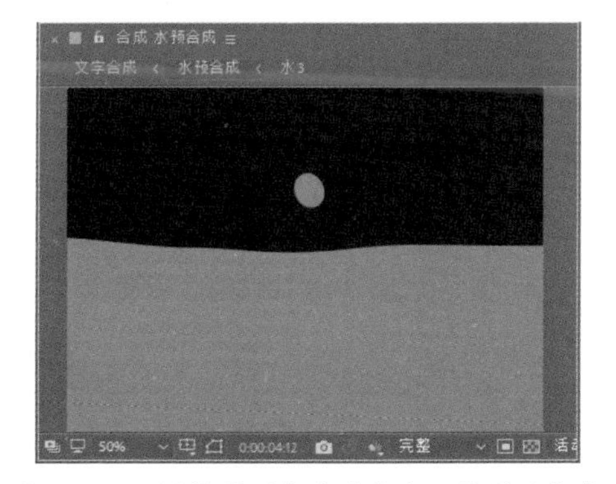

图 8-137　调整圆形水滴的大小、位置及颜色

16 调整完成后，在图层面板中选择如图 8-138 所示的 3 个图层，按快捷键 Ctrl+Shift+C 创建预合成，设置新合成的名称为“水滴跳动 3”，并选择“将所有属性移动到新合成”选项，然后单击“确定”按钮，如图 8-139 所示。

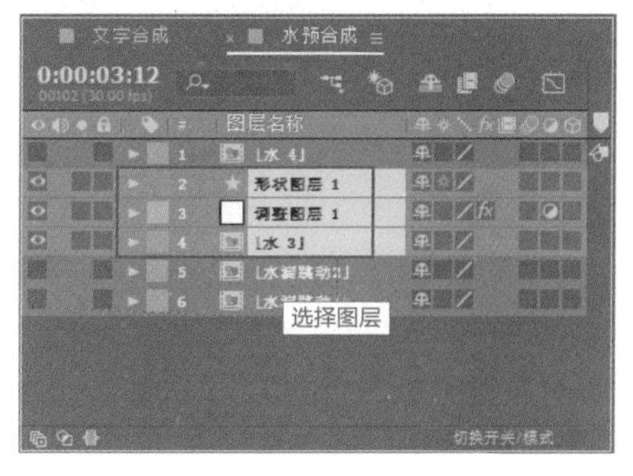

图 8-138　选择图层

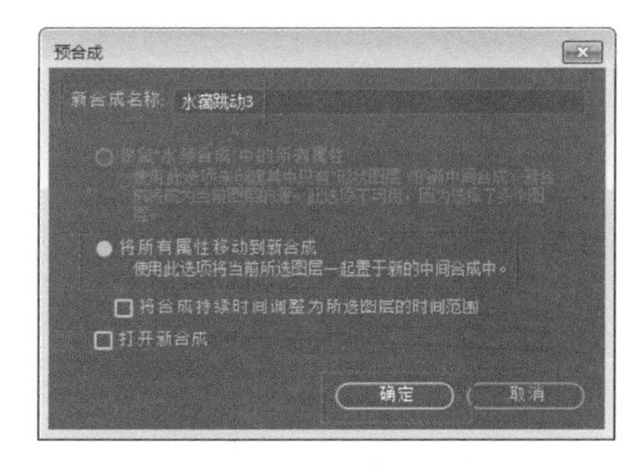

图 8-139　创建预合成

17 最后设置第 4 层水波纹的水滴跳动效果。将“水滴跳动”合成中的“形状图层 1”和“调整图层 1”复制到“水预合成”中的“水 4”图层上方，并在时间线窗口将“形状图层 1”向后拖动至第 5 秒 08 帧位置，如图 8-140 所示。

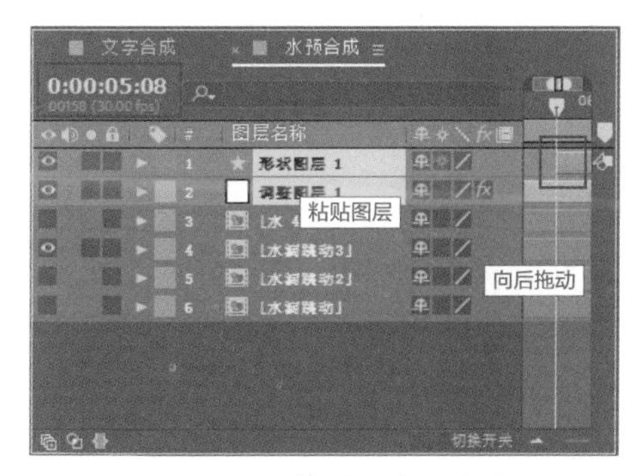

图 8-140　将图层向后拖动

18 展开“形状图层 1”的“位置”及“缩放”属性，改变圆形的大小及位置，并将其填充颜色设置为藏蓝（#00204A），与第 4 层水波纹颜色一致，效果如图 8-141 所示。

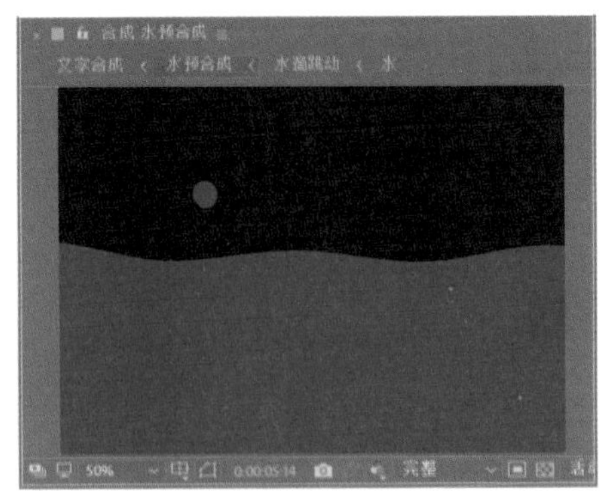

图 8-141 调整圆形水滴的大小、位置及颜色

19 调整完成后，在图层面板中选择如图 8-142 所示的 3 个图层，按快捷键 Ctrl+Shift+C 创建预合成，设置新合成的名称为“水滴跳动 4”，并选择“将所有属性移动到新合成”选项，然后单击“确定”按钮，如图 8-143 所示。

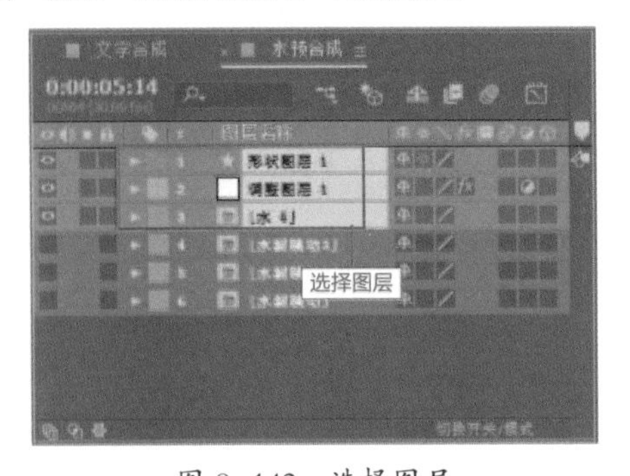

图 8-142 选择图层

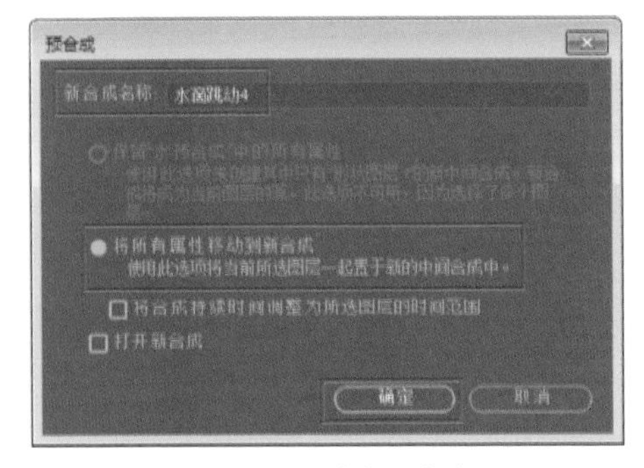

图 8-143 创建预合成

8.2.5 制作海洋元素

01 制作好所有水波纹效果后，回到“文字合成”窗口，按快捷键 Ctrl+Y 创建一个与合成大小一致的浅青色（#9BC5C1）固态层，并将其命名为“背景”，然后单击“确定”按钮，如图 8-144 所示。

图 8-144 创建固态层

02 将上述创建的“背景”图层放置在图层面板的最底层，在“合成”窗口对应的预览效果如图 8-145 所示。

图 8-145 预览效果

03 在未选中图层的状态下，使用“矩形”工具在“合成”窗口绘制一个浅蓝色（#5F9CB0）矩形，如图 8-146 所示。

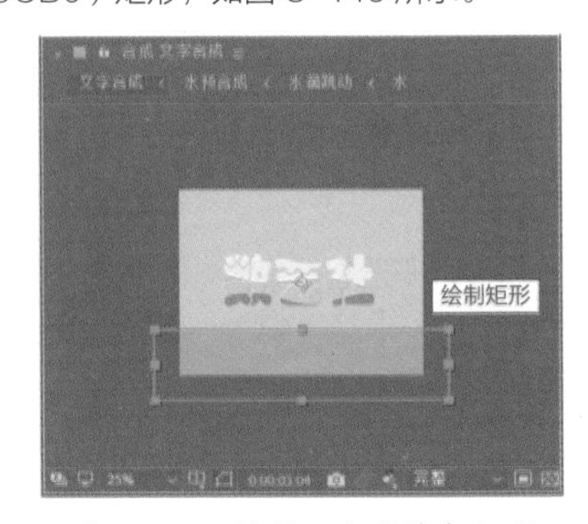

图 8-146 绘制一个浅蓝色矩形

04 将上述创建的矩形形状图层命名为“海浪”，然后为该图层执行“效果”|“扭曲”|“波形变形”菜单命令，并在“效果控件”面板中设置“波形高度”参数为 11，设置“波形宽度”参数为 121，如图 8-147 所示。

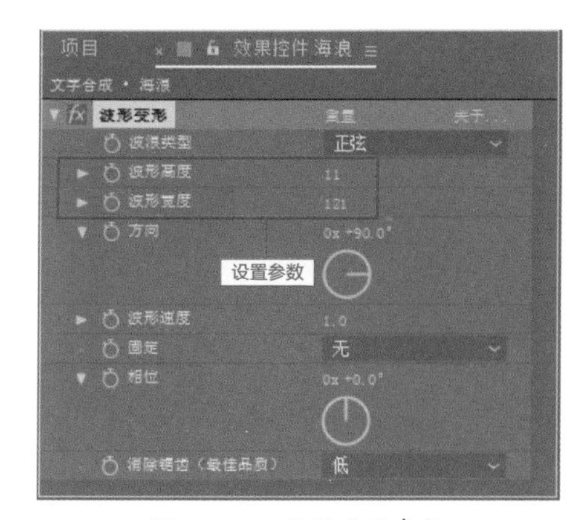

图 8-147 设置波形参数

05 设置完波形参数后，在“合成”窗口对应的预览效果如图 8-148 所示。

图 8-148 效果预览

06 在图层面板中选择“海浪”图层，按快捷键 Ctrl+D 复制一层波浪，默认名称为“海浪 2”，进入该图层的“效果控件”面板，设置“波形高度”参数为 14，设置“波形宽度”参数为 105，使其与第一层波浪效果有所区别，如图 8-149 所示。

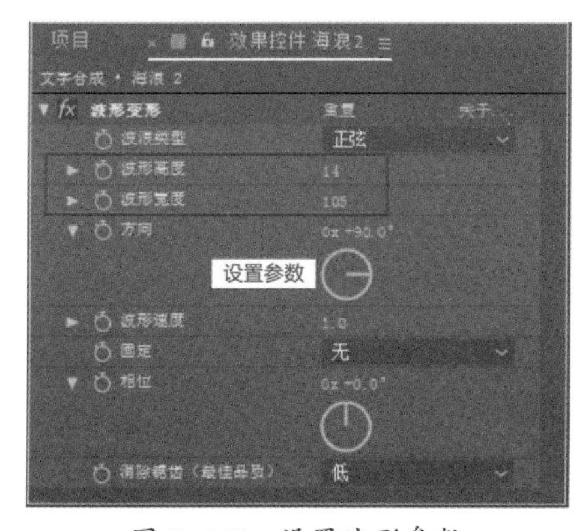

图 8-149 设置波形参数

07 选择“海浪 2”图层，修改其填充颜色为蓝色（#68ACC1），同时将其位置向上移动一些。操作完成后，在“合成”窗口对应的预览效果如图 8-150 所示。

图 8-150 预览效果

08 在未选中任何图层的情况下，使用“钢笔”工具在“合成”窗口绘制一条无描边、填充色为红色（#FC575B）的鱼，如图 8-151 所示。

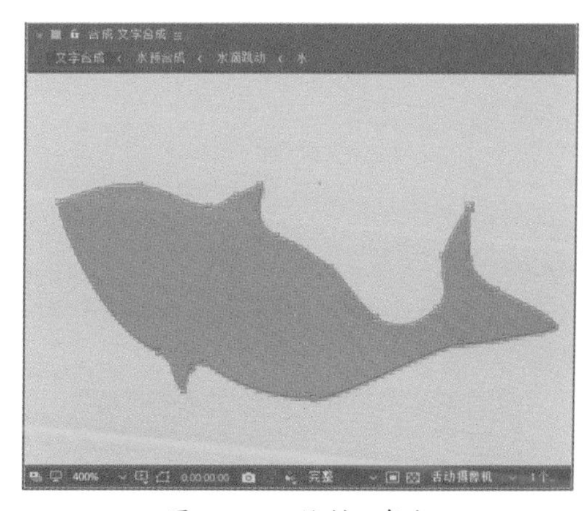

图 8-151 绘制一条鱼

09 在图层面板中选择上述创建的形状图层，修改图层名称为“鱼”。将“鱼”图层放置在“海浪”与“海浪 2”图层中间，如图 8-152 所示。

10 将“鱼”图层整体缩小一些，然后按快捷键 P 展开“鱼”图层的“位置”属性，在 2 秒处单击“位置”属性前的“时间变化秒表”按钮，设置关键帧，并将“鱼”图层摆放至画面右下角，如图 8-153 所示。

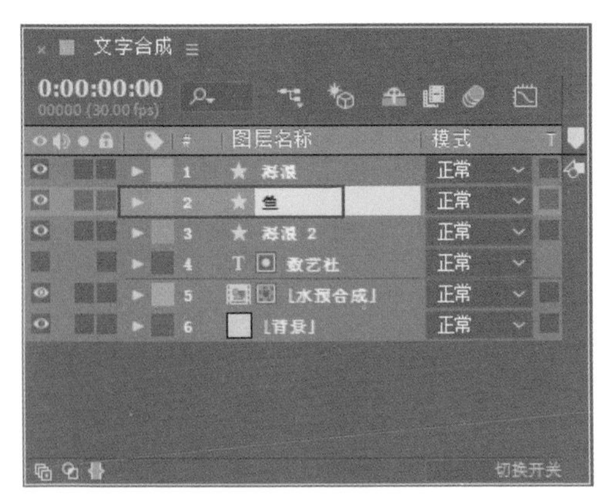

图 8-152　重命名图层

图 8-153 摆放至右下角

提示

可以使用锚点工具将“鱼”图层的锚点移动至头部位置。

11 分别在第 3、4、5、6 秒位置上下移动“鱼”图层，使其产生一条上下升降的波浪形运动路径，如图 8-154 所示。

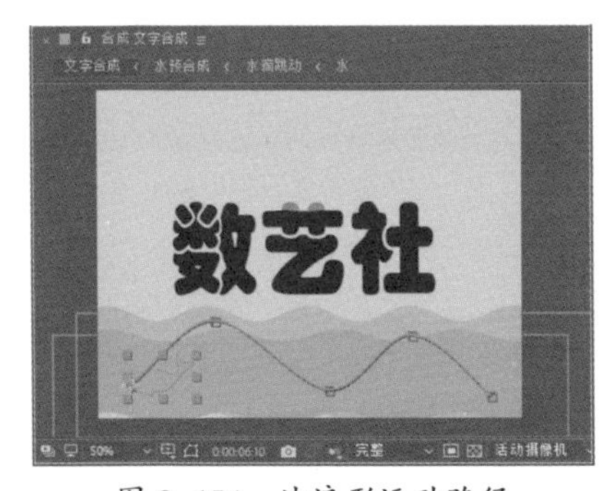

图 8-154　波浪形运动路径

12 选择创建的“位置”关键帧，按快捷键 F9 将其转换为缓入缓出关键帧，并在图表编辑器中将速度曲线调节至图 8-155 所示状态。

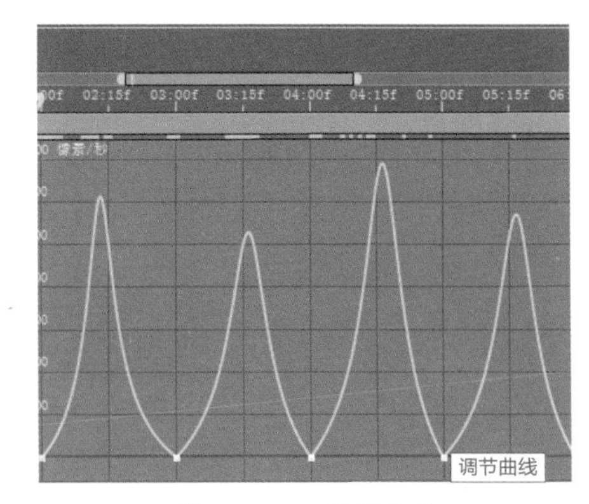

图 8-155　调节曲线

13 回到时间线窗口，展开“鱼”图层的“路径”属性，在第 2 秒位置单击该属性前的“时间变化秒表”按钮，设置关键帧，此时在“合成”窗口对应的鱼的形态如图 8-156 所示。

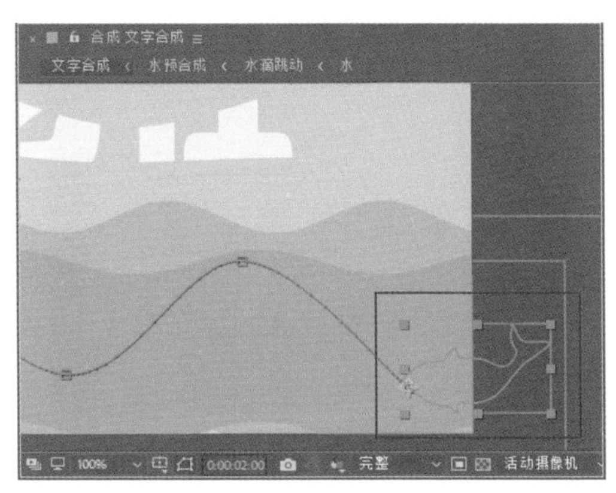

图 8-156　第2秒位置鱼的形态

14 拖动时间线到第 3 秒位置，在该时间点调整“鱼”图层的锚点，形态参考图 8-157 所示。

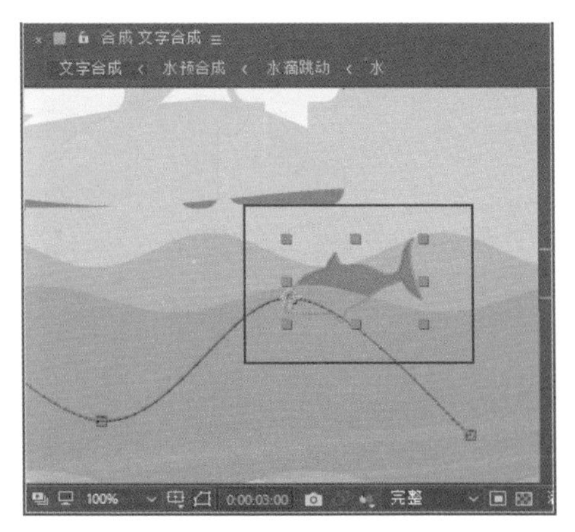

图 8-157　第3秒位置鱼的形态

15 复制上述操作中创建的 2 个菱形关键帧◆，分别交替粘贴在第 4、第 5 和第 6 秒位置，如图 8-158 所示。

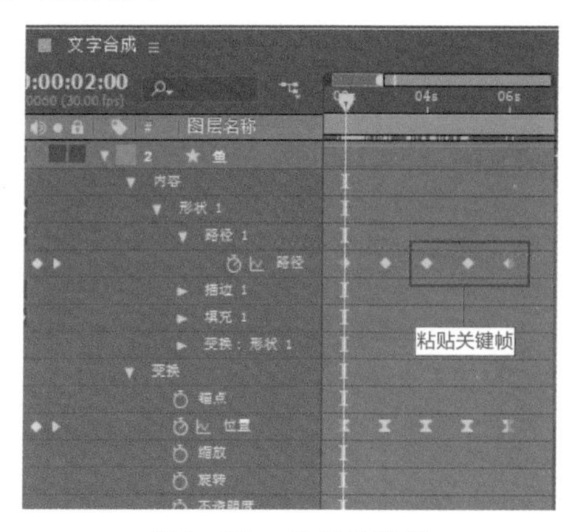

图 8-158 粘贴关键帧

16 继续选择“鱼”图层，按快捷键 R 展开其“旋转”属性，在第 2 秒处单击该属性前的“时间变化秒表”按钮，设置关键帧，并将“合成”窗口中的“鱼”图层旋转，使头部对齐路径曲线，如图 8-159 所示。

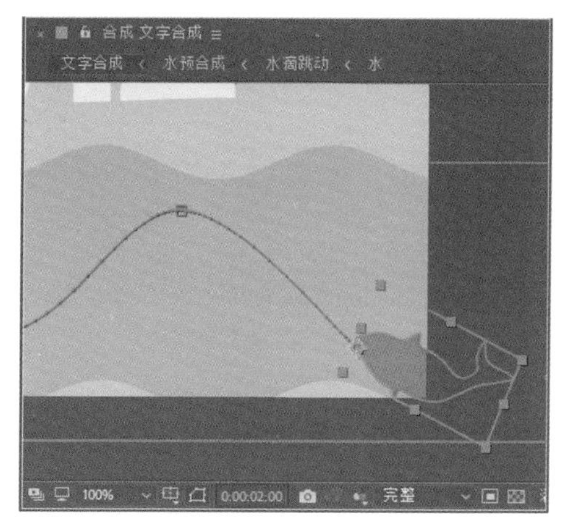

图 8-159 旋转图层对齐路径

17 在之后的运动过程中，继续调整“旋转”角度，使“鱼”图层始终跟随路径运动，效果如图 8-160 所示。

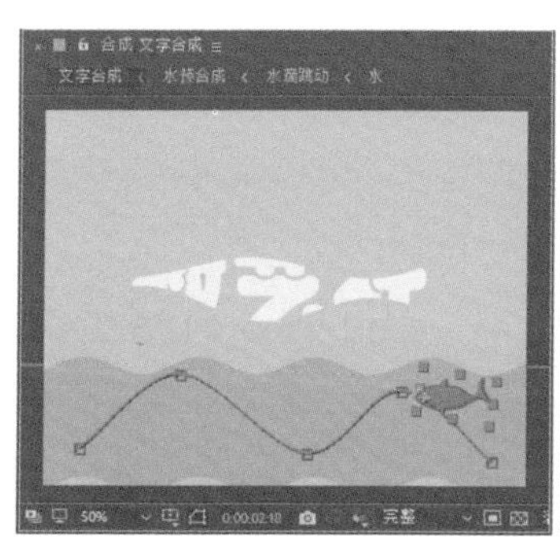
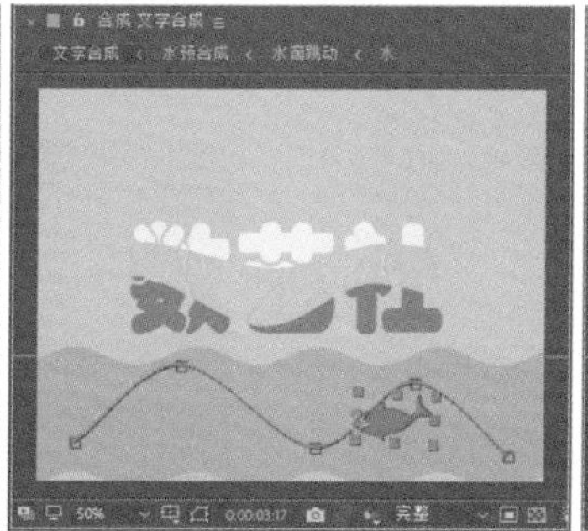

图 8-160 预览效果

8.2.6 制作天空元素

01 创建好“鱼”图层动画后，还需要为背景天空添加一些元素。在未选中图层的状态下，使用“椭圆”工具和“矩形”工具在“合成”窗口绘制一朵白色的云，如图 8-161 所示。

02 将上述创建的形状图层命名为“云”，然后按快捷键 P 展开其“位置”属性，在第 0 帧处单击“位置”属性前的“时间变化秒表”按钮，设置关键帧，然后在不同的时间点改变图层位置，使云朵呈波浪状态运动，路径如图 8-162 所示。

图 8-161 绘制云朵

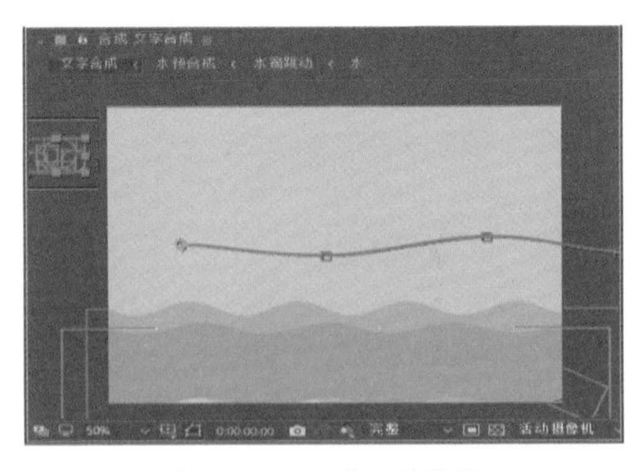

图 8-162　云朵运动路径

03 选择“云”图层，按快捷键 Ctrl+D 进行图层复制，将复制出来的“云 2”图层适当缩小，并修改填充色为浅蓝色（#D4FAFF），然后调整其“位置”和时间点，使其与“云”图层路径有些许差别，运动路径如图 8-163 所示。设置完成后，在“合成”窗口对应的预览效果如图 8-164 所示。

图 8-163　“云2”图层运动路径

图 8-164　预览效果

04 在未选中任意图层的状态下，使用“星形”工具在“合成”窗口右上角绘制一个黄色（#FFD076）无描边的星形，如图 8-165 所示。

图 8-165　绘制星形

05 将上述创建的形状图层更名为“太阳外”，并将该图层放置在“云”图层的下方。接着展开该图层的“多边星形路径 1”属性栏，参照图 8-166 所示进行参数设置。

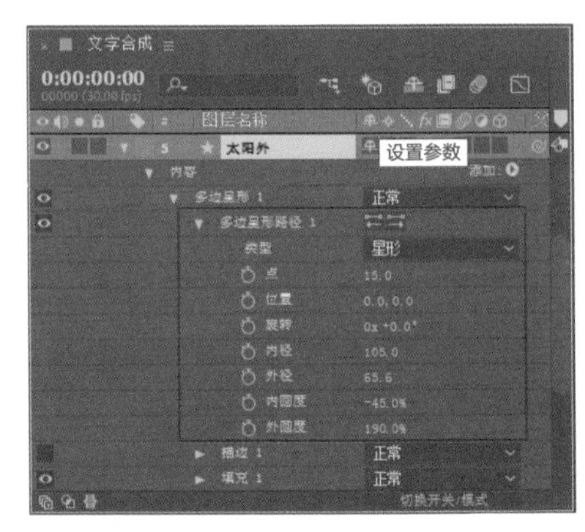

图 8-166　设置参数

06 调整完参数后，在“合成”窗口对应的预览效果如图 8-167 所示。

07 展开“太阳外”图层的“变换”属性，在第 0 帧位置单击“旋转”属性前的“时间变化秒表”按钮，设置关键帧。在该时间点的默认“旋转”参数为 0×+0°。然后拖动时间线到第 9 秒 29 帧位置，在该时间点设置“旋转”参数为 3×+0°，如图 8-168 所示。

图 8-167　预览效果

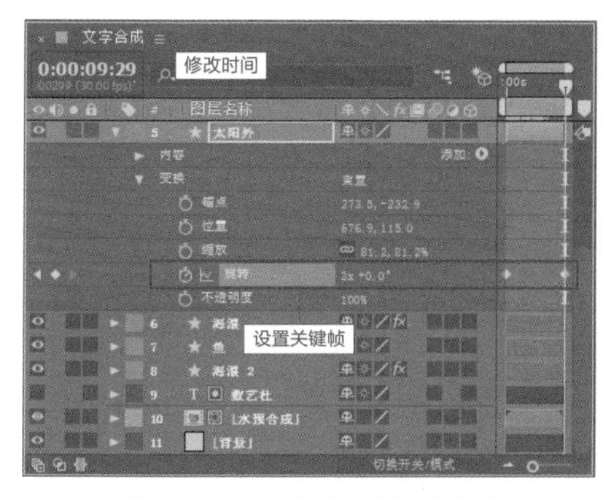

图 8-168　设置“旋转”关键帧

提示

设置“旋转”属性动画前，记得使用锚点工具 将图层的锚点移动到中心位置，这样才可以使形状始终围绕中心点进行旋转。

08 在未选中图层的状态下，使用“椭圆”工具 在“太阳外”图层上方绘制一个橙色（#FF9B59）无描边的圆形，如图 8-169 所示。

09 将上述创建的圆形图层重命名为“太阳内”，然后在图层面板展开该图层的“缩放”属性，在第 0 帧位置单击“缩放”属性前的“时间变化秒表”按钮，设置关键帧，参数默认不改变。接着拖动时间线到第 1 秒 07 帧位置，在该时间点调整“缩放”参数，使圆形缩小一些，效果如图 8-170 所示。

图 8-169　绘制一个圆形

图 8-170　在第1秒07帧缩小圆形

10 在时间线窗口复制上述创建的 2 个缩放关键帧，将其交替粘贴在之后的不同时间点，如图 8-171 所示。

图 8-171　粘贴关键帧

11 在波浪图层上方绘制一个浅蓝色（#5F9CB0）矩形，命名为“遮挡”，用来遮盖住波浪下方露出的部分，如图 8-172 所示。

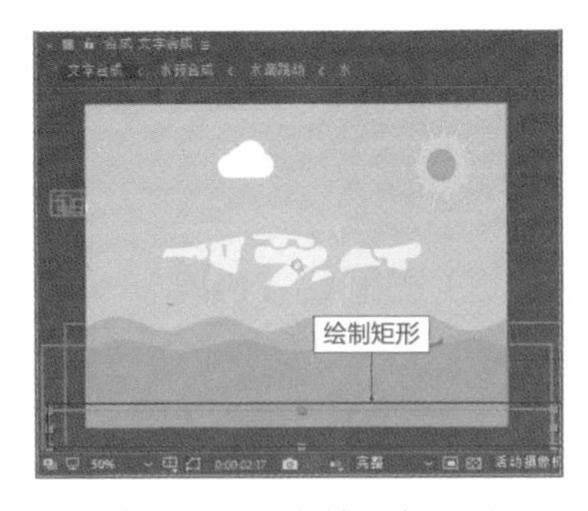

图 8-172　绘制一个矩形

12 至此，海洋波浪文字及其背景就全部制作完成了，按小键盘上的 0 键可以预览效果，如图 8-173 所示。

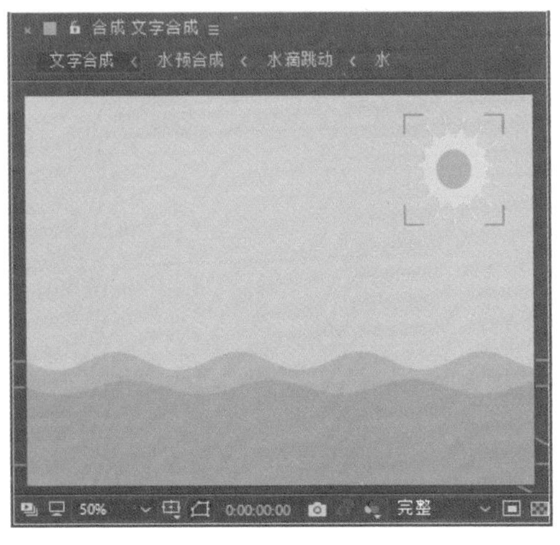

图 8-173　最终效果

图 8-173　最终效果（续）

8.3 案例：彩条转场文字

本案例制作文字的彩条转场效果，讲解如何利用After Effects软件中的形状图层功能及部分内置特殊效果，来制作一款彩条转场文字。

素材文件：素材\第8章\8.3 彩条转场文字	效果文件：效果\第8章\8.3 彩条转场文字.gif	视频文件：视频\第8章\8.3 彩条转场文字.MP4

8.3.1　绘制矩形

01 启动 After Effects CC 2018 软件，进入其操作界面。执行“合成”|“新建合成”命令，创建一个预设为“HDV/HDTV 720 25”的新合成，设置“持续时间”为 10 秒，设置“背景颜色”为黑色，并设置合成名称为“文字彩条转场”，然后单击“确定”按钮，如图 8-174 所示。

02 在工具栏双击“矩形”工具按钮，在“合成”窗口生成一个与合成大小一致的白色无描边矩形，如图 8-175 所示。

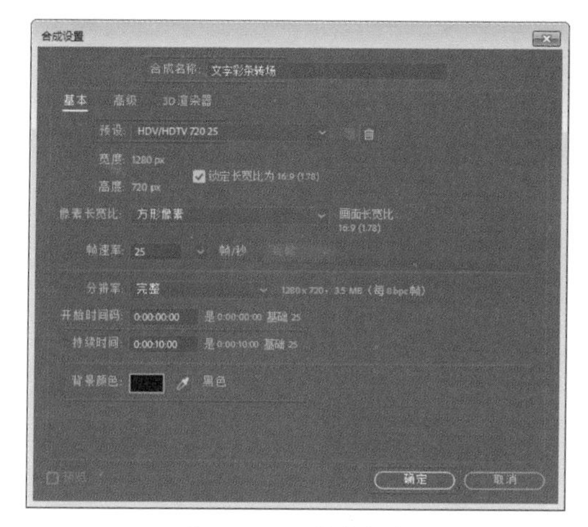

图 8-174　创建合成

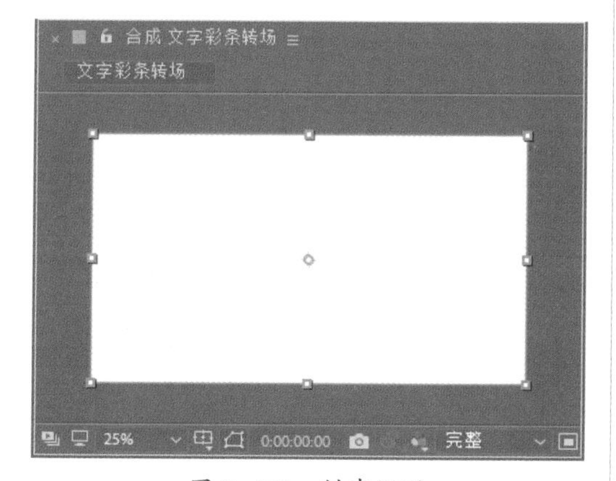

图 8-175　创建矩形

03 在图层面板展开上述创建的形状图层的“矩形路径 1”属性栏，设置矩形的“大小”参数为 256、720，如图 8-176 所示。设置完成后，在“合成”窗口对应的预览效果如图 8-177 所示。

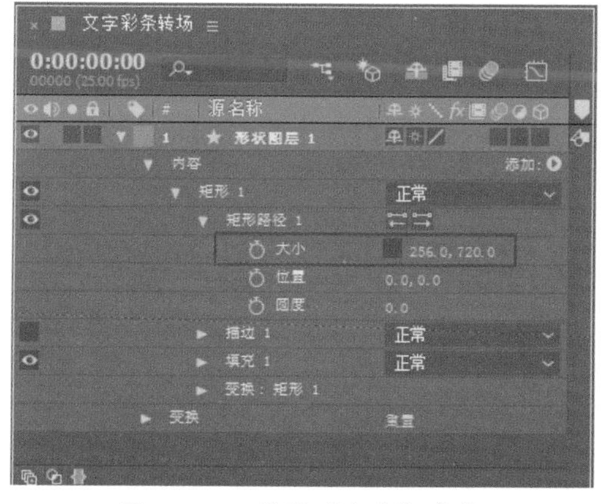

图 8-176　设置“大小”参数

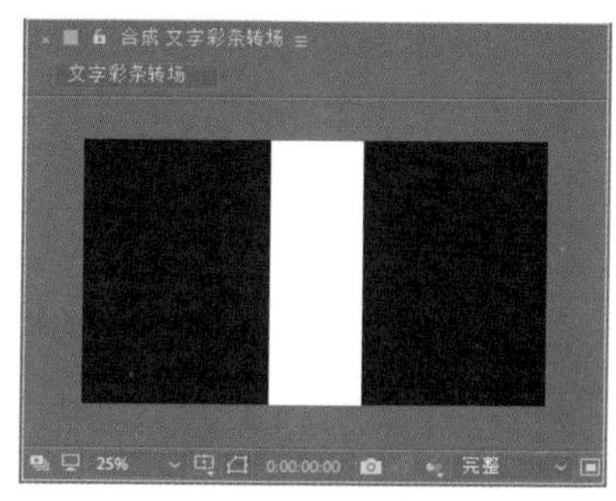

图 8-177　预览效果

> **提示**
>
> 这里我们设置的合成大小为 1280px×720px，在之后的操作中要将矩形分割成 5 个部分来逐渐铺满画面，所以是长度 1280 除以 5，得到的长度为 256。

04 选择“形状图层 1”，将其锚点移动到顶端位置，然后将矩形移动到画面最左端位置，如图 8-178 所示。

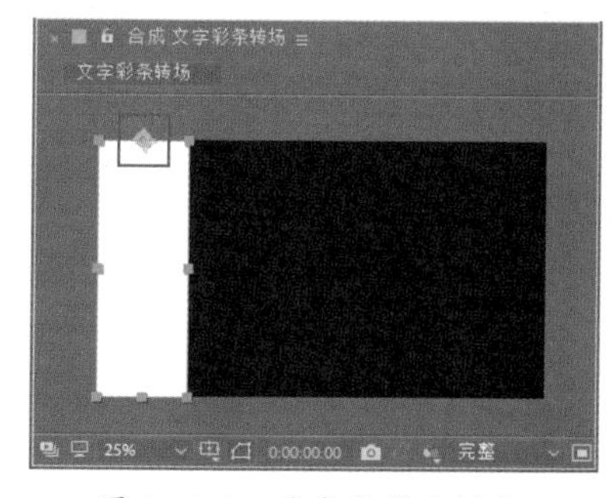

图 8-178　改变位置及锚点

05 在图层面板中，将“形状图层 1”的“缩放”属性展开，在第 0 帧位置单击“缩放”属性前的“时间变化秒表”按钮，设置关键帧，并设置该时间点的“缩放”参数为 22%、0%，如图 8-179 所示。

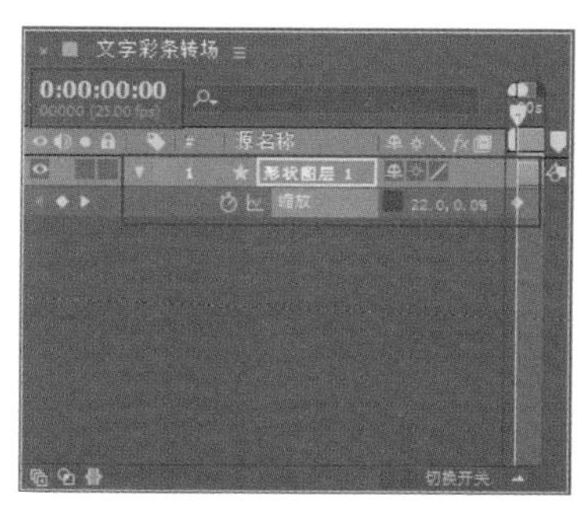

图 8-179　设置“缩放”关键帧

06 拖动时间线到第 10 帧位置，在该时间点设置“缩放”参数为 22%、100%。然后在第 13 帧位置单击“缩放”属性前的按钮，插入一个与之前数值相同的关键帧，如图 8-180 所示。

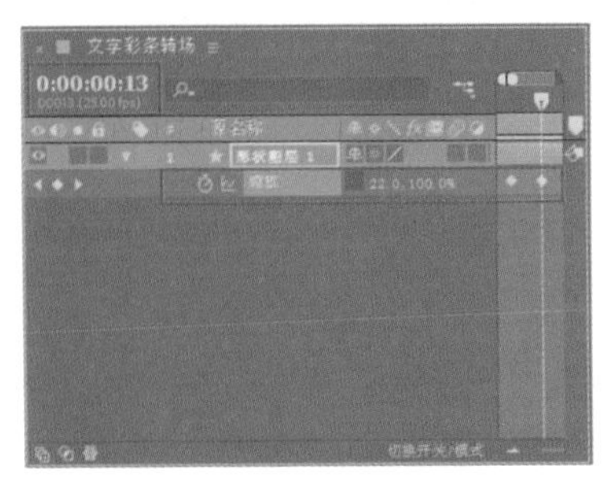

图 8-180　在第13帧位置插入关键帧

07 拖动时间线到第 1 秒位置，在该时间点设置“缩放”参数为 100%、100%，如图 8-181 所示。

图 8-181　在第1秒位置插入关键帧

08 设置好“缩放”关键帧后，白色矩形在“合成”窗口对应的预览效果如图 8-182 所示。

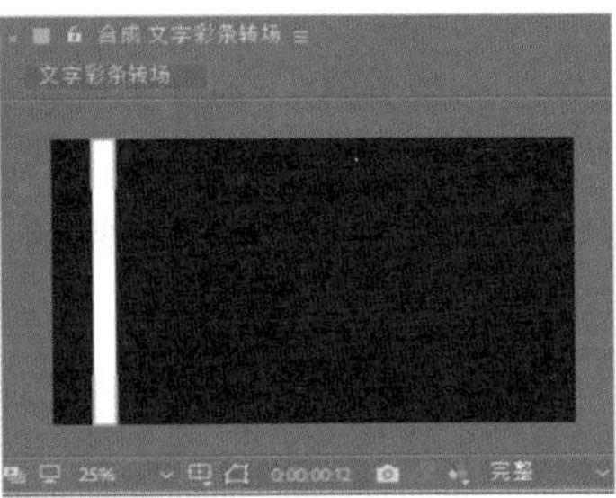

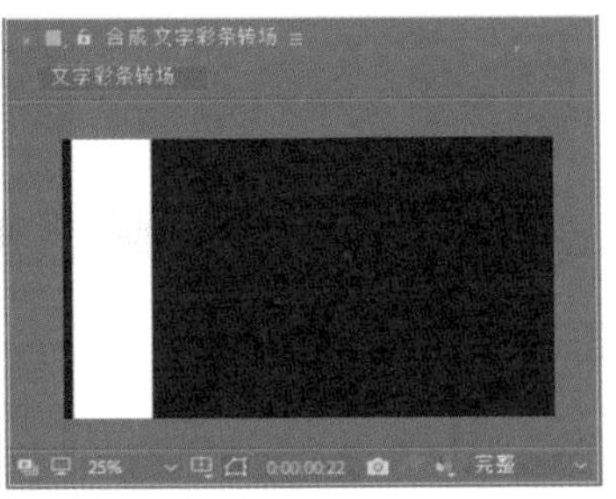

图 8-182　预览效果

8.3.2　制作彩条动画

01 为了使整体运动效果更顺滑，在时间线窗口框选所有的菱形关键帧，按快捷键 F9 转换为缓入缓出关键帧，如图 8-183 所示。

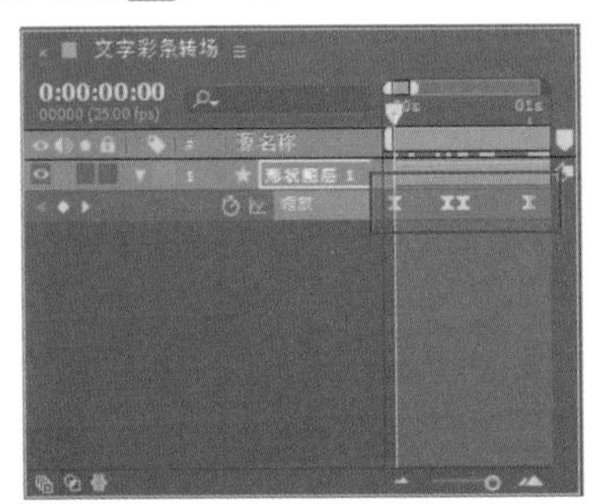

图 8-183　转换关键帧

02 框选转换完成的“缩放”关键帧，单击图层面板右上角的按钮，在图表编辑器中可以看到默认的速度曲线，如图 8-184 所示。

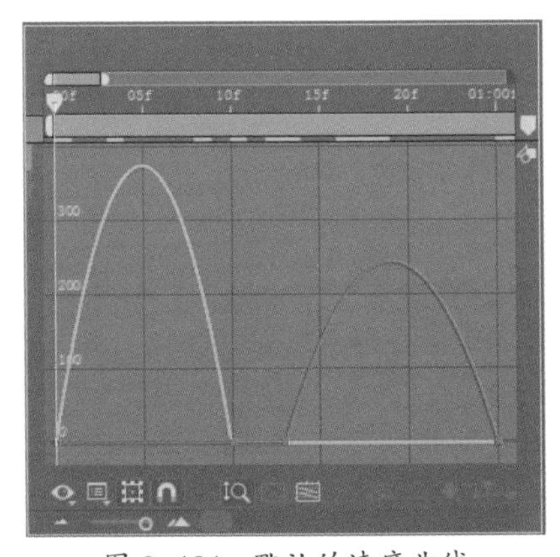

图 8-184　默认的速度曲线

03 在图表编辑器中选择曲线右端的两个点，向左拖动，使曲线呈现图 8-185 所示状态。

04 回到时间线窗口，选择“形状图层 1”，按快捷键 Ctrl+D 复制出两个新的矩形图层，如图 8-186 所示。

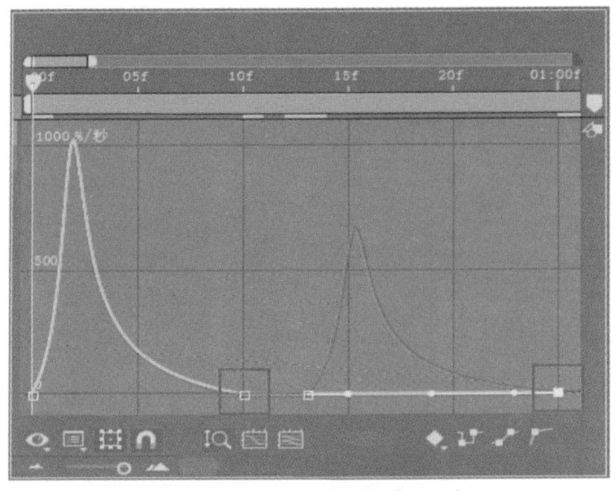

图 8-185　调整速度曲线

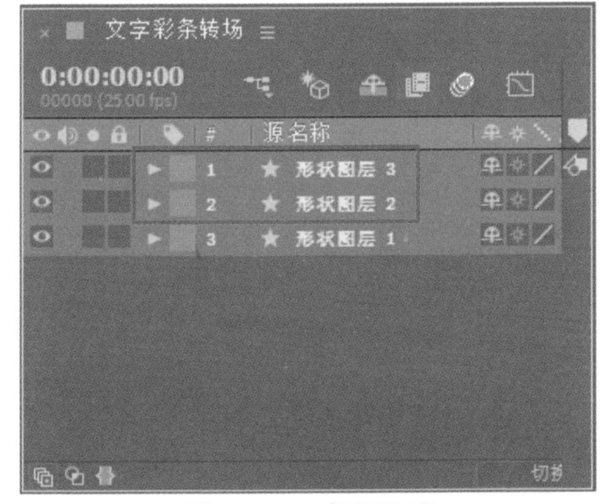

图 8-186　复制图层

05 在图层面板中选择“形状图层 2”，然后在工具栏上方修改矩形填充颜色为黄色（#FF9A00），再将时间线窗口中上方的两个图层分别向后拖动摆放到第 2 帧和第 4 帧位置，如图 8-187 所示。操作完成后，在“合成”窗口对应的预览效果如图 8-188 所示。

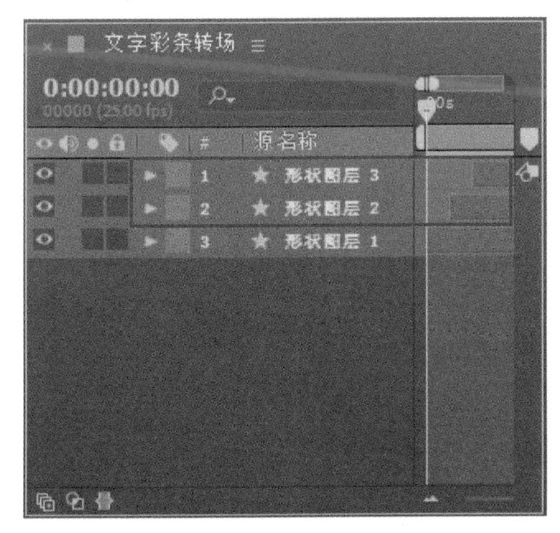

图 8-187　将图层向后拖动

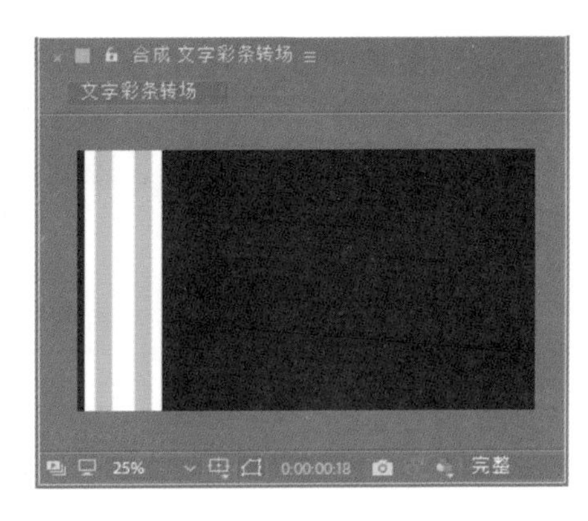

图 8-188　预览效果

06 上述操作后，同时选择图层面板中的 3 个形状图层，按快捷键 Ctrl+Shift+C 创建预合成，在弹出的“预合成”对话框中设置新合成的名称为“矩形组合”，并选择“将所有属性移动到新合成”选项，然后单击“确定”按钮，如图 8-189 所示。

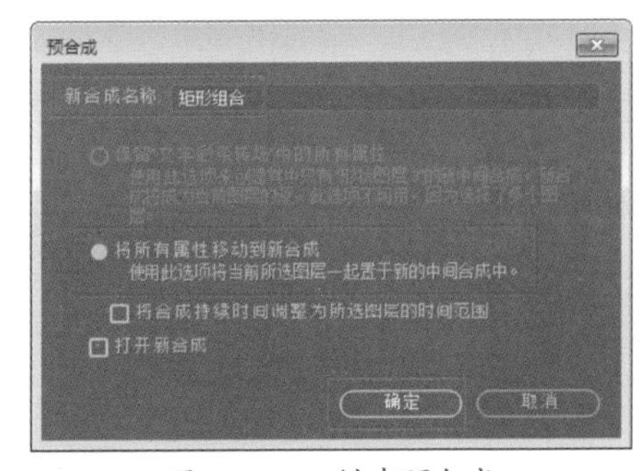

图 8-189　创建预合成

07 在“项目”窗口选择创建好的“矩形组合”合成，按快捷键 Ctrl+D 复制出 4 个新的合成，如图 8-190 所示。

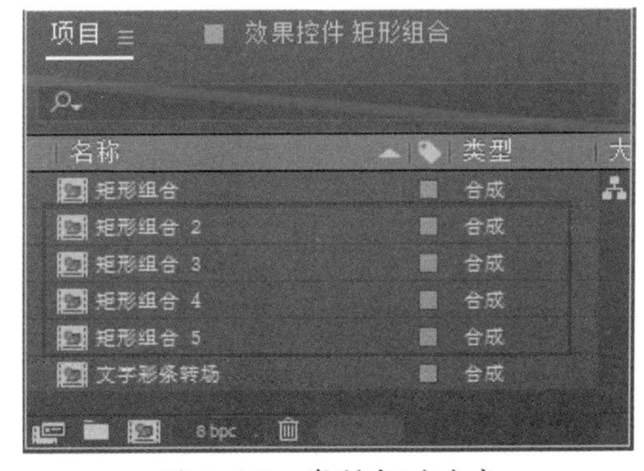

图 8-190　复制出4个合成

08 将复制出来的 4 个新合成拖入“文字彩条转场”合成中，并按照图 8-191 所示顺序进行排列。

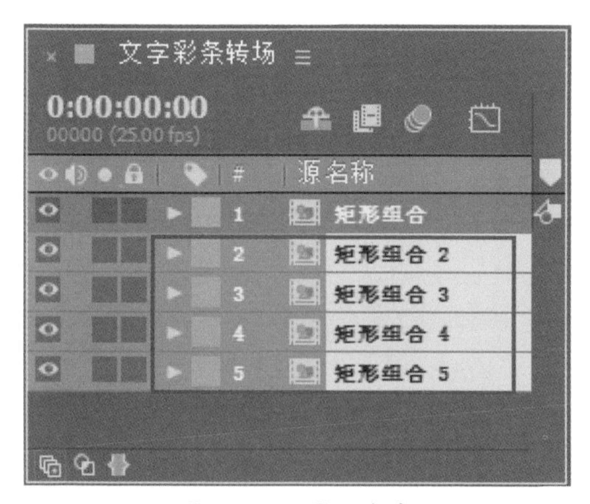

图 8-191　拖入合成

09 逐个选择上述的 4 个图层，将图层向右进行位置的移动，并排组合在一起，使矩形铺满整个合成画面，效果如图 8-192 所示。

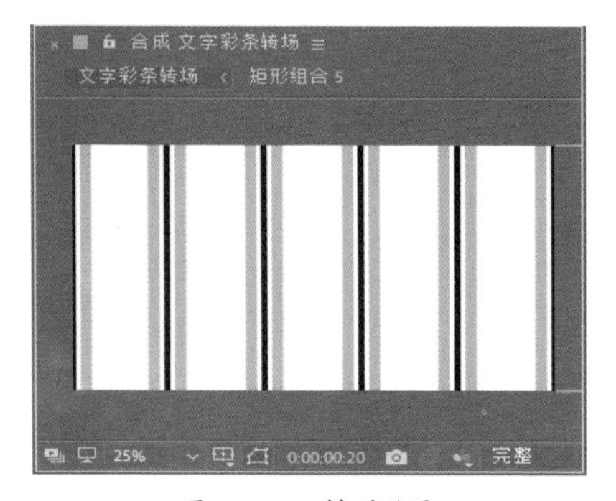

图 8-192　排列效果

10 在时间线窗口将图层逐个向后拖动几帧，使图层呈现图 8-193 所示的阶梯排列效果。操作完成后，在“合成”窗口预览效果，可以看到矩形产生逐个下落的效果，如图 8-194 所示。

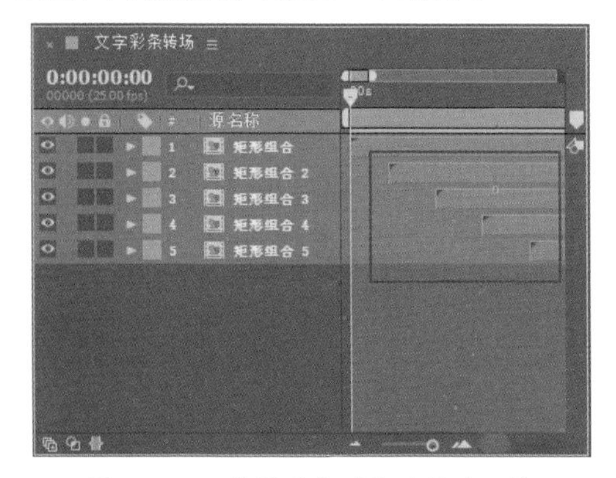

图 8-193　将图层分别向后拖动几帧

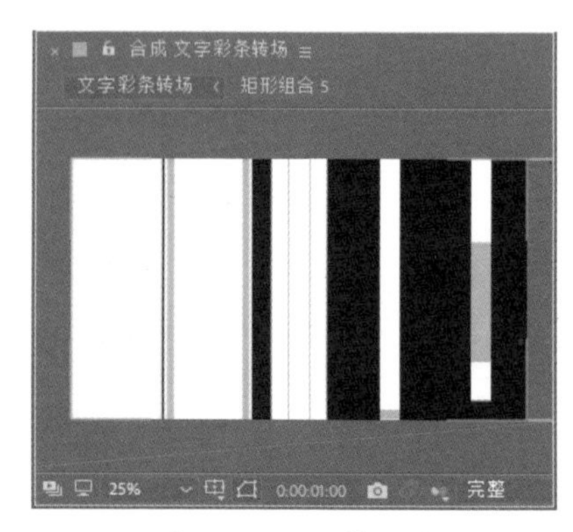

图 8-194　预览效果

11 在图层面板双击“矩形组合 2”合成，进入其合成窗口，然后选择图层面板中的“形状图层 2”，如图 8-195 所示。在工具栏上方修改图层的填充颜色为橘色（#F96D4D），返回“文字彩条转场”合成，在“合成”窗口可以预览到修改颜色后的效果，如图 8-196 所示。

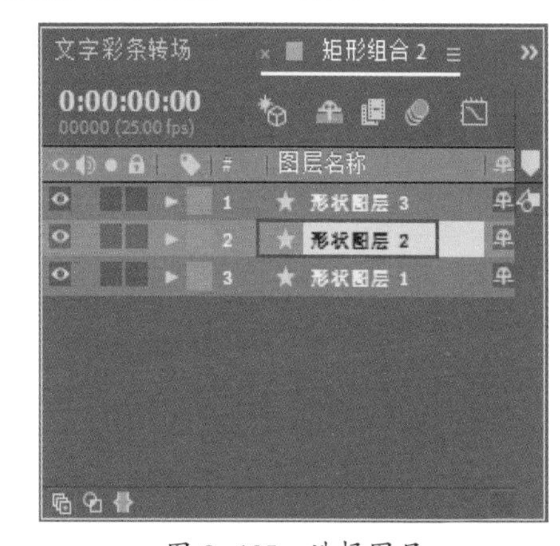

图 8-195　选择图层

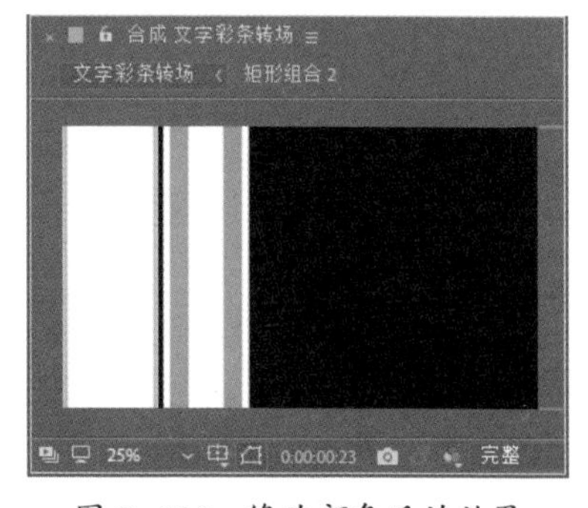

图 8-196　修改颜色后的效果

12 用上述同样的方法，分别为之后的几个矩形组合设置不同的颜色。设置完成后，在“合成”窗口对应的预览效果如图 8-197 所示。

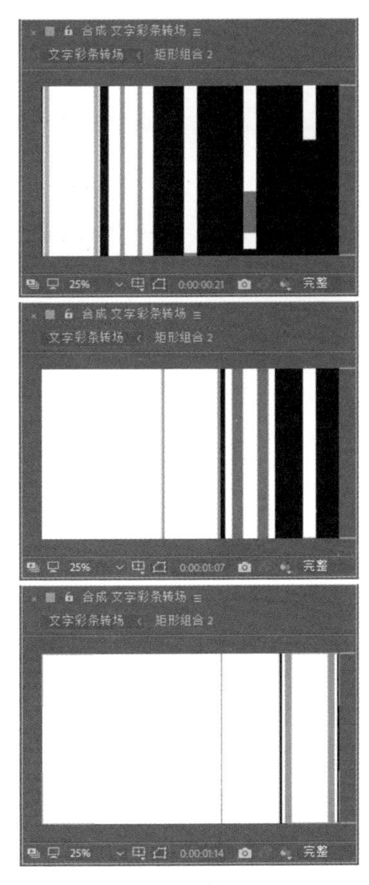

图 8-197　颜色搭配效果

13 在“文字彩条转场”合成中同时选择 5 个矩形组合图层，按快捷键 Ctrl+Shift+C 创建预合成，设置新合成的名称为“彩条合成”，并选择“将所有属性移动到新合成”选项，然后单击“确定”按钮，如图 8-198 所示。

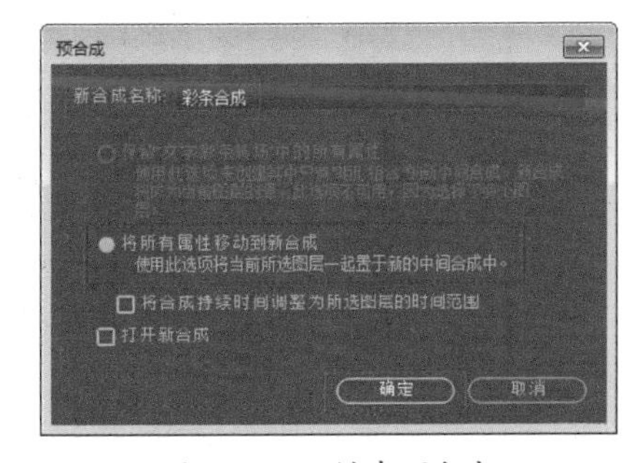

图 8-198　创建预合成

14 上述操作后，将时间线移动到第 2 秒位置，在该时间点彩条完成一个周期的播放。在图层面板选择生成的“彩条合成”图层，按快捷键 Alt+] 将素材截断，如图 8-199 所示。

图 8-199　截断素材

15 选择“彩条合成”图层，按快捷键 Ctrl+D 复制一个新图层，然后选择复制出来的图层，为其执行“图层”|“时间”|“时间反向图层”菜单命令（快捷键 Ctrl+Alt+R），图层反向后，将其拖动到时间线后方位置，如图 8-200 所示。

图 8-200　反向图层并摆放在时间线后

16 在图层面板中选择 2 个彩条合成，按快捷键 Ctrl+Shift+C 创建预合成，设置新合成的名称为“最终转场”，并选择“将所有属性移动到新合成”选项，然后单击“确定”按钮，如图 8-201 所示。

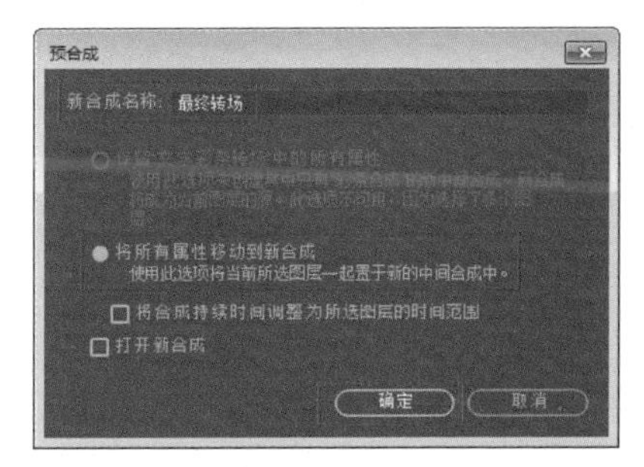

图 8-201　创建预合成

8.3.3　创建文字

01 使用文字工具在“合成”窗口输入文字“Motion Graphic”，并在“字符”面板中设置字体为

Bauhaus 93，设置大小为 114px，设置字体颜色为黑色，如图 8-202 所示。设置完成后，将文字摆放到画面中心位置，效果如图 8-203 所示。

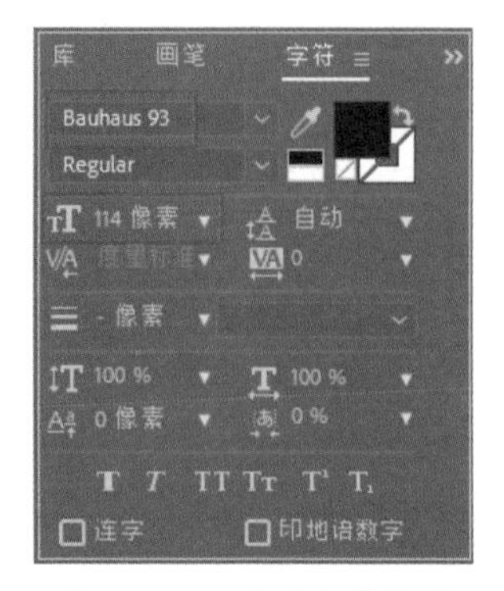

图 8-202　设置文字属性

图 8-203　预览效果

02 在未选择图层的状态下，使用“矩形”工具在文字图层上方绘制一个黑色描边无填充的矩形框，其中描边宽度为 10px，效果如图 8-204 所示。

图 8-204　绘制一个矩形框

03 在图层面板同时选择文字图层和形状图层，如图 8-205 所示。按快捷键 Ctrl+Shift+C 创建预合成，并命名为“文字”。

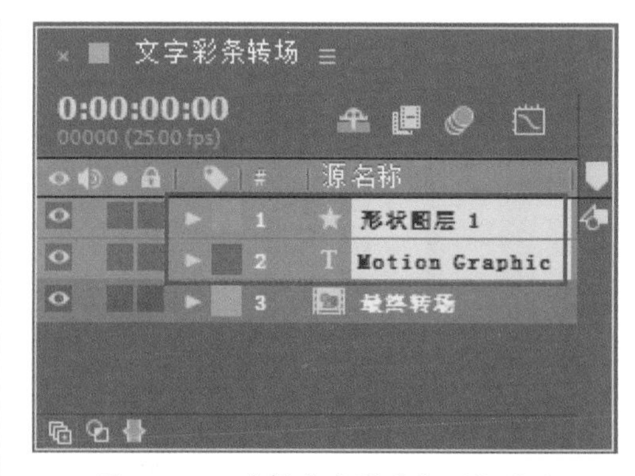

图 8-205　选择文字图层和形状图层

04 复制一层“最终转场”图层，将其放置在“文字”图层的上方，并将“文字”图层的轨道遮罩设置为“Alpha 遮罩‘最终转场’”选项，如图 8-206 所示。设置轨道遮罩后，在“合成”窗口对应的预览效果如图 8-207 所示。

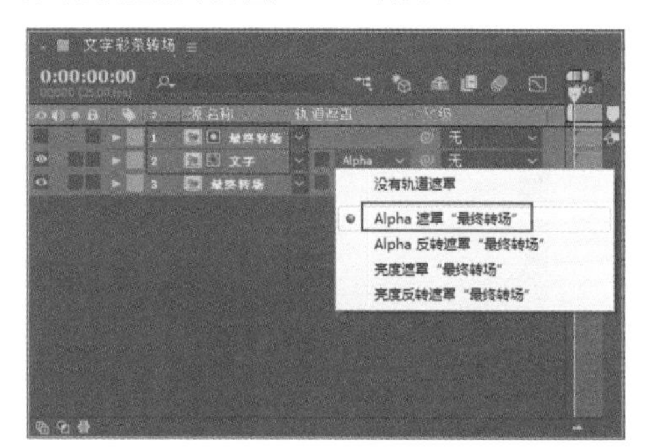

图 8-206　设置轨道遮罩

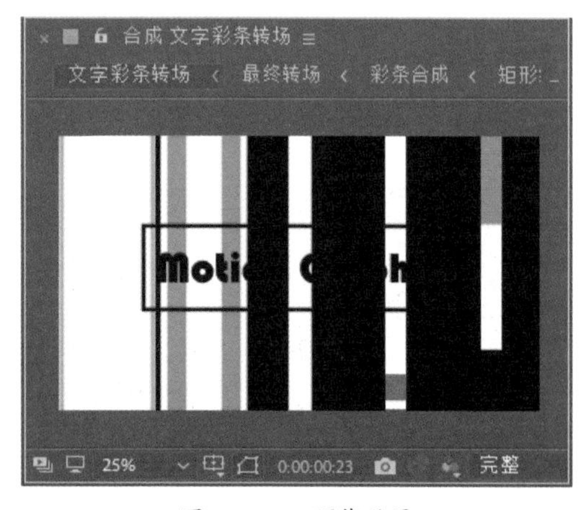

图 8-207　预览效果

05 将工作区域结尾缩短至第 5 秒位置，一款彩条转场文字动画就制作完成了，按小键盘上的 0 键可以预览运动效果，如图 8-208 所示。

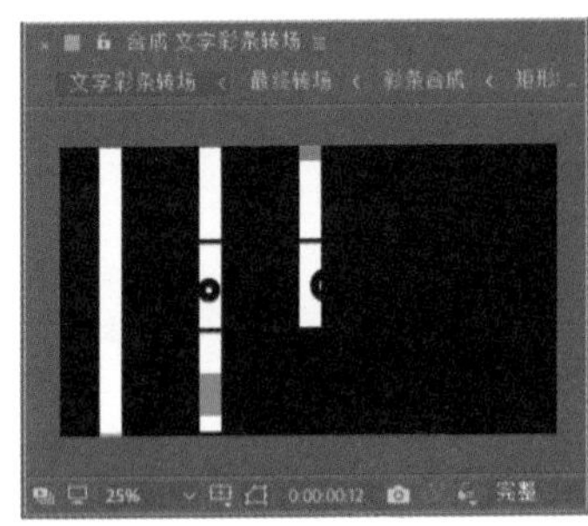

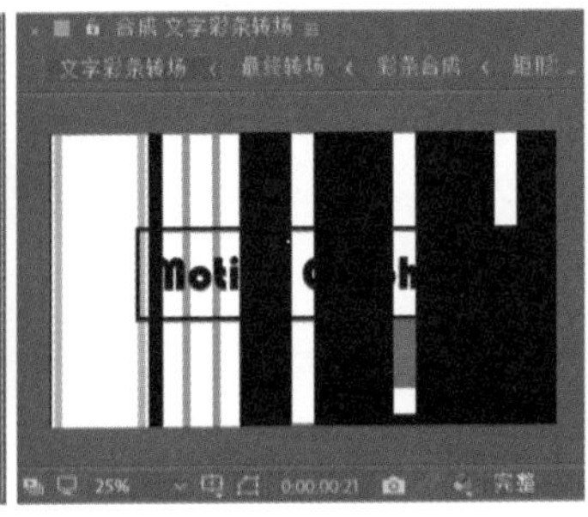

图 8-208　最终效果

8.4 知识拓展

本章通过详细的步骤解说，为读者介绍了3款MG风格文字动画的制作方法。

通过为文字添加AE内置的“CC Particle Systems II”粒子特效及“毛边”效果，可以轻松制作出扁平化爆破效果文字。在第二个案例的学习中，涉及的知识点包括钢笔工具的使用、锚点的调整、阻塞工具的使用以及轨道遮罩等功能的具体应用。

在最后一个案例中，通过组合矩形，并为“缩放”属性制作关键帧动画，可以产生特殊的卷帘效果。

AE软件强大的文字特效制作工具，可以为简单的文字添加各种绚丽的动画效果，使枯燥的文字充满生机。读者在制作MG风格的文字动画时，需要保持文字的扁平感，同时把控动画的整体速率，不宜太慢，也不要过快，保持充分的弹跳及灵动感，可以为文字动画增色不少。

8.5 拓展训练

素材文件：素材\第8章\8.5 拓展训练	效果文件：效果\第8章\8.5 拓展训练.gif	视频文件：视频\第8章\8.5 拓展训练.MP4

根据本章所学知识制作一个流线型路径文字动效，效果如图 8-209所示。

图 8-209　最终效果

第 9 章

MG 风格自媒体开场动画

在之前的章节中已经介绍了制作MG动画的基本流程和方法。本章指导读者来制作一个更复杂且更实用的案例——MG风格的短视频开场动画。在为读者详细讲解制作步骤的同时，也会提及一些需要注意的设计要点和制作技巧，灵活掌握这些要点，以后在制作MG动画时就会更加得心应手。

扫码观看本章案例教学视频

9.1 动画分析

片头动画是视频节目前的一个简短开场，时间长度一般在10秒以内，通常用于展示自身LOGO和名称。画面以鲜明的对比配色为主，结合流畅快速的切换，直到最后引出LOGO或者二维码等身份信息。

本实例所创建的动画总的来说由三个部分组成。

第一幕：时间为0~1秒，使用简单的线条和方块图形创作动画，并使画面元素由外向内收缩，让观众的视线焦点聚集在画面中央处，如图 9-1所示。

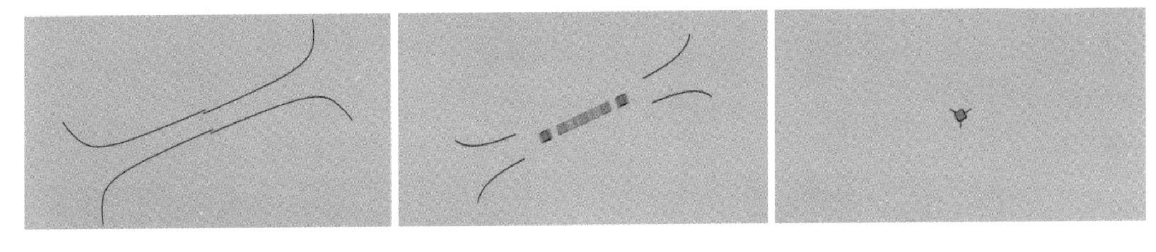

图 9-1　第一幕效果

第二幕：时间为1~2秒，通过“点击光标”这一具有典型网络时代特征的动画来衔接第一幕和第三幕，其中的难点在于突出“点击”这一效果的表现上，如图 9-2所示。

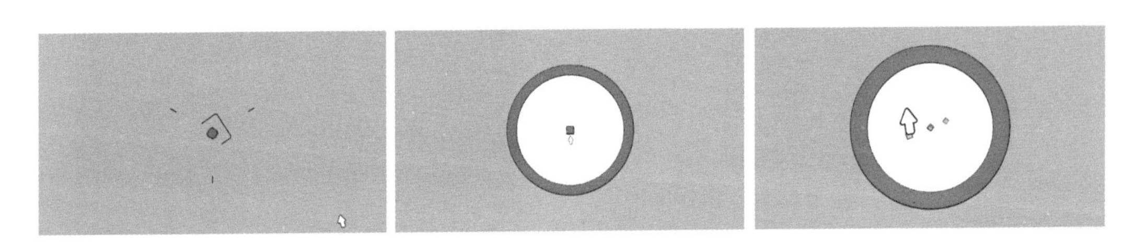

图 9-2　第二幕效果

第三幕：时间为2~6秒，从第二幕光标点击的中心处出现LOGO画面，并伴随切换效果隐去外围的修饰图形，使画面由繁入简，再通过“点-线”元素的配合使用，引出最终的文字信息，如图 9-3所示。

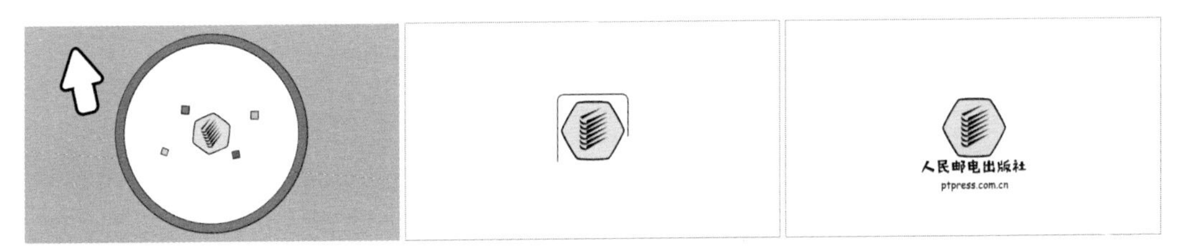

图 9-3　第三幕效果

9.2 创建第一幕开始动画

第一幕动画时长只有1秒钟，出现的动画元素也比较少，很多部分都可以通过制作对称动画效果来完成。下面便介绍第一幕动画的制作过程。

9.2.1 创建背景

如果要从零开始制作一个动画，在剧本、分镜均已确定的前提下，剩下的只有软件操作了。软件操作的第一步便是创建背景。

01 启动After Effects CC 2018软件，执行“合成”|“新建合成”菜单命令。也可以按快捷键Ctrl+N，或单击“项目”窗口中的“新建合成”按钮，如图 9-4 所示。

图 9-4 单击“新建合成”按钮

02 设置合成预设格式。在“预设”下拉列表中选择合适的预设格式，本案例中设置合成预设格式为“HDTV 1080 25”，如图 9-5 所示。

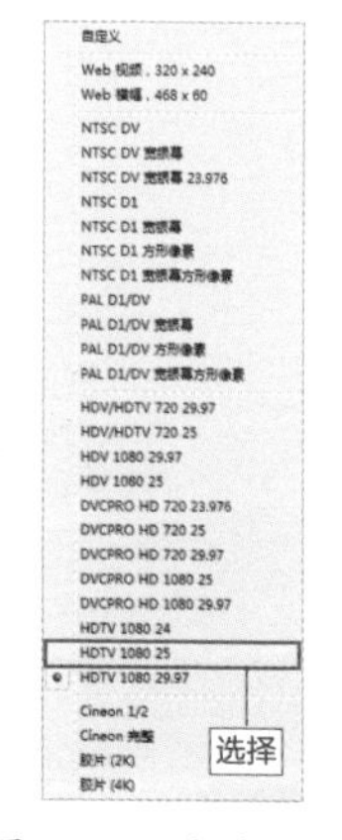

图 9-5 设置预设

提示

在弹出的“合成设置”对话框中，设置合成名称为“输出”。该合成将作为在标准屏幕上展示的主要合成，本例将在该主要合成中进行MG动画的整合。这样可以确保预览画面就是完整的展示画面，在开始制作前设置好主要合成是非常有必要的。

03 接着设置合成的尺寸、帧速率和时长等详细参数，然后单击“确定”按钮，如图 9-6 所示。

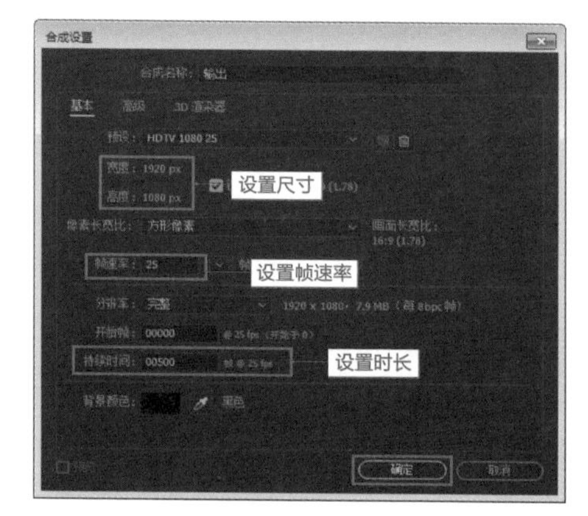

图 9-6 合成设置

04 执行“图层”|“新建”|“纯色”菜单命令，如图 9-7所示，或按快捷键Ctrl+Y，创建纯色图层。

图 9-7 执行菜单命令

05 在弹出的“纯色设置”对话框中，将纯色图层命名为“背景”，设置为与合成同样大小的尺寸，颜色为黑色，然后单击“确定”按钮，如图 9-8 所示。本例将利用该纯色图层，作为整个 LOGO 动画的背景。然而黑色背景是无法有效突出动画效果的，我们可以通过添加“填充”效果插件来控制纯色图层的颜色。

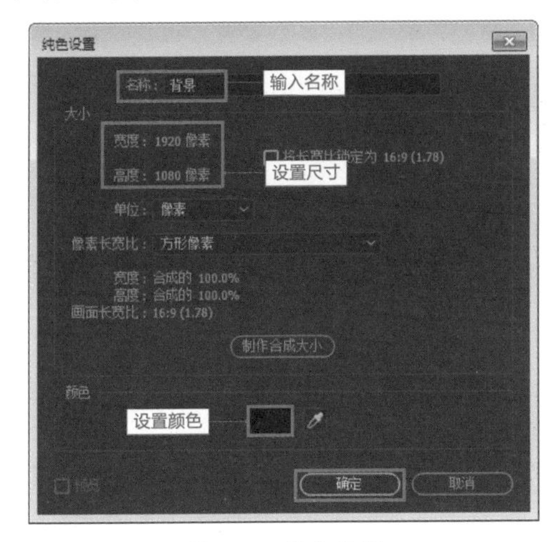

图 9-8　纯色设置

06 单击选中“背景”图层后，执行“效果”|“生成”|“填充”菜单命令，如图 9-9 所示。

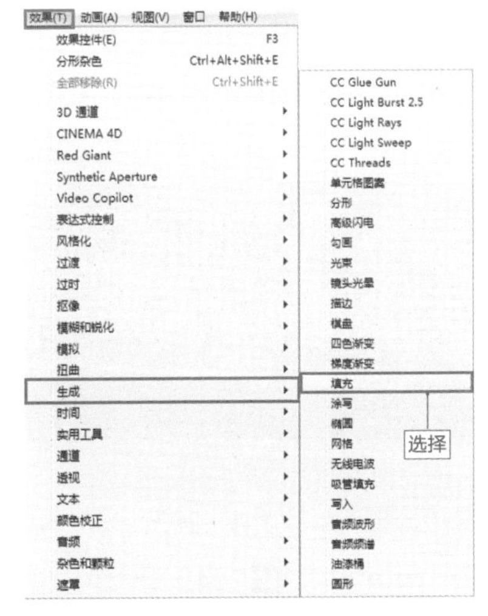

图 9-9　启动“填充”命令

> **提示**
> 与其直接修改纯色图层的颜色设置，选择“填充”效果插件来修改是更为稳妥的方式。

07 “填充”效果插件默认颜色为红色，我们可以在“效果控件”面板中，单击“颜色”图标，调出“颜色”对话框，将背景色设置为所需的颜色，如图 9-10 所示。

08 本案例中，背景颜色设置为天蓝色，参考数值为“#40AFFD”，设置完成后，单击“确定”按钮，如图 9-11 所示。

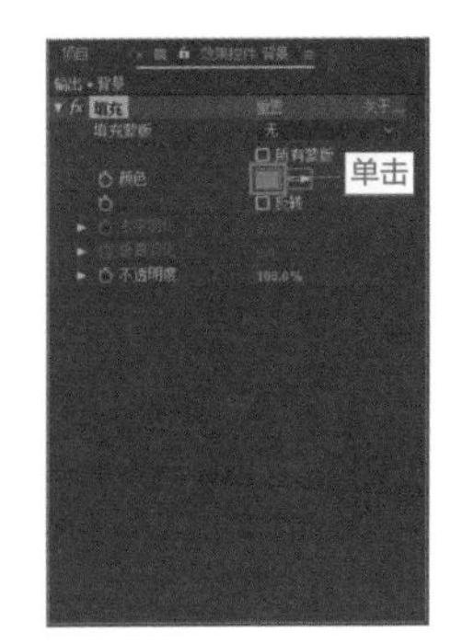

图 9-10　单击“颜色”图标

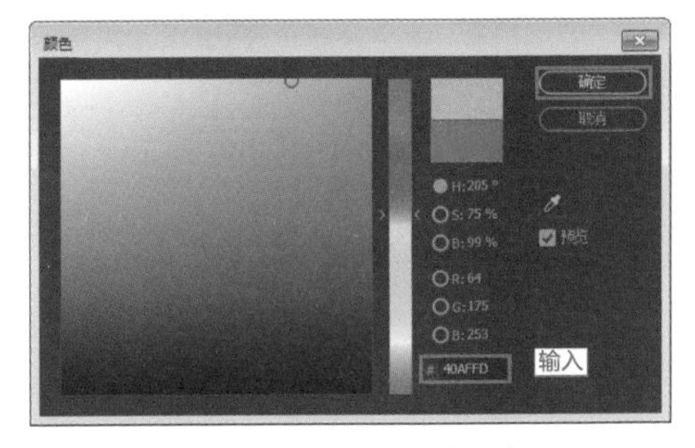

图 9-11　设置背景颜色

09 “背景”图层设置完成后，我们可以将它锁定，以免误调整该图层。单击“背景”图层左侧的“锁定/解锁”复选框，将该图层锁定，如图 9-12 所示。

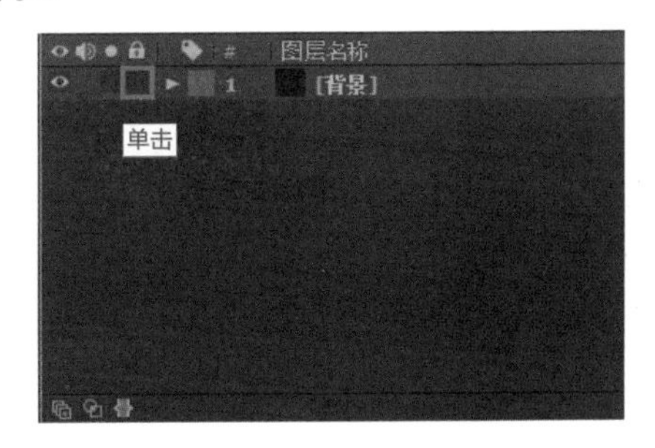

图 9-12　锁定图层

9.2.2　开场线条动画

接下来，就可以开始进行开场动画中线条的绘制了。

1. 绘制线条

01 单击“合成”窗口下方的“选择网格和参考线选项”图标，在弹出的子菜单中启用“标题/动作安全”选项，如图 9-13 所示（在视图中进行手绘时，安全框是非常重要的）。

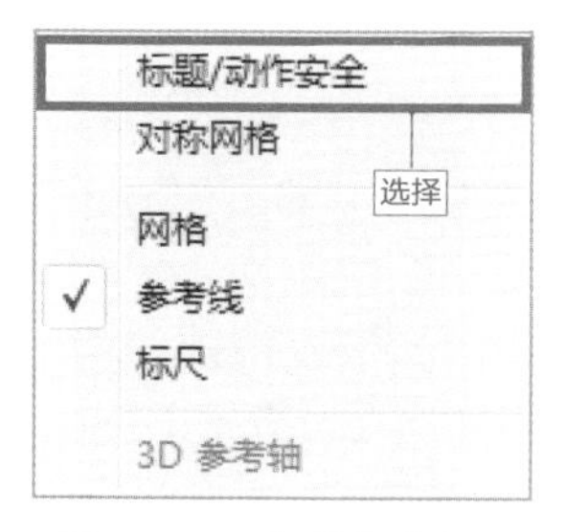

图 9-13 启用安全框

02 单击工具栏中的“钢笔”工具图标或按快捷键 G，激活“钢笔”工具。

03 在视图中绘制一段曲线，并调整好曲线位置，如图 9-14 所示。

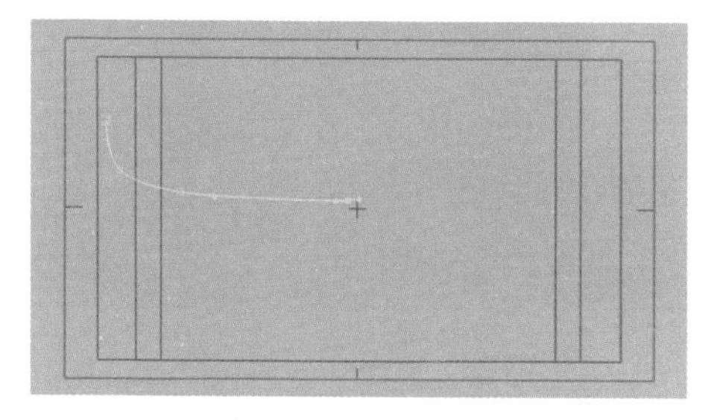

图 9-14 绘制曲线

04 添加“描边”属性。单击“形状图层 1”图层左侧的小三角按钮，展开图层属性。再单击属性中的“添加”按钮，调出子菜单，启动“描边”命令，如图 9-15 所示。

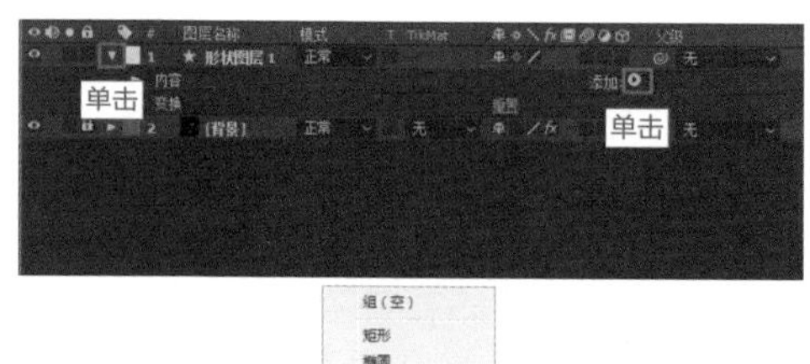

图 9-15 选择“描边”命令

05 设置描边颜色。展开“描边”属性后，单击“颜色”图标，如图 9-16 所示。在弹出的“颜色”对话框中，设置描边颜色为纯黑色，参考数值为“#000000”，设置完成后单击“确定”按钮，如图 9-17 所示。

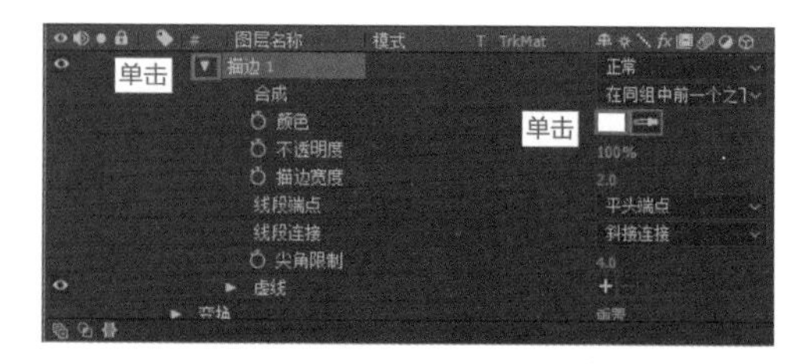

图 9-16 单击“颜色”图标

图 9-17 设置描边颜色

06 根据所需设置描边宽度，本案例中设置为 4，如图 9-18 所示。

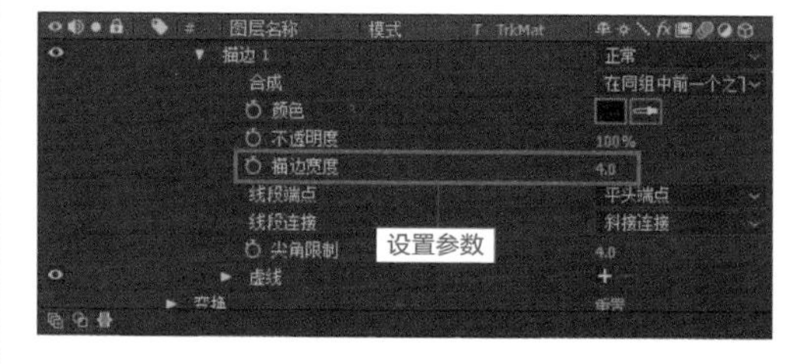

图 9-18 设置描边宽度

07 添加“修剪路径”属性。再次单击“形状图层 1”中的“添加”按钮，调出子菜单，启动“修剪路径”命令，如图 9-19 所示。

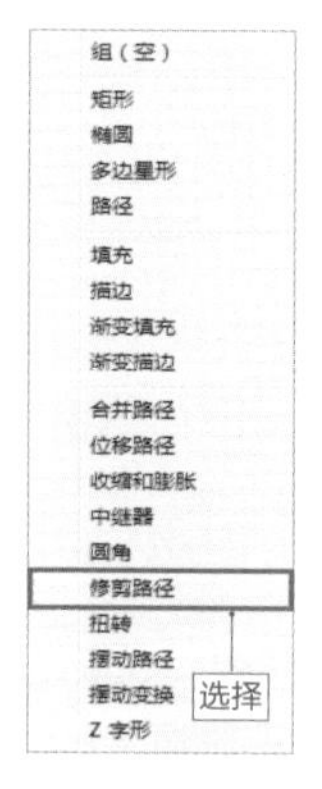

图 9-19 选择“修剪路径”命令

2. 制作线条的修剪路径动画

01 将播放头移动至合成首帧（第 0 帧）后，单击“修剪路径”属性左侧的小三角按钮▶，展开“修剪路径”属性，如图 9-20 所示。

图 9-20　展开“修剪路径”属性

02 添加关键帧。单击“结束”和“偏移”属性左侧的“时间变化秒表”按钮，在第 0 帧添加关键帧。然后设置“修剪路径”属性的各项参数，参考数值如图 9-21 所示。

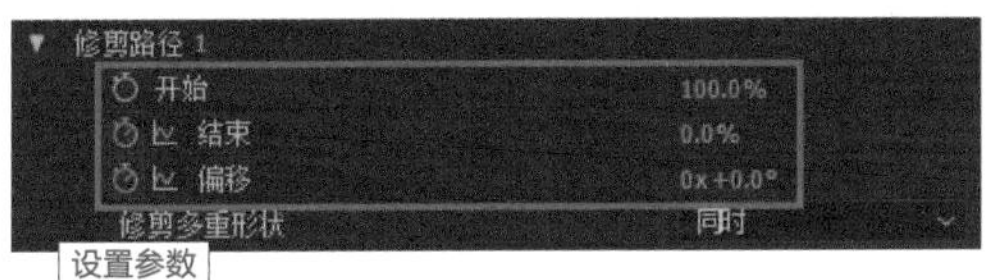

图 9-21　设置“修剪路径”参数

提示

此时曲线线条是完整展示在视图中的。

03 接着设置线条在画面中消失的关键帧。将播放头移动至第 17 帧，设置“结束”数值为 100%。再将播放头移动至第 22 帧，设置“偏移”数值为 1×+68°。随即在时间轴中自动添加关键帧，如图 9-22 所示。

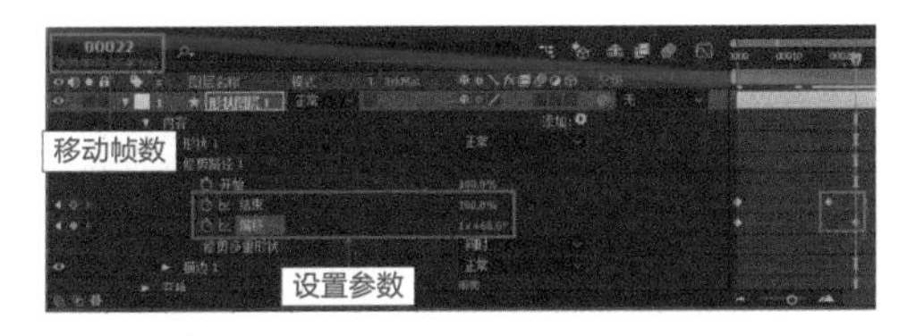

图 9-22　添加关键帧

04 选中上述两个新添加的关键帧，按快捷键 F9，给关键帧添加缓动，至此，该曲线线条的动画就制作完成了。制作完成后，可以通过多次播放来观察动画效果，及时进行调整。

05 由于之后我们要利用该线条，因此可以在合成中复制出多组线条，并修改图层名称。右击“形状图层 1”，在弹出的快捷菜单中选择“重命名”命令，或双击“形状图层 1”的名称，来重命名图层。将曲线线条所在的图层命名为“线条 1”。

06 复制“线条 1”图层。选中“线条 1”图层后，按快捷键 Ctrl+D 启动“重复”命令，随即自动复制出“线条 2”图层置于顶层，如图 9-23 所示。

图 9-23　复制图层

提示

复制图层时也可以采取“Ctrl+C”+“Ctrl+V”的方法，但“Ctrl+D”更为快捷。

07 启动“垂直翻转”命令。右击“线条 2”图层，在弹出的快捷菜单中选择“变换”|“垂直翻转”命令。此时，画面中就会出现对称的两组线条，如图 9-24 所示。

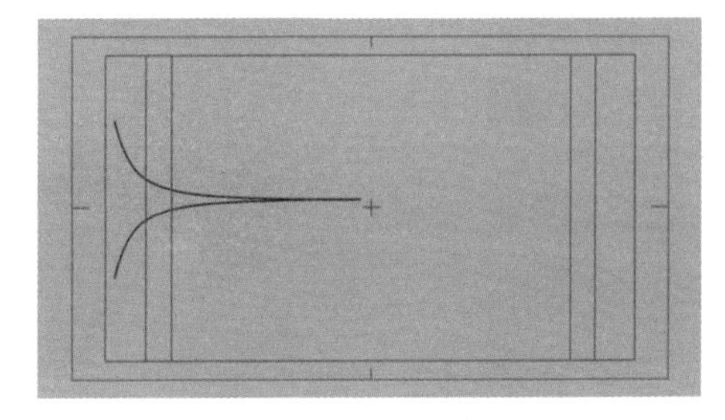

图 9-24　效果展示

08 稍微调整一下“线条 2”的位置。选中“线条 2”图层后，按方向键“↓”，将“线条 2”下移至合适位置，如图 9-25 所示，左侧的两组线条就制作完成了。

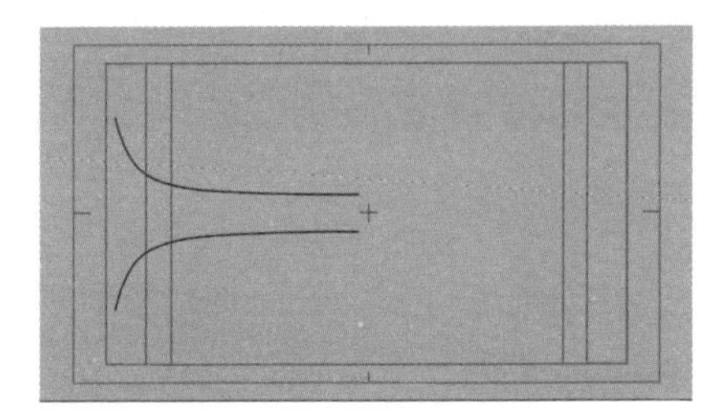

图 9-25　下移“线条2”

> **提示**
>
> 为了提高工作效率，可以将线条图层的时间条进行切割，切割至动画结束后的位置。将播放头移动至动画结束后的几帧，本案例中移动至第22帧。按住Ctrl键同时选中“线条1”和“线条2”图层，再按快捷键Alt+]进行切割。

9.2.3 开场正方形动画

接下来制作开场画面中，从外侧向内平移的正方形动画。

1. 绘制正方形

01 创建形状图层。右击时间轴空白处，在弹出的快捷菜单中选择“新建”|“形状图层”命令，如图9-26所示。

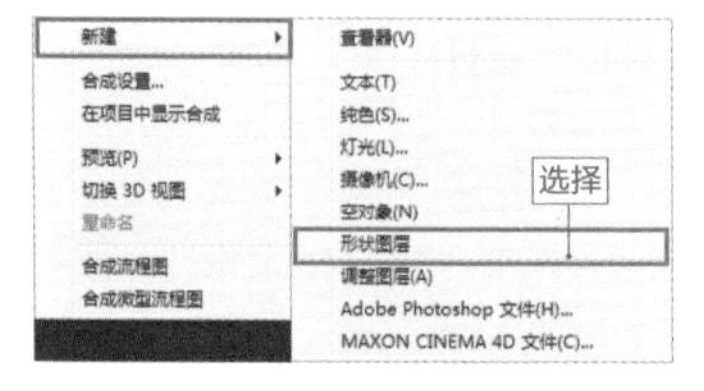

图 9-26　选择“形状图层”命令

02 展开新创建的“形状图层1”，单击属性中的“添加”按钮，如图9-27所示。

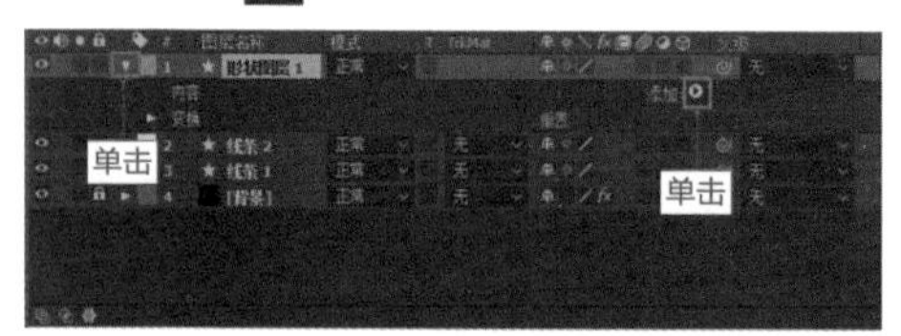

图 9-27　单击“添加”按钮

03 调出子菜单后，依次启动“矩形路径”“描边”和“填充”命令，添加这3个属性，如图9-28所示。

图 9-28　添加“矩形路径”“描边”和“填充”属性

04 上述操作后，会发现视图中出现了一个红色白边的正方形，如图9-29所示，这正是我们添加这些属性所生成的默认矩形。当然，我们可以根据所需来修改该矩形的大小、填充和描边颜色。

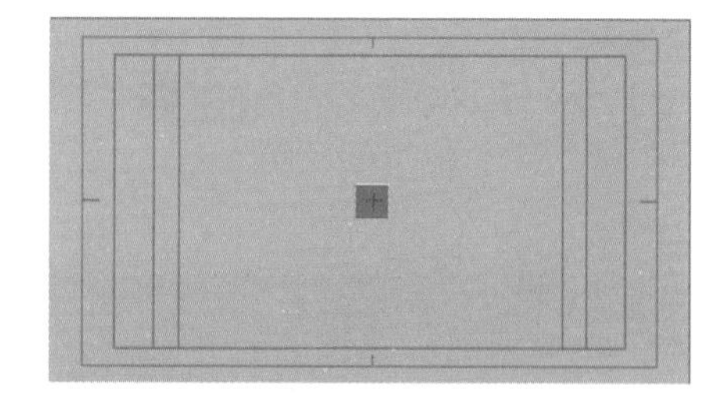

图 9-29　效果展示

05 设置矩形大小。展开“矩形路径1”属性后，设置合适的矩形大小。本案例中设置该参数为45、45，如图9-30所示。

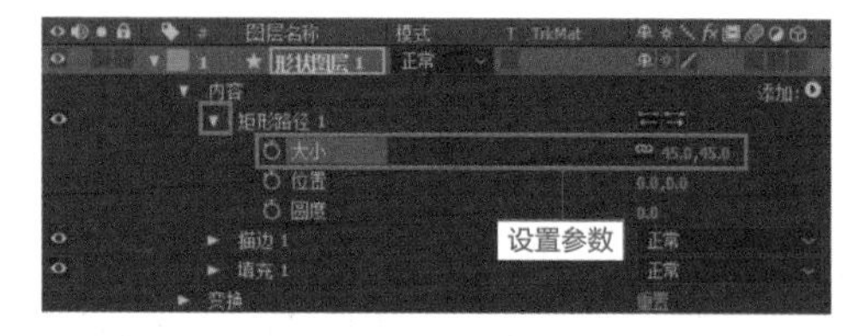

图 9-30　设置大小

06 设置描边颜色。展开“描边1”属性后，单击“颜色”图标，如图9-31所示。

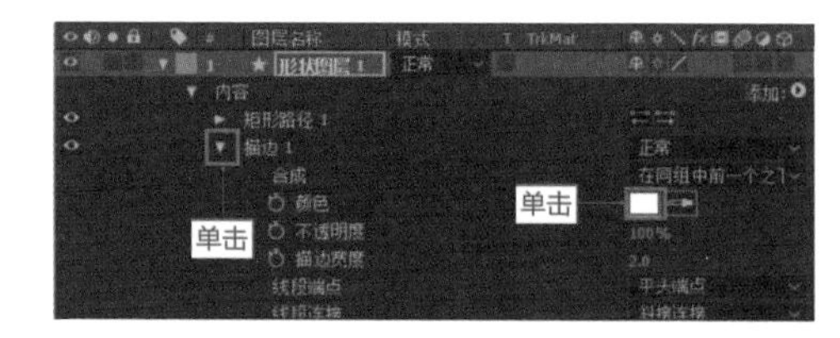

图 9-31　单击“颜色”图标

07 本案例中设置正方形描边颜色为纯黑色，参考数值为“#000000”。在弹出的“颜色”对话框中进行设置后，单击“确定”按钮，如图9-32所示。

图 9-32　设置描边颜色

08 设置描边宽度。根据所需设置描边宽度，本案例中设置为4，如图9-33所示。

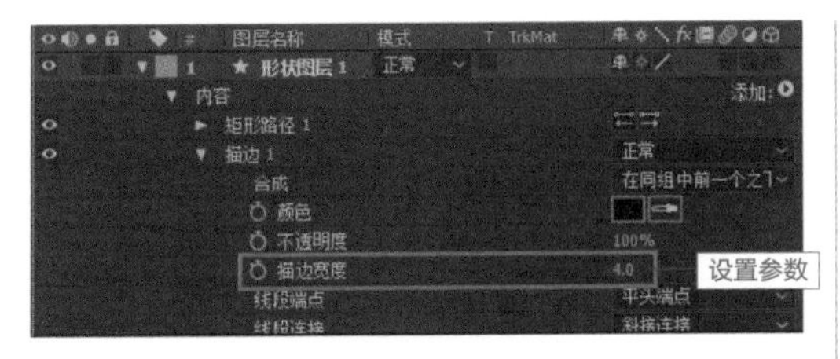

图 9-33　设置描边宽度

09 设置填充颜色。展开“填充 1”属性后，单击“颜色”图标，弹出“颜色”对话框，本案例中设置正方形填充颜色为粉色，参考数值为“#FF4747”，设置完成后单击“确定”按钮，如图 9-34 所示。

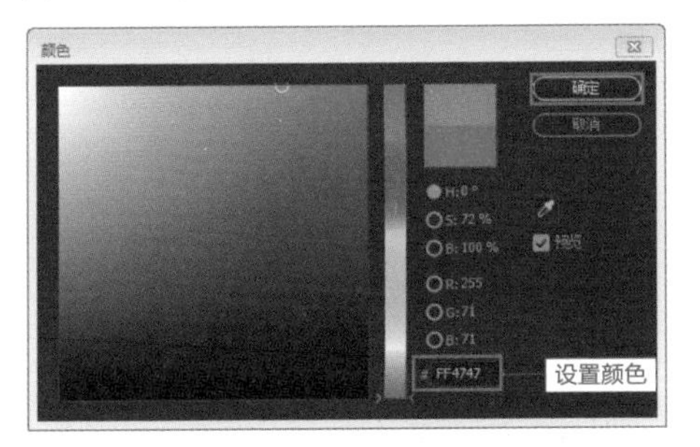

图 9-34　设置填充颜色

10 至此，正方形的基本形态就制作完成了，如图 9-35 所示。

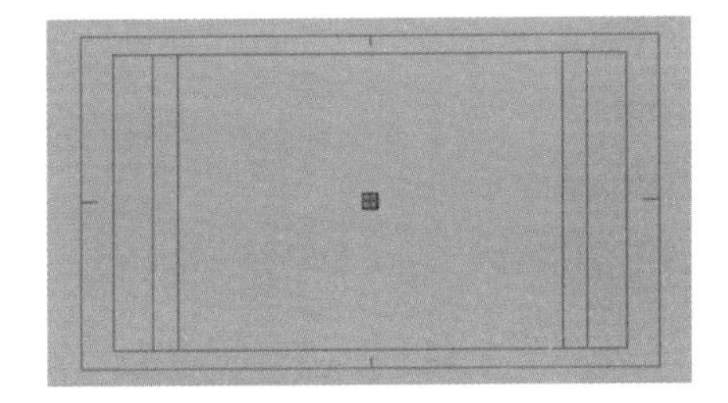

图 9-35　正方形效果预览

2. 制作正方形的位移动画

01 选中正方形所在的“形状图层 1”图层，按快捷键 P 调出“位置”属性，如图 9-36 所示。

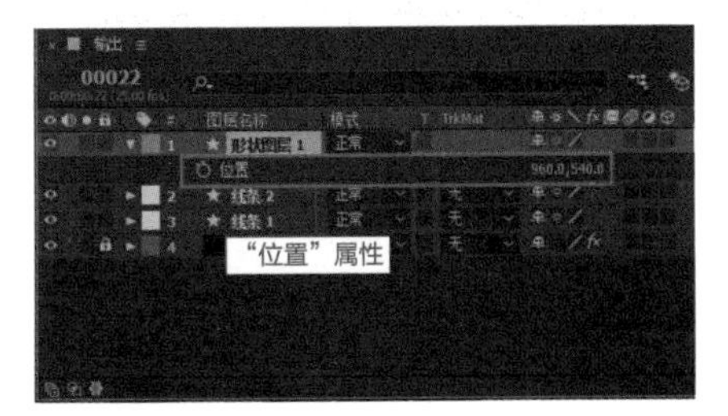

图 9-36　调出“位置”属性

02 将播放头移动至第 7 帧处，单击“位置”属性左侧的“时间变化秒表”按钮，添加“位置”关键帧，如图 9-37 所示。

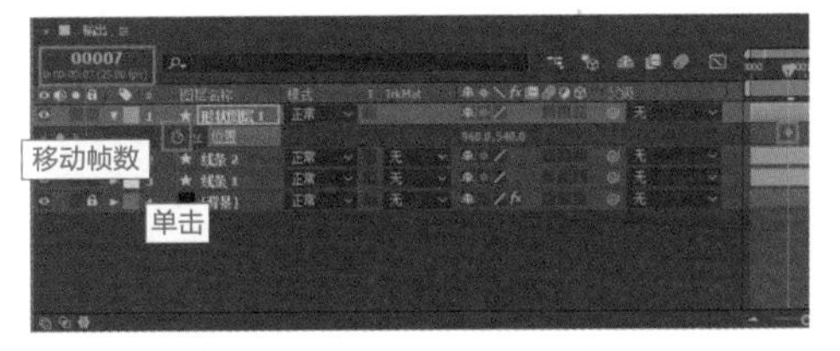

图 9-37　添加“位置”关键帧

03 再将播放头移动至合成首帧（即第 0 帧），来设置正方形动画开始的位置。根据所需设置正方形位置，参考数值为 494、540，随即自动添加关键帧，如图 9-38 所示。

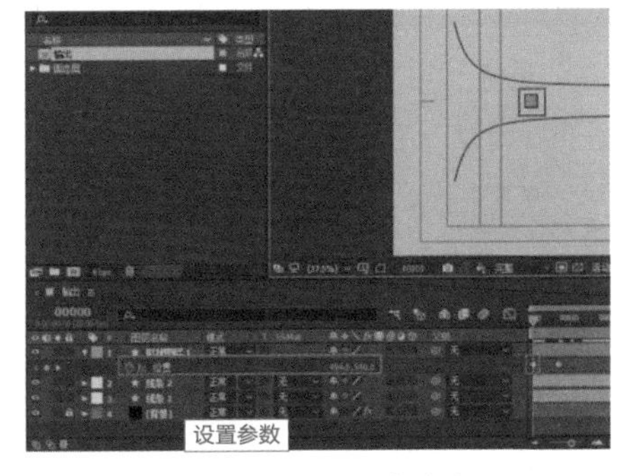

图 9-38　添加关键帧

04 然而，要想制作出 MG 动画的节奏感，就需要适当延后正方形的出现时间，并与两组线条同时消失，这样画面感会更佳。

以第 3 帧正方形开始出现为例，将播放头移动至第 3 帧后，向后拖动“形状图层 1”的时间条，直至时间条头部与播放头对齐，如图 9-39 所示，正方形的出现时间就设置完成了。

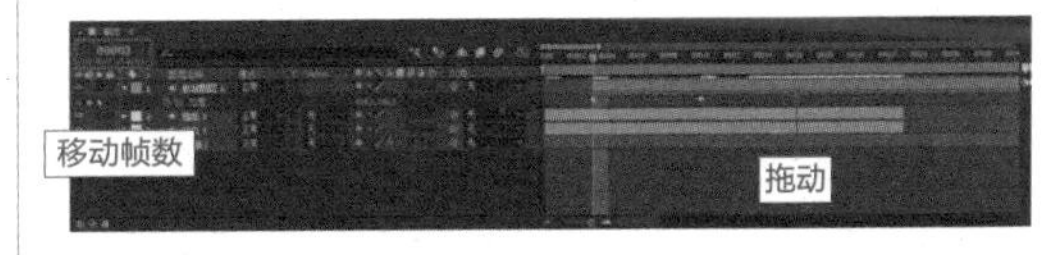

图 9-39 拖动时间条

05 接着设置正方形的动画完成时间。选中“线条 2”图层后，按快捷键 U 调出图层的关键帧属性。

06 移动关键帧。将正方形的最后一个关键帧，向后移动至线条最后一个关键帧所在的位置，即第 22 帧，如图 9-40 所示。

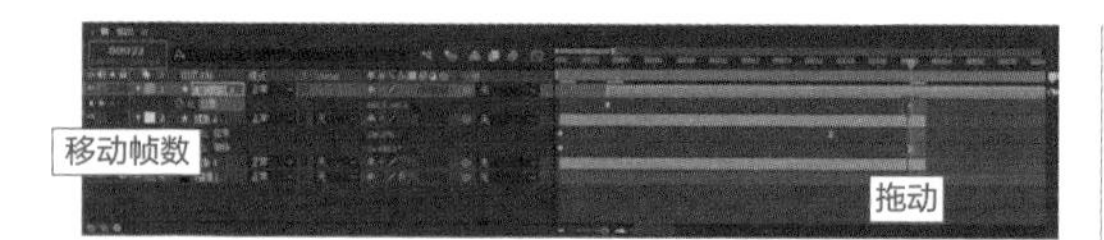

图 9-40 移动关键帧

07 检查效果。反复播放已经制作好的动画，观察正方形的移动时间与距离。如果觉得移动距离过短，可以修改第一个关键帧的位置，参考位置为300、540。

08 选中正方形动画的最后一个关键帧，按快捷键F9添加缓动，如图9-41所示。

图 9-41 添加缓动

09 通过图表编辑器来进行深入调整。选中正方形动画的最后一个关键帧，单击“图表编辑器”按钮，调出图表编辑器，如图9-42所示。

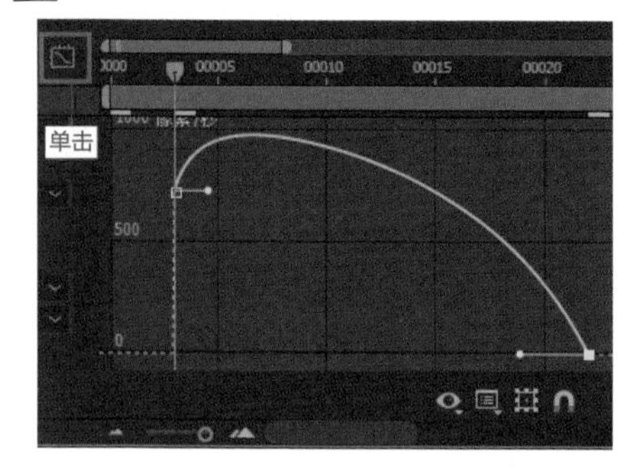

图 9-42 调出图表编辑器

10 根据所需调整正方形的运动曲线，本案例中调整为“先慢后快”的效果，曲线如图9-43所示。

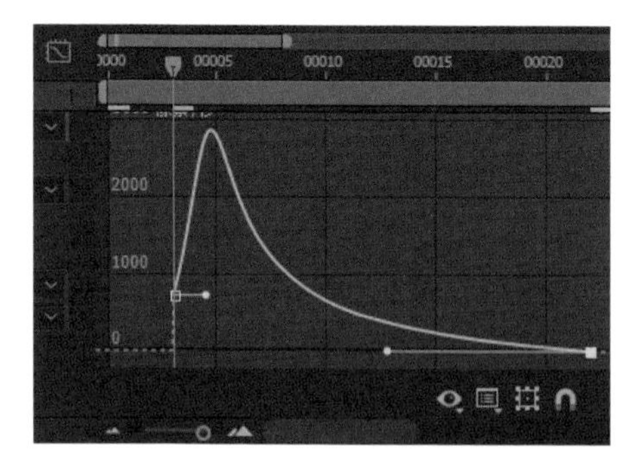

图 9-43 调整运动曲线

11 关闭图表编辑器。曲线调整完成后，再次单击“图表编辑器”按钮，即可切换回时间轴面板。

12 查看运动路径。选中正方形所在的图层后，可以明显看出运动路径上的节点，由左到右越来越密，这样就可以呈现出先慢后快的动画效果，如图9-44所示。

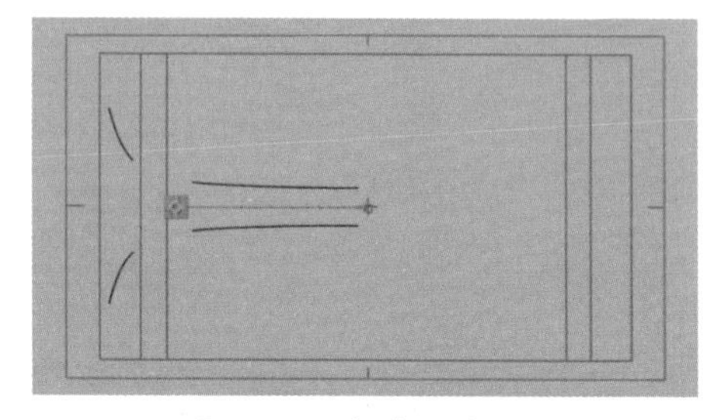

图 9-44 查看运动路径

13 切割时间条。将播放头移动至最后一个动画关键帧所在的第22帧后，按快捷键Alt+]切割时间条，如图9-45所示。

至此，正方形的运动路径就制作完成了。

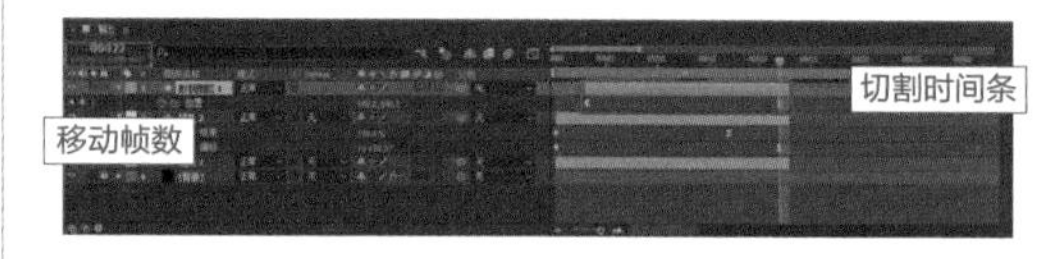

图 9-45 切割时间条

3. 添加残影效果

下面通过添加残影效果，来给正方形运动添加酷炫的残影视觉特效。

01 执行“窗口”|“效果和预设”菜单命令，调出“效果和预设”面板。在“效果和预设”面板的搜索栏中，输入效果关键词“残影”，找到对应效果插件，如图9-46所示。

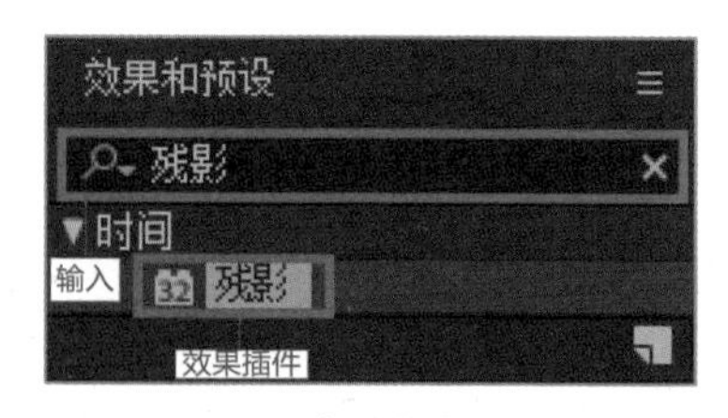

图 9-46 找到“残影”效果插件

02 应用效果插件。选中需要应用效果插件的正方形图层后，双击“效果和预设”面板中的“残影”，即可将效果插件应用到图层，如图9-47所示。

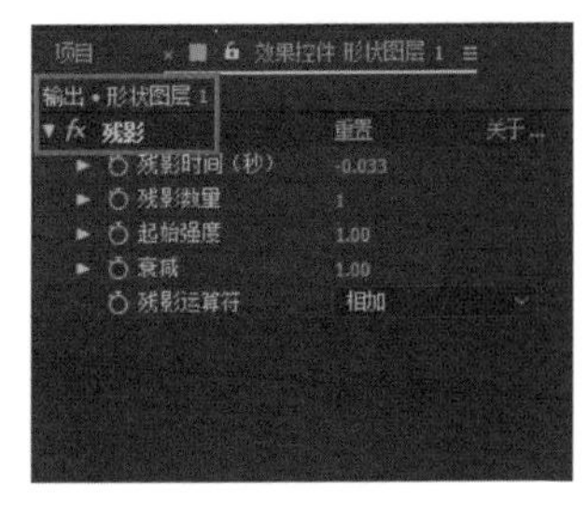

图 9-47　应用效果插件

03 设置残影参数。一边观察视图中的效果，一边根据所需调整残影的详细参数，直至呈现出酷炫的残影效果，参考数值如图 9-48 所示。注意残影运算符设置为“最大值”。

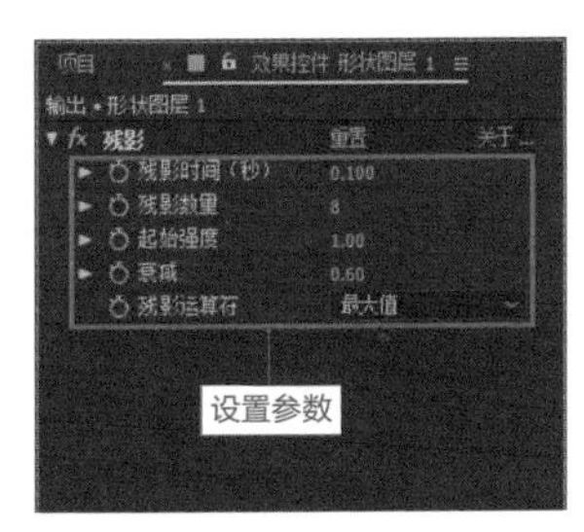

图 9-48　设置残影参数

04 为了运动效果更佳，我们还可以给正方形图层添加运动模糊效果。单击正方形所在图层的“运动模糊开关”复选框，给图层添加运动模糊效果，如图 9-49 所示。

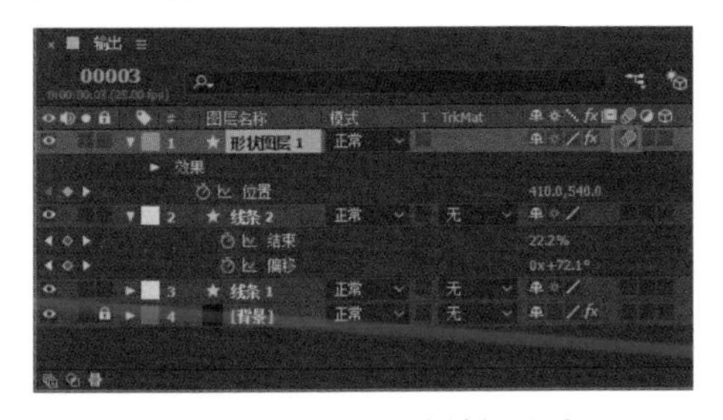

图 9-49　添加运动模糊效果

05 在没有启用时间轴中“运动模糊开关”的情况下，单独开启图层的运动模糊开关是无效的。所以单击启用时间轴面板上方的“运动模糊开关”，如图 9-50 所示。

06 观察视图会发现，正方形已经呈现出了非常酷炫的残影效果，如图 9-51 所示。

07 由于之后需要复制正方形，所以为了便于分辨各个图层，将“形状图层 1”重命名为“正方形 1”。至此，正方形的动画效果就制作完成了。

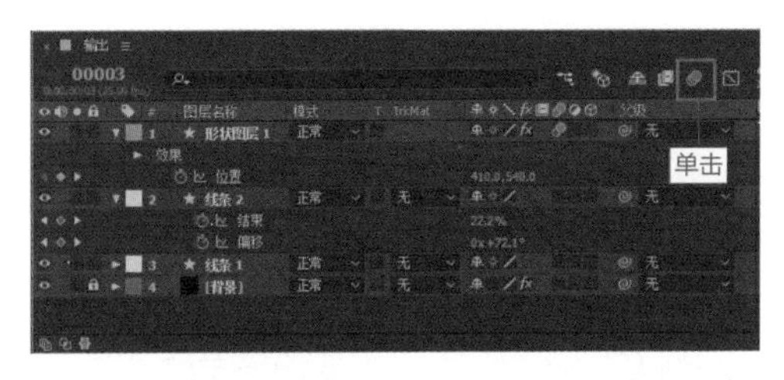

图 9-50　单击时间轴面板上方的“运动模糊开关”

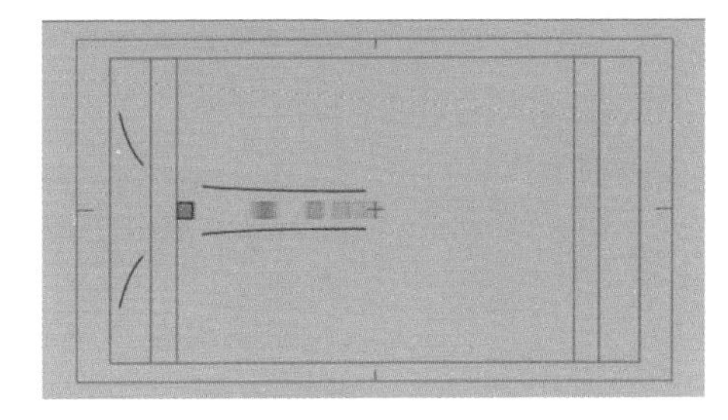

图 9-51　效果展示

9.2.4　开场直线动画

接下来制作跟随正方形的直线动画。在快速移动的正方形后方添加直线动画用作运动修饰，便能让当前的画面更加生动自然。

1. 绘制线条图形

01 单击工具栏中的“钢笔”工具图标或按快捷键 G，激活钢笔工具，然后按住 Shift 键不放，在两组曲线中间位置绘制一条直线，如图 9-52 所示。直线的长度自定，后期可以根据实际情况来进行调整。

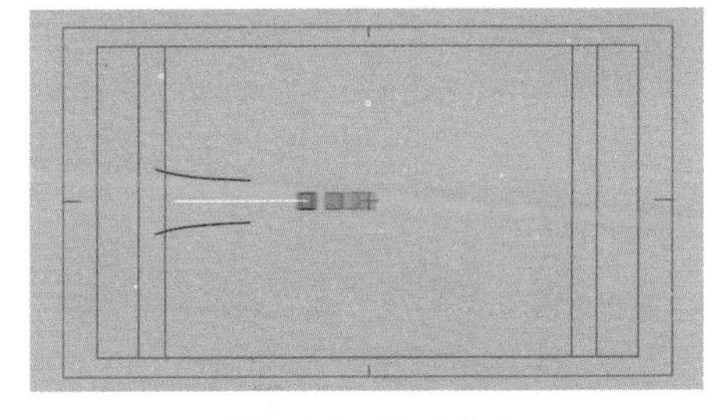

图 9-52　绘制直线

02 右击新创建的“形状图层 1”，在弹出的快捷菜单中选择“重命名”命令，将该图层重命名为“直线 1”。

03 修改直线的描边颜色，以确保与曲线风格保持一致。单击“直线 1”图层左侧的小三角按钮，逐一向下展开图层属性“直线 1”|“内容”|“形状 1”|“描边 1”，如图 9-53 所示。

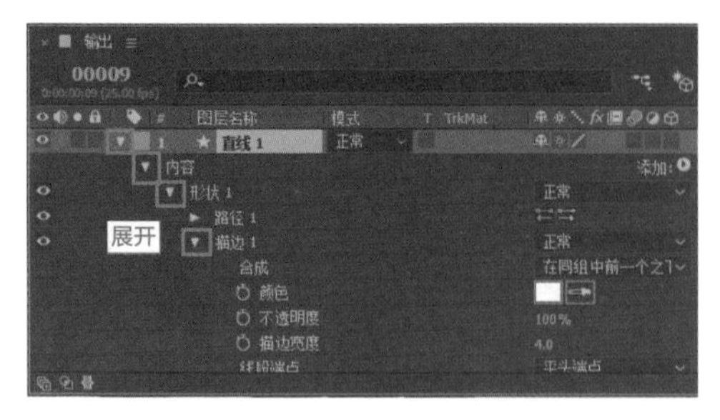

图 9-53　展开“描边”属性

04 设置描边颜色。单击“颜色”图标，弹出“颜色”对话框，设置描边颜色为纯黑色，参考数值为“#000000”，设置完成后，单击“确定”按钮，如图 9-54 所示。

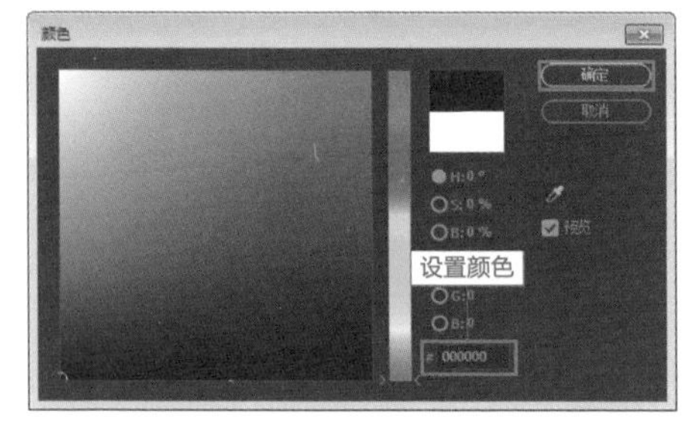

图 9-54　设置描边颜色

05 根据所需设置描边宽度，本案例中设置为 4，如图 9-55 所示。

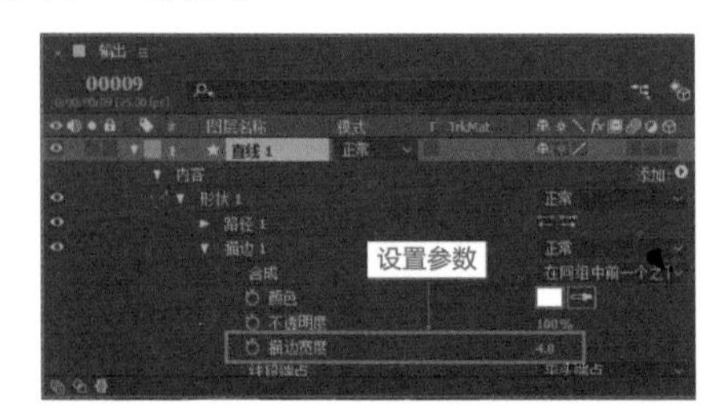

图 9-55　设置描边宽度

2. 制作线条的修剪路径动画

01 单击“直线 1”图层中的“添加”按钮，调出子菜单，启动“修剪路径”命令。

02 将播放头移动至第 11 帧处，单击“修剪路径”属性左侧的小三角按钮，展开“修剪路径”属性，如图 9-56 所示。

03 添加关键帧。单击“结束”和“偏移”属性左侧的“时间变化秒表”按钮，在第 11 帧添加关键帧。然后设置“修剪路径”属性的各项参数，参考数值如图 9-57 所示。

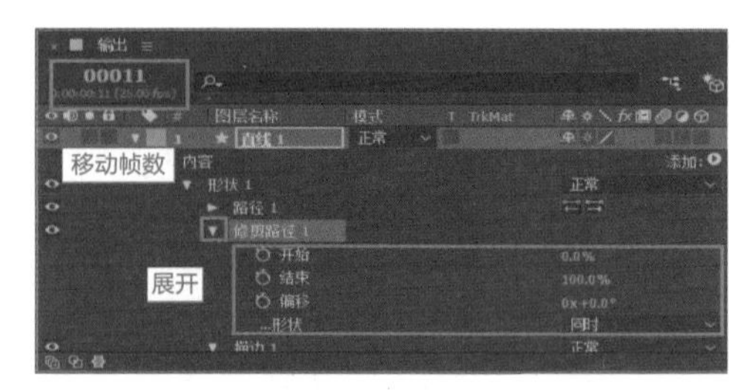

图 9-56　展开“修剪路径”属性

图 9-57　设置“修剪路径”参数

04 接着设置直线在画面中消失的关键帧。将播放头移动至第 21 帧，设置“偏移”数值为 0×+2.0°。再将播放头移动至第 23 帧，设置“结束”数值为 0%。随即在时间轴中自动添加关键帧，如图 9-58 所示。

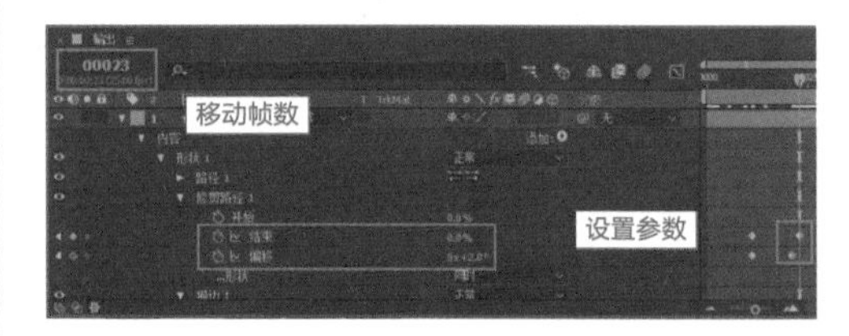

图 9-58　添加关键帧

05 选中上述两个新添加的关键帧，按快捷键 F9，给关键帧添加缓动，如图 9-59 所示。

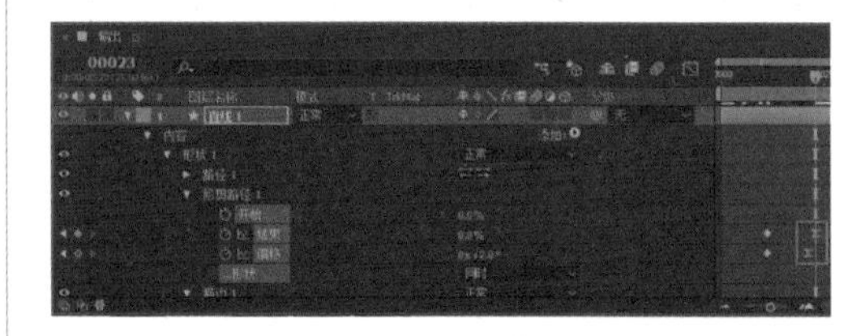

图 9-59　添加缓动

相关链接

此处可以参考本书第 3 章 3.2.6 节的操作方法。

06 至此，直线的动画就制作完成了。可以通过多次播放来观察动画效果，及时在图表编辑器中进行运动曲线的调整。

07 为了提高工作效率，可以切割直线图层的时间条。分别按快捷键 Alt+[和 Alt+]，切割时间条的头部和尾部，使直线图层时间条只留下包含动画的部分，如图 9-60 所示。

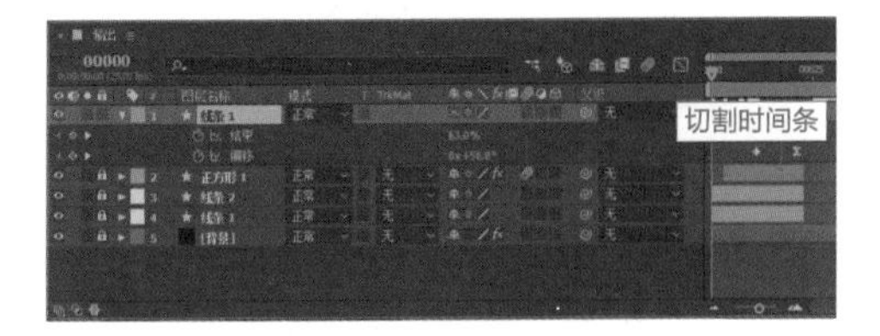

图 9-60　切割时间条

9.2.5　制作对称动画效果 重点

接下来只需将之前制作好的曲线线条、正方形和直线线条全部复制一份，然后制作出对称的动画效果，即可完成第一幕动画的制作。

01 复制图层。按住 Shift 键不放，同时选中除“背景”图层以外的所有图层（4 个图层）。按快捷键 Ctrl+D 启动“重复”命令，会在这 4 个图层上方分别复制出新的图层，如图 9-61 所示。

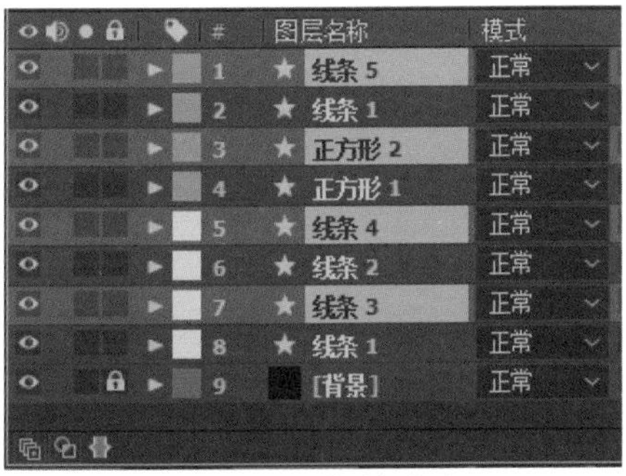

图 9-61　复制图层

02 同时选中这 4 个新图层，将它们向上拖拉置于时间轴顶层，如图 9-62 所示。

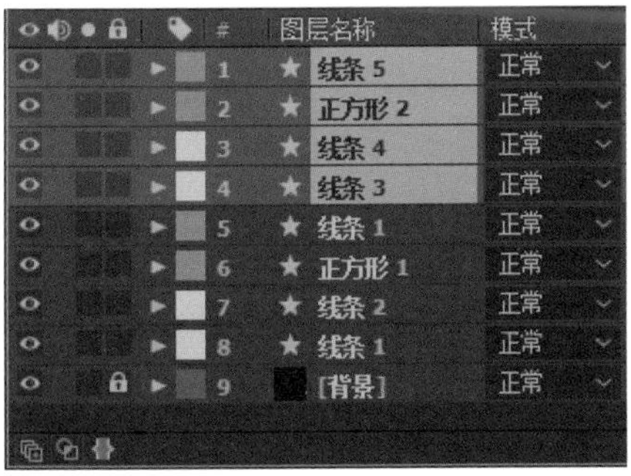

图 9-62　调整图层顺序

03 为了避免混淆这两组同样的图层，可以修改一下这两组图层的标签颜色。同时选中图层 1 至图层 4，右击其中一个图层的标签颜色，在弹出的快捷菜单中选择“紫色”选项，如图 9-63 所示。

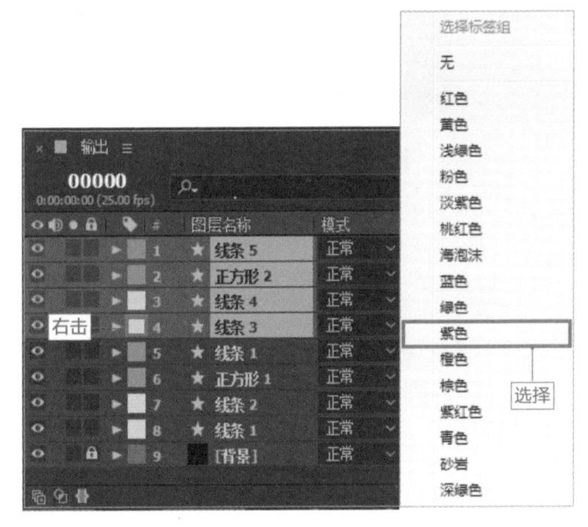

图 9-63　设置标签颜色

04 同时选中图层 5 至图层 8，右击其中一个图层的标签颜色，在弹出的快捷菜单中选择“黄色”选项，如图 9-64 所示。

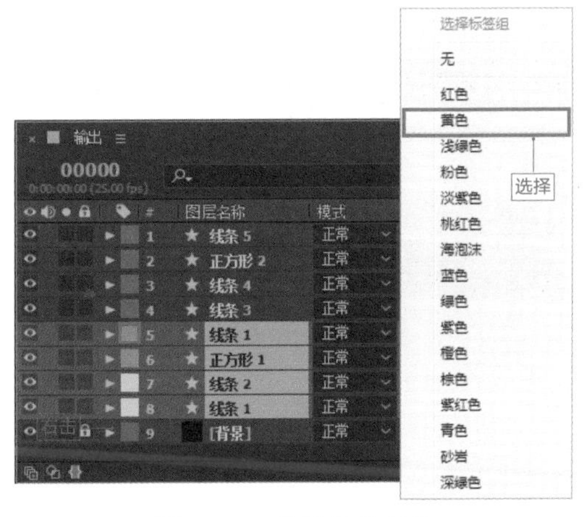

图 9-64　设置标签颜色

05 此时两组图层就分别设置了便于区分的标签颜色，效果如图 9-65 所示。

06 下面创建一个空对象，来同时控制这两组图层在开场画面中的角度、位置、大小等参数。在菜单栏选择“图层”|“新建”|“空对象”命令，如图 9-66 所示，或按快捷键 Ctrl+Alt+Shift+Y，新建空对象。

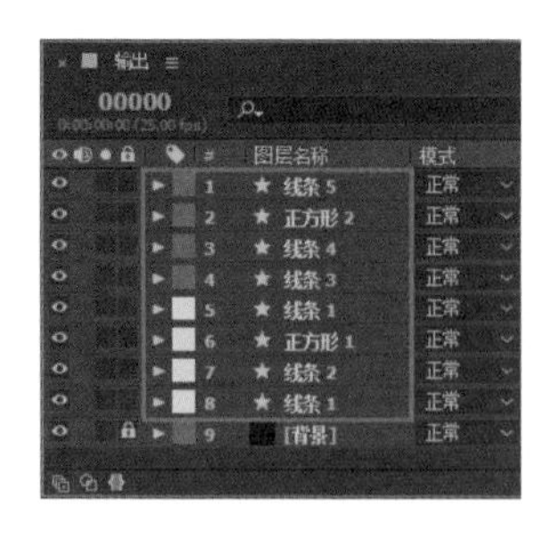

图 9-65　效果展示

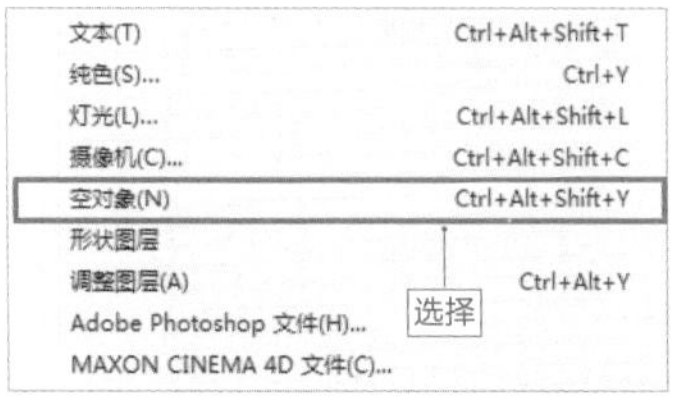

图 9-66　选择“空对象”命令

07 下面将其中一组形状链接到空对象，并给空对象添加一个“水平翻转”，使画面中呈现出两组形状对称的效果。按住 Shift 键不放，同时选中一组形状所在的图层（图层 2 至图层 5），将其中一个图层的链接拾取器 拖动至空对象图层，如图 9-67 所示。

图 9-67　链接图层

08 可以看到在图层 2 至图层 5 的“父级”参数一列，显示出这些图层已经与“空 1”（空对象）链接在了一起，如图 9-68 所示。下面就可以通过空对象来控制这些图层了。

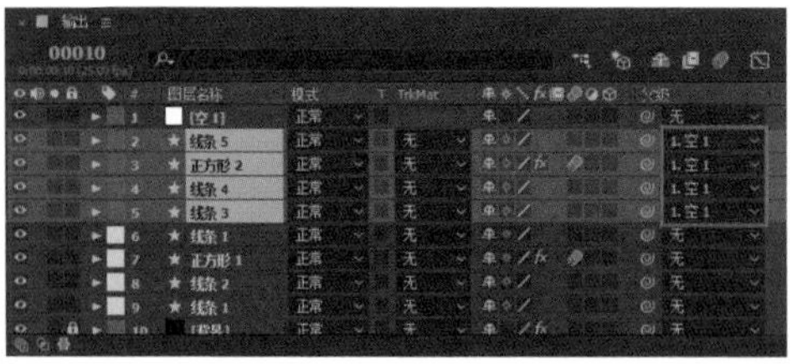

图 9-68　父级参数

09 右击空对象图层，在弹出的快捷菜单中选择“变换”|“水平翻转”命令，如图 9-69 所示。

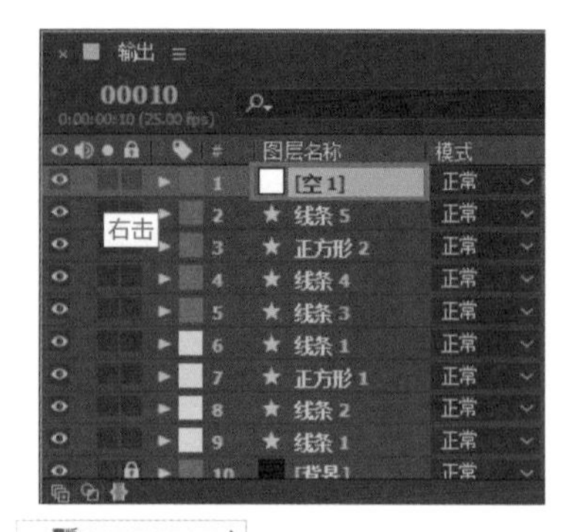

图 9-69　选择“水平翻转”命令

10 观察视图会发现，现在两组形状在画面中已经呈现出了对称的效果，如图 9-70 所示。

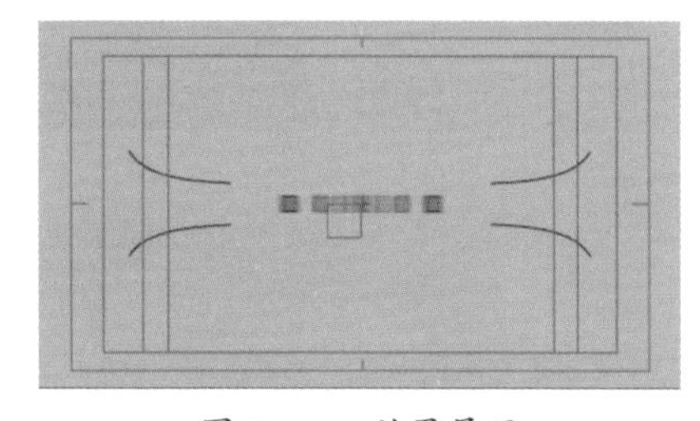

图 9-70　效果展示

11 下面将两组形状全部链接到空对象，调整一下这些图形的倾斜角度，使画面看上去更加生动有趣。按住 Shift 键不放，同时选中图层 2 至图层 9，将其中一个图层的链接拾取器 拖动至空对象图层，如图 9-71 所示。

12 当这两组形状所在的图层（8 个图层）全部链接到空对象后，选中空对象图层，按快捷键 R 调出图层的“旋转”属性。

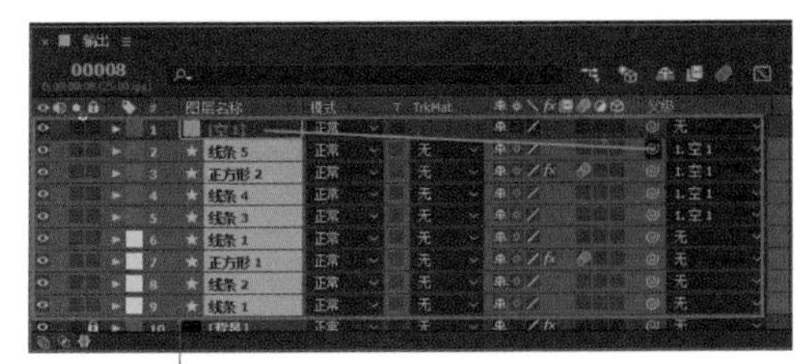
拖动

图 9-71　链接图层

13 设置旋转角度。根据所需设置两组形状的旋转角度，本案例中以对角线为例设置为 0×-22°，如图 9-72 所示。

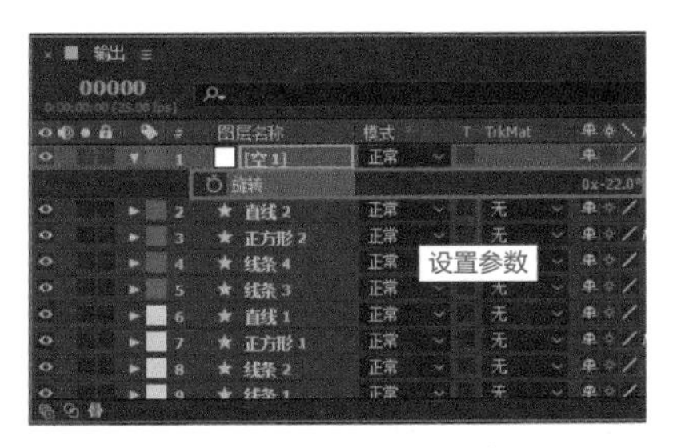

图 9-72　旋转空对象

14 单击“空 1”图层左侧的“显示 / 隐藏图层”复选框，将图层小眼睛关闭，隐藏图层。然后拖动播放头仔细观察视图，查看图形在动画过程中的状态，可以根据实际情况来调整各项参数，如图 9-73 所示。

15 要想画面显得更加丰富有趣，还可以调整一下其中一组曲线线条的位置，使两组曲线线条交错穿插在画面中。同时选中“线条 3”和“线条 4”图层后，按方向键根据所需调整这一组曲线线条的位置，使两组曲线线条在初始画面中，呈现出交错穿插的效果。如果需要，也可以同时调整一下“线条 1”和“线条 2”的位置，如图 9-74 所示。

至此，两组形状对称的动画效果就制作完成了。

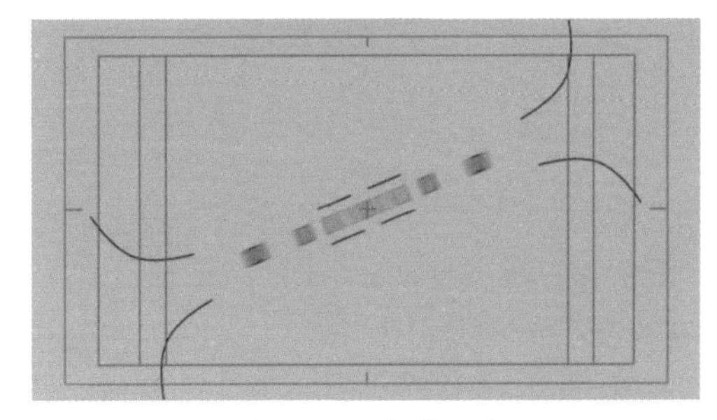

图 9-73　查看视图

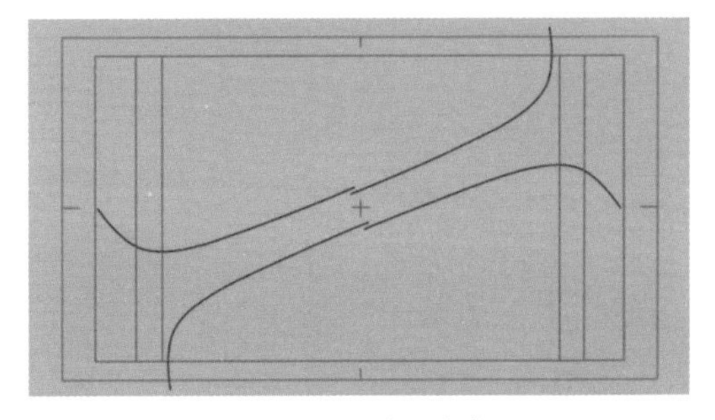

图 9-74　移动线条

9.3 创建第二幕过渡动画

第二幕动画的主要作用是过渡，以衔接第一幕和第三幕。虽然时长仅有1秒，但是出现的元素非常多，尤其要体现光标动画的“点击”动作。本例可采用“由大变小、再由小变大”这一动态变化过程来进行体现。

9.3.1 正方形的发散线条

两个正方形重合后，可以制作向四周发散的线条动画来丰富画面。本例通过“矩形”形状来制作规则的发散线条。

1. 绘制发散线条

01 新建形状图层。在菜单栏中选择“图层”|“新建”|“形状图层”命令，然后右击新创建的形状图层，在弹出的快捷菜单中选择“重命名”命令，将图层命名为“发散线条 1”。

02 单击“发散线条 1”图层左侧的小三角按钮▶，向下展开图层属性。

03 添加“矩形”属性。单击“发散线条 1”图层属性中的“添加”按钮，调出子菜单，启动“矩形”命令，如图 9-75 所示。

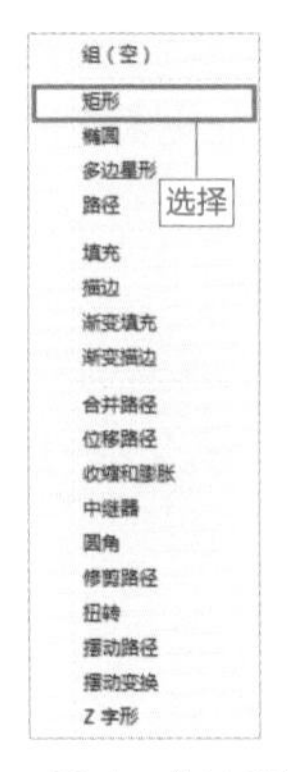

图 9-75　添加“矩形”属性

04 接着添加一个“描边”属性，来设置矩形的描边颜色，使画面风格保持一致。单击“发散线条 1”图层属性中的“添加”按钮，调出子菜单，启动“描边”命令，如图 9-76 所示。

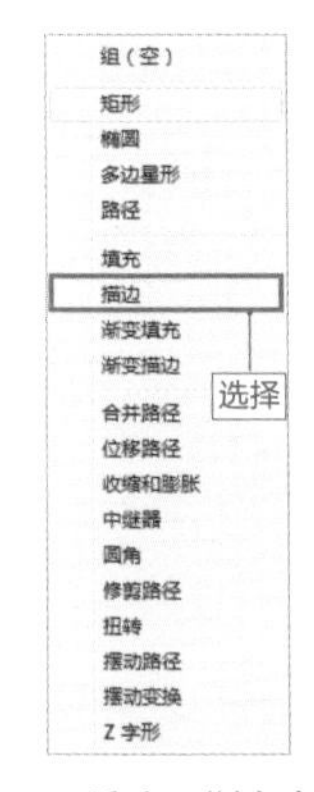

图 9-76　添加“描边”属性

05 设置描边颜色。展开“描边”属性后，单击“颜色”图标，打开“颜色”对话框。本案例中设置描边颜色为纯黑色，参考数值为“#000000”，设置完成后单击“确定”按钮，如图 9-77 所示。

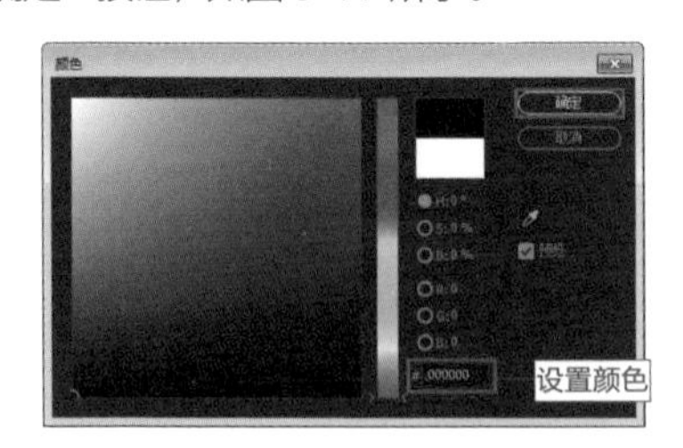

图 9-77　设置描边颜色

06 根据所需设置描边宽度，本案例中设置为 4，如图 9-78 所示。

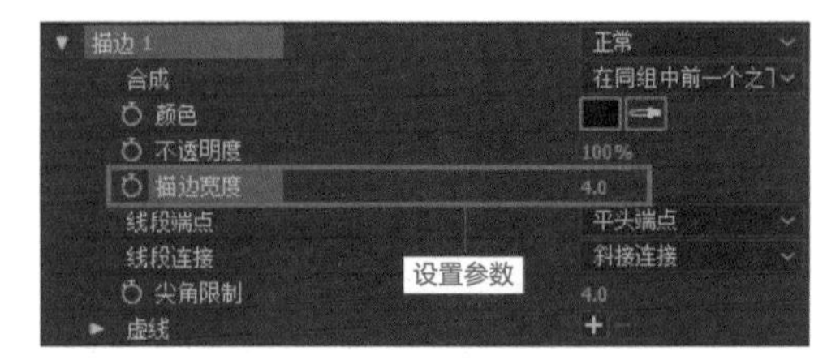

图 9-78　设置描边宽度

07 本例需要利用标准矩形来制作发散线条，所以要设置一下矩形的大小比例，使它呈现出线段效果。单击“矩形路径 1”属性左侧的小三角按钮，向下展开图层属性。

08 解锁约束比例。取消勾选“大小”属性的约束比例复选框，然后设置矩形大小为“0.100”，如图 9-79 所示。

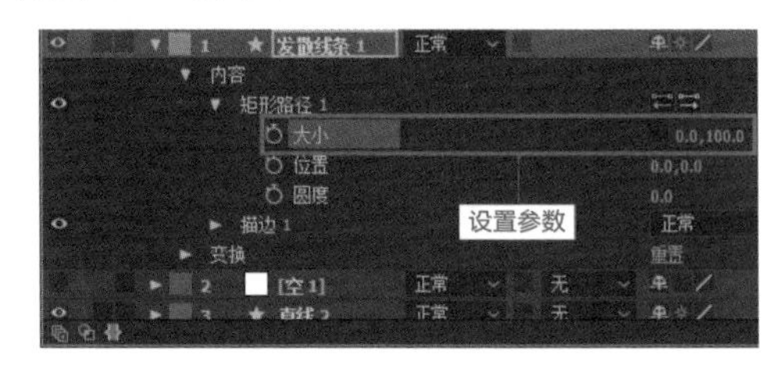

图 9-79　设置矩形大小

09 这样视图中的矩形就会被挤压成一个小线段，如图 9-80 所示。

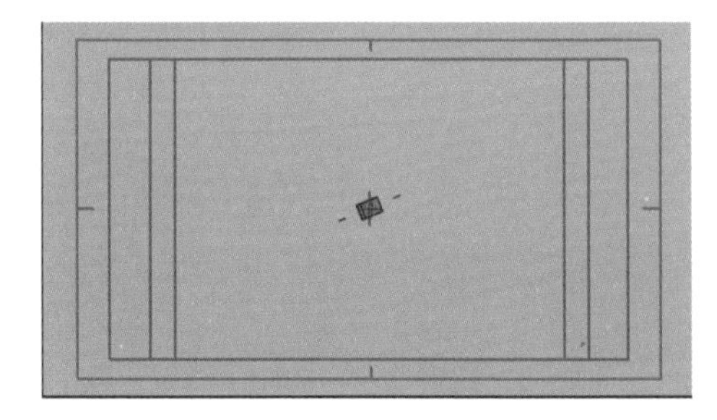

图 9-80　效果展示

2. 制作发散线条向外发射的动画效果

01 先来设置一下发散线条的出现时间。以第 21 帧两个正方形叠加在一起时发散线条开始出现为例，将播放头移动至第 21 帧，按快捷键 Alt+[切割时间条头部。

02 接着来设置一下发散线条的消失时间。以第 33 帧时发散线条消失为例，将播放头移动至第 33 帧，按快捷键 Alt+] 切割时间条尾部，如图 9-81 所示。

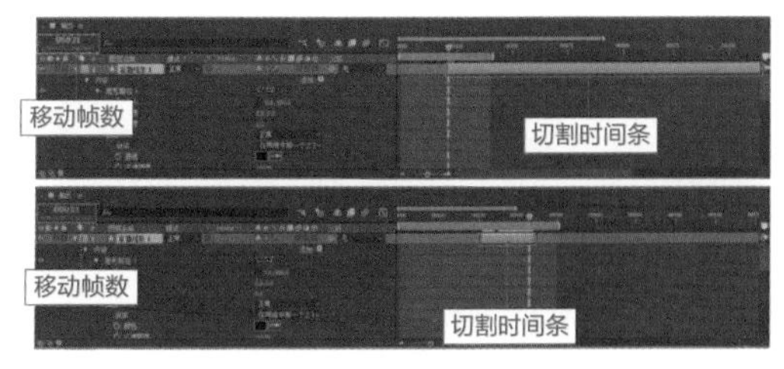

图 9-81　切割时间条

03 添加动画关键帧。由于我们要制作发散线条从无到有再到没有的动画过程，所以，先来设置发散线条的出现关键帧。将播放头移动至第 21 帧，设置“大小”和“位置”均为 0、0，如图 9-82 所示。

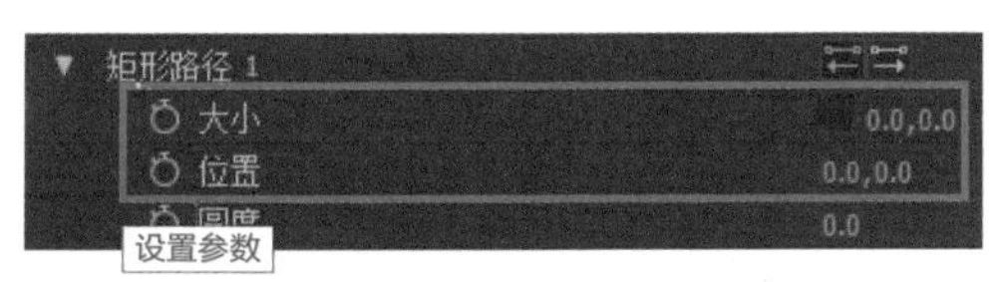

图 9-82　设置“大小”和“位置”

04 依次单击“大小”和“位置”属性左侧的“时间变化秒表”按钮，添加“大小”和“位置”关键帧，如图 9-83 所示。

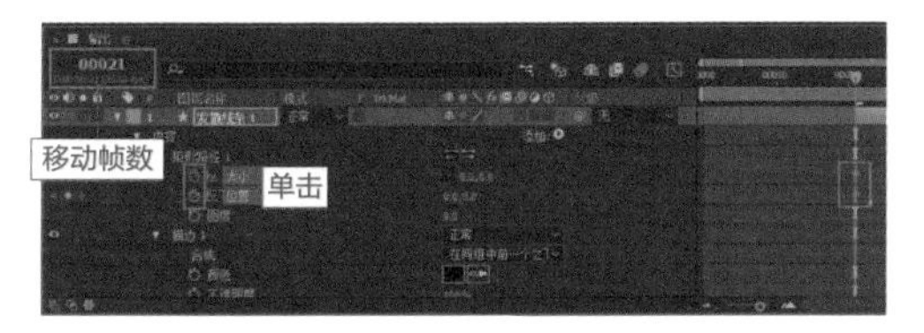

图 9-83　添加关键帧

05 将播放头移动至第 27 帧，设置“大小”参数为 0、57，随即自动添加关键帧。

06 将播放头移动至第 33 帧，设置“大小”参数为 0、0，随即自动添加关键帧。

07 上述操作后，发散线条大小变化的关键帧就添加完成了，接着设置一下发散线条消失的位置。将播放头移动至第 33 帧，根据所需设置发散线条最后的位置。本案例中设置“位置”参数为 0、276，随即自动添加关键帧。

08 至此，发散线条的动画关键帧就设置完成了，如图 9-84 所示。当然还可以给关键帧添加缓动，并且通过图表编辑器调整动画曲线，使动画更具有节奏感。

09 单击“位置”属性栏，即可同时选中所有的“位置”关键帧。按快捷键 F9，给“位置”关键帧添加缓动，如图 9-85 所示。

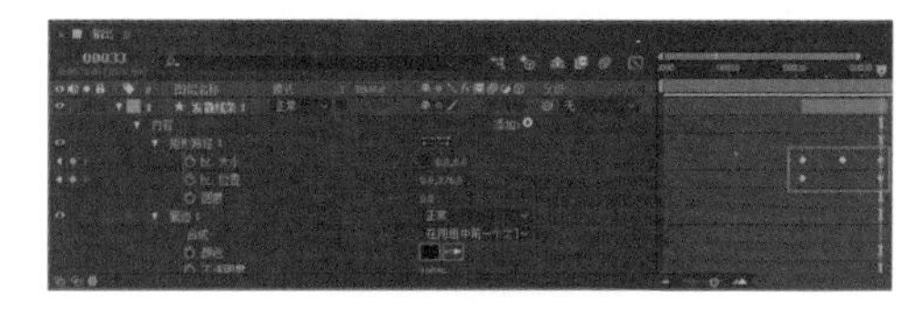

图 9-84　动画关键帧

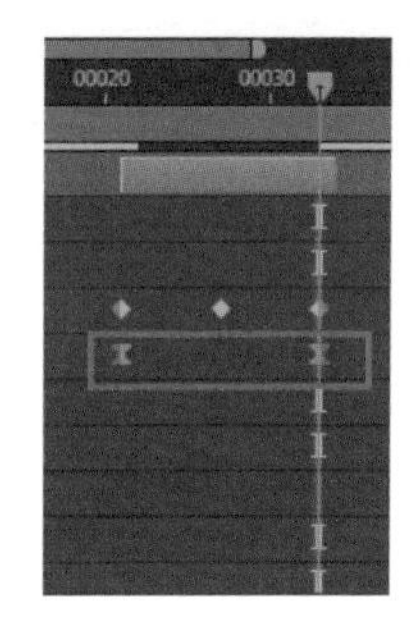

图 9-85　添加缓动

10 在选中“位置”关键帧的情况下，单击“图表编辑器”按钮，调出图表编辑器。

11 选中图表编辑器中的关键帧节点后，拖动手柄调节运动曲线。本案例中调节为“两头快中间慢”的效果，曲线如图 9-86 所示。调节完成后，再次单击亮起的“图表编辑器”按钮，关闭图表编辑器。

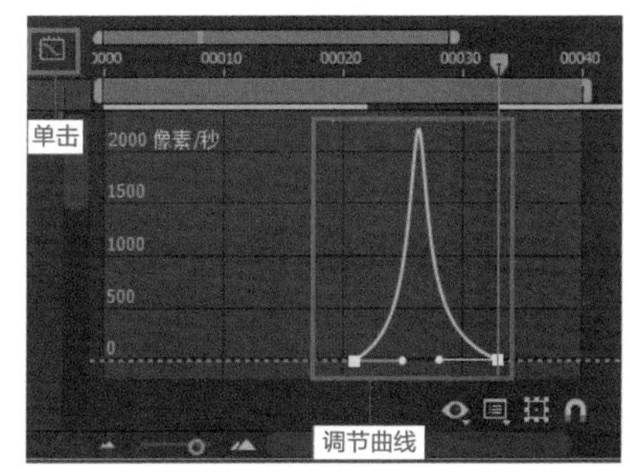

图 9-86　调节运动曲线

12 按空格键预览画面效果，或单击“预览”面板中的“播放”按钮，观察发散线条的运动状态，如图 9-87 所示。如果觉得效果不对，可以随时进行调整。

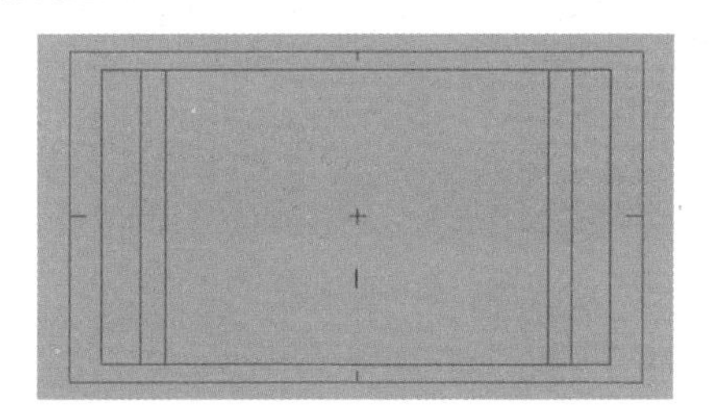

图 9-87　预览效果

13 如果动画效果基本满意，就可以复制该图层，在画面中摆放 3 个发散线条来丰富场景。选中“发散线条 1”图层后，按两次快捷键 Ctrl+D 启动“重复”命令，复制出两个新的发散线条图层，如图 9-88 所示。

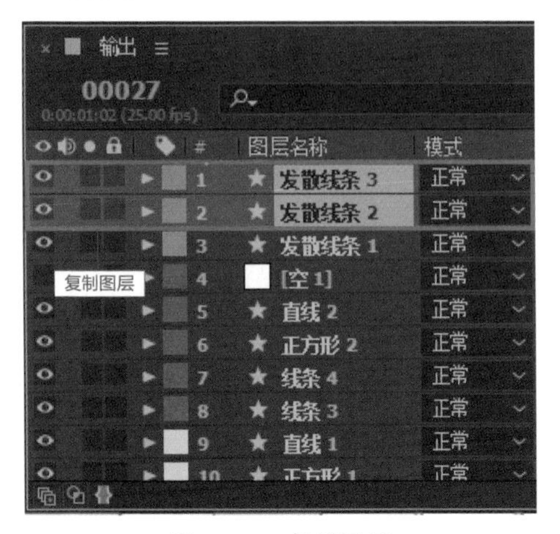

图 9-88　复制图层

14 由于需要制作在正方形周围发散 3 个线条的效果，所以要调整一下另外两个线条的旋转角度。按住 Ctrl 键不放，选中复制出的两个图层，然后按快捷键 R 调出两个图层的“旋转”属性。

15 由于旋转一圈为 360°，所以均等摆放 3 个发散线条就要逐一旋转 120°。单击时间轴空白处，取消两个图层的同时选中状态，以免同时影响参数。

16 设置“发散线条 2”的旋转角度为 0×-120°，“发散线条 3”的旋转角度为 0×+120°，如图 9-89 所示。

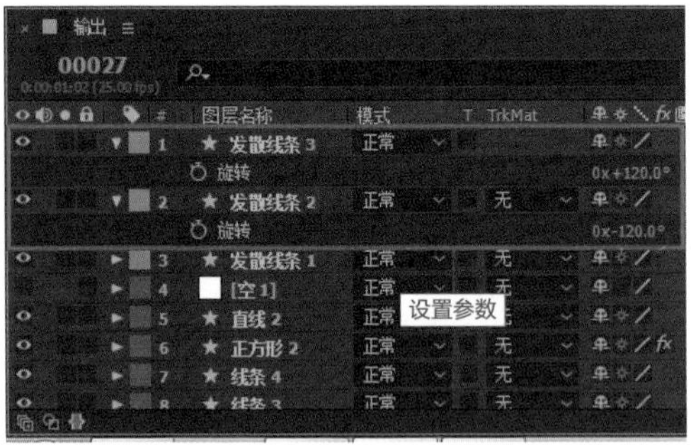

图 9-89　设置旋转角度

17 此时，画面中的 3 个发散线条就呈现出了均等分布的效果，如图 9-90 所示。

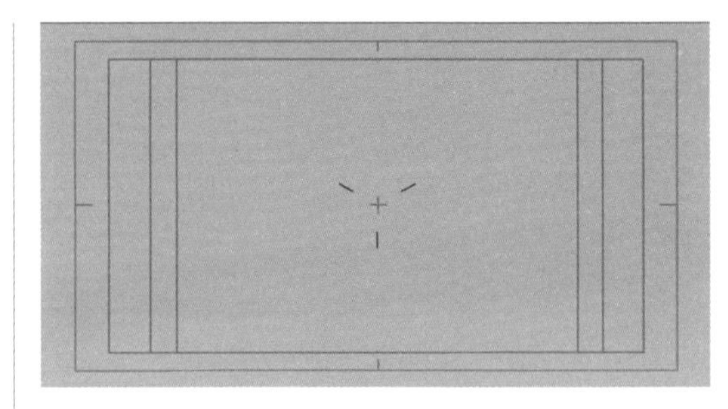

图 9-90　效果展示

18 预览画面效果，会发现当发散线条出现时，重合的两个正方形已经消失在了画面中。但还需要正方形留在画面中心，就可以向后拖动“正方形 2”图层的时间条尾部，使正方形在画面中停留的时间更长，如图 9-91 所示。

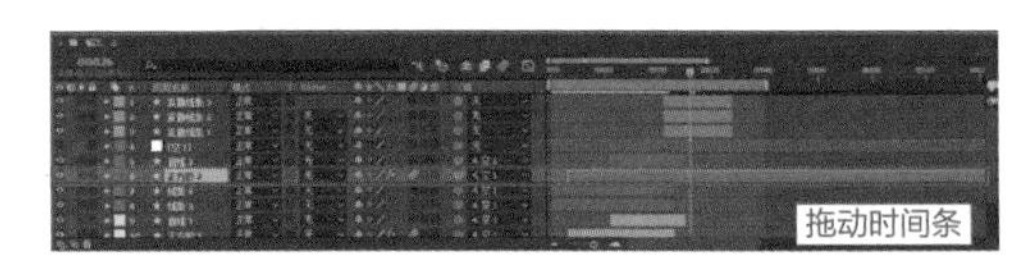

图 9-91　延长时间条

至此，发散线条的动画效果就制作完成了。

9.3.2　扩散矩形线框

接下来给正方形与发散线条之间添加一个逐渐放大的扩散矩形线框，使画面显得不那么单调。

1. 绘制矩形线框

01 取消选中“正方形 2”图层后，创建新的形状图层。右击时间轴空白处，在弹出的快捷菜单中选择“新建”|“形状图层”命令，如图 9-92 所示。

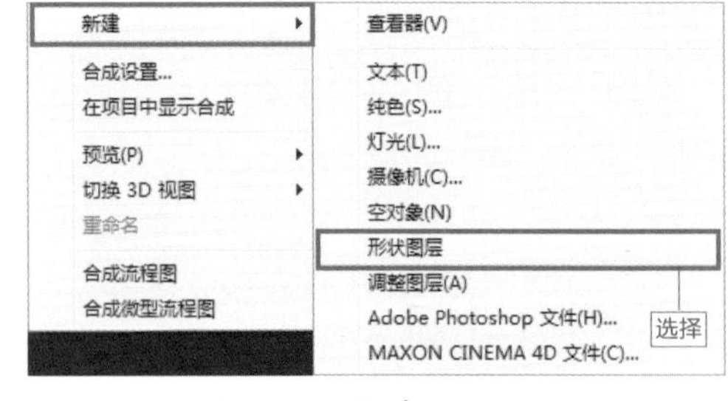

图 9-92　新建形状图层

02 添加“矩形路径”和“描边”属性。单击新图层左侧的小三角按钮，展开图层属性后，单击属性中的“添加”按钮，如图 9-93 所示。

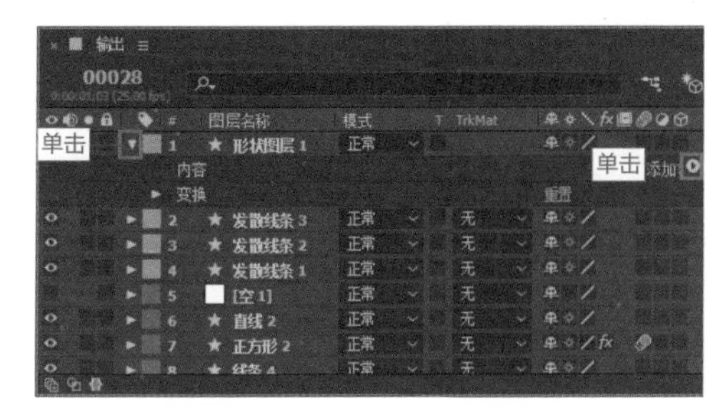

图 9-93　单击“添加”按钮

03 调出子菜单后，依次启动“矩形路径”和“描边”命令，添加“矩形路径”和“描边”属性，如图 9-94 所示。

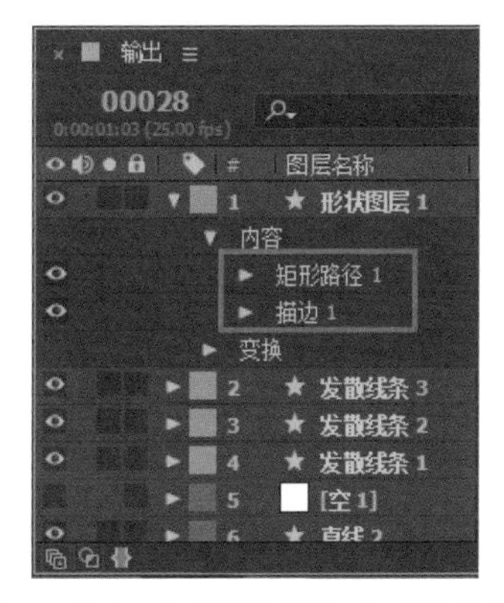

图 9-94　添加“矩形路径”和“描边”属性

04 为了避免混淆图层，右击图层名称，在弹出的快捷菜单中选择“重命名”命令。根据所需给图层命名，本案例中命名为“矩形线框 1”。

05 上述操作后，会发现视图中出现了一个白边的正方形，如图 9-95 所示，这正是我们添加这些属性所生成的默认矩形。当然，我们可以根据所需来修改该矩形的大小和描边颜色。

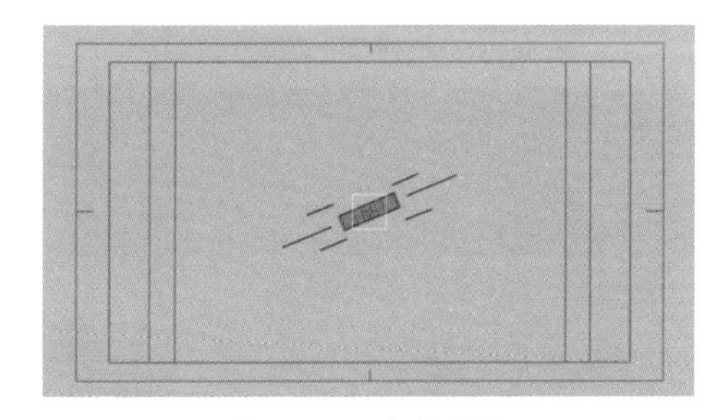

图 9-95　查看形状

06 设置矩形大小。展开“矩形路径 1”属性后，设置合适的矩形大小。本案例中设置为 155、155，如图 9-96 所示。

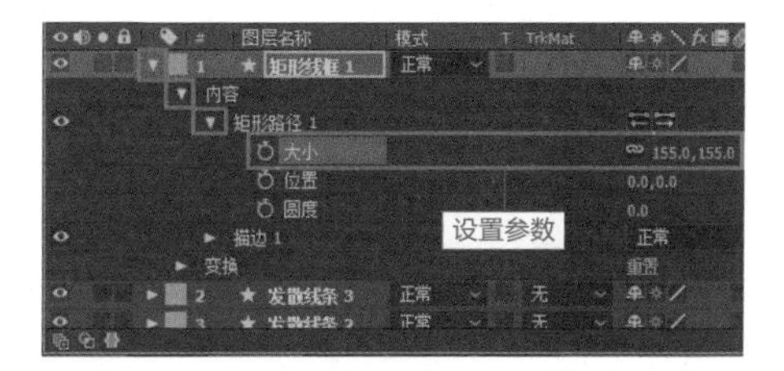

图 9-96　设置大小

07 设置描边颜色。展开“描边 1”属性后，单击“颜色”图标，弹出“颜色”对话框，设置正方形的描边颜色为纯黑色，参考数值为“#000000”，然后单击“确定”按钮，如图 9-97 所示。

图 9-97　设置描边颜色

08 设置描边宽度。根据所需设置描边宽度，本案例中设置为 4，如图 9-98 所示。

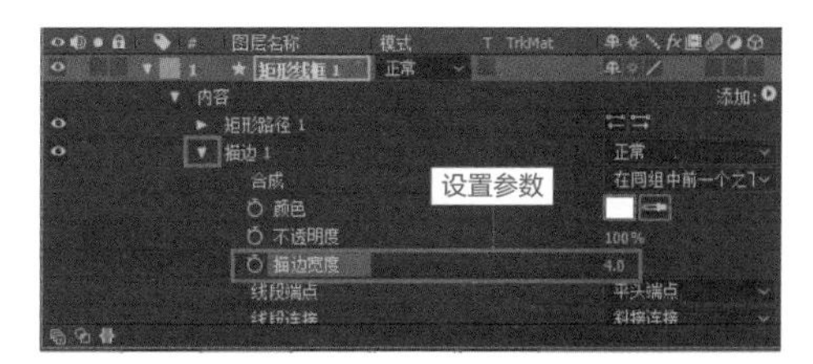

图 9-98　设置描边宽度

09 接着稍微旋转一下这个矩形线框，使它显得更生动。根据所需设置矩形线框的旋转角度，本案例中设置为 0×-34.0°，如图 9-99 所示。

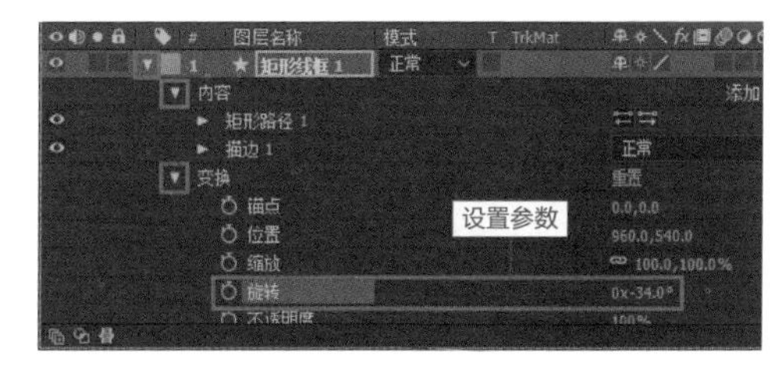

图 9-99　设置旋转角度

10 设置圆度。展开“矩形路径 1”属性后，仔细观察视图的同时设置合适的圆度数值。本案例中设置为 13，如图 9-100 所示。

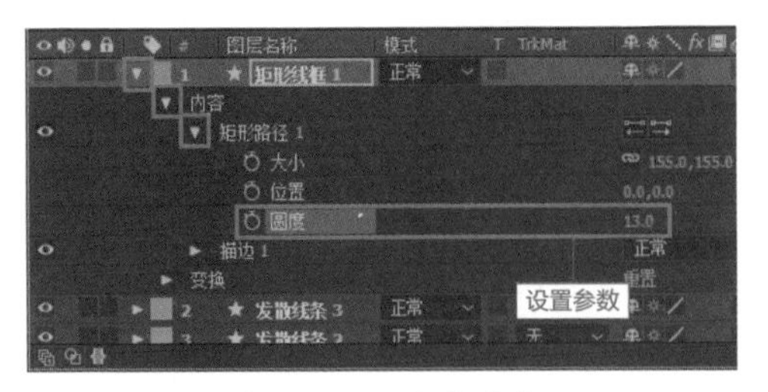

图 9-100 设置圆度

11 至此，矩形线框的基本形态就制作完成了，如图 9-101 所示。

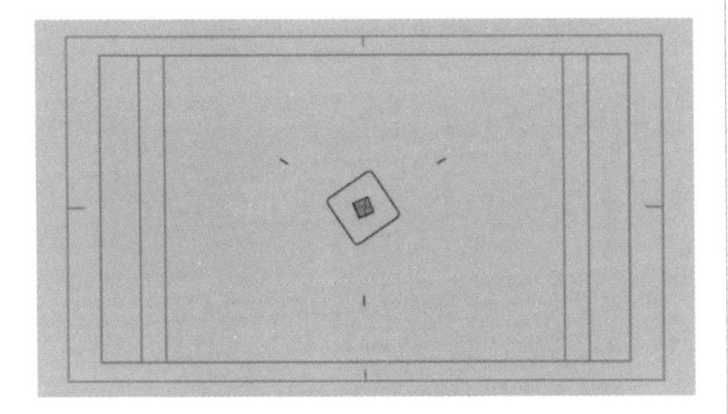

图 9-101 效果展示

提示

添加圆角效果是为了让矩形线框显得不那么死板，这一点适用于其他各种 MG 动画图形的制作。

2. 制作矩形线框的修剪路径动画

01 添加“修剪路径”属性。展开“矩形线框 1”的图层属性后，单击属性中的“添加”按钮，调出子菜单，启动“修剪路径”命令。

02 在制作动画之前，我们先来设置好“矩形线框 1”图层的时间条开始位置和结束位置。

设置开始时间。根据所需找到矩形线框开始动画的第一帧位置，本案例中以第 27 帧为例。将播放头移动至第 27 帧后，按快捷键 Alt+[切割时间条头部，如图 9-102 所示。

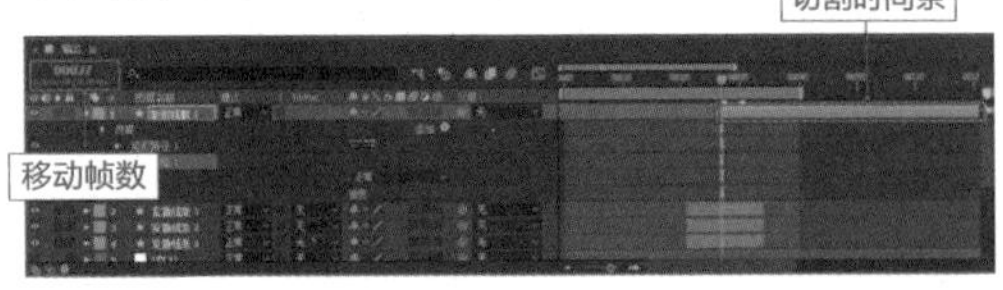

图 9-102 切割时间条头部

03 设置结束时间。以矩形线框运动 13 帧后结束动画为例，将播放头移动至第 40 帧，按快捷键 Alt+] 切割时间条尾部，如图 9-103 所示。

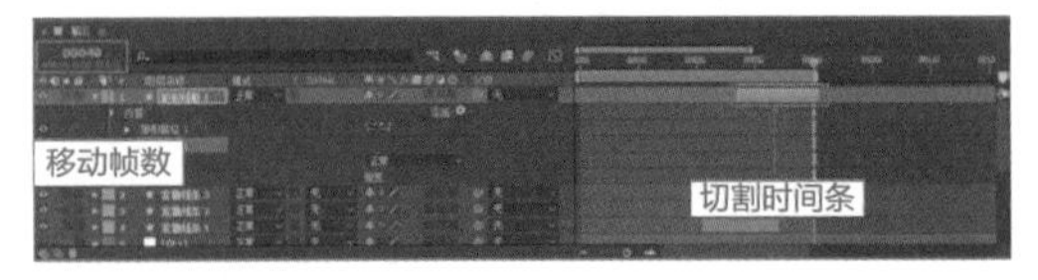

图 9-103 切割时间条尾部

04 接着给矩形线框添加“修剪路径”关键帧。将播放头移动至矩形线框出现的第 27 帧处，单击“修剪路径”属性左侧的小三角按钮，展开“修剪路径”属性。

05 设置“开始”数值为 100%，“结束”数值为 0%，“偏移”数值为 0×+0.0°。单击“结束”和“偏移”属性左侧的“时间变化秒表”按钮，添加关键帧，如图 9-104 所示。

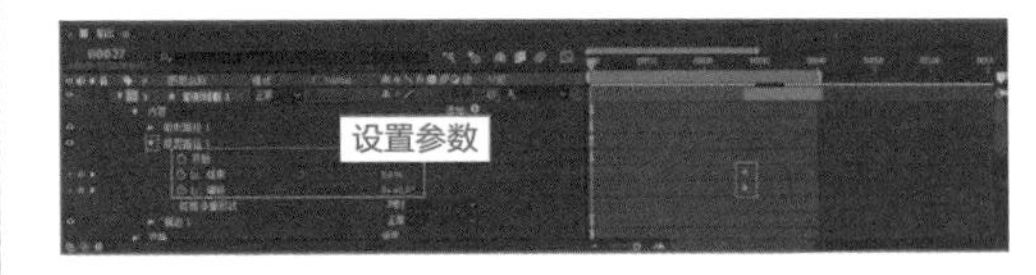

图 9-104 添加关键帧

06 添加矩形线框消失的关键帧。将播放头移动至矩形线框消失的第 40 帧处，设置“结束”数值为 100%，设置“偏移”数值为 0×+273.0°，随即自动添加关键帧，如图 9-105 所示。

图 9-105 添加关键帧

07 为了让动画更具节奏感，还可以给关键帧添加缓动。同时框选中最后添加的两个关键帧，按快捷键 F9 添加缓动，如图 9-106 所示。

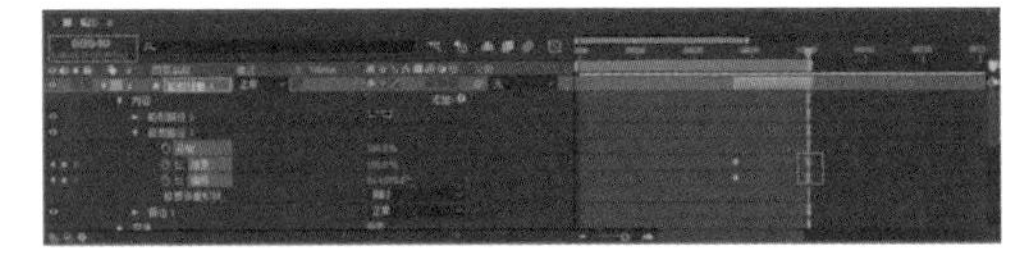

图 9-106 添加缓动

08 由于只需要给“偏移”关键帧调节动画曲线，所以单击时间轴空白处，取消选中关键帧后，再次单独选中“偏移”属性的最后一个关键帧，如图 9-107 所示。

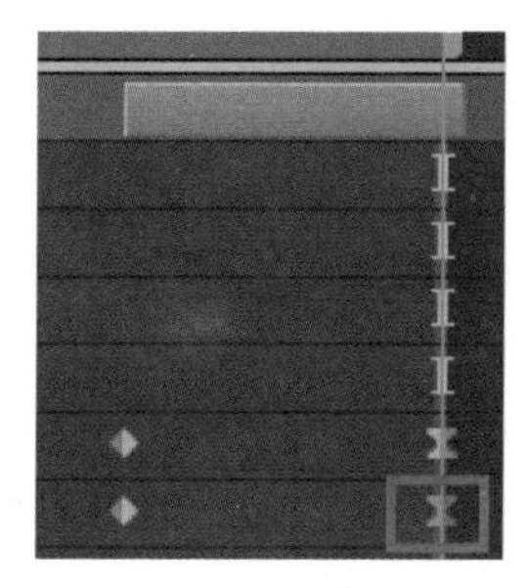

图 9-107　选中关键帧

09 单击时间轴面板顶部的“图表编辑器”按钮，调出图表编辑器。选中图表编辑器中的关键帧节点后，拖动手柄调节运动曲线。本案例中调节为“先慢后快”的效果，曲线如图 9-108 所示。

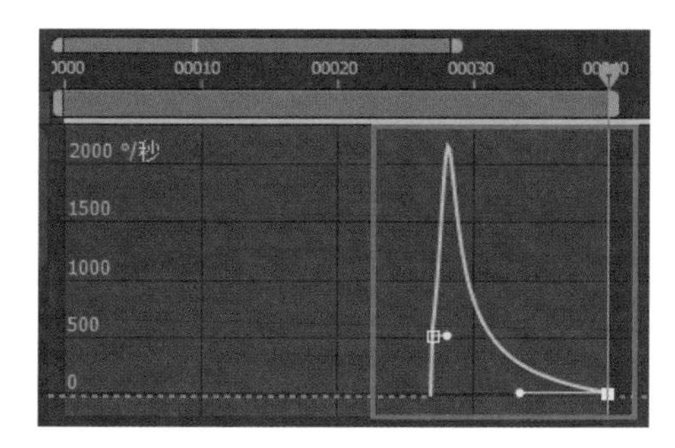

图 9-108　调节动画曲线

10 调节完成后，再次单击亮起的“图表编辑器”按钮，关闭图表编辑器。

11 按空格键预览画面效果，或单击“预览”面板中的“播放”按钮，观察矩形线框的运动状态，如图 9-109 所示。如果觉得效果不对，可以随时进行调整。

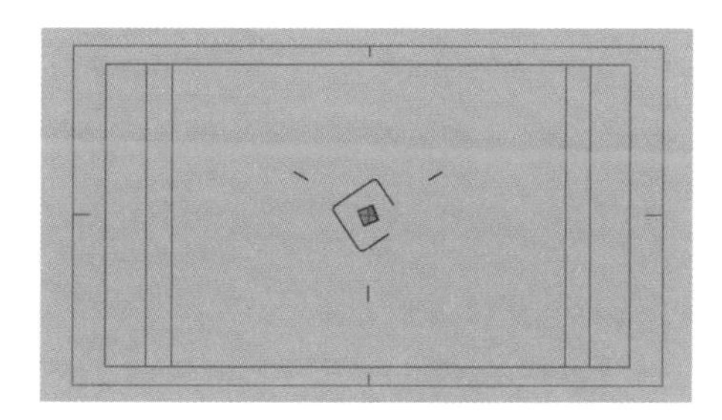

图 9-109　效果展示

至此，矩形线框的扩散动画就制作完成了。

提示

每次进行动画曲线或关键帧的调整时，都应该马上实时预览画面效果，从而做出最合适的调整。

9.3.3　旋转消失的正方形

当矩形线框消失后，画面中心的正方形也需要逐渐旋转消失，以便于引出最后的LOGO图案。

01 单击“正方形 2”图层左侧的小三角按钮后，继续向下展开图层的“变换”属性，如图 9-110 所示。

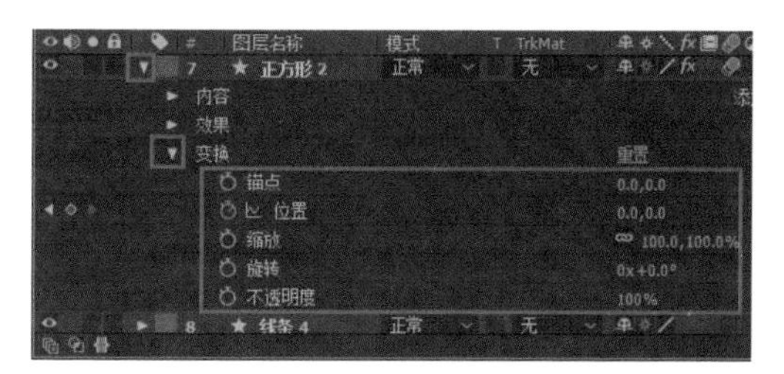

图 9-110　展开“变换”属性

02 根据所需设置旋转动画的开始时间，本案例中以第 26 帧时开始旋转动画为例。将播放头移动至第 26 帧，单击“旋转”属性左侧的“时间变化秒表”按钮，添加“旋转”关键帧，如图 9-111 所示。

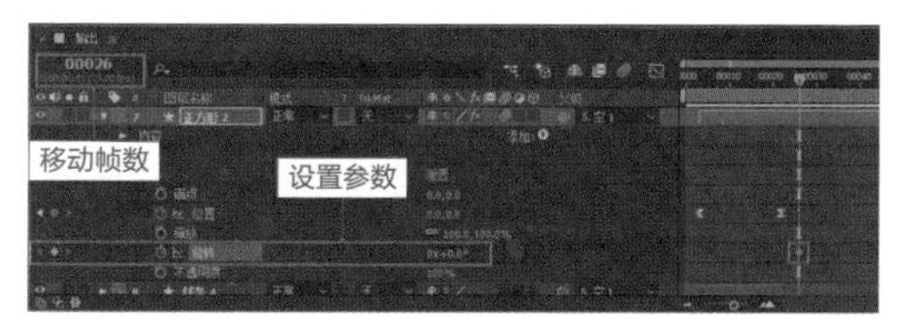

图 9-111　添加“旋转”关键帧

03 根据所需设置缩放动画的开始时间，本案例中以第 41 帧时开始缩放动画为例。将播放头移动至第 41 帧，单击“缩放”属性左侧的“时间变化秒表”按钮，添加“缩放”关键帧，如图 9-112 所示。

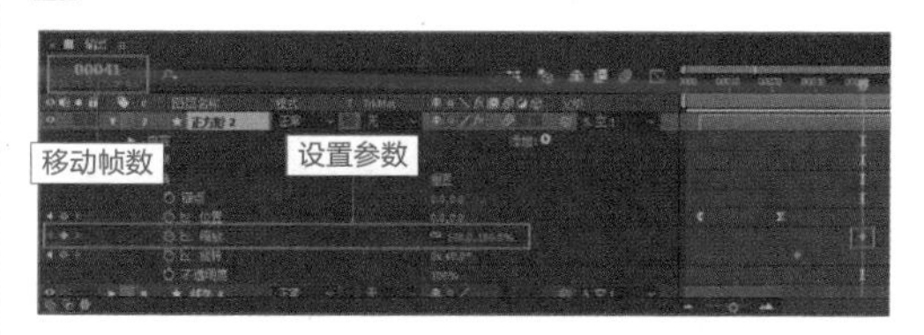

图 9-112　添加“缩放”关键帧

04 设置旋转动画与缩放动画的结束关键帧。以第 66 帧时正方形在画面中旋转消失为例，将播放头移动至第 66 帧，设置“缩放”参数为 0 %、0 %，设置“旋转”角度为 0 × +350.0° 。随即自动添加“缩放”与“旋转”关键帧，如图 9-113 所示。

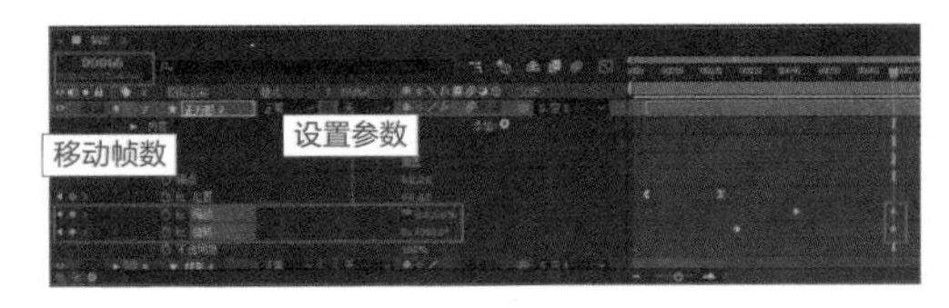

图 9-113　设置结束关键帧

至此，画面中心正方形旋转消失的动画就制作完成了。

9.3.4　弹出的小方块

接下来制作第二幕动画中，从画面中心弹出很多小方块的画面效果。

1. 创建小方块

01 创建形状图层。右击时间轴空白处，在弹出的快捷菜单中选择“新建”|“形状图层”命令，如图 9-114 所示。根据所需给图层命名，本案例中命名为“方块 1”。

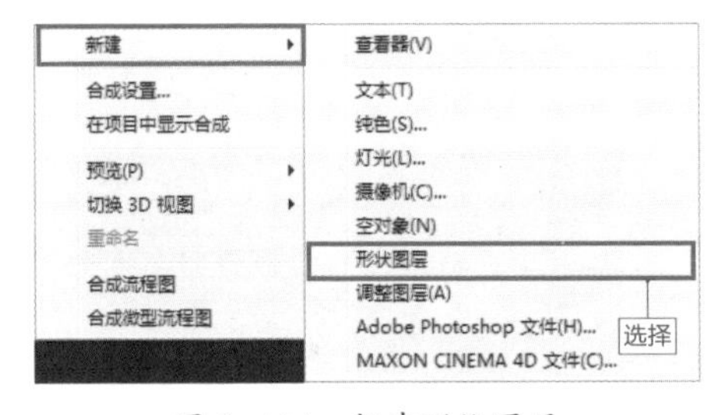

图 9-114　新建形状图层

02 添加“矩形路径”“描边”和“填充”属性。向下展开新创建的“方块 1”图层，单击属性右侧的“添加”按钮，调出子菜单后，依次启动“矩形路径”“描边”和“填充”命令，添加这 3 个属性，如图 9-115 所示。

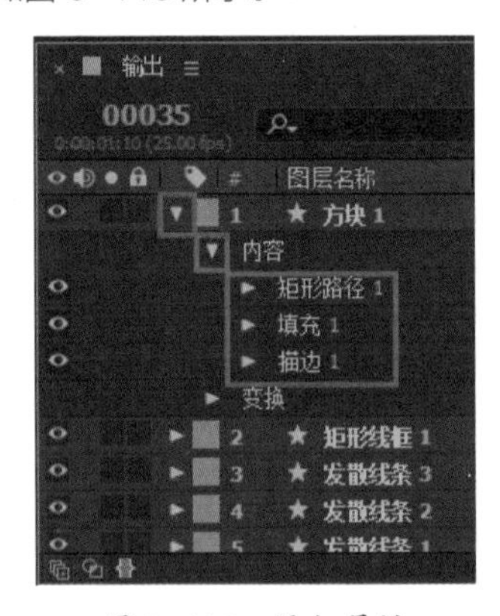

图 9-115　添加属性

03 上述操作后，会发现视图中出现了一个红色白边的正方形，正是我们添加这些属性所生成的默认矩形。当然，我们可以根据所需来修改该矩形的大小、填充和描边颜色。

04 设置矩形大小。展开“矩形路径 1”属性后，设置合适的矩形大小，本案例中设置为 84、84。

05 设置描边颜色。展开“描边 1”属性后，单击“颜色”图标，打开“颜色”对话框。设置正方形描边颜色为纯黑色，参考数值为“#000000”，然后单击“确定”按钮。

06 设置描边宽度。根据所需设置描边宽度，本案例中设置为 4。

07 设置填充颜色。展开“填充 1”属性后，单击“颜色”图标，打开“颜色”对话框。本案例中设置正方形“填充颜色”为亮蓝色，参考数值为“#00FFF6”，然后单击“确定”按钮。

至此，第一个小方块的基本形态就制作完成了，如图 9-116 所示。

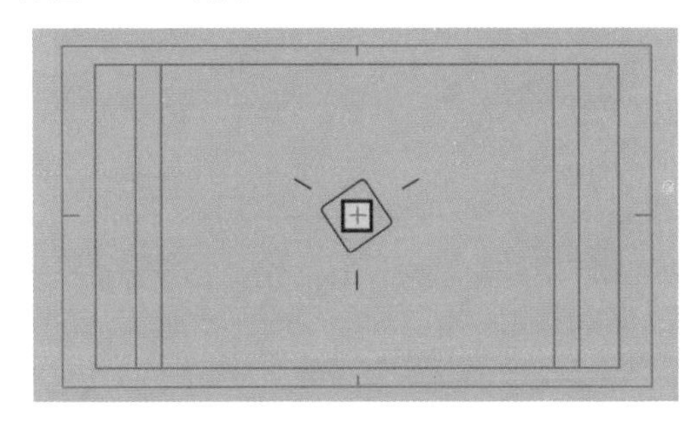

图 9-116　效果展示

2. 制作小方块由中心向外弹出的动画效果

01 先来设置小方块的动画时长。本案例中以第 34 帧开始动画为例，将播放头移动至第 34 帧，按快捷键 Alt+[切割时间条头部，如图 9-117 所示。

02 以 48 帧后结束动画为例，将播放头移动至第 82 帧，按快捷键“Alt+]”切割时间条尾部。

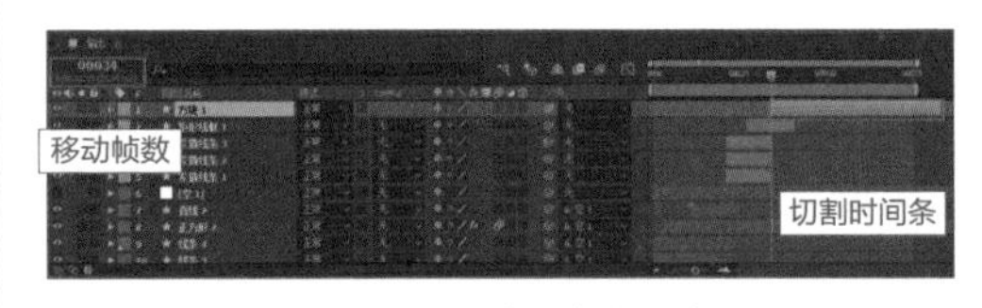

图 9-117　切割时间条

03 单击“方块 1”图层左侧的小三角按钮，

逐一向下展开图层的“变换”属性。

04 将播放头移动至第 34 帧，设置小方块的初始位置的关键帧。逐一单击“位置”“缩放”和“旋转”属性左侧的“时间变化秒表”按钮，添加关键帧。

05 由于需要制作小方块从画面中心从无到有，然后再向画面外侧弹出的效果，所以小方块在画面一开始的初始效果应该是没有的，下面来设置一下缩放参数。确保播放头仍然位于第 34 帧的情况下，修改“缩放”比例为 0%、0 %。

06 如果有需要，也可以设置一下旋转角度。小方块动画的初始关键帧就设置完成了，如图 9-118 所示。

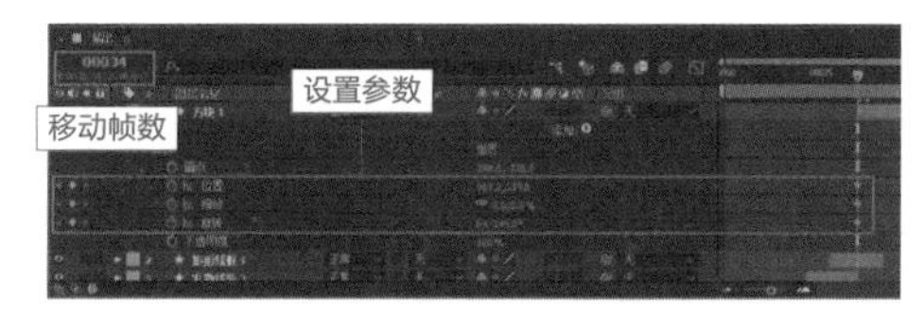

图 9-118 设置初始关键帧

07 接着添加小方块在画面中完全出现的关键帧。本案例中以第 47 帧时小方块完全出现为例，将播放头移动至第 47 帧，设置“缩放”比例为 50.7%、50.7%，随即自动添加关键帧。

08 如果想让小方块快一些消失，则在设置最终位置关键帧之前，将小方块的缩放比例归零。以第 62 帧时小方块逐渐缩小消失为例，将播放头移动至第 62 帧，设置“缩放”比例为 0%、0 %，随即自动添加关键帧。

09 添加“旋转”关键帧。本案例中以第 80 帧时小方块结束旋转为例，将播放头移动至第 80 帧，设置“旋转”角度为 0×+270° ，随即自动添加关键帧。

10 设置小方块最后出现的位置关键帧。本案例中以第 81 帧时，小方块移动至最后一个位置为例。将播放头移动至第 81 帧，根据所需设置小方块最后的位置，本案例中设置“位置”参数为 621.3、644.9，随即自动添加关键帧。

11 至此，小方块向外弹出的动画关键帧就设置完成了，如图 9-119 所示。要想让动画效果更具节奏感，我们还可以给关键帧添加缓动，并调整动画曲线。

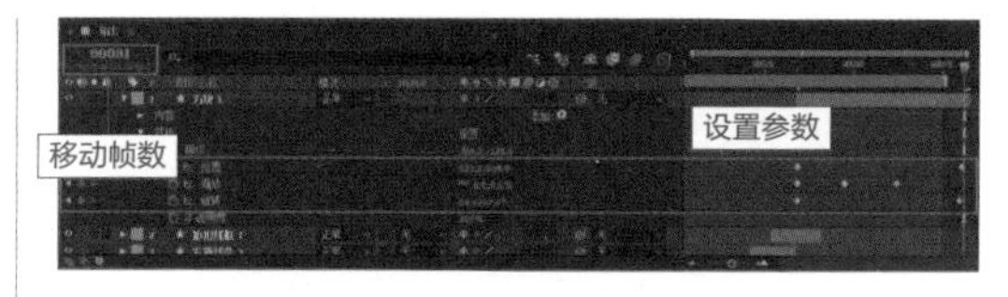

图 9-119 设置结束关键帧

12 选中“位置”属性的最后一个关键帧，按快捷键 F9 添加缓动。

13 单击时间轴面板上方的“图表编辑器”按钮，调出图表编辑器。根据所需调整位移动画的动画曲线，本案例中调整为“先慢后快”的效果，曲线如图 9-120 所示。

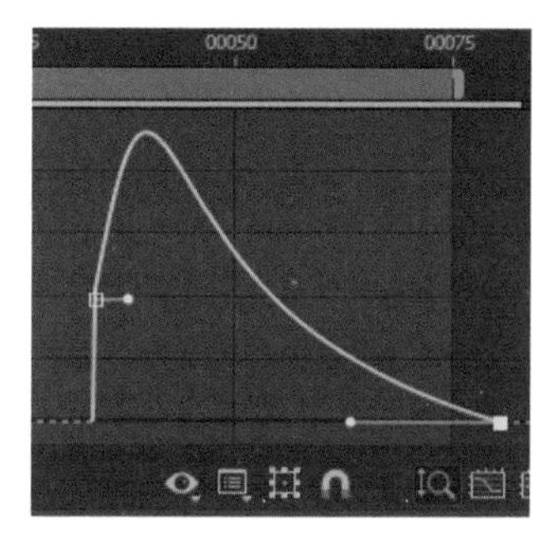

图 9-120 调整位移动画曲线

14 单击亮起的“图表编辑器”按钮，关闭图表编辑器，继续给其他关键帧添加缓动。选中“旋转”属性的最后一个关键帧，按快捷键 F9 添加缓动。

15 同样可以根据所需调整一下该关键帧的动画曲线，如图 9-121 所示。

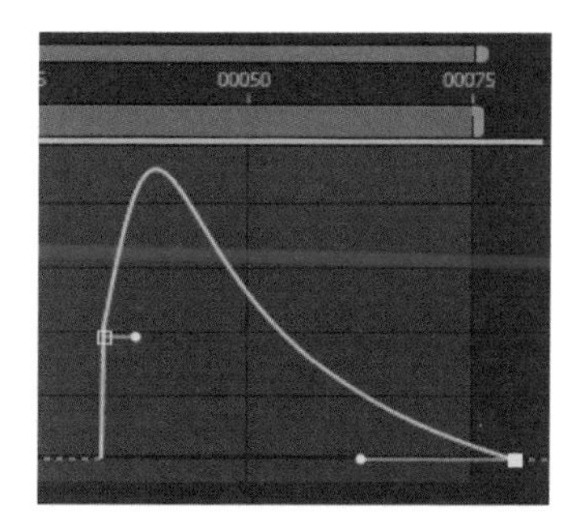

图 9-121 调整旋转动画曲线

16 其他关键帧均可采用这种方法，来进行关键帧曲线的调整，直至达到最佳的动画效果。全部关键帧效果，如图 9-122 所示。

至此，小方块弹出画面中的第一个小方块就制作完成了。

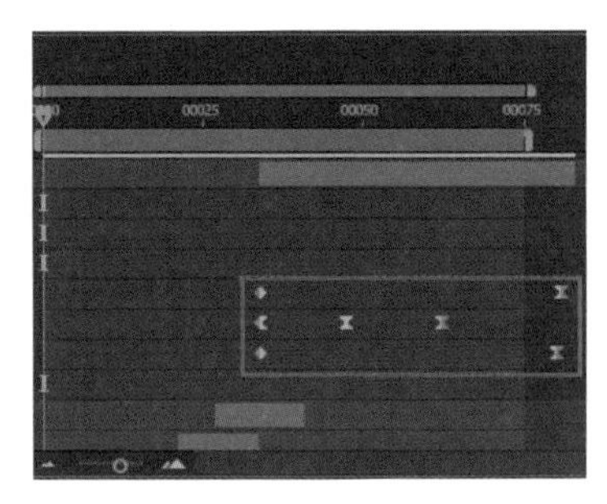

图 9-122　关键帧效果

3. 制作其他小方块的动画效果

01 由于需要制作 4 个小方块同时从画面中心弹出的效果，所以可以直接利用已完成的“方块 1”图层，通过复制并修改位置与颜色，来提高工作效率。

在复制图层之前，可以先修改一下图层的标签颜色，以免混淆图层。右击“方块 1”图层左侧的颜色标签■，在弹出的快捷菜单中选择标签颜色。本案例中设置为“绿色”，如图 9-123 所示。

图 9-123　修改标签颜色

02 选中“方块 1”图层后，按快捷键 Ctrl+D 启动“重复”命令，复制出 3 个新的方块图层，如图 9-124 所示。

图 9-124　复制方块图层

03 为了让画面显得更加有趣，可以将 4 个方块图层时间条的开始时间相互错开一些。逐一向后拖动“方块 2”“方块 3”和“方块 4”的时间条，错开它们的出现时间。本案例中将“方块 2”的开始时间调整为第 35 帧，“方块 3”和“方块 4”的开始时间调整为第 41 帧，如图 9-125 所示。

04 此时 4 个方块图层中的方块动画路径仍然是一致的，所以，需要逐一调整“方块 2”“方块 3”和“方块 4”的最后一个位置关键帧所在的位置。

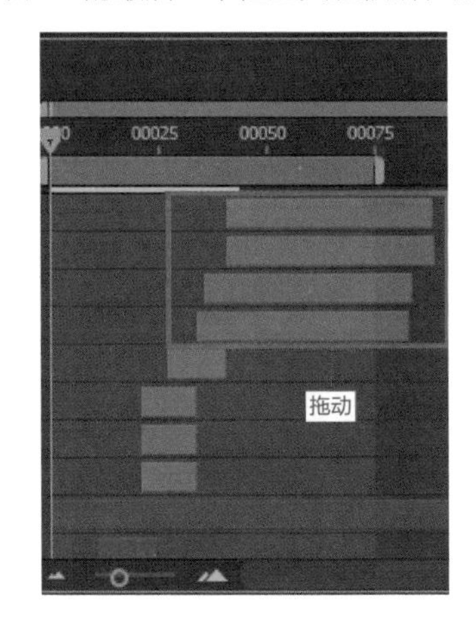

图 9-125　移动时间条

05 最后展开“填充”属性，修改它们的填充颜色。第二幕动画中 4 个小方块向外弹出的效果就制作完成了，如图 9-126 所示。

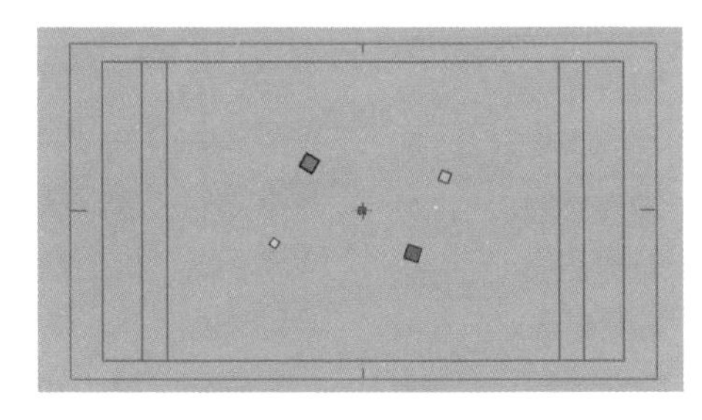

图 9-126　效果展示

9.3.5　切换画面的光标图形

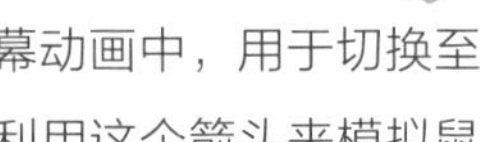

接下来制作在第二幕动画中，用于切换至第三幕动画的箭头。将利用这个箭头来模拟鼠标光标，点击画面中心的正方形，从而引导出第三幕动画。

1. 绘制光标的三角箭头部分

01 创建形状图层。右击时间轴空白处，在弹出的快捷菜单中选择“新建”|“形状图层”命令，如图 9-127 所示。

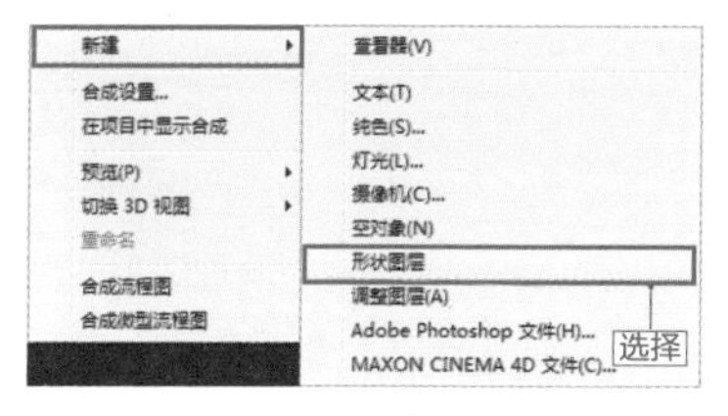

图 9-127　新建形状图层

02 为了避免混淆图层，可以根据所需给图层命名，本案例中命名为“箭头 1”。并且，还可以修改一下图层的标签颜色。

03 右击“箭头 1”图层左侧的颜色标签，在弹出的快捷菜单中选择标签颜色。本案例中设置为“橙色”，如图 9-128 所示。

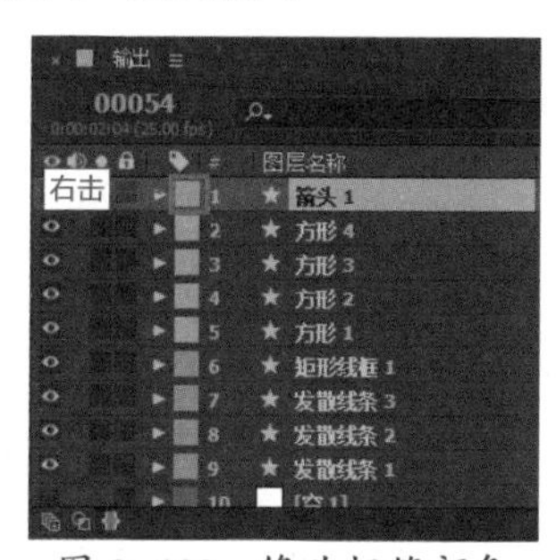

图 9-128　修改标签颜色

04 添加“多边星形路径”和“描边”属性。向下展开新创建的“箭头 1”图层，单击属性右侧的“添加”按钮，调出子菜单后，依次启动“多边星形路径”和“描边”命令，添加这两个属性，如图 9-129 所示。

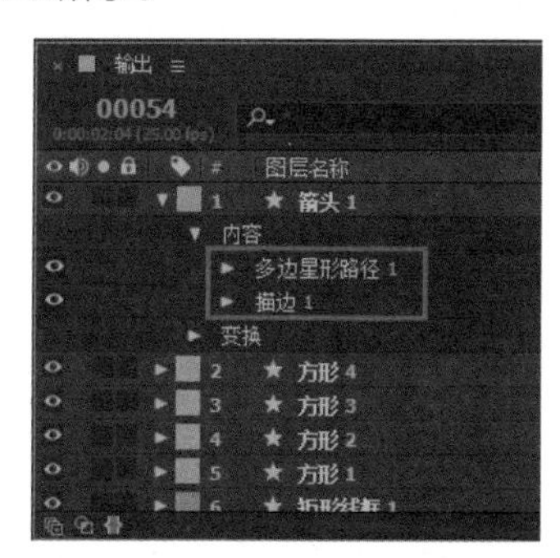

图 9-129　添加属性

05 上述操作后，会发现视图中出现了一个白边的五角星形状，正是我们添加这些属性所生成的默认星形，如图 9-130 所示。

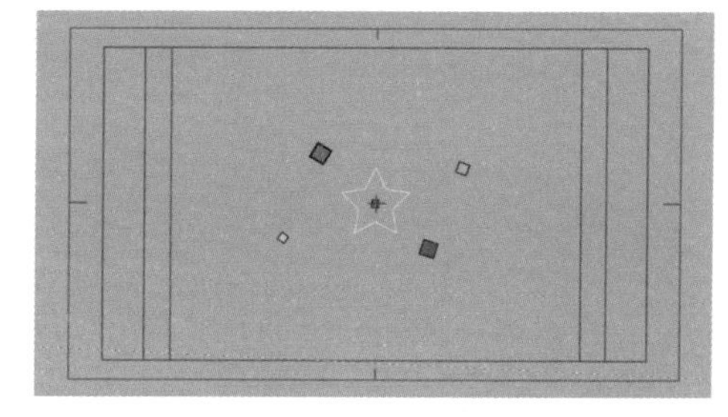

图 9-130　查看视图

06 设置多边星形节点数量。向下展开“多边星形路径 1”属性后，修改星形路径“点”数量，本案例中设置为“3”，可以看到视图中原本的五角星形状，就变成了一个三角形形状，如图 9-131 所示。

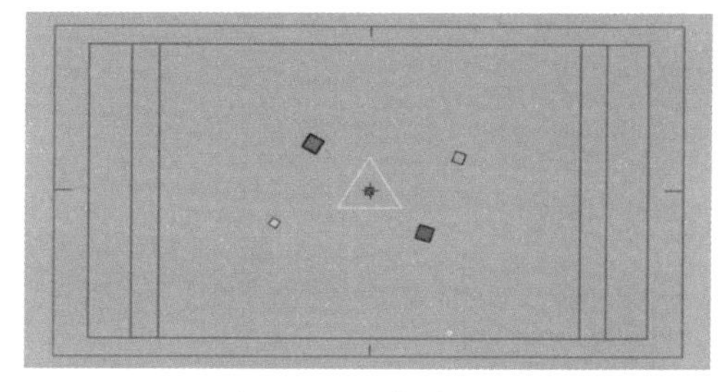

图 9-131　查看视图

07 设置描边颜色。向下展开“描边 1”属性后，单击“颜色”图标，打开“颜色”对话框。设置三角形的描边颜色为纯黑色，参考数值为“#000000”，然后单击“确定”按钮。

08 设置描边宽度。根据所需设置描边宽度，本案例中设置为 4。

09 展开“多边星形路径 1”属性后，在“类型”下拉列表中选择“多边形”选项，设置多边星形的类型，如图 9-132 所示。

图 9-132　设置类型

10 设置外径大小。要想修改三角形的大小，可以在“外径”属性中调整参数，本案例中设置为44，如图9-133所示。

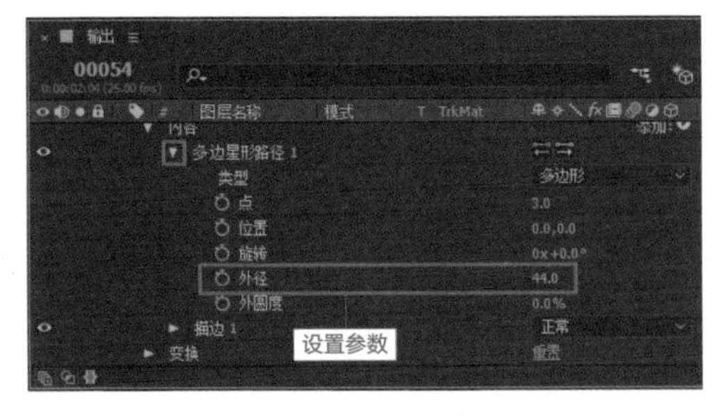

图 9-133 设置外径

11 当然，要想模拟鼠标的光标形态，还需要给三角形添加一个白色填充色。向下展开“箭头 1”图层，单击属性右侧的“添加”按钮，调出子菜单后，启动“填充”命令，将“填充 1”属性置于属性栏底层，如图9-134所示。

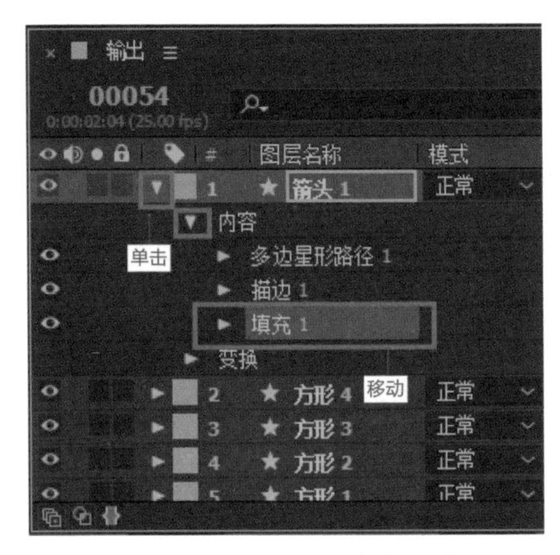

图 9-134 添加“填充”属性

12 设置填充颜色。展开“填充 1”属性，单击“颜色”图标，打开“颜色”对话框，设置三角形的填充颜色为纯白色，参考数值为“#FFFFFF”，然后单击“确定”按钮。

13 如果想让光标显得不那么死板，可以添加一个“圆角”属性，来给三角形进行圆角处理。向下展开“箭头 1”图层，单击属性右侧的“添加”按钮，调出子菜单后，启动“圆角”命令。

14 可以放大视图观察圆角细节，根据所需调整“圆角半径”数值，本案例中采用默认数值即可。至此，模拟光标的三角形部分就制作完成了，如图9-135所示。

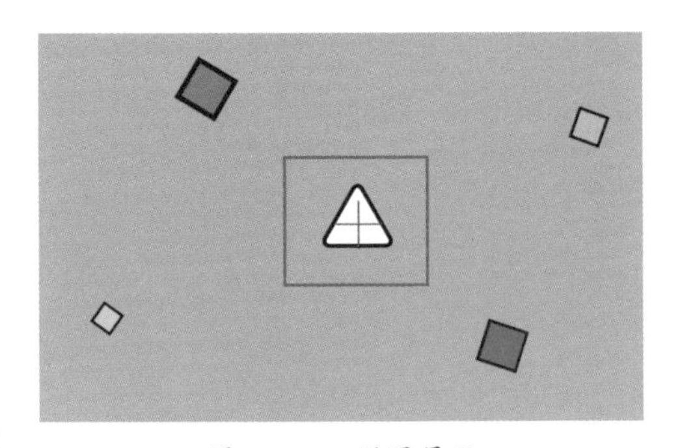

图 9-135 效果展示

2. 绘制光标的矩形部分

01 在制作光标下半部分的矩形之前，可以先将三角形的属性组合在一起，以免混淆。

按住 Shift 键不放，同时选中所有“内容”属性，如图9-136所示。

图 9-136 选中属性

02 按快捷键 Ctrl+G，即可将被选中的属性全部归纳到一个属性组合中，默认名称为“组 1”，如图9-137所示。

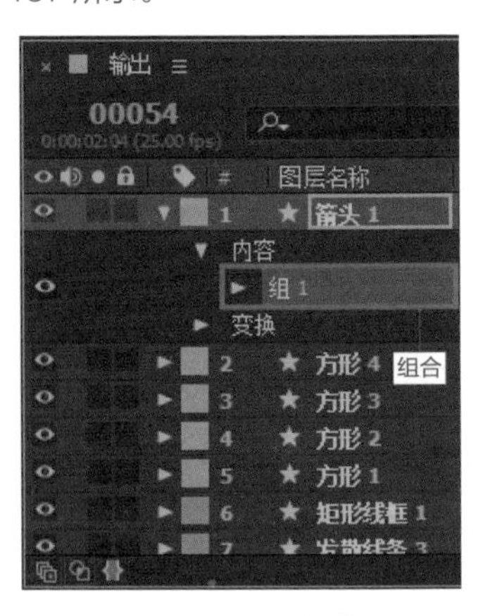

图 9-137 组合属性

提示

可以给该属性组合进行命名，以免在属性过多的情况下混淆。

03 选中“组 1”属性后，右击“组 1”名称，在弹出的快捷菜单中选择“重命名”命令。本案例中命名为“三角”，如图 9-138 所示。下面就可以开始制作模拟光标的下半部分矩形了。

图 9-138　命名属性组合

04 取消选中“三角”属性后，单击选中“内容”属性。否则新添加的属性，仍然会自动归纳到“三角”属性中去。

05 添加“矩形路径”“描边”和“填充”属性。单击属性右侧的“添加”按钮，调出子菜单后，依次启动“矩形路径”“描边”和“填充”命令，添加这 3 个属性，如图 9-139 所示。

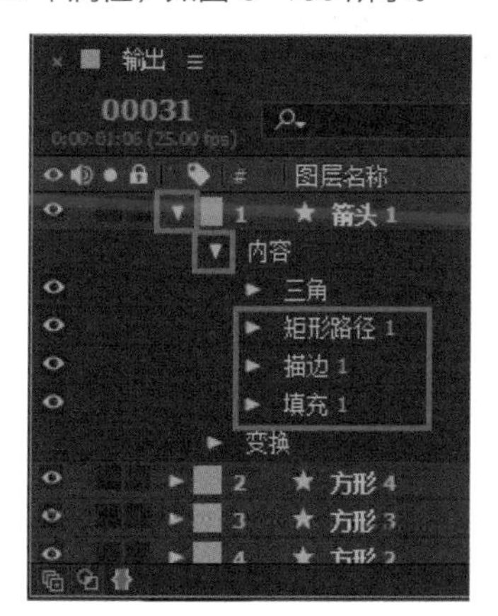

图 9-139　添加属性

06 设置描边颜色。根据需要设置矩形的描边颜色为纯黑色，参考数值为“#000000”。

07 设置描边宽度。根据所需设置描边宽度，本案例中设置为 4。

08 设置填充颜色。根据需要设置矩形的填充颜色为纯白色，参考数值为“#FFFFFF”。

09 设置矩形大小。向下展开“矩形路径 1”属性后，单击大小比例锁定复选框，取消锁定大小比例。根据所需设置光标下半部分的大小，本案例中设置“大小”参数为 36、60。

10 设置矩形的位置。调整矩形的位置，使其移动至三角形之下，并与三角形连接在一起。本案例中设置“位置”参数为 0、40。

11 为了保持光标形状的风格统一，还要给矩形添加圆角效果。在“矩形路径 1”属性中，设置与三角形一致的圆度，本案例中设置为 8，如图 9-140 所示。

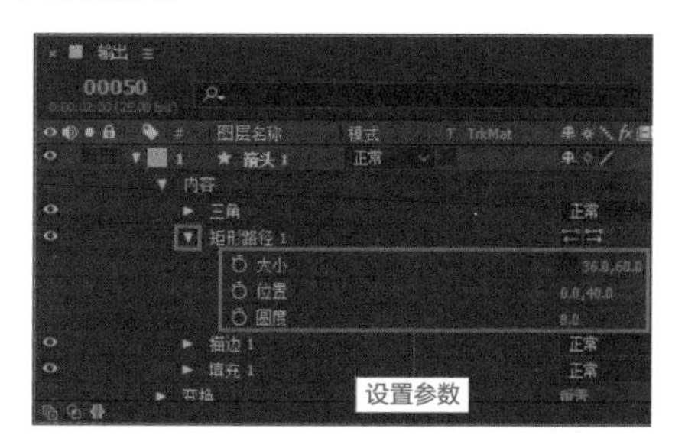

图 9-140　设置大小、位置和圆度

12 至此，光标的整体形态就制作完成了，效果预览如图 9-141 所示。

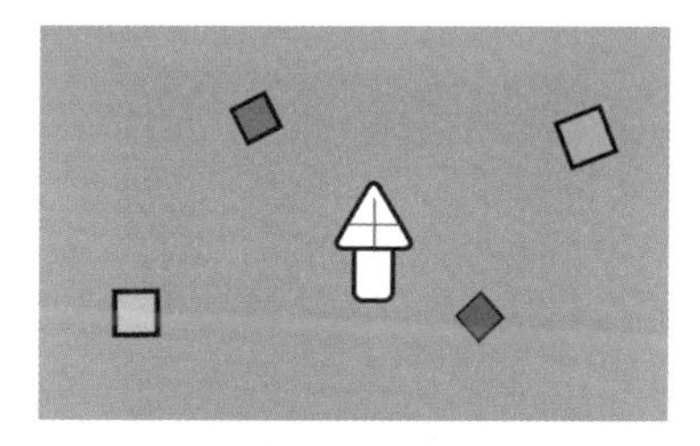

图 9-141　效果预览

13 然而光标的上下两部分之间是不存在分割线的，所以还要“合并路径”来处理一下中间的分割线。在处理分割线之前，可以先作矩形的属性组合在一起，以免混淆。

按住 Shift 键不放，同时选中所有制作矩形而新添加的属性，如图 9-142 所示。

图 9-142　选中属性

14 按快捷键Ctrl+G进行组合，并将默认名称修改为“矩形”，如图 9-143所示。

图 9-143　属性组合

15 取消选中“矩形”属性，单击选中“内容”属性。单击属性右侧的“添加”按钮，调出子菜单后，启动“合并路径”命令，添加“合并路径”属性，如图 9-144 所示。

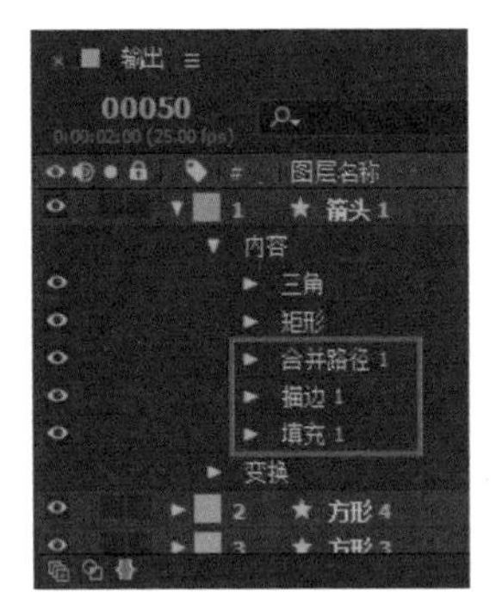

图 9-144　添加“合并路径”属性

16 仔细观察视图，会发现添加了“合并路径”属性后，两组路径之间的分割线就自动消失了，如图 9-145 所示。

17 将“箭头 1”图层重命名为“箭头”图层，至此，箭头的基本形态就制作完成了。

图 9-145　效果展示

提示

“合并路径”属性会自动分析图层中的多个路径，并进行合并处理。切勿删掉添加“合并路径”属性时新增的其他属性，否则合并路径就会失效。

3. 制作箭头的移动与变形动画效果

01 在添加动画关键帧之前，先来设置一下箭头的动画时长。根据所需设置动画的开始时间，本案例中以第 25 帧时箭头开始运动为例。将播放头移动至第 25 帧，按快捷键 Alt+[切割时间条头部。

02 根据所需设置动画的结束时间，本案例中以第 78 帧时箭头结束运动为例。将播放头移动至第 78 帧，按快捷键 Alt+] 切割时间条尾部，如图 9-146 所示。

图 9-146　切割时间条

03 向下展开“箭头 1”图层的“变换”属性，并将播放头移动至第 25 帧。依次单击“位置”“缩放”和“旋转”属性左侧的“时间变化秒表”按钮，添加关键帧。

04 设置箭头在动画第一帧时所在的位置参数。将箭头的初始位置设置到合成画面的右下角(出画)，本案例中设置“位置”参数为“1966.0*1094.0”。

05 设置箭头“缩放”比例。将箭头的初始大小比例设置得较小一些，本案例中设置“缩放”比例参数为 76%。

06 设置箭头“旋转”角度。旋转箭头使其头部朝向左上角，本案例中设置“旋转”角度参数为

0×-16.0°，箭头动画的初始关键帧就设置完成了，如图 9-147 所示。

图 9-147　添加关键帧

07 接着添加箭头点击正方形时的关键帧。由于箭头运动遵循近大远小的原理，所以应该在“点击”运动的前面，添加原“缩放”比例关键帧。

将播放头移动至第 41 帧，单击“缩放”属性左侧的按钮，随即在当前时间添加原“缩放”比例关键帧。

08 以第 44 帧时箭头“点击”正方形为例，将播放头移动至第 44 帧。设置“位置”参数为“960.0，570.4”；设置“缩放”比例为“64.5%”；设置“旋转”角度为 0×-8.2°。随即自动添加关键帧，如图 9-148 所示。

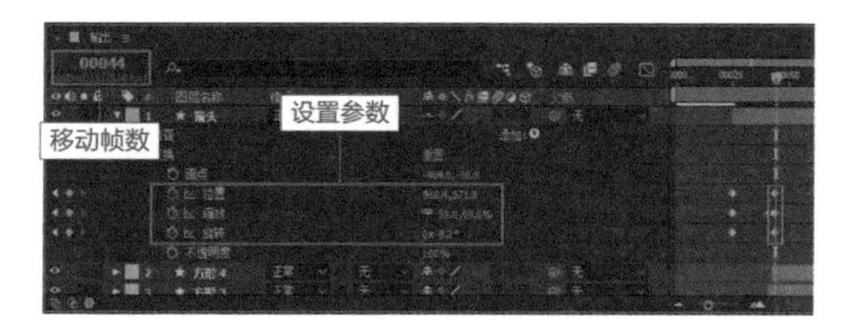

图 9-148　设置关键帧

09 再来设置箭头“点击”完成后，逐渐恢复大小的过程。以第 46 帧时箭头开始逐渐放大为例，将播放头移动至第 46 帧，设置“缩放”比例为 97.3%、97.3%，随即自动添加“缩放”关键帧。

10 以第 60 帧时箭头完成缩放动画为例，将播放头移动至第 60 帧，设置“缩放”比例为 488.9%、488.9%，随即自动添加“缩放”关键帧。

11 添加结束旋转动画的关键帧。以第 65 帧时箭头结束旋转动画为例，将播放头移动至第 65 帧，设置“旋转”角度为 0×-13.9°，随即自动添加“旋转”关键帧。

12 设置箭头最后移动的“位置”关键帧。以第 77 帧时箭头移出画面为例，将播放头移动至第 77 帧，添加箭头位于画面左上角（出画）的关键帧。本案例中设置“位置”参数为 -548.6、-88.0，随即自动添加“位置”关键帧。

至此，箭头运动的动画关键帧就添加完成了，如图 9-149 所示。

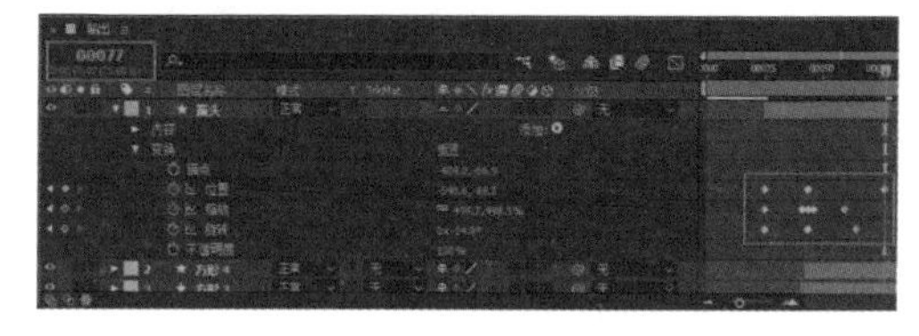

图 9-149　效果展示

13 为了让箭头的运动更具节奏感，还可以调节运动路径的曲线，或者给关键帧添加缓动。

激活视图中路径的关键帧节点后，拖动手柄调节路径曲线，如图 9-150 所示。

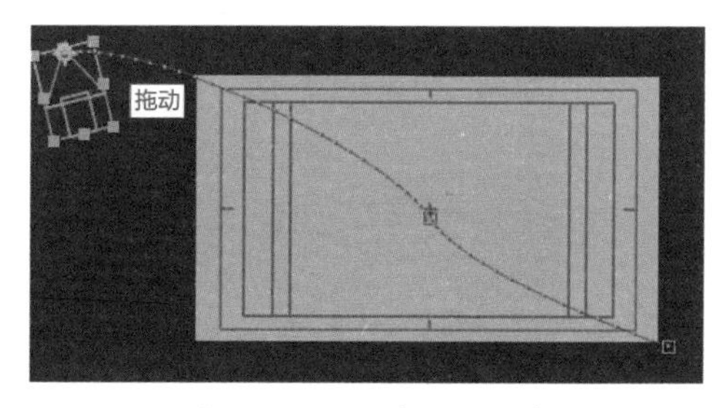

图 9-150　调节路径曲线

14 选中需要添加缓动的关键帧后，按快捷键 F9 添加缓动，如图 9-151 所示。至此，箭头运动的动画就制作完成了。

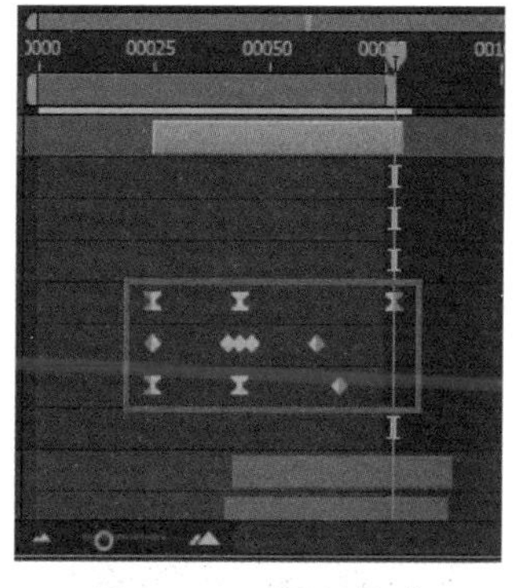

图 9-151　添加缓动

提示

反复预览已经制作好的内容，检查动画节奏是否需要调整。本案例中将 4 个小方块的图层适当后移至第 42 帧出现，这样就可以在箭头“点击”后，才弹出 4 个小方块。

9.3.6 展开画面的圆圈

最后来制作在第二幕动画中用于展开至第三幕动画的圆圈。这个圆圈将从正方形消失的位置逐渐放大，从而展现出最后的图形。

1. 绘制圆圈图形

01 创建形状图层。右击时间轴空白处，在弹出的快捷菜单中选择“新建”|“形状图层”命令，将新图层命名为“粉圈 1”，修改标签颜色为“粉色”。

02 由于这个粉色圆圈放大的过程中，可能会与箭头和小方块等元素形成遮挡，所以我们可以调整一下“粉圈 1”图层的位置，将它向下拖动至“背景”图层之上，如图 9-152 所示。

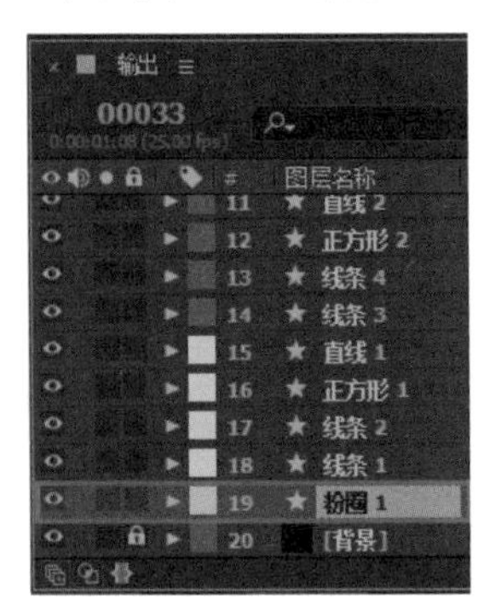

图 9-152 调整图层顺序

03 添加“椭圆路径”“描边”和“填充”属性。展开新创建的“粉圈 1”图层，单击属性右侧的“添加”按钮，调出子菜单后，依次启动“椭圆路径”“描边”和“填充”命令，添加这 3 个属性如图 9-153 所示。

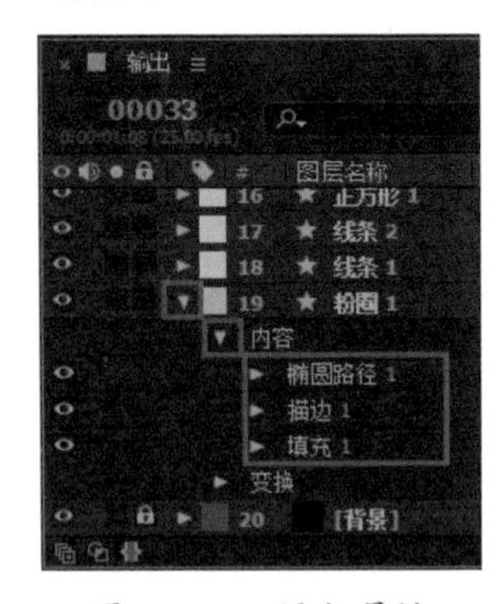

图 9-153 添加属性

04 上述操作后，视图中出现了一个红色白边的椭圆形状，这正是添加这些属性所生成的默认椭圆，如图 9-154 所示。

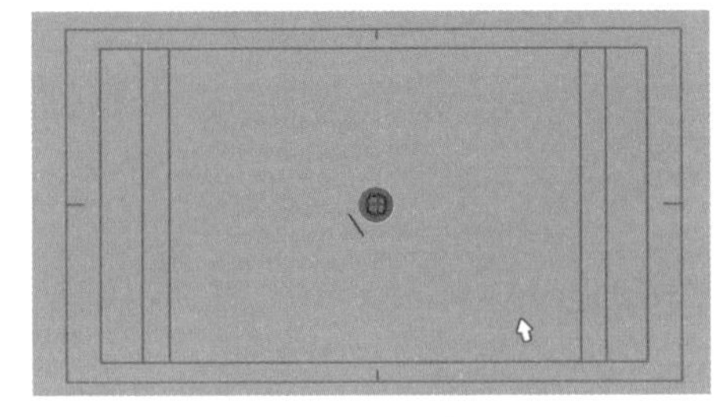

图 9-154 查看视图

05 设置描边颜色。根据需要设置椭圆的描边颜色为纯黑色，参考数值为“#000000”。

06 设置描边宽度。根据所需设置描边宽度，本案例中设置为 4。

07 设置填充颜色。根据所需设置与蓝色背景搭配和谐的圆圈颜色，本案例中设置椭圆的填充颜色为粉色，参考数值为“#FF4747”。

至此，粉色椭圆的形态就制作完成了，如图 9-155 所示。

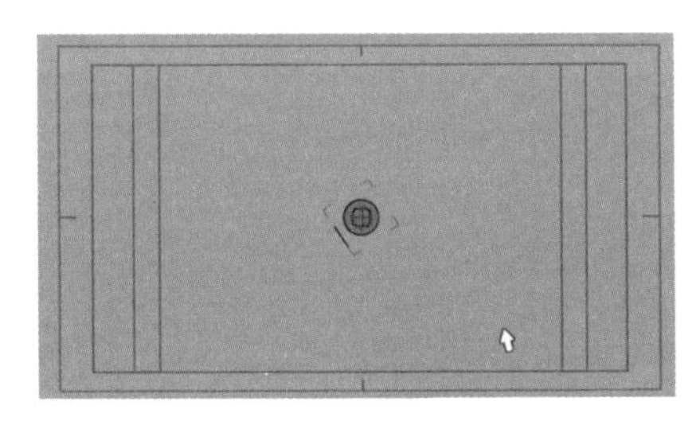

图 9-155 效果展示

08 本案例需要的是一个粉色圆圈逐渐放大后，展开第三个白色底画面的效果，所以需要再绘制一个白色椭圆，与粉色椭圆叠加在一起形成圆圈的效果。

选中“粉圈 1”图层，按快捷键 Ctrl+D 启动“重复”命令，随即复制出“粉圈 2”图层，将“粉圈 2”重命名为“底色圈 1”。

09 修改填充颜色。根据所需设置用于最后一个画面的底色，本案例中设置该椭圆的填充颜色为纯白色，参考数值为“#FFFFFF”。

10 设置椭圆大小。如果觉得椭圆太小，还可以同时修改一下两个椭圆图层的“大小”参数。向下展开“椭圆路径 1”属性，设置椭圆“大小”参数为 998、998。

至此，白色椭圆的形态也就制作完成了，效果如图 9-156 所示。

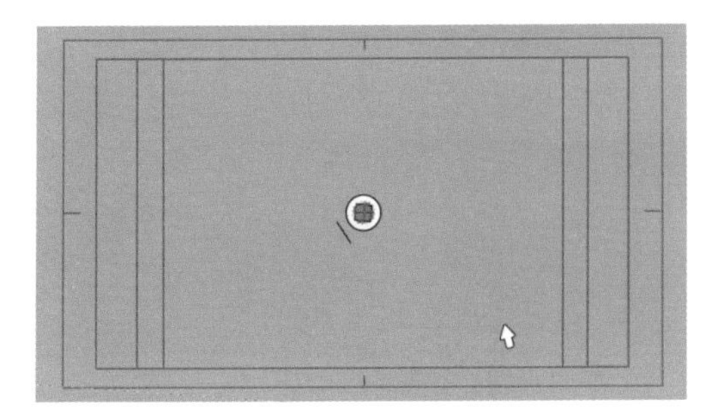

图 9-156　查看视图

2. 创建逐渐放大的动画效果

下面我们就来给这两个椭圆添加“缩放”变化的动画关键帧，使它们呈现出粉色圆圈逐渐放大的效果。

01 按住 Shift 键不放，同时选中“粉圈 1”和“底色圈 1”图层，再按快捷键 S，调出图层的“缩放”属性，如图 9-157 所示。

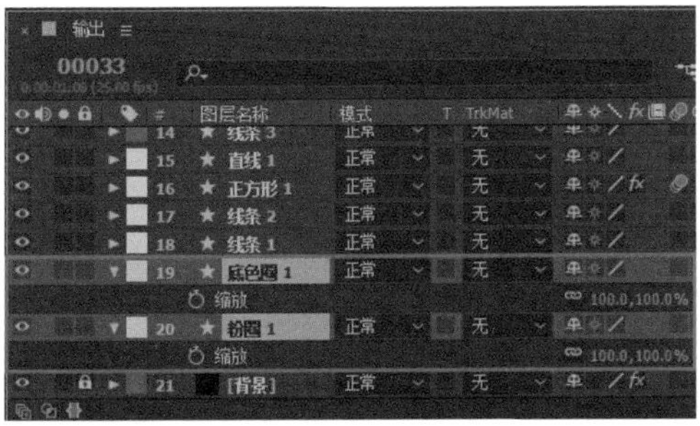

图 9-157　调出“缩放”属性

02 在确保同时选中两个椭圆图层的情况下，来设置这两个图层的出现时间。本案例中以第 34 帧时圆圈开始出现为例，将播放头移动至第 34 帧，按快捷键 Alt+[切割时间条头部，如图 9-158 所示。

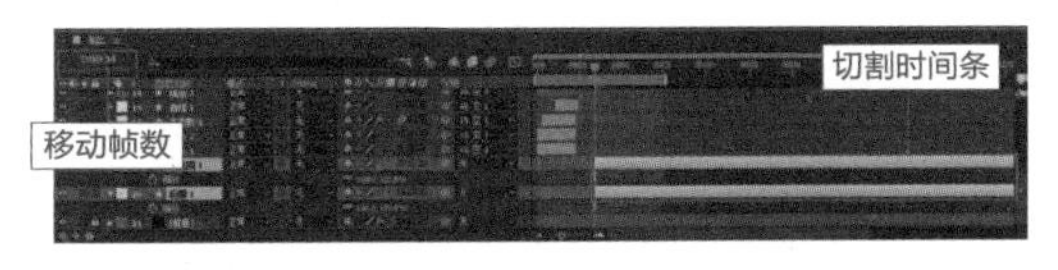

图 9-158　切割时间条头部

03 在第 34 帧处，将两个图层的“缩放”参数都修改为 0%、0 %。然后单击“缩放”属性左侧的“时间变化秒表”按钮，添加“缩放”关键帧。

04 本例需要设置“粉圈”的缩放比例大于“底色圈”，才能呈现出一个粉色圆圈的效果。所以，在之后添加“缩放”关键帧时，可以设置“粉圈 1”图层的缩放比例大于“底色圈 1”图层的缩放比例。将播放头移动至第 55 帧，分别设置“底色圈 1”的缩放比例为 71.8%、71.8%，设置“粉圈 1”的缩放比例为 90.8%、90.8%。随即自动添加关键帧，如图 9-159 所示。

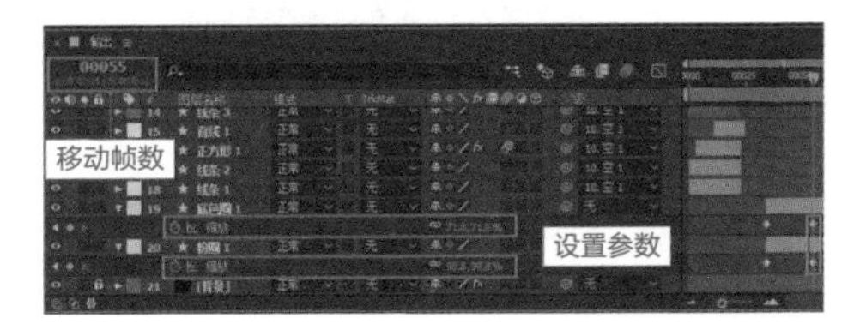

图 9-159　添加“缩放”关键帧

这样在第 55 帧前，都可以呈现出粉色圆圈放大的效果，如图 9-160 所示。

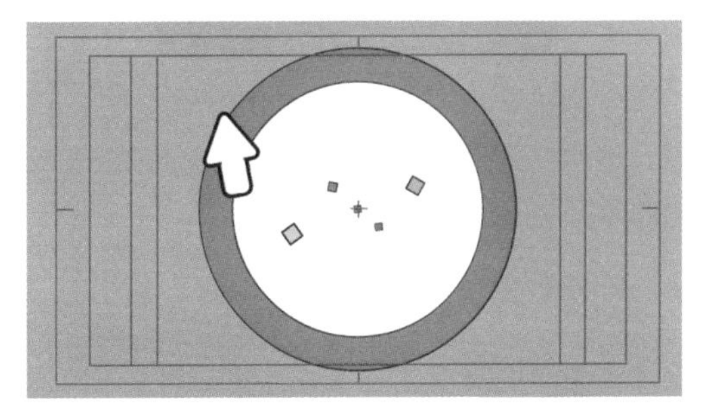

图 9-160　效果展示

05 在展开第三个白色底画面后，就需要“底色圈”在第 55 帧后，缩放比例大于“粉圈”，从而完全遮盖掉“粉圈”。以第 79 帧时“底色圈”完全放大至遮盖住整个画面为例，将播放头移动至第 79 帧，设置“底色圈”的缩放比例为 235%、235%，随即自动添加关键帧。

06 以第 87 帧时“粉圈”结束缩放动画为例，将播放头移动至第 87 帧，设置缩放比例为 218%、218%，随即自动添加关键帧，如图 9-161 所示。

07 为关键帧添加缓动，来呈现动画节奏的效果。选中需要添加缓动的关键帧后，按快捷键 F9 添加缓动。

08 选中缓动关键帧后，单击“图表编辑器”按钮，调出图表编辑器来调节运动曲线，曲线参考如图 9-162 所示。

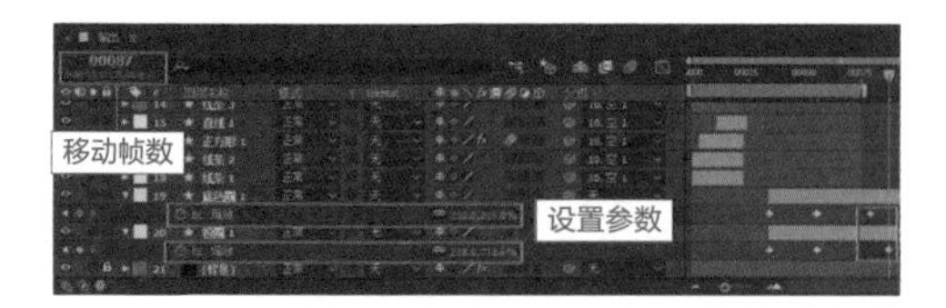

图 9-161　添加“缩放”关键帧

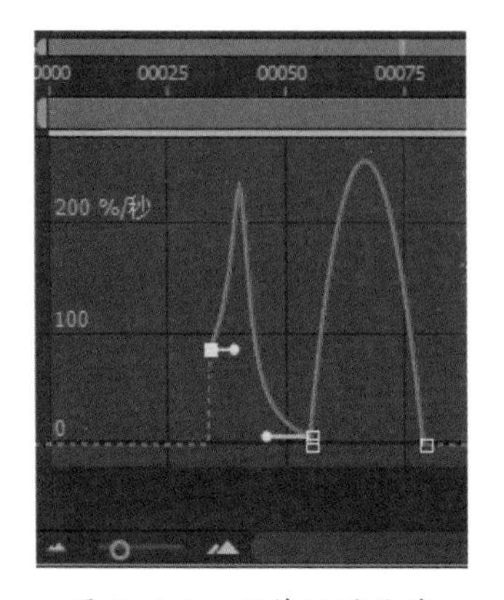

图 9-162　调节运动曲线

09 调节完成后，单击亮起的“图表编辑器”按钮，关闭图表编辑器。

10 至此，两个椭圆的缩放动画就制作完成了，其关键帧效果如图 9-163 所示。

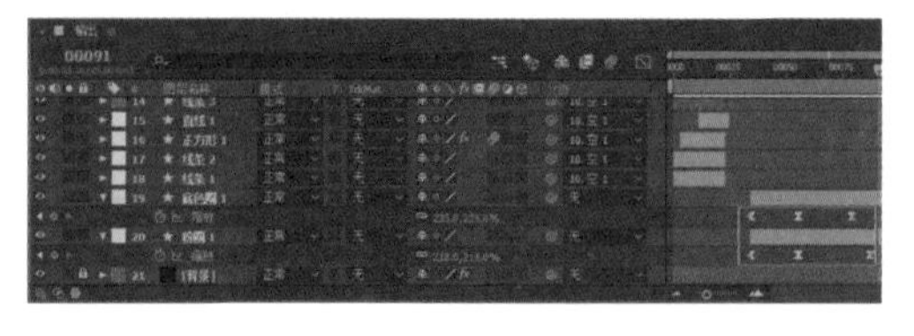
图 9-163　关键帧效果

此时画面中呈现的就是一个完整的白色底画面了，如图 9-164 所示。

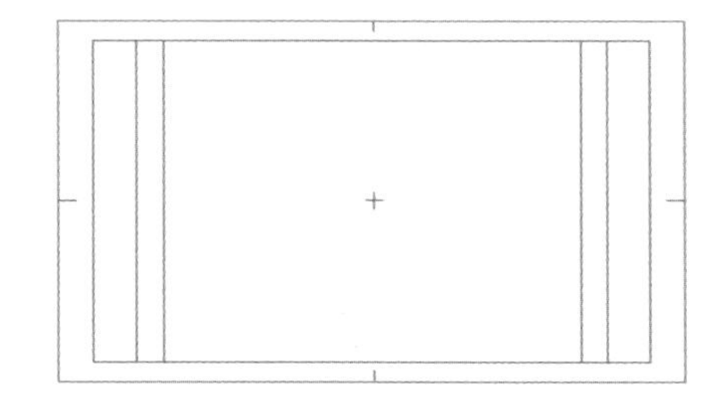
图 9-164　效果展示

9.4 创建第三幕LOGO展示动画

经过第二幕动画的过渡，第三幕动画变得十分简洁，只保留了中间的LOGO部分。考虑到MG动画的传播性，一般不会直接在AE软件中绘制LOGO图形，而会通过调用AI或PS等素材文件来代替。

9.4.1 制作LOGO的背景框

接下来，我们在最后一个画面中，制作既简单又可以突出LOGO的画面效果。

1. 绘制六边形图形

01 选中合成中的第一个图层（“箭头”图层）后，创建形状图层，将新图层命名为“六边形 1”，修改标签颜色为“浅绿色”，如图 9-165 所示。

02 向下展开新创建的“六边形 1”图层，单击属性右侧的“添加”按钮，调出子菜单后，依次启动“多边星形路径”“描边”和“填充”命令，添加这 3 个属性，如图 9-166 所示。

图 9-165　创建形状图层

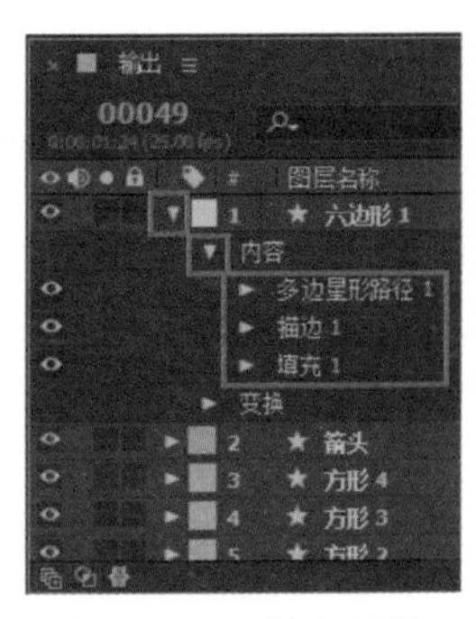

图 9-166　添加属性

03 上述操作后，会发现视图中出现了一个红色白边的五角星形状，这正是我们添加这些属性所生成的默认多边星形，如图 9-167 所示。

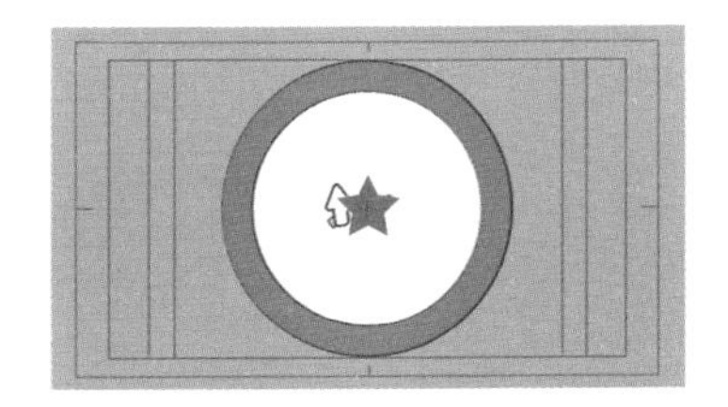

图 9-167　查看视图

04 设置多边星形的“类型”。向下展开“多边星形路径 1”属性后，在“类型”下拉列表中选择“多边形”选项，如图 9-168 所示。

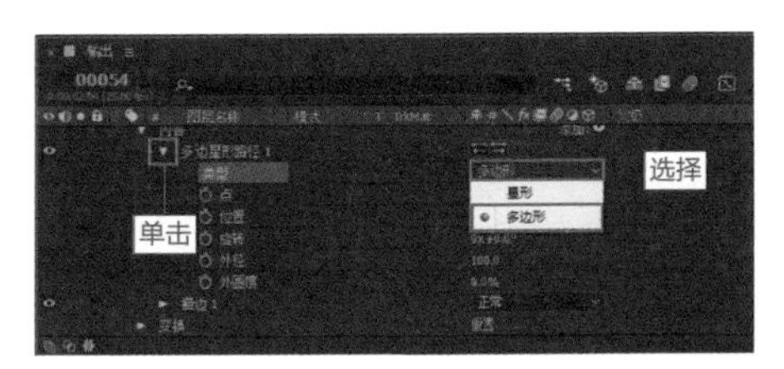

图 9-168　设置类型

05 设置多边星形路径“点”数量。由于本例需要的是一个六边形，所以设置“点”为“6”。

06 设置“外径”大小。要想修改六边形的大小，可以调整“外径”参数，本案例中设置为 83。

07 设置“外圆度”。为保持画面效果统一，设置一下六边形各个角的圆度，本案例中设置为 30，如图 9-169 所示。

08 设置描边颜色。根据需要设置六边形的描边颜色为纯黑色，参考数值为“#000000”。

09 设置描边宽度。根据所需设置描边宽度，本案例中设置为 4。

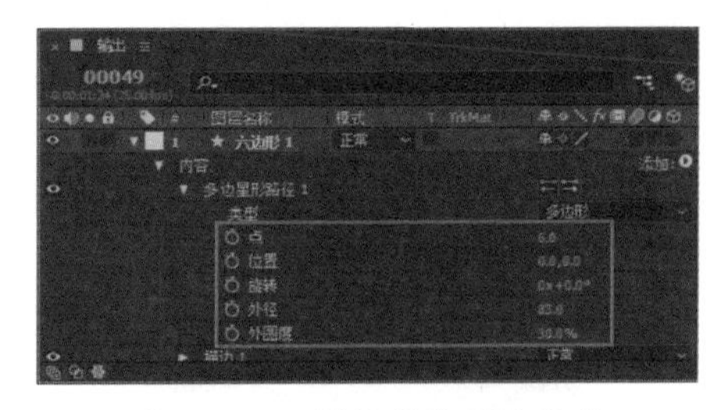

图 9-169　设置多边形的参数

10 设置填充颜色。根据所需设置与蓝色背景搭配和谐的六边形颜色，本案例中设置六边形的填充颜色为浅蓝色，参考数值为“#A8D5FF”。

至此，浅蓝色六边形的形态就制作完成了，如图 9-170 所示。

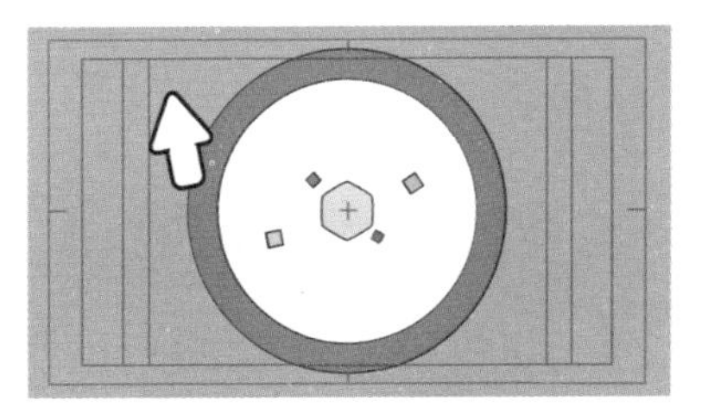

图 9-170　效果展示

2. 制作六边形的旋转动画效果

下面来制作六边形从画面中心旋转出现的动画。

01 本案例中以第 49 帧时六边形开始出现为例。将播放头移动至第 49 帧，按快捷键 Alt+[，切割时间条头部。

02 选中“六边形 1”图层后，按快捷键 S 调出图层的“缩放”属性。然后按快捷键 Shift+R，调出图层的“旋转”属性，如图 9-171 所示。

03 保持“旋转”参数不变，将“缩放”数值修改为 0%、0%。然后分别单击“缩放”和“旋转”属性左侧的“时间变化秒表”按钮，在第 49 帧添加“缩放”和“旋转”关键帧。

04 以第 66 帧时完成缩放动画为例，将播放头移动至第 66 帧，设置“缩放”比例为 192%、192%，随即自动添加“缩放”关键帧。

05 以第 70 帧时完成旋转动画为例，将播放头移动至第 70 帧，设置“旋转”角度为 0×+270°，随即自动添加“旋转”关键帧。

图 9-171　调出“缩放”和“旋转”属性

06 选中最后一个“旋转”关键帧后，按快捷键F9添加缓动。然后调出图表编辑器，根据所需调节六边形旋转动画的运动曲线，参考曲线如图9-172所示。

至此，LOGO底部的六边形就制作完成了。

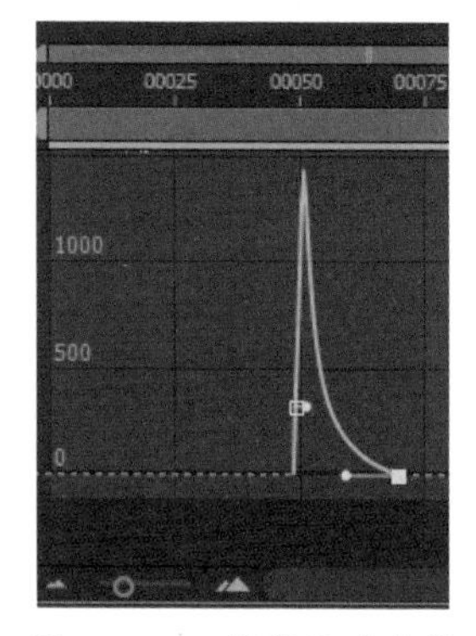

图 9-172　调节运动曲线

9.4.2 结尾LOGO的呈现 重点

接下来就可以导入LOGO的AI文件素材，直接将LOGO放置到画面中，创建最终的动画效果。

1. 导入 AI 素材文件

01 按快捷键Ctrl+I启动“导入文件”命令，在弹出的“导入文件”对话框中，找到“素材”文件夹中名为“LOGO”的AI文件，然后单击“导入”按钮。导入AI文件时，最好是将“标志”“自媒体名称”和“域名”，分别按单个“图层”的形式导入合成中，如图9-173所示。

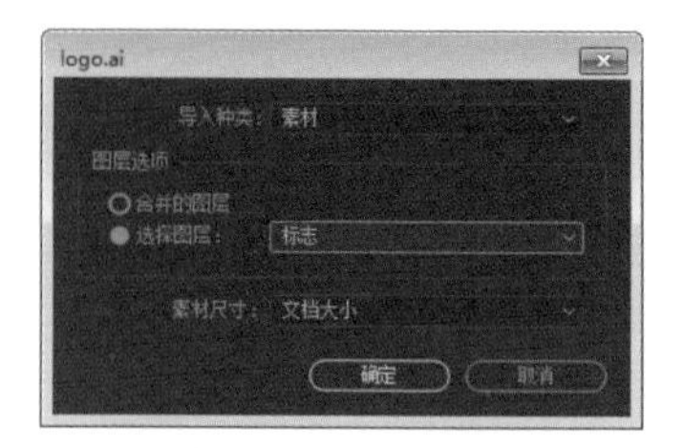

图 9-173　导入素材

02 全部导入合成中后，单击“项目”面板中的“新建文件夹”按钮，创建新文件夹，命名为“LOGO”。

03 将所有新导入的素材，同时选中后拖入“LOGO”文件夹，以保持“项目”面板的整洁，如图9-174所示。

图 9-174　整合素材

04 选中“项目”面板中的“标志”AI素材后，向下拖动置于合成顶层。并且，将“标志”图形移动至六边形的中心位置，如图9-175所示。

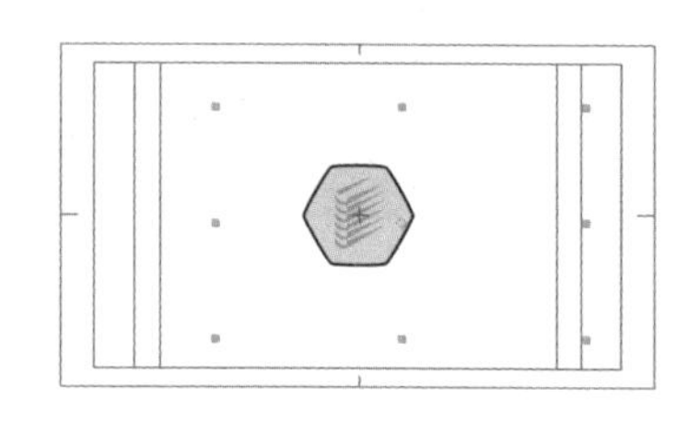

图 9-175　移动素材图像

05 此时，会发现合成中呈现的“标志”颜色，仍是AI素材原本的颜色。可以通过“填充”效果插件，在不影响原素材的情况下，修改一下“标志”的颜色。

打开“效果和预设”面板，在搜索框中输入关键词“填充”，调出“填充”效果插件，如图9-176所示。

06 选中“标志”图层后，双击“填充”效果插件名称，即可将效果插件应用到“标志”图层。

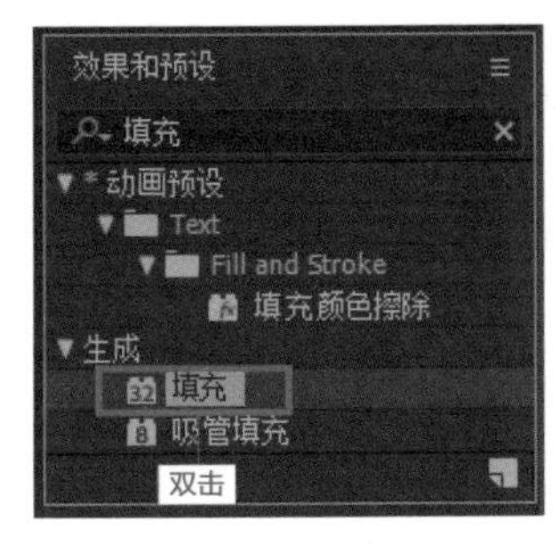

图 9-176　调出“填充”效果插件

07 在“效果控件”面板中，单击“颜色”图标，在弹出的“颜色”对话框中设置填充颜色。本案例中设置填充颜色为纯黑色，参考数值为“#000000”，单击“确定”按钮，关闭对话框。此时，“标志”就变成黑色的了，如图 9-177 所示。

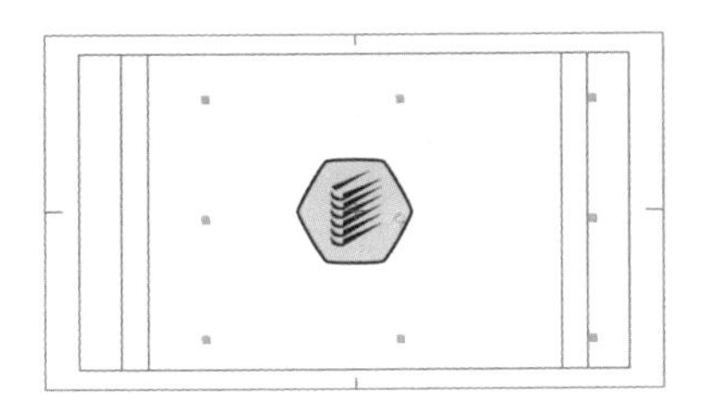
图 9-177　效果展示

08 动画中“标志”要跟随六边形一起出现，所以就要将“标志”图层链接到“六边形 1”图层。选中“标志”图层的链接拾取器图标，将其拖动至“六边形 1”图层，两个图层随即完成链接，如图 9-178 所示。

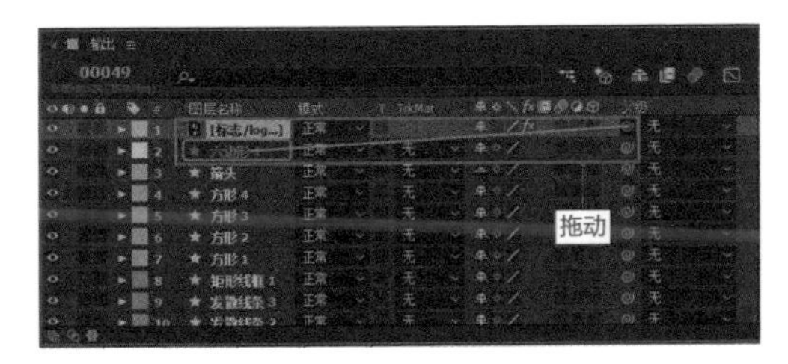

图 9-178　链接图层

09 调整“标志”图层的出现时间。将播放头移动至六边形出现的第 49 帧，按快捷键 Alt+[切割时间条头部，如图 9-179 所示。

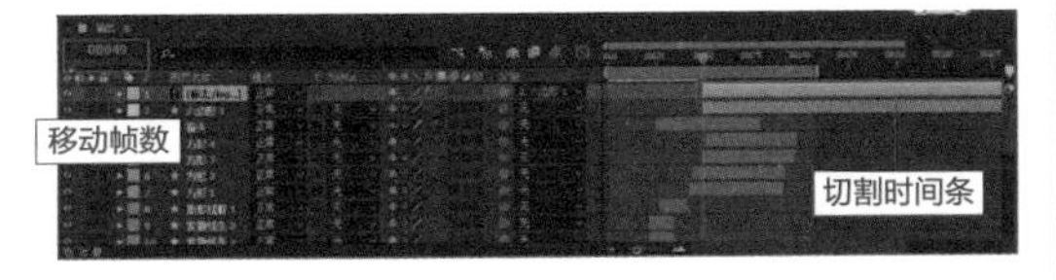

图 9-179　切割时间条头部

2. 添加矩形线框运动效果

为了丰富画面效果，可以在六边形与标志出现的同时，再添加一个矩形线框运动的效果。而为了提高效率，可以直接复制之前制作好的矩形线框，来进行重复利用。

01 选中“矩形线框 1”图层后，按快捷键 Ctrl+D 启动“重复”命令，复制出“矩形线框 2”图层，将“矩形线框 2”图层向上移动至合成第一层的位置。

02 向后拖动“矩形线框 2”图层的时间条，使该矩形线框在第 75 帧出现，如图 9-180 所示。

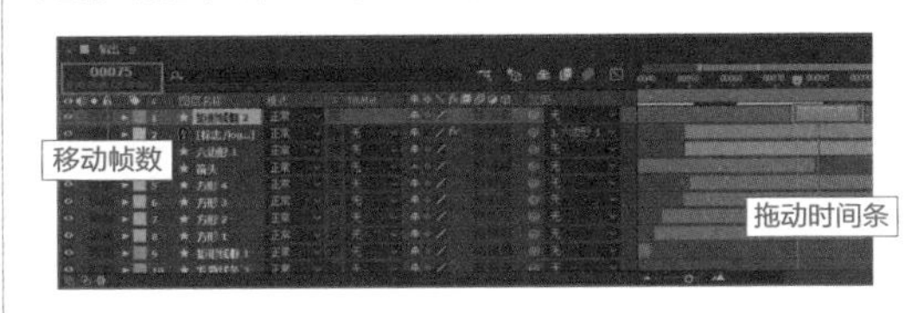

图 9-180　拖动时间条

03 向下展开“矩形线框 2”图层，并调出“矩形路径 1”属性。修改“大小”参数为 360、360，修改“圆度”参数为 30。

04 选中“矩形线框 2”图层后，按快捷键 R 调出图层的“旋转”属性，设置“旋转”角度为“0×+0.0°”。

至此，“矩形线框 2”的基本形态就调整完成了，如图 9-181 所示。

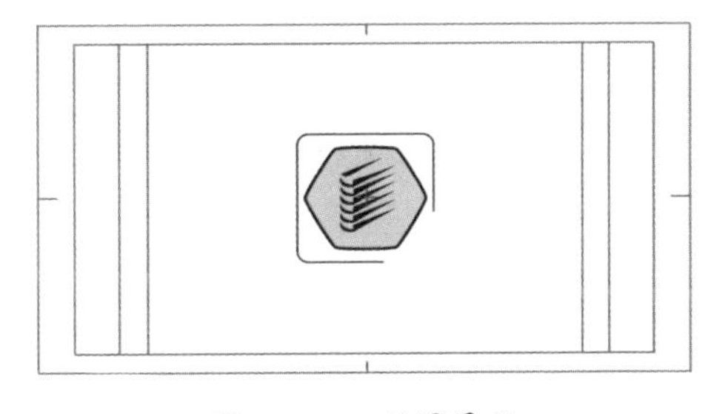
图 9-181　效果展示

05 接着调整一下“矩形线框 2”的动画效果，可以让“矩形线框 2”的运动时间稍微延长一些。选中“矩形线框 2”图层后，按快捷键 U 调出图层的动画关键帧，同时选中所有属性的最后一个关键帧，向后拖至第 100 帧的位置。将播放头移动至第 100 帧，按快捷键 Alt+] 切割时间条尾部，如图 9-182 所示。

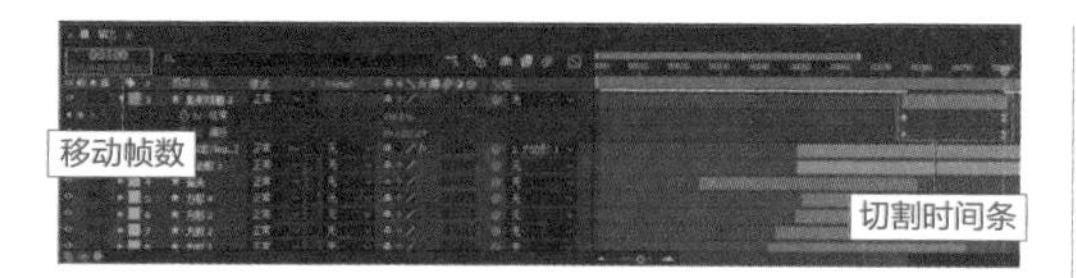

图 9-182 调整动画时长

06 多次预览合成，观察“矩形线框 2”的动画节奏是否符合整体效果。如果觉得矩形线框的运动有些快，可以修改一下“偏移”属性中的最后一个关键帧。

07 将播放头移动至第 100 帧，修改“偏移”参数为 0×+150°，如图 9-183 所示。“矩形线框 2”的动画效果就调整完成了。

图 9-183 设置偏移参数

3. 添加名称与域名的分割线段

接下来可以利用“钢笔”工具绘制一条线段，用于分割“LOGO名称”和“域名”，然后创建“LOGO名称”和“域名”的分割动画。

01 单击“钢笔”工具图标或按快捷键 G，激活“钢笔”工具。在六边形下方绘制一条线段，并置于画面右侧位置，如图 9-184 所示。

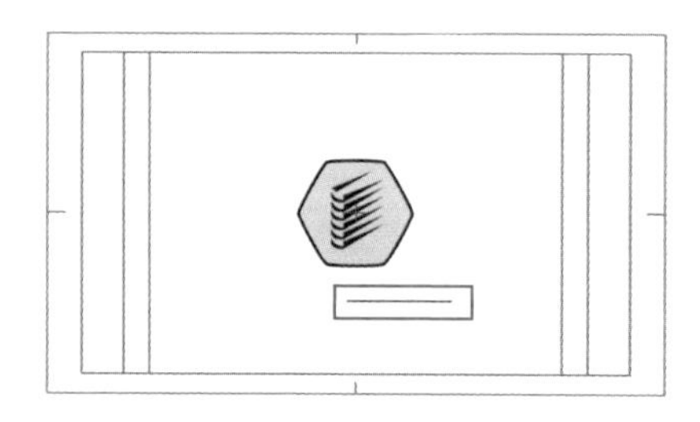

图 9-184 绘制线段

02 将新的形状图层命名为“线 1”，并且修改图层的标签颜色为桃红色。

03 以第 103 帧开始动画为例，将播放头移动至第 103 帧，按快捷键 Alt+[切割时间条头部。

04 以第 116 帧结束动画为例，将播放头移动至第 116 帧，按快捷键 Alt+] 切割时间条尾部，如图 9-185 所示。

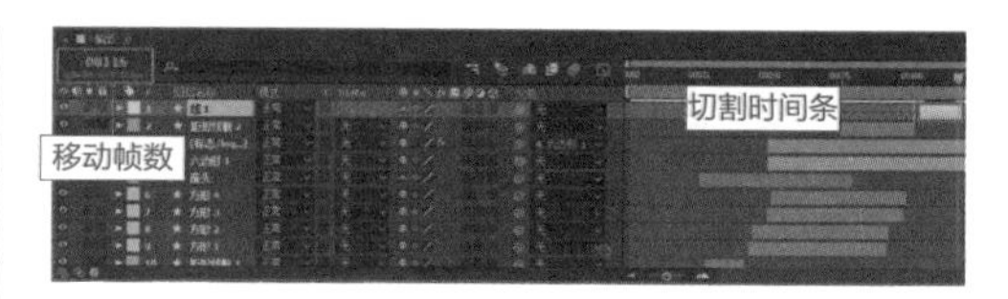

图 9-185 设置动画时长

05 添加“修剪路径”属性。向下展开新创建的“线 1”图层，单击属性右侧的“添加”按钮，调出子菜单后，启动“修剪路径”命令。

06 将播放头移动至第 103 帧，设置“开始”参数为 0%，设置“结束”参数为 58.9%，设置“偏移”参数为 0×+52.9°。然后单击“结束”和“偏移”属性左侧的“时间变化秒表”按钮，添加关键帧，如图 9-186 所示。

图 9-186 添加关键帧

07 以第 113 帧时结束偏移动画为例，将播放头移动至第 113 帧，设置“偏移”参数为 0×+2.0°，随即自动添加关键帧。

08 以第 115 帧时线段完全消失为例，将播放头移动至第 115 帧，设置“结束”参数为 0%，随即自动添加关键帧。

09 同时选中“结束”和“偏移”属性的最后两个关键帧，按快捷键 F9 添加缓动，右侧线段的修剪路径动画就制作完成了，如图 9-187 所示。

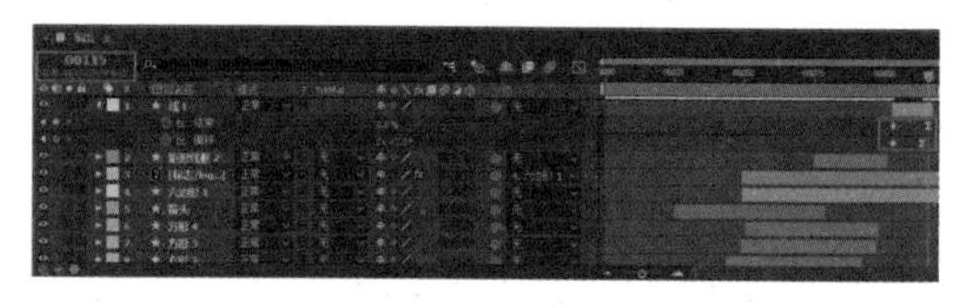

图 9-187 添加缓动

10 由于需要制作左右两条线段，分别从中间出现又往两侧消失的效果，所以还可以稍微调整一下线段的位置。选中“线 1”图层后，按快捷键 P 调出图层的“位置”属性，设置线段的“位置”参数为 1366.2、779.1。

11 再来添加位于六边形左下方的线段。选中“线 1”图层后，按快捷键 Ctrl+D 启动“重复”命令，复制出“线 2”图层。

12 选中“线 2”图层后，按快捷键 P 调出图层的“位置”属性，设置线段的“位置”参数为 556.2、779.1。两条向两侧延伸的分割线段就制作完成了，如图 9-188 所示。

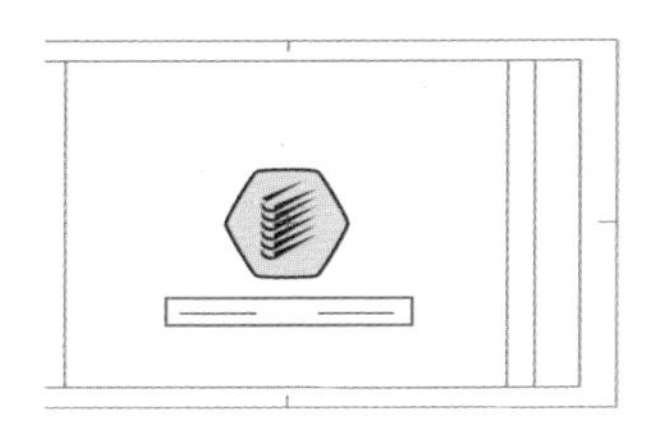

图 9-188　效果展示

4. 添加名称与域名

再将“LOGO名称”和“域名”素材文件应用到合成中来，制作它们的浮现效果。

01 按住 Shift 键不放，在“项目”面板中同时选中“人邮”和“域名”AI 文件后，向下拖动至合成顶层，如图 9-189 所示。

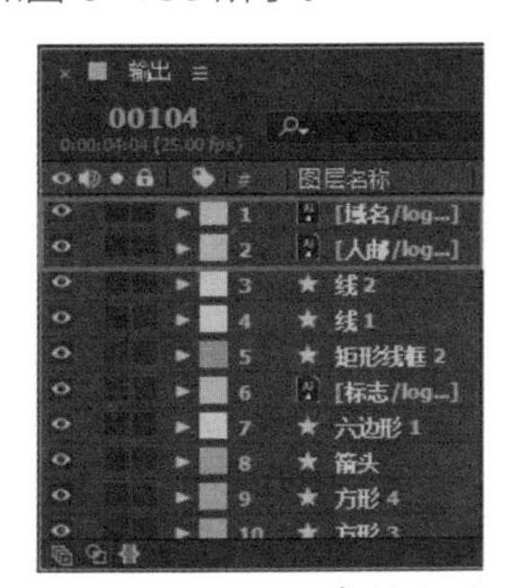

图 9-189　应用素材文件

02 为了画面效果统一，我们可以通过“填充”效果插件，在不影响原素材的情况下，修改一下“人邮”和“域名”的颜色。

打开“效果和预设”面板，在搜索框中输入关键词“填充”，调出“填充”效果插件，如图 9-190 所示。

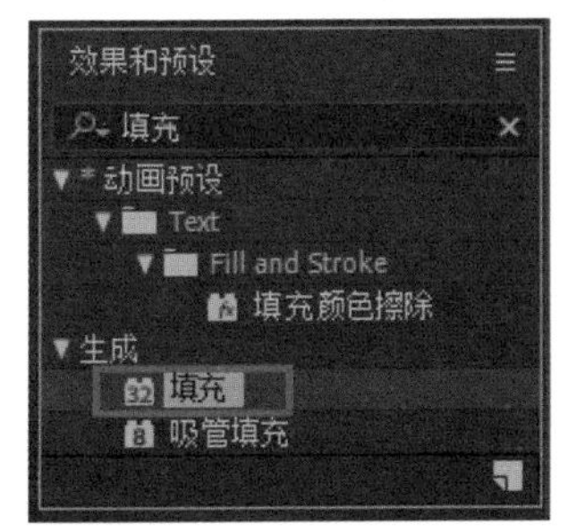

图 9-190　调出“填充”效果插件

03 同时选中“人邮”和“域名”图层后，双击“填充”效果插件名称，即可将效果插件同时应用到“人邮”和“域名”图层。

04 单独选中“人邮”或“域名”图层后，在“效果控件”面板中单击“颜色”图标■，弹出“颜色”对话框，设置填充颜色为纯黑色，参考数值为“#000000”，单击“确定”按钮，关闭对话框。此时“人邮”和“域名”就变成黑色的了，如图 9-191 所示。

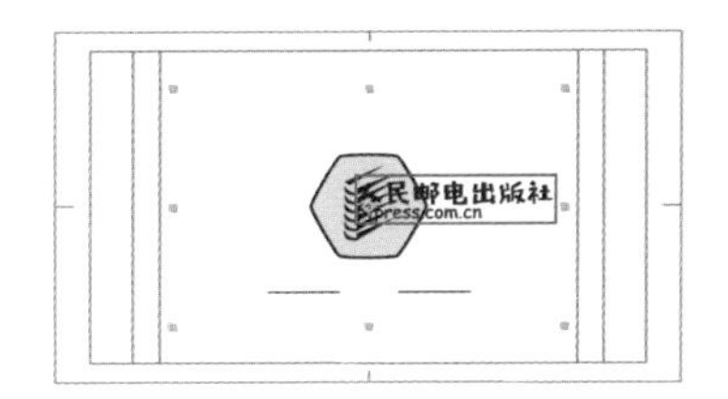

图 9-191　效果展示

05 设置“人邮”和“域名”的动画时长。以第 102 帧“人邮”开始出现为例，将播放头移动至第 102 帧，按快捷键 Alt+[切割时间条头部。

06 以第 121 帧“域名”开始出现为例，将播放头移动至第 121 帧，按快捷键 Alt+[切割时间条头部。两个元素的动画时长就设置完成了，如图 9-192 所示。

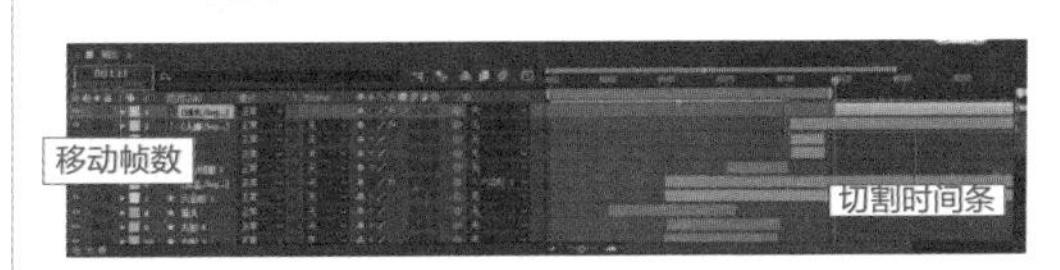

图 9-192　设置动画时长

07 调整这两个元素的位置。同时选中“人邮”和“域名”图层后，按快捷键 P 调出图层的“位置”属性。设置“域名”位置参数为 825、807，设置“人邮”位置参数为 720，768。

“人邮”和“域名”的位置设置完成后，效果如图 9-193 所示。

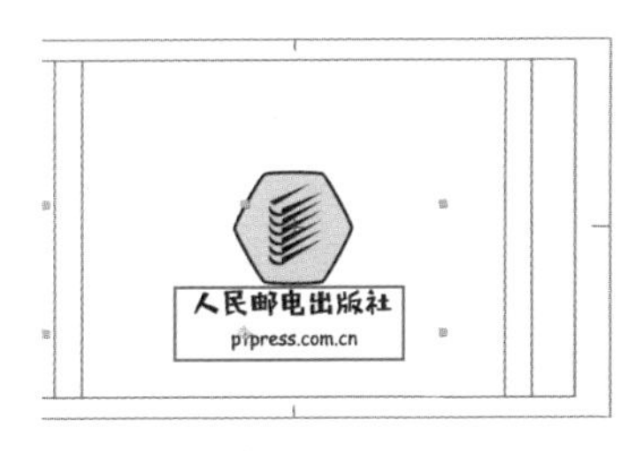

图 9-193　调整素材位置

5. 制作名称与域名的浮现效果

下面开始制作“人邮”和“域名”分别从上下两侧移动出现的效果。

01 以第 119 帧“人邮”结束动画定格在六边形下方为例，将播放头移动至第 119 帧，单击“人邮”图层中“位置”属性左侧的“时间变化秒表”按钮 ，添加关键帧。

02 以第 138 帧“域名”结束动画定格在“人邮”下方为例，将播放头移动至第 138 帧，单击“域名”图层中“位置”属性左侧的“时间变化秒表”按钮 ，添加关键帧。

03 以第 102 帧“人邮”开始出现为例，将播放头移动至第 102 帧，设置“人邮”图层中“位置”参数为 720、660，随即自动添加关键帧。

04 以第 121 帧“域名”开始出现为例，将播放头移动至第 121 帧，设置“域名”图层中“位置”参数为 825、870，随即自动添加关键帧。

“人邮”和“域名”从上下两侧移动出现的动画关键帧就设置完成了，如图 9-194 所示。

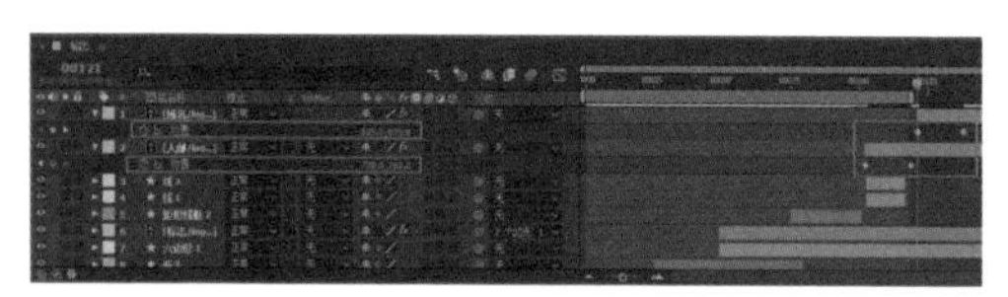

图 9-194　添加“位置”关键帧

05 给关键帧添加缓动效果。同时选中“人邮”和“域名”图层的最后一个关键帧，按快捷键 F9 添加缓动。

06 逐一选中添加了缓动的关键帧，调出图表编辑器调节动画曲线，曲线参考如图 9-195 所示。

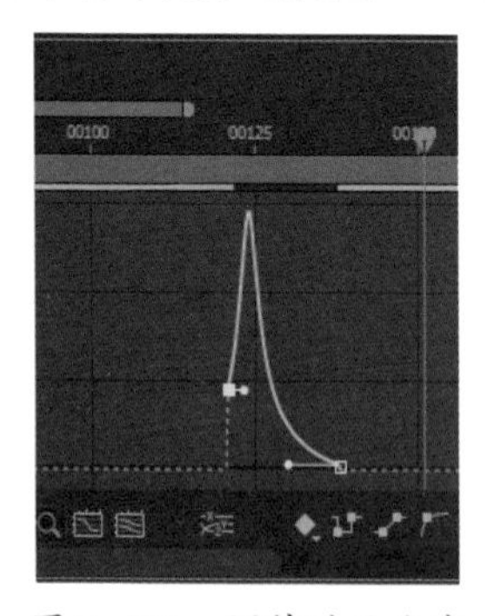

图 9-195　调节动画曲线

07 反复预览合成内容，观察动画效果是否完美。此时可以发现在“人邮”元素向下运动时，对六边形形成了遮挡，如图 9-196 所示。

图 9-196　查看视图

08 可以制作遮罩来解决这个问题。选中“人邮”图层后，右击时间轴面板空白处，在弹出的快捷菜单中选择“形状图层”命令，新建形状图层，并将该形状图层命名为“遮罩 1”。

09 选中“人邮”图层后，将播放头移动至第 102 帧，按快捷键 Alt+[切割时间条头部。

10 单击“矩形”工具图标 或按快捷键 Q，激活“矩形”工具，并设置填充色为“红色”，在六边形下方绘制一个矩形作为遮罩，如图 9-197 所示。

图 9-197　绘制遮罩

11 将“人邮”图层的轨道遮罩设置为“Alpha 遮罩‘遮罩 1’”，如图 9-198 所示。再次预览动画效果，可以看到“人邮”元素不再对六边形形成遮挡。

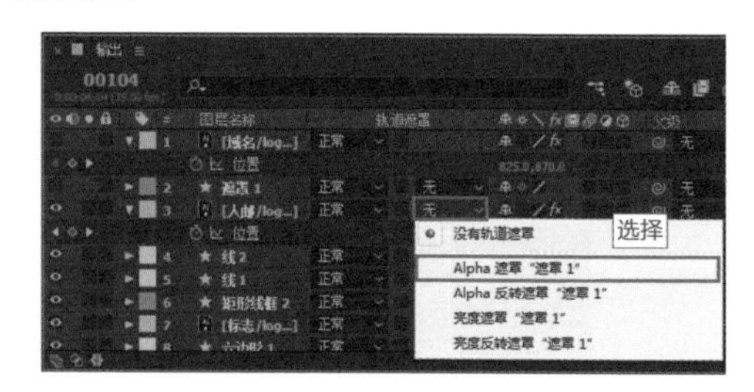

图 9-198　设置遮罩

至此，MG 风格的开场动画就制作完成了，最终效果如图 9-199 所示。

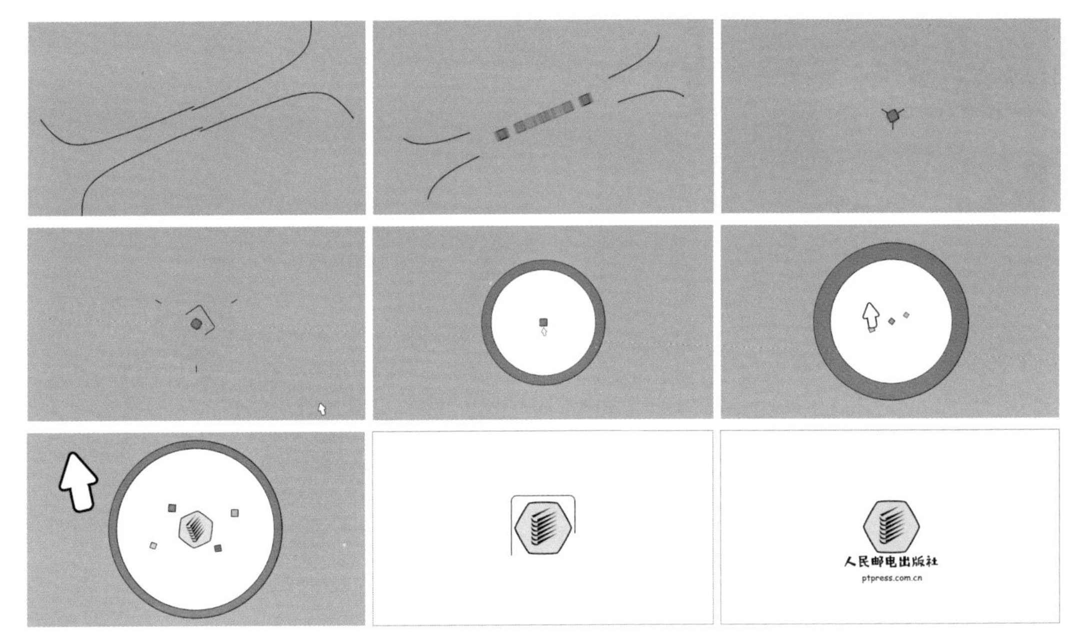

图 9-199　最终效果展示

9.5 知识拓展

在以前，人们围坐在电视机旁观看传统电视台用视频制作的新闻，此时可以算作前Web时代。而当互联网浪潮兴起后，网络媒体用更快速、更互动、占用带宽更少的图文新闻抢占领地，此时可以算作Web 1.0时代，新浪微博便是这个时代的代表。然而，随着带宽的提升和视频网站的繁荣，人们也开始重新审视网络媒体——除了文字与图片，观众如何获得更直观、更真实的体验？于是，MG动画来了。

在现在的Web 2.0（互联网+）时代，MG动画可以说就是这个时代的视频代表，任意打开一个自媒体栏目或者广告视频，几乎都能看见它的影子。图 9-200所示便是一档自媒体电影解说类栏目的片头，虽然画面表现效果不一样，但它的制作原理、方法和本章所介绍的动画并无太大区别。像这样的动画在网络上还有很多，本书所列举的不过沧海一粟，读者在日常的生活学习中也应该多留意各类动画，细心体会其中的创意，考虑每一个镜头与镜头之间的转换、不同颜色的搭配等，从“多看”到“多做”，再从“多做”到“多想”，最后达到“想到就能做到”的境界。

图 9-200 《阿甘说影》片头动画效果

至此本书的全部内容已经完结，衷心希望本书能为读者提供力所能及的阅读服务，尽可能地帮助读者解答在学习MG动画制作过程中碰到的一些实际问题。

9.6 拓展训练

素材文件：素材\第9章\9.6 拓展训练	效果文件：效果\第9章\9.6 拓展训练.gif	视频文件：视频\第9章\9.6 拓展训练.MP4

根据本章所学知识制作某开场动画中轮船的动画效果，如图 9-201所示。

图 9-201 最终效果